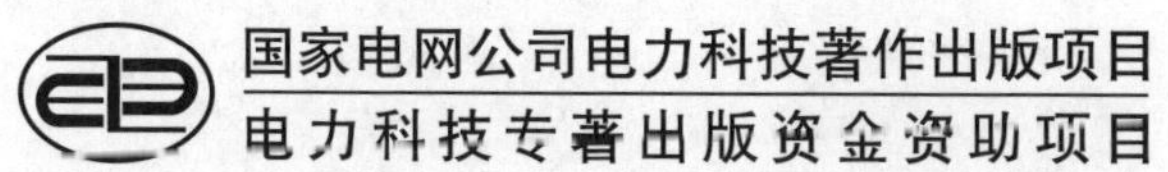

国家电网公司电力科技著作出版项目
电力科技专著出版资金资助项目

第二版

高压直流输电工程技术

主　编　赵畹君

副主编　谢国恩　曾南超

　　　　陶　瑜　刘泽洪

中国电力出版社
CHINA ELECTRIC POWER PRESS

内 容 提 要

为了满足全国联网和西电东送的国家战略决策以及我国高压直流输电工程建设和运行的需要，考虑到高压直流输电技术的新发展并吸取国内外高压直流输电工程科研、设计、安装和运行的实际经验，结合葛洲坝—南桥、天生桥—广州、三峡—常州、三峡—广东、贵州—广东、三峡—上海、灵宝背靠背、高岭背靠背等大型直流输电工程的建设和运行，特组织修编了《高压直流输电工程技术（第二版）》一书。该书理论结合工程应用、全面系统、实用性较强，对我国高压直流输电工程的建设和运行具有重要的意义。

本书共十六章，主要内容有：直流输电概论、直流输电换流技术、直流输电稳态特性、直流输电控制系统与控制保护装置、直流输电系统故障分析与保护、换流站无功补偿与交流侧滤波、换流站直流侧滤波、直流输电系统过电压保护与换流站绝缘配合、直流输电外绝缘、直流输电线路环境影响、直流输电换流站主接线与主要设备、直流输电线路、直流输电接地极、背靠背直流输电工程、多端直流输电工程、直流输电工程可靠性分析及可用率等。

本书可供从事高压直流输电工程建设、设计、施工、运行、维护和检修，直流输电设备制造，电力系统规划设计与运行管理以及大功率换流技术等方面的专业技术人员、工程专家、管理干部等使用，也可以作为有关专业的研究生和大学生的参考书。

图书在版编目（CIP）数据

高压直流输电工程技术/赵畹君主编．—2 版．—北京：中国电力出版社，2011.3（2025.2 重印）

ISBN 978-7-5123-1046-9

Ⅰ．①高…　Ⅱ．①赵…　Ⅲ．①高电压-直流-输电技术　Ⅳ．①TM726.1

中国版本图书馆 CIP 数据核字（2010）第 214999 号

中国电力出版社出版、发行

（北京市东城区北京站西街 19 号　100005　http://www.cepp.sgcc.com.cn）

北京雁林吉兆印刷有限公司印刷

各地新华书店经售

*

2004 年 8 月第一版

2011 年 3 月第二版　2025 年 2 月北京第十七次印刷

787 毫米×1092 毫米　16 开本　31.25 印张　744 千字

印数 29001—30000 册　定价 **128.00** 元

序

电力网络是当今世界覆盖面最广、涉及面最大、技术先进和装备复杂的人造系统，所具备的特点是：①同时性，电力系统传输的电能不能大规模储存，发供用电必须同时完成，每时每刻都要保持供需的平衡；②同步性，涉及广大地域的电力系统内所有发电机必须同步运转，一旦受到大的扰动将会产生异常偏离，电力系统的稳定性就可能遭到破坏，造成严重后果；③随机性，电力系统故障发生和故障事件演变的随机性以及故障影响的全局性和快速性，很难做到准确预测和把握，从而为系统发生故障时刻的应对和事故后恢复的处理过程带来困难。

大力开发西部水电、火电资源，实施西电东送，同时实现电力南北互供、全国联网，以实现全国范围内的资源优化配置和能源优化供给，是21世纪中国能源和电力工业建设的基本战略。以西电东送带动全国联网，实现各大区域电网和省域电网的相互连接，将打破由于地域能源资源分布和经济发展的不均衡，疏解资源瓶颈，提高能源运转效率。从21世纪初到2020年的时间内，中国大规模西电东送和全国联网的目标将基本实现，在中国大地上将逐步建成横贯东西南北、规模巨大的电力供应网络。

中国是一个发展中国家，中国电网无论在总体规模和技术水平方面与发达国家相比，都有较大差距：电网结构薄弱，电气主设备和线路故障率较高；部分电网电源供应紧张，应付突发事件的运行备用不足甚至无备用。在当前及今后相当长的电网快速发展时期，区域电网通过交流或直流输电线路互联形成大规模的交直流互联电力系统后，其系统性能将发生本质性的变化；电源结构和电源点分布、电网结构和电网电压等级的选择，对电网运行的安全性和经济性将起决定性的影响。因此，为了中国大规模西电东送和全国联网工程的实施，首先要对电力系统这样一种典型的高阶、非线性、时变的复杂动态系统，从理论上研究这些系统的共性和特殊性问题。研究其安全、稳定性和经济性，并进而研究相应对策，防止在建成规模巨大的电力供应网络后发生大面积停电事故。

高压直流输电在远距离大容量输电和电力系统联网方面具有明显的优点，它将在我国西电东送和全国联网工程中起到重要的作用。到2008年我国已有葛洲坝—南桥、天生桥—广州、三峡—常州、三峡—广东、贵州—广东Ⅰ、贵州—广东Ⅱ、三峡—上海Ⅰ、灵宝背靠背、高岭背靠背以及舟山和嵊泗等11项高压直流输电工程投入运行，另外还有一些直流输电工程正在建设或在计划建设之中。因此，编写有关直流输电工程技术方面的书是当前工程建设和运行所急需，同时对我国形成大规模交直流互联电网，提高电网运行的水平也具有重要的意义。中国电力科学研究院组织10多位多年从事高压直流输电工程建设、科研、设计、调试运行方面的专家和技术人员，修订编写了理论结合工程应用、全面系统、实用性较强的《高压直流输电工程技术（第二版）》一书，并列入了国家电网公司电力科技著作出版项目。

《高压直流输电工程技术（第二版）》一书，主要从直流输电换流技术、稳态运行特性、故障分析及保护、控制调节、谐波分析及滤波、过电压保护及绝缘配合、直流输电外绝缘及环境影响、换流站主接线及主要设备、直流输电线路、直流输电接地极、背靠背直流工程、多端直流工程、直流输电工程的可靠性及可用率等方面，总结归纳了国内外高压直流输电工程建设和运行经验。它的出版发行将为从事直流输电科学研究、直流输电工程建设、设计、调试、运行维护和直流输电设备制造、电网规划和运行管理以及大功率换流技术等方面的专业技术人员和管理干部提供一本很好的参考书。期望它能够对我国高压直流输电工程技术的提高起重要作用，从而为中国西电东送和全国联网工程的实现作出贡献。

中国科学院院士：周孝信

2010年12月

前　言

直流输电技术从20世纪50年代在电力系统中得到应用以来，至今经历了汞弧阀换流和晶闸管阀换流时期，目前世界上已有80多项直流输电工程投入运行，在远距离大容量输电、海底电缆和地下电缆输电以及电力系统联网工程中得到了较大的发展。特别是在20世纪80年代以后，大功率电力电子技术及微机控制技术等高科技的发展，进一步促进了直流输电技术的应用与发展。比较明显的是，背靠背非同步联网和多端直流输电工程以及采用新型半导体器件的轻型直流输电工程，近年来发展很快。到20世纪末已有26项背靠背和2项多端直流输电工程投入运行，另外还有2项直流工程具有多端直流输电的运行性能。到2004年已有8项轻型直流输电工程投入运行。随着新型半导体器件在直流输电工程中的应用，还将会推动直流输电技术进一步的发展。

中国自1987年舟山直流输电工程投入运行，到2008年已有11项直流输电工程相继投入运行，其中包括葛洲坝—南桥、天生桥—广州、三峡—常州、三峡—广东、贵州—广东Ⅰ、贵州—广东Ⅱ、三峡—上海Ⅰ7项大型直流输电工程；灵宝和高岭2项背靠背直流输电联网工程以及舟山和嵊泗海底电缆及架空线混合的2项小型直流输电工程。采用直流输电技术已经实现了华中—华东、华中—华南、华中—西北以及华北—东北各大区域电网之间的非同步联网，为形成全国联网打下了良好的基础。到2012年，中国还将计划建设灵宝背靠背扩建、德阳—宝鸡、向家坝—上海、云南—广东Ⅰ、呼伦贝尔—沈阳、宁东—山东、三峡—上海Ⅱ、高岭背靠背扩建以及青海—西藏9项直流输电工程，其中向家坝—上海和云南—广东Ⅰ2项为±800kV的特高压直流输电工程，前者的额定功率为6400MW，后者为5000MW，其额定功率和额定电压均为世界之冠。直流输电技术在我国西电东送以及电力系统联网工程中起到了重要的作用。

为了满足我国直流输电工程建设和运行的需要，考虑到直流输电技术的新发展并吸取我国在直流输电科研、设计以及工程建设和运行中的经验，现将一本理论结合工程应用、全面系统、实用性较强的《高压直流输电工程技术》一书，进行全书修订，以满足全国高压直流输电工程发展的需要。

本书共分十六章，其主要内容有：直流输电概论、换流技术、稳态运行特性、故障分析及保护、控制调节、谐波分析及滤波、过电压保护及绝缘配合、直流输电的外绝缘及环境影响、换流站的主接线及主要设备、直流输电线路、接地极、背靠背直流工程、多端直流工程、直流输电工程的可靠性及可用率等。

本书可供从事直流输电科学研究；直流输电工程建设、设计、运行；直流输电设备制造；电力系统规划设计和运行管理以及大功率换流技术等方面的专业技术人员及管理人员使用。本书也可以作为高等院校有关专业的研究生和大学生的参考书。参加本书的编写人员大多为多年从事直流输电科研、设计及工程建设的专业技术人员，其中有中国电力科学研究院的赵畹君、曾南超、邵方殷、宿志一、孟庆东、王明新、余军、张晋华；中南电力设计院的谢国恩、文卫兵、曾连生、丁益福；国家电网公司电网建设分公司的刘泽洪；网联直流工程咨询公司的陶瑜。

本书第一、二、三、十四章由赵畹君，第四章由余军，第五章由王明新，第六、七、八章由刘泽洪，第九章由宿志一，第十章由邵方殷，第十一章由谢国恩、文卫兵，第十二章由丁益福，第十三章由曾连生，第十五章由孟庆东，第十六章由张晋华分工编写。第一、二、三、四、五、十四章由曾南超，第六、七、八、九、十、十五、十六章由赵畹君，第十一、十二、十三章由谢国恩进行了详细的校阅，全书由赵畹君统稿和总校阅。本书主编为赵畹君，副主编为谢国恩、曾南超、陶瑜、刘泽洪。

本书为国家电网公司电力科技著作出版项目。在本书的编写过程中，得到国家电网公司、中国电力科学研究院、中南电力设计院以及网联直流工程咨询公司等单位的大力支持，再版得到中国南方电网公司李立浧工程院院士的大力协助，特在此深表感谢。由于我们的水平和经验有限，书中难免有缺点或错误，望读者批评指正。

编　者

2010 年 12 月

目　录

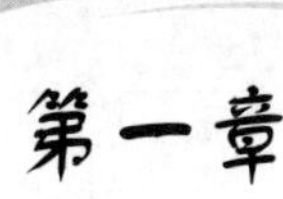

第一章

直流输电概论

第一节　直流输电工程系统构成

直流输电工程是以直流电的方式实现电能传输的工程。直流输电与交流输电相互配合构成现代电力传输系统。目前电力系统中的发电和用电的绝大部分均为交流电，要采用直流输电必须进行换流。也就是说，在送端需要将交流电变换为直流电（称为整流），经过直流输电线路将电能送往受端；而在受端又必须将直流电变换为交流电（称为逆变），然后才能送到受端的交流系统中去，供用户使用。送端进行整流变换的地方叫整流站，而受端进行逆变变换的地方叫逆变站。整流站和逆变站可统称为换流站。实现整流和逆变变换的装置分别称为整流器和逆变器，它们统称为换流器。

直流输电工程的系统结构可分为两端（或端对端）直流输电系统和多端直流输电系统两大类。两端直流输电系统是只有一个整流站（送端）和一个逆变站（受端）的直流输电系统，即只有一个送端和一个受端，它与交流系统只有两个连接端口，是结构最简单的直流输电系统。多端直流输电系统与交流系统有三个或三个以上的连接端口，它有三个或三个以上的换流站。例如，一个三端直流输电系统包括三个换流站，与交流系统有三个端口相连，它可以有两个换流站作为整流站运行，一个换流站作为逆变站运行，即有两个送端和一个受端；也可以有一个换流站作为整流站运行，两个作为逆变站运行，即有一个送端和两个受端。目前世界上已运行的直流输电工程大多为两端直流输电系统，只有意大利—撒丁岛（三端）和魁北克—新英格兰（五端）直流输电工程为多端直流输电系统。此外，纳尔逊河双极1和双极2以及太平洋联络线直流工程也具有多端直流输电的运行性能。

一、两端直流输电系统

两端直流输电系统的构成主要有整流站、逆变站和直流输电线路三部分。对于可进行功率反送的两端直流输电工程，其换流站既可以作为整流站运行，又可以作为逆变站运行。功率正送时的整流站在功率反送时为逆变站，而正送时的逆变站在反送时为整流站。整流站和逆变站的主接线和一次设备基本相同（有时交流侧滤波器配置和无功补偿有所不同），其主要差别在于控制和保护系统的功能不同。图1-1所示为两端直流输电系统构成的原理图。在图1-1中，如果从交流系统Ⅰ向交流系统Ⅱ送电，则换流站1为整流站，换流站2为逆变站；当功率反送时，则换流站2为整流站，换流站1为逆变站。

送端和受端交流系统与直流输电系统有着密切的关系，它们给整流器和逆变器提供换相

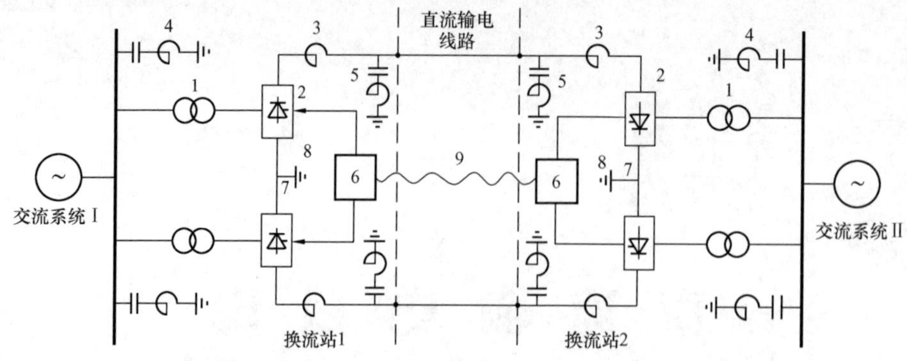

图 1-1　两端直流输电系统构成原理图

1—换流变压器；2—换流器；3—平波电抗器；4—交流滤波器；5—直流滤波器；6—控制保护系统；7—接地极引线；8—接地极；9—远动通信系统

电压，创造实现换流的条件。同时送端电力系统作为直流输电的电源，提供传输的功率；而受端系统则相当于负荷，接受和消纳由直流输电送来的功率。因此，两端交流系统是实现直流输电必不可少的组成部分。两端交流系统的强弱，系统结构和运行性能等对直流输电工程的设计和运行均有较大的影响。另一方面，直流输电工程运行性能的好坏也直接影响两端交流系统的运行性能。因此，直流输电系统的设计条件和要求在很大程度上取决于两端交流系统的特点和要求。例如，换流站的主接线和主要设备的选择，其中特别是交流侧滤波和无功补偿配置方案；换流站的绝缘配合和主要设备的绝缘水平；直流输电控制保护系统的功能配置和动态响应特性等与两端交流系统有着密切的关系。通常在进行系统设计时，两端交流系统用等值系统来表示。

直流输电的控制保护系统是实现直流输电正常起动与停运、正常运行、运行参数改变与自动调节、故障处理与保护等所必不可少的组成部分，是决定直流输电工程运行性能好坏的重要因素，它与交流输电二次系统的功能有所不同。此外，为了利用大地（或海水）为回路来提高直流输电运行的可靠性和灵活性，直流输电工程还需要有接地极和接地极引线。因此，一个两端直流输电工程，除整流站、逆变站和直流输电线路以外，还有接地极、接地极引线和一个满足运行要求的控制保护系统等。

两端直流输电系统又可分为单极系统（正极或负极）、双极系统（正负两极）和背靠背直流系统（无直流输电线路）三种类型。

（一）单极系统

单极直流输电系统可以采用正极性或负极性。换流站出线端对地电位为正的称为正极，为负的称为负极。与正极或负极相连的输电导线称为正极导线或负极导线；也可以称为正极线路或负极线路。单极直流架空线路通常多采用负极性（即正极接地），这是因为正极导线的电晕电磁干扰和可听噪声均比负极导线的大。同时由于雷电大多为负极性，使得正极导线雷电闪络的概率也比负极导线的高。单极系统运行的可靠性和灵活性均不如双极系统好，实际工程中大多采用双极系统。双极系统是由两个可独立运行的单极系统所组成，便于工程进行分期建设，同时在运行中当一极故障停运时，可自动转为单极系统运行。因此，虽然所设计的单极直流输电工程不多，但在实际运行中单极系统的运行方式还是常见的。

单极系统的接线方式有单极大地（或海水）回线方式和单极金属回线方式两种。另外当双极直流输电工程在单极运行时，还可以接成双导线并联大地回线方式运行。实质上，这是利用已有的输电导线为降低线路损耗而采用的一种单极大地回线方式。图 1-2 中的（a）、（b）、（c）分别给出这三种方式的示意图。

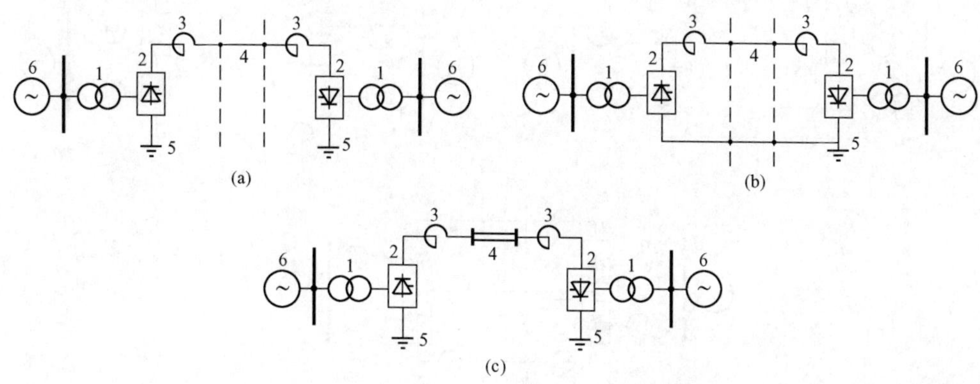

图 1-2 单极直流输电系统接线示意图

（a）单极大地回线方式；（b）单极金属回线方式；（c）单极双导线并联大地回线方式

1—换流变压器；2—换流器；3—平波电抗器；4—直流输电线路；5—接地极系统；6—两端交流系统

1. 单极大地回线方式

单极大地回线方式是利用一根导线和大地（或海水）构成直流侧的单极回路，两端换流站均需接地，见图 1-2（a）。这种方式的大地（或海水）相当于直流输电线路的一根导线，流经它的电流为直流输电工程的运行电流。由于地下（或海水中）长期有大的直流电流流过，这将引起接地极附近地下金属构件的电化学腐蚀以及中性点接地变压器直流偏磁的增加而造成的变压器磁饱和等问题，这些问题有时需要采取一定的技术措施。对于单极大地回线方式的直流输电工程，其接地极设计所取的连续运行电流即为工程连续运行的直流电流。

单极大地回线方式的线路结构简单，可利用大地这个良导体，省去一根导线，线路造价低，但其运行的可靠性和灵活性均较差；同时对接地极的要求较高，使得接地极的投资增加。这种方式的应用场合主要是高压海底电缆直流工程，因为省去一根高压海底电缆所节省的投资还是相当可观的。采用这种方式的直流输电工程有：瑞典—丹麦的康梯—斯堪工程，瑞典—芬兰的芬挪—斯堪工程，瑞典—德国的波罗的海工程，丹麦—德国的康特克工程等。

2. 单极金属回线方式

单极金属回线方式是利用两根导线构成直流侧的单极回路，见图 1-2（b），其中一根低绝缘的导线（也称金属返回线）用来代替单极大地回线方式中的地回线。在运行中，地中无电流流过，可以避免由此所产生的电化学腐蚀和变压器磁饱和等问题。为了固定直流侧的对地电压和提高运行的安全性，金属返回线的一端需要接地，其不接地端的最高运行电压为最大直流电流时在金属返回线上的压降。这种方式的线路投资和运行费用均较单极大地回线方式的要高。通常是在不允许利用大地（或海水）为回线或选择接地极较困难以及输电距离又较短的单极直流输电工程中采用。

（二）双极系统

双极系统接线方式是直流输电工程通常所采用的接线方式，可分为双极两端中性点接地方式、双极一端中性点接地方式和双极金属中线方式三种类型。图 1-3 所示为双极直流输电系统接线示意图。

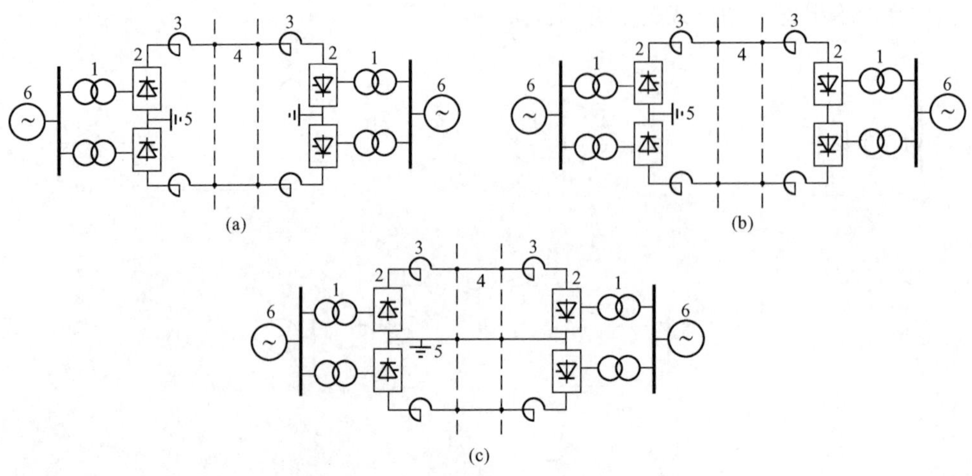

图 1-3　双极直流输电系统接线示意图

（a）双极两端中性点接地方式；（b）双极一端中性点接地方式；（c）双极金属中线方式

1—换流变压器；2—换流器；3—平波电抗器；4—直流输电线路；5—接地极系统；6—两端交流系统

1. 双极两端中性点接地方式（可简称双极方式）

双极两端中性点接地方式是大多数直流输电工程所采用的正负两极对地，两端换流站的中性点均接地的系统构成方式，见图 1-3（a），利用正负两极导线和两端换流站的正负两极相连，构成直流侧的闭环回路。两端接地极所形成的大地回路，可作为输电系统的备用导线。正常运行时，直流电流的路径为正负两根极线。实际上它是由两个独立运行的单极大地回路系统构成。正负两极在地回路中的电流方向相反，地中电流为两极电流之差值。双极中的任一极均能构成一个独立运行的单极输电系统，双极的电压和电流可以不相等。双极的电压和电流均相等时称为双极对称运行方式，不相等时称为电压或电流的不对称运行方式。当双极电流相等时，地中无电流流过，实际上仅为两极的不平衡电流，通常小于额定电流的 1%。因此，在双极对称方式运行时，可基本上消除由于地中电流所引起的电腐蚀等问题。当双极电流不对称运行时，两极中的电流不相等，地中电流为两极电流之差值。为了减小地中电流的影响，在运行中尽量采用双极对称运行方式，如果由于某种原因需要一个极降低电压或电流运行，则可转为双极电压或电流不对称运行方式。

双极方式的直流输电工程，当输电线路或换流站的一个极发生故障需退出工作时，可根据具体情况转为三种单极方式运行，即：①单极大地回线方式；②单极金属回线方式；③单极双导线并联大地回线方式。通常是在故障极停运时，健全极的电流通过两端接地极和大地（或海水）所构成的回路返回，首先自动形成单极大地回线方式运行，同时可利用直流输电工程的过负荷能力，使健全极在短时间内输送的功率大于其额定值，以减小对两端交流系统的冲击。然后根据具体情况来确定直流工程继续运行的系统构成方式。为了提高双极直流输电工程的可用率，在双极对称运行时，一端接地极系统故障，可将故障端换流站的中性点自动接到换流站内的接地网上临时接地，并同时断开故障的接地极，使其退出工作，以便进行检查和检修，这样可保持双极对称方式正常运行。

双极直流输电工程的两端接地极系统可根据工程所要求的单极大地回线运行时间的长短来进行设计。如果单极大地回线方式只作为当一极故障时向单极金属回线方式转换的短时过渡方式来考虑，则可大大降低对接地极的要求。因此，双极两端中性点接地的直流输电，对于不同的工程要求，其接地极系统的差别也较大。

2. 双极一端中性点接地方式

这种接线方式只有一端换流站的中性点接地，见图 1-3（b），其直流侧回路由正负两极导线组成，不能利用大地（或海水）作为备用导线。当一极线路发生故障需要退出工作时，必须停运整个双极系统，而没有单极运行的可能性。当一极换流站发生故障时，也不能自动转为单极大地回线方式运行，而只能在双极停运以后，才有可能重新构成单极金属回线的运行方式。因此，这种接线方式的运行可靠性和灵活性均较差。其主要优点是可以保证在运行中地中无电流流过，从而可以避免由此所产生的一些问题。这种系统构成方式在实际工程中很少采用，只在英—法海峡直流输电工程中得到了应用。

3. 双极金属中线方式

双极金属中线方式是利用三根导线构成直流侧回路，其中一根为低绝缘的中性线，另外两根为正负两极的极线，见图 1-3（c）。这种系统构成相当于两个可独立运行的单极金属回线系统，共用一条低绝缘的金属返回线。为了固定直流侧各种设备的对地电位，通常中性线的一端接地，另一端的最高运行电压为流经金属中线最大电流时的电压降。这种方式在运行中地中无电流流过，它既可以避免由于地电流而产生的一些问题，又具有比较可靠和灵活的运行方式。当一极线路发生故障时，则可自动转为单极金属回线方式运行；当换流站的一个极发生故障需要退出工作时，可首先自动转为单极金属回线方式，然后还可转为单极双导线并联金属回线方式运行。其运行的可靠性和灵活性与双极两端中性点接地方式相类似。由于采用三根导线组成输电系统，其线路结构较复杂，线路造价较高。通常是当不允许地中流过直流电流或接地极极址很难选择时才采用。例如，英国伦敦的金斯诺斯地下电缆直流工程、日本纪伊直流工程以及加拿大—美国的魁北克—新英格兰多端直流工程的一部分是采用这种系统构成方式。

（三）背靠背直流系统

背靠背直流系统是输电线路长度为零（即无直流输电线路）的两端直流输电系统，它主要用于两个非同步运行（不同频率或频率相同但非同步）的交流电力系统之间的联网或送电，也称为非同步联络站。如果两个被联电网的额定频率不相同（如 50Hz 和 60Hz），也可称为变频站。背靠背直流系统的整流站和逆变站的设备通常均装设在一个站内，也称背靠背换流站。在背靠背换流站内，整流器和逆变器的直流侧通过平波电抗器相连，构成直流侧的闭环回路；而其交流侧则分别与各自的被联电网相连，从而形成两个电网的非同步联网。两个被联电网之间交换功率的大小和方向均由控制系统进行快速方便的控制。为降低换流站产生的谐波，通常选择 12 脉动换流器作为基本换流单元。图 1-4 所示为背靠背换流站的原理接线。换流站内的接线方式有换流器组的并联方式和串联方式两种。

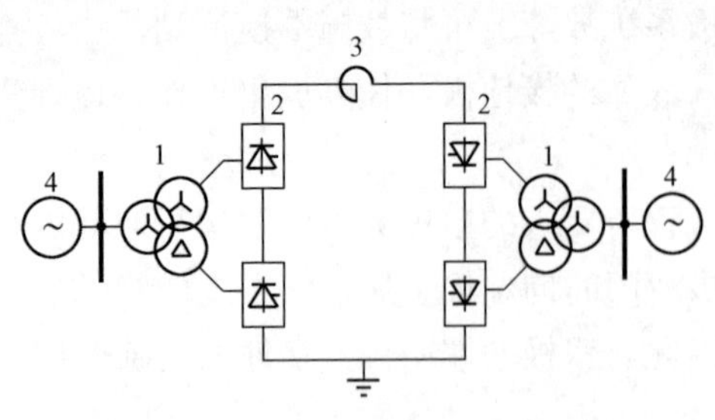

图 1-4　背靠背换流站原理接线图

1—换流变压器；2—换流器；
3—平波电抗器；4—两端交流系统

背靠背直流输电系统的主要特点是直流侧可选择低电压大电流（因无直流输电线路，直流侧损耗小），可充分利用大截面晶闸管的通流能力，同时直流侧设备（如换流变压器、换流阀、平波电抗器等）也因直流电压低而使其造价也相应降低。由于整流器和逆变器均装设在一个阀厅内，直流侧谐波不会造成对通信线路的干扰，因此可降低对直流侧滤波的要求，省去直流滤波器，减小平波电抗器的电感值。由于上述因素使得背靠背换流站的造价比常规换流站的造价降低 15%～20%，同时采用背靠背系统进行非同步联网在电力系统运行上还具有一系列的优点，详见第十四章内容介绍。

二、多端直流输电系统

多端直流输电系统是由三个或三个以上换流站以及连接换流站之间的高压直流输电线路所组成，它与交流系统有三个或三个以上连接端口。多端直流输电系统可以解决多电源供电或多落点受电的输电问题，它还可以联系多个交流系统或者将交流系统分成多个孤立运行的电网。在多端直流输电系统中的换流站，可以作为整流站运行，也可以作为逆变站运行，但作为整流站运行的换流站总功率与作为逆变站运行的总功率必须相等，即整个多端系统的输入和输出功率必须平衡。多端直流输电系统换流站之间的连接方式可以采用并联方式或串联方式，连接换流站之间的输电线路可以是分支形或闭环形等，详见第十五章内容介绍。

（1）串联方式的特点是各换流站均在同一个直流电流下运行，换流站之间的有功调节和分配主要是靠改变换流站的直流电压来实现。通常可用调节换流器的触发角 α 或换流变压器的分接开关来改变直流电压。分接开关的调节范围有限（一般为 20%～30%），α 角也受到最大 α_{max} 角（一般为 50°～60°）的限制，从而使换流站的最小功率受到限制。同时在大 α 角下运行时，换流站消耗的无功功率也增加很多。串联方式的直流侧电压较高，在运行中的直流电流也较大，因此其经济性能不如并联方式好。当换流站需要改变潮流方向时，串联方式只需改变换流器的触发角，使原来的整流站（或逆变站）变为逆变站（或整流站）运行，不需改变换流器直流侧的接线，潮流反转操作快速方便。当某一换流站发生故障时，可投入其旁通开关，使其退出工作，其余的换流站经自动调整后，仍能继续运行，不需要用直流断路器来断开故障。当某一段直流线路发生瞬时故障时，可调节换流器的触发角，使整个直流系统的直流电压降到零，待故障消除后，直流系统可自动再起动。当一段直流线路发生永久性故障时，则整个多端系统需要停运。为避免这种情况发生，必要时可采用双回线的串联系统，此时线路投资将明显增加。

（2）并联方式的特点是各换流站在同一个直流电压下运行（忽略直流线路压降），换流站之间的有功调节和分配主要是靠改变换流站的直流电流来实现。可调节控制器的触发角 α 以及换流变压器的分接开关来改变直流电流。由于换流器外特性的斜率小，使得在 α 角调节范围不大情况下即可满足直流电流从最大值到最小值的调节要求。配合换流变压器分接开关的调节，则可保持 α 角在较小的范围内运行，从而使换流器的功率因数高，消耗的无功功率少，换流设备的运行条件也好。另外，由于并联方式在运行中保持直流电压不变，负荷的减小是用降低直流电流来实现，因此其系统损耗小，运行经济性也好。由于并联方式具有上述优点，因此目前已运行的多端直流系统均采用并联方式。并联方式的主要缺点是当换流站需要改变潮流方向时，除了改变换流器的触发角，使原来的整流站（或逆变站）变为逆变站（或整流站）以外，还必须将换流器直流侧两个端子的接线倒换过来接入直流网络才能实现。因此，并联方式对潮流变化频繁的换流站是很不方便的。另外，在并联方式中当某一换流站发生故障并需退出工作时，需要用直流断路器来断开故障的换流站。在目前大功率直流断路器尚未发展到实用阶段的情况下，采用直流输电的快速控制，也可以满足运行的要求。通常是将整流站的 α 角移相到 120°～150°，使其变为逆变站运行，从而使直流电压和电流均很快降到零，然后用高速自动隔离开关将故障的换流站断开，最后对健全部分进行自动再起动，使直流系统在新的工作点恢复工作。整个过程可在 150～200ms 内完成。

多端直流输电系统比采用多个两端直流输电系统要经济，但其控制保护系统以及运行操作较复杂。今后随着具有关断能力的换流阀（如 IGBT、IGCT 等）的应用以及在实际工程中对控制保护系统的改进和完善，采用多端直流输电的工程将会更多。

第二节　直流输电工程特点

直流输电工程的主要特点与其两端需要换流和输电部分为直流电这两个基本点有关。直流输电技术的发展与换流技术的发展，其中特别是大功率电力电子技术的发展有着密切的关系。目前，绝大部分直流输电工程是采用普通晶闸管换流阀（无自关断能力、频率低）进行换流。本书所谈的直流输电特点还是在此基础上进行论述的，今后将随着新型电力电子器件（如 IGBT、IGCT、碳化硅器件等）在直流输电工程中不断采用，将使其中某些缺点得到克服或改善。

一、直流输电优点

（1）直流输电架空线路只需正负两极导线、杆塔结构简单、线路造价低、损耗小。与交流输电相比，输送同样的功率，直流架空线路可节省约 1/3 的钢芯铝线，1/3～1/2 的钢材，线路造价为交流输电的 2/3，并且在此条件下其线路损耗约为交流的 2/3。同时直流输电所占的线路走廊也较窄。在直流电压作用下，线路电容不起作用，不存在电容电流，线路沿线的电压分布均匀，不存在交流输电由于电容电流而引起的沿线电压分布不均匀问题，不需要装设并联电抗器。

（2）直流电缆线路输送容量大、造价低、损耗小，不易老化、寿命长，且输送距离不受限制。电缆耐受直流电压的能力比耐受交流电压的能力约高 3 倍以上，因此同样绝缘厚度和芯线截面的电缆，用于直流输电比用于交流输电的输电容量要大很多。直流电缆线路只需一根（单极）或两根（双极）电缆，而交流线路则需要 U、V、W 三相三根电缆。因此直流电缆线路的造价比交流要低许多。直流电缆线路的损耗主要是电阻损耗，而交流电缆除电阻损耗外，还有绝缘中的介质损耗和铅皮及铠装中的磁感应损耗。电缆线路的对地电容比架空线路要大得多，对于交流线路由此所产生的电容电流很大。电容电流势必降低电缆的有效负荷能力，当电容电流等于电缆所允许的负荷电流时，则芯线的全部负荷能力均被电容电流所占用，此时电力已不可能用交流电缆来输送。因此交流电缆的输送距离将受电容电流的限制。直流电缆不存在电容电流，则其输送距离将不受限制，有利于进行远距离电缆送电。

(3) 直流输电不存在交流输电的稳定问题，有利于远距离大容量送电。交流输电的输送功率 P 可用下式表示

$$P=\frac{E_1E_2}{X_{12}}\sin\delta \tag{1-1}$$

式中，E_1、E_2 分别为送端和受端交流系统的等值电势；δ 为 E_1 和 E_2 两个电势之间的相位差，称为功率角；X_{12}为 E_1 和 E_2 之间的等值电抗，对于远距离输电 X_{12} 主要是输电线路的电抗。

当 $\delta=90°$时，$P=P_M=\frac{E_1E_2}{X_{12}}$，其中 P_M 为输电线路的静态稳定极限。输电线路的输送功率均小于 P_M，因为在运行中如果输送功率接近于 P_M，当系统有小扰动时，则可能使 $\delta>90°$,此时两端交流系统将会失去同步运行，可能导致两系统解裂。随着输送距离的增加，X_{12}将增加，允许的输送功率将减小。为增加输送功率必须采取提高稳定的措施，如增设串联电容补偿，增加输电线路回路数以减少 X_{12}；采用快速切故障及重合闸；送端系统快速切机，强行励磁等。这将使输电系统的投资增加。直流输电的两端交流系统经过整流和逆变的隔离，无需同步运行，不存在同步运行的稳定问题，其输送容量和距离将不受同步运行稳定性的限制，这对于远距离大容量输电是很有利的。

(4) 采用直流输电实现电力系统之间的非同步联网，可以不增加被联电网的短路容量，不需要由于短路容量的增加而要更换断路器以及电缆要求采取限流的措施；被联电网可以是额定频率不同（如 50Hz、60Hz）的电网，也可以是额定频率相同但非同步运行的电网；被联电网可保持自己的电能质量（如频率、电压）而独立运行，不受联网的影响；被联电网之间交换的功率可快速方便地进行控制，有利于运行和管理。

(5) 直流输电输送的有功功率和换流器消耗的无功功率均可由控制系统进行控制，可利用这种快速可控性来改善交流系统的运行性能。根据交流系统在运行中的要求，可快速增加或减少直流输送的有功和换流器消耗的无功，对交流系统的有功平衡和无功平衡起快速调节作用，从而提高交流系统频率和电压的稳定性，提高电能质量和电网运行的可靠性。对于交直流并联运行的输电系统，还可以利用直流的快速控制来阻尼交流系统的低频振荡，提高交流线路的输送能力。

(6) 在直流电的作用下，只有电阻起作用，电感和电容均不起作用，直流输电采用大地为回路，直流电流则向电阻率很低的大地深层流去，可很好地利用大地这个良导体。利用大地为回路可省去一极的导线，同时大地的电阻率低、损耗小、运行费用也低。在双极直流输电系统中，通常大地回路是作为备用导线，使双极系统相当于两个可独立运行的单极系统运行。当一极故障时，可自动转为单极系统运行，提高了输电系统的运行可靠性。

(7) 直流输电可方便地进行分期建设和增容扩建，有利于发挥投资效益。双极直流输电工程可按极来分期建设，先建一个极单极运行，后再建另一个极。也可以每极选择两组基本换流单元（串联接线或并联接线），第一期先建一组（为输送容量的 1/4）单极运行；第二期再建一组（为输送容量的 1/2）双极运行；第三期再增加一组，可双极不对称运行（为输

送容量的 3/4)，当两组换流单元为串联接线时，两极的电压不对称，为并联接线时，则两极的电流不对称；第四期则整个双极工程完全建成。

(8) 直流输电输送的有功及两端换流站消耗的无功均可用手动或自动方式进行快速控制，有利于电网的经济运行和现代化管理。

二、直流输电缺点

(1) 直流输电换流站比交流变电站的设备多、结构复杂、造价高、损耗大、运行费用高、可靠性也较差。通常交流变电站的主要设备是变压器和断路器，而直流换流站除换流变压器和相应的断路器以外，还有换流器、平波电抗器、交流滤波器、直流滤波器、无功补偿设备以及各种类型的交流和直流避雷器等。因此换流站的造价比同样规模的交流变电站的造价要高出数倍。由于设备多，换流站的损耗和运行费用也相应增加，同时换流站的运行和维护也较复杂，对运行人员的要求也较高。因此，减少换流站的设备、简化其结构、降低设备造价、改善设备的运行性能、采用新型的换流设备是今后直流输电发展中应继续解决的主要问题。

(2) 换流器对交流侧来说，除了是一个负荷（在整流站）或电源（在逆变站）以外，它还是一个谐波电流源。它畸变交流电流波形，向交流系统发出一系列的高次谐波电流，同时也畸变了交流电压波形。为了减少流入交流系统的谐波电流，保证换流站交流母线电压的畸变率在允许的范围内，必须装设交流滤波器。另外，换流器对直流侧来说，除了是一个电源（在整流站）或负荷（在逆变站）以外，它还是一个谐波电压源。它畸变直流电压波形、向直流侧发出一系列的谐波电压，在直流线路上产生谐波电流。为了保证直流线路上的谐波电流在允许的范围内，在直流侧必须装设平波电抗器和直流滤波器。交、直流滤波器使换流站的造价、占地面积和运行费用均大幅度提高。同时也降低了换流站的运行可靠性。当采用新型高频可关断半导体器件（如 IGBT、IGCT、碳化硅元件等）和脉宽调制（PWM）技术进行换流时，换流器所产生的谐波将大幅度降低，滤波系统则可相应的简化。

(3) 晶闸管换流器在进行换流时需消耗大量的无功功率（占直流输送功率的 40%～60%），每个换流站均需装设无功补偿设备。当交流滤波器所提供的无功功率不能满足无功补偿的要求时，还需另外装设静电电容器；当换流站接于弱交流系统时，为提高系统动态电压的稳定性和改善换相条件，有时还需要装设同步调相机或静止无功补偿装置。这同样要增加换流站的投资和运行费用。当采用新型可关断半导体器件或电容换相换流器时，无功补偿问题将会得到解决。

(4) 直流输电利用大地（或海水）为回路而带来的一些技术问题。如接地极附近地下（或海水中）的直流电流对金属构件、管道、电缆等埋设物的电腐蚀问题；地中直流电流通过中性点接地变压器使变压器饱和所引起的问题；对通信系统和航海磁性罗盘的干扰等。对于每项具体的直流输电工程，在工程设计时，对上述问题必须进行充分的研究，并采取相应的技术措施。

(5) 直流断路器由于没有电流过零点可以利用，灭弧问题难以解决，给制造带来困难。国外对直流断路器虽然进行了大量的研究和试制，但到目前为止仍没有满意的产品提供给工程使用，使多端直流输电工程发展缓慢。近年来，利用直流输电的快速控制，在工程上已可以解决多端直流输电的故障处理等问题，但其控制系统相当复杂，仍需要在实际工程运行中进行考验和改进。当采用新型可关断半导体器件进行换流时，直流断路器的功能将由换流器来承担，这一问题将得到解决。

第三节　直流输电应用与工程类型

一、直流输电应用

直流输电的应用范围取决于直流输电技术的发展水平和电力工业发展的需要。目前实际应用的输电方式有交流输电和直流输电两种。交流输电在大多数情况下投资省，运行灵活方便，技术比较成熟，在电力系统中得到广泛的应用。目前直流输电技术的发展水平，直流输电还只是交流输电的补充。随着直流输电技术的发展，其应用范围将会扩大。直流输电的应用场合可分为以下两大类型。

(1) 采用交流输电在技术上有困难或不可能，而只能采用直流输电的场合，如不同频率(如50Hz、60Hz) 电网之间的联网或向不同频率的电网送电；因稳定问题采用交流输电难以实现；远距离电缆送电，采用交流电缆因电容电流太大而无法实现等。

(2) 在技术上采用两种输电方式均能实现，但采用直流输电比交流输电的技术经济性能好。对于这种情况则需要对工程的输电方案进行比较和论证，最后根据比较的结果选择技术经济性能优越的方案。

目前直流输电的应用主要在以下几个方面。

(一) 远距离大容量输电

直流输电线路的造价和运行费用均比交流输电低，而换流站的造价和运行费用均比交流变电站的高。因此，对同样的输送容量，输送距离越远，直流比交流的经济性能越好。随着输送距离的增加，交流输电的容量将受其稳定极限的限制，为提高输送能力，往往需要采取各种技术措施，从而又增加了交流输电的投资。通常规定，当直流输电线路和换流站的造价与交流输电线路和变电站的造价相等时的输电距离为等价距离（见图 1-5)，也就是说，对于一定的输送功率，当输电距离大于等价距离时，采用直流输电比较经济。等价距离与交流和直流输电线路的造价、交流变电站和直流换流站的造价、交流输电和直流输电系统的损耗和运行费用、损耗的电能价格等一系列经济指标有关。对于不同的国家，由于上述经济指标的不同，其等价距离也不相同。目前，国外架空线路的等价距离为 600～800km，而电缆线路为20～40km。中国目前架空线路的等价距离为 800～1000km。

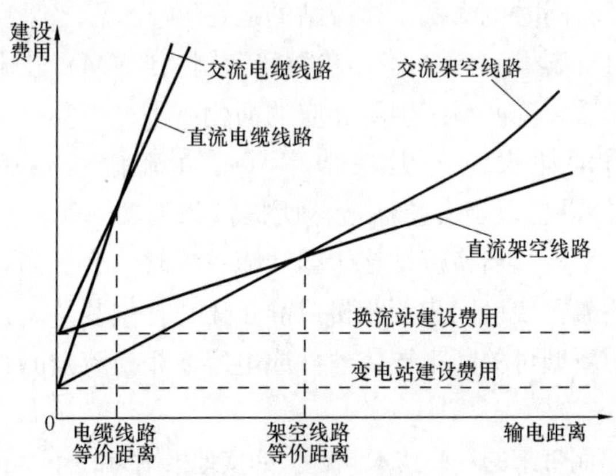

图 1-5　交直流输电建设费用与输电距离的关系图

(二) 电力系统联网

电力系统发展的规律势必走向联网，因为它有利于资源的优化配置和应用，可以得到很好的联网效益。用传统的交流输电方式联网将形成同步运行的大电网，可以取得联网效益，但也带来一些大电网存在的问题（如稳定问题、故障后可能引起的大面积停电问题、短路容量增大问题等）。采用直流输电联网，既可取得联网效益，又能避免大电网带来的问题，同时还能改善原交流电网的运行性能。用直流联网主要有以下优点。

（1）直流联网为非同步联网，这与采用交流的同步联网有本质的不同。非同步联网的被联电网可用各自的频率非同步独立运行，可保持各个电网自己的电能质量（如频率、电压）而不受联网的影响。采用交流的同步联网，被联电网联网后必须在同一频率下同步运行。

（2）被联电网间交换的功率，可以用直流输电的控制系统进行快速、方便地控制，而不受被联电网运行条件的影响，便于经营和管理。采用交流联网，则联络线上的功率受两端电网运行情况的影响而很难进行控制。

（3）联网后不增加被联电网的短路容量，不需要考虑因短路容量的增加，断路器因遮断容量不够而需要更换，以及电缆需要采用限流措施等问题。

（4）可以方便地利用直流输电的快速控制来改善交流电网的运行性能，减少故障时两电网的相互影响，提高电网运行的稳定性，降低大电网大面积停电的概率，提高大电网运行的可靠性。

目前在工程中所采用的直流联网有以下两种类型。

（1）背靠背直流联网。其特点是整流和逆变放在一个背靠背换流站内；无直流输电线路；可选择低的直流电压和较小的平波电抗值；可省去直流滤波器，从而降低了换流站的造价。另外，它还可以比远距离直流输电更为方便地调节换流站的无功功率，来改善被联电网的电压稳定性。对于电力系统之间的弱联系，采用背靠背联网更为有利。华北电网与东北电网之间的高岭背靠背直流输电工程以及华中电网与西北电网之间的灵宝背靠背直流输电工程，均属于这种类型。

（2）远距离大容量直流输电同时又具有联网性质。当电力系统的大型电站需要向其他电网远离电站的负荷中心送电时，可以利用直流输电在远距离输电和联网方面的优点，选择这种类型的输电方式。中国三峡电站向华东和广东送电，均属于这种类型，它既解决了三峡向华东和广东的送电问题，又实现了华中与华东和华中与华南电网的联网问题，在全国联网中起了重要的作用。

（三）直流电缆送电

直流电缆没有电容电流，输送容量不受距离的限制，而交流电缆由于电容电流很大，其输送距离将受到限制。交流电缆每相的电容电流可用下式表示

$$I_C = U_n \cdot 2\pi f \cdot C_0 l \tag{1-2}$$

式中，I_C 为每相的电容电流，A；U_n 为额定电压，V；f 为频率，Hz；C_0 为每相单位长度电缆的电容，F/km；l 为电缆线路的长度，km。I_C 通过芯线时必降低芯线的负荷能力。当 I_C 等于电缆所允许的负荷电流 I_p 时，则芯线的全部负荷能力均被 I_C 所占用，此时已不可能利用交流电缆来输送电力，其相对应的输送距离称为临界距离（l_{cr}）。其临界距离可用下式表示

$$l_{cr} = \frac{I_p}{U_n \cdot 2\pi f C_0} \quad (\text{km}) \tag{1-3}$$

由上式可知，交流电缆的临界输送距离与其所允许的负荷电流成正比，而与其额定电压和单

位长度的电容成反比，其额定电压越高，单位长度的电容越大，则临界距离越短。即如在技术上采用交流电缆也能实现输电时，由于直流电缆的造价低、损耗小、输送容量大等优点，交、直流输电方案论证的结果也往往是直流方案优于交流方案。

因此，远距离大容量跨海峡的海底电缆送电大部分均采用直流电缆。大城市附近建设大型电站受环境污染条件的限制，往往是不允许的。而大城市的用电密度高，人口稠密，架空线路的走廊难以选择。采用高压直流地下电缆将远处的电力送往大城市的负荷中心是一种有竞争力的选择方案。

（四）现有交流输电线路的增容改造

一些地区高压架空线路走廊的选择越来越困难。直流输电的输电密度比交流输电高，改建现有交流输电线路为直流输电线路是利用已有的线路走廊，提高输电能力值得考虑的办法。假定利用原交流线路的导线，将U、V、W三相改为直流输电的正、负两极（总导线截面不变），在直流输电和交流输电电流密度相同的条件下，直流线路电流可比原交流线路电流增加1.5倍。因为直流极线的导线截面比原交流每相的导线截面增大1.5倍。交流线路的改造主要是导线的重新排列，绝缘子串的加长或更换，铁塔塔头的改造（塔身和基础均不变）。在上述条件下，改造后直流的输送容量比原交流输送容量提高的倍数取决于直流极对地电压对交流相电压（有效值）提高的倍数。以一回交流线路改为一回双极直流线路为例。取U_{ph}为交流相电压有效值；U_d为直流极对地电压；I_l为交流线电流；I_d为直流极电流。假定交流输电的$\cos\varphi=1$，则交流和直流的输送功率可用以下公式表示

交流输送功率
$$P_a = 3U_{ph}I_l \tag{1-4}$$
直流输送功率
$$P_d = 2U_dI_d \tag{1-5}$$
按上述条件取
$$U_d = kU_{ph} \tag{1-6}$$
$$I_d = \frac{3}{2}I_l \tag{1-7}$$

式中，k为直流极对地电压对交流相电压提高的倍数。将式（1-6）、式（1-7）代入式（1-5）可得

$$P_d = k(3U_{ph}I_l) = kP_a \tag{1-8}$$

由此可见，在上述条件下改造后的直流输送功率比原交流输送功率提高的倍数取决于直流极对地电压和对交流相电压提高的倍数k值。对于一回交流改为一回单极直流以及两回交流改为一回双极直流或三回双极直流等情况，也会得到同样的结果。k值与直流电压和交流电压的绝缘耐受能力以及直流输电工程和交流输电工程的绝缘水平有关。

假定对同样的绝缘，直流的耐受电压（U_{dw}）和交流的耐受电压有效值（U_{aw}）之比为k_1，则

$$k_1 = \frac{U_{dw}}{U_{aw}} \tag{1-9}$$

交流输电工程和直流输电工程的绝缘水平，通常与其操作过电压倍数k_a和k_d有关。k_a和k_d可分别用以下公式表示

$$k_a = \frac{\text{交流绝缘水平}}{U_{ph}} \tag{1-10}$$

$$k_d = \frac{\text{直流绝缘水平}}{U_d} \tag{1-11}$$

假定交、直流输电绝缘比为 R_l，交流相电压所需的绝缘长度为 l_a，直流极对地电压所需的绝缘长度为 l_d，则

$$\begin{aligned} R_l &= \frac{l_a}{l_d} = \frac{\text{交流绝缘水平}}{\text{交流耐受电压}} \Big/ \frac{\text{直流绝缘水平}}{\text{直流耐受电压}} \\ &= \frac{k_a \cdot U_{ph}}{U_{aw}} \Big/ \frac{k_d \cdot U_d}{U_{dw}} = k_1 \cdot \frac{k_a}{k_d} \cdot \frac{U_{ph}}{U_d} \end{aligned} \tag{1-12}$$

当绝缘长度相等时，即 $R_l=1$，则有

$$U_d = k_1 \frac{k_a}{k_d} \cdot U_{ph} \tag{1-13}$$

令

$$k = k_1 \frac{k_a}{k_d} \tag{1-14}$$

则

$$U_d = kU_{ph} \tag{1-15}$$

式中，k 即为人们所求的直流极对地电压对交流相电压可以提高的倍数。

架空线路绝缘子串耐受直流电压和交流电压的能力与线路所经地区的污秽状况有关。对于严重污秽区直流电压的耐受能力相当于交流电压的有效值，而对于清洁区则相当于交流电压的峰值。前者 k_1 值为 1，而后者则为$\sqrt{2}$。对于不同绝缘介质的电缆线路，直流的耐压能力比交流的更高，一般 k_1 值为 2～3。交流输电工程的操作过电压倍数一般为 2.5～3 倍，而直流输电工程通常为 1.7 倍。对于不同情况的交流架空线路或电缆线路，采用不同的 k_1、k_a 和 k_d 值，改建成直流输电后，可提高输送容量的倍数，详见表 1-1。

表 1-1　采用不同 k_1、k_a 和 k_d 值对提高输送容量的倍数 k 值表

线路类型	k_1	k_a	k_d	k
架空线路	1	2.5	1.7	1.47
	$\sqrt{2}$	3	1.7	2.49
电缆线路	2	2.5	1.7	2.94
	3	3	1.7	5.29

因此，可以粗略地认为，当选择交、直流输电线路的电流密度相等时，架空线路可提高输送容量 1.5～2.5 倍，而电缆线路则可提高 3～5 倍。如果考虑到直流输电线路的电流密度可以选择比交流输电更高时，则改建后的直流输电工程的输送容量还可以更大一些。此外，将交流改为直流后，还可以利用直流的快速控制来改善交流系统的运行性能，提高系统的运行可靠性。在进行工程改造时，输电线路的两端必须新建整流站和逆变站，这将需要相应的投资。对于具体的工程，均需由全面的技术经济论证来确定。

（五）轻型直流输电（HVDC Light）

轻型直流输电是 20 世纪 90 年代开始发展的一种新型直流输电工程。它采用脉宽调制（PWM）技术，应用绝缘栅双极晶体管（IGBT）组成的电压源换流器进行换流。由于这种换流器的功能强、体积小，可减少换流站的设备、简化换流站的结构，从而称为轻型直流输电。它主要应用于向孤立的远方小负荷区供电、小型水电站或风力发电站与主干电网的连接、小型背靠背换流站以及输送功率较小的配电网络。轻型直流输电的建设周期短（一年内

可以建成)，换流器的控制性能好，在配电网络中有较好的竞争力。到2004年，世界上已有8项轻型直流输电工程建成。轻型直流输电介绍详见第二章第七节内容。

二、直流输电工程类型

直流输电工程按其结构来分，有两端直流输电工程和多端直流输电工程两大类，其中又有单极直流工程、双极直流工程和背靠背直流工程三种类型（详见本章第一节内容）。按工程的性质来分有远距离大容量直流架空线路工程、背靠背直流联网工程、跨海峡的直流海底电缆工程、向大城市送电的直流地下电缆工程、向孤立的负荷点送电或从孤立的电站向电网送电的直流工程、与交流输电并联的直流工程等。此外，还有采用新型电子器件换流的轻型直流输电工程。不同性质的直流工程的特点如下。

（一）远距离大容量直流架空线路工程

直流输电在远距离大容量输电方面比交流输电有明显的优点。目前在已运行和正在建设的直流工程中，此类工程约占1/3，并且在今后它也具有较好的发展前景。此类工程大多是解决大型水电站或火电厂（煤炭基地的坑口电站）向远方负荷中心的送电问题。例如，巴西的伊泰普直流工程为两回±600kV，约800km长，输送总容量为6300MW；加拿大的纳尔逊河直流工程为两回±500kV，约940km长，输送总容量为4000MW；中国三峡向华东送电采用三回±500kV，为900～1100km长，输送总容量为7200MW；三峡向广东送电为一回±500kV，约960km长，输送容量为3000MW等。有时这种远距离输电还具有非同步联网的性质，如三峡向华东以及向广东的送电工程，同时也实现了华中与华东以及华中与华南电网的非同步联网。而巴西伊泰普直流工程则是从50Hz的发电站向60Hz的电网送电。此类工程的特点是输送容量大、距离远、电压高，其单项工程的输送容量和电压代表了当时直流输电技术的最高水平。根据国外对直流输电换流设备的制造情况及直流输电技术的发展水平，目前建设±800kV，输送5000～6000MW的直流工程是现实可能的。前苏联曾计划建设±750kV,从埃基巴斯图兹煤炭基地的坑口电站向欧洲中部的唐波夫送电，输送功率为6000MW，输送距离为2400km的直流工程，并完成了设备制造、试验以及两端换流站和输电线路的部分建设工作，后因非技术原因而停建。中国计划于2010年投入运行的向家坝—上海以及云南—广东Ⅰ特高压直流输电工程，均属于这种类型。前者为±800kV，6400MW，输电距离1961km；后者为±800kV，5000MW，输电距离1450km。

（二）背靠背直流联网工程

电力系统之间的互联可以有三种方式，即：①传统的交流输电同步联网方式，联网后将形成更大的同步运行电网；②直流输电非同步联网方式，联网后将形成非同步联合运行的大电网，其中包括不同频率（如50Hz、60Hz）的联合大电网；③交、直流并联输电同步联网方式，联网后将形成可以利用直流输电的快速控制改善电网运行性能的同步运行的大电网。第③种方式通常是先有交流输电联网，而后又建设的直流输电工程。背靠背直流联网是大电网之间实现非同步联网的一种很值得考虑的选择方式，同时它也可以在交直流并联同步联网方式中采用。

背靠背直流工程近年来发展较快，在已运行和正在建设的直流工程中约占1/3。例如，北美洲东部西部两大电网，长期以来由于稳定问题采用交流联网一直未能实现，20世纪80年代以后先后建成6个背靠背换流站，实现了非同步联网；东欧与西欧电网也通过三个背靠背换流站实现了互联；俄罗斯与芬兰电网通过背靠背换流站联网已运行多年；印度将通过4个背靠背换流站和数回直流输电线路来完成全国五大电网的非同步联网；日本则通过4个背靠背换流站和两个直流输电线路实现全国9大电力公司的联合运行，其中包括50Hz和60Hz电网的互联。中国已形成东北、华北、西北、华东、华中、华南及西南7个大区电网。目前华中与华东电网已采用直流输电实现了非同步联网、华中与华南电网已通过三峡向广东的直流输电工程实现了互联。西北与华中电网首先通过灵宝背靠背直流输电工程实现了互联，然后随着西北水电与火电的开发，将会采用直流输电向华中送电，同时也加强了两电网的非同步互联。华北与东北电网已通过高岭背靠背直流输电工程实现了互联。背靠背换流站将在全国联网中发挥其重要的作用。另外，在我国与周边国家的联网送电工程中，背靠背换流站也将会得到应用。

（三）跨海峡直流海底电缆工程

交流电缆由于电容电流而使其输电距离受到限制，对于跨越数十千米海峡的输电工程，输送较大的功率是很困难的。大部分跨海峡的输电工程均采用直流输电，如英法海峡直流工程，采用两回±270kV，总输送功率为2000MW，海底电缆72km；波罗底海直流工程（瑞典—德国），海底电缆250km，架空线路12km，单极450kV，输送功率600MW；日本纪伊直流工程，海底电缆51km，架空线路51km，双极±500kV，输送功率2800MW，以及马来西亚的巴坤直流工程，海底电缆670km，架空线路660km，计划三回±500kV，总输送功率2130MW。另外，还有不少小型的跨海峡直流工程，如中国的舟山直流工程和嵊泗直流工程等。

此类工程大多为海底电缆和架空线路混合型，其输送功率（从数十兆瓦到数千兆瓦）和输电距离（从数千米到数百千米）的变化范围较大，各个工程的系统结构也各不相同。有单极大地回线方式、单极金属回线方式、双极两端中性点接地方式、双极一端中性点接地方式、双极金属中线方式（如日本的纪伊工程）等。此类工程的另一个特点是当受端为孤立的海岛时，受端往往为弱交流系统，有时可能是一个无电源的负荷区。这对于采用晶闸管换流的直流输电来说，为了改善换相条件，提高直流输电的运行可靠性和交流系统的电压稳定性，在逆变站通常需要装设调相机或静止无功补偿装置。当采用轻型直流输电时，此问题则迎刃而解。如果采用轻型直流输电与新型聚合物的海底电缆相配合，则可取得很好的经济效益。

（四）向大城市送电的直流地下电缆工程

由于大城市的工商业发达、人口稠密、用电密度高，因此环境保护的要求在大城市附近建设大型电站是不允许的，同时在这些地区选择高压架空线路的走廊也很困难。因而向大城市送电的发展方向是选择地下电缆送电。此类工程通常不是大型直流工程，它类似于220kV或110kV的交流输电工程，但输电距离较长，采用直流地下电缆比交流电缆有明显的优点。目前此类工程还不多（仅有英国伦敦的金斯诺斯直流工程），随着轻型直流输电和新型聚合物直流地下电缆的应用，此类工程的造价将降低，它将会得到进一步的应用和发展。

（五）向孤立负荷点送电或从孤立电站向电网送电的直流工程

向孤立负荷点送电的直流工程大多为中小型直流工程，一般该负荷点远离主干电网，要求的输送容量不大，但输送距离较远，采用直流输电在技术和经济上会有一定的优势。因此，轻型直流输电在这种场合的应用将会更为有利。

孤立电站向电网送电有两种情况。首先是在边远偏僻地区的大型水电站向远处负荷中心送电。电站附近无地区负荷或地区负荷很小，全部（或大部）发电容量均需送往远处的负荷中心。此类直流工程整流站的接线方式可以考虑采用发电机—变压器—换流器的单元接线方式。这种接线方式发电机的升压变压器和换流变压器合二为一，可减少一级变压及相应的开关设备，简化滤波装置，减小占地面积，降低换流站的造价、损耗和运行费用。同时对不同的季节，当水头变化时，为了充分利用水轮机的效率，水轮发电机还可以用不同的频率发电，通过直流输电的隔离，送入受端交流系统，从而可以取得更大的效益。另一种情况是远离负荷区的小型水电站或风力发电站向电网或负荷点送电。此类工程的输送容量不大，是采用轻型直流输电较好的场合。

（六）与交流输电并联的直流输电工程

这种输电系统也称交、直流并联输电系统。此类直流工程大多是为了加强改善原交流输电系统的性能而建设，如美国的太平洋联络线直流工程，中国的天生桥—广州直流工程等。此类工程的主要特点是利用直流输电的快速控制来阻尼交流系统的低频振荡，从而提高与其并联的交流线路的输送能力，其控制系统比较复杂，在工程设计时的系统研究工作量将相应增加，这也是加强和改进现有交流系统运行性能的一种措施。

第四节 直流输电发展

一、国外直流输电发展

电力技术的发展是从直流电开始的，早期的直流输电是不需要经过换流，直接从直流电源送往直流负荷，即发电、输电和用电均为直流电，如1882年在德国建成的2kV、1.5kW、57km向慕尼黑国际展览会的送电工程；1889年在法国用直流发电机串联而得到高电压，从毛梯埃斯（Moutiers）到里昂（Lyon）的125kV、20MW、230km的直流输电工程等。随着三相交流发电机、感应电动机和变压器的迅速发展，发电和用电领域很快被交流电所取代。同时变压器又可方便地改变交流电压，从而使交流输电和交流电网得到迅速的发展，并很快占据了统治地位。但在输电领域，直流还有交流所不能取代之处，如远距离电缆送电、不同频率电网之间的联网等。

在发电和用电的绝大部分均为交流电的情况下，要采用直流输电，必须要解决换流问题。因此，直流输电的发展与换流技术的发展（其中特别是高电压大功率换流设备的发展）有密切的关系。直流输电的发展可分为以下几个时期。

（一）汞弧阀换流时期

1901年发明的汞弧整流管只能用于整流，而不能进行逆变。1928年具有栅极控制能力的汞弧阀研制成功，它不但可用于整流，同时也解决了逆变问题。因此，可以说大功率汞弧阀的问世使直流输电成为现实。从1954年世界上第一个工业性直流输电工程（果特兰岛直流工程）在瑞典投入运行以后，到1977年最后一个采用汞弧阀换流的直流工程（加拿大纳尔逊河Ⅰ期工程）建成，世界上共有12项采用汞弧阀换流的直流工程投入运行。其中最大输送容量和最长输送距离的为美国太平洋联络线（1440MW、1362km），最高输电电压的为加拿大纳尔逊河Ⅰ期工程（±450kV）。这一时期可称为汞弧阀换流时期。最大容量的汞弧阀为用于太平洋联络线的多阳极汞弧阀（133kV、1800A）以及用于前苏联伏尔加格勒—顿巴斯直流工程的单阳极汞弧阀（130kV、900A）。由于汞弧阀制造技术复杂、价格昂贵、逆弧故障率高，可靠性较低、运行维护不便等因素，使直流输电的发展受到限制。

（二）晶闸管阀换流时期

20世纪70年代以后，电力电子技术和微电子技术的迅速发展，高压大功率晶闸管的问世，晶闸管换流阀和微机控制技术在直流输电工程中的应用，有效地改善了直流输电的运行性能和可靠性，促进了直流输电技术的发展。晶闸管换流阀不存在逆弧问题，而且制造、试验、运行维护和检修都比汞弧阀简单而方便。1970年瑞典首先在果特兰岛直流工程上扩建了直流电压为50kV，功率为10MW，采用晶闸管换流阀的试验工程。1972年世界上第一个采用晶闸管换流的伊尔河背靠背直流工程在加拿大投入运行。由于晶闸管换流阀比汞弧阀有明显的优点，从此以后新建的直流工程均采用晶闸管换流阀。与此同时，原来采用汞弧阀的直流工程也逐步被晶闸管阀所替代。20世纪70年代以后汞弧阀被淘汰，开始了晶闸管换流时期。在此期间，微机控制和保护、光电传输技术、水冷技术、氧化锌避雷器等新技术，在直流输电工程中也得到了广泛的应用，促使直流输电技术进一步的发展。

1954～2000年，世界上已投入运行的直流输电工程有63项，其中架空线路17项，电缆线路8项，架空线和电缆混合线路12项，背靠背直流工程26项（详见附录、表1-2和表14-1）。在已运行的直流工程中，架空线路最高电压（±600kV）和最大输送容量（6300MW）的是巴西伊泰普直流工程，最长输送距离（1700km）的是南非英加—沙巴直流工程；电缆线路的最大输送容量（2000MW）是英法海峡直流工程，最高电压（450kV）和最长距离（250km）是瑞典—德国的波罗底海直流工程；背靠背换流站的最大容量（1065MW）是俄罗斯—芬兰之间的维堡直流工程。在此时期，直流输电在远距离大容量输电、电网互联和电缆送电（特别是海底电缆）等方面均发挥了重大的作用。直流输电工程输送容量的年平均增长率，在1960～1975年为460MW/年，1976～1980年为1500MW/年，1981～1998年为2096MW/年。

（三）新型半导体换流设备的应用

20世纪90年代以后，新型氧化物半导体器件—绝缘栅双极晶体管（IGBT）首先在工业驱动装置上得到广泛的应用。1997年3月世界上第一个采用IGBT组成电压源换流器的直流输电工业性试验工程在瑞典中部投入运行，其输送功率和电压为3MW、10kV，输送距离为10km，这种被称为轻型直流输电的工程在小型输电工程中具有较好的竞争力。到2004年，在瑞典、澳大利亚、爱沙尼亚、芬兰、美国、挪威等地已有8项轻型直流输电工程投入运行。由于IGBT单个元件的功率小、损耗大，不利于大型直流输电工程采用。近期研制成功的集成门极换相晶闸管（IGCT）和大功率碳化硅元件，在直流输电工程中有很好的应用前景。这类元件的电压高、通流能力大、损耗低、体积小、可靠性高，并且它还具有自关断能力。因此，这些新型的半导体换流器件将会取代普通晶闸管，并将有力地推动直流输电技术的发展。

二、中国直流输电发展

(一) 实验装置建设及换流设备研制

中国的直流输电是在1958年考虑长江三峡水利资源的开发以及三峡电站的电力外送问题时提出的。1963年在中国电力科学研究院建成1000V、5A的直流输电物理模拟装置。该套装置主要包括:两组由闸流管组成的六脉冲换流器、换流变压器模型、平波电抗器模型、输电线路模型以及电磁型和电子型的控制保护装置等。利用该套装置开始了对直流输电换流技术及控制保护系统的研究。20世纪70年代以后,对该套装置进行了技术更新和改造,用晶闸管替换了原来的闸流管并采用了数字式的控制保护系统。20世纪80年代,随着葛—南大型直流输电工程的技术引进,从瑞士BBC公司引进了一套先进的大型直流输电模拟装置,它主要包括:8组由晶闸管组成的12脉动换流器及其配套的8组换流变压器、交流滤波器、直流滤波器及平波电抗器模型;60组可以模拟3000km直流(或交流)线路的线路模型;5组数字式发电机模型;2组交流电源模型;1组静止无功补偿模型以及相应的交、直流断路器模型及避雷器模型等。控制保护采用与葛—南直流工程相同的由可编程高速处理器(PHSC)组成的微机控制系统。每组12脉动换流器的额定参数是200V、250mA、50W。该套模拟装置在葛—南直流工程的系统研究、调试和运行的研究工作中起了重要的作用,同时还为天—广直流工程、三峡向华东及广东送电、西北向华北送电等直流工程,进行了大量的研究工作。20世纪90年代,在该套装置上又增加了全数字化的直流输电仿真系统(RTDS),并且与暂态网络分析装置(TNA)相连,从而具备了进行更大规模试验研究工作的能力。在此基础上,在中国电力科学研究院成立了电力系统仿真中心。与此同时,在浙江大学、华北电力大学以及西安高压电器研究所也先后建立了不同类型的直流输电模拟装置并进行了各项研究工作。为了开展对直流高电压技术的研究,在中国电力科学研究院和西安高压电器研究所还建立了能够满足±500kV直流输电工程的研究工作所需要的直流高压发生器,并开展了直流高电压技术的研究。为了满足建设±800kV以上的特高压直流输电工程的需要,2008年在中国电力科学研究院建成直流输电特高压实验基地,并进行了大量的研究工作。

换流设备是实现直流输电的关键设备。中国直流输电的发展起步较晚,它跨越了汞弧阀换流时期,在20世纪70年代直接从晶闸管换流阀开始,并同时对直流输电的其他设备也进行了试制。在西安和上海先后建立了相应的试验装置和试验工程。

1974年在西安高压电器研究所建成8.5kV、200A,容量为1.7MW的背靠背换流试验站。整流侧和逆变侧各采用1组6脉动换流器,共有12个晶闸管换流阀,其中10个换流阀是由16个2000V、200A的晶闸管串联组成;2个换流阀是由48个200~1000V、200A的晶闸管组成。在此之前曾对由52个晶闸管串联的换流阀样机进行了大量的试验研究。换流阀为空气绝缘、风冷却、户内式结构,触发方式为电磁型,控制系统采用模拟式按相控制。利用该试验站除对全部一次设备和二次设备进行大量的考核试验外,还对直流输电的控制保护特性以及各种故障类型进行了试验研究。以上工作对舟山直流输电工程的设备制造打下了良好的基础。

1977年在上海利用杨树浦发电厂到九龙变电站之间的23kV交流报废电缆线路上,建成31kV、150A、4.65MW的直流输电试验工程,全长8.6km。整流站和逆变站各采用一个6脉动换流器。换流阀由64个2000V、150A的晶闸管串联组成,采用空气绝缘、通油冷却、户内式结构,触发方式为电磁型,控制装置采用数字式等距脉冲触发系统。两端换流站交流侧装有 5 次、7 次和高通滤波器，直流侧装有 1H 的平波电抗器。工程建成后对全部设备进行了各种现场试验和考核，并对换流站产生的谐波和无线电干扰进行了实测和分析。以上工作为舟山直流输电工程的设计、调试和运行积累了经验，进行了技术准备。

（二）直流输电工程建设

20 世纪 80 年代，中国开始建设直流输电工程，到 2002 年已有 5 项直流输电工程投入运行，其主要技术参数见表 1-2。

表 1-2　到 2002 年我国已运行的直流输电工程的主要技术参数

序号	技术参数		舟 山	葛—南	天—广	嵊 泗	三—常
1	输送容量（MW）		50	1200	1800	60	3000
2	直流电压（kV）		－100	±500	±500	±50	±500
3	直流电流（A）		500	1200	1800	600	3000
4	输送距离（km）		54	1045	960	66.2	860
	架空线		42（分三段）	1045	960	6.5（分两段）	860
	电 缆		12（分两段）	0	0	59.7	0
5	导线截面（mm^2）	架空线	1×400	4×300	4×400	1×400	4×720
		电 缆	1×300			1×300	
6	电流密度（A/mm^2）	架空线	1.25	1	1.25	1.5	1.04
		电 缆	1.67			2	
7	换流站交流母线电压（kV）	送 端	110	500	220	110	500
		受 端	35	220	220	35	500
8	换流器		6 脉动	12 脉动	12 脉动	6 脉动	12 脉动
9	换流阀		水冷空气绝缘户内式双重阀	水冷空气绝缘户内式四重阀	水冷空气绝缘户内式四重阀	水冷空气绝缘户内式双重阀	水冷空气绝缘户内式双重阀
	电压（kV）		100	250	250	50	250
	电流（A）		500	1200	1800	600	3000
	阀片串联数		192	120	84/78*	45	90/84*
10	晶闸管	电压（V）	2000	5500	8000	3600	7200
		电流（A）	500	1200	1800	600	3000
		直径（mm）	46	80/75*	100	46	125
11	换流变压器		三相三绕组	单相三绕组	单相三绕组	三相三绕组	单相双绕组
	容量（MVA）	送 端	63/63/42	237/118.5/118.5	354/177/177	36/36/18	297.5/297.5
		受 端	63/63/63	224/112/112	337/168.5/168.5	35/35/35	283.6/283.6
	电压（kV）	送 端	$\frac{115}{\sqrt{3}}/\frac{83.5}{\sqrt{3}}/10.5$	$\frac{525}{\sqrt{3}}/209/\frac{209}{\sqrt{3}}$	$\frac{230}{\sqrt{3}}/208/\frac{208}{\sqrt{3}}$	$\frac{115}{\sqrt{3}}/\frac{40.5}{\sqrt{3}}/10.5$	$\frac{525}{\sqrt{3}}/210.4$；$\frac{525}{\sqrt{3}}/\frac{210.4}{\sqrt{3}}$
		受 端	$\frac{38}{\sqrt{3}}/\frac{81}{\sqrt{3}}/10.5$	$\frac{230}{\sqrt{3}}/198/\frac{198}{\sqrt{3}}$	$\frac{230}{\sqrt{3}}/198/\frac{198}{\sqrt{3}}$	$\frac{35}{\sqrt{3}}/\frac{39.2}{\sqrt{3}}/10.5$	$\frac{500}{\sqrt{3}}/200.4$；$\frac{500}{\sqrt{3}}/\frac{200.4}{\sqrt{3}}$
	漏抗（%）	送 端	9.94/8.6/－0.12	0/15/15	0/15/15	7/8/0	16
		受 端	9.2/7.9/－0.8	0/15/15	0/15/15	0/13/2	16

续表

序号	技术参数		舟山	葛一南	天一广	嵊泗	三一常
12	平波电抗器		油浸式	干式	干式	干式	油浸式
	电感值（H）		1.27	0.3	0.15	0.4	0.29/0.27*
13	交流滤波器		单调谐5、7、11、13、高通	双调谐高通型11/13，23/25	双调谐高通型11/13，23/25	单调谐5、7、11、13、高通，逆变侧还有3次	整流侧为11/13，24/36的双调谐高通型及3次高通型；逆变侧为12/24双调谐高通型
	基波无功（Mvar）	送端	24.6	402	480	26.4	1076
		受端	22.3	696	600	33.5	1100
14	无功补偿（Mvar）	送端	无	无	240（电容器）	无	无
		受端	30（调相机1台）	87（电容器）	500（电容器）	2×30（调相机每极1台）	760（电容器）
15	直流滤波器		无	双调谐滤波器	无源及有源直流滤波器	无	双调谐波滤器
16	控制保护		数控型，后改为微机型	微机型	微机型	微机型	微机型
17	通信		特高频，后改为微波通信	电力线载波及微波	电力线载波及微波	海缆复合光缆	架空线复合光缆及微波
18	工程投运时间		1987年	1989年极1 1990年极2	2000年极1 2001年极2	2002年	2002年极1 2003年极2

* 表示逆变侧的数据。

下面分述表1-2中所列5项直流输电工程的主要特点。

1. 舟山直流输电工程

1980年国家确定全部依靠自己的力量建设中国第一项直流输电工程，它既解决了浙江大陆向舟山本岛的输电问题，又具有向建设大型直流输电工程过渡的工业性试验性质。工程的第一期为单极金属回线方式，－100kV，500A，50MW。第一期工程于1984年开始施工，1987年进行调试并投入试运行，1989年正式投入商业运行。工程的最终规模为双极±100kV，500A，100MW。整流站在浙江省宁波附近的大碶镇，逆变站在舟山本岛的鳌头浦，线路全长54km。

舟山直流工程的主要特点如下：

(1) 受端为弱交流系统。在工程设计和投运初期，当逆变站不装设调相机时，对于不同的受端系统运行方式，换流站的短路比仅为1.06～2.31。为改善逆变器的换相条件和提高受端交流系统的电压稳定性，在逆变侧换流变压器的第三绕组上装设了一台30Mvar的调相机，这样可将短路比提高到6.3～7.6。

(2) 直流输电线路为架空线和海底电缆交替分段混合型。全长共54km，其中12km为海底电缆（分两段），42km为架空线（分三段），从而增加了过电压保护的复杂性，同时给利用电力线载波也带来了困难。

（3）采用直流输电可以使舟山电网与华东电网非同步运行。可利用直流输电的快速控制，根据舟山地区的负荷变化来自动调节直流的输送功率，对受端系统进行调频，以保证舟山电网的频率质量。

（4）工程从科研设计、设备制造到调试运行，全部依靠国内的技术力量，具有工业性试验的性质，为直流输电在中国的发展起到了应有的作用。

1997 年舟山地区新装一台 125MW 发电机，使系统装机容量增加到 186MW，在低谷负荷时有多余的电力可向浙江大陆输送，从而对工程提出了功率反送的要求；另一方面控制保护设备也极需更新。1998 年对设备进行了更新和改造。采用微机型控制保护装置取代了原来的数控型，并增加潮流反送的功能，使舟山工程具有双向送电的能力。另外，将原来的磁吹避雷器也全部换成了氧化锌避雷器。舟山直流输电工程原理接线见图 1-6。

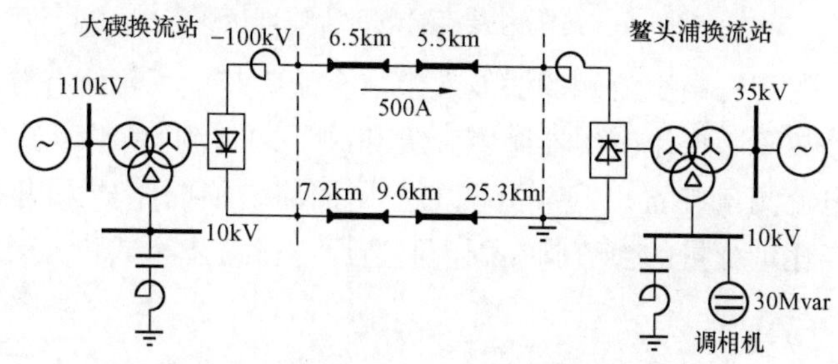

图 1-6　舟山直流输电工程原理接线图

——一架空线路；━━一海底电缆

2. 葛洲坝—南桥直流输电工程（简称葛—南直流工程）

1982 年开始对葛洲坝水电站向华东送电进行可行性研究，由于直流输电在远距离输电和联网方面的优点，最终选择了直流输电方案。该工程既解决了葛洲坝电站向华东上海地区的送电问题，又实现了华中与华东两大电网的非同期联网，它具有输电和联网的双重性质。葛—南直流工程为双极±500kV、1200A、1200MW，输送距离约 1045km。整流站在葛洲坝水电站附近的葛洲坝换流站，逆变站在上海的南桥换流站。这种大型直流输电工程的换流设备，我国尚不能制造，同时又缺乏工程设计经验，因此工程设计和设备制造全部由国外承包商承担。1984 年国家批准了工程项目，同年 12 月与瑞士 BBC 公司和德国西门子公司签订了供货合同。由 BBC 公司总承包，西门子公司提供南桥换流站的全部一次设备。1985 年 10 月开工，1989 年 9 月极 1 投入运行，1990 年 8 月全部工程建成，并投入商业运行。葛—南直流输电工程原理接线见图 1-7。

3. 天生桥—广州直流输电工程（简称天—广直流工程）

天—广直流工程于 1991 年开始进行可行性研究，1997 年与德国西门子公司签订了供货合同，2000 年 12 月极 1 投入运行，2001 年工程全部建成。该工程为西电东送工程的一部分，它和天—广 500kV 交流输电工程形成交直流并联的输电系统。工程建设的目的是解决天生桥水电站以及云南、贵州的多余电力向广州负荷中心的送电问题，其直流工程为双极±500kV、1800A、1800MW，西起天生桥水电站附近的马窝换流站，东至广州的北郊换流站，全长约 960km。工程的主要特点为远距离大容量的交直流并联输电，可以利用直流输电的快速控制来提高交流的输送容量和系统运行的稳定性。与葛—南直流工程相比，本工程

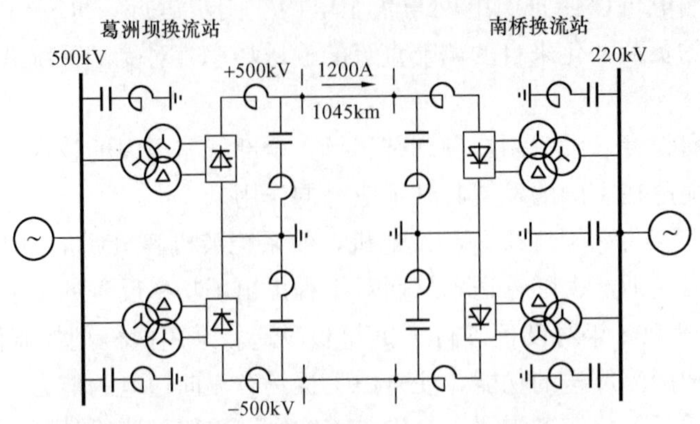

图 1-7　葛—南直流输电工程原理接线图

采用了以下新技术：①为提高直流侧的滤波效果，直流侧装设了直流有源滤波器；②为减少直流侧外绝缘的闪络故障，换流变压器阀侧套管和阀厅的直流侧套管均采用新型合成套管；③采用光电型直流电流测量装置；④直流侧的金属回路转换断路器采用 SF_6 断路器。为了促进换流设备的国产化，少量的换流阀在国内制造厂进行组装和试验。天一广直流输电工程原理接线见图 1-8。

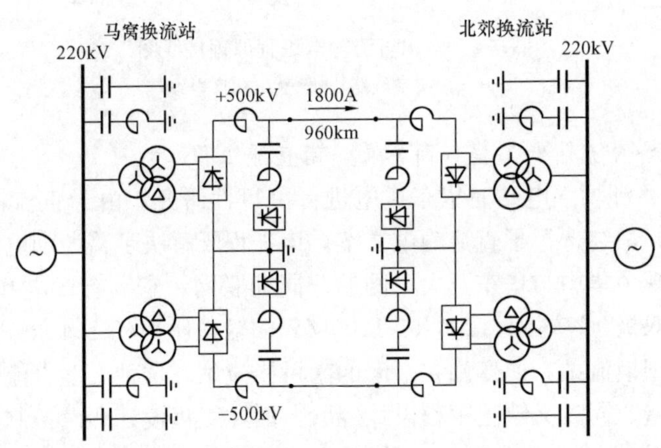

图 1-8　天—广直流输电工程原理接线图

4. 嵊泗直流输电工程

嵊泗直流输电工程是中国自行设计和建造的双极海底电缆直流工程，主要解决从上海向嵊泗岛及宝钢马迹山码头的送电问题，同时也考虑到当嵊泗岛上的风力发电发展到一定规模时，也具有向上海反送的功能。工程的主要特点是受端为弱交流系统，并含有相当大量的宝钢马迹山码头的动态冲击负荷，从而使工程的控制保护系统以及受端的无功补偿方式在技术上均需进行特殊的考虑。工程为双极，±50kV，600A，60MW，可双向送电。直流输电线路从上海的芦潮港换流站到嵊泗换流站，共 66.2km，其中 59.7km 为海底电缆，6.5km（分两段）为架空线路。1996 年完成各种研究工作，1997 年进行设备订货，2002 年工程全部建成。除控制保护装置由许继电气股份有限公司供货外，其余全部设备均由西安电力机械股份有限公司承包。嵊泗直流输电工程原理接线见图 1-9。

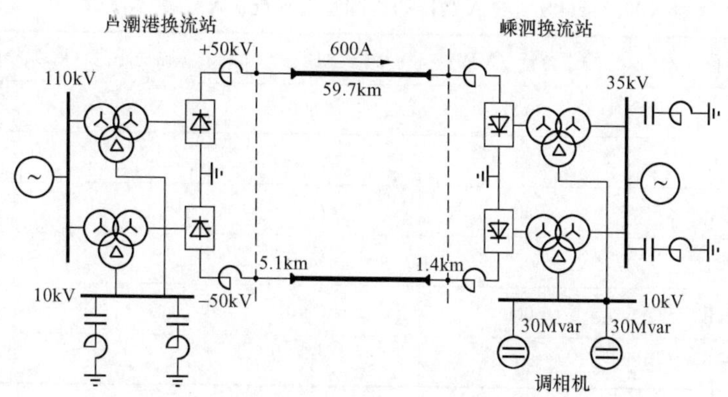

图 1-9　嵊泗直流输电工程原理接线图

——一架空线路；━━一海底电缆

5. 三峡—常州直流输电工程（简称三—常直流工程）

三—常直流工程主要为解决三峡水电站向华东电网的送电问题，同时也加强了华中与华东两大电网的非同期联网。该工程为双极±500kV，3000A，3000MW。直流架空线路从三峡电站附近的龙泉换流站到江苏常州的政平换流站，全长共 860km。换流设备由 ABB 公司承包，政平换流站的换流变压器和平波电抗器由西门子公司提供。在引进设备的同时，也进行了技术引进和技术转让，其中部分主要设备（如换流阀、换流变压器、平波电抗器、晶闸管元件等）在国内制造厂进行试制。工程于 2002 年 12 月极 1 投入运行，2003 年 5 月全部建成。三—常直流输电工程原理接线图见图 1-10。

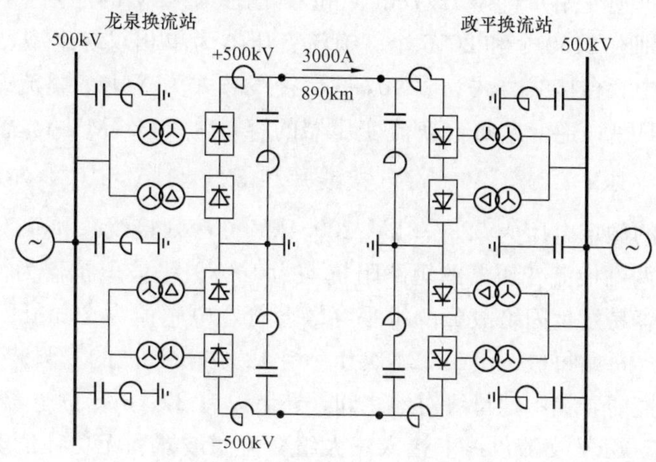

图 1-10　三—常直流输电工程原理接线图

最近几年直流输电在中国快速发展。2003～2008 年，又有三峡—广东、贵州—广东Ⅰ、灵宝背靠背、三峡—上海Ⅰ、贵州—广东Ⅱ和高岭背靠背 6 项直流输电工程投入运行，其基本参数见表 1-3，其中 4 项是单项输送功率 3000MW，电压±500kV 的大型直流输电工程；2 项为背靠背联网直流输电工程。

表 1-3　2003～2008 年投入运行的中国直流输电工程的基本参数

序号	工程名称	输送容量（MW）	额定电压（kV）	输送距离（km）	投运时间（年）
(1)	三峡—广东	3000	±500	940	2004
(2)	贵州—广东Ⅰ	3000	±500	882	2004
(3)	灵宝背靠背	360	120	—	2005
(4)	三峡—上海Ⅰ	3000	±500	1052	2006
(5)	贵州—广东Ⅱ	3000	±500	1194	2007
(6)	高岭背靠背	2×750	±125	—	2008

下面分述表 1-3 中 6 项直流输电工程的概况。

1. 三峡—广东直流输电工程（简称三—广直流工程）

三峡—广东直流输电工程主要为解决三峡水电站向广东负荷中心的送电问题以及实现华中与华南两大电网的非同步联网。工程的额定参数为：±500kV，3000A，3000MW。直流架空输电线路从湖北荆州的江陵换流站到广东惠州的鹅城换流站，全长约 940km，采用 4 分裂 720mm^2 大截面导线；根据不同的污秽区分别选择 34、37、42 片瓷质绝缘子，Ⅲ级污秽区全部采用合成绝缘子；全线架设 OPGW 地线复合光缆。两端换流站分别接入华中与华南电网的 500kV 交流系统。江陵换流站接地极建在离换流站 20km 的刘台队；鹅城换流站接地极建在离换流站 45km 的观音阁。

换流设备采用与三—常直流输电工程类同的 ABB 公司技术。换流阀为水冷空气绝缘，悬吊式晶闸管（ETT）阀。换流站每极一组 12 脉动换流器，采用二重阀结构，每阀由 90 个（整流站）和 84 个（逆变站）直径 12.7cm（5in），耐压 7.2kV 的晶闸管串联而成。整流站和逆变站晶闸管分别有 2160 个和 2016 个。换流变压器为单相双绕组型，每个换流站有 12 台换流变压器，其中 6 台接线方式为 YNd，6 台接线方式为 YNy。整流站每台换流变压器的容量为：297.5MVA；逆变站每台换流变压器的容量为 283.7MVA。整流站换流变压器的额定电压为 $525/\sqrt{3}$kV/210.4kV（YNd 接线）和 $525/\sqrt{3}$kV/$210.4/\sqrt{3}$kV（YNy 接线）；逆变站换流变压器的额定电压为 $525/\sqrt{3}$kV/200.4kV（YNd 接线）和 $525/\sqrt{3}$kV /$200.4/\sqrt{3}$ kV（YNy 接线）。两站换流变压器的短路阻抗均为 16%。平波电抗器为油浸式，套管直接插入阀厅，取消了容易发生闪络故障的水平穿墙套管，电感值为 290mH。两端换流站均采用无源直流滤波器，每站每极一组 12/24 次和一组 12/36 次谐波的双调谐直流滤波器。为了改善直流侧的滤波性能，在中性母线对地之间，还装设有 2×16μF 的电容器。

江陵换流站在 500kV 交流母线上接入三大组交流滤波器和无功补偿电容器，其中 3 小组11/13 次、3 小组24/36 次、1 小组 3 次和 4 小组无功补偿电容器，每小组滤波器容量为 140Mvar，每小组电容器容量为 160Mvar，合计共有 1640Mvar，为额定功率的 54%。鹅城换流站在 500kV 交流母线上同样接入三大组交流滤波器和无功补偿电容器，其中 3 小组 11/13 次、3 小组 24/36 次和 6 小组无功补偿电容器，每小组滤波器容量为 140，每小组电容器容量为 160，合计 1800Mvar，为额定功率的 60%。直流控制保护系统采用 ABB 公司开发的 MACH2 系统，与三—常直流工程的控制保护系统基本相同，设计略有改进。

换流站主要设备及控制保护装置由ABB公司总承包，西安西电变压器有限责任公司分包制造了8台换流变压器、2台平波电抗器；西安电力整流器厂组装了全部换流阀组件，共696件；西安电力电子技术研究所引进生产线，封装了2100只晶闸管元件。整个工程的设备综合国产化率由三—常直流工程的30%提高到50%。

江陵换流站500kV交流母线首先采用户外形气体绝缘全封闭电器GIS设备，节省占地约6.87ha（103亩），安装维护工作量小，运行安全可靠，维修周期长，出线灵活方便。

2. 贵州—广东Ⅰ直流输电工程（简称贵—广Ⅰ直流工程）

贵州—广东Ⅰ直流输电工程为西电东送工程之一，主要解决西南水电与火电向广东珠江三角洲负荷中心的送电问题，工程于2004年9月双极投入运行。两端换流站设备由国内相应厂家联合西门子公司供货，设备的综合国产化率为30%。直流架空线路由贵州的安顺换流站到广东的肇庆换流站，全长约882km，导线为4×ACSR−720/50，全线采用OPGW地线复合光缆。安顺换流站的接地极在刘关屯，离换流站约60km；肇庆换流站的接地极在天堂，离换流站约40km。

换流设备采用西门子公司的技术。换流阀为水冷空气绝缘型，悬吊式光触发晶闸管（LTT）阀。每极一组12脉动换流器，采用四重阀结构。换流阀由78个直径12.7cm（5in），耐压8.0kV的光触发晶闸管串联而成，其基本组成单位为晶闸管级，13个晶闸管级与两台阀电抗器串联后，再与一只均压电容器并联构成一个阀单元，两个阀单元串联后构成一个阀模块，三个模块串联构成一个阀（一个桥臂），四个阀串联构成一个四重阀。每个双极换流站有6个四重阀，即24个换流阀，共有1872个光触发晶闸管。光触发晶闸管直接从阀基电子设备经光纤传输获得光触发脉冲，不受系统故障的干扰，且所需的触发能量小，回路简单，故障率低。

两换流站均采用单相双绕组换流变压器。安顺换流站共有12台换流变压器，每台容量297MVA，其中6台接线方式为YNd，额定电压为$525/\sqrt{3}/209.7$kV；6台接线方式为YNy，额定电压为$525/\sqrt{3}/209.7/\sqrt{3}$kV。这两种接线方式的短路阻抗均为16%。肇庆换流站共有12台换流变压器，每台容量282MVA，其中6台接线方式为YNd，额定电压为$525/\sqrt{3}/198.9$kV；6台接线方式为YNy，额定电压为$525/\sqrt{3}/198.9/\sqrt{3}$kV，短路阻抗均为15.2%。两换流站均采用油浸式平波电抗器，电感值为270mH。

安顺换流站交流母线上共接有11小组交流滤波器和无功补偿电容器，每组容量130Mvar，其中3组11/13次双调谐滤波器、4组3/24/36次三调谐滤波器和4组无功补偿电容器，可提供总无功功率1430Mvar，为额定容量的47.7%。肇庆换流站交流母线上共接有13小组交流滤波器和无功补偿电容器，每组容量140Mvar，其中4组11/13次双调谐滤波器、4组3/24/36次三调谐滤波器和5组无功补偿电容器，可提供总无功功率1820Mvar，为额定容量的60.7%。两换流站直流侧均配备4组12/24/36次无源三调谐直流滤波器，每极2组；在中性母线对地之间，还装设有15μF的电容器。

直流控制保护系统是以西门子公司开发的SIMADYN D系统为基础构建的，与天—广直流输电工程的直流控制保护系统基本相同，设计略有改进。除常规的直流控制保护功能外，还配备有阻尼功率振荡、频率控制等功能。

3. 灵宝背靠背直流输电工程

灵宝背靠背直流输电工程是实现华中与西北两大电网非同步联网的第一步，是我国利用背靠背直流输电技术实现地区电网互联的示范工程，也是检验引进技术成果的示范工程。随着西北水电与火电的开发，当需要从西北向华中送电时，还可以采用大型的直流输电工程加强两大电网的互联。背靠背换流站西侧接入西北电网的330kV电压，东侧接入华中电网的220kV电压。工程的额定参数为：360MW，120kV，3000A。

换流站为单极12脉动换流器接线方式。换流阀为水冷空气绝缘型晶闸管阀，悬吊式四重阀结构。连接西北电网的换流阀采用ABB公司的技术，为电触发型晶闸管（ETT）换流阀，每阀由24个直径12.7cm（5in），耐压7.2kV的晶闸管串联而成；连接华中电网的换流阀采用西门子公司的技术，为光触发型晶闸管（LTT）换流阀，每阀由22个直径12.7cm（5in），耐压8.0kV的光触发晶闸管串联而成。换流变压器为单相三绕组。连接华中电网侧的换流变压器每台容量为143.6/71.8/71.8MVA；额定电压为230 $\sqrt{3}$/50.80 $\sqrt{3}$/50.8kV；短路阻抗为16%。连接西北电网侧的换流变压器容量和短路阻抗均与接华中电网侧的相同，其额定电压为345 $\sqrt{3}$/50.8 $\sqrt{3}$/50.8kV。平波电抗器为油浸式，电感值为120mH。在换流站220kV母线上（华中侧）配备2组3次滤波器，3组12/24次滤波器和3组无功补偿电容器，每组可提供36Mvar的无功功率，8组共有288Mvar，为额定功率的80%；在换流站330kV母线上（西北侧）配备1组3次滤波器，3组12/24次滤波器和3组无功补偿电容器，每组也提供36Mvar的无功功率，7组共有252Mvar，为额定功率的70%。此外，为满足直流小负荷时，交流电网的无功要求，在两侧交流母线上各配备1组并联电抗器，华中侧为10Mvar，西北侧为15Mvar。直流控制保护系统有两套，其中一套是以西门子公司开发的SIMADYN D系统为基础构建的，另一套则是以ABB公司开发的MACH 2系统为基础构建的。两套直流控制保护系统轮换运行。

灵宝背靠背直流工程全部采用国产设备，并且通过自主进行系统规划、工程可行性研究、系统研究与成套设计、设备研制与制造监造、工程监理与调试运行等，实现了直流输电工程建设全过程的国产化。

4. 三峡—上海Ⅰ直流输电工程（简称三—上Ⅰ直流工程）

三峡—上海Ⅰ直流输电工程主要解决三峡向上海地区的送电问题，同时也加强了华中和华东两大电网的非同步联系，加上葛—南直流输电工程（1200MW）及三—常直流输电工程（3000MW）的输送容量，两大电网间的交换功率可提高到7200MW。工程于2006年12月投入运行。直流输电线路西起湖北宜昌的宜都换流站，东至上海的华新换流站，全长约1052km，采用4×ACSR－720/50的大截面导线。直流线路的特点是在江苏、浙江和上海等线路走廊拥挤的地区，双极直流线路导线在国内首次采用垂直排列方式，较水平排列可减小走廊宽度10.7m，可节约国土资源，减少拆迁费用，具有显著的经济效益和社会效益。

两端换流站设备由ABB公司和国内相应厂家组成联合体供货。工程的额定参数为±500kV，3000A，3000MW。换流站每极一组12脉动换流器。换流阀为水冷空气绝缘，悬吊式晶闸管阀，采用二重阀结构，每阀由90个（整流站）和84个（逆变站）直径12.7cm（5in）、耐压7.2kV的晶闸管串联而成，整流站和逆变站分别有晶闸管2160个和2016个。换流变压器采用单相双绕组型，每个换流站有12台换流变压器，其中6台接线方式为

YNd，6 台接线方式为 YNy。整流站和逆变站每台换流变压器的容量分别为 297.5MVA 和 283.7MVA；整流站换流变压器的额定电压为 $525/\sqrt{3}$kV/210.4kV（YNd 接线）和 $525/\sqrt{3}$kV/$210.4/\sqrt{3}$kV（YNy 接线）；逆变站换流变压器的额定电压为 $525/\sqrt{3}$kV/200.6kV（YNd 接线）和 $525/\sqrt{3}$kV /$200.6/\sqrt{3}$kV（YNy 接线）。两站换流变压器的短路阻抗均为 16%。平波电抗器为油浸式，电感值为 290mH。换流站直流侧正负两极各配备一组 6/12 次和一组 24/36 次的无源双调谐直流滤波器，在中性母线对地之间，还装设有 2×16μF 的电容器。

宜都换流站交流侧母线上配备有 3 组 11/13 次双调谐滤波器，每组容量为 145.4Mvar，3 组 24/36 次双调谐滤波器，每组容量为 145.4Mvar，2 组 3 次滤波器，每组容量为 166.2Mvar 和 1 组无功补偿电容器，容量为 166.2Mvar，合计共有无功功率 1371Mvar，为额定功率的 45.7%。华新换流站交流侧母线上配备有 5 组 12/24 次双调谐滤波器和 4 组无功补偿电容器，每组容量为 210Mvar，合计共有无功功率 1890Mvar，为额定功率的 63%。

换流阀、换流变压器、平波电抗器和控制保护设备均采用 ABB 公司的技术。每站一个极的换流阀，换流变压器和平波电抗器共 17 台大型设备全部由国内制造，综合国产化率提高到 70%。

本工程的另一个特点是建设工期短，从换流站主体建筑土建开工到实现双极投运，仅用了 23 个月（三—常直流工程用 34 个月，三—广直流工程用 25 个月），是世界同类直流工程建设工期最短的工程。

5. 贵州—广东Ⅱ直流输电工程（简称贵—广Ⅱ直流工程）

贵州—广东Ⅱ直流输电工程是我国又一个远距离大容量西电东送的高压直流输电工程，额定容量 3000MW，动态总投资约 79.5 亿元，于 2005 年 6 月开工建设，2007 年 6 月单极投产，12 月双极投产。南方电网已经形成“六回交流输电和四回直流输电”，共 10 回 500kV 以上的交、直流送电大通道，最大输电能力可达 16 500MW。两端换流站设备由国内相应厂家联合西门子公司供货，设备的综合国产化率为 70%。直流输电线路西起贵州兴仁的兴仁换流站，东至广东深圳的宝安换流站，全长 1194km，采用 4×ACSR－720/50 的分裂导线，平原地区杆塔极间距离为 15m，绝缘子串长为 4m，全线采用 OPGW 地线复合光缆。兴仁换流站的接地极在永宁，离换流站约 50km；宝安换流站的接地极在鱼龙岭，离换流站约 172km。由于南方电网还有多条直流工程落点广东，在广东选择合适的接地极极址已越来越困难，因此本工程深圳侧接地极采用与云南—广东Ⅰ特高压直流输电工程穗东换流站共用一个接地极，这不仅可以通过两回直流以不同的极性方式运行，来抵消直流接地极运行时对交流变电站和沿线地下金属构件的影响，而且还减少一个直流接地极，从而节约投资和用地、保护环境，在我国直流工程建设史上还是第一次。

换流阀采用于贵—广Ⅰ相同的水冷空气绝缘型，悬吊式的光触发晶闸管（LTT）阀，四重阀结构。两换流站均采用单相双绕组换流变压器。兴仁换流站共有 12 台换流变压器，每台容量 297MVA，其中 6 台接线方式为 YNd，额定电压为 $525/\sqrt{3}/209.7$kV；6 台接线方式为 YNy，额定电压为 $525/\sqrt{3}/209.7/\sqrt{3}$kV。两种接线方式的短路阻抗均为 16%。宝安换流站共有 12 台换流变压器，每台容量为 278MVA，其中 6 台接线方式为 YNd，额定电压为 $525/\sqrt{3}/196.5$kV；6 台接线方式为 YNy，额定电压为 $525/\sqrt{3}/196.5/\sqrt{3}$kV。两种接线方式的短路阻抗均为15.2%。两站均采用油浸式平波电抗器，电感值为300mH。

兴仁换流站交流母线上共接有10组交流滤波器和无功补偿电容器，每组容量140Mvar，其中4组11/13次双调谐滤波器，3组3/24/36次三调谐滤波器，和3组无功补偿电容器，可提供总无功功功率1400Mvar，为额定容量的46.7% 。宝安换流站交流母线上共接有12组交流滤波器和无功补偿电容器，每组容量155Mvar，其中6组12/24次双调谐滤波器，6组无功补偿电容器，可提供总无功功功率1860Mvar，为额定容量的62%。两换流站直流侧均配备4组12/24/36次无源三调谐直流滤波器，每极2组，在中性母线对地之间，还装设有15μF的电容器。

工程的直流控制保护系统是以西门子公司开发的SIMADYN D系统为基础构建的，与贵州—广东Ⅰ直流工程的直流控制保护系统基本相同，设计略有改进。

6. 高岭背靠背直流输电工程

高岭背靠背直流输电工程为东北—华北两大电网的背靠背联网工程，于2008年11月投入运行，是我国第一个大容量背靠背直流联网工程，也是目前世界上单项容量最大的背靠背换流站。换流站的设备国产化率达100%。背靠背换流站一端交流侧接入东北电网的500kV电压，另一端交流侧接入华北电网的500kV电压。

工程的额定功率为双向1500MW，采用两组±125kV，3000A的换流单元，每组的额定功率为750MW。一组换流单元采用电触发晶闸管（ETT）组成的换流阀，另一组则采用光触发晶闸管（LTT）组成的换流阀。两种换流阀均采用水冷空气绝缘，悬吊式四重阀结构。每台ETT换流阀由48个直径直径12.7cm（5in）、电压7.2kV的ETT晶闸管串联组成，一组ETT换流单元有24台（整流端12台，逆变端12台）换流阀，共有1152个ETT晶闸管。每台LTT换流阀由44个直径直径12.7cm（5in）、电压8.0kV的LTT晶闸管串联组成，一组LTT换流单元有24台（整流端12台，逆变端12台）换流阀，共有1056个LTT晶闸管。

换流变压器采用单相三绕组，YNyd接线方式，每台容量为299.1MVA/149.55 MVA/149.55MVA；额定电压为$525\sqrt{3}$kV/$105.75\sqrt{3}$kV /105.75kV；短路阻抗为16%。每组换流单元的正负两极各配备一台平波电抗器，每台的电感值为120mH。换流站的东北电网侧配备1组3次滤波器，4组12/24次双调谐滤波器以及3组无功补偿电容器，每组提供126Mvar的无功功率，8组共1008Mvar，为额定功率的67.2%；华北电网侧配备2组3次滤波器，4组12/24次双调谐滤波器以及2组无功补偿电容器，每组提供138Mvar的无功功率，8组共1104Mvar，为额定功率的73.6%。

通过高岭背靠背直流输电工程，东北电网和华北电网实现了非同步联网，它不仅避免了同步联网所带来的系统运行问题，同时还能调节两大区域电网间的错峰容量，提高电网电量的利用率。

综上所述，到2008年中国已有11项直流输电工程投入运行，其总输送功率为19 970MW,线路总输送长度为7034km，其中架空线路7项（包括5项±500kV，单项工程输送功率3000MW的大型直流输电工程），架空和电缆混合线路2项，背靠背工程2项。与此同时，采用直流输电技术已经实现了华中—华东、华中—华南、华中—西北以及华北—东北各大区域电网之间的非同步联网，为形成全国联网打下了良好的基础。

到2012年中国计划建设的直流输电工程还有9项，见表1-4。

表1-4 中国计划建设的9项直流输电工程

序号	工程名称	功率（MW）	电压（kV）	距离（km）	投运时间（年）
(1)	灵宝背靠背直流扩建工程	750	166.7	—	2009
(2)	德阳—宝鸡直流工程	3000	±500	550	2010
(3)	向家坝—上海特高压直流工程	6400	±800	1961	2010
(4)	云南—广东Ⅰ特高压直流工程	5000	±800	1450	2010
(5)	呼伦贝尔—沈阳直流工程	3000	±500	908	2010
(6)	宁东—山东直流工程	3960	±660	1335	2011
(7)	三峡—上海Ⅱ直流工程	3000	±500	976	2011
(8)	高岭背靠背直流扩建工程	2×750	±125	—	2011
(9)	青海—西藏联网直流工程	1200	±500	1038	2012

从表1-4可知，在这9项直流输电工程中有向家坝—上海和云南—广东Ⅰ2项±800kV的特高压直流输电工程，前者的额定功率为6400MW，后者为5000MW，其额定功率和额定电压均为世界之冠。为建设特高压直流输电工程，国家进行了大量的科学研究和设备研制工作，投入了大量的人力和物力。因此，到2012年中国将成为世界上直流输电的强国。

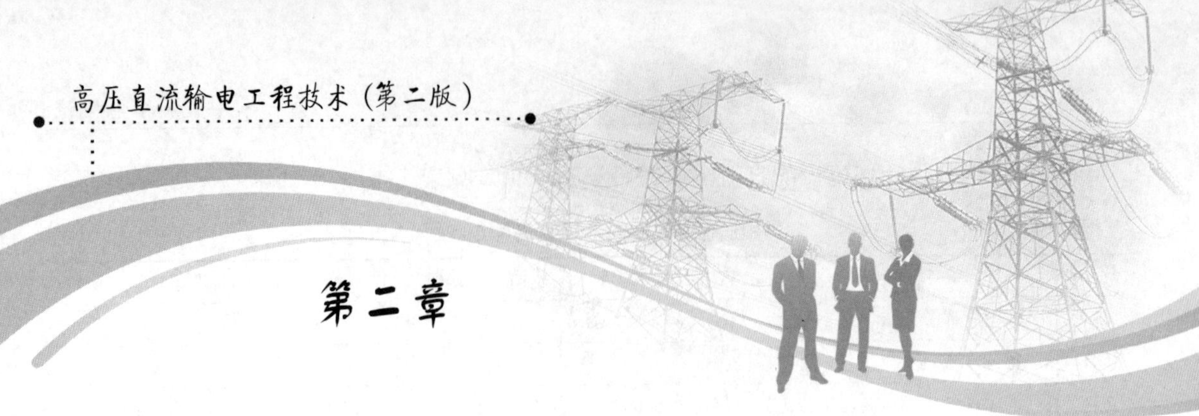

第二章

直流输电换流技术

第一节　直流输电与换流技术

要实现直流输电必须将送端的交流电变换为直流电，称为整流，而到受端又必须将直流电变换为交流电，称为逆变，它们统称为换流。实现这种电力变换的技术就是我们所说的直流输电换流技术。由于直流输电的传输容量大，输电电压高，要实现这种电力变换，需要有高电压、大容量的换流设备，通常这种设备称为换流阀。因此，多年来人们对高电压、大功率换流阀进行了大量的开发研制工作。20 世纪 50 年代汞弧阀的问世，使直流输电工程成为现实，70 年代以后晶闸管换流阀使直流输电得到了很大的发展，90 年代新型大功率半导体器件（如 IGBT、IGCT 和碳化硅元件等）的应用，将会促进直流输电进一步的发展和应用。

直流输电的发展与换流技术的发展有着密切的关系，其中特别是大功率换流器件起着关键的作用。直流输电换流技术包括实现换流的高压大功率换流阀和控制保护装置以及进行换流的理论和方法，而前者往往起决定性作用。例如，用普通晶闸管换流阀进行换流，只能采用 6 脉动或 12 脉动电网换相换流器进行自然换流，换流阀无关断电流的能力，换流器在运行中需要大量的无功功率；而采用高频可关断的 IGBT、IGCT 器件，则可应用脉宽调制（PWM）技术进行换流，大大地改善了换流器的特性。因此，换流技术是实现直流输电的基本条件，换流技术的发展促进了直流输电的发展，而直流输电发展的需要又反过来促进换流技术的发展。新型换流设备的应用以及换流技术的改进，将降低换流设备的造价，改善直流输电系统的运行性能，提高其运行可靠性，从而扩大其应用范围。换流技术水平的高低是决定直流输电各种运行性能和经济性能的重要因素。要发展直流输电必须在换流技术上狠下工夫。目前主要是新型大功率高性能半导体器件的开发和研制及其在直流输电换流技术中的应用。

本书以下所谈的换流技术，主要是目前在直流输电工程中广泛采用的，以晶闸管换流阀为换流元件的电网换相换流技术。

第二节　换流站基本换流单元

直流输电换流站由基本换流单元组成，基本换流单元是在换流站内允许独立运行，进行换流的换流系统，主要包括换流变压器、换流器、相应的交流滤波器和直流滤波器以及控制保护装置等。目前工程上所采用的基本换流单元有 6 脉动换流单元和 12 脉动换流单元两种。

它们的主要区别在于所采用的换流器不同，前者采用6脉动换流器（三相桥式换流回路），而后者则采用12脉动换流器（由两个交流侧电压相位差30°的6脉动换流器所组成）。在汞弧阀换流时期，为了减少换流站设备的数量，降低造价，通常采用最高电压的汞弧阀所组成的6脉动换流单元为基本换流单元。在换流站内允许一组6脉动换流单元独立地单独运行，在运行中可以切除或投入一组6脉动换流单元。在这种情况下，交流滤波器和直流滤波器必须按6脉动换流器的要求来配备。当采用晶闸管换流阀以后，由于换流阀是由多个晶闸管串联组成，可以方便地利用不同的晶闸管串联数而得到不同的换流阀电压，从而可得到不同电压的12脉动换流器。因此，绝大多数直流输电工程均采用12脉动换流器作为基本换流单元，此时交流滤波器和直流滤波器只需按12脉动换流器的要求来配备，这样可大大地简化滤波装置，减小换流站占地面积，降低换流站造价。

一、6脉动换流单元

6脉动换流单元由换流变压器、6脉动换流器以及相应的交流滤波器、直流滤波器和控制保护装置所组成，其原理接线见图2-1。

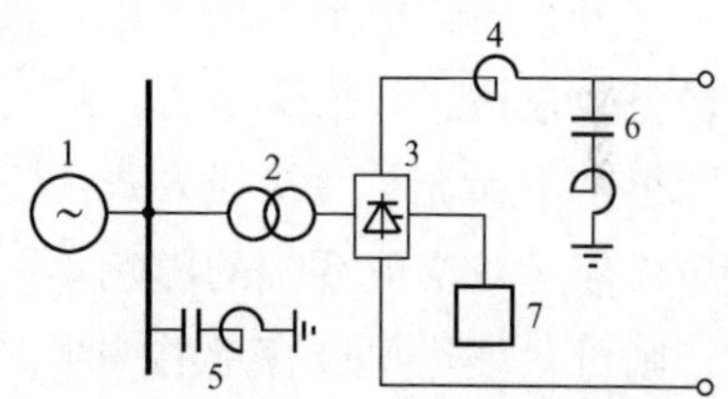

图2-1 6脉动换流单元原理接线图

1—交流系统；2—换流变压器；3—6脉动换流器；4—平波电抗器；5—交流滤波器；6—直流滤波器；7—控制保护装置

6脉动换流单元的换流变压器可以采用三相结构也可以采用单相结构，其阀侧绕组的接线方式可以是星形接线也可以是三角形接线。6脉动换流器在交流侧和直流侧分别产生$6K\pm1$次和$6K$次的特征谐波（K为正整数）。因此，在交流侧需要配备$6K\pm1$次的交流滤波器，而在直流侧除平波电抗器以外，对于架空线路来说通常还需要配备$6K$次的直流滤波器。除图上标出的主要设备外，还有相应的交直流避雷器和交直流开关设备以及测量设备等。

二、12脉动换流单元

12脉动换流单元是由两个交流侧电压相位相差30°的6脉动换流单元在直流侧串联而在交流侧并联所组成，其原理接线见图2-2。

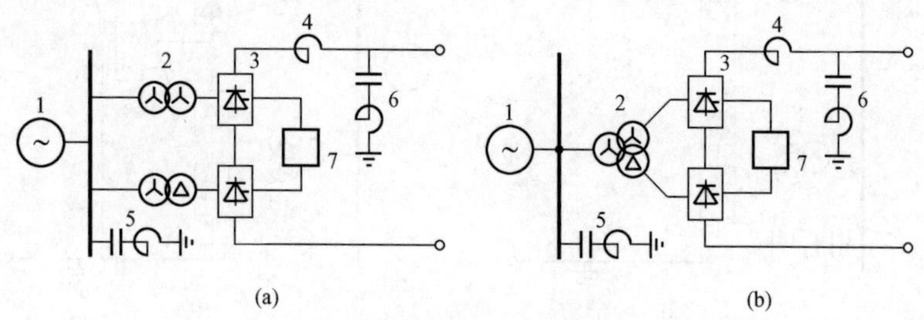

图2-2 12脉动换流单元原理接线图

（a）双绕组换流变压器；（b）三绕组换流变压器

1—交流系统；2—换流变压器；3—12脉动换流器；4—平波电抗器；5—交流滤波器；6—直流滤波器；7—控制保护装置

12 脉动换流单元可以采用双绕组换流变压器或三绕组换流变压器，见图 2-2。为了得到换流变压器阀侧绕组的电压相位相差 30°，其阀侧绕组的接线方式，必须一个为星形接线，另一个为三角形接线。换流变压器可以选择三相结构或单相结构。因此，对于一组 12 脉动换流单元的换流变压器，可以有四种选择方案：①1 台三相三绕组变压器；②2 台三相双绕组变压器；③3 台单相三绕组变压器；④6 台单相双绕组变压器。

12 脉动换流器在交流侧和直流侧分别产生 $12k\pm1$ 次和 $12k$ 次的特征谐波。因此，在交流侧和直流侧只须分别配备 $12k\pm1$ 次和 $12k$ 次的滤波器。从而可简化滤波装置，缩小占地面积，降低换流站造价。这是选择 12 脉动换流单元作为基本换流单元的主要原因。对于 12 脉动换流单元除图上标出的主要设备外，还有相应的交直流避雷器和交直流开关以及测量设备等。

大部分直流输电工程均采用每极一组基本换流单元的接线方式，因为这种接线方式换流站的设备数量最少，投资最省，运行可靠性也最高。但是在以下情况下，有时需要考虑采用每极两组基本换流单元接线方式：①当直流输送容量大，而交流系统相对较小时，为了减轻直流单极停运对交流系统的影响，可考虑将一极分为两个基本换流单元，这样在换流设备故障时，则可只停运单极容量的一半；②当换流站的设备（主要是换流变压器），对于每极一组基本换流单元来说，在制造上或运输上有困难时，需要考虑采用每极两组基本换流单元的方案；③根据工程分期建设的要求，每极分成两期建设在经济上有利时，则可考虑在一极中先建一个基本换流单元，然后再建另一个，例如当送端电源建设周期较长时。

每极两组基本换流单元的接线方式，有串联方式和并联方式两种（见图 2-3），串联方式每组基本换流单元的直流电压为直流极电压的 1/2，其直流电流为直流极电流；并联方式每组基本换流单元的直流电流为直流极电流的 1/2，其直流电压为直流极电压。

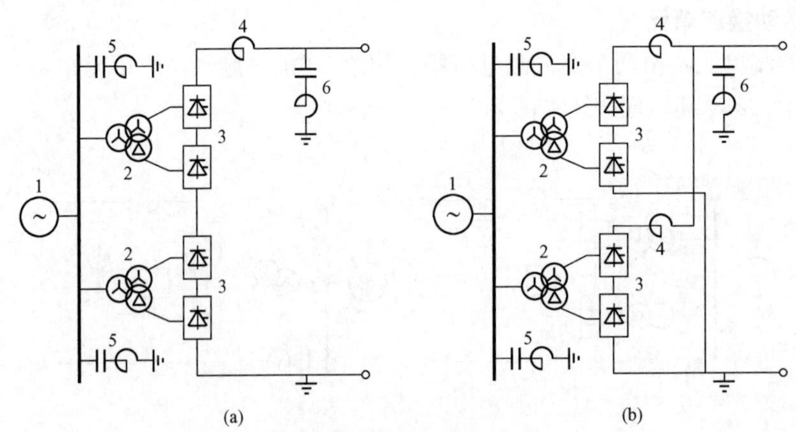

图 2-3　每极两组 12 脉动换流单元原理接线图

(a) 串联方式；(b) 并联方式

1—交流系统；2—换流变压器；3—12 脉动换流器；

4—平波电抗器；5—交流滤波器；6—直流滤波器

第三节　6脉动整流器工作原理

直流输电用来进行换流的有6脉动换流器和12脉动换流器，由于12脉动换流器是由两个6脉动换流器串联而成，因此可用6脉动换流器来进行原理分析。

目前，直流输电工程广泛采用的晶闸管换流阀的特点有：①换流阀的单向导电性。换流阀只能在阳极对阴极为正电压时，才单方向导通，不可能有反向电流，即直流电流不可能有负值。②换流阀的导通条件是阳极对阴极为正电压和控制极对阴极加能量足够的正向触发脉冲两个条件，必须同时具备，缺一不可。换流阀一旦导通，它只有在具备关断条件时才能关断，否则一直处于导通状态。③换流阀的控制极无关断能力，只有当流经换流阀的电流为零时，它才能关断（惟一的关断条件），是靠外回路的能力来进行关断的。换流阀一旦关断，只有在具备上述两个导通条件时，才能导通，否则一直处于关断状态。因此，以上基本概念对人们分析换流器的正常工况和故障工况都是很有用的。

6脉动整流器原理接线如图2-4所示。图2-5给出在正常工作时，整流器主要各点的电压和电流波形。图2-4中，e_u、e_v、e_w为等值交流系统的工频基波正弦相电动势，L_r为每相的等值换相电抗，L_d为平波电抗值。图2-5中，等值交流系统的线电压，u_{uw}、u_{vw}、u_{vu}、u_{wu}、u_{wv}、u_{uv}，为换流阀的换相电压。规定线电压u_{uw}由负变正的过零点c1为换流阀V1触发角α_1计时的零点。其余线电压过零点c2～c6则分别为V2～V6的触发角α_2～α_6的零点。V1～V6为组成6脉动换流器的6个换流阀的代号。数字1～6为换流阀的导通序号。在理想条件下，认为三相交流系统是对称的，触发脉冲是等距的，换流阀的触发角也是相等的，通常触发角用α角来表示。6脉动整流器触发脉冲之间的间距为60°（电角度）。

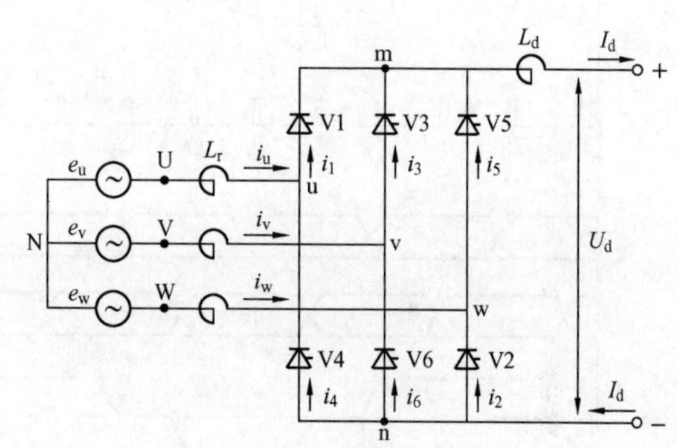

图2-4　6脉动整流器原理接线图

一、不可控整流器理想空载直流电压

假定换相电抗$L_r=0$，换流阀均为不可控的整流阀，换流阀的通态电压降和断态漏电流均可忽略不计，直流电流是平直的。在c1时刻以后，V1和V6处于导通状态，换流器的直流输出电压为线电压V_{uv}；到c2时刻，由于V点电位高于W点电位，V2进入导通状态，V6在反向电压作用下电流到零而关断，直流输出电压为U_{uw}；到c3时刻，由于V点电位高于U点电位，V3进入导通状态，V1电流过零而关断，直流输出电压为U_{vw}…。按此方法进行分析，换流器在任何时刻总是有两个阀导通，每个阀在一个工频周期内导通120°，阻断240°。由于$L_r=0$，阀的换相过程是瞬时的，在交流电动势的作用下，换流阀周而复始地按序开通和关断，从而在n和m之间可得到依次为1/6周期的U_{uv}、U_{uw}、U_{vw}、U_{vu}、U_{wu}、U_{wv}6个正弦曲线段组成的直流电压波形。从而使三相交流电动势e_u、e_v、e_w经整流变成每周期有6个脉动的直流电压U_d，因此而称为6脉动整流器。从直流电压的瞬时值取平均值

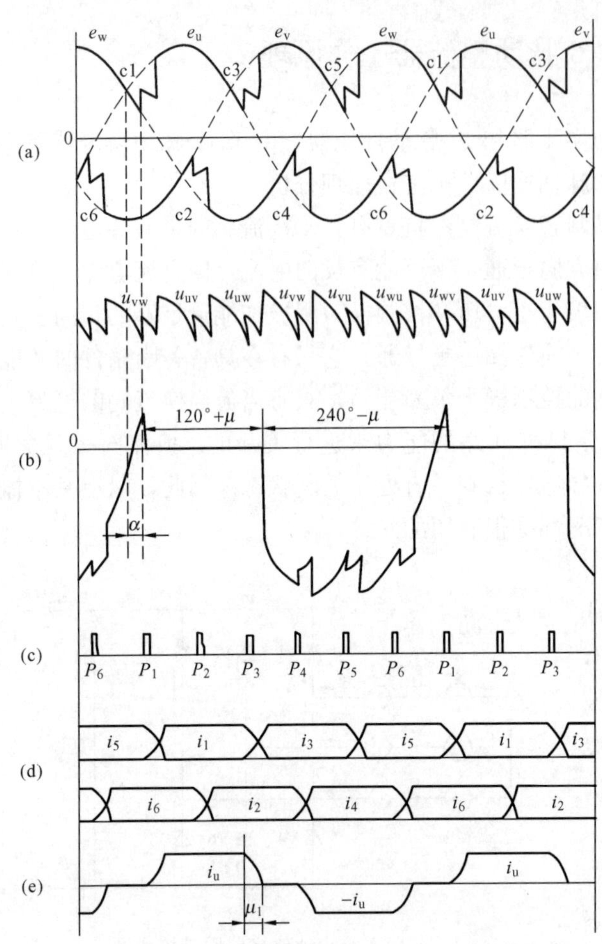

图 2-5　6 脉动整流器电压和电流波形图

(a) 交流电动势和直流侧 m 和 n 点对中性点的电压波形；(b) 直流电压和阀 1 上的电压波形；(c) 触发脉冲的顺序和相位；(d) 阀电流波形；(e) 交流侧 U 相电流波形

得 U_{d01}，称为 6 脉动整流器的理想空载直流电压，可用下式表示

$$U_{d01} = \frac{3\sqrt{2}}{\pi}U_1 = 1.35U_1 \tag{2-1}$$

式中　U_1——换流变压器阀侧绕组空载线电压有效值。

二、可控整流器理想空载直流电压

假定换流器由可控的晶闸管所组成。换流器在交流侧电动势和触发脉冲的作用下，按照晶闸管阀的开通和关断条件，进行有次序的开通和关断，将交流电变为直流电。触发脉冲 P_i（i 为 1～6 的正整数，代表阀的导通顺序）只有在相应的 ci 到来之后才能使 Vi 导通，因 ci 之后 Vi 的阳极对阴极才开始为正电压。P_i 延迟与 ci 的电角度 α_i，称为 Vi 的触发角（或称控制角）。因此，对于晶闸管换流阀，在 P_i 到来之前，原导通的阀仍继续导通，直到 P_i 到来时，Vi 才具备两个导通条件而导通，并顶替了原导通的阀，从而使 6 个换流阀的导通时间均向后移 α 电角度。此时，整流器的理想空载直流电压的平均值 U'_{d01}，可用下式表示

$$U'_{d01} = U_{d01}\cos\alpha \tag{2-2}$$

显然，$U'_{d01} < U_{d01}$。当 $\alpha = 0°$时，$U'_{d01} = U_{d01}$（为最大值）；当 $0 < \alpha < 90°$时，$U'_{d01} > 0$（为正值）；当 $\alpha = 90°$时，$U'_{d01} = 0$；而当 $90° < \alpha < 180°$时，$U'_{d01} < 0$（为负值）；当 $\alpha > 180°$时，则 Vi 的阳极对阴极变为负电压，Vi 不具备导通条件。因此，Vi 具有导通条件的范围为 $0 < \alpha < 180°$，而整流器 α 角可能的工作范围为 $0 < \alpha < 90°$。在正常运行时，整流器 α 角的工作范围比较小。为保证换流阀中串联晶闸管导通的同时性，通常取 α 最小值为 5°。另外，α 角在运行中需要有一定的调节余地，但当 α 角增大时整流器的运行性能将变坏，因此 α 角的可调余度尽量不要太大。通常整流器的 α 工作范围为 5°～20°为宜。如果需要利用整流器进行无功功率调节，或直流输电需要降压运行时，则 α 角要相应增大。在实际工程中直流端难免存在有杂散电容和电导，由于电容的储能作用，整流器平均空载直流电压的实际值，最

大可到换相线电压的峰值($\sqrt{2}U_1$)，最小将不会低于$U_{d01}\cos\alpha$。

三、有载整流器直流电压

当整流器直流侧带负荷时，由于平波电抗器和直流滤波器的存在，使得直流电流波形近似平直，其平均值为 I_d。实际上换相回路中总有电感存在，即 $L_r>0$，因此实际的换相过程与上述 $L_r=0$ 的情况不同。当触发脉冲 P_i 到来时，Vi 导通，但由于 L_r 的存在，Vi 中的电流不可能立刻上升到 I_d。同样的原因，在将要关断的阀中的电流也不可能立刻从 I_d 降到零。它们都必须经历一段时间，才能完成电流转换的过程，这段时间所对应的电角度 μ_1 称为换相角，这一过程称为换相过程。也就是说换相不可能是瞬时的。在换相过程中，在同一个半桥中参与换相的两个阀都处于导通状态，从而形成换流变压器阀侧绕组的两相短路。在刚导通的阀中，其电流方向与两相短路电流的方向相同，电流从零开始上升到 I_d；而在将要关断的阀中，其电流方向与两相短路电流的方向相反，电流则从 I_d 开始下降，直至零而关断，从而完成两个换流阀之间的换相过程。因此，整流器的换相是借助于换流变压器阀侧绕组的两相短路电流来实现的。6 脉动换流器在非换相期同时有 2 个阀导通（阳极半桥和阴极半桥各 1 个），在换相期则同时有 3 个阀导通（换相半桥中 2 个，非换相半桥中 1 个），从而形成 2 个阀和 3 个阀同时导通按序交替的“2—3”工况（也称正常运行工况）。在“2—3”工况下，每个阀在一个周期内的导通时间不是 120°，而是 $120°+\mu_1$ 用 λ 角来表示，称为阀的导通角；此时阀的关断时间也不是 240°，而是$240°-\mu_1$。6 脉动换流器正常运行时（2—3 工况）的电压电流波形见图 2-5。

阀电压波形上以 μ_1 角为宽度的齿形为其他阀换相时产生的影响，也称换相齿。换流阀运行在整流状态时，由于 $\alpha<90°$，大部分时间处于反向阻断状态，阀上电压大部分为负值，其稳态最大值为换流器交流侧线电压峰值。在实际运行中，由于杂散电容和换相电抗的存在，换流阀在关断时必然产生高频电压振荡。这种振荡波形，在关断时刻将叠加在阀电压波形上，从而加大了阀电压的幅值，由此引起的阀电压的升高称为换相过冲。通常采用并联电容和电阻的方法，对关断时的高频振荡进行阻尼，使换相过冲降低到 20%以下。

6 脉动整流器在正常运行时（“2—3”工况）的直流电压平均值可用下式表示

$$U_{d1}=U'_{d01}-\frac{3}{\pi}X_{r1}I_d=U_{d01}\cos\alpha-d_{r1}I_d \tag{2-3}$$

式中，$X_{r1}=\omega L_{r1}$为等值换相电抗；$d_{r1}=\frac{3}{\pi}X_{r1}$是一个单位直流电流在换相过程中引起的直流电压降，故也称为比换相压降。式（2-3）表示整流器的直流电压和直流电流的关系，也称为整流器的伏安特性或外特性。当 U_{d01} 和 d_{r1} 不变时，它是一系列的直线（见图 2-6）。式（2-3）只适合于“2—3”工况，即 $\mu_1<60°$的情况。

换相角 μ_1 是换流器在运行中的一个重要参数，它可用下式表示

$$\mu_1=\cos^{-1}\left(\cos\alpha-\frac{2X_{r1}I_d}{\sqrt{2}U_1}\right)-\alpha \tag{2-4}$$

从上式可知，μ_1 与 I_d、U_1、X_{r1}和 α 四个因素有关。当 X_{r1}和 α 不变时，μ_1 随 I_d 的增加或 U_1 的下降而增大。很明显，当 X_{r1}增大时，μ_1 则增大。μ_1 与 α 的关系，当运行在整流工况（$\alpha<90°$）时，μ_1 随 α 的增加而减小。在 $\alpha=0°$时，μ_1 最大；在 $\alpha=90°$时，μ_1 最小。

当 $\mu_1=60°$时，在 P_i 脉冲到来时，由于 I_d 继续增加，前一个阀的换相过程尚未结束，Vi 阳极对阴极的电压为负值，Vi 不具备导通条件而不能导通，它必须推迟到其电压为正时才能导通。推迟的时间用 α_b 表示，称为强迫触发角。在这种情况下，P_i 已失去了控制能力。随着 I_d 的增加 α_b 将增大，最大可到 30°。当 $\alpha_b=30°$时，Vi 的阳极电压则开始在 P_i 到达时变为正值，此时 Vi 又具备了导通条件，P_i 又恢复了其控制能力。在 $0<\alpha_b<30°$期间，$\mu_1=60°$为常数，$\lambda=180°$为常数（导通角）。此时换流阀在一个周期内导通 180°，阻断 180°，换相角为 60°，换流器在任何时刻都同时有 3 个阀导通，因此这种工况也称为"3"工况。

当 $\mu_1>60°$时，$\alpha_b=30°=$常数，随着 I_d 的加大，μ_1 将增大，其变化范围为 $60°<\mu_1<120°$，而导通角 λ 的变化范围是 $180°<\lambda<240°$。此时将出现 3 个阀同时导通和 4 个阀同时导通按序交替的情况，称为"3—4"工况。当 3 个阀同时导通时，换流阀只在一个半桥中进行换相，换流变压器为两相短路状态；而当 4 个阀同时导通时，是在上下两个半桥中有两对换流阀进行换相重叠的时间，此时换流变压器为三相短路，换流器的直流输出电压为零。当 $\mu_1=120°$时，$\lambda=240°$，则形成稳定的 4 个阀同时导通的状态，即换流变压器稳定的三相短路。此时直流电压的平均值为零，直流电流的平均值为换流变压器三相短路电流的峰值。

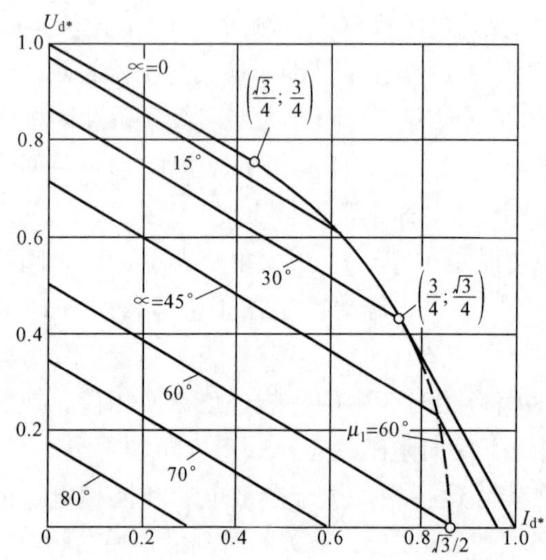

图 2-6　6 脉动整流器外特性曲线图

图 2-6 给出整流器从空载到短路的全部负荷范围内的外特性曲线。为了方便计算和分析，在图 2-6 中用直流电压和直流电流的标么值来表示。取直流电压的标么值为 U_{d01}，直流电流的标么值为换流变压器三相短路电流的峰值，分别用下式表示

$$U_{d1B}=U_{d01} \tag{2-5}$$

$$I_{d1B}=\frac{\sqrt{2}U_1}{\sqrt{3}X_{r1}} \tag{2-6}$$

此时，对于"2—3"工况、"3"工况和"3—4"工况用标么值表示的外特性方程式如下。

（1）"2—3"工况　$$U_{d1*}=\cos\alpha-\frac{1}{3}I_{d*} \tag{2-7}$$

（2）"3"工况　$$U_{d1*}^2+I_{d*}^2=\left(\frac{\sqrt{3}}{2}\right)^2 \tag{2-8}$$

（3）"3—4"工况　$$U_{d1*}=\sqrt{3}\ [\cos(\alpha-30°)-I_{d*}] \tag{2-9}$$

从上式可知，"2—3"工况和"3—4"工况的外特性为不同斜率的直线。当$\alpha=0°$时，"3"工况为以$\sqrt{3}/2$ 为半径的一段圆弧，在图 2-6 中此圆弧的虚线部分为"2—3"工况和"3—4"工况的分界线。当 $0<\alpha<30°$时，其外特性在"2—3"工况时为一直线，而到"3"

工况时，则为一段圆弧。当 30°<α<60°时，在“2—3”工况和“3—4”工况时，其外特性分别为不同斜率的直线，其交点在半径为$\sqrt{3}/2$的圆弧的虚线上。

在正常情况下，直流负载电流较小，换流器均工作在“2—3”工况，换流变压器只在换相（3个阀同时导通）期间处于两相短路状态。随着负荷电流的增加，换流器将转为“3”工况，换流变压器将处于U、V、W三相按序轮流的两相短路状态，直流电压将降低的更多。当负荷电流进一步增大时，换流器将转入“3—4”工况，换流变压器则处于两相短路（3个阀同时导通）和三相短路（4个阀同时导通）交替的状态，换流器的内部压降将更大，其直流电压下降的速度也更快。当负荷电流增至换流变压器阀侧绕组三相短路电流的幅值时，直流电压则下降到零，换流变压器则处于稳定的三相短路状态。

第四节　6脉动逆变器工作原理

逆变器是将直流电转换为交流电的换流器。直流输电工程所用的逆变器，目前大部分均为有源逆变器，它要求逆变器所接的交流系统提供换相电压和电流，即受端交流系统必须有交流电源。本书所分析的也是这种有源逆变器。图2-7给出6脉动逆变器的原理接线。与整流器一样，逆变器也是由6个换流阀所组成的三相桥式接线。由于换流阀的单向导电性，逆变器换流阀的可导通方向，必须与整流器的相一致，这样才能保证直流电流的流通。

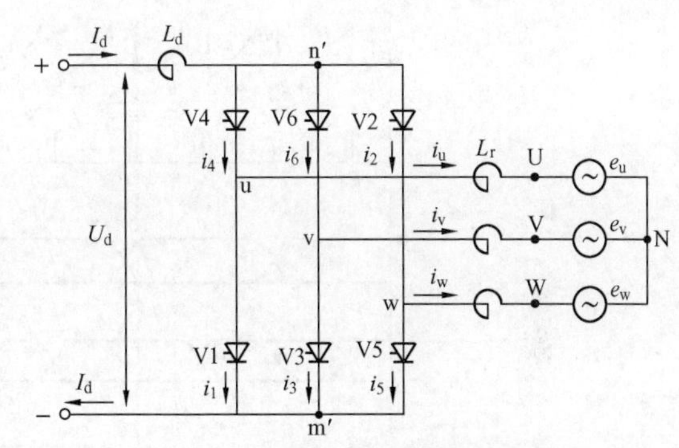

图2-7　6脉动逆变器原理接线图

换流器作为逆变器运行时，其共阴极点m′的电位为负，共阳极点n′的电位为正，与其作为整流器运行时的极性正好相反。逆变器的6个阀V1～V6，也是按同整流器一样的顺序，借助于换流变压器阀侧绕组的两相短路电流进行换相。6个阀规律性的通断，在一个工频周期内，分别在共阳极组和共阴极组的三个阀中，将流入逆变器的直流电流，交替的分成三段，分别送入换流变压器的三相绕组，使直流电转变为交流电。

由于逆变器是直流输电的受端负荷，它要求直流侧输出的电压为负值。由式（2-2）可知，当α>90°时，直流输出电压为负值。根据换流阀导通条件的要求，换流阀只在0<α<180°时才具有导通条件，因此时其阳极对阴极的电压为正。在此区间内，当α<90°时，直流输出电压为正值，换流器工作在整流工况；当α=90°时，直流输出电压为零，称为零功率工况；当α>90°时，直流输出电压为负值，换流器则工作在逆变工况。因此，逆变器的触发角α比整流器的滞后很多。在实际运行中，由于有换相过程的存在，当考虑到换相角μ的影响时，准确地讲，直流输出电压为零不是当α=90°，而是在α=90°−μ/2时。因此，实际上整流工况变为逆变工况的α角总比90°小。

图2-8给出逆变器正常运行时（“2—3”工况）各主要点的电压和电流波形。

对比图2-5和图2-8可知，逆变器的直流电压和阀电压、阀电流等波形均相当于整流器

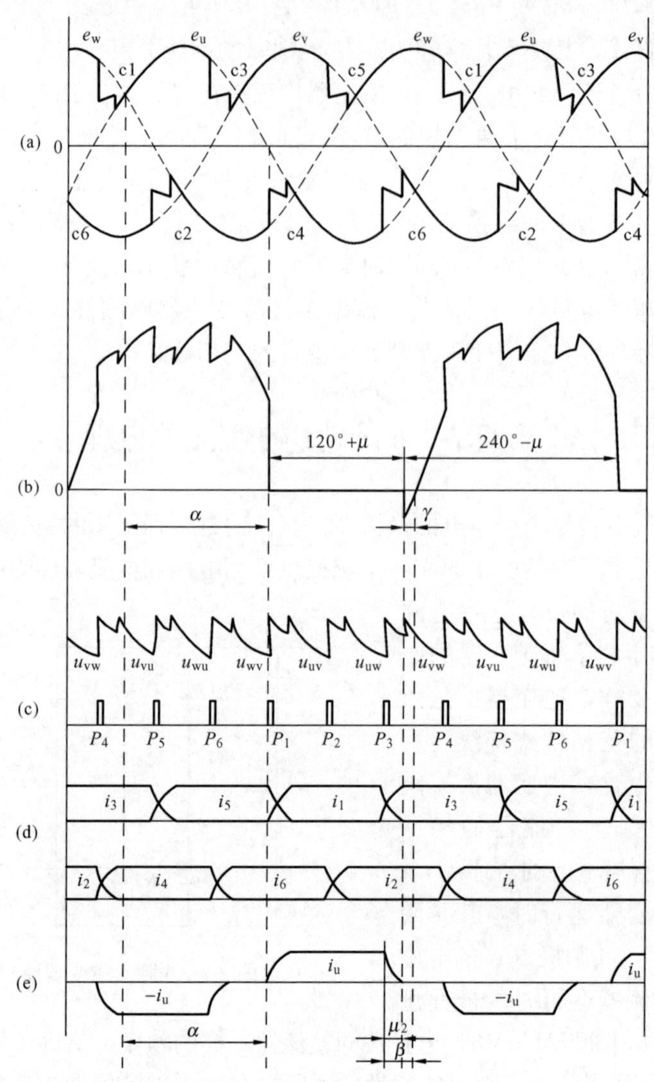

图 2-8　6 脉动逆变器电压和电流波形图

(a) 交流电动势和直流侧 m′和 n′点对中性点的电压波形；(b) 直流电压和阀 V1 上的电压波形；(c) 触发脉冲的顺序和相位；(d) 阀电流波形；(e) 交流侧 U 相电流波形

的波形反转 180°。逆变器的阀在一个周期内大部分时间处于正向阻断状态，而整流器的阀则大部分时间处于反向阻断状态。逆变器阀上作用的最大稳态电压也是换流变压器阀侧绕组线电压的峰值。也同整流器一样，由于杂散电容和换相电抗的存在，逆变器的阀电压，也有换相过冲。由于逆变器和整流器的触发相位不同（α 角不同），在换相过程中阀电流的波形也不同。整流器在刚导通的阀中，电流上升速度是越来越快，而逆变器则是越来越慢。逆变器的直流平均电压可用下式表示

$$U_{d2}=U_{d02}\cos\alpha-d_{r2}I_d=-U_{d02}\cos(180°-\alpha)-d_{r2}I_d=-(U_{d02}\cos\beta+d_{r2}I_d) \quad (2\text{-}10)$$

式中，$U_{d02}=1.35U_2$ 为逆变器的理想空载直流电压；U_2 为逆变器换流变压器阀侧绕组空载

线电压有效值；$d_{r2}=\frac{3}{\pi}X_{r2}$为逆变器的比换相压降；$X_{r2}$为逆变器的等值换相电抗；$\beta=180°-\alpha$为逆变器的超前触发角。

由于受端交流系统等值电感L_{r2}的存在，逆变器的阀也有一个换相过程，用μ_2表示，称为逆变器的换相角。此外，为了保证逆变器的换相成功，还要求其换流阀从关断（阀中电流为零）到其电压由负变正的过零点之间的时间要足够长，使得阀关断后处于反向电压的时间能够充分满足其恢复阻断能力的要求。否则当阀上电压变正时，阀在无触发脉冲的情况下，可能又重新导通，而造成换相失败（详见第五章第一节逆变器换相失败）。规定从阀关断到阀上电压由负变正的过零点之间的时间用γ角表示，称为逆变器的关断角。由图 2-8 可知，$\gamma=\beta-\mu_2$。当引入γ角的概念以后，逆变器的直流电压还可用下式表示

$$U_{d2}=U_{d02}\cos\gamma-d_{r2}I_d \tag{2-11}$$

与整流器相对应，逆变器的换相角μ_2，可用下式表示

$$\mu_2=\cos^{-1}\left(\cos\gamma-\frac{2X_{r2}I_d}{\sqrt{2}U_2}\right)-\gamma \tag{2-12}$$

在运行中逆变器的换相角μ_2，也随着直流电流I_d、交流侧电压U_2、触发角β以及系统的等值电抗X_{r2}的变化而变化。当直流电流升高或交流侧电压降低时，均引起μ_2加大。在β角不变（或来不及变化）时，μ_2的加大，意味着γ角的减小，因为$\gamma=\beta-\mu_2$。当γ角小到一定程度时，可能发生换相失败（详见第五章第一节逆变器换相失败）。为了防止换相失败，规定在运行中$\gamma\geqslant\gamma_0$。γ_0是为了满足换流阀恢复阻断能力的最短时间，同时还考虑到交流系统三相电压和参数的不对称性而留的余度。通常取$\gamma_0=15°\sim18°$。另外，在运行中也不希望γ角过大，因为这将使逆变器的运行性能变坏。因此，在逆变站均设置有定γ角的调节器。在运行中当μ_2变化时，γ角调节器则自动改变触发角β，来保持γ角为一给定值。通常γ角调节器的整定值取γ_0。

以上所讲的$\gamma=\beta-\mu_2$的关系式，只适用于$\beta<60°$的情况。当$\beta>60°$时，由于换相齿对阀电压波形的影响，它们之间的关系则不是这样。图 2-9（a）和（b）分别给出当$60°<\beta<$

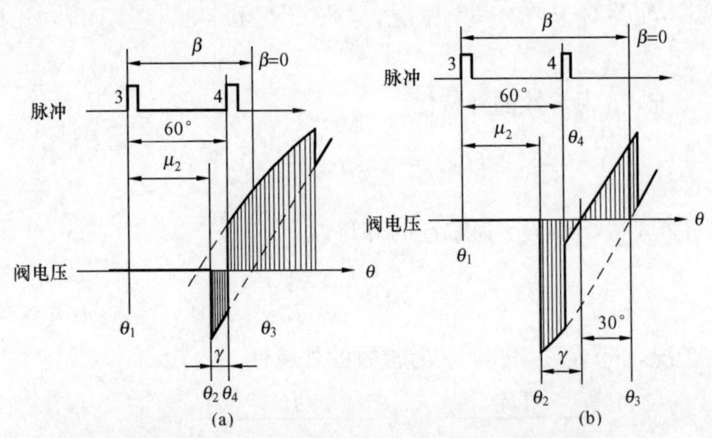

图 2-9　当$\beta>60°$时γ、β和μ_2之间的关系图

(a) $60°<\beta<90°$；(b) $90°<\beta<90°+\frac{\mu_2}{2}$

$90°$和$90°<\beta<90°+\frac{\mu_2}{2}$时，$\gamma$、$\beta$和$\mu_2$之间的关系图。

从图 2-9 可知，当$60°<\beta<90°$时，$\gamma=60°-\mu_2$（$\mu_2<60°$），此时γ与β角无关，它只决定于μ_2；当$90°<\beta<90°+\frac{\mu_2}{2}$时，$\gamma=\beta-30°-\mu_2$（$\mu_2<60°$）。因此，逆变器在$\beta>60°$的大触发角运行时，由于换相齿对阀电压波形的影响，使得阀电压从负变正的过零点提前，从而使γ角变小，这对逆变器的稳定运行不利。在正常运行时μ_2为20°左右，对逆变器的运行影响不大，当逆变器过负荷或故障情况下，μ_2将增大，使得γ变得更小，逆变器的稳定运行可能受到威胁。

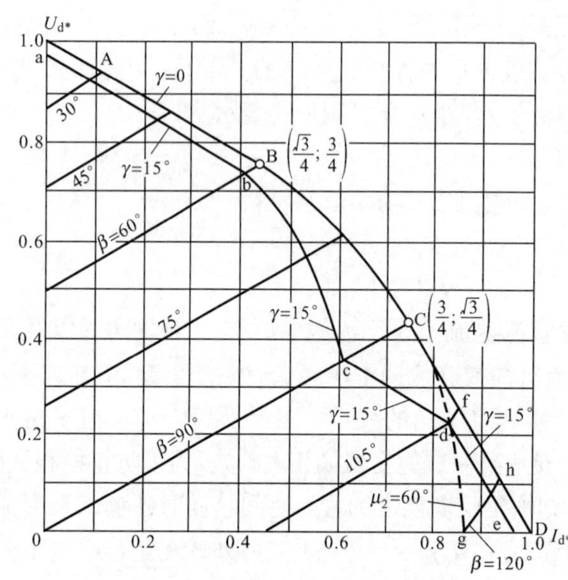

图 2-10　6 脉动逆变器外特性图

对逆变器通常给出两种形式的外特性：①$\beta=$常数的外特性，$U_{d2}=f(I_d)$，它反映无自动调节时逆变器的工作情况；②$\gamma=$常数时的外特性，$U_{d2}=f(I_d)$，它反映具有定γ角调节时逆变器的工作情况。图 2-10 给出 6 脉动逆变器的外特性。

与整流器相同，逆变器的直流电压和直流电流的标么值也分别取为其理想空载直流电压和其交流侧三相短路电流的峰值，可用下式表示

$$U_{d2B}=U_{d02} \tag{2-13}$$

$$I_{dB}=\frac{\sqrt{2}U_2}{\sqrt{3}X_{r2}} \tag{2-14}$$

在此条件下，逆变器对于“2—3”工况、“3”工况和“3—4”工况，用标么值表示的外特性方程式如下。

（1）“2—3”工况，β为常数的外特性

$$U_{d2*}=\cos\beta+\frac{1}{\sqrt{3}}I_{d*} \tag{2-15}$$

（2）“2—3”工况，$\beta<60°$，γ为常数的外特性

$$U_{d2*}=\cos\gamma-\frac{1}{\sqrt{3}}I_{d*} \tag{2-16}$$

（3）“2—3”工况，$60°<\beta<90°$，γ为常数的外特性

$$\frac{U_{d2*}^2}{\cos^2\left(30°-\frac{\gamma}{2}\right)}+\frac{I_{d*}^2}{3\sin^2\left(30°-\frac{\gamma}{2}\right)}=1 \tag{2-17}$$

（4）“2—3”工况，$90°<\beta<90°+\frac{\mu_2}{2}$，$\mu_2<60°$，$\gamma$为常数的外特性

$$U_{d2*}=\cos(\gamma+30^\circ)-\frac{1}{\sqrt{3}}I_{d*} \tag{2-18}$$

（5）“3—4”工况，β为常数的外特性

$$U_{d2*}=\sqrt{3}\cos(\beta+30^\circ)+\sqrt{3}I_{d*} \tag{2-19}$$

（6）“3—4”工况，γ为常数的外特性

$$U_{d2*}=\sqrt{3}\cos\gamma-\sqrt{3}I_{d*} \tag{2-20}$$

从上述公式可知，β为常数的外特性，对于“2—3”工况和“3—4”工况，为不同斜率的直线，而γ为常数的外特性，则因β角工作范围的不同而不同。在“2—3”工况，当$\beta<60^\circ$和$90^\circ<\beta<90^\circ+\frac{\mu_2}{2}$时，为不同斜率的直线；而当$60^\circ<\beta<90^\circ$时，则为一段椭圆；在“3—4”工况，则为一直线。图2-10给出$\beta=30^\circ$、45°、60°、75°、90°、105°、120°以及$\gamma=15^\circ$时的外特性，此外图2-10中还给出了当$\gamma=0^\circ$时理论上的边界线，在实际运行中$\gamma=0^\circ$时的外特性是不存在的。

第五节　12 脉动换流器

12 脉动换流器是由两个 6 脉动换流器在直流侧串联而成，其交流侧通过换流变压器的网侧绕组而并联。换流变压器的阀侧绕组一个为星形接线，而另一个为三角形接线，从而使两个 6 脉动换流器的交流侧，得到相位相差 30°的换相电压。12 脉动换流器可以采用两组双绕组的换流变压器，也可以采用一组三绕组的换流变压器。图 2-11 给出了当采用两组双绕组变压器时的 12 脉动换流器原理接线图。

12 脉动换流器由 V1～V12 共 12 个换流阀所组成，图 2-11 中所给出的换流序号为其导通的顺序号。在每一个工频周期内有 12 个换流阀轮流导通。它需要 12 个与交流系统同步的按序触发脉冲。脉冲之间的间距为 30°。

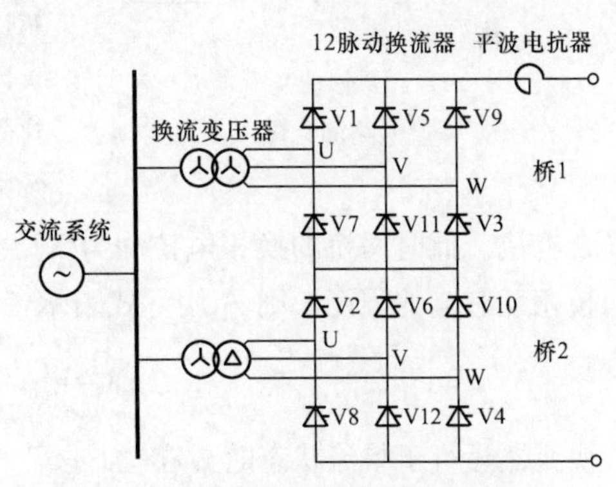

图 2-11　12 脉动换流器原理接线图

12 脉动换流器的优点之一是其直流电压质量好，所含的谐波成分少。其直流电压为两个换相电压相差 30°的 6 脉动换流器的直流电压之和，在每个工频周期内有 12 个脉动数，因此称为 12 脉动换流器。直流电压中仅含有 $12k$ 次的谐波，而每个 6 脉动换流器直流电压中的6（$2k+1$）次的谐波，因彼此的相位相反而互相抵消，在直流电压中则不再出现，因此有效地改善了直流侧的谐波性能。12 脉动换流器的另一个优点是其交流电流质量好，谐波成分少。交流电流中仅含 $12k\pm1$ 次的谐波，每个 6 脉动换流器交流电流中的 6（$2k-1$）±1 次的谐波，在两个换流变压器之间环流，而不进入交流电网，12 脉动换流器的交流电流中将不含这些谐波，因此也有效地改善了交流侧的谐波性能。对于采用一组三绕组换流变压器的 12 脉动换流器，其变压器网侧绕组中也不含 6（$2k-1$）±1 次的谐波，因为每个这种次数的谐波在它的两个阀侧绕组中的相位相反，因此在变压器的主磁通中互相抵消，在

网侧绕组中则不再出现。因此，大部分直流输电工程均选择12脉动换流器作为基本换流单元，从而可简化滤波装置，节省换流站造价。

12脉动换流器的工作原理与6脉动换流器相同，它也是利用交流系统的两相短路电流来进行换相。当换相角$\mu<30°$时，在非换相期两个桥中只有4个阀同时导通（每个桥中2个），而当有一个桥进行换相时，则同时有5个阀导通（换相的桥中有3个，非换相的桥中有2个），从而形成在正常运行时4个阀和5个阀轮流交替同时导通的“4—5”工况，它相当于6脉动换流器的“2—3”工况。当换相角$\mu=30°$时，两个桥中总有5个阀同时导通，在一个桥中一对阀换相刚完，在另一个桥中的另一对阀紧接着开始换相，而形成“5”工况。在“5”工况时，$\mu=30°$为常数。当$30°<\mu<60°$时，将出现在一个桥中一对阀换相尚未结束之前，在另一个桥中就有另一对阀开始换相。即出现在两个桥中同时有两对阀进行换相的时段，在此时段内两个桥共有6个阀同时导通，当在一个桥中换相结束时，则又转为5个阀同时导通的状态，从而形成“5—6”工况。随着换流器负荷的增大，换相角μ也增大，其结果使6个阀同时导通的时间延长，相应的5个阀同时导通的时间缩短。当$\mu=60°$时，“5—6”工况即结束。在正常运行时，$\mu<30°$，而不会出现“5—6”工况。只有在换流器过负荷或交流电压过低时，才可能出现$\mu>30°$的情况。

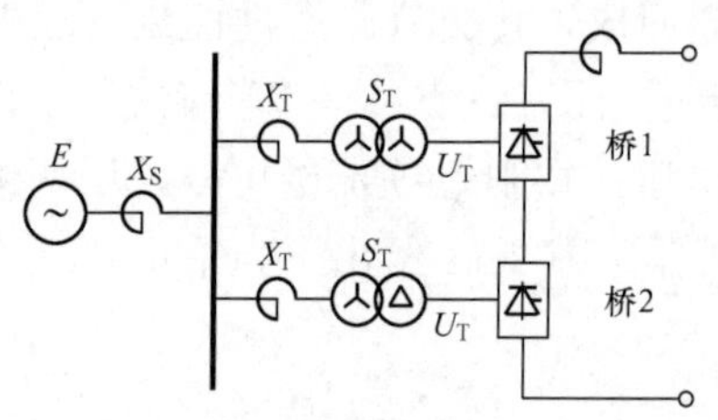

图2-12　12脉动换流器等值电路简化图

12脉动换流器与6脉动换流器的另一个主要区别是当两桥之间有耦合电抗存在时，则会产生两桥在换相时的相互影响。图2-12给出12脉动换流器的等值电路简化图。

假定桥1和桥2的两组换流变压器的容量S_T、漏抗X_T和阀侧线电压U_T均相等，其阀侧绕组接线分别为星形和三角形。图2-12中E为交流系统的等值电动势，X_S为交流系统的等值电抗。在运行中两个桥的电流均流经X_S，因此X_S为两桥之间的耦合电抗。此时两桥的换相电抗均为$X_r=X_S+X_T$。取A为两桥间相互影响的系数，它代表两桥相互影响的程度，则A用下式表示

$$A=\frac{X_S}{X_S+X_T}=\frac{X_S}{X_r} \tag{2-21}$$

换流器运行于整流状态时，在“4—5”工况范围内，$\mu<30°$，在非换相期（4个阀同时导通），由于直流电流在耦合电抗上无电压降，对母线电压波形则无影响。在一个桥中有一对阀进行换相时（5个阀同时导通），造成该桥交流侧的两相短路，此时的两相短路电流（即换相电流）在耦合电抗上产生电压降，使母线电压畸变，从而使另一个桥上的阀电压波形产生附加换相齿，但此时的直流电压波形不会受到影响。因此，可以认为耦合电抗在这种情况下，对整流器的工作没有影响。6脉动换流器的稳态计算公式也都可以应用于12脉动换流器。12脉动换流器的直流电压、直流功率、交流电流、换流器消耗的无功等均为两个6脉动换流器之和。当换流器工作在$\mu\geqslant30°$的“5”工况和“5—6”工况时，耦合电抗将对整流器的工作产生影响。它将降低直流电压，使换流器外特性的斜率加大，并且桥间相互影响系数A越大，则影响越严重。如果整流器的额定负荷点选在“5—6”工况，在确定额定直

流电压时，则需要选取更高的换流变压器阀侧空载电压，从而使阀和相应的设备承受更高的工作电压，同时整流器的功率因数将降低。如果额定负荷点选在“4—5”工况，则上述特点仅在过负荷时出现，此时外特性曲线更陡地下降，对限制过负荷将会产生一些好的影响。因此，整流器的额定负荷点必须选在“4—5”工况。

换流器运行于逆变状态时，在“4—5”工况当$\beta<30°$时，桥间的相互影响实际上可以不考虑。在这种情况下，虽然阀电压波形上产生附加换相齿，但对逆变器的直流电压波形和关断角γ均无影响。此时$\gamma=\beta-\mu_2$，6 脉动换流器的计算公式全都可以应用于 12 脉动换流器。而当$\beta\geqslant30°$时，耦合电抗将对逆变器的工作产生影响。图 2-13 给出 12 脉动换流器运行于逆变状态时，在桥 2 中 V2 上的电压波形。

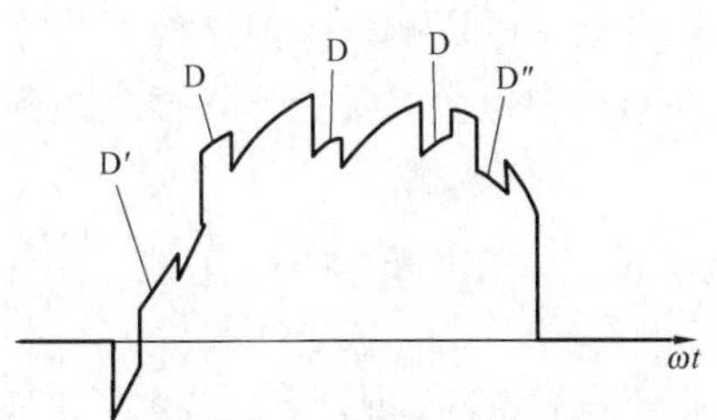

图 2-13　12 脉动逆变器在桥 2 中 V2 上电压波形图

图 2-13 中 D 为本桥（桥 2）换相过程产生的换相齿，D′和 D″为另一桥（桥 1）换相过程产生的附加换相齿。当$\beta\geqslant30°$时，附加换相齿的前沿和横轴相交，使阀电压由负变正的过零点提前，从而使实际的γ角减小，此时$\gamma=30°-\mu_2$。图 2-14 给出附加换相齿 D′对逆变器关断角γ影响的示意图。因此，逆变器产生换相失败的可能性将增大，对逆变器的稳定运行很不利。为保证逆变器的安全运行，需要加大β角，这将使逆变器消耗的无功功率增大，降低逆变器的有效容量，并加大逆变器产生的谐波。如果β角仍保持在 30°以下，又要保证γ角至少为 15°，则换相角μ_2的最大值只能是 15°（因$\mu_2=30°-\gamma$），这将不得不降低逆变器的负载电流。另外，当$\beta\geqslant30°$时，桥间耦合电抗将使逆变器的定γ角外特性曲线下降得更快，即在同样的电流下，逆变器的直流电压更低，这对限制故障时的过电流不利。因此，桥间耦合电抗对 12 脉动逆变器的影响比对整流器的影响要严重。如果不采取措施解决这一问题，逆变器的运行性能将受到较大的影响。

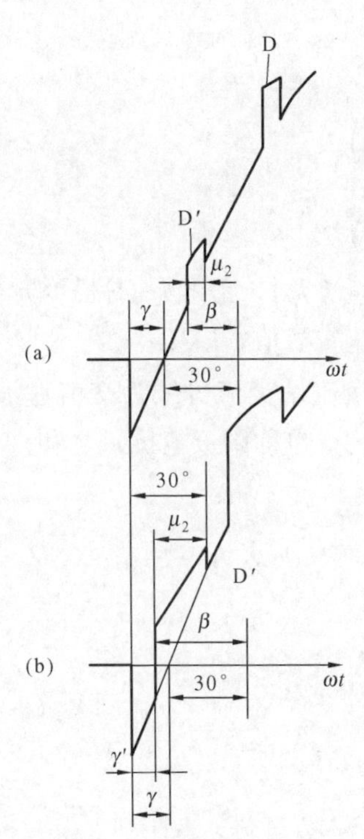

图 2-14　附加换相齿 D′对逆变器γ角的影响

(a) $\beta<30°$；(b) $\beta>30°$

在直流输电工程中，通常采用的解耦措施是在换流站的交流母线上装设完善的交流滤波装置，使母线电压基本上为正弦电压。此时，可用换流变压器的漏抗X_T作为换相电抗，而换算到阀侧的交流电压为换相电压。在这种情况下，两桥通过耦合电抗X_S的交流电流主要是基波电流，谐波电流大部分均为交流滤波装置所吸收。此时在耦合电抗上产生的压降主要是基波压降，其影响只会使三相交流电压对称的下降，而不会在阀电压波形上产生附加换相齿，从而消除了对换流器正常运行的影响。当 12 脉动换流器采用一组三绕组换流变压器时，两桥间的耦合电抗则为系统的等值电抗与换流变压器网侧绕组漏抗之和。而滤波装置只能装设在交流母线上。为了消除桥间的相互影响，通常选择换流变压器网侧绕组的漏抗为零，而两个阀侧绕组的漏抗相等。

从理论上讲，两桥之间的解耦还可以采用平衡电抗器的方法，使得电抗器的互感抗 X_M 和系统的等值电抗相等，从而使在 X_S 中的电压降与在 X_M 上的电压升相抵消，也就消除了桥间耦合电抗的影响[1]。但这种方法需要在高压换相回路中外加电抗器，另外，系统的等值电抗在运行中也会经常变化，很难做到完全补偿，在实际工程中也很少采用。

第六节　直流输电稳态工况计算常用公式

直流输电稳态工况计算公式主要是换流器交流侧和直流侧的电压、电流、有功功率、无功功率以及各种角度之间的关系。在本节中，列出了在进行直流输电工程设计、设备选择以及对直流输电系统各种运行工况进行稳态计算分析时，经常用到的计算公式，即对于 6 脉动换流器的“2—3”工况以及 12 脉动换流器的“4—5”工况时的主要计算公式及说明，供参考使用。

（一）直流输电极对地电压 U_d

（1）整流站极对地直流电压 U_{d1}

$$U_{d1} = N_1\left(1.35U_1\cos\alpha - \frac{3}{\pi}X_{r1}I_d\right) \tag{2-22}$$

（2）逆变站极对地直流电压 U_{d2}

$$U_{d2} = N_2\left(1.35U_2\cos\beta + \frac{3}{\pi}X_{r2}I_d\right) \tag{2-23}$$

$$U_{d2} = N_2\left(1.35U_2\cos\gamma - \frac{3}{\pi}X_{r2}I_d\right) \tag{2-24}$$

式中 N_1、N_2——整流站和逆变站每极中的 6 脉动换流器数，通常为 2，最多为 4，最少为 1；

U_1、U_2——整流站和逆变站换流变压器阀侧空载线电压有效值，kV；

X_{r1}、X_{r2}——整流站和逆变站每相的换相电抗，Ω，当换流站交流母线为交流滤波器接入点时，可取换流变压器的漏抗和阀电抗（也称阳极电抗）之和；

α、β——整流器和逆变器的触发角，°；

γ——逆变器的关断角，°；

I_d——直流电流平均值，A。

（二）直流电流 I_d

（1）单极方式

$$I_d=\frac{U_{d1}-U_{d2}}{R} \tag{2-25}$$

（2）双极方式

$$I_d=\frac{2\ (U_{d1}-U_{d2})}{R} \tag{2-26}$$

上两式中，R 为直流回路电阻，主要包括直流线路电阻、平波电抗器电阻、接地极引线电阻以及接地极电阻等；对于不同的直流回路接线方式，其 R 值不同。假定 R_L 为直流输电线路一个极的电阻，通常正、负两极线的电阻相等；R_{SM} 为一个极中的两端换流站平波电抗器的总电阻；R_{GL1} 和 R_{GL2} 分别为整流站和逆变站接地极引线的电阻；R_{G1} 和 R_{G2} 为整流站和逆变站接地极电阻。

对于双极直流输电工程，在不同的直流回路接线方式下，其直流回路电阻可用以下公式表示。

（1）双极方式　$R=2(R_L+R_{SM})$　(2-27)

（2）单极大地回线方式　$R=R_L+R_{SM}+R_{GL1}+R_{GL2}+R_{G1}+R_{G2}$　(2-28)

（3）单极金属回线方式　$R=2R_L+R_{SM}$　(2-29)

（4）单极双导线并联大地回线方式

$$R=\frac{R_L}{2}+R_{SM}+R_{GL1}+R_{GL2}+R_{G1}+R_{G2} \tag{2-30}$$

（三）直流功率 P_d

（1）整流站直流功率

双极功率　$P_{d1}=2U_{d1}I_d$　(2-31)

单极功率　$P_{d1}=U_{d1}I_d$　(2-32)

（2）逆流站直流功率

双极功率　$P_{d2}=2U_{d2}I_d$　(2-33)

单极功率　$P_{d2}=U_{d2}I_d$　(2-34)

（四）直流回路电压降 ΔU_d

$$\Delta U_d=U_{d1}-U_{d2}=RI_d \tag{2-35}$$

式中，R 为直流回路电阻，对于不同的直流回路接线方式有不同的 R 值，见上述（二）项。

（五）直流线路损耗 ΔP_d

$$\Delta P_d=P_{d1}-P_{d2}=RI_d^2 \tag{2-36}$$

式中，R 为直流回路电阻，见上述（二）项。

（六）换流站消耗无功功率 Q_C

（1）整流站　$Q_{C1}=P_{d1}\tan\varphi_1=P_{d1}\sqrt{\left(\frac{U_{d01}}{U_{d1}}\right)^2-1}$　(2-37)

（2）逆变站　$Q_{C2}=P_{d2}\tan\varphi_2=P_{d2}\sqrt{\left(\frac{U_{d02}}{U_{d2}}\right)^2-1}$　(2-38)

上两式中，φ_1、φ_2 分别为整流站和逆变站的功率因数角，°；U_{d01}、U_{d02} 分别为整流站和逆变站一个极的理想空载直流电压，kV，其值分别为 $U_{d01}=N_1\times1.35U_1$ 和 $U_{d02}=N_2\times1.35U_2$，其中 N_1、N_2 分别为整流站和逆变站一个极中的 6 脉动换流器数，U_1、U_2 分别为整流站和逆变站换流变压器阀侧空载线电压有效值，kV。

（七）换流站与交流系统交换无功功率 Q_S

取交流系统向换流站提供无功为正方向，反之为负方向，则

（1）整流站　$Q_{S1}=Q_{C1}-Q_{F1}-Q_{RC1}$　(2-39)

（2）逆变站　$Q_{S2}=Q_{C2}-Q_{F2}-Q_{RC2}$　(2-40)

上两式中，Q_{C1}、Q_{C2} 分别为整流站和逆变站换流器消耗的无功功率，Mvar；Q_{F1}、Q_{F2} 分别

为整流站和逆变站交流滤波器提供的基波无功功率，Mvar；Q_{RC1}、Q_{RC2}分别为整流站和逆变站的无功补偿装置提供的无功功率，Mvar。

(八) 换流站功率因数 $\cos\varphi$

为了方便使用，对整流站和逆变站的功率因数，分别给出三种表达方式。

(1) 整流站的功率因数 $\cos\varphi_1$，常用的有以下三种表达式

$$\cos\varphi_1 = \frac{1}{2}[\cos\alpha + \cos(\alpha + \mu_1)] \tag{2-41}$$

$$\cos\varphi_1 = \frac{U_{d1}}{U_{d01}} \tag{2-42}$$

$$\cos\varphi_1 = \cos\alpha - \frac{X_{r1} I_d}{\sqrt{2} U_1} \tag{2-43}$$

(2) 逆变站的功率因数 $\cos\varphi_2$，常用的有以下三种表达式

$$\cos\varphi_2 = \frac{1}{2}[\cos\gamma + \cos(\gamma + \mu_2)] \tag{2-44}$$

$$\cos\varphi_2 = \frac{U_{d2}}{U_{d02}} \tag{2-45}$$

$$\cos\varphi_2 = \cos\gamma - \frac{X_{r2} I_d}{\sqrt{2} U_2} \tag{2-46}$$

(九) 换流器换相角 μ

(1) 整流器的换相角 μ_1

$$\mu_1 = \arccos\left(\cos\alpha - \frac{2X_{r1} I_d}{\sqrt{2} U_1}\right) - \alpha \tag{2-47}$$

(2) 逆变器的换相角 μ_2

$$\mu_2 = \arccos\left(\cos\gamma - \frac{2X_{r2} I_d}{\sqrt{2} U_2}\right) - \gamma \tag{2-48}$$

(十) 换流器交流侧电流 I_a

整流器交流侧电流与逆变器交流侧电流同直流电流的关系相同，可近似表示为

$$I_a \approx \sqrt{\frac{2}{3}} I_d = 0.816 I_d \tag{2-49}$$

整流器和逆变器交流侧基波电流有效值与直流电流的关系可近似表示为

$$I_a \approx \frac{\sqrt{6}}{\pi} I_d = 0.78 I_d \tag{2-50}$$

(十一) 换流变压器视在功率 S

(1) 整流站一个极的换流变压器视在功率的总和 S_1

$$S_1 = \frac{\pi}{3} U_{d01} I_d \tag{2-51}$$

(2) 逆变站一个极的换流变压器视在功率的总和 S_2

$$S_2 = \frac{\pi}{3} U_{d02} I_d \tag{2-52}$$

第七节　直流输电换流技术新发展

一、光直接触发晶闸管应用

大多数直流输电工程采用由电触发晶闸管 ETT 所组成的换流阀进行换流。这种换流阀通常是在地电位将触发脉冲转换成光脉冲，经光导纤维传送到高电位；在高电位将光脉冲再转换成电脉冲，然后送到每个晶闸管的控制极，对晶闸管进行控制。这种触发方式比较复杂，故障率也比较高。采用光直接触发晶闸管 LTT 的换流阀，在高电位则不需要将光脉冲再转换为电脉冲，可以直接用光脉冲对换流阀进行控制，从而使触发系统得到简化。20 世纪 90 年代，大功率高电压的 LTT 研制成功，并开始考虑在直流输电工程中应用。1992 年 5 月日本新信依背靠背换流站从 300MW 扩建到 600MW 工程以及 1993 年 4 月北海道—本州直流输电工程从 300MW 扩建到 600MW 工程，都是采用由 LTT 组成的换流阀。这两项扩建工程均采用 6kV 的 LTT，分别组成 125kV、2400A 和 250kV、1200A 的换流阀，多年来运行情况良好。日本 2000 年投入运行的纪伊直流输电工程则采用容量更大的、直径 15.14cm（6 英寸）、8kV、3500A 的 LTT 所组成的换流阀（由 42 个 LTT 元件串联）。德国的西门子公司也在美国太平洋联络线直流工程的西尔玛换流站，安装了一台由直径 10.16cm（4 英寸）、8kV、2000A 的 LTT 所组成的 133kV、2000A 的换流阀，进行了试运行。我国建成的贵—广Ⅰ、贵—广Ⅱ、灵宝背靠背和高岭背靠背直流输电工程也都采用了 LTT 换流阀。这些 LTT 换流阀均具有正向过电压保护的功能。LTT 在直流输电工程中的应用，可以简化换流阀的触发系统，降低其故障率，因此具有较强的竞争力。

二、电容换相换流器

电容换相换流器（capacitor commutated converter，简称 CCC）是在常规换流器和换流变压器之间串联换相电容器而构成。图 2-15 给出采用 CCC 的单极换流站示意图。换相电容器接在换流器和换流变压器之间，使得流经它的运行电流和故障电流均能受到换流器的控制，从而可大大降低电容器上承受的应力。

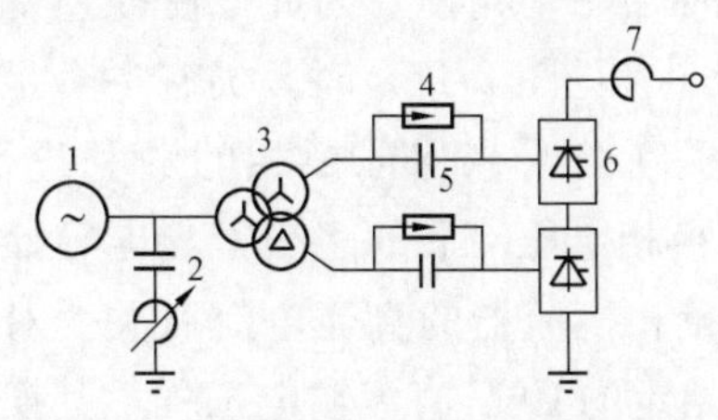

图 2-15　单极直流输电 CCC 示意图

1—交流系统；2—自动调谐滤波器；3—换流变压器；4—氧化锌过电压保护器；5—换相电容器；6—换流器；7—平波电抗器

采用自然换相的常规换流器，在运行中要消耗大量的无功功率（为直流输送功率的 40%～60%）。早在 20 世纪 50 年代就有人提出在换流器和换流变压器之间串联电容器进行强迫换相的方法来降低换流器消耗的无功。由于受当时技术条件的限制，在工程中未能得到应用。近年来，由于电容器的制造水平和质量的大幅度提高以及计算机控制技术、自动调谐滤波器和氧化锌避雷器在直流输电工程中的应用，使得采用电容换相换流器的问题又提到日程上来，并在工程中得到了应用。2000 年投入运行的巴西和阿根廷之间的加勒比背靠背直流工程（1100MW，±70kV），即采用了电容换相换流器。电容相换换流器能够有效地降低换流器所消耗的无功（有时还可以提供无功），提高换流器运行的稳定性，改善换流器的运行性能，特别是对于受端为弱交流系统以及长距离电缆直流输电工程，其优越性更加明显。

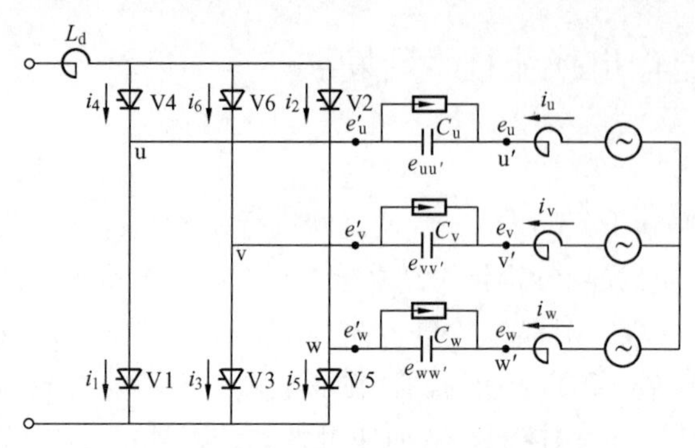

图 2-16　CCC 逆变器原理接线图

电容换相换流器的工作机理以逆变器为例来进行说明。图 2-16 和图 2-17 分别给出 CCC 逆变器原理接线和波形图。

由于 CCC 在换流器和换流变压器之间串联有换相电容器，使得换流器的换相电压已不单是换流变压器的阀侧电压，而是阀侧电压和换相电容器上的附加电压之和。电容器上的附加电压由流经电容器的电流来决定。以 U 相为例，其他两相类同。U 相电流 i_u 由 i_4 和 i_1 所组成。V4 导通后，i_4 经过 C_u，使 C_u 充电，u'对 u 的电位逐渐升高，C_u 上的电压用 $e_{uu'}$表示。到 V4 关断后 $i_4=0$ 时，充电结束，$e_{uu'}$电压保持不变。当 V1 导通后，i_1 反向流经 C_u，使 $e_{uu'}$电压下降，直到 V1 关断 $i_1=0$ 时，$e_{uu'}$在一负电压下保持不变，从而在 C_u 上形成一个接近正弦波的梯形波，见图 2-17（b）。交流系统提供的换相电压 e_u 和 $e_{uu'}$相加，得到 CCC 换流器的换相电压 e'_u。见图 2-17（a）。从图 2-17（a）可知，e'_u比 e_u 的相位滞后一个角度 Δ。因此，由于换相电容器上附加电压的影响，使换流器的换相电压滞后，从而使阀上实际的线电压过零点 c3′比交流系统提供的线电压过零 c3 也滞后一个角度。因此，使得逆变器在 $\beta<0$（见图 2-17）时，仍有一个足够大的关断角 γ 来保证换相的顺利进行。CCC 换相电压滞后的多少，与电容器的电容量和换流器的直流电流有关。对于一个给定的 CCC 直流输电工程，其换相电容已经确定，其换相电压滞后的程度取决于直流运行电流的大小。当直流电流为零时，则滞后的角度也为零。

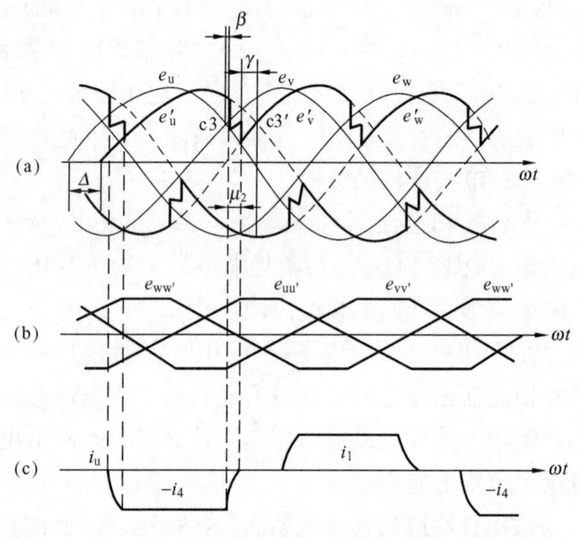

图 2-17　CCC 逆变器波形图
（a）相电压波形；（b）换相电容器电压波形；（c）U 相电流波形

CCC 换流器具有以下优点。

1. 改善换流器无功功率特性

由于 CCC 在 $\alpha\leqslant 0°$以及 $\beta\leqslant 0°$时，仍能稳定运行，从而降低了换流器消耗的无功功率。其次，由于换相电容参与换相，加速了换相过程，减小了换相角 μ，也使换流器消耗的无功功率降低。另一方面，换相电容器上附加电压的大小和换相电压相位后移的多少，取决于直流电流的大小。随着直流电流的升高，电容器上附加电压也升高，换相电压相位后移的更多，从而使 CCC 消耗的无功功率随直流电流的升高变化不大。当直流电流较小时，随直流电流的升高，CCC 消耗的无功有所增加；在直流电流升到一定数值后，消耗的无功将降低；如直流电流还继续升高，则 CCC 可能由消耗无功，变为发出无功。因为要保持换相裕度（γ角）不变，可以减小β运行，在大直流电流下，换相电压滞后很多，β角可能为负值。

常规换流器消耗的无功与直流输送功率成比例。额定功率时消耗的无功为直流功率的40%～60%，而在小负荷时，则相应地减少。为了满足换流站在不同直流功率下对无功平衡的要求，往往需要采取一些技术措施（如交流滤波器和无功补偿电容器的分组投切，小负荷时投入并联电抗器等），这将使换流站的投资增加，可靠性降低。采用CCC的换流站，则只需装设小容量高性能的自动调谐滤波器，即可同时满足滤波和无功补偿的要求，妥善解决了滤波和无功补偿问题。图2-18（a）和（b）分别给出常规换流器和CCC的无功平衡示意图。

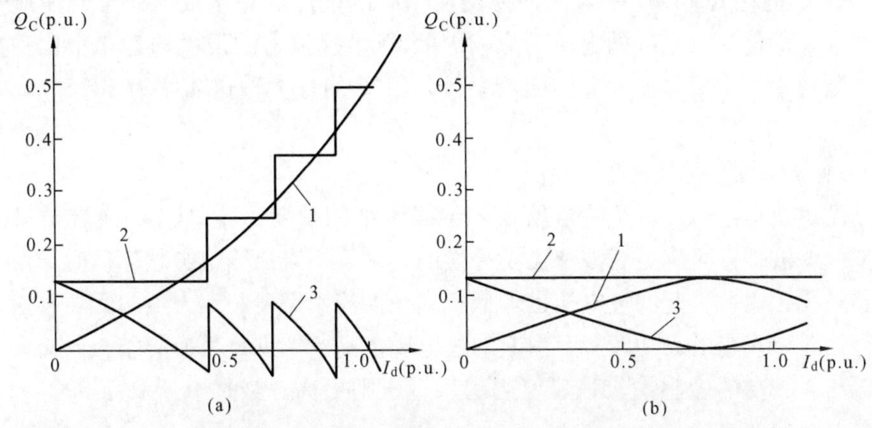

图2-18　常规换流器和CCC的无功平衡示意图

（a）常规换流器无功平衡；（b）CCC无功平衡

1—换流器消耗的无功；2—滤波器及无补偿电容器提供的无功；3—换流站多余的无功

由于CCC换流站只需装设小容量的滤波装置，从而大大地降低了换流站的并联电容与系统电抗形成低次谐波谐振的可能性。

2. 提高逆变器运行稳定性

换流器在逆变状态运行时，为了满足关断的要求，使刚刚关断的阀不会又回到导通状态，要求关断后阀上的电压必须保持一段时间为负值。这一负电压的时间，通常用关断角γ表示，也称为换相裕度。γ角为阀电流过零点（关断时刻）与换相电压从负变正过零点之间的相角。在给定的α角下，当直流电流升高时，换相电容器上的电压升高，相位后移，使CCC逆变器的换相角μ变化不大，而换相电压则滞后的更多，从而可得到一个较大的换相裕度（γ角），使逆变器运行更加稳定。同理，当逆变站交流母线电压降低时，换相电容器上的电压成正比的升高，换相角μ变化不大，换相裕度γ变大。即使母线电压瞬时降到接近于零，换相还有可能成功，因为换相电压可以全部由电容器上的附加电压提供。因此，CCC逆变器在直流电流升高和交流母线电压降低时，引起换相失败的可能性很小，从而有效地防止了换相失败。

常规逆变器通常在恒γ角控制方式运行。当直流电流升高时，换相角μ加大，为保持γ角不变，必须加大β角，这将引起逆变器消耗的无功增加，从而使交流母线电压降低，同时也使直流电压降低。因此，逆变器具有负阻外特性。当受端为弱系统时，系统阻抗大，其负阻特性更强。此时，可能由于瞬时的直流电流升高，使逆变器比整流器直流电压降低的更多，这将进一步引起直流电流升高，从而破坏了直流系统的稳定运行。通常可采用整流器装设快速电流调节器，来保持直流电流恒定，而避免这种情况的发生。对于CCC逆变器在恒γ角方式时，由于换相电容器提供一个正比于直流电流的相位滞后的换相电压，当直流电流升高时，换相裕度（γ角）增大，为保持γ角恒定，可减小β角，这将使消耗的无功降低，交流母线电压升高，直流电压也相应升高，使逆变器具有正阻外特性，这将大大地改善直流系统的动态稳定性。

对于一个给定的交流系统，CCC比常规换流器的输送能力要大。这是因为随着输送功率的升高，CCC消耗的无功下降，从而使交流系统的电压变化不大；而常规换流器由于消耗的无功增大，而使交流系统的电压下降。因此CCC换流器的最大输送功率比常规换流器要大许多，如对于一个短路比为2的交流系统，CCC的最大输送功率为1.75p.u.，而常规换流器则为1.2p.u.。

3. 降低换流站甩负荷过电压

换流站的甩负荷过电压，是决定换流站绝缘水平的重要因素。CCC换流站只需装设小容量高性能的滤波器即可满足滤波和无功补偿的要求，当直流输电突然停运时，由于换流站多余的无功较少，由此引起的过电压也较低。常规换流站需要装设大量的无功补偿设备，当直流输电停运时，多余的无功较多，引起的过电压也高。特别是当换流站与弱交流系统相连时，系统电压对无功的敏感性较强，引起的过电压则更高。当过电压高于1.3～1.4倍时，通常需要采取一定的措施。

4. 降低换流阀短路电流

换流阀的桥臂短路电流和桥端短路电流是选择晶闸管元件截面的重要依据。采用常规换流器连接强交流系统时，由于系统阻抗很小，短路电流则很大。有时不得不因此而选择更大截面的晶闸管。采用CCC当发生此类故障时，短路电流对换相电容器充电，产生一个反向电压，从而降低了暂态短路电流。与常规换流器相比，其短路电流峰值可降到一半以下。另一方面，CCC还可以避免当交流系统发生接地故障时由于大的零序电流而产生的铁磁谐振。

CCC技术还有以下问题需要通过工程实践来进一步的完善和解决。

(1) 当U、V、W三相中三个换相电容器上的电压不平衡时，逆变器的换相性能将变坏，有可能引起换相失败。直流电流的瞬时变化均可能使换相电容器上的电压幅值和相位发生变化，从而使换流器中不同阀上的换相电压和换相裕度（γ角）均不相同。对于换相裕度小的换流阀，则可能产生换相失败，这种情况必须采取技术措施。通常，这种换相电压的不平衡可以从直流电压中测出，然后通过控制系统减小触发角α，增大换相裕度（γ角），来避免换相失败。

(2) 在接地端的换流桥中，当在换相电容器和换流变压器之间发生接地故障时，换相电容器将通过换流阀放电。如果换流桥是直接接地或通过中性母线上的电容器接地，这种放电电流对换流阀都是很危险的，可以在换流桥与中性母线之间串接一个小的阻尼电抗器来降低阀中的放电电流。

(3) 对绝缘水平的影响。CCC中换流阀上的稳态电压是由交流系统提供的线电压和参与换相的两相中的换相电容器上的电压所组成。电容器上的稳态电压随直流电流的升高而升高，其最高电压，由其最大连续运行直流电流所决定。当换相结束时，即阀电流为零时，电容器上的电压达到其峰值。通常电容器的过电压保护采用并联氧化锌可变电阻的方法（见图2-16）。由于换相电容器参与换相，使换相过程加快，换相角μ减小，另外还要考虑到整流器需要留有一定的电流调节裕度，通常α角额定值要取的略大一些。以上因素均使换流阀断关时的阶跃电压增大，使换相过电压升高，同时也使换流阀的阻尼回路和避雷器中的损耗增加。CCC阀避雷器的额定电压比常规换流器可能要高10%。换流变压器阀侧的绝缘水平取决于阀避雷器和与换相电容器并联的氧化锌可变电阻的保护水平。因此，CCC的换流变压器阀侧绕组的绝缘水平也将相应升高。

三、轻型直流输电

大功率半导体器件可关断晶闸管（GTO）、绝缘栅双极晶体管（IGBT）、集成门极换相晶闸管（IGCT）的相继问世，以及大功率碳化硅器件的开发和研制，给直流输电换流技术的发展带来新的机遇。本节仅对在直流输电工程中已经应用的采用IGBT和脉宽调制（PWM）技术的轻型直流输电（HVDC Light）作一简单的介绍。

（一）轻型直流输电构成

轻型直流输电与常规直流输电的基本不同点是，它采用具有关断能力的高频IGBT器件以及PWM技术而组成的电压源换流器（Voltage Source Converter）进行换流；而常规直流输电则是采用无关断能力的低频晶闸管所组成的电网换相换流器来进行换流。这种新技术的应用，使得在常规直流输电中所碰到的一些技术难题而得到解决，如向弱交流系统以及无电源的负荷区的送电问题；换流站的无功补偿以及有功和无功控制的相互影响；交流侧和直流侧的滤波问题等。采用IGBT的电压源换流器是直流输电换流技术的新突破。由于采用这种新技术可以减少换流站的设备，简化换流站的结构，而称之为轻型直流输电。

图2-19给出轻型直流输电主要设备及系统构成图，轻型直流输电换流站的主要设备有6脉动换流桥、直流电容器、换流电抗器、交流侧高通滤波器以及换流器的控制保护设备等。换流阀由IGBT元件串联组成，每个元件有一个反并联二极管。为了使串联元件在开通和关断时得到均匀的动态电压分布，配备有专门的触发装置以及每个元件上并联有均压回路。控制信号由地电位的控制系统产生，经光电转换，用光导纤维传送到高电位的IGBT上去，对换流阀进行控制。换流阀采用去离子水进行冷却。直流电容器为关断电流提供一个低电感路径，同时也为潮流控制储存能量，它还可以降低直流侧的谐波。换流电抗器两端的工频电压确定了换流器转换的功率，通过改变换流桥交流侧输出电压的相位和幅值，可对有功和无功进行控制。换流站可以省去换流变压器和直流滤波器，在交流侧只需装设小容量的高通滤波器即可满足滤波的要求。

（二）脉宽调制电压源换流器

普通晶闸管只能对元件的开通进行控制，元件的关断是靠交流电流每周过零点来实现。具有关断能力的可关断器件，除能对开通时刻进行控制外，还能对关断时刻进行控制。由可关断器件组成的换流阀叫可关断换流阀。可关断换流阀可组成自换相换流器，它可以与无源交流系统连接进行换流。自换相换流器有电流源换流器和电压源换流器两种类型。电流源换流器的直流电流只有一个极性（即电流只能是一个方向），其潮流反转是由直流电压的极性反转来实现；电压源换流器的直流电压只有一个极性，其潮流反转是由直流电流的极性反转

(电流方向的改变) 来实现。普通晶闸管只能构成电流源换流器，而具有关断能力的半导体器件则两种换流器均能构成。由于在电压源换流器中直流电流可以是任一方向，换流阀应具有双向导通的能力；另一方面由于直流电压极性不变，换流阀不需要有电压反向的功能。因此这种可关断换流阀是非对称关断装置，即对直流电流的一个方向具有关断能力，另一方向则无关断能力。通常组成电压源换流器的换流阀是由具有关断能力的器件（如 GTO、IGBT、IGCT 等）与一个反并联二极管所组成，其符号见图 2-19。对于高压换流阀，往往需要多个这种非对称关断部件串联而成。

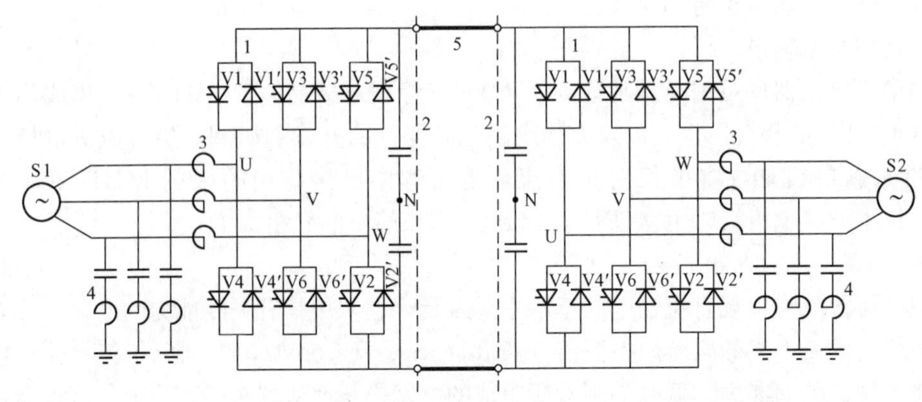

图 2-19　轻型直流输电系统构成图

1—由 IGBT 和二极管组成的换流阀；2—直流电容器；3—换流电抗器；
4—高通滤波器；5—直流输电线路；S1、S2—两端交流系统

电压源换流器有多种类型，如单相全波桥式换流器、三相全波桥式换流器、多级电压源换流器、脉宽调制（PWM）电压源换流器等。电压源换流器的交流侧输出电压是由直流母线电压经过换流阀的通断而形成。每工频周期内通断一次，其交流侧电压为一个方波，它含有大量的谐波。其交流输出电压可以通过改变方波电压的宽度或直流电压的幅值来进行控制。也可以采用每周通断多次的方法来进行换流。通常每周通断次数用通断频率 f_s 来表示(也称载波频率)。随着通断频率的升高，通断损耗将增加。这种每周通断多次的换流器，也可以通过改变方波电压脉冲的宽度或直流母线电压的幅值来改变其交流输出电压，同时还可以消除低次谐波。PWM 电压源换流器即是这种每周通断多次的换流器。目前已运行的轻型直流输电工程均采用由 IGBT 和二极管组成的非对称可关断换流阀及三相全波桥式回路的 PWM 电压源换流器。

电压源换流器为自换相换流器，它不需要交流系统提供换相电压，与交流系统同步连接，可以作为整流器运行，也可以作为逆变器运行。当有功功率从交流系统向直流系统输送时为整流运行，反之则为逆变运行。对交流系统来说，它像是一个发电机（逆变运行）或电动机（整流运行)，而且可以连续快速地调节有功和无功，同时还不增加系统的短路容量(因其交流电流是快速可控制的)。这种换流器是输电网络理想的换流器。大功率高频 IGBT 的问世，使得采用脉宽调制技术成为可能。IGBT 的控制极具有高阻抗，要求的触发功率很小；其通断频率高，使切换时间短，从而降低了通断损耗；同时在上千赫兹的通断频率下，对串联元件仍能得到良好的均压。因此，由 IGBT 组成的 PWM 电压源换流器在轻型直流输

电工程中得到了广泛的应用。

图 2-20 给出一个三相桥式电压源换流器 U 相接线示意图，其中可关断器件 V1 和二极管 V1′组成 U 相的一个桥臂；V4 和 V4′组成 U 相的另一个桥臂；N 表示直流电压的中点；L 为换流电抗器；F 为交流滤波器。图 2-21 给出当 $f_s=9f_0$（f_0 为基波频率）时，正弦波 PWM 电压源换流器工作原理示意图。调制技术是将电压源换流器的参考电压转换成与控制模式相一致的数字信号，对换流阀的通断进行控制。参考电压的数字化，在正弦波脉宽调制中是采用正弦波参考电压与三角形载波相交来实现。这种控制模式所产生的交流电压的频谱，包括与参考电压成正比的基波分量以及不希望的谐波分量。经换流电抗器和高通滤波后，即得到人们所需要的正弦波电压。

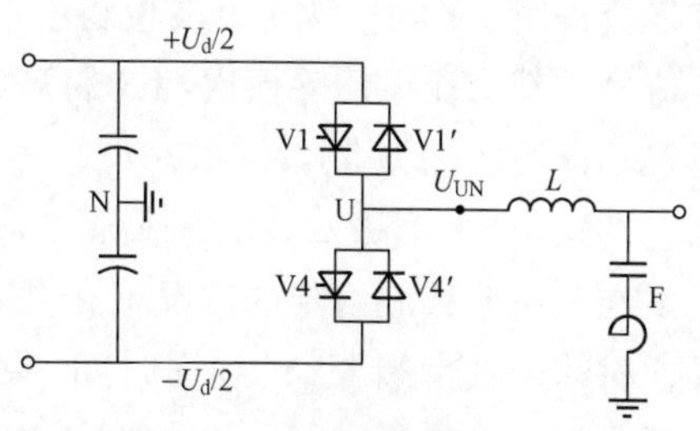

图 2-20　三相桥式 PWM 电压源换流器 U 相接线示意图

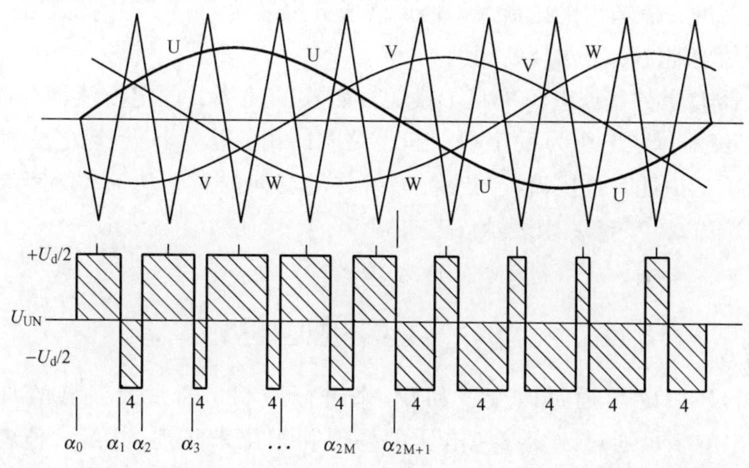

图 2-21　正弦波 PWM 电压源换流器工作原理示意图

目前，在轻型直流输电工程中采用 $f_s=1950\text{Hz}$。为了方便分析，假定 $f_s=9f_0$，当 $f_0=50\text{Hz}$ 时则 $f_s=450\text{Hz}$。换流阀的通断由高频三角形载波与正弦波参考电压的交点来确定。负斜率的三角波与 U 相参考电压的交点产生一个使阀 V1 导通和阀 V4 关断的控制脉冲（见图 2-21 中 α_0、$\alpha_2\cdots\alpha_{2M}$）；正斜率的三角波与 U 相参考电压的交点则产生一个使阀 V1 关断和阀 V4 导通的控制脉冲（见图 2-21 中 α_1、$\alpha_3\cdots\alpha_{2M+1}$）。U 相对直流侧中点 N 的电压 U_{UN}，是幅值为$\dfrac{U_d}{2}$的不同宽度的一系列方波电压脉冲。当 $f_s=9f_0$ 时，交流电压每周波有 9 个不同宽度的电压脉冲。每周波的电压脉冲数随 f_s 的升高而增多。从图 2-21 可知，换流器的交流输出电压含有基波和谐波，其谐波次数与通断频率有关。假定谐波次数为 f_n，则有

$$f_n=k_1n\pm k_2 \tag{2-53}$$

式中，k_1 为通断频率的倍频数（此处为 9），n 和 k_2 为正整数。通常 k_2 最大取到 2，因为当 $k_2>2$ 时，其谐波幅值很小，可以忽略不计。当通断频率为基波频率的奇数倍时，其交流输出电压脉冲与参考电压正弦波过零点是对称的，从而消除了偶次谐波。另外，当采用三相桥

式换流器时，3 的倍数次谐波也将不存在。因此，对通断频率为基波频率奇数倍的三相桥式换流器，其交流电压除偶次和 3 的倍数次谐波以外，它含有其他各次谐波次数。当 $f_s=9f_0$ 时，其谐波次数为 5、7、11、13、17、19…等。其中 5 次和 13 次均较小，可以忽略不计，因它们是当 $n=1$ 和 $k_2=2$ 的情况。当采用上千赫兹为通断频率时，低次谐波则自动消失。

在三角形载波给定的情况下，升高正弦波参考电压的幅值，在正半波中将增加阀 V1 的导通时间，减少阀 V4 的导通时间；而在负半波中则增加阀 V4 的导通时间，减少阀 V1 的导通时间。也就是说，在正半波中正电压脉冲的宽度将增加，负电压脉冲的宽度将减少；而在负半波中负电压脉冲的宽度将增加，正电压脉冲宽将减少。这意味着，随着参考电压的升高，换流器交流侧输出电压将升高。反之当参考电压降低时，交流输出电压将降低。因此，在参考电压幅值小于三角波电压峰值的范围内，换流器的交流侧输出电压可以在零和其最大值之间呈线性变化。当参考电压幅值与三角波峰值相等时，交流输出电压中间部位的凹坑将消失，如果参考电压一直升高，则有更多的凹坑消失，到最后在半个周波内只剩下一个方波电压脉冲，此时的交流输出电压最大，但谐波成分也最大。为了得到良好的谐波性能，参考电压的最大幅值应略小于三角波的峰值。

换流电抗器 L 上的基波电压决定了换流器转换的功率。假定换流器交流侧的基波电压为 U_g；换流站交流母线电压为 U_B；U_g 与 U_B 之间的相位差为 δ；换流电抗为 x，$x=\omega L$。当忽略换流电抗器的损耗时，换流器与交流系统之间交换的有功功率 P 和无功功率 Q，可分别用式（2-54）和式（2-55）来表示

$$P=\frac{U_g U_B \sin\delta}{x} \tag{2-54}$$

$$Q=\frac{U_g(U_g-U_B\cos\delta)}{x} \tag{2-55}$$

从上两式可知，P 和 Q 可通过改变 δ 和 U_g 来进行控制。通常换流器的直流电压为一常数，其交流输出电压可通过改变参考电压的幅值和相位来实现，其最大值将受直流电压的限制。

采用 IGBT 组成的电压源换流器，使直流输电系统具有良好的运行性能。直流输电的启动可以在两端换流站独立地进行。换流器交流侧开关合闸后，直流母线则通过反并联二极管充电；当触发系统带电后，两站的换流器可通过直流侧开关连接。首先解锁的换流器将控制直流电压，另一个换流器解锁后则开始功率传输。正常运行方式是每个换流站可独立控制自己的无功，而与另一换流站无关；但直流系统的有功功率必须平衡。也就是说，直流系统输出的有功必须等于它吸收的有功减去系统本身的损耗。任何有功的不平衡将引起直流电压的升降。为了保证有功的平衡，一个换流站用来控制直流电压，而另一个换流站可在系统所允许的范围内来控制输送的有功，即当有功变化时电压控制站将控制直流电压来保持功率平衡。这种控制不需要两站之间的远动通信，只需就地测量直流电压即可实现。当换流器在大负荷逆变状态闭锁时，在回路电感中储存的能量将向直流电容器充电，使直流电压升高，电压控制站将快速降低直流电压来减轻其影响。甚至可以使功率反送到直流系统来保持直流电压；此时另一换流站则可按静补方式继续运行，并将无功功率控制在系统所需的水平。当交流系统发生接地故障时，电流控制将快速降低换流器输出的工频电压，来降低其电流到故障前水平，使故障电流得到控制，而不增加短路功率。

（三）轻型直流输电特点及应用场合

综上所述，采用 IGBT 组成的 PWM 电压源换流器的轻型直流输电具有的特点是：首先它可减少换流站的设备、简化换流站的结构。虽然换流站增加了直流电容器和换流电抗器，但它可省去换流变压器、直流滤波器、平波电抗器、无功补偿设备以及简化了交流滤波器，同时也不需要快速通信设备。总的来说，换流站设备减少了，结构得到了简化。对于小容量低电压的换流站，便于采用模块式结构，从而可降低造价，提高可靠性，缩短工期（常规直流输电的工期约为 3 年，而轻型直流输电仅为 1 年），在经济上具有较好的竞争力。其次，由于采用了新型换流器，使输电工程具有良好的运行性能，如两端换流站可独立快速进行有功和无功的调节来适应交流系统的要求；不增加系统的短路功率；可向无源的负荷点送电；谐波性能好等。

轻型直流输电的应用场合如下。

（1）向远方的孤立负荷点送电。如向沿海小岛送电，可采用轻型直流输电和新型塑料海底电缆来代替小岛上的柴油发电机。

（2）向城市送电。随着工业化的发展，城市用电量急增，线路走廊发生困难，采用轻型直流输电和新型塑料地下电缆是一种值得考虑的解决办法。

（3）随着环保型再生能源的开发（如风力电站、低水头小型水电站等），这种小型电站的接入系统问题可采用轻型直流输电来解决，在技术和经济上都具有明显的优点。对于风力电站来说，轻型直流输电可输送电站的有功，同时提供电站所需的无功；为了优化风能的利用可允许电站在不同的频率下运行（丹麦已运行的工程，其风力电站的频率可在 30～65Hz 之间变化）。

（4）离岸发电的联网问题。在海洋石油的开发中，燃烧了许多天然气。如果能利用这些天然气就地发电，然后用轻型直流输电和海底塑料电缆将电能送到电网中来，将会带来可观的经济效益。

（5）非同步运行的独立电网之间的联网，采用轻型直流输电可以方便地调节有功和无功，可改善系统的运行性能，提高其电能质量。

（6）推动多端直流输电系统的发展。电压源换流器直流侧的电压极性总是不变的，因此可方便地并联许多换流器，来形成像交流系统那样的多端直流网络；也可以在直流输电系统中方便地进行中间抽能。

到 2004 年，世界上已运行的轻型直流输电工程见表 2-1。

表 2-1　到 2004 年世界上已运行的轻型直流输电工程

序号	工程名称	国　别	输送功率（MW）	直流电压（kV）	输电线路（km）	投运时间（年）	工程性质
1	Hellsjon	瑞典	3	±10	10	1997	工业性试验
2	Gotland	瑞典	50	±80	70（地下电缆）	1999	风力电站接入系统
3	Directink	澳大利亚	3×60	±80	3×59（地下电缆）	2000	联网
4	Tjæreborg	丹麦	7.2	±9	4.3（地下电缆）	2000	风力电站接入系统
5	Eagle pass	美国/墨西哥	36	±15.9	0	2000	背靠背联网

续表

序号	工程名称	国 别	输送功率(MW)	直流电压(kV)	输电线路(km)	投运时间(年)	工 程 性 质
6	Marray Link	澳大利亚	200	±150	2×180 地下电缆	2002	可控非同步联络线
7	Cross Sound	美国	330	±150	2×40 海底电缆	2002	可控同步联络线
8	TrollAPrecompression Electricaldrive System	挪威	40	±60	4×70 海底电缆	2004	用于远距离变速电力传动系统

以上介绍的是ABB公司利用IGBT及脉宽调制技术组成的二电平电压源换流器在直流输电工程中的应用情况。近年来，西门子公司对利用IGBT组成模块化多电平电压源换流器在直流输电工程中的应用进行了研究。建立了2MW，±3.4kV的试验样机，并计划在美国的“Trans Bay Cable”直流输电工程中首次采用。该工程的额定参数为±200kV，400MW，计划2010年投入运行。此外，日本1999年在新信依背靠背换流站，利用可关断晶闸管(GTO)组成的二电平电压源换流器，建成一个小型的三端背靠背轻型直流输电试验工程。三端的额定容量均为53MVA（37.5MW；±37.5Mvar)，直流电压：0～10.6kV，直流电流：3600A，详见本书第十五章内容。

第三章

直流输电稳态特性

第一节 直流输电工程额定值

直流输电工程的额定值主要是指工程在长期连续运行时的输送能力，以功率额定值、电压额定值和电流额定值来表示，它们分别被称为工程的额定功率、额定电压和额定电流。工程在长期连续运行时的额定值是进行工程设计、设备参数选择以及决定工程造价的基础参数。此外，在进行工程设计时，还需要对工程在其他运行方式下的输送能力作出规定，如过负荷运行方式、降压运行方式、功率倒送运行方式等。也就是说，对工程的过负荷额定值、降压运行额定值和功率倒送额定值也需作出规定。本节主要介绍长期连续运行额定值，对于其他运行方式下的额定值，将在本书其他相应章节中讲述。

一、额定直流功率

额定直流功率是指在所规定的系统条件和环境条件的范围内，在不投入备用设备的情况下，直流输电工程连续输送的有功功率。直流输电工程是以一个“极”为一个独立运行单位。每个极的额定直流功率为极的额定直流电压和额定直流电流的乘积。直流输电的主回路系统通常包括整流站、逆变站和直流输电线路三部分，每一部分都有损耗，因此额定直流功率的测量点需要作出规定。通常规定额定直流功率的测量点在整流站的直流母线处。如果要求额定功率测量点规定在其他地方，如逆变站的直流母线处、整流站的交流母线处、逆变站的交流母线处或沿直流输电线路的某处均可，但均需在设计时必须明确指出。

在额定直流功率和输电距离确定的条件下，可以对额定直流电压进行优化选择。额定直流电压选定后，则自然就有了额定直流电流，因为它等于额定直流功率除以额定直流电压。逆变站直流母线的额定功率和额定电压是从整流站的数值中减去直流线路损耗或线路压降而得到的。在计算线路损耗和压降时，假定沿线导线温度是相同的。

背靠背直流工程没有直流输电线路，整流站和逆变站安排在一个背靠背换流站内，其直流侧是直接连接在一起。对于此类工程其额定直流功率确定后，通过对背靠背直流系统的设计优化选择来确定其额定直流电流和额定直流电压，详见第十四章介绍。

当直流输电工程为系统联络线性质时，通常其正向输送和反向输送的额定功率是相同的，此时两端换流站的额定直流功率相等。当直流输送功率主要是向一方向输送（如远方发电厂向电力系统或负荷点送电）时，则额定直流功率可按单方向送电来考虑，此时两端换流站的额定直流功率不相等，逆变站的额定直流功率为整流站的额定直流功率减去在额定直流电流下的直流线路损耗。在这种情况下，直流输电工程的反向输送能力将低于正向输送能力，详见本章第五节介绍。

二、额定直流电流

额定直流电流是直流输电系统直流电流的平均值，它应能在规定的所有系统条件和环境条件下长期连续运行，没有时间的限制。额定直流电流对选择设备类型、参数以及换流站冷却系统的设计具有重要意义。当额定直流功率确定后，额定直流电流通常是由额定直流电压的选择来确定。在选择额定直流电压时，对直流输电工程要进行综合性的技术经济论证工作，并且要考虑到额定直流电流在设备制造上的可行性和经济性。通常背靠背直流输电工程，由于无直流输电线路，可以选择较低的额定直流电压和较大的额定直流电流；而远距离输电直流输电工程，则选择较高的额定直流电压和较小的额定直流电流。

三、额定直流电压

额定直流电压是在额定直流电流下输送额定直流功率所要求的直流电压的平均值。换流站额定直流电压的测量点规定在换流站直流高压母线上的平波电抗器线路侧和换流站的直流低压母线之间，接地极引线除外。额定直流电压是定义在换流站的额定交流电压、换流变压器额定抽头以及换流器额定触发角的条件下，运行在额定直流电流下的直流电压。对于远距离直流输电工程，由于两端换流站的额定直流电压不同（逆变站的低于整流站），通常规定送端整流站的额定直流电压为工程的额定直流电压。

直流输电工程的额定直流电压目前还没有像交流输电那样，形成了电压等级的系列（如35、110、220、500、750kV等），而是对每一个直流工程进行额定直流电压的选择。由于目前直流输电工程数量还不算太多，又有架空线路、电缆线路和背靠背工程等多种类型，同时在汞弧阀换流时期，直流工程的额定电压还受汞弧阀电压的限制等因素，从而形成了目前工程额定直流电压繁多的状况。已运行工程的额定直流电压有：17、25、50、70、80、82、85、100、125、140、150、160、180、200、250、266、270、350、400、450、500、533、600、660kV和800kV等。随着直流输电技术的发展、成熟以及工程数量的增多，直流输电的额定直流电压也会像交流输电那样，形成一定的电压等级系列，以利于设备制造和降低工程费用。

第二节　直流输电最小输送功率

直流输电工程的最小输送功率主要取决于工程的最小直流电流，而最小直流电流则是由直流断续电流来决定的。直流输电换流器的直流输出电压是由多段交流正弦波电压所组成。如6脉动换流器的直流电压，在一个工频周期内有6段正弦波电压，每段60°；而12脉动换流器的直流电压，每周期内有12段正弦电压，每段30°。因此，直流电流也不是平直的，而是叠加有波纹的。电流波纹的幅值取决于直流电压的波纹幅值、直流线路参数以及平波电抗器电感值等。当直流电流的平均值小于某一定值时，直流电流波形可能出现间断，即直流电流出现断续现象。这种电流断续的状态，对于直流输电工程是不能允许的。因为电流断续将会在换流变压器、平波电抗器等电感元件上产生很高的过电压。因此，直流输电工程规定有最小直流电流限值，不允许直流运行电流小于此限值。考虑到留有一定的安全裕度，通常取工程的最小直流电流限值等于或大于连续电流临界值（即不产生断续的电流临界值）的两倍。

连续电流临界值与平波电感值、换流器的触发角 α 以及换流器的脉动数有关。6 脉动换流器和 12 脉动换流器的连续电流临界值可分别用以下近似公式进行计算[1]

（1）6 脉动换流器

$$I_{dd6}=\frac{U_{d0}}{\omega L_{d}}(0.0931\sin\alpha) \tag{3-1}$$

（2）12 脉动换流器

$$I_{dd12}=\frac{2U_{d0}}{\omega L_{d}}(0.023\sin\alpha) \tag{3-2}$$

式中，I_{dd6}、I_{dd12} 分别为 6 脉动换流器和 12 脉动换流器的连续电流临界值；U_{d0} 为 6 脉动换流器的理想空载直流电压；ω 为工频角频率；L_d 为平波电感值；α 为换流器的触发角。

在进行直流输电工程设计时，经常是先选定工程的最小直流电流值，然后利用式(3-1)或式（3-2）对所选择的平波电感值进行核算，看是否能满足直流电流不发生电流断续的要求。如果不能满足要求，则需要增大平波电感值，或提高最小直流电流值。通常直流输电工程的最小直流电流选择为其额定直流电流的 5%～10%。

直流输送功率为直流电压和直流电流的乘积，当最小直流电流确定后，则可得到最小直流输送功率。直流输电工程大多都具有降压运行的功能，其降压运行方式的直流电压通常为额定直流电压的 70%～80%。降压运行时换流器的触发角 α 比额定电压时要大，其临界连续电流值将增大，从而要求最小直流电流值也相应增大。如果在所选定的平波电抗值情况下，降压运行时可能产生电流断续的现象，可以在降压运行时提高最小直流电流值。平波电抗器电感值的选择经常是由其他因素所决定，而防止直流电流断续的因素通常不起决定作用。大部分直流输电工程，在所选的平波电感值情况下，降压运行不需要提高最小直流电流值。由于降压运行时直流电压的降低，当最小直流电流不变时，直流工程的最小输送功率也将相应减小。

第三节　直流输电过负荷

直流输电过负荷通常是指直流电流高于其额定值，其过负荷能力是指直流电流高于其额定值的大小和持续时间的长短。在过负荷情况下，可能需要考虑可接受的设备预期寿命的降低以及备用冷却设备和低于所规定的环境温度的利用等。过负荷也可用功率来规定，但功率为电压和电流的乘积，在运行中当电压变化时，电流也随之而变化。在同样的功率下，对于不同的直流电压，则有不同的直流电流值。对于换流设备来说，其过负荷能力主要决定于直流电流。如果在过负荷条件下，要求保持额定直流电压，则换流器和换流变压器的空载电压将升高，这将使换流变压器容量和换流阀额定电压值升高。如果在这种情况下要求换流器触发角 α 保持在额定值，则换流变压器带负荷调抽头的范围要加大。如果设计成在额定功率下有较大的额定触发角，则这将引起换流站的无功补偿量、损耗以及换流器所产生的谐波增大。以上这些因素均会使换流站的造价增加，因此通常是对工程的直流电流过负荷额定值作出规定。

在进行直流输电工程设计时，除了对其额定功率、额定电压和额定电流作出规定外，还需要对其过负荷能力作出规定，即对直流电流的过负荷额定值及其持续时间作出规定。直流输电过负荷能力的要求，取决于两端交流系统的需要，特别是在交流系统发生故障或直流系统的某一部分发生故障后的需要。如当受端交流系统发生故障，需要直流输电在一定时间内进行紧急功率支援时；当直流输电的一个极因故障退出工作，而需要另一极在短时间内多送功率时；当交流系统因故障而产生低频振荡，需要利用直流系统的功率调制来阻尼振荡时等。对直流输电工程过负荷能力的要求，通常是在工程系统研究工作中进行研究而作出决定。根据系统运行的需要，直流输电工程的过负荷，可分为以下几种。

（1）连续过负荷。连续过负荷（也称固有过负荷）是指直流电流高于其额定直流电流连续送电的能力，即在此电流值下运行无时间限制。连续过负荷主要在双极直流输电工程中，当一极故障长期停运或者当电网的负荷或电源出现超出计划水平时采用。在连续过负荷时，设备的应力（如换流变压器绕组与平波电抗器绕组热点温度、晶闸管结温等）一般也不允许超过其所规定的允许数值，此时主要是利用备用冷却设备以及环境温度的降低。额定直流电流是在最严重的环境条件（如最高环境温度）下，备用冷却设备不投入运行时，直流输电工程能够连续运行的电流值。当考虑到环境温度降低时，备用冷却设备投入运行时以及设备的设计裕度等因素，直流电流可以在高于其额定值的情况下连续运行。在最高环境温度下，投入备用冷却设备时的连续过负荷电流值约为额定直流电流的1.05～1.10倍；随着环境温度的降低，其连续过负荷电流还会有明显的提高，但由于受无功功率补偿，交流侧或直流侧的滤波要求以及甩负荷时的工频过电压等因素的限制，通常取连续过负荷额定值小于额定直流电流的1.2倍。如果工程有特殊需要，对连续过负荷有更高的要求，可另行规定，但这将引起换流站造价相应的提高。在连续过负荷运行时，将允许直流输电系统的某些稳态运行性能有所下降，但必须在设计时作出规定。

（2）短期过负荷。短期过负荷是指在一定时间内，直流电流高于其额定电流的能力。在大多数情况下，大部分设备故障和系统要求，只需要直流输电在一定的时间内提高输送能力，而不需要连续过负荷运行。在此时间内故障的设备可以修复或系统调度可以采取处理措施。通常选择2h为短期过负荷持续时间。换流变压器和油浸式平波电抗器对于短期过负荷不是限制的因素，主要是在进行晶闸管换流阀及其冷却系统的设计时需要考虑短期过负荷的要求。如无特殊要求，通常短期过负荷额定值取直流电流额定值的1.1倍。

（3）暂时过负荷。暂时过负荷是为了满足利用直流输电的快速控制来提高交流系统暂态稳定的要求，在数秒钟内直流电流高于其额定值的能力。当交流系统发生大扰动时，可能需要直流输电快速提高其输送容量，来满足交流系统稳定运行的要求，或者需要利用直流输电的功率调制功能，来阻尼交流系统的低频振荡。暂时过负荷的持续时间一般为3～10s。当需要阻尼交流系统的低频振荡时，直流输电的过负荷是周期性的。暂时过负荷的大小，持续的时间以及周期的长短均需根据每个工程的具体情况，由系统研究的结果来决定。要求在数秒钟内提高输送能力，晶闸管是惟一的限制因素。对于常规的设计，晶闸管换流阀5s的过负荷能力可到额定直流电流的1.3倍，我国的天—广、三—常和三—广直流工程所用的换流阀已达 1.5 倍。通过增加冷却系统的容量，其暂时过负荷能力还可以再提高。

直流输电工程的过负荷能力，取决于换流站的设备在不降低其预期寿命的条件下，可允许的比额定功率大的输送能力，这种能力与各种设备的设计条件及设计准则有关，其中环境温度是一个重要的因素。电力设备的额定值，通常是设计在最高环境温度下的，而最高温度只在有限的时间发生，在低于此温度时，就有一些可以提高输送容量的余度。这个余度对换流站的各种设备是不同的，它与各种设备的设计有关。通常由制造厂家，根据工程设计的要求，制定出能满足换流站各种设备的输送容量与环境温度的关系曲线，用直流电流与环境温度的关系来表示。图 3-1 给出葛—南直流输电工程直流电流与环境温度的关系曲线。

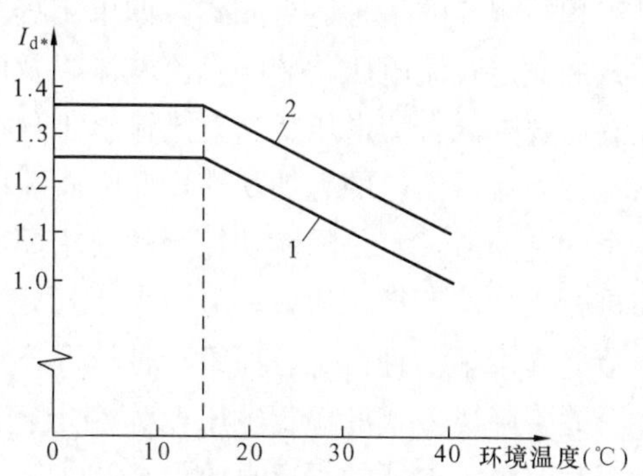

图 3-1 葛—南直流输电工程直流电流与环境温度的关系曲线图

1—备用冷却装置未投入运行；2—备用冷却装置投入运行；I_{d*}—直流电流标么值（取 1200A 基准值）

晶闸管散热器的热时间常数比较小，只有几秒钟到几分钟。当连续运行在额定电流和最高环境温度后的过负荷发生时，晶闸管的结温将升高。晶闸管换流阀的冷却系统应设计成在所规定的各种过负荷条件下运行时，晶闸管的结温均不超过其安全运行的温度。换流阀的冷却系统通常均设有备用冷却设备。换流阀应按在最高环境温度下，不投备用冷却设备时，能够满足直流额定电流的要求来进行设计。此外，换流阀的过负荷规范应规定出各种过负荷电流的大小和持续时间。对于阻尼低频振荡的周期性过负荷，还应给出低频振荡的频率。根据以上的数据，可以计算在过负荷情况下所产生的热量以及对冷却系统的要求。

油冷换流变压器绕组和平波电抗器线圈的热时间常数约为 15min，而其油回路的热时间常数在 1h 到数小时的范围内，取决于设计。对于暂态过负荷，此类设备不是限制因素。对于 1h 以上的过负荷，则应作出规定，并且给出此类过负荷可能发生的预期频率，或者给出可允许的预期寿命的降低程度。

直流输电工程在过负荷运行时的谐波电流将增大，使滤波器的谐波负荷和损耗增加，同时也增加了谐波的干扰水平。在工程设计时应对过负荷条件下的干扰水平作出规定，或者给出在过负荷条件下可允许的干扰水平升高的程度。同样，在过负荷运行时，换流站消耗的无功功率将增加。如何满足过负荷运行时的无功需求，应作出规定。如果要求由交流系统来提供，则应考虑交流母线电压的变化以及由此所引起的其他问题。

第四节 直流输电降压运行

直流输电工程具有可以降低直流电压运行的性能。直流输电的电压可以通过改变换流器的触发角 α 来进行控制，在运行中直流电压可以快速方便地在其最大值和最小值之间进行变化。直流输电工程降低直流电压运行的两种情况是：①由于绝缘问题需要降低直流电压。在恶劣的气候条件或严重污秽的情况下，直流架空线路如果仍在额定直流电压下运行，则会产生较高的故障率，为了提高输电线路的可靠性和可用率，可以采用降压方式运行。降压方式是工程所规定的一种运行方式。如果工程需要降压运行方式，则在工程设计时，需要对降压方式的额定直流电压、额定直流电流以及此时的过负荷额定值等作出规定。②由于无功功率控制需要降低直流电压。当直流输电工程被利用来进行无功功率控制时，需要加大触发角 α 来增加换流器消耗的无功功率，此时直流电压则相应的降低。在这种情况下，直流电压不是一个固定的值，它是随无功控制的要求而变化，其变化范围由无功控制的范围来决定。由于在进行无功功率控制时，α 角均大于额定 α_N 角，此时的直流电压也均低于额定直流电压。本节只介绍第①种情况，而第②种情况详见本书第四章介绍。

通常降压方式的额定电压取为额定直流电压的70%～80%，如±500kV的双极直流输电工程，降压方式的额定直流电压可取±350～±400kV。降压幅值太小，则起不到降压后提高可用率的作用；降压幅度太大，则导致直流输电在大触发角下运行，由此将引起一系列的问题，同时也将使换流站的造价升高。根据多年的运行经验，通常降到额定直流电压的70%～80%为宜，此时的触发角 α 为 $40°$～$50°$。

换流器在大触发角下运行时，将引起交流侧和直流侧的谐波分量增加，谐波的干扰水平加大，滤波器和换流变压器的谐波负荷和损耗加大，换流器消耗的无功功率增加，换流阀承受的电压应力加大，其阻尼回路的损耗增加等一系列运行性能恶化的问题。因此，在降压运行时为保证谐波干扰水平，换流站的无功平衡以及换流站的损耗在所允许的范围内，经常同时也要求降低额定直流电流值。如果直流电压降到70%，直流电流也降到70%，则直流输送功率为额定直流功率的49%。如果在降压方式下能保持额定直流电流不降低，则直流输送功率按电压降低的比例来降低。在不增加换流站造价的前提下，降压方式应尽量争取较大的直流电流来保持较大的直流输送功率。当利用备用冷却设备时，直流电压降低到其额定值的75%，直流输电工程通常可以在其额定电流下连续运行。此时的谐波干扰水平会有所增加，但一般是可以接受的。通常直流电压降低到80%，可以不降低额定直流电流，而降低到70%时，则大部分工程需要降低额定直流电流。对于具体的直流输电工程，在降压方式的额定直流电压确定后，根据工程的具体情况（如设备设计余度、工程降压运行预计时间、对输送功率的要求以及在降压运行时对直流输电稳态运行性能的要求等），对降压方式的额定直流电流进行优化选择，然后作出规定。

直流输电工程所采用的降压方法主要有以下几种。

(1) 加大整流器的触发角 α 或逆变器的触发角 β（或关断角 γ）。从式（2-22）～式（2-24）可知，整流器和逆变器的直流电压与其 α 角和 β 角（或 γ 角）成余弦关系。当 α（或 β）角为 $0°$时，直流电压最大；当为 $90°$时，则直流电压最小。因此，可以由控制系统方便地加大 α（或 β）角来达到降低直流电压的目的。这种方法的优点是快速、方便、容易实现，因此是工程普遍采用的一种方法。其缺点是换流器在大触发角下运行时，换流站的主要设备（如换流阀、换流变压器、平波电抗器、交流和直流滤波器等）的运行条件恶化，其寿命将会相应降低；换流站消耗的无功和有功将增加；换流器产生的谐波将增加，其干扰水平也会升高等。通常 α 角的额定值为 $15°$左右，降压方式的 α 角最好能在 $40°$以下，当 α 角超过 $40°$以后，如果要求保持额定直流电流，则可能需要增加换流站的造价或者降低直流输电某些运行性能的要求。为了尽量使 α 角加大得少一些，在工程中经常和换流变压器的抽头调节配合使用，当采用降压方式时，要求变压器抽头在其阀侧电压为最低的位置。

(2) 利用换流变压器的抽头调节来降低换流器的交流侧电压，从而达到降低直流电压的目的。同样可从式（2-22）～式（2-24）可知，整流器和逆变器的直流电压与其交流侧的电压成正比。换流变压器抽头调节的范围有一定的限制，通常在 20%左右。另外，抽头调节开关的操作需要一定的时间（约几秒钟），它比改变触发角 α 要慢。在正常运行时，为了使 α 角运行在最佳位置，换流变压器均具有带负荷调节抽头的功能，在降压运行时可利用此功能来得到换流器交流侧电压为最低。

(3) 当直流输电工程每极有两组基本换流单元串联连接时，可以利用闭锁一组换流单元的方法，使直流电压降低 50%。在这种情况下，则不存在需要加大触发角和降低直流电流的要求，此时输送功率要降低一半。同时，每极两组基本换流单元的换流站造价比每极一组基本换流单元的要高。因此，这种降压方式是在直流输电工程由于其他原因需要设计成每极两组基本换流单元时，可以在一定的情况下来利用的一种方便的降压方法。

(4) 当直流输电工程由孤立的电厂供电或者整流站采用发电机—变压器—换流器的单元接线方式时，可以考虑利用发电机的励磁调节系统来降低换流器交流侧的电压，从而达到降低直流电压的目的。这种方法同样不存在大触发角运行和降低直流电流的要求。

大部分直流输电工程是采用上述方法（1）和方法（2）来实现降压运行方式，只有在特定的情况下，才能采用方法（3）或方法（4）。

第五节 直流输电功率反送

交流输电线路在运行中输送功率的大小和方向取决于线路两端的电压及其相位，是由电力系统本身的运行情况而自然形成。直流输电的潮流方向和输送功率的大小则是人为的由其控制系统来进行控制。因此，直流输电输送功率的大小和方向均是可控的。直流输电的功率反送也称潮流反转。潮流反转需要改变两端换流站的运行工况，将运行于整流状态的整流站变为逆变运行，而运行于逆变状态的逆变站变为整流运行。因此，对于具有潮流反转功能的直流输电工程，要求两端换流站的控制保护系统，既能满足整流运行的要求，又能满足逆变运行的要求，从而增加了换流站控制保护系统的复杂性。

由于换流阀的单向导电性，直流回路中的电流方向是不能改变的。因此直流输电的潮流反转不是改变电流方向，而是改变电压极性来实现。例如，对于双极直流输电工程，假定正向送电时极 1 为正极性，极 2 为负极性；而在反向送电时，则极 1 为负极性，极 2 为正极性。对于单极直流输电工程，如正向送电时为正极性，反向送电时则为负极性。在进行直流输电工程设计时，需要明确工程对潮流反转的要求。按工程对潮流反转的要求不同，可分为以下几种类型。

(1) 不需要功率反送的直流输电工程（或称单向送电的直流工程）。如从孤立的电厂向电网或负荷点送电以及从电网向孤立的负荷点（无电源或只有很小的电源）送电等情况。此类工程只要求单方向送电，两端换流站一次设备的选择只需满足单方向送电的要求。整流站只需配备满足整流运行的控制保护系统，而逆变站则只需配备满足逆变运行的控制保护系统，比双向送电的控制保护系统要简单。两端换流站的额定值不同，逆变站的额定直流功率和额定直流电压均略小于整流站，其差值为直流线路在额定直流电流下的损耗和压降。只考虑单向送电的直流工程的造价，通常也略低于双向送电的直流工程。

（2）要求正、反两方向具有同样输送能力的直流输电工程。如电力系统联络线工程。此类工程要求正反两方面均能输送额定直流功率，两端换流站的额定值相同。换流站主要设备参数的选择，应能满足正反两方向输送额定直流功率的要求。由于逆变运行时换流器消耗的无功功率略大于整流运行，为了满足反送时逆变器对无功补偿的要求，在正送时的整流站经常需要配置更多的无功补偿设备。如果反送时的受端为一弱交流系统，除了需要增加无功补偿量以外，为了保持系统电压的动态稳定性和改善换相条件，有时还需要装设同步调相机或静止无功补偿装置。其次，为满足双向输送额定功率的要求，两端换流变压器的抽头调节范围需要加大。两端换流站应配备能满足双向送电要求的控制保护系统。此类工程换流站的造价略高于单向送电工程。

（3）要求工程具有正反两方向送电的功能，正向输送额定直流功率，对反向输送能力无明确要求，即反向输送能力可以降低。在这种情况下，工程可按正向单向送电进行设计，在不增加工程造价的前提下，可充分利用其反向送电能力。此类工程通常是在按正向送电要求进行设计的基础上，对反向送电能力进行核算，给出工程所具有的反向送电能力，并以此作为其反向送电的额定值。一个按正向送电要求设计的直流输电工程的反向送电能力，主要受其正送时逆变站的主要设备参数和整流站无功补偿设备配置情况的限制。如果无功补偿设备的配置不是限制条件，不足的无功可由交流系统中提供，其反向输送能力可达到正向输送能力的90%左右。如果反向输送能力受到正送时整流站无功补偿配置情况的限制，则其反向输送能力可降到正向输送能力的50%～80%。

直流输电工程的潮流反转有以下两种类型。

（1）正常潮流反转。在正常运行时，当两端交流系统的电源或负荷发生变化时，要求直流输电进行潮流反转。这种类型的潮流反转通常由运行人员进行操作，也可以在设定的条件下自动进行。为了减小潮流反转对两端交流系统的冲击，一般反转速度较慢，可以在几秒钟或更长的时间内完成。必要时也可以在反转前将输送功率逐步降低到其最小值，反转后的输送功率也可以逐步升高。

（2）紧急潮流反转。当交流系统发生故障，需要直流输电工程进行紧急功率支援时，则要求紧急潮流反转。此时，反转的速度越快则对系统的支援性能越好。直流输电的潮流反转是直流电压极性的反转。在直流电压一定的情况下，潮流反转需要的时间主要取决于直流线路的等值电容，即直流电压由额定值降到零以及由零又升到其反向额定值，在线路电容上的放电时间和充电时间。对于架空线路来说通常在几个周波内即可完成（上百个毫秒）。对于直流电缆线路，为了防止当电压极性反转较快时对电缆绝缘产生的损伤，反转速度将受到限制。

最方便快速的潮流反转方式是自动调换两端换流站电流调节器的整定值。通常整流站电流调节器的整定值决定直流输电工程的直流电流值，而逆变站电流调节器的整定值比整流站的小一个电流裕度值（电流裕度约为额定直流电流的10%）。当两站电流调节器的整定值调换后，则整流站因整定值变小，感到实际运行的电流大，从而自动加大触发角α，企图降低直流电流；而逆变站因整定值变大，感到实际运行的电流小，从而自动减小触发角 α，企图加大直流电流。在此过程中，直流电压通过线路电容放电而逐步降低，当整流站的 α 角加大到 $\alpha>90°$ 时，整流器则变为逆变器运行，而逆变站的 α 角减小到 $\alpha<90°$ 时，逆变器则变为整流器运行，同时也改变了直流电压的极性。此时由功率方向控制回路将两换流站的功率方向标志反转，使两站控制保护系统中的调节器和保护功能配置切换，从而使原来的整流站变成现在的逆变站，而原来的逆变站变成现在的整流站。现在的整流站因感到实际运行的直流电流小，仍继续减小 α 角，使直流电流升高，直到运行电流升到整定值为止；现在的逆变站已转为逆变运行，其电流调节器退出工作，并且转为定关断角（定 γ 角）调节运行（或定直流电压运行）。由于实测的 γ 角大于其整定值（或实测的直流电压小于其整定值），控制系统则自动继续加大 α 角，直到 γ 角（或直流电压）等于其整定值为止。在此过程中，直流电压在直流线路电容上反向充电，逐步升高其反向电压。假定潮流反转前的直流电压为 $+U_d$，而反转后的直流电压为 $-U_d$，在反转过程中的放电电流和充电电流均为两端换流站电流调节器的电流裕度值 ΔI_M，直流线路的等值电容为 C，并忽略控制系统的响应时间，则可用下式近似地估算潮流反转时间 T。

$$T = C\frac{2U_d}{\Delta I_M} \tag{3-3}$$

控制系统接到潮流反转的指令后，潮流反转方式还可以按以下预定的顺序由控制系统自动的进行：①由整流站的电流调节器将直流电流按预先整定的速率降到其最小值（通常为额定直流电流的10%）；②由逆变站的电压调节器将直流电压按预先整定的速率降到零。与此同时，为保持直流电流恒定，整流站的电流调节器将加大 α 角，使其直流电压也相应降低（略高于逆变站的直流电压）；③由功率方向控制回路将两换流站的功率方向标志反转，使两换流站控制保护系统中的调节器和保护功能配置相应切换，此时原来的整流站则变为逆变站，而原来的逆变站则变为整流站；④由现在的逆变站的电压调节器将直流电压按预先整定的速率反向上升到其整定值；⑤由现在的整流站的电流调节器将直流电流按预先整定的速率上升到其整定值。至此，则完成了整个潮流反转的过程。潮流反转的时间可由控制系统中预先整定的直流电压和直流电流变化的速率来控制。

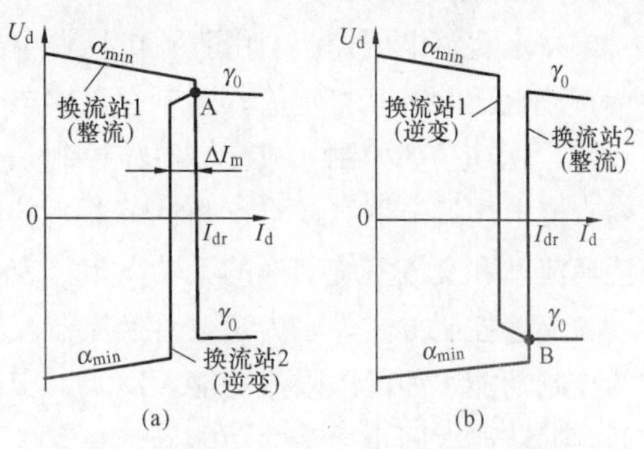

图3-2　直流输电潮流反转前后换流器的外特性
(a) 潮流反转前外特性；(b) 潮流反转后外特性

图3-2（a）和（b）分别给出直流输电潮流反转前和反转后换流器外特性曲线的示意图，其中A点为反转前的运行工作点，B点为反转后的运行工作点。

第六节　直流输电稳态运行特性

直流输电工程的稳态运行特性主要包括在运行中换流器的外特性、功率特性和谐波特性。本节主要讲换流器外特性和功率特性。谐波特性将在本书第六章和第七章中进行介绍。

一、换流器运行外特性

换流器外特性也称伏安特性，它是指换流器的直流电压和直流电流的关系，即随着直流电流的变化换流器直流电压的变化规律，它可用方程式或曲线来表示。本书在第二章中对不考虑控制调节作用时，换流器的外特性进行了讨论，并给出了整流器和逆变器的外特性曲线图 2-6 和图 2-10，以及在不同情况下的外特性方程式。在实际工程中，直流输电两端换流站均装设有功能完善的控制保护装置。在控制保护系统的作用下，整流器和逆变器的外特性将有很大变化。本节主要对这种情况进行分析，在运行中换流器可能的控制方式主要有以下几种。

(1) 定触发角控制。在运行中换流器的触发角恒定不变，即无自动控制功能，整流器为定 α 角控制，逆变器为定 β 角控制，其外特性见本书第二章介绍。

(2) 定直流电流控制。在运行中由直流电流调节器自动改变触发角 α（或 β），来保持直流电流等于其电流整定值。整流侧和逆变侧通常均设有电流调节器。为了保证在运行中只有一侧的电流调节器工作，两侧的电流整定值不同。整流侧的整定值比逆变侧大一个电流裕度值 ΔI_M，通常 ΔI_M 取额定直流电流的 10%。

(3) 定直流功率控制。在运行中由功率调节器，通过改变电流调节器的整定值，自动调节触发角，来改变直流电流，从而保持直流功率等于其功率整定值。直流功率控制通常是装在整流侧。

(4) 定 γ 角控制。由 γ 角调节器在运行中自动改变 β 角而保持 γ 角等于其整定值。γ 角调节器只在逆变侧装设。

(5) 定直流电压控制。由直流电压调节器在运行中自动改变换流器的触发角 α 或 β，来保持直流电压等于其整定值。通常直流输电工程的直流电压由逆变侧的电压调节器来控制。

(6) 无功功率控制（或交流电压控制）。由无功功率（或交流电压）调节器，通过自动改变直流电压调节器（或定 γ 角调节器）的整定值，来调节换流器的触发角（α 或 β），从而保持换流站和交流系统交换的无功功率（或换流站的交流母线电压）在一定的范围内变化。

除上述控制方式外，为了改善换流器或交流系统的运行性能，控制系统还可以有一些附加的控制功能，如低压限流功能 VDCL、交流系统调频、对交流系统进行紧急功率支援、阻尼低频振荡或次同步振荡的功能等。

在实际运行中，两端换流站之间可有不同的控制方式组合，从而得到不同的外特性组合方式。图 3-3 给出不同控制方式组合的外特性。以下将对可能的控制方式组合进行分析。

方式组合（1）：整流器定 α 控制—逆变器定 β 控制。两端换流站均无自动控制功能。整流侧为定 α 角控制，逆变侧为定 β 角控制，其外特性方程式可用式（3-4）和式（3-5）表示

$$U_{d1} = 1.35U_1\cos\alpha - \frac{3}{\pi}x_{r1}I_d \tag{3-4}$$

$$U_{d2} = 1.35U_2\cos\beta + \frac{3}{\pi}x_{r2}I_d \tag{3-5}$$

为了便于分析，假定无直流输电线路，即在运行中整流器和逆变器的直流电压相等。此时其外特性如图 3-3（a）所示。图 3-3（a）中直线 1 和 2 分别为整流器和逆变器的外特性

线，其交点 A 为稳态运行点，U_{dA} 和 I_{dA} 为运行的直流电压和直流电流值。由于换流器外特性的斜率通常均很小，当两端交流系统的电压有很小的变化时，则会引起直流电流和直流输送功率大幅度的变化。图上给出当整流侧交流电压 U_1 降低或升高时，直流输电的稳态运行点将相应变为 B 点和 C 点。当逆变侧交流电压变化时，也会得到类似的结果。因此，这种控制方式组合的控制特性不好，很少有工程采用。

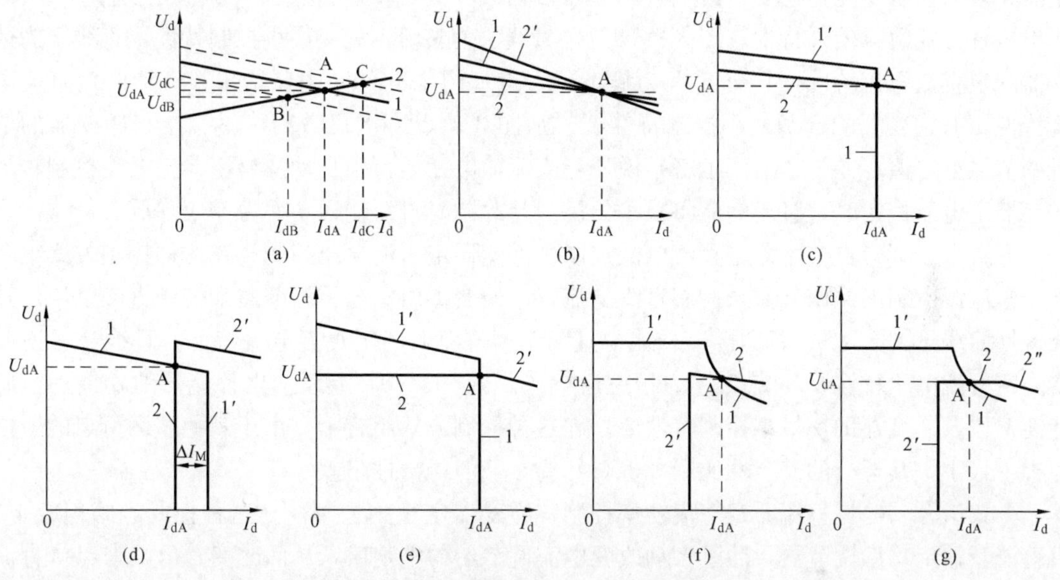

图 3-3 不同控制方式组合的外特性

(a) 方式组合（1）；(b) 方式组合（2）；(c) 方式组合（3）；(d) 方式组合（4）；
(e) 方式组合（5）；(f) 方式组合（6）；(g) 方式组合（7）

方式组合（2）：整流器定 α 控制—逆变器定 γ 控制。整流器无自动控制功能，逆变器由 γ 角调节器自动改变 β 角而保持 γ 角恒定。整流器的外特性方程式见式（3-4），逆变器的外特性方程可用式（3-6）表示

$$U_{d2} = 1.35U_2\cos\gamma - \frac{3}{\pi}x_{r2}I_d \tag{3-6}$$

其外特性见图 3-3（b），图 3-3（b）中直线 1 和 2 分别为整流器和逆变器的外特性线，其交点 A 为稳态运行点。这种控制方式组合的控制特性与图 3-3（a）相类似。

此外，当受端为弱交流系统时，逆变器外特性的斜率比整流器的大［见图 3-3（b）上直线 2′］。在这种情况下，当直流电流稍有增加时，则会引起逆变器的直流电压比整流器的直流电压降的还多，从而使 I_d 恶性循环地增大，直流输电系统则无法稳定运行。这种控制方式组合也很少采用。

方式组合（3）：整流器定直流电流控制—逆变器定 γ 角控制。在这种控制方式组合下，整流器由定电流控制保持直流电流恒定，逆变器由定 γ 角控制保持 γ 角恒定。其外特性曲线见图 3-3（c）。整流器的外特性是以直流电流为横坐标与纵轴平行的直线 1，逆变器的外特性为直线 2，其交点 A 为稳态运行点。图 3-3（c）上还给出整流器的 α 最小控制特性 1′。这

种控制方式组合，是利用整流器的定电流控制来防止电流的大幅度变化，同时利用逆变器的定 γ 角控制在逆变器安全运行的条件下保持直流电压最高，从而得到最好的运行经济性能。因此，这种控制方式组合既可避免上述两种方式组合的缺点，又能得到较好的运行性能，是直流输电工程经常采用的方式组合。

方式组合（4）：整流器定 α 控制—逆变器定直流电流控制。在这种控制方式组合下，整流器无自动控制功能，逆变器由电流调节器自动改变 β 角来保持直流电流恒定。图 3-3（d）给出这种方式组合的外特性。图 3-3（d）中直线 1 为整流器的 α 最小控制特性，直线 2 为逆变器的定直流电流特性，其交点 A 为稳态运行点。图 3-3（d）中还给出整流器的定直流电流特性 $1'$和逆变器的定 γ 最小控制特性 $2'$。从图 3-3（d）上可看出，整流器和逆变器的电流调节器整定值之差为 ΔI_{M}。也就是说，当直流输电在运行中自动从整流器定电流控制转为逆变器定电流控制时，直流电流将减小 ΔI_{M}，与此同时直流输送功率也相应降低。

方式组合（5）：整流器定直流电流控制—逆变器定直流电压控制。在这种控制方式组合下，整流器由定电流调节器来控制直流电流，而逆变器由定电压调节器来控制直流电压。其外特性曲线见图 3-3（e），图 3-3（e）中直线 1 为整流器的定直流电流特性，直线 2 为逆变器的定直流电压特性，其交点 A 为稳态运行点。图 3-3（e）上还给出整流器的 α 最小控制特性 $1'$以及逆变器的 γ 最小控制特性 $2'$。在这种控制方式组合下，由于其稳态运行点的 γ 角大于 γ 最小，其运行的安全性比图 3-3（c）要好，但经济性略差。

方式组合（6）：整流器定直流功率控制—逆变器定 γ 角控制。在这种控制方式组合下，由整流器的定功率调节器，通过自动改变电流调节器的整定值，从而改变 α 角，来保持直流输送功率为功率整定值；逆变器则由定 γ 调节器来保持 γ 角恒定，通常此时的 γ 角取 γ 最小值。由于直流功率等于直流电压和直流电流的乘积，当保持直流功率恒定时，则 $P_{\mathrm{d}}=U_{\mathrm{d}}\cdot I_{\mathrm{d}}$ 为常数。此时整流器的外特性为一双曲线，见图 3-3（f）中的双曲线 1。逆变器的外特性是由式（3-6）所确定的直线，见图 3-3（f）中的直线 2。其交点 A 为稳态运行点。图 3-3（f）中还给出整流器的最大直流电压控制特性 $1'$和逆变器的定直流电流特性 $2'$。

方式组合（7）：整流器定直流功率控制—逆变器定直流电压控制。此时整流器的外特性与图 3-3（f）相同，为双曲线 1；逆变器的外特性为以直流电压为纵坐标与横轴平行的直线 2。其交点 A 为稳态工作点，其外特性曲线见图 3-3（g）。图 3-3（g）中还给出整流器的最大直流电压控制特性 $1'$、逆变器的定直流电流特性 $2'$和最小 γ 角控制特性 $2''$。

直流输电工程在运行中，通常是由整流器的控制方式来确定直流电流或直流输送功率，而由逆变器的控制方式来确定直流电压，只有当整流侧交流系统电压下降太多或逆变侧直流电压上升太多，而使整流器失去控制能力（α 角调到最小）时，才自动转为由逆变器的控制方式确定直流电流，此时的直流电压则由整流侧的交流电压来确定。

图 3-4 给出葛—南直流输电工程的外特性图。图中整流器的外特性由 1、2、3、4、5 五段组成，逆变器的外特性由 6、7、8、9、10、11 六段组成，它们分别表示如下。

1——整流器直流电压控制特性，用来限制最大直流电压，可取电压整定值为 1.1 倍的额定直流电压。

2——最小 α 角控制特性，通常取 α 最小为 5°。

3——整流器定直流电流控制特性，电流整定值可在其最小值和最大值之间变化。最小值取额定直流电流的10%，最大值为过负荷电流值。

4——整流器的低电压限电流 VDCL 控制特性。当直流电压降到一定数值时，为了改善换流器的运行特性，控制系统则自动降低直流电流。通常取电压降低到30%～40%的额定直流电压时，可将直流电流降到30%的额定直流电流值。

5——低电压限电流 VDCL 动作后，整流器的定电流控制特性，可取额定直流电流的30%。

6——逆变器的定 γ 角控制特性，可取 γ 角为15°～18°。

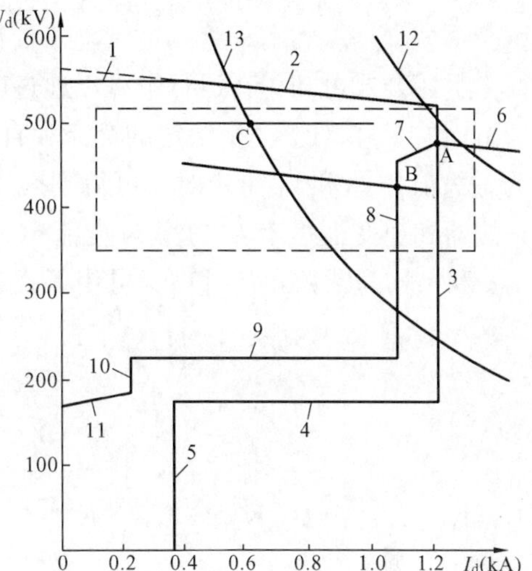

图3-4　葛—南直流输电工程外特性图

7——逆变器的电流差值控制特性，是为了防止在整流器定电流控制转为逆变器定电流控制的过程中产生电流振荡的不稳定情况，逆变器所采取的一种控制特性。

8——逆变器的定电流特性，其电流整定值比整流器的约小10%的额定直流电流。

9——逆变器的低电压限电流 VDCL 控制特性，当直流电压降低到额定直流电压的40%～50%时，控制系统自动将直流电流降低到额定直流电流的20%左右。

10——逆变器在低电压限电流动作后的定电流控制特性，可取额定直流电流的20%。

11——逆变器的最大 β 角限制特性，可取 β=60°～70°。

图3-4还给出在额定直流功率和1/2额定直流功率时，整流器的定功率特性，见两曲线12和13。整流器定电流控制逆变器定 γ 角控制时的稳态运行工作点为A，当整流侧交流电压降低或逆变侧直流电压升高，而使整流器运行在 α_{min} 控制，逆变器运行在定电流控制时，则工作点移到B。整流器定功率控制（P_d 为1/2的额定值），逆变器定直流电压控制（额定直流电压）的稳态工作点为C。图3-4中还给出葛—南直流工程在稳态运行中直流电压和直流电流的变化范围，即在虚线方框之内。

二、换流器功率特性

1. 换流器有功功率

换流器的有功功率为换流器的直流电压和直流电流的乘积，对于整流器和逆变器可分别用式（3-7）和式（3-8）来表示

$$P_{d1}=U_{d1}I_d \tag{3-7}$$

$$P_{d2}=U_{d2}I_d \tag{3-8}$$

$$I_d=\frac{U_{d1}-U_{d2}}{R_d} \tag{3-9}$$

$$U_{d1}=\frac{1}{2}U_{d01}[\cos\alpha+\cos(\alpha+\mu_1)]=U_{d01}\cos\alpha-\frac{3}{\pi}x_{r1}I_d \tag{3-10}$$

$$U_{d2}=\frac{1}{2}U_{d02}[\cos\gamma+\cos(\gamma+\mu_2)]=U_{d02}\cos\gamma-\frac{3}{\pi}x_{r2}I_d \tag{3-11}$$

由上述公式可知，在运行中可以通过改变 α 或 γ 以及 U_1 或 U_2 来改变 I_d 和 U_d，从而可得到不同的 P_d。对于一个给定的交流和直流系统，当 U_1 和 U_2 为最大值，α 和 γ 为最小值，I_d 为最大值，x_{r1} 和 x_{r2} 给定时，可得到换流器的最大有功功率。以下分析在给定的系统条件下整流器和逆变器的有功功率与直流电流的关系。对于给定的系统条件，U_1、U_2、x_{r1}、x_{r2}、α 和 γ 均为常数，P_{d1} 和 P_{d2} 可用下式表示

$$P_{d1}=\left(U_{d01}\cdot\cos\alpha-\frac{3}{\pi}x_{r1}I_d\right)\cdot I_d=K_1I_d-K_2I_d^2 \tag{3-12}$$

$$P_{d2}=\left(U_{d02}\cdot\cos\gamma-\frac{3}{\pi}x_{r2}I_d\right)\cdot I_d=K_3I_d-K_4I_d^2 \tag{3-13}$$

其中：$K_1=U_{d01}\cos\alpha$；$K_2=\frac{3}{\pi}x_{r1}$；$K_3=U_{d02}\cos\gamma$；$K_4=\frac{3}{\pi}x_{r2}$。

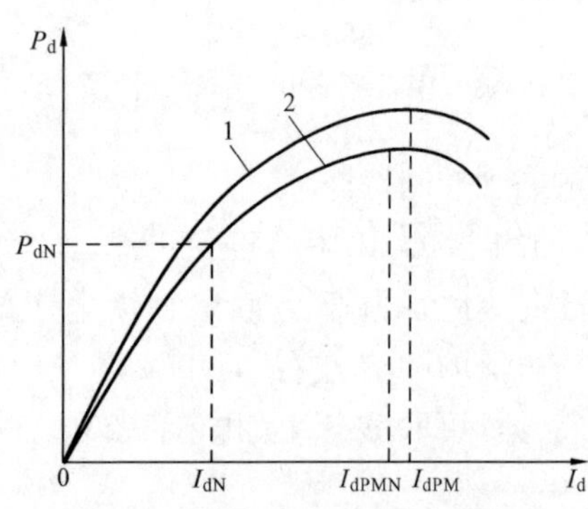

图 3-5　整流器 P_d 与 I_d 关系曲线图

1—$\alpha=\alpha_{min}$；2—$\alpha=\alpha_N$

图 3-5 给出整流器的有功功率与直流电流的关系曲线，对于逆变器也可以得到类似的结果。从图 3-5 可知，对于给定的系统条件，随着 I_d 的增加，P_d 增加的速度将减慢，当 $I_d=I_{dPM}$ 时，P_d 到最大值，I_d 再继续增加，则 P_d 将减小。对式(3-12)和式（3-13）分别取导数，可得

$$\frac{dP_{d1}}{dI_d}=K_1-2K_2I_d \tag{3-14}$$

$$\frac{dP_{d2}}{dI_d}=K_3-2K_4I_d \tag{3-15}$$

当 $\frac{dP_{d1}}{dI_d}=0$ 和 $\frac{dP_{d2}}{dI_d}=0$ 时，可分别求得整流器和逆变器在给定的系统条件下，达到最大有功功率时的直流电流值 I_{dPM1} 和 I_{dPM2} 为

$$I_{dPM1}=\frac{K_1}{2K_2}=\frac{U_{d0}\cos\alpha}{\frac{6}{\pi}x_{r1}} \tag{3-16}$$

$$I_{dPM2}=\frac{K_3}{2K_4}=\frac{U_{d02}\cos\gamma}{\frac{6}{\pi}x_{r2}} \tag{3-17}$$

从式（3-16）和式（3-17）可知，随着 α 或 γ 和 x_{r1} 或 x_{r2} 的加大，以及 U_1 或 U_2 的减小，I_{dPM1} 和 I_{dPM2} 将相应地减小，即换流器达到最大有功功率的直流电流值将减小。图 3-5 中曲线 1 为 $\alpha=\alpha_{min}$ 时，换流器的最大有功功率与直流电流的关系。在曲线 1 以下的范围内，可得到对于不同 α 的一族曲线。曲线 2 为额定触发角 α_N 的情况，当换流器与弱交流系统相连时，x_{r1} 和 x_{r2} 均较大，从而使 I_{dPM1} 和 I_{dPM2} 减小。通常换流器的额定容量 P_{dN} 和额定电流 I_{dN} 均比其最大值要小许多。只有在故障情况下，当 I_d 大幅度增加时，换流器才有可能瞬时接近其最大有功功率。

2. 换流器功率因数

（1）整流器功率因数。由于触发角 α 和换相角 μ_1 的存在，使得整流器交流侧的电流总是滞后其电压，即整流器在运行中需要消耗无功功率。当换流站交流母线上装有性能完好的滤波器时，可以认为谐波电流均被滤波器所吸收，而流入交流系统的为基波电流。此时，整流器的功率因数，可以近似地认为是基波电流和基波电压的相位差 φ_1 角所决定的 $\cos\varphi_1$。在忽略整流器损耗的情况下，整流器交流侧的基波有功功率即等于其直流功率，可用下式表示

$$P_1 = P_{d1} = U_{d1} I_d = \sqrt{3} U_1 I_1 \cos\varphi_1 \tag{3-18}$$

$$\cos\varphi_1 = \frac{U_{d1} I_d}{\sqrt{3} U_1 I_1} \tag{3-19}$$

已知

$$U_{d1} = \frac{1}{2} U_{d01} [\cos\alpha + \cos(\alpha + \mu_1)] = \frac{\sqrt{18}}{2\pi} U_1 [\cos\alpha + \cos(\alpha + \mu_1)] \tag{3-20}$$

$$I_d = \frac{\pi}{\sqrt{6}} I_1 \tag{3-21}$$

将 U_{d1} 和 I_d 代入式（3-19），可得

$$\cos\varphi_1 = \frac{1}{2} [\cos\alpha + \cos(\alpha + \mu_1)] \tag{3-22}$$

如果只将 I_d 代入式（3-19），则可得

$$\cos\varphi_1 = \frac{U_{d1}}{U_{d01}} \tag{3-23}$$

利用 $U_{d1} = U_{d01}\cos\alpha - \frac{3}{\pi} x_{r1} I_d$ 代入式（3-23），则可得 $\cos\varphi_1$ 的另一种表达公式

$$\cos\varphi_1 = \frac{U_{d1}}{U_{d01}} = \frac{U_{d01}\cos\alpha - \frac{3}{\pi} x_{r1} I_d}{U_{d01}} = \cos\alpha - \frac{x_{r1} I_d}{\sqrt{2} U_1} \tag{3-24}$$

图 3-6 给出整流器 U 相电压和电流的相位关系波形图，其中 U—U 和 I—I 轴线分别为相电压 u_u 和相电流 i_u 正半波的中线，它们之间的相角差即为基波功率因数角 φ_1。阀导通区的基频角度为 $120° + \mu_1$。将 i_u 正半周波近似地看作为梯形，则中线 I—I 与开通时刻 t_1 和关断时刻 t_2 的相位差均为 $\left(60° + \frac{\mu_1}{2}\right)$，因而可近似地认为基波功率因数角

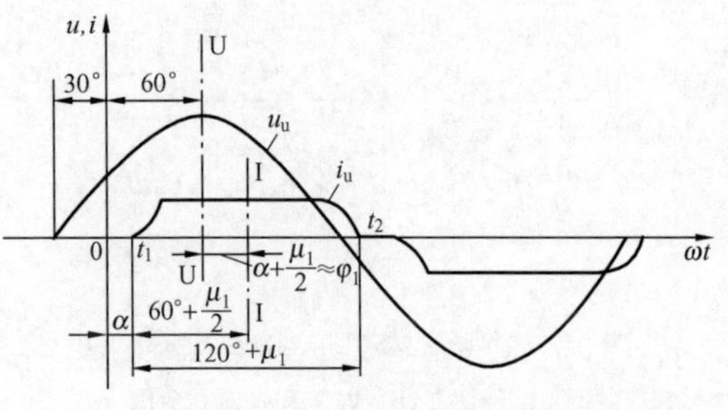

图 3-6　整流器基波功率因数角示意图

$$\varphi_1 \approx \alpha + \frac{\mu_1}{2} \tag{3-25}$$

（2）逆变器功率因数。逆变器功率因数的分析方法与整流器相同，但其表达公式不同，对逆变器来说

$$P_2 = P_{d2} = U_{d2} \cdot I_d = \sqrt{3} U_2 I_2 \cos\varphi_2 \tag{3-26}$$

$$\cos\varphi_2 = \frac{U_{d2} I_d}{\sqrt{3} U_2 I_2} \tag{3-27}$$

已知
$$U_{d2}=\frac{1}{2}U_{d02}[\cos\gamma+(\gamma+\mu_2)]=\frac{\sqrt{18}}{2\pi}U_1[\cos\gamma+\cos(\gamma+\mu_2)] \tag{3-28}$$

$$I_d=\frac{\pi}{\sqrt{6}}I_2 \tag{3-29}$$

将 U_{d2}、I_d 代入式（3-27），可得

$$\cos\varphi_2=\frac{1}{2}[\cos\gamma+\cos(\gamma+\mu_2)] \tag{3-30}$$

同样可得

$$\cos\varphi_2=\frac{U_{d2}}{U_{d02}} \tag{3-31}$$

利用 $U_{d2}=U_{d02}\cos\gamma-\frac{3}{\pi}x_{r2}I_d$ 代入式（3-31），可得 $\cos\varphi_2$ 的另一表达公式

$$\cos\varphi_2=\cos\gamma-\frac{x_{r2}I_d}{\sqrt{2}U_2} \tag{3-32}$$

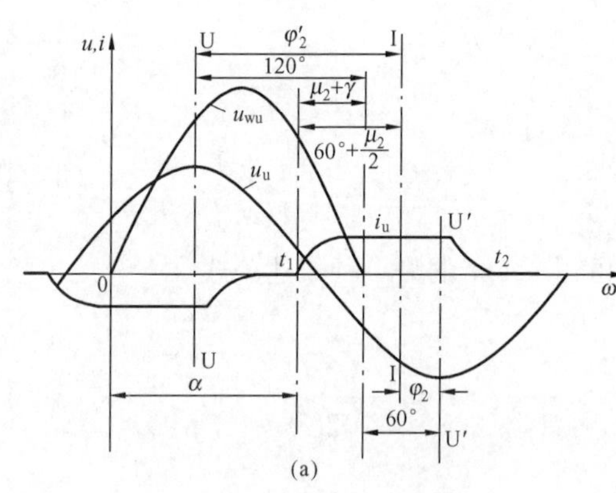

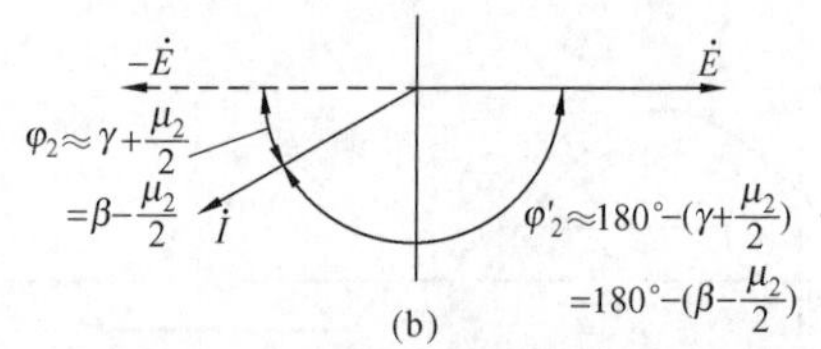

图 3-7　逆变器基波功率因数角示意图

(a) 波形图；(b) 电压和电流相量图

图 3-7 给出逆变器 U 相电压和电流的相位关系波形图，其中 U—U 和 I—I 轴线分别为相电压 u_u 和相电流 i_u 正半波的中线，它们之间的相角差可近似地用 φ_2' 表示。从图 3-7 可知

$$\varphi'_2\approx120°-(\mu_2+\gamma)+\left(60°+\frac{\mu_2}{2}\right)$$
$$=180°-\left(\gamma+\frac{\mu_2}{2}\right) \tag{3-33}$$

代入 $\gamma=\beta-\mu_2$，可得

$$\varphi'_2=180°-\left(\beta-\frac{\mu_2}{2}\right) \tag{3-34}$$

因此，在以换相电压 U_u 相量为基准的旋转坐标上，电流相量将位于第三象限。这表明交流系统向逆变器送负的有功功率和滞后的无功功率，也就是说逆变器向受端交流系统送正的有功功率和越前的无功功率。越前的功率因数角即为电流相量越前于负的相电压相量之间的相位角 φ_2 为

$$\varphi_2=180-\varphi'_2=\gamma+\frac{\mu_2}{2}=\beta-\frac{\mu_2}{2} \tag{3-35}$$

3. 换流器无功功率

从以上分析可知，不管换流器运行在整流工况或是逆变工况，它均需要从交流系统吸取无功功率，或者说它均需要消耗无功功率。整流器和逆变器消耗的无功功率可用式(3-36)和式（3-37）来表示，其中 φ_1 和 φ_2 分别为整流器和逆变器的功率因数角

$$Q_{C1}=P_{d1}\tan\varphi_1 \tag{3-36}$$
$$Q_{C2}=P_{d2}\tan\varphi_2 \tag{3-37}$$

$$\tan\varphi_1=\frac{\sin\varphi_1}{\cos\varphi_1}=\frac{\sqrt{1-\cos^2\varphi_1}}{\cos\varphi_1}=\frac{\sqrt{1-\left(\dfrac{U_{d1}}{U_{d01}}\right)^2}}{\dfrac{U_{d1}}{U_{d01}}}=\sqrt{\left(\frac{U_{d01}}{U_{d1}}\right)^2-1} \tag{3-38}$$

同理
$$\tan\varphi_2=\sqrt{\left(\frac{U_{d02}}{U_{d2}}\right)^2-1} \tag{3-39}$$

因此，换流器消耗的无功又可表示为

$$Q_{C1}=P_{d1}\sqrt{\left(\frac{U_{d01}}{U_{d1}}\right)^2-1} \tag{3-40}$$

$$Q_{C2}=P_{d2}\sqrt{\left(\frac{U_{d02}}{U_{d2}}\right)^2-1} \tag{3-41}$$

换流器的功率特性通常是指换流器在运行中消耗的无功功率与其有功功率之间的关系。从上述公式可知，换流器消耗的无功功率与其有功功率成正比，比例系数为 $\tan\varphi$。在给定的系统条件下，换流器的功率特性与其控制方式有关。图 3-8 给出了当换流器交流侧电压恒定（即 U_{d0}＝常数）时，在不同的控制方式下，换流器功率特性示意图。

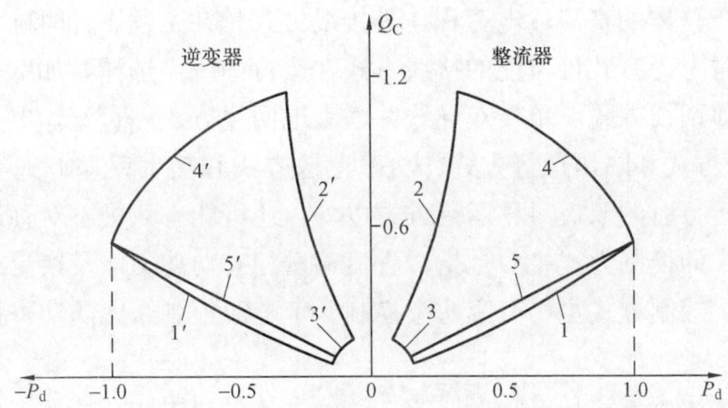

图 3-8　换流器功率特性示意图

1 和 2—整流器的 α_{min} 和 α_{max} 特性；3 和 4—整流器的 I_{dmin} 和 I_{dmax} 特性；
1′和 2′—逆变器的 γ_{min} 和 γ_{max} 特性；3′和 4′—逆变器的 I_{dmin} 和 I_{dmax} 特性；
5 和 5′—整流器和逆变器的定直流电压特性

在定电流控制方式下，其功率特性是以圆心为原点的一段圆弧，其半径与直流电流成正比，如图 3-8 所给的曲线 3 和 4 以及 3′和 4′所示，其中 3 和 3′分别对应整流器和逆变器的 I_{dmin}；4 和 4′分别对应整流器和逆变器的 I_{dmax}。对于定直流电压控制方式，由于 U_d＝常数，U_{d0}＝常数，从而使 $\tan\varphi$＝常数。因此，其功率特性为通过原点的直线，其斜率为 $\tan\varphi$。图 3-8 给出直线 5 为整流器恒定额定直流电压，直线 5′为逆变器恒定额定直流电压的功率特性。当直流电压降低时，φ 角将加大，直线的斜率则随之加大。对于整流器定 α 控制方式和逆变器定 γ 控制方式，其功率特性如图 3-8 上的 1 和 2 以及 1′和 2′所示，其中 1 和 2 相对应整流器的 α_{min} 和 α_{max}，1′和 2′相对应逆变器的 γ_{min} 和 γ_{max}。

对于一个给定的直流输电工程，换流器在运行中将受到工程设计时所规定的 I_{dmin}、I_{dmax}、α_{min}、α_{max}、γ_{min} 和 γ_{max} 的限制。因此，其功率特性只能在一定的范围内变化。图3-8中由 1、3、2 和 4 曲线所包围的区域内为整流器功率特性的变化范围；由 1′、3′、2′和 4′所包围的区域内为逆变器功率特性的变化范围。通常 I_{dmin} 取额定直流电流的 10%；I_{dmax} 则由换流站的过负荷能力所决定，α_{min} 一般取 5°；α_{max} 则由工程对无功功率调节的要求在设计时确定，如无特殊要求，通常 α_{max} 均小于 60°。对于背靠背直流输电工程，当需要利用直流输电进行大幅度的无功功率调节时，α_{max} 可增大到接近 90°。这将使换流站主要设备的运行条件变坏，因此它将增加设备的投资，使换流站投资增加。γ_{min} 通常取15°～18°；γ_{max} 与 α_{max} 相类似。

第七节　直流输电工程运行方式

直流输电工程的运行方式是指在运行中可供运行人员进行选择的稳态运行的状态，运行方式与工程的直流侧接线方式、直流功率输送方向、直流电压方式以及直流输电系统的控制方式有关。对于单极直流输电工程只可以有单极方式运行，而对于双极直流输电工程，除了有双极方式运行以外，还可以有单极方式运行。在双极方式中有双极两端中性点接地方式、双极一端中性点接地方式和双极金属中线方式；在单极方式中有单极大地回线方式和单极金属回线方式等。对于具体的直流输电工程，其接线方式是在工程设计时确定的。双极直流输电工程在设计时通常考虑有几种可能的接线方式在运行中可供选择，如双极方式、单极大地回线方式、单极金属回线方式、单极双导线并联大地回线方式。直流输电工程还可以有全压（指额定电压）运行方式和降压运行方式、功率正送方式和功率反送方式等。对于双极直流输电工程，除正常运行时的双极对称运行方式以外，还可能有双极不对称运行方式。直流输电工程在稳态运行中的控制方式主要是指对直流输送的有功功率以及换流站与交流系统交换的无功功率的控制。控制方式主要有定功率控制、定电流控制、无功功率控制或交流电压控制等。

直流输电工程的运行方式是灵活多样的，运行人员可利用这一特点，根据工程的具体情况以及两端交流系统的需要，在运行中对运行方式进行选择，使工程在系统运行中发挥更大的作用。合理地选择运行方式，也可有效地提高工程运行的可靠性和经济性。直流输电工程的接线方式和控制方式分别在本书第一章第一节和第四章中有详细的论述，本节主要从运行角度讲述经常采用的运行方式。

一、运行接线方式

（一）单极直流输电工程

单极直流输电工程直流侧的接线方式有单极大地回线方式和单极金属回线方式两种，见图 1-2（a）和（b）。这两种接线方式的线路结构不同，对于具体的直流工程选择何种接线方式是在设计时确定的。单极大地回线方式只有一根极导线，利用大地作为返回线，构成直流侧的闭环回路。两端换流站需要有可长期连续流过额定直流电流的接地极系统。接地极系统是此类工程不可分割的一部分，接地极系统故障，则直流输电工程停运。单极金属回线方式，除有一根极导线以外，还有一根低绝缘的金属返回线，运行时地中无直流电流流过。金属返回线的一端接地是为了固定直流侧的电位，属安全接地的性质。因此，单极直流输电工程，按一种直流侧接线方式设计和建设以后，在运行中则没有采用另一种接线方式运行的可能性。对于单极大地回线方式的海底电缆直流工程，为了提高运行的可靠性，有时配备有两根极电缆，其中一根为备用电缆。对于此类直流工程，当一根电缆故障时，可更换备用电缆进行正常送电；当接地极系统故障时，可利用备用电缆作为金属返回线，构成单极金属回线方式运行，接地极系统可退出工作进行检修。

（二）双极直流输电工程

1. 双极两端中性点接地的直流输电工程

双极两端中性点接地直流输电工程的直流侧接线是由两个可独立运行的单极大地回线方式所组成，两极在地回路中的电流方向相反，见图 1-3（a）。这种接线方式运行灵活方便，可靠性高，是大多数直流输电工程所采用的接线方式。正常运行时，两极的电流相等，地回路中的电流为零；当一极故障停运时，非故障极的电流则自动从大地返回，自动转为单极大地回线方式运行，可至少能输送单极的额定功率，必要时可按单极的过负荷能力输送。为了降低单极故障停运对两端交流系统的冲击和影响，通常当单极停运时，非故障极则自动将其输送功率升至其最大允许值，然后可根据具体情况逐步降低。由于双极两端中性点接地方式在正常运行时地中无电流流过（只有小于额定直流电流 1%的不平衡电流），此类工程对接地极的要求不高。当一极停运后工程转为单极大地回线方式运行时，地回路中才有大的直流电流流过（最大为单极的过负荷电流值）。此类工程的接地极是根据工程所需要的单极大地回线方式运行时间的长短和运行电流的大小来进行设计的，运行人员在选择单极大地回线方式的运行时间和输送功率时，必须考虑在接地极设计所允许的范围内，否则将会缩短接地极的寿命。

对于双极两端中性点接地的直流输电工程，当一极停运后，可供选择的单极接线方式有三种，即：①单极大地回线方式；②单极金属回线方式；③单极双导线并联大地回线方式。以上三种接线方式的运行性能和对设备的要求各有不同。

（1）单极大地回线方式。要求非故障极两端换流站的设备和直流输电极线完好，两端接地极系统完好；两端换流站的故障极或直流线路的故障极可退出工作进行检修。运行电流的大小和运行时间的长短受单极过负荷能力和接地极设计条件的限制。这种运行方式的线路损耗，比双极方式一个极的损耗略大，其直流回路电阻增加了两端接地极引线和接地极电阻［见式(2-28)］。

（2）单极金属回线方式。要求非故障极两端换流站的设备及直流输电极线完好，故障极的直流输电极线能承受金属返回线绝缘水平的要求；两端换流站的故障极和接地极系统可退出工作进行检修。其运行电流只受单极过负荷能力的限制而与接地极系统无关。运行中的线路损耗约为双极运行时一个极损耗的两倍，其直流回路的电阻约为正、负两极线电阻之和［见式（2-29)］。当接地极系统故障需要检修或进行计划检修时，可选择这种接线方式，因其线路损耗和运行费用最大，一般应尽量避免采取这种方式长期运行。

（3）单极双导线并联大地回线方式。要求非故障极两端换流站的设备完好，两极直流输电线路均完好，两端接地极系统完好；两端换流站的故障极可退出工作进行检修。因此，这种接线方式只有当两端换流站只有一个极设备故障，而其余的直流输电系统设备均完好时，才有选择的可能性。其运行电流的大小和运行时间的长短受单极过负荷能力和接地极设计条件的限制。这种接线方式是此类工程单极运行时最经济的接线方式。其线路损耗约为双极运行时一个极损耗的 1/2，其直流回路的电阻略大于单极电阻的 1/2［见式(2-30)］。

为了减少双极两端中性点接地直流输电工程的双极停运次数，提高双极运行的可用率，当一端接地极系统故障时，可通过快速接地开关将故障端的中性点接到换流站的安全接地网上，然后断开故障的接地极，以便进行检查和检修，从而可避免在这种情况下的双极停运。此时，一端换流站的中性点接在常规的接地极上，而另一端的中性点则接在不允许通过大电流的换流站接地网上。因此，这种特殊的接线方式，只允许在双极完全对称的运行方式下采用，此时两极的直流电流相等，地中只有很小的不平衡电流流过。当两极的直流电流相差较大时，地回路中的电流增大，这将引起换流站接地网的电位升高，给换流站的安全运行造成威胁。因此，如果工程允许考虑采取这种特殊的接线方式运行，必须配备可靠的保护措施，当出现双极电流不对称时，保护系统则自动停运整个双极直流输电工程。

双极两端中性点接地的直流输电工程，当一极故障停运而转为单极运行时，有时需要进行单极大地回线和金属回线方式的相互转换。为了减少直流输电工程停运对两端交流系统的影响，提高运行的可靠性和可用率，这种接线方式的相互转换，可通过大地回线转换开关GRTS和金属回线转换断路器MRTB，在直流输电不停运的状况下带负荷进行。图3-9给出单极大地回线和金属回线方式带负荷相互转换示意图。

图3-9中MRTB是当需要从大地回线方式转为金属回线方式时，用来断开大地回线中直流电流的开关；GRTS是当需要从金属回线方式转为大地回线方式时，用来断开金属回线中直流电流的开关。通常MRTB和GRTS只在一端换流站中配备，并且两个极采用一个公用的GRTS。为了便于进行说明，图3-9中还给出S1～S8，代表接线状态和在方式转换中有用的隔离开关。

以下用极1从大地回线方式转为金属回线方式以及又转回大地回线方式为例来进行说明，极2的方式转换与极1类同。

（1）极1大地回线方式的接线状态。S1、S5和MRTB为闭合状态；S2、S3、S4、S6、S7、S8和GRTS为断开状态。

（2）极1大地回线方式转为金属回线方式的步骤。

1）合上S4、S8和GRTS，使极2导线（金属返回线）和大地回线并联连接。此时两并联回线中的电流与其回线的电阻成反比，如当大地回线中的电阻为1Ω，金属回线的电阻为9Ω时，大地回线中的电流为运行电流的9/10，而金属回线中的电流则为运行电流的1/10。

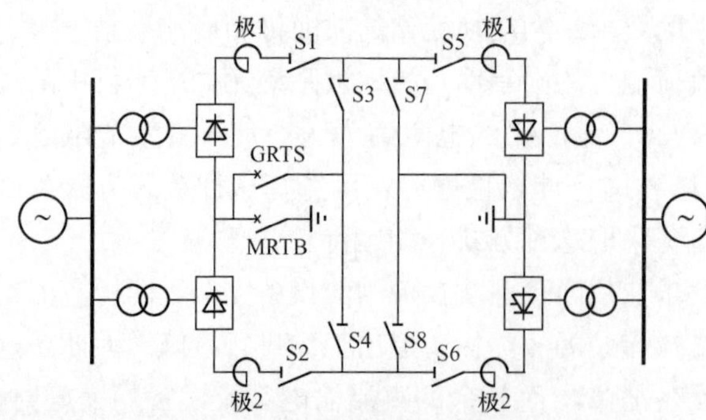

图3-9　单极大地回线和金属回线方式带负荷相互转换示意图

MRTB—金属回线转换断路器；GRTS—大地回线转换开关

2）断开MRTB，将大地回线中的电流转移到金属回线中去。当MRTB完全断开时，方式转换过程结束，形成单极金属回线运行方式。

（3）极1金属回线方式接线状态。S1、S5、S4、S8和GRTS为闭合状态；S2、S3、S6、S7和MRTB为断开状态。

（4）极1金属回线方式转为大地回线方式的步骤。

1）合上MRTB，使大地回线与金

属回线并联连接。同样，两并联回路中的电流与其回路电阻成反比。

2）断开 GRTS，将金属回线中的电流转移到大地回线中去。当 GRTS 完全断开后，将 S4、S8 断开。极 1 则又回到大地回线方式运行。

MRTB 和 GRTS 均为直流开关，但它与通常直流开关的运行条件有所不同，它断开直流电流的过程是在两个导线的并联回路中，将一个回路断开，使其电流全部转移到另一回路的过程。通常大地回线的电阻很小（仅为两端接地极和接地极引线电阻之和），而金属回线的电阻取决于输电线路导线的截面和线路长度。因此，MRTB 由于其回路电阻小而需要断开较大的直流电流，而 GRTS 因其回路电阻大，需要断开的直流电流则较小。

2. 双极一端中性点接地的直流输电工程

这种直流输电工程的直流侧回路由正负两根极线构成，见图 1-3（b），只有一端换流站的中性点进行安全接地。由于大地在直流侧不能构成回路，在运行中可以保证大地中无直流电流流过。这种接线方式的直流输电工程，在运行中不可能有单极大地回线运行方式，当一极故障需要停运时，必须将整个直流输电工程的两个极同时停运。在工程停运状态下，进行必要的转换操作，有可能形成一端接地的单极金属回线方式运行。由于这种接线方式的运行灵活性和可靠性均不如两端中性点接地方式，在实际工程中很少采用。只有在大地或海水中不允许通过直流电流的情况时才考虑采用。

3. 双极金属中线的直流输电工程

此类直流输电工程的直流侧回路由三根导线组成，其中两根为正负两个极线，第三根为专门设置的低绝缘金属返回线，一端换流站的中性点进行安全接地，见图 1-3（c）。这种接线方式在运行中既可以避免大地或海水中有直流电流流过，又具有灵活可靠的运行方式。由于它只有一点接地，同样不可能构成单极大地回线的运行方式。当一极故障需要停运时，可自动转为单极金属回线方式运行，故障极可退出工作进行检查和检修。当故障极修复后可投入运行，重新又恢复了双极运行方式。如果换流站的设备需要进行长时间的检修，同时正负两根极线均完好时，为了降低线路损耗和运行费用，也可在直流输电工程停运的状态下，将直流侧改接为双导线并联金属回线方式运行。此时直流回路的电阻为 1/2 极导线电阻与金属返回线电阻之和。

二、全压运行与降压运行方式

直流输电工程的直流电压，在运行中可以选择全压运行方式（即额定直流电压方式）或降压运行方式。关于降压方式的详细叙述见本章第四节。在运行中对全压方式和降压方式的选择原则是，能全压运行时则不选择降压方式运行。因为在输送同样功率的条件下，直流电压的降低则使直流电流按比例相应地增加，这将使输电系统的损耗和运行费用升高。因此，为了使直流输电工程在最经济的状态下运行，其直流电压应尽可能地高。

其次，在降压方式下，直流输电系统的最大输送功率将降低。直流输送功率是直流电压和直流电流的乘积。当工程设计为降压方式的额定电流与全压方式相同时，降压方式的额定功率降低的幅度与直流电压降低的幅度相同。如果降压方式要求相应的降低直流额定电流，则直流输送功率则会降低得更多。例如，降压方式的直流电压选择为额定直流电压的 70%，而额定直流电流不变，则降压方式的额定输送功率为全压方式的 70%。如果在直流电压降低到 70%的情况下，还要求直流电流也相应的降低到其额定值的 70%，则此时的直流输送功率仅为全压方式的49%，即输送功率将降低一半多。如果工程只需要在短时间内（约1~2h）降压运行，可利用工程的短时过负荷能力，直流电流最大可按降压时短时过负荷电流运行，此时的输送功率则少有增加。

再者，在降压方式下换流器的触发角α加大，这将使换流站的主要设备（如换流阀、换流变压器、平波电抗器、交流和直流滤波器等）的运行条件变坏。如果长时间在降压方式下大电流运行，换流站主要设备的寿命将会受到影响。通常在工程设计时，对降压方式的额定值（如额定直流电压、额定直流电流、过负荷额定值等）应作出规定。在降压方式运行时，需特别注意监视的是：换流器冷却系统的温度是否过高；换流站消耗的无功功率是否太多，这将引起换流站交流母线电压的降低；换流器交流侧和直流侧的谐波分量是否超标；换流变压器和平波电抗器是否发热等。

三、功率正送与功率反送方式

直流输电工程也具有双向送电的功能，它可以正向送电，也可以反向送电。在工程设计时确定某一方向为正向送电，另一方向则为反向送电。正在运行的直流输电工程进行功率输送方向的改变称为潮流反转。利用控制系统可以方便地进行潮流反转。直流输电工程的潮流反转有手动潮流反转和自动潮流反转以及正常潮流反转和紧急潮流反转。通常紧急潮流反转均是由控制系统自动地进行，而正常潮流反转可以手动进行也可以自动进行。

直流输电工程在起动以前需要确定其输送功率量及其传输方向是正送还是反送，并将功率传输方向置入控制系统，然后才能进行工程的起动。工程起动后，则会按所规定的送电方向送电。在运行中如果需要进行潮流反转，通常由运行人员手动操作潮流反转按钮，控制系统则按所规定的程序进行正常潮流反转。如果直流输电工程的正送和反送的电力、电量和时间均按合同或协议所规定的要求来进行，则可将工程每天的负荷曲线置入控制系统，控制系统则每天按所规定的时间和对输送功率的要求自动地进行正常潮流反转。如果工程具有紧急潮流反转的功能，当控制系统根据所测得的交流系统的信息，判断需要进行紧急潮流反转，对交流系统进行紧急功率支援时，控制系统则自动进行紧急潮流反转。运行人员只需对反转过程进行监视，观察潮流反转后系统的运行情况并进行必要的操作和处理。

正常情况下，直流输电工程正送和反送的时间以及输送功率的大小，均由调度或通过合同作出规定，由运行人员来执行。在特殊情况下，也可以进行改变。在市场经济条件下，应充分利用直流输电功率输送方向和输送功率大小的可控性，来提高电力系统运行的经济性和可靠性。

四、双极对称与不对称运行方式

双极对称运行方式是指双极直流输电工程在运行中两个极的直流电压和直流电流均相等的运行方式，此时两极的输送功率也相等。双极直流输电工程在运行中两个极的直流电压或直流电流不相等时，均为双极不对称运行方式。双极不对称运行方式有：①双极电压不对称方式；②双极电流不对称方式；③双极电压和电流均不对称方式。

（一）双极对称运行方式

双极对称运行方式有双极全压对称运行方式和双极降压对称运行方式，前者双极的电压均为额定直流电压，而后者双极均降压运行。全压运行比降压运行输电系统的损耗小，换流器的触发角 α 小，换流站设备的运行条件好，直流输电系统的运行性能也好。因此能全压运行时，则不选择降压方式。双极对称运行方式两极的直流电流相等，接地极中的电流最小（通常均小于额定直流电流的1%），其运行条件也最好。长期在此条件下运行，可延长接地极的寿命。因此，双极直流输电工程，在正常情况下均选择双极全压对称运行方式。这种运行方式可充分利用工程的设计能力，直流输电系统设备的运行条件好，系统的损耗小，运行费用小，运行可靠性高。只有当一极输电线路或换流站一极的设备有问题，需要降低直流电压或直流电流运行时，才会选择双极不对称运行方式。

（二）双极不对称运行方式

双极不对称运行方式有双极电压不对称方式、双极电流不对称方式、双极电压和电流均不对称方式。

双极电压不对称方式是指一极全压运行另一极降压运行的方式，如降压的额定电压选择为工程额定电压的70%，对于±500kV的直流输电工程，一极运行在500kV，而另一极则为350kV。在电压不对称的运行方式下，最好能保持两极的直流电流相等，这样可使接地极中的电流最小。由于两极的电压不等，其输送功率也不相等。当降压运行不要求降低额定直流电流时，其输送功率将按降压的比例相应降低。如对于±500kV，双极额定功率为1200MW的直流输电工程，每极的额定功率为600MW，当降压方式的额定电压为70%时，降压运行的极的额定功率为420MW。此时，在电压不对称方式的双极额定功率为1020MW。如果直流输电工程在一极降压运行之前，其直流电流低于额定直流电流，则由一极降压引起的输送功率的降低，可用加大直流电流的办法来进行补偿，但最多只能加到直流电流的最大值。

如果降压方式还要求降低直流电流，当一极降压时其直流电流也需相应降低。此时，可供选择的运行方式有以下两种。

(1) 为保证直流输电工程在这种条件下具有最大的输送能力，则两极分别按其额定输送能力运行。全压运行的极可在其额定电压和额定电流下输送额定功率。降压运行的极在电压降到70%时，如果要求电流也降到70%，其输送功率则降到全压运行时的49%。仍以上述工程为例，此时双极的输送能力为600＋294＝894MW。两极的直流电流不等，一极为1200A，另一极为840A，从而形成两极电压和电流均不对称的运行方式。全压运行的极为500kV，1200A，600MW；降压运行的极为350kV，840A，294MW；接地极中的电流为360A。

(2) 为保证接地极中的电流最小，当一极降压运行需要同时降低直流电流时，则两极的电流需同时降低，这将使双极直流输电工程的输送能力进一步的降低。以上述工程为例，此时全压运行的极为500kV，840A，420MW；降压运行的极为350kV，840A，294MW。双极的输送能力为714MW，占双极额定功率的59%。由于两极的电流相等，接地极中的电流最小。此时，为双极电压不对称方式。

双极直流输电工程在运行中如某一极的冷却系统有问题，需要降低直流电流运行时，可考虑选择双极电流不对称运行方式。电流降低的幅度视冷却系统的具体情况而定。此时接地极中的电流为两极电流之差值，电流降低的幅度越大，则接地极中的电流也越大；因此电流降低的幅度以及运行时间的长短，还需要考虑接地极的设计条件。如果在此条件下，工程不要求输送最大功率，也可以在一极要求降低直流电流时，另一极也同时降低，此时可保证接地极中的电流最小，但输送功率将相应降低。

表 3-1 给出双极直流输电工程在各种主要运行方式下的输送能力。由于 K_U 和 K_I 均小于 1，从表 3-1 可知，双极全压对称方式的输送能力最大，单极降压方式同时降低直流电流的输送能力最小。

表 3-1　　**双极直流输电工程各主要运行方式的输送能力**

序号		双极直流输电工程运行方式	直流电压（kV）	直流电流（A）	直流功率（MW）
双极运行	1	双极全压对称方式	$\pm U_{dH}$	I_{dH}	$2P_{dH}$
	2	双极降压对称方式（不降低直流电流）	$\pm K_U U_{dH}$	I_{dH}	$2K_U P_{dH}$
	3	双极降压对称方式（同时降低直流电流）	$\pm K_U U_{dH}$	$K_I I_{dH}$	$2K_U K_I P_{dH}$
	4	双极电压不对称方式（不降低直流电流）	U_{dH}，$K_U U_{dH}$	I_{dH}	$(1+K_U)\ P_{dH}$
	5	双极电压不对称方式（同时降低直流电流）	U_{dH}，$K_U U_{dH}$	$K_I I_{dH}$	$K_I\ (1+K_U)\ P_{dH}$
	6	双极电压和电流均不对称方式	U_{dH}，$K_U U_{dH}$	I_{dH}，$K_I I_{dH}$	$(1+K_U \cdot K_I)\ P_{dH}$
	7	双极全压电流不对称方式	$\pm U_{dH}$	I_{dH}，$K_I I_{dH}$	$(1+K_I)\ P_{dH}$
	8	双极降压电流不对称方式	$\pm K_U U_{dH}$	I_{dH}，$K_I I_{dH}$	$K_U\ (1+K_I)\ P_{dH}$
单极运行	1	单极全压方式	U_{dH}	I_{dH}	P_{dH}
	2	单极降压方式（不降低直流电流）	$K_U U_{dH}$	I_{dH}	$K_U P_{dH}$
	3	单极降压方式（同时降低直流电流）	$K_U U_{dH}$	$K_I I_{dH}$	$K_U \cdot K_I P_{dH}$

注　U_{dH}、I_{dH}、P_{dH}分别为每极的额定直流电压、额定直流电流和额定直流功率；K_U、K_I 分别为电压降低系数和电流降低系数，均小于 1。

五、直流输电工程控制方式

直流输电工程的稳态控制方式主要有控制有功功率的定功率控制方式或定电流控制方式以及控制无功功率的无功功率控制方式或交流电压控制方式等。在运行中控制方式是可以改变的。控制方式的改变可以由运行人员根据需要进行手动操作，也可以由控制系统按规定的条件自动地实现。

（一）定功率控制方式

在定功率控制方式下，直流输送功率由整流站的功率调节器保持恒定，并等于其整定值。在运行中当直流电压升高时，功率调节器将相应地降低直流电流值，而当直流电压降低时则会相应地升高直流电流值，从而保持直流电压和直流电流的乘积为功率整定值。因此，在定功率控制方式下，直流电流在运行中不是一个常数，而是随直流电压的变化而变化，从而满足直流输送功率恒定的要求。定功率调节器是通过改变定电流调节器的整定值来保持输送功率的恒定。在定功率控制方式下，直流输送功率的改变用改变功率调节器的整定值来实现。

直流输电工程通常是由逆变站的控制方式来决定直流电压，而由整流站的控制方式决定直流电流及直流输送功率。逆变站通常采用定关断角（定 γ 角）控制或定电压控制来控制直流电压。为了降低直流输电系统的损耗和运行费用，在运行中应尽量使直流电压运行在其可能的最大值。当采用定 γ 角控制时，γ 角的定值应选为最小（15°～18°），从而使直流电压运行在最大值。在运行中直流电压不是一个常数，它随换流站交流系统的电压以及直流电流的变化而变化。由于交流系统的电压在运行中变化不大，以及直流电流的变化所引起的换流器内部压降也较小，从而使得在定 γ 角控制时直流电压的变化也不大。当采用定电压控制时，电压调节器将保持整流站或逆变站的直流电压恒定。正常运行时将保持直流电压为其额定值（全压方式），降压方式运行时则保持直流电压为降压方式的额定值（为全压方式的70%～80%）。当利用电压调节器或定 γ 角调节器来进行无功功率调节或交流电压调节时，直流电压则由无功调节的要求来确定。通常是由无功调节器或交流电压调节器的输出来自动改变电压调节器或 γ 角调节器的整定值，从而满足无功功率控制的要求。此时，直流电压变化的幅度可能较大，但它将受到换流阀最大触发角 α_{max} 的限制。

由于在运行中直流输电的电压是可能变化的，有时变化的幅度还较大，因此在定功率控制方式下，直流电压的变化有时会使直流输送功率受到影响。当直流电压降低时，可以用升高直流电流的办法来满足输送功率的要求，但直流电流最多只能升到其最大值。因此，当利用直流输电进行无功功率调节时，无功调节的范围越大，要求直流电压降低的幅度越大，对直流输送有功的影响也越大。

（二）定电流控制方式

在定电流控制方式下，直流电流由整流站的电流调节器保持恒定，并等于其整定值。直流输送功率不能恒定，它随着直流电压的变化而变化，当直流电压降低时，直流输送功率也降低，当直流电压升高时，直流输送功率则相应升高。为保证直流输电工程按给定的输送功率运行，在正常情况下采用定功率方式运行，当两端换流站之间的通信系统故障时，控制系统则自动转为定电流控制方式，并且保持故障前的电流整定值。因此，定电流控制方式可以作为通信系统故障时的一种备用控制方式。其次，当定功率调节器由于某种原因需要退出工作时，也可以由运行人员手动转为定电流控制方式。在定电流控制方式运行时，定功率调节器将退出工作，此时运行人员可以通过改变电流调节器的整定值，来改变直流输送功率。当逆变站采用定 γ 角控制方式时，由于直流电压在运行中不断地有小的变化，在整流站定电流控制方式下，直流输送功率也随直流电压的变化而有波动。当逆变站采用定电压控制方式时，在整流站定电流控制方式下，直流输送功率则能够保持恒定。

（三）无功功率控制方式

由换流原理可知，晶闸管换流阀组成的换流器，由于换流阀无关断电流的能力，其触发角 α 角只能在 $0°\sim180°$ 的范围内变化，换流器在运行中需要消耗大量的无功功率。换流器消耗的无功功率与直流输电的输送容量成正比，其比例系数为 $\tan\varphi$，其中 φ 为换流器的功率因数角见式（2-37）和式（2-38）。因此，直流输电在运行中两端换流站需要的无功功率随其输送的有功功率而变化。为了满足换流器对无功功率的需要，两端换流站均装设有交流滤波器、静电电容器，有时还需要装设同步调相机或静止无功补偿装置。从直流输电本身的需求出发，为了保持两端换流站和交流系统交换的无功功率在一定的范围内，避免因直流输送功率的变化引起两端交流系统的电压变化较大，需要对换流站的无功功率进行控制。另一方面，两端交流系统的电压，也可以利用换流站的无功功率控制而保持在一定的范围内。当交流系统的电压升高时，控制系统可加大换流器的触发角 α，换流站可吸收交流系统多余的无功功率，使得交流电压降低；而当交流系统的电压降低时，控制系统则可以减小触发角 α，换流站则可向交流系统提供其不足的无功功率，使得交流电压升高。当然，换流站无功功率控制的范围是有限的，它将受到换流站无功补偿的配置情况，换流站设备的设计条件，直流输电的输送容量以及控制方式等各种因素的限制。也就是说，换流站能够向交流系统提供的无功以及从交流系统吸收的无功都是有限的。特别是当直流输电与强交流系统相连时，其调节交流电压的能力则更差。

换流站进行无功功率控制的手段，主要有投切换流站内的交流滤波器组或静电电容器组，来改变换流站提供的无功功率，以及调节换流器的触发角 α，来改变换流站所消耗的无功功率。投切滤波器组所引起的无功功率的变化是台阶式的，同时它还受到滤波要求所需要的最小滤波器组数的限制。当直流输电工程在轻负荷运行时，换流站经常有多余的无功流向交流系统，使得交流母线电压升高。触发角的调节则可快速平滑地改变换流器消耗的无功，具有较好的调节性能。利用快速加大触发角 α 的办法可以有效地降低换流站交流侧的动态过电压。但触发角的调节也受到 α_{max} 和 α_{min} 的限制。当换流器运行在大触发角时，直流输电工程的运行性能将变坏（如设备承受的应力大、损耗大、谐波分量大等），因此不希望换流器长期在大触发角下运行。在实际工程中，通常是采用上述两种调节手段相互配合的方法，以达到良好的调节效果。当换流站装设有同步调相机或静止无功补偿装置时，可充分利用其调节功能来进行换流站的无功功率控制。

换流站的无功功率控制方式通常有无功功率控制和交流电压控制两种。前者的控制原则是保持换流站和交流系统交换的无功在一定的范围内；后者则是保持换流站交流母线电压的变化在一定的范围。交流电压控制方式主要在换流站与弱交流系统连接的情况下采用，而一般的直流输电工程均采用无功功率控制方式。无功功率控制方式通常设有手动方式和自动方式，在正常情况下均运行在自动方式，必要时可转为手动方式。

第八节　直流输电系统损耗

直流输电工程的损耗包括两端换流站损耗、直流输电线路损耗和接地极系统损耗三部分。接地极系统损耗很小，有时可以忽略不计。直流输电线路损耗，取决于输电线路的长度以及线路导线截面的选择，对远距离输电线路通常占额定输送容量的5%～7%，是直流输电系统损耗的主要部分。两端换流站的设备类型繁多，它们的损耗机制又各不相同，因此如何较准确地确定换流站的损耗是直流输电系统损耗计算的难点。目前所采用的方法是通过分别测试和计算换流站内各主要设备的损耗，然后把这些损耗相加而得到换流站的总损耗。通常换流站的损耗为换流站额定功率的0.5%～1%。

一、换流站损耗

（一）换流站损耗特点

直流输电换流站的主要设备有换流阀、换流变压器、平波电抗器、交流和直流滤波器、无功功率补偿设备等。这些设备的损耗机制各不相同，如换流阀的损耗就不是与负荷电流的平方成正比，同时当换流站处于热备用状态时，换流阀是闭锁的，其损耗机制与其在正常运行时也不相同。其次，换流器在运行中，交流侧和直流侧均产生一系列的特征谐波，谐波电流通过换流变压器、平波电抗器和交直流滤波器均将产生附加的损耗。另外，在不同的负荷水平下，换流站投入运行的设备也不完全相同，因而损耗也不相同。因此，换流站的损耗计算比较复杂。通常需要在空载和满载之间选择几个负荷点对换流站的损耗进行计算，同时把换流站的损耗分为热备用损耗（也称空载损耗或固定损耗）和运行总损耗（包括热备用损耗和负荷损耗，后者也称可变损耗）来进行分析。

换流站的热备用状态是指换流变压器已经带电，但换流阀处于闭锁状态，一旦换流阀解锁，即可进行直流输电的状态。在此状态下，不需要投入交流滤波器和无功功率补偿设备，平波电抗器和直流滤波器也没有带电。但是站用电和冷却设备则需要投入，以便使直流系统在必要时可立即投入运行。换流站在热备用状态下的损耗即称为热备用损耗，它相当于交流变电所的空载损耗。

换流站的运行总损耗是指换流站在传输功率下的损耗，它包括空载损耗和负荷损耗两部分。每个直流输电工程的直流电流都有一个最小值和最大值。换流站的运行总损耗通常在最小直流电流和最大直流电流之间选择几个负荷点来计算。在不同的负荷水平下，换流站投入运行的设备可能不同。例如，在轻负荷时投入的交流滤波器组数较少，而到大负荷时投入的组数则需要增多。对于不同的负荷水平，在计算运行总损耗时，只需考虑在该负荷水平下投入运行的设备。运行总损耗减去热备用损耗即为负荷损耗。

（二）换流站损耗计算方法

按照常规，应该通过直接测量换流站在运行中的能量损耗来确定换流站的效率，但实际上这样做会碰到许多困难。例如，用直接测量换流站的输入和输出功率的方法，取输入功率和输出功率之差值为换流站的损耗。由于换流站的损耗通常均小于其额定功率的1%。在这种情况下，测量设备的精确度将使得这种方法的可信度不高，因为它是两个大数值之间的小差值。另外，还可以将换流站内的两个换流器接成背靠背运行方式，即功率从一个换流器送入换流站，而又从另一个换流器返回交流系统。此时，交流系统向换流站提供的有功功率即是换流站的损耗。但是在这种情况下，交流系统还必须向换流器提供换相所需的无功功率，从而使测量的准确性受到影响。因此，换流站的损耗通常均不采用直接测量的方法，而是分别计算出换流站内各设备的损耗，然后总加起来而得到换流站的总损耗。

换流站各设备的实际损耗与其运行环境和运行参数有关。有些设备的损耗是在工厂中的标准环境条件和运行参数下测量的，必须折算到直流输电工程实际的环境条件和运行参数下。参照国际机械及电气标准，通常计算换流站总损耗的户外标准环境温度为20℃，海拔高度应为换流站所在地的实际高度。设备的冷却介质可带走设备所产生的热量，影响设备的温升和损耗，在计算设备损耗时，必须明确冷却介质的温度和流量。换流站的损耗与其运行参数的关系比较复杂，它主要取决于换流站负荷、交流系统电压以及换流器触发角等。此外，还应考虑无功功率补偿设备投入的情况。

通常换流站损耗的计算应在额定交流电压和额定频率下进行。如果预计换流站大部分时间在额定负荷下运行，则可按额定负荷的参数来计算其损耗。如果预计换流站在运行中负荷变化范围较大或者换流站有时可能按无功功率控制或交流电压控制方式运行时，则可根据换流站预计的负荷曲线，选定3～5个典型的负荷水平来计算换流站的损耗。在不同的负荷水平下计算换流站损耗时，其直流电流、触发角、需要投入运行的无功补偿设备和滤波装置、辅助设备和站用电等也必须与相应的负荷水平相一致。各负荷水平的损耗还应乘以相应的加权系数，然后相加起来求出等值损耗。

表 3-2 给出直流输电换流站设备损耗的分布情况。从表 3-2 可知，换流变压器和晶闸管换流阀的损耗在换流站总损耗中占绝大部分（为 71%～88%）。因此，要降低换流站的总损耗，降低换流变压器和晶闸管换流阀的损耗是关键。

表 3-2　　直流输电换流站损耗的分布情况

序号	损耗项目	损耗占换流站总损耗的百分数	序号	损耗项目	损耗占换流站总损耗的百分数
1	换流变压器 其中：空载损耗 负载损耗	39%～53% 12%～14% 27%～39%	2	晶闸管换流阀	32%～35%
			3	平波电抗器	4%～6%
			4	交流滤波器	7%～11%
			5	其他损耗	4%～9%

（三）换流站主要设备损耗

1. 晶闸管换流阀损耗

晶闸管换流阀主要由晶闸管、阀电抗器、直流均压电阻、阻尼电容和电阻、陡波均压电容、晶闸管触发及监测系统等组成。换流阀的损耗有 85%～95%是产生在晶闸管和阻尼电阻上。由于换流阀在运行中的波形复杂，目前还没有一个较好的直接测量损耗的办法。通常是采用分别计算出晶闸管阀的各损耗分量，然后总加起来而得到换流阀的损耗。换流阀的各损耗分量是采用出厂试验的数据和标准的计算方法而求取。损耗是按一个阀（即一个桥臂）为单位来计算的。换流阀的热备用损耗是在阀已充电但处于闭锁状态下的损耗。阀的冷却设备的损耗通常计入站用电损耗中。晶闸管阀的损耗由以下 8 个分量所组成。

（1）阀通态损耗 W_1。是指负荷电流通过晶闸管所产生的损耗，它与晶闸管的通态压降和通态电阻有关，可用下式计算

$$W_1 = \frac{nI_d}{3}\left[U_0 + R_0 I_d\left(\frac{2\pi - \mu}{2\pi}\right)\right] \tag{3-42}$$

式中，n 为阀中串联晶闸管级数；U_0 为晶闸管通态压降平均值，V；R_0 为晶闸管通态电阻平均值，Ω；μ 为计算损耗所用的运行工况下的换相角，弧度；I_d 为通过换流桥的直流电流，A。

当直流侧谐波电流（均方根的和）大于其直流分量的 10%时，W_1 改用下式计算

$$W_1 = \frac{nU_0 I_d}{3} + \frac{nR_0}{3}(I_d^2 + I_n^2)\left(\frac{2\pi - \mu}{2\pi}\right) \tag{3-43}$$

式中，I_n^2 为直流侧各次谐波电流有效值的平方和。

（2）晶闸管开通时的电流扩散损耗 W_2。是指晶闸管开通时电流在硅片上扩散期间所产生的附加通态损耗。此时硅片上的电压比晶闸管完全开通以后的通态压降要高

$$W_2 = nf\int_{\omega t}^{\omega t = \alpha + 120 + \mu}[u_1(t) - u_2(t)]i(t)\mathrm{d}(\omega t) \tag{3-44}$$

式中，f 为系统频率，Hz；u_1（t）为平均的晶闸管通态电压降瞬时值，是在所规定的结温下，通以代表适当幅值和换相角的梯形电流波形的条件下测量的，V；u_2（t）为预计的平均晶闸管通态压降瞬时值，测量条件同 u_1（t），但电流已完全扩散，V；α 为触发角，°；$\omega = 2\pi f$（弧度/s）。W_2 通常小于晶闸管通态损耗的 10%。

（3）阀的其他通态损耗 W_3。是指阀主回路中，除晶闸管以外的其他元件所造成的通态损耗

$$W_3 = \frac{I_d^2 R}{3}\left(\frac{2\pi-\mu}{2\pi}\right) \tag{3-45}$$

式中，R 为除晶闸管以外阀两端之间的直流电阻，Ω。

（4）与直流电压相关的损耗 W_4。是指阀在不导通期间，加在阀两端的电压在阀的并联阻抗的电阻分量上产生的损耗。它包括直流均压电阻、晶闸管断态电阻及反向漏电阻、冷却介质的电阻、阀结构的阻性效应、其他均压网络及光导纤维等产生的损耗

$$W_4 = \frac{U_L^2}{2\pi R_{DC}}\left\{\frac{4\pi}{3}+\frac{\sqrt{3}}{4}[\cos2\alpha+\cos(2\alpha+2\mu)]-\left[\frac{7}{8}+\frac{3m(2-m)}{4}\right]\right.$$
$$\left.\times[2\mu+\sin2\alpha-\sin(2\alpha+2\mu)]\right\} \tag{3-46}$$

式中，R_{DC}为整个阀的断态直流电阻，Ω，它是在阀的直流电流型式试验中，通过测量注入电流的方法求得，也可以用串联晶闸管的直流均压电阻之和来近似的计算；U_L 为换流变压器阀侧绕组线电压有效值，V；$m=\dfrac{L_1}{L_1+L_2}$，此处 L_1 是折算到阀侧的换相电压源与星形接线和三角形接线阀绕组的公共耦合点之间的电感，L_2 是折算到阀侧的公共耦合点与阀之间的电感。当星形接线的桥与三角形接线的桥分别由两组单独的变压器供电时，$L_1=0$，故$m=0$。

当阀处于热备用状态时，由于阀上的电压为换流变压器阀侧绕组的相电压，其损耗可用下式计算

$$W'_4 = \frac{U_L^2}{3R_{DC}} \tag{3-47}$$

（5）阻尼电阻损耗 W_5。是指阀在关断期间，加在阀两端的交流电压经阻尼电容耦合到阻尼电阻上所产生的损耗。如果有几条阻尼支路，则应分别计算，然后总加起来

$$W_5 = 2\pi f^2 U_L^2 C_{AC}^2 R_{AC}\left[\frac{4\pi}{3}-\frac{\sqrt{3}}{2}+\frac{3\sqrt{3}m^2}{8}+(6m^2-12m-7)\frac{\mu}{4}\right.$$
$$+\left(\frac{7}{8}+\frac{9m}{4}-\frac{39m^2}{32}\right)\sin2\alpha+\left(\frac{7}{8}+\frac{3m}{4}+\frac{3m^2}{32}\right)\sin(2\alpha+2\mu)$$
$$\left.-\left(\frac{\sqrt{3}m}{16}+\frac{3\sqrt{3}m^2}{8}\right)\cos2\alpha+\frac{\sqrt{3}m}{16}\cos(2\alpha+2\mu)\right] \tag{3-48}$$

其中
$$C_{AC}=\frac{C_{ac}}{n}；\ R_{AC}=nR_{ac}$$

式中，C_{ac}是每级晶闸管的阻尼电容，F；R_{ac}是每级晶闸管的阻尼电阻，Ω；其余符号的含义同前。

当阀处于热备用状态时，阀上电压为正弦波，其损耗可按下式计算

$$W'_5 = \frac{R_{AC}U_L^2}{3Z_{AC}^2} \tag{3-49}$$

其中
$$Z_{AC}=\sqrt{R_{AC}^2+\left(\frac{1}{2\pi fC_{AC}}\right)^2} \tag{3-50}$$

(6) 电容器充放电损耗 W_6。是指在阀关断期间加在阀上的电压波形阶跃变化时，电容器储能发生变化而产生的损耗

$$W_6=\frac{U_L^2 fC_{hf}(7+6m^2)}{4}[\sin^2\alpha+\sin^2(\alpha+\mu)] \tag{3-51}$$

式中，C_{hf} 为阀内部两端之间所有均压和阻尼回路的总电容以及接在阀端所有外部设备的杂散电容。阀内部两端之间的电容可以从阀的设计参数中得到，外部设备的杂散电容主要是换流变压器绕组和套管的杂散电容，可在制造厂测量。其他设备的杂散电容很小，可以忽略不计。

(7) 阀关断损耗 W_7。是指阀在关断过程中，流过晶闸管的反向电流在晶闸管和阻尼电阻上产生的损耗，此反向电流是由晶闸管中存储电荷而引起的

$$W_7=Q_{rr}f\sqrt{2}U_L\sin(\alpha+\mu+\omega t_0) \tag{3-52}$$

式中，Q_{rr} 为晶闸管存储电荷平均值，C；$t_0=\sqrt{\frac{Q_{rr}}{\left(\frac{di}{dt}\right)_{i=0}}}$，s；$\left(\frac{di}{dt}\right)_{i=0}$ 是在电流过零时测量的 $\frac{di}{dt}$ 值。

(8) 阀电抗器磁滞损耗 W_8。在计算电抗器铁芯的磁滞损耗时需要确定铁芯材料的直流磁化曲线，根据其磁化曲线所包围的区域，可求出其磁滞损耗特性，进而求出 W_8

$$W_8=n_L MKf \tag{3-53}$$

式中，n_L 为阀中阀电抗器的铁芯数；M 为每个铁芯的质量，kg；K 为磁滞损耗特性，J/kg；f 为系统频率，Hz。

(9) 阀的总损耗 W_T。是指上述 8 项损耗之和，即

$$W_T=\sum_{n=1}^{8}W_n \tag{3-54}$$

当阀处于热备用状态时，其损耗为

$$W'_T=W'_4+W'_5 \tag{3-55}$$

以上所得为一个阀的总损耗，假定换流站有 N 个阀，则换流站内阀的损耗 W_S 以及换流站内阀在热备用状态下的损耗 W'_S 分别为

$$W_S=NW_T \tag{3-56}$$

$$W'_S=NW'_T \tag{3-57}$$

2. 换流变压器损耗

换流变压器的损耗也和电力变压器一样有空载损耗和负荷损耗。由于通过换流变压器绕组的电流含有高次谐波，这将使其负荷损耗增大。因此换流变压器的负荷损耗比普通电力变压器的要大。在测量或计算换流变压器的负荷损耗时，必须考虑谐波电流所引起的损耗。

(1) 热备用损耗。在热备用状态下相当于换流变压器空载，热备用损耗就是空载损耗。

确定空载损耗的方法与普通电力变压器相同。

（2）运行损耗。在运行中换流变压器的损耗是励磁损耗（铁芯损耗）加上与电流相关的负荷损耗。当换流变压器带负荷时，就有谐波电压加在变压器上，但谐波电压对变压器励磁电流的作用与电压的工频分量相比可以忽略不计。因此可以认为换流变压器在运行中的铁芯损耗与在空载情况下是一样的。如何测量或计算换流变压器的负荷损耗，尚没有一致的意见，目前所采用的有以下三种方法。

1）方法 1。分别测量换流变压器在各种谐波频率下的有效电阻，计算通过换流变压器的各次谐波电流，计算各次谐波电流的损耗，然后把这些损耗总加起来，即得到换流变压器的负载损耗。其具体步骤如下。

第一步，用类似在工频下测量变压器负荷损耗的方法，测量变压器在各种谐波频率下的有效电阻。从工频到 50 次谐波之间选择 10 个频率进行测量，最好选择 1、2、3、5、7、11、13、20、30、50 次谐波。根据测量结果画出有效电阻对频率的关系曲线。对于三绕组变压器，要分别对每一阀侧绕组进行测量，测量时另一阀侧绕组应开路。

第二步，在给定的负荷水平和运行方式下，用式（3-58）计算换流变压器各绕组的六脉动特征谐波电流，通常可不考虑非特征谐波

$$I_{\mathrm{n}}=\frac{3FE_{\mathrm{n}}}{\pi n x_{\mathrm{t}}} \tag{3-58}$$

式中，I_{n} 为 n 次谐波电流，A；n 为谐波次数；x_{t} 为换流变压器在工频下的电抗，Ω；E_{n} 为换流变压器阀侧相电压，V，F 可用下式表示

$$F=\left[K_1^2+K_2^2-2K_1K_2\cos(2\alpha+\mu)\right]^{\frac{1}{2}} \tag{3-59}$$

式中，$K_1=\dfrac{\sin\left[(n-1)\dfrac{\mu}{2}\right]}{n-1}$；$K_2=\dfrac{\sin\left[(n+1)\dfrac{\mu}{2}\right]}{n+1}$。

第三步，将各次谐波电流和基波电流所引起的损耗总加起来，即得到一相变压器的负荷损耗。由于高次谐波电流的幅值很小，它所引起的损耗也很小，49 次以上的谐波可以忽略不计

$$\Delta P_{\mathrm{ph}}=\sum_{n=1}^{49}I_{\mathrm{n}}^2R_{\mathrm{n}} \tag{3-60}$$

式中，I_{n} 为 n 次谐波电流有效值，A；R_{n} 为 n 次谐波的有效电阻，Ω。

2）方法 2。是一种近似的计算方法，它不需要在谐波频率下进行测量。根据同类型的换流变压器用方法 1 进行测量的结果，推出有效电阻与频率的典型关系曲线（工频电阻的标幺值）来求出其有效电阻，然后计算出各次谐波的损耗。其具体步骤如下。

第一步，测量换流变压器在工频下的负荷损耗，按式（3-61）求出其工频下的有效电阻

$$R_1=\frac{P_{\mathrm{L}}}{I^2} \tag{3-61}$$

式中，P_{L} 为在电流 I 下测量的单相负荷损耗，W。

第二步，用式（3-62）和表 3-3 求出在其他谐波频率下的有效电阻

$$R_n = R_1(K_n) \tag{3-62}$$

表 3-3　　计算谐波电阻的 K_n 值

谐波次数 (n)	相关的 K_n 值	谐波次数 (n)	相关的 K_n 值	谐波次数 (n)	相关的 K_n 值
1	1.00	17	26.60	35	92.40
3	2.29	19	33.80	37	101.00
5	4.24	23	46.40	41	121.00
7	5.65	25	52.90	43	133.00
11	13.00	29	69.00	47	150.00
13	16.50	31	77.10	49	174.00

第三步，用方法 1）中的第二、三步。计算出一相变压器的负荷损耗。

3）方法 3。只在工频和一个高于 150Hz 的频率下测量换流变压器的负荷损耗，避免了在上千赫兹下进行测量，同时测量次数也减少到两次。由实际测量的结果来计算变压器绕组的涡流损耗及其他结构部分的杂散损耗，然后用公式计算出总的负荷损耗。其具体步骤如下。

第一步，测量工频 f_1 下的负荷损耗 P_1。

第二步，计算工频下绕组的涡流损耗 P_{WE1} 和除绕组外结构部分的杂散损耗 P_{SE1}

$$P_{WE1} + P_{SE1} = P_1 - I_N^2 R \tag{3-63}$$

式中，I_N 为额定电流，A；$I_N^2 R$ 为额定电流下的电阻损耗，W。

第三步，在一个较高频率 f_m（$f_m \geqslant 150$Hz）下，测量额定电流下的负荷损耗 P_m。如果此负荷损耗是在低负荷电流下测量的，则应折算到额定电流下的数值。

第四步，解下列方程式，可求出 P_{WE1} 和 P_{SE1} 值

$$P_1 = I_N^2 R + P_{WE1} + P_{SE1} \tag{3-64}$$

$$P_M = I_N^2 R + P_{WE1}\left(\frac{f_m}{f_1}\right)^2 + P_{SE1}\left(\frac{f_m}{f_1}\right)^{0.8} \tag{3-65}$$

第五步，根据已知的各次谐波电流，按式（3-66）计算总的负荷损耗

$$\Delta P_{ph} = I_N^2 R + P_{WE1}\sum_{n=1}^{n}\left[\left(\frac{I_n}{I_N}\right)^2 \cdot \left(\frac{f_n}{f_1}\right)^2\right] + P_{SE1}\sum_{n=1}^{n}\left[\left(\frac{I_n}{I_N}\right)^2 \cdot \left(\frac{f_n}{f_1}\right)^{0.8}\right] \tag{3-66}$$

式中，I_n 为 n 次谐波电流有效值，A；n 为谐波次数。

比较以上三种方法，其中方法 1 比方法 2 更精确，但其所需的仪器及测量技术不是所有制造厂家都具备的。另外，其精确度直接与测量的精确度有关。方法 2 是对典型设计的换流变压器负荷损耗的一种估算方法。如果变压器与典型设计相差较远，则此方法的精确度可能下降。方法 3 则是只需在两个频率下进行测量，同时可避免在上千赫兹下进行测量，也能达到所需的精确度。换流变压器的辅助电源损耗通常包括在换流站的总辅助电源损耗中。

3. 平波电抗器损耗

平波电抗器有空心式（干式）和油浸式两种，后者还可能有带气隙的铁芯。流经平波电抗器的电流是叠加有谐波分量的直流电流。谐波电流主要是由换流站直流侧产生的特征谐波，也可能有少量的非特殊谐波。平波电抗器的负荷损耗包括直流损耗和谐波损耗。负荷损耗可在工厂进行测量，也可按下式进行计算

$$P_{SR}=\sum_{n=0}^{n}I_n^2\cdot R_n \tag{3-67}$$

式中，P_{SR}为平波电抗器的负荷损耗，W；I_n 为 n 次谐波电流，A；R_n 为 n 次谐波电阻，Ω。

当采用带铁芯的油浸式电抗器时，还应计算磁滞损耗。对于 12 脉动系统，其磁滞损耗可按以下经验公式计算

$$P_m=(0.125P_h+0.125P_e)P_0 \tag{3-68}$$

式中，P_m 为磁滞损耗，W；P_0 为直流损耗，W；$P_h=\Sigma(P_{hn})$（标幺值）为磁滞损耗分量；$P_e=\Sigma(P_{en})$（标幺值）为涡流损耗分量；$P_{hn}=\left(\frac{I_n}{I_0}\right)n$；当 $n=2$ 时，$P_{e2}=\left(\frac{I_n}{I_0}\right)^2\cdot n^2$；当 $n>10$时，$P_{en}=\left(\frac{I_n}{I_0}\right)^2\cdot n^{0.5}$。

4. 并联电容器损耗

由于电容器的功率因数很低，谐波电流引起的损耗很小，可以忽略不计。电容器的工频损耗在出厂试验时进行测量，并以 W/kvar 给出。电容器组的损耗可按下式计算

$$P=P_1S \tag{3-69}$$

式中，P_1 为各电容器的平均损耗，W/kvar；S 为在交流系统额定电压和额定频率下，电容器组的三相无功功率额定值，kvar。

5. 并联电抗器损耗

当换流站轻载时为了吸收交流滤波器发出的过剩容性无功，可能需要投入并联电抗器。并联电抗器的损耗在出厂试验时进行测量，并在标准环境条件下进行计算。

6. 交流滤波器损耗

交流滤波器由滤波电容器、滤波电抗器和滤波电阻器组成。滤波器的损耗是组成它的设备损耗之和。在求滤波器损耗时，假定交流系统开路，所有谐波电流都流入滤波器之中的情况。

（1）滤波电容器损耗。滤波电容器损耗的计算方法同并联电容器（见上述 4）。

（2）滤波电抗器损耗。在确定滤波电抗器的损耗时，需要计算流过电抗器的工频电流、谐波电流以及电抗器的工频电抗和在各次谐波下的品质因数，然后可按下式计算

$$P_R=\sum_{n=1}^{49}\left[\frac{(I_{Ln})^2\cdot X_{Ln}}{Q_n}\right] \tag{3-70}$$

式中，P_R 为滤波电抗器损耗，W；I_{Ln}为流经电抗器的 n 次滤波电流，A；X_{Ln}为电抗器的 n 次谐波电抗，Ω，$X_{Ln}=nX_{L1}$；X_{L1}为电抗器的工频电抗；Q_n 为电抗器在 n 次谐波下的品质因数的平均值。

（3）滤波电阻器损耗。计算滤波电阻器的损耗时，应同时考虑工频电流和谐波电流。滤波电阻值应在工厂进行测量，并需要计算出流过滤波电阻的电流有效值，然后可按下式计算

$$P_r = RI_R^2 \tag{3-71}$$

式中，P_r 为滤波电阻损耗，W；R 为滤波电阻值，Ω；I_R 为流过电阻的电流有效值，A。

7. 直流滤波器损耗

直流滤波器由滤波电容器、滤波电抗器和滤波电阻器组成，其损耗为其各组成元件损耗之和。

(1) 滤波电容器损耗。直流滤波电容器损耗包括直流均压电阻损耗和谐波损耗。谐波损耗可以忽略不计。根据电容器均压电阻的平均值，算出电容器组的总电阻，再按下式计算损耗

$$P_C = \frac{E_R^2}{R_C} \tag{3-72}$$

式中，P_C 为滤波电容器损耗，W；E_R 为电容器组的额定电压，V；R_C 为电容器组的总电阻，Ω。

(2) 滤波电抗器损耗。按照规定的负荷水平和运行参数，计算流经电抗器的谐波电流，使用出厂试验时在同样频率下测得的电抗值和品质因数，再用下式计算损耗

$$P_R = \sum_{n=1}^{49}\left(\frac{I_{Ln}^2 \cdot x_{Ln}}{Q_n}\right) \tag{3-73}$$

式中，P_R 为滤波电抗器损耗，W；I_{Ln}为流经电抗器的 n 次谐波电流，A；x_{Ln}为电抗器的 n 次谐波电抗，Ω；Q_n 为 n 次谐波下的品质因数。

(3) 滤波电阻器损耗：其计算方法同交流滤波电阻器损耗（见上述 6）。

8. 站用电损耗

换流站的站用电负荷通常分为重要负荷、基本负荷和其他负荷三种类型。重要负荷对电源扰动十分敏感，它们若有失电，就会立即影响传输功率或造成设备损坏，因此通常它由多路不停电电源供电。基本负荷是指为保证换流站满负荷运行所需的负荷，它们若有失电，就会使换流站降低负荷或失去全部负荷，但不会损坏设备。这类负荷允许短时失电，以便自动切换到另一电源。其他负荷是一些不太重要的负荷，它们暂时失电不会影响输电，可允许较长时间的停电。

换流站所需要的站用电系统负荷称为换流站辅助系统损耗或站用电损耗。站用电损耗是随一系列的因素而变化的，如站服务设施、运行要求、环境条件等。因此，通常实际消耗的最大功率约为接入负荷的 60%。站用电损耗是应在相应的负荷水平和运行参数下的正常稳态运行状态，并在站用电系统的供电线路上直接测量的。由于站用电负荷随时间而变化，因此应在规定的时间内进行一系列的测量，并取测量结果的平均值。

9. 其他设备损耗

换流站内还有一些设备会产生损耗，如避雷器、测量用变压器、暂态过电压限制器、无线电干扰和电力线载波滤波器等，但这些设备的损耗一般都很小，可以忽略不计。如果换流站中装有同步调相机或静止无功补偿装置，此类设备的损耗还应包括进去。

二、直流输电线路损耗

直流输电线路损耗包括与电压相关的损耗和与电流相关的损耗。与电压相关的损耗主要指线路的电晕损耗和绝缘子串的泄漏损耗，后者的数量较小，可以忽略不计。与电流相关的

损耗主要指流过线路的直流电流在线路电阻上产生的损耗。

输电线路的电晕是当导线表面的电位梯度超过一定临界值时，所引起的导线周围的放电现象。电晕损耗是电晕电流和直流电压的乘积。电晕损耗的大小不仅取决于导线截面、分裂数、极间距离等线路设计参数，它还与气象条件、导线表面状况及电晕发展阶段等许多因素有关。因此，电晕损耗在不同的时间和环境条件下测量的结果相差很大。通常需要经过长期的统计测量才能得到较为准确的年平均电晕损耗值。一般电晕损耗用单位长度线路的损耗值来表示。确定电晕损耗可以用实测统计法或计算分析法，但不管用什么方法都不易精确确定。

实测统计法可分别实测直流线路正极和负极的电晕电流和直流电压，然后按下式计算

$$\Delta P_{C}=U_{d1}\cdot I_{1}+U_{d2}\cdot I_{2} \tag{3-74}$$

式中，ΔP_C 为双极直流输电线路的电晕损耗，W；U_{d1} 和 U_{d2} 分别为正极和负极的直流电压，kV；I_1 和 I_2 分别为正极和负极的电晕电流，mA。

我国葛洲坝—南桥±500kV 直流输电线路，采用每极 4×300mm^2 的钢芯铝线，实测统计的电晕损耗平均值为 5.87kW/km，全线长度 1045km，总电晕损耗为 6.13MW，相当于该输电线路额定功率（1200MW）的 0.51%。

直流输电线路在电阻上产生的损耗可用下式计算

$$\Delta P_{d}=I_{d}^{2}R_{d} \tag{3-75}$$

式中，ΔP_d 为直流电流在线路电阻上的损耗，W；I_d 为线路上的直流电流，A；R_d 为直流线路电阻，Ω，$R_d=R_0L$，R_0 为单位线路长度的电阻，Ω/km，L 为线路长度，km。

R_d 与直流系统的运行方式有关。对于双极直流输电工程，当双极或单极金属回线方式运行时，R_d 为两极线路电阻之和；当单极大地回线方式运行时，R_d 为一极线路的电阻；当单极双导线并联方式运行时，R_d 为一极线路电阻的一半。直流输电线路中的谐波电流通常很小，由其引起的损耗可以忽略不计。

三、接地极系统损耗

直流输电的接地极系统主要是为直流电流提供一个返回通路，在运行中也会产生损耗。为了避免直流电流对换流站附近地下金属物的电化学腐蚀，通常接地极均远离换流站数十公里。因此从换流站到接地极之间还需要架设接地极线路（也称接地极引线）。通常将接地极及其引线称为接地极系统。接地极系统的损耗与直流输电系统的运行方式有关，当直流输电系统运行在单极大地回线方式或双导线并联大地回线方式时，直流负荷电流将全部通过接地极系统，其损耗将按直流负荷电流来计算；当直流输电系统为单极金属回线方式时接地极系统中无直流电流通过，因而也就不产生损耗；当直流输电系统为双极电流对称方式运行时，流经接地极系统的电流小于额定直流电流的 1%，由此产生的损耗可以忽略不计；当直流输电系统为双极电流不对称方式运行时，流经接地极系统的电流为两极电流之差值，则接地极系统的损耗按两极电流之差值进行计算。接地极系统的损耗包括接地极线路损耗和接地极损耗两部分。

（一）接地极线路损耗

在正常运行条件下，接地极线路的电压很低（为直流电流在接地极系统的压降），不存

在与电压相关的损耗，只需考虑与电流相关的电阻损耗。电阻损耗的计算方法与直流输电线路电阻损耗的计算方法相同。

（二）接地极损耗

接地极损耗即是直流电流在接地极电阻上的损耗，其计算方法与直流线路电阻损耗相同。在正常情况下，接地极电阻很小（通常小于0.1Ω），其损耗也很小。

第四章

直流输电控制系统与控制保护装置

高压直流输电与交流输电相比较的一个显著特点是可以通过对两端换流器的快速调节，控制直流线路输送功率的大小和方向，以满足整个交直流联合系统的运行要求，也就是说直流输电系统的性能，极大地依赖于它的控制系统。

高压直流输电的控制系统，要完成以下基本的控制功能。

（1）直流输电系统的起停控制；

（2）直流输送功率的大小和方向的控制；

（3）抑制换流器不正常运行及对所连交流系统的干扰；

（4）发生故障时，保护换流站设备；

（5）对换流站、直流线路的各种运行参数，如电压及电流等以及控制系统本身的信息进行监视；

（6）与交流变电所设备接口及与运行人员联系。

本章针对的是两端直流输电系统的控制调节，关于多端直流输电系统的控制调节详见本书第十五章介绍。

第一节 控制系统配置要求

一、控制系统多重化

为了达到直流工程所要求的可用率及可靠性指标，直流输电控制系统全都采用多重化设计，通常采用双通道设计，其中一个通道工作时，另一个通道处于热备用状态。当工作中的通道发生故障时，切换逻辑将其退出工作，处于热备用状态的通道则自动切换到工作状态，这种自动切换动作不应对直流输送功率产生明显的扰动。也有个别采用三通道设计，三取二表决输出方案的，如我国葛—南直流工程的直流保护系统、三—广直流工程的直流保护系统、俄罗斯—芬兰背靠背工程的直流保护系统，都是采用三取二设计。从另一方面看，通道数量的增加，势必增加设备元件数，导致元件故障率上升及其设备投资的增加，因而也不是通道越多越好。通常，双通道设计是一种较好的选择。

控制设计应允许在因故障而退出运行的通道上进行维修工作以及修复后的性能验证试验，而保证不会对正在运行中的通道产生干扰，以满足控制系统不停电即可维护的要求。

二、控制系统分层结构

所谓直流输电控制系统分层结构，是将直流输电换流站和直流输电线路的全部控制功能按等级分为若干层次而形成的控制系统结构。复杂的控制系统采用分层结构，可以提高运行的可靠性，使任一控制环节故障所造成的影响和危害程度最小，同时还可提高运行操作、维护的方便性和灵活性。其主要特征是：①各层次在结构上分开，层次等级高的控制功能可以作用于其所属的低等级层次，且作用方向是单向的，即低等级层次不能作用于高等级层次；②层次等级相同的各控制功能及其相应的硬、软件在结构上尽量分开，以减小相互影响；③直接面向被控设备的控制功能设置在最低层次等级，控制系统中有关的执行环节也属于这一层次等级，它们一般就近设置在被控设备近旁；④系统的主要控制功能尽可能地分散到较低的层次等级，以提高系统可用率；⑤当高层次控制发生故障时，各下层次控制能按照故障前的指令继续工作，并保留尽可能多的控制功能。

按照层次结构的概念，直流系统中所有的控制装置，应该根据双极功能（最高级）、极功能、阀组功能（最低级）进行分组。为了减小故障影响范围，各控制功能应该放到尽可能低的层次上，特别是与双极功能有关的装置应减至最少，即把这些装置尽可能地分设到极功能层次中去。对于那些不能分设到极功能层次中的与双极功能有关的装置，只好放在双极层次上，但应进行耐故障设计，以便当发生任何单重电路故障时，不致使两个极都受到扰动。层次设计应注意使与一极有关的电路故障和测量装置故障，不会通过极间信号交换接口或其他控制层次间的信号交换接口，或通过装置的电源而转移到另一极。当双极中一极的控制装置因维修而退出运行时，不应导致正在运行的另一极任何控制模式受到限制或特性失效。因此，应当将极和阀组级的控制功能设计成使得装置因维修而退出运行时，对仍旧在运行的另一极设备的运行限制尽可能地少，使其控制模式或特性不能用的时间尽可能地短。

现代直流输电控制系统一般设有六个层次等级，从高层次等级至低层次等级分别为：系统控制级、双极控制级、极控制级、换流器控制级、单独控制级和换流阀控制级。图 4-1 所示为直流输电控制系统的分层结构框图。当每极只有一个换流单元时，为简化结构，极控制和换流器控制可以合并为一个级；当只有一回双极线路时，通常系统控制和双极控制合并为一级。在直流系统各换流站中，需指定其中的一个为主控制站，其他为从控制站。系统控制级和双极控制级设置在主控制站中，它通过通信系统发出控制指令，协调各换流站的运行。

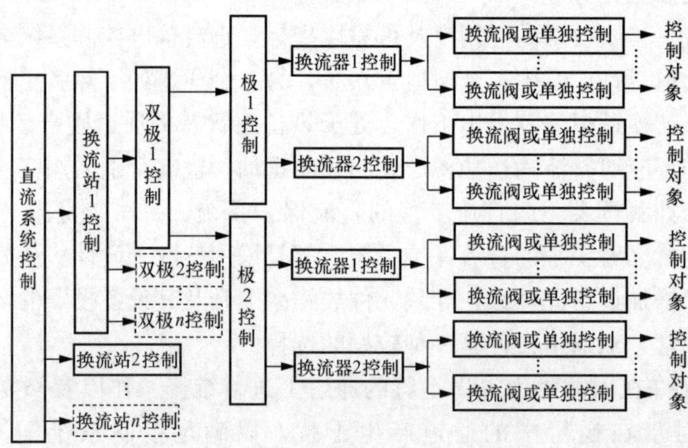

图 4-1　直流输电控制系统分层结构图

（一）换流阀控制级

换流阀控制级为对各个阀分别设置的等级最低的控制层次，是由地电位控制单元（通常称为 VBE）和高电位控制单元（通常称为 TE）两个部分构成，其主要功能有：①将处于地电位的换流器控制级送来的阀触发信号进行变换处理，经电光隔离（或磁）耦合或光缆送到高电位单元，再变换为电触发脉冲，经功率放大后分别加到各晶闸管元件的控制级；当采用光直接触发的晶闸管换流阀时，由地电位光缆直接送到高电位后无需再转换为电信号，直接触发晶闸管阀，从而简化了换流阀的触发系统，大大减少了其电子元件数量，对降低维护要求和提高可靠性均有好处；②晶闸管元件和组件的状态监测，包括阀电流过零点、高电位控制单元中直流电源的监视。监测信号经电隔离或光缆传送到地电位控制单元，经处理后进行控制、显示、报警等（这部分设备通常称为 TM）。

（二）单独控制级

换流站中除换流器外，其他各项设备分别设置了自动控制、操作控制和状态监测设备，与换流阀控制级同属于最低层次的控制级别。单独控制功能有：换流变压器分接开关切换控制；换流阀冷却及辅助系统的控制和监测；直流和交流开关场各断路器、隔离开关的操作和状态监视；直流滤波器组的投切操作和监测；交流滤波器组和无功补偿设备的投切操作、自动控制和状态监测等。

（三）换流器控制级

换流器控制级是控制直流输电一个换流单元的控制层次，用于控制换流器的触发相位，其主要控制功能有：换流器触发相位控制；定电流控制；定关断角控制；直流电压控制；触发角、直流电压、直流电流最大值和最小值限制控制以及换流单元闭锁和解锁顺序控制等。

（四）极控制级

极控制级为控制直流输电一个极的控制层次。双极直流输电系统要求一极故障时，另一极能够单独运行，并能完成主要的控制任务。因此要求两极各自的极控制级完全独立并设置尽可能多的控制功能。主控制站的极控制级还担负协调从控制站同一极的极控制级工作的任务。极控制级的主要功能有：①经计算向换流器控制级提供电流整定值，控制直流输电的电流；主控制站的电流整定值由功率控制单元给定或人工设置，并通过通信设备传送到从控制站；②直流输电功率控制，其任务是根据功率整定值和实际直流电压值决定出直流电流整定值；功率整定值由双极控制级给定，也可由人工设置，功率控制单元设置在主控制站内；③极起动和停运控制；④故障处理控制，包括移相停运和自动再起动控制、低压限流控制等；⑤各换流站同一极之间的远动和通信，包括电流整定值和其他连续控制信息的传输、交直流设备运行状态信息和测量值的传输等。

（五）双极控制级

双极控制级为双极直流输电系统中同时控制两个极的控制层次，它用指令形式协调控制双极的运行，其主要功能有：①根据系统控制级给定的功率指令，决定双极的功率定值；②功率传输方向的控制；③两极电流平衡控制；④换流站无功功率和交流母线电压控制等。

（六）系统控制级

系统控制级为直流输电控制系统中级别最高的控制层次，其主要功能有：①与电力系统调度中心通信联系，接受调度中心的控制指令，向通信中心输送有关的运行信息；②根据调度中心的输电功率指令，分配各直流回路的输电功率，当某一直流回路故障时，将少送的输电功率转移到正常的线路，尽可能保持原来的输电功率；③紧急功率支援控制；④潮流反转控制；⑤各种调制控制，包括电流调制和功率调制控制，用于阻尼交流系统振荡的阻尼控制，交流系统频率或功率/频率控制等。

◀ 第二节　换流器触发相位控制

换流器触发相位控制是直流输电控制系统中用来改变换流阀的触发相位，实现直流输电系统及其换流装置运行状态调节的控制环节，有等触发角控制和等相位间隔控制两种控制方式。

一、等触发角控制

等触发角控制又称按相控制或分相控制，早期的直流输电曾采用过这种控制方式，其特点是：换流器的每一换流阀都有各自分开的触发相位控制电路，直接以加在每个阀上各自的交流电压为参考，即以它的瞬时值变正的过零点为相位基准，以决定该阀触发时刻的相位，保持各阀的触发角相等。

在交流系统三相电压对称时，按相控制的各阀相继触发脉冲间的相位差在稳态运行时是相等的，对于 6 脉动换流器是 60°，对于 12 脉动换流器是 30°。实际上，加在换流器上的三相电压难免有一定程度的不对称，此时各阀的触发角彼此相等，而各阀相继触发脉冲间的相位间隔也就彼此不等。触发脉冲相位间隔不相等，将在换流器的交流侧和直流侧产生非特征谐波电流和电压。未被滤除的低次非特征谐波电流流入交流系统，将进一步导致交流电压发生畸变和过零点相位的相对移动，从而造成触发脉冲间隔更加不相等，产生更大的非特征谐波，由此可能形成恶性循环。特别是在交流系统谐波阻抗较大时，有可能产生增幅的谐波振荡，甚至造成直流输电系统工作的不稳定。此外，触发脉冲间隔不等，还会使换流变压器产生直流偏磁，导致换流变压器损耗和噪声增大。可能发生谐波不稳定是按相控制方式的主要缺点。这种控制方式目前在工程中已不采用。

二、等相位间隔控制

等相位间隔控制又称等间隔控制或等距离脉冲控制。它与按相控制的不同在于它不以保证各阀触发角相等为目标，而是保证相继各触发脉冲间的等相位间隔。每个换流器只装一套相位控制电路，发出等间隔的触发脉冲信号序列，并按一定顺序，依次分送到相应阀的触发脉冲发生器去触发该阀。对于 6 脉动换流器触发脉冲之间的间隔为 60°，而对于 12 脉动换流器则此间隔为 30°。如果交流系统三相电压对称，在等相位间隔控制作用下，各阀的触发角也是相等的。当交流系统三相电压不对称时，在等相位间隔控制作用下，虽然各阀的触发角会不相等，但却能有效地抑制非特征谐波可能形成的恶性循环，防止发生谐波不稳定现象。由于触发脉冲间隔相等，产生的非特征谐波很有限，克服了按相控制的主要缺点，成为当前普遍采用的触发相位控制方式。这种控制方式的主要缺点是：当交流系统发生不对称故障时，各阀的触发角之间相差较大，有时会造成调节器工作困难，但可设法予以克服。

第三节　直流系统基本控制原理

直流输电系统的控制调节，是通过改变线路两端换流器的触发角来实现的，它能执行快速和多种方式的调节，不仅能保证直流输电的各种输送方式，完善直流输电系统本身的运行特性，而且还可改善两端交流系统的运行性能。因此，直流输电的控制调节对整个交直流系统的安全和经济运行起着重要的作用。

一个由 6 脉动换流器组成的两端单极直流输电系统，从直流侧看每端可以等效为一个直流电压源，其整流侧电压可表示为

$$U_{dz} = 1.35E_z\cos\alpha - (3/\pi)X_{\gamma z}I_d \tag{4-1}$$

逆变侧电压可表示为

$$U_{dn} = 1.35E_n\cos\beta + (3/\pi)X_{\gamma n}I_d \tag{4-2}$$

或

$$U_{dn} = 1.35E_n\cos\gamma - (3/\pi)X_{\gamma n}I_d \tag{4-3}$$

式中，α、β、γ 分别为滞后触发角、超前触发角和关断角；E_z、E_n 分别为整流侧和逆变侧换流变压器阀侧空载线电压有效值；$X_{\gamma z}$、$X_{\gamma n}$ 分别为整流侧和逆变侧等值换相电抗，它们的 $3/\pi$ 倍，可以看作是电压源的内阻。对于 12 脉动换流器组成的单极系统，直流电压是以上各式得出值的 2 倍。

直流线路流过的电流等于线路两端的电位差除以线路电阻，即

$$I_d = 1.35(E_z\cos\alpha - E_n\cos\beta)/[R + 3/\pi(X_{\gamma z} + X_{\gamma n})] \tag{4-4}$$

或

$$I_d = 1.35(E_z\cos\alpha - E_n\cos\gamma)/[R + 3/\pi(X_{\gamma z} - X_{\gamma n})] \tag{4-5}$$

式中，R 为直流线路等值电阻，对于不同的直流接线方式 R 值不同，详见本书第二章第六节介绍。由此，可以作出直流系统的等值电路图，见图 4-2。

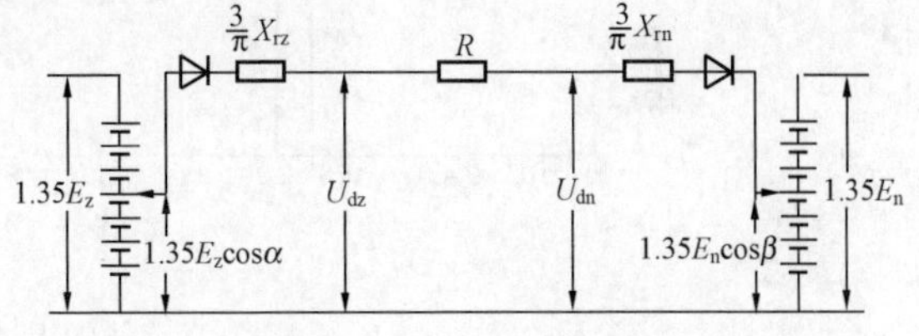

图 4-2　直流系统等值电路图

由式（4-1）和式（4-2）可看到，换流器的触发角以及交流电压的变化可以改变直流电压源的幅值；而在交流电压或直流电流变化时，也可改变触发角来维持直流电压或电流不变。由于晶闸管单向导通的特性，直流回路的电流方向不能改变；但是，可以通过改变电压的极性来改变直流功率输送的方向。因此，改变直流电压的极性和幅值，可以改变线路输送的电流以及功率输送的方向和大小。

第四节　换流器基本控制方式及其配置

一、换流器基本控制方式

在高压直流输电控制系统中，换流器控制是基础，它主要通过对换流器触发脉冲的控制和对换流变压器抽头位置的控制，完成对直流传输功率的控制。直流控制系统应能将直流功率、直流电压、直流电流以及换流器触发角等被控量保持在直流一次回路的稳态极限之内，

还应能将暂态过电流及暂态过电压都限制在设备容许的范围之内，并保证在交流系统或直流系统故障后，能在规定的响应时间内平稳地恢复送电。

近数十年来，随着电子技术的日新月异，高压直流输电控制技术得到了飞速发展，控制设备从当初的电子管装置，经过磁放大器、半导体分立元件、小规模集成电路，发展到当代的完全微处理器控制。然而，其基本控制原则——电流裕度法，自 1954 年果特兰岛高压直流工程至今，却一直被沿用，并被证明是十分有效的控制方法。

这种两端直流系统的基本控制方式，简单表达如图 4-3（a）所示，整流侧特性由定直流电流和定最小触发角两段直线构成；逆变侧特性由定直流电流和定关断角或定直流电压［见图 4-3（a）中的虚线］两段特性构成。为了避免两端电流调节器同时工作引起调节的不稳定，逆变侧电流调节器的定值比整流侧一般小 0.1p.u.（标么值），这就是电流裕度。根据电流裕度控制原则，此电流裕度无论在稳态运行还是在暂态情况下都必须保持，一旦失去电流裕度，直流系统就会崩溃。若电流裕度取得太大，当发生控制方式转换时，传输功率就会减小太多；若电流裕度太小，则可能因运行中直流电流的微小波动致使两端电流调节器都参与控制，造成运行不稳定。绝大多数高压直流工程所采用的电流裕度都是 0.1p.u.，即额定直流电流的 10%。

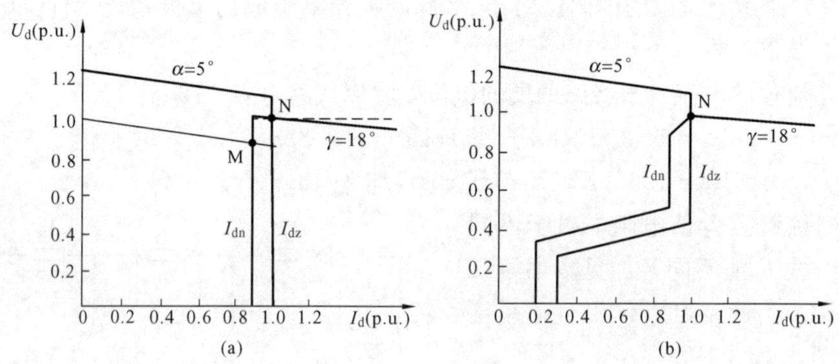

图 4-3 直流系统基本控制特性示意图

（a）电流裕度控制特性；（b）直流系统实用控制特性

正常运行时，通常以整流侧定直流电流，逆变侧定关断角或定直流电压运行，其运行工作点为图 4-3（a）中的 N；当整流侧交流电压降低或逆变侧交流电压升高很多时，使整流器进入定最小触发角控制，此时逆变器则自动转为控制直流电流，其整定值比整流侧的小 0.1p.u.，其运行工作点为图 4-3（a）中的 M。这种整流器和逆变器控制特性的组合，就是电流裕度控制特性。

直流输电系统的其他控制功能，如定功率控制、频率控制、阻尼控制等高层控制，都是在此基础上增设的。实际使用的直流输电控制系统，是在基本控制特性的基础上，还增加了一些改善措施，其主要有以下几种。

1. 低压限流控制特性 VDCOL

这里所说的低压限流控制特性是指在某些故障情况下，当发现直流电压低于某一值时，自动降低直流电流调节器的整定值，待直流电压恢复后，又自动恢复整定值的控制功能。

设置低压限流特性的目的，最初是作为换流阀换相失败故障的一种保护措施，后来被许多现代高压直流工程，尤其是具有弱交流系统的直流工程所采用，用来改善故障后直流系统的恢复特性。其主要作用有：①避免逆变器长时间换相失败，保护换流阀：正常运行的阀，在一个工频周期内仅 1/3 时间导通，当由于逆变侧交流系统故障或其他原因使逆变器发生换相失败，造成直流电压下降、直流电流上升、换相角加大、关断角减小时，一些换流阀会长期流过大电流，这将影响换流器的运行寿命，甚至损坏。因此，通过降低电流整定值来减少发生后续换相失败的几率，从而可以保护晶闸管元件。②在交流系统出现干扰或干扰消失后使系统保持稳定，有利于交流系统电压的恢复：交流系统发生故障后，如果直流电流增加，则换流器吸收的无功功率也增加，这将进一步降低交流电压，可能产生电压不稳定；而当直流电流减少时，换流器吸收的无功功率也减少，这将有利于交流电压的恢复，避免交流电压不稳定；在交流系统远端故障后的电压振荡期间，可以起到类似动态稳定器的作用，改善交流系统的性能。③在交流系统故障切除后，为直流输电系统的快速恢复创造条件，在交流电压恢复期间，平稳增大直流电流来恢复直流系统。需要注意的是，如果交流系统故障切除，直流系统功率恢复太快，换流器需要吸收较大的无功功率，将影响交流电压的恢复，所以对于较弱的受端交流系统，通常要等交流电压恢复后，才能恢复直流的输送功率。

2. 电流裕度平滑转换特性

如果逆变侧交流系统短路容量较小，图 4-3（b）的电流裕度特性中的逆变器定 γ 角特性的斜率将大于整流器的定 α 角特性的斜率，此时在两端电流调节器的定值之间没有稳定的运行点，直流电流将在两个定值之间来回振荡。为了防止上述情况的发生，在实际的控制系统中配备有电流裕度平滑特性，即当直流电流在逆变侧电流定值与整流侧电流定值之间（$I_{d0}-\Delta I_d<I_d<I_{d0}$）时，按电流差值增加 γ 角，从而使逆变器的外特性变为正斜率的直线，即

$$\gamma=[1+k(I_{d0}-\Delta I_d)/I_{d0}]\gamma_0 \tag{4-6}$$

式中，k 值为常数，适当地选取 k 值，可以使这个特性为正斜率的直线，见图 4-3（b）。

三—常直流输电工程控制系统中的 α_{max} 段在逆变器的 U_{dc}/I_{dc} 特性曲线上提供了一段正斜率的线段，直流正常运行点就处在 α_{max} 段上，起着类似的功能和作用，见图 4-4。

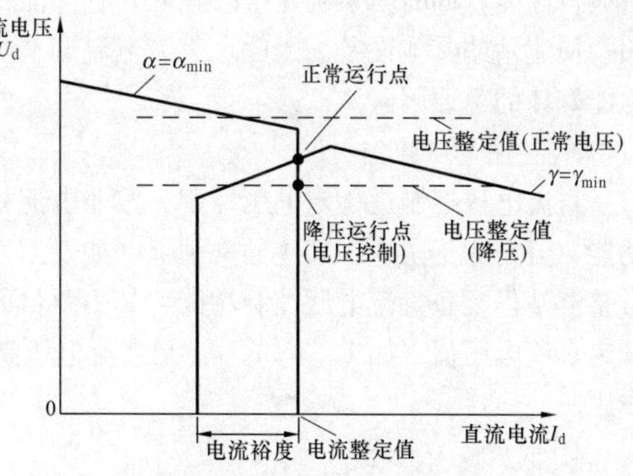

图 4-4　三—常直流输电工程控制 U_d/I_d 特性

3. 电流裕度补偿控制特性

使用电流裕度控制特性，当进入逆变器定电流控制时，由于直流电流减小一个裕度，使直流输送功率也相应减小。为了弥补直流功率的减少，一些直流输电工程采用了电流裕度补偿功能，其原理是同时提高两端电流调节器的定值：当整流侧进入最小触发角限制时，将实际电流与原电流定值的差加

到电流调节器最后使用的定值上，这个新值也将送到逆变侧，以提高逆变侧电流调节器的定值，达到既补偿直流功率的损失，同时也保持两端调节器的电流裕度。因此，在基本控制特性上，相当于两个定电流直线同时右移。

4. 双极电流平衡控制特性

直流输电系统双极运行时，其极间不平衡电流将流经两端接地极进入大地。为了尽量减小此地电流对地下金属设施的腐蚀作用，一方面要接地极地址尽可能远离地下设施多的地区，另一方面则是尽量减小极间不平衡电流。在没有双极电流平衡控制的情况下，当今的高压直流输电系统可以把极间不平衡电流控制在3%额定值以下，而加上双极电流平衡控制以后，则可将不平衡电流减小到电流传感器的测量误差水平。按照现在直流电流传感器的制造水平，其测量误差可达到1%额定值以下，即装设双极电流平衡控制以后，可以把流入地中的电流减小到额定电流的1%以下。

二、换流器基本控制配置

下面对整流站和逆变站的基本控制配置及其特性进行进一步地介绍。

(一) 整流站基本控制配置

1. 最小触发角 α_{min} 控制

晶闸管导通的条件有两个：①阳极和阴极之间加有正向电压；②控制极上加有足够强度的触发脉冲。晶闸管阀的导通条件也一样，只不过晶闸管阀一般是由数十个乃至上百个晶闸管串联构成。如果在控制极加上触发脉冲的时刻，施加在它上面的正向电压太低，便会导致各晶闸管导通的同时性变差，对阀的均压不利。最小触发角控制就是为解决这一问题而设的。从世界上一些高压直流输电工程的设计和运行经验看，绝大多数直流输电工程采用的最小触发角都是5°。

2. 直流电流控制

直流电流控制，也称定电流控制，是直流输电最基本的控制，它可以控制直流输电的稳态运行电流，并通过它来控制直流输送功率以及实现各种直流功率调制功能以改善交流系统的运行性能。同时当系统发生故障时，它又能快速限制暂态的故障电流值以保护晶闸管换流阀及换流站的其他设备。因此，直流电流调节器的稳态和暂态性能是决定直流输电控制系统性能好坏的重要因素。

3. 直流电压控制

直流电压控制也称定电压控制。按照电流裕度法原则，整流站不需要配备直流电压控制功能，但是为了防止在某些异常情况（如发生直流回路开路时出现过高的直流电压）下，通常整流站仍配备直流电压控制功能，其主要目的是限制过电压。其电压整定值通常均略高于额定直流电压值（如1.05p.u.），当直流电压高于其定值时，它将加大 α 角，起到了限压的作用。

4. 低压限流控制

低压限流特性的响应时间，直流电压下降方向通常取5～40ms，直流电压上升方向取40～200ms，个别工程达1s。

低压限流特性的直流电压动作值，按照葛—南和天—广工程的经验，整流站一般取0.45～0.35p.u.；直流电流定值，整流侧通常取0.3～0.4p.u.，个别工程取0.1p.u.。

5. 直流功率控制

高压直流输电系统往往需要按照预定计划输送功率。当两侧换流母线电压波动不大时，整流侧采用定电流控制，逆变侧采用定电压控制，便可近似地得到定功率控制特性。然而，为了精确控制直流传输功率，通常采用的定功率控制方式是增加功率调节器。功率调节器不直接去控制换流器触发脉冲相位，而是以直流电流调节器为基础，通过改变其电流定值的办法来实现功率调节。在实际工程中，一般将运行人员整定的功率定值，除以实测的直流电压，从而获得为保证此功率定值所需要的直流电流定值。这样做可保持电流控制调节速度快，可迅速抑制过电流的优点。功率调节器通常控制整流站电流调节器的电流定值，以达到控制功率的目的，但功率调节器却并非一定要装设在整流站，它的装设点往往随主导站而定。这样构成的控制系统是一个多闭环调节系统，为此必须适当选择各调节器的参数，以防止功率调节器与电流调节器之间相互干扰而产生振荡。

为了保证换流器运行在容许的范围之内，控制系统还应当设置以下的电流限制和 α 限制。

（1）最大电流限制。如 2h 过负荷能力限制、冬季过负荷能力限制、动态过负荷能力限制、直流降压运行负荷限制等。通常两端换流站各自计算出本站的最大电流限制值并送往对端站，选出其中较低值作为共同的最大电流限制值，并保证在任何情况下两端的最大电流限制值均相等。

（2）最小电流限制。为了使直流输电系统不致运行在过低的直流电流水平上，以避免直流电流发生断续而引发过电压之类的问题，应对最低运行电流值给予限制。直流输电系统正常运行所允许的最小直流电流，应当大于所谓“断续电流”，并考虑留有一定的裕度，一般选为断续电流的 2 倍。通常取最小电流限制值为 10%额定直流电流（详见本书第三章第二节介绍）。

（3）整流站最小 α 限制。当整流站发生交流系统故障时，为降低故障对直流输送功率的影响，最小 α 限制将 α 角快速降低到允许的最小值。当故障消失，交流电压恢复后，如果 α 太小，直流电流会很大。为防止这种情况的发生，在三—常直流工程中，配置了整流站最小 α 角限制功能。当检测到单相故障或三相故障时，最小 α 角限制根据故障类型的不同而输出不同的 α 限制值。当故障消除后，此限制值将以一定的速度降为 0。

（二）逆变站基本控制配置

1. 定关断角（定 γ 角）控制

当换流器作逆变运行时，从被换相的阀电流过零算起，到该阀重新被加上正向电压为止这段时间所对应的电角度，称之为关断角。如果关断角太小，以致晶闸管阀来不及完全恢复其正向阻断能力，又重新被加上正向电压，它就会重新自行导通，于是将发生倒换相过程，其结果将使应该导通的阀关断，而应该关断的阀却继续导通，这种现象称为换相失败。

逆变器偶尔发生单次换相失败，往往就会自行恢复正常换相，对直流输电系统的运行影响不大。然而，若连续地发生换相失败，则会严重地扰乱直流功率的传输，必须予以避免。因此，从保证逆变器安全运行的观点来看，逆变器的关断角应保持大些为好。

另外，由于

$$U_d = U_{d0} \cdot \cos(\gamma + \mu/2) \cdot \cos(\mu/2) \tag{4-7}$$

式中，U_d 为直流电压；U_{d0} 为逆变器的空载理想直流电压；γ 为关断角；μ 为换相角。在电流裕度控制方式下，直流线路电压是由逆变侧的关断角调节器控制的，从上式可见，关断角增大，将使逆变器能维持的直流电压降低，从而减少了可能传输的直流功率，也就是说降低了设备利用率。其次，因为逆变器的功率因数可以表示为

$$\cos\varphi=[\cos\gamma+\cos(\gamma+\mu)]/2 \tag{4-8}$$

由上式可见，关断角增大，也将导致逆变器功率因数降低，使逆变器消耗的无功功率增大。因此，从提高换流器利用率、降低换流器消耗的无功功率的角度来看，关断角应保持小些为好。

由此可见，这是一对矛盾的要求。合理解决的办法是对关断角进行恰当的控制，使其在正常运行条件下，以保证安全为前提，维持尽可能小的数值。这就是关断角调节器的任务。

关断角这一变量可以直接测量，却不能直接控制，只能靠改变逆变器的触发角来间接调节。此外，关断角不仅与逆变器的触发角有关，同时还与直流系统其他变量有关，其表达式为

$$\cos\gamma=\cos\beta+(\sqrt{2}\pi I_d R_\gamma)/(3E_n) \tag{4-9}$$

式中，β 为逆变器触发角；γ 为逆变器关断角；I_d 为直流电压；E_n 为逆变器阀侧空载线电压；R_γ 为逆变器等值换相电阻，$R_\gamma=3X_r/\pi$；X_r 为逆变器的换相电抗。

由于运行中，R_γ、I_d 和 E_n 随时都可能发生变化，因而对关断角的控制难于准确。考虑到这一因素，在选择关断角整定值时，除了要计入晶闸管的关断时间外，还要附加一个时间裕度。应当这样来选取关断角定值，即使得由于正常的控制动作或投切交流滤波器支路或并联电容器支路时，导致直流电压下降或直流电流增大所引起的换相失败几率很小。绝大多数直流工程的关断角定值都在 15°～18°的范围内。

在选取关断角定值时，有一点应当引起注意，即由于换流母线电压往往不是理想的三相对称的正弦电压，换相回路各相的阻抗又难以做到完全相等，换流器的触发脉冲虽然可采用等间距原理，但实际上也有误差，其结果是使得 12 脉动逆变器每周期产生的 12 个关断角不完全相等。为了防止换相失败，关断角调节器应使每个关断角都不小于关断角定值。换句话说，关断角调节器所保持的关断角是一周期 12 个关断角中的最小值。然而，由关断角调节器维持的直流电压值却是反映一周期中关断角的平均值。此平均值显然比最小值大些，但由于关断角越大，它所对应的直流电压就越低。因此，在直流输电主回路设计中，如选取关断角定值为 18°（未考虑关断角不相等），则对应直流额定电压在实际运行时由于上述原因，其直流电压就达不到预定的额定值。根据我国葛—南直流工程的经验，需要将关断角定值由 18°改为 16°，才能达到按关断角 18°计算所保持的额定直流电压值。

控制系统还应考虑当交流系统或直流系统受到扰动时，具有自动增大关断角的功能，以避免发生换相失败。在三—常直流控制系统中，为防止因交流故障而发生换相失败，在逆变侧引入了一个换相失败预测的控制。换相失败预测功能包括两个并列部分，一个是零序检测以检测是否发生单相交流故障，另一个是采用交流电压的 $\alpha\beta0$ 分量[21] 变化以检测三相故障。当检测到交流故障时使逆变器提前触发，以此来防止换相失败，但需要注意这种控制应与直流两端调节器参数相配合，以避免调节过程中由于参数不匹配而出现更大的扰动。

2. 直流电流控制

根据电流裕度控制原则，逆变器也需装设电流调节器，不过逆变器定电流调节器的整定值比整流器小，因而在正常工况下，逆变器定电流调节器不参与工作。只有当整流侧直流电压大幅度降低或逆变侧直流电压大幅度升高时，才会发生控制模式的转换，变为由整流器最小触发角控制起作用来控制直流电压，逆变器定电流控制起作用来控制直流电流。同时，还应配备自动电流裕度补偿功能，来弥补与电流裕度定值相等的电流下降，以尽量减少直流输送功率的降低。

3. 直流电压控制

逆变站采用定直流电压控制与定关断角控制相比，更有利于受端交流系统的电压稳定。例如，当受端交流电网受到扰动，致使逆变器交流母线电压下降时，将引起逆变器换相角 μ 增大，同时直流电压也降低。在采用定关断角控制的情况下，由于换相角增大，为了保持关断角 γ 不变，关断角调节器将使逆变器 β 角增大（$\beta=\mu+\gamma$），于是逆变器消耗的无功功率增加，这就使逆变站换流母线电压进一步降低，从而可能导致交流电压不稳定。而采用定电压控制时，当受端电网交流电压下降而导致直流线路电压降低时，为了保证直流电压不变，电压调节器将减小逆变器的 β 角，这就使逆变器消耗的无功功率减小，从而有利于换流母线电压的恢复。此外，在轻负荷时，定电压控制可获得较大的关断角，从而更加减小了换相失败的几率；同时由于关断角的加大，使逆变器消耗的无功增加，这对轻负荷时换流站的无功平衡有利。由于这一原因，当受端为弱交流系统时，逆变器的正常控制方式往往采用定电压控制，而定关断角控制则作为限制器使用，以防止关断角太小时发生换相失败。

但在另一方面，当采用定电压控制时，由于在增大直流电压方向上往往需要留有一定的调节裕量，因而在额定工况下，这种控制方式保持的关断角比定关断角控制时要大，因而逆变器吸收的无功功率要多些，设备利用率也要低些。

4. 低压限流控制

为了和整流侧低压限流控制的特性相配合，保持电流裕度，逆变侧也需设置低压限流控制，且其电压定值、电流定值、时间常数都必须密切与整流侧配合。低压限流控制的直流电压动作值，按照葛—南和天—广工程的经验，逆变站取 0.75～0.35p.u.；直流电流定值，逆变侧通常取 0.1～0.3p.u.，个别工程取 0。

5. 最大触发角限制

为了防止在某些异常情况下，因调节器超调导致使逆变器触发角 α 太大，造成逆变器关断角太小而引起换相失败故障，逆变器还需设置最大触发角限制，此限制值通常在 150°～160°之间。

第五节　直流输电控制系统功能

一、直流输电起停控制

起停控制主要包括直流输电系统从停运状态转变到运行状态以及输送功率从零增加到给定值或从运行状态转变到停运状态的控制功能。停运状态可分为换流站主设备与电源隔离不带电以及主设备带电但不送电两种状态。带电是指换流变压器网侧绕组交流断路器合闸，接在换流站带电的交流母线上，使换流阀处于带电状态；不送电是指换流阀的触发脉冲未解锁，或已解锁但其触发相位尚未移到适当的位置，使直流回路中尚无电流存在。直流输电系统的起停包括正常起动、正常停运、故障紧急停运和自动再起动等。

（一）正常起停

直流输电系统正常工作时的起动和停运，包括换流变压器网侧断路器操作、直流侧开关设备操作、换流器解锁或闭锁、直流功率按给定速度上升到整定值或下降到最小值的全过程。为了降低起停过程中的过电压和过电流，以及减小起停时对两端交流系统的冲击，直流输电的正常起停均严格按一定的步骤顺序进行。

1. 正常起动主要步骤

（1）两端换流站换流变压器网侧断路器分别合闸，使换流变压器和换流阀带电；

（2）两端换流站分别进行直流侧开关设备的操作，以实现直流回路的连接；

（3）两端换流站分别投入适量的交流滤波器支路；

（4）在触发角 $\alpha=90^{\circ}$（或大于 90°）的条件下，先解锁逆变器，后解锁整流器；

（5）逆变侧的直流电压调节器（或关断角调节器）按起动过程中对直流电压变化规律（一般为直线变化）的要求，逐步升高直流电压直至运行的整定值（或关断角整定值）；

（6）与此同时，整流侧的电流调节器按起动过程中对直流电流变化规律（一般为直线变化）的要求，逐渐升高直流电流直至运行的整定值；

（7）在直流电压和电流均升到整定值时，起动过程结束，直流输电系统转入正常运行。

在此过程中，交流滤波器组随直流功率的增加而逐组投入，以满足无功补偿和谐波滤波的要求。

正常起动过程的长短，一般由两端交流系统的承受能力来决定，可由几秒钟到几十分钟。为了缩短在起动过程中直流电流发生间断的持续时间，电流调节器的整定值不是从零开始上升，通常取其开始起动时的整定值等于或略大于稳态直流电流的最小允许值，即可能发生直流电流断续的电流最大值的2倍，在工程中通常取为额定直流电流的10%。

2. 正常停运主要步骤

（1）整流侧的电流调节器按停运过程中对直流电流变化规律的要求，逐步减小直流电流到允许运行的最小值，在此过程中交流滤波器组随直流功率减小而逐组切除，以满足无功平衡的要求；

（2）闭锁整流器的触发脉冲，或者将触发脉冲移相到 $\alpha=120^{\circ}\sim150^{\circ}$，使整流器变为逆变器运行，延时20～40ms后再闭锁触发脉冲，并切除整流侧余下的交流滤波器组；

（3）直流电流到零后，闭锁逆变器的触发脉冲，并切除逆变侧余下的交流滤波器组；

（4）两端换流站分别进行直流侧开关设备的操作，使直流线路与换流站断开；

（5）两端换流站分别进行交流开关设备的操作，跳开换流变压器网侧断路器。

（二）故障紧急停运

直流输电系统在运行中发生故障，保护装置动作后的停运称为故障紧急停运。其操作要达到两个目的：一是迅速消除故障点的直流电弧；二是跳开交流断路器以与交流电源隔离。为实现瞬时性故障消除后迅速恢复供电，直流输电系统也可采取自动再起动措施。

故障紧急停运过程是迅速将整流器触发角 α 移相到 $120^{\circ}\sim150^{\circ}$，也称快速移相。快速移相后，直流线路两端换流器都处于逆变状态，将直流系统内所储存的能量迅速送回两端交流系统。当直流电流下降到零时，分别闭锁两侧换流器的触发脉冲，继而跳开两侧换流变压器的网侧断路器，达到紧急停运的目的。当多桥换流器中只有一个或部分换流桥发生故障必须退出运行时，为了使其余部分仍可继续运行，可利用旁通阀和旁通开关，将故障部分隔离而退出工作。

除了保护启动的紧急停运外，还可以手动起动紧急停运。通常，在换流站主控制室内设有手动紧急停运按钮，当发生危及人身或设备安全的事件时，可手动按下紧急停运按钮，实现紧急停运。

（三）自动再起动

自动再起动用于在直流输电架空线路瞬时故障后，迅速恢复送电的措施。直流输电的自动再起动过程为：当直流保护系统检测到直流线路接地故障后，立即将整流器的触发角快速移相到120°～150°，使整流器变为逆变器运行。在两端均为逆变运行的情况下，储存在直流系统中的电磁能量迅速送回到两端交流系统，直流电流在20～40ms内降到零。再经过预先整定的100～500ms的弧道去游离时间后，按一定速度自动减小整流器的触发角，使其恢复为整流运行，并快速将直流电压和电流升到故障前的运行值（或某预定值）。如果故障点的绝缘未能及时恢复，在直流电压升到故障前的运行值之前可能再次发生故障。这时可进行第二次自动再起动。为了提高再起动的成功率，在第二次再起动时，可适当加长整定的去游离时间，或减慢电压上升速度，或降低要升到的直流电压水平然后再起动。如果第二次再起动仍未成功，还可进行第三次，甚至第四次再起动。如已达到预定的再起动次数，但均未成功，则认为故障是持续性的，此时就发出停运信号，使直流系统停运。

由于控制系统的快速作用，直流输电的自动再起动时间一般比交流系统的自动重合闸时间要短，因而对两端交流系统的冲击也较小。对于直流电缆线路，由于其故障多半是持续性的，故不宜采用自动再起动。

二、直流输电功率控制

在两个换流站中，通常指定一个换流站为主导站。所谓主导站，是指这样一个换流站，其直流电流定值是在本站中根据双极功率定值计算出来的。主导站还协调极电流定值限制以及功率调制的要求。任何一个站都有可能被指定为主导站，但同一时刻只有一个控制点能行使主导权。在正常运行情况下，根据需要站间主导权可以转移，转移过程不应对传输功率造成任何扰动。通常，主导站设在整流站，且无须运行人员干预。主导站与主控站概念不同，主控站完成直流系统运行的控制，详见本节第七部分介绍。

高压直流输电系统一般具有定功率模式和定电流模式两种基本的输电控制模式，此外还具有降压运行模式。

（一）定功率模式

定功率控制模式是直流工程的主要控制方式。根据这一控制方式，控制系统应当将指定的功率测控点的直流功率，保持在主控站运行人员整定的功率定值上。一般直流工程的直流功率测控点，设定在整流站直流线路出口。

通常，对直流输电输送功率的控制是通过改变直流电流调节器的电流整定值来实现的。对于一个双极直流输电系统，将双极功率定值除以两极直流电压之和，便得到了各极的直流电流调节器的电流定值。这种控制方式可以充分发挥直流电流调节回路的快速响应特性。另外，为了防止在暂态过程中，电流定值因直流电压可能产生的剧烈变化而大幅度波动，需要对直流电压信号进行滤波处理。

直流功率定值及功率从一个定值向另一个定值的变化率由运行人员给定。另外，也可将其他功率调制信号叠加在功率定值上，以实现需要的功率调制功能。功率控制通常具有以下两种运行控制方式。

1. 手动控制

通过运行人员手动输入双极功率定值及功率升降速率改变直流输送功率，双极输送的直流功率按整定的速率线性变化至预定值。此外，中止双极功率升降功能可以在功率升降过程中中止功率升降，使功率定值停留在执行中止功能的时刻所达到的数值。

2. 自动控制

当采用这种运行控制方式时，双极功率定值应当按预先编排好的直流传输功率日负荷曲线自动变化。运行人员还可以临时修改已整定的曲线。整定功率曲线的预置与修改，均不应对直流传输功率产生任何扰动。

运行人员能方便地从手动控制方式切换到自动控制方式，反之亦然。在手动控制和自动控制之间切换时，不应引起直流功率的突然变化。

功率控制应当保证在双极对称运行情况下，流过每一直流极线导体的电流相等，尽量减少接地极电流。只有按单极大地回线方式运行或双极运行时，由于受到设备条件的限制或其他原因不可能使极线电流达到平衡，才容许接地极电流增大，即使在一极降压运行的情况下，也应尽可能地保持双极电流相等。

如果直流系统某一极的输电能力下降，导致实际的直流传输功率减小，那么双极功率控制应当增大另一极电流，自动而快速地把直流传输功率恢复到尽可能接近功率定值水平，另一极的电流可以增大到该极的固有过负荷水平，或短时过负荷水平。当流过极线的电流超过设备的连续过负荷能力时，功率控制应当向系统运行人员发出报警信号，并在使用规定的过负荷能力之后，自动地把直流功率降低到安全水平。当一极闭锁或清除直流线路故障时，双极功率控制应将故障极损失的功率尽可能转移到健全极。如果需要，健全极的功率可以达到它的额定短期过负荷能力。通常要求其增加功率的90%应在单极闭锁后80ms以内达到。

在定功率控制方式下，预定的双极功率定值可能因功率调制等其他控制信号而变化，控制系统应当将直流功率调整到最终的功率定值水平上。控制系统在暂态期间或检测到功率控制器发生故障时，应能自动地从定功率控制方式切换到定电流控制方式，在切换前后电流值之差应小于额定电流的±1%，扰动过后切换回功率控制时，也应当是平稳的，且满足同样的电流变化限制指标。当一极按定电流控制方式运行时，另一极应能照样进行双极功率控制。此时按功率控制方式运行的极所传输的功率，应等于整定的双极功率减去另一极所输送的功率。

(二) 定电流模式

所谓定电流控制模式，就是保持直流极线电流为整定值。由于通常定电流控制环路的响应比定功率控制环路快，因而直流系统在遭受剧烈扰动时，可以考虑把控制方式从定功率控制切换到定电流控制，以提高系统稳定性。

在定功率控制模式情况下，若两换流站间通信回路发生故障时，控制系统则会从定功率控制自动转换到定电流控制，此时逆变站应自动保持电流裕度。这两种控制方式之间的切换应当是平稳的。当两换流站间通信故障时间较长，但站间还可通过电话联系的情况下，控制系统应仍能允许直流系统继续运行，这种控制方式叫做应急电流控制方式。由于站间通信是以极为基础设置的，因而应急电流控制也应各极分别设置。

有些直流工程设计有电流跟踪功能，即当站间通信故障后，逆变站将实际输送的直流电流当作来自整流站的电流定值，因此，在站间通信故障后仍能保持双极功率控制模式。但在这种情况下，必须对功率的变化率予以适当限制。

（三）降压运行模式

高压直流系统的各极一般都具有降压运行的功能，以便在直流线路绝缘强度降低，不能经受全压的情况下，还能降压继续运行。实现一个极的降压运行有以下两种方式。

1. 手动方式

无论该极带电与否，运行人员均应能从控制台发出降压运行指令，从全压至降压运行的转换应当是平稳的，反之亦然。如果该极正处于功率控制方式下运行，则在转换过程中，应同时调整直流电压和直流电流（即在降压时直流电流则按降压的比例相应地增加），以保持直流功率不变（如果一次系统设计允许的话），尽可能地减小对直流传输功率的扰动。

2. 自动方式

降压运行还应可能由直流线路保护自动起动。

全压运行和降压运行之间的转换速度及降压幅度都应是可调的，以适应系统变化的需要。通常，要求全压到降压的转换快些，以利于运行操作。直流降压运行的电压定值一般取0.7～0.8p.u.，具体值的大小取决于主回路设计。

三、换流站无功功率控制

换流站无功功率控制是直流输电控制系统中对换流站无功功率进行控制的环节，它通过调整换流站装设的无功补偿设备的投入容量或改变换流器吸收的无功功率，将换流站与交流系统交换的无功功率控制在规定的范围内（无功功率控制方式），或将换流站交流母线电压控制在规定的范围内（交流电压控制方式）。前者便于所连的交流系统无功功率的平衡，后者有利于弱受端交流系统的电压稳定性。除了通过投切交流滤波器实现无功功率控制外，还可通过改变换流器的触发角来改变换流器吸收的无功功率进行无功功率控制。

直流输电系统运行时，无论是整流器还是逆变器都要消耗一定的无功功率，其数值不但与输送直流功率的大小有关，也与运行方式、控制方式有关。通常，在额定负荷运行时，换流器消耗的无功功率可达额定输送功率的40%～60%，故换流站需投入大量的无功补偿容量。但在轻负荷运行时，换流器消耗的无功功率迅速减小，如果补偿的无功功率不变，则换流站过剩的无功功率将会注入所联的交流系统，引起换流站交流母线电压升高。因此，必须对投入的无功功率补偿容量进行控制。

换流站装设的无功功率补偿设备通常有交流滤波器、并联电容器、并联电抗器。与弱交流系统相连的换流站，还可能需要装设同步调相机或静止无功补偿装置。由于这些补偿设备的特性各异，每个直流输电工程设置何种类型的无功补偿设备是由交直流系统无功功率平衡及动态特性研究所决定的（详见本书第六章介绍）。

换流站的无功功率控制应能控制换流站全部发出无功的设备和吸收无功的设备，如控制交流滤波器、并联电容器和并联电抗器的投切以及控制换流器吸收的无功功率等；换流器吸收的无功功率可以通过改变其触发角来平滑地进行控制。这些控制作用必须相互协调，以便保证在任何给定的直流传输功率下，对于各种直流系统运行方式、投入的无功补偿设备的组合都是最优的。为了方便地进行无功功率控制，通常将交流滤波器和并联电容器分成若干分组，根据直流输送功率的大小，适当投切滤波器或电容器分组，实现对换流站无功功率的控制，但滤波器分组不能切除过多，否则投运的滤波器将不能满足滤波需要。

无功功率控制器通常具有手动和自动两种运行方式。在手动运行方式下，控制器的所有输出都将失去作用，无功补偿设备和交流滤波器的投切将由换流站运行人员手动进行。在自动运行方式下，控制器的所有功能都将起作用，运行人员的作用仅限于调整定值及死区。

为保证交流滤波器设备的额定值得到满足，避免滤波器过负荷而被切除或受到损坏，或为满足谐波滤波和滤波器特性的需要，无功控制将根据直流传输功率的大小、换流站整流或逆变运行模式、解锁极数量和直流正常或降压运行等各种因素，决定需要投入滤波器的最小数量和类型，对应上面两种的要求分别称为绝对最少滤波器组和最少滤波器组要求。如果绝对最少滤波器要求没有满足，无功功率控制将在预定时间后停运直流。如果所有已投入的滤波器仍不能满足滤波要求，则无功功率控制将下令投入更多的滤波器，直到满足滤波要求为止。

由于最少滤波器组数的要求，考虑到滤波器的单组容量不可能很小，在直流输送功率水平较低的时候，一般投入的滤波器发出的无功功率会超过换流器消耗的无功功率，从而出现向系统输出较多无功功率的情况，这对于无功吸收能力较弱的系统需要引起注意，可能需要限制直流的运行方式和功率水平。在一些直流输电工程中，由于系统吸收无功能力有限，也考虑采用三调谐滤波器技术，即通过一组滤波器来滤除三种频率的谐波，从而在满足滤波需要的同时下，减少向系统输出的无功功率。

为了尽量减少换流站无功分组投切的操作次数，如果直流输电工程设计允许的话（至少在轻负荷工况下），则无功功率控制器应充分利用换流器内在的无功功率调节能力，即通过改变换流器触发角来调整其吸收的无功功率。但是，这种调节量必须在换流器及相关直流设备所允许的范围内，同时要考虑到对另一端换流站的无功功率平衡和无功控制的影响。

投切无功设备分组使换流站的无功功率台阶式变化，而改变换流器触发角来调整其吸收的无功功率则是连续变化的。这两者的配合可以实现换流站无功功率的平滑调节，其代价是在某些工况下，换流器会在较大的触发角下运行，此时直流线路电压降低，导致换流器运行工况恶化，直流系统损耗增大。这种无功功率控制方式用于长距离输电时要慎重考虑。

在较弱的受端交流系统下，为了减小滤波器或电容器投切对交流电压的影响，避免由于投切引起逆变器换相失败或交流动态电压变化范围超过设计规范，有的直流工程在无功控制当中加入了 γ—kick 功能，即 γ 角跃变功能，在滤波器或并联电容器投切时，瞬时增加 γ 角整定值，以提高换流器无功功率消耗，进而限制交流电压阶跃，此功能只在逆变侧运行时使用。在滤波器投入或切除前，γ 整定值以一定斜率升高一个很小的角度，当滤波器投入或切除后，并在很短的时间内，γ 整定值又降回投入前的角度。γ 角度的上升时间应与交流系统电压控制的响应时间相配合。

由于影响无功及电压的因素复杂，无功功率控制器的所有功能和特性，都应先用数字计算程序进行计算分析，然后在直流模拟装置上予以验证，以保证其性能满足要求。

四、换流变压器分接头控制

换流变压器分接头控制是直流输电控制系统中用于自动调整换流变压器有载调压分接头位置的一个环节，其目的是为了维持整流器的触发角（或逆变器的关断角）在指定的范围内或者维持直流电压或换流变压器阀侧绕组空载电压在指定的范围内。其控制策略需要与换流器控制方式相配合，通常可分为角度控制和电压控制两大类。

（一）角度控制

对于整流器的运行，通常希望运行在较小的触发角状态，以提高换流器的功率因数。另外触发角小，在换相结束时将出现在晶闸管换流阀两端的电压跃变也相对较小，从而可改善阀及其均压、阻尼回路的工作条件。但从另一方面讲，触发角也不能太小，要留有充分的可调范围，通常要求触发角运行在10°～20°之间。当交流系统电压发生较大变化，由于定电流调节的结果，可能使触发角长时间超出上述范围，这就应自动改变换流变压器分接头的位置，使触发角回到要求的范围内。

当整流器使用直流电流控制时，通过调整换流变压器分接头位置，把换流器触发角维持在指定的范围内（如15°±2.5°）；当逆变器使用直流电压控制时，通过调整换流变压器分接头位置，把逆变器关断角维持在指定的范围内（如18°±2.5°）；当触发角瞬时超过限定范围时，不应使分接头调节器动作，以免分接头调节机构来回频繁动作。因此，通常规定一个时滞，只有当触发角连续超过限定范围的时间大于此时滞时，才允许起动分接头调节机构。

（二）电压控制

当逆变器使用关断角控制时，通过调整换流变压器分接头位置，把直流线路电压维持在指定范围内，如0.98～1.02额定直流电压。同时，为了避免分接头调节机构来回频繁动作，只有当直流电压偏离其整定值达到一定值，且持续一定时间后（如直流电压偏离额定值±1%且超过5s），才起动分接头调节。另一种电压控制策略是通过调整换流变压器分接头位置，把整流器（或逆变器）的换流变压器阀侧绕组空载电压维持在指定值。

角度控制方式与电压控制方式相比，其优点是：换流器在各种运行工况下都能保持较高的功率因数，即输送同样的直流功率，换流器吸收的无功功率较少。其缺点是：分接头动作次数较频繁，因而检修周期会短些。此外，分接头调压范围也要求宽些。

由于换流变压器分接开关至今都是机械式的，转换一档通常需要3～5s的时间，对控制的响应很慢。所以，它只能是调整直流输电系统输送功率的辅助手段。

有些直流工程配备有，当换流变压器交流侧断电时，换流变压器分接头可自动调整到最高位置（分接头在系统侧）的功能，以便保证下次变压器充电时，励磁涌流最小，变压器阀侧电压最低，这对换流变压器和换流阀都是有好处的。但在另一方面，这种设计对变压器分接头却有不利的影响。因为换流变压器分接头档位一般较多，在正常的运行情况下，通常都处于额定分接头位置附近，当每次断电时，需要动作许多次才能把分接头位置从额定位置附近升至最高。当再次充电时，往往又需要动作许多次才能把分接头再调回到额定位置附近。这就额外地增加了分接头动作次数，对分接头动作机构显然不利，尤其是在现场调试及运行初期、换流变压器充电/断电较为频繁时，此问题就显得更加突出。

五、直流输电潮流反转控制

潮流反转是利用直流输电系统的快速可控性，将直流功率传输方向在运行中自动反转的一种控制功能。由于换流器导电的单向性，直流电流不能反向，只能靠改变直流电压的极性来实现直流功率的反向输送。潮流反转后，原来的整流器变成了逆变器，原来的逆变器变成了整流器，因此要求两换流站的控制保护系统能满足整流和逆变两种运行方式的需要，从而增加了控制保护系统设计的复杂程度。

(一) 反转过程

直流功率的反转过程是在整流站和逆变站的直流控制系统的协同作用下，按预定的顺序自动进行的。通常，直流控制系统接到潮流反转命令后，先由整流站的直流电流调节器将直流电流按预先整定的速率降至最小容许值（通常为额定电流的10%），然后由逆变站的直流电压调节器把直流线路电压按预先整定的速率降至零。与此同时，为保持直流电流恒定，整流侧的直流电压也相应降低（略高于逆变侧），此时由功率方向控制回路将两换流站控制回路中的功率传送方向标志反转，从而使两换流站控制系统中的调节器配置相应切换。于是，原来的整流站变成了现在的逆变站，原来的逆变站变成了现在的整流站。在此之后，先由现在的逆变站的直流电压调节器把直流线路电压按预先整定的速率升至反向后的预定值，最后由现在的整流站的直流电流调节器将直流电流按预先整定的速率升至反转后的预定值，从而完成了整个潮流反转过程。也有的直流工程在反转过程中，要求闭锁换流器，待潮流反转各设定值更改后再解锁换流器。

(二) 反转速度

直流输电系统潮流反转过程可以在控制系统的作用下迅速完成（约几百毫秒）。潮流反转有正常运行中所需要的慢速潮流反转和交流系统发生故障需要紧急功率支援时的快速潮流反转。潮流反转的速度主要取决于两端交流系统对直流功率变化速度的要求以及直流输电系统主回路的限制。正常运行中潮流反转过程的时间往往在几秒钟甚至几十秒以上。紧急功率支援时所需要的快速潮流反转的时间主要受直流主回路参数的限制，特别是对于电缆线路，太快的电压极性反转会损害其绝缘性能。

按照工程设计，潮流反转命令既可以由运行人员确认后手动启动，也可以通过交直流系统中某些安全自动装置自动发出，作为紧急功率支援的一种策略而自动实现。功率传送方向控制回路的设计，应当避免在运行中出现意外的功率传送方向变化。

如果直流系统选择了双极功率控制方式，且两极正在运行中，则改变任何一极的功率方向都应当是不可能的，以免出现某一极的功率方向单独改变，造成直流功率在两极之间环流。在双极功率控制方式下，如果两个极设定的功率方向不同，应禁止任何一个极起动。

六、直流输电系统调制功能

直流输电系统的调制功能是指利用直流输电系统所连交流系统中的某些运行参数的变化，对直流功率或直流电流、直流电压、换流器吸收的无功功率进行自动调整，充分发挥直流系统的快速可控性，用以改善交流系统运行性能的控制功能，这种调制功能也称为直流输电系统的附加控制。自1976年太平洋联络线直流工程安装功率调制器阻尼并联交流联络线上的振荡以来，直流调制在联网技术和电力系统安全稳定中的巨大调节作用越来越受到关注，直流调制从调制一端交流系统性能发展到调制交直流并联运行的两端系统、直流多落点系统和多端直流系统；从单一的有功功率调制，发展到无功功率调制及混合调制，直至直流多端系统的协调调制；直流调制器也从最初的比例型，发展到比例—积分—微分型、模糊逻辑稳定控制器及多变量自适应协调控制器。

一个直流输电系统是否需要设计某种调制功能，完全取决于它所连接的交流系统的需要，因而每个工程都可能不一样，常用的调制功能有功率提升（或回降）、频率控制、无功功率调制、阻尼控制、功率调制等。

（一）功率提升（或回降）

当受端（或送端）交流电网发生严重故障时，有可能要求直流系统迅速增大（或减小）输送的直流功率，支援受端（或送端）电网，以便使其尽快地恢复正常运行。这种调制功能也称为紧急功率支援。功率提升（或回降）功能的设计应考虑以下各项内容。

(1) 应设置一定的功率提升（或回降）级别。

(2) 控制装置应具有适当的接口，以便接收来自外部的信号，或者是从控制系统中提取的信号，去起动相应的提升（或回降）级别。

(3) 功率提升（或回降）功能应作用于双极功率指令或电流指令，且使直流传输功率增加（或减小）到所选的提升（或回降）水平或增加（或减小）一个所选择的数量。其增长（或下降）速率应可调整，以适应交流系统变化的需要。

(4) 无论在单极运行还是双极运行情况下，都应能使用功率提升（或回降）功能。

(5) 单极运行时，无论该极处于功率控制下还是电流控制下，都应能使用功率提升（或回降）功能。

(6) 双极运行时，如果是双极功率控制，或两个极都是电流控制，功率提升（或回降）所增加（或减小）的功率应在两极间均分，使流入接地极的不平衡电流不超过功率提升（或回降）前的水平；当一极为双极功率控制，一极为电流控制时，功率提升（或回降）应尽可能由功率控制的极承担，电流控制的极不参与。

（二）频率控制

利用直流输电系统功率的快速可控性，调节所连一端或两端交流系统的频率，共同利用两端交流系统热备用容量，其调节方式通常有以下两种。

(1) 将某一端交流系统频率保持在额定值（在设定的死区范围内），适合于另一端交流系统容量较大的情况。

(2) 按两端交流系统频率偏差比例调节，适合于两端交流系统容量差不多的情况。

（三）无功功率调制

借助换流器触发角的快速相位控制，改变换流器吸收的无功功率，来改善交流系统电压稳定性，也称为换相余裕调制或γ调制。伊泰普直流输电工程第一个采用了无功功率调制，葛—南直流工程也采用了无功功率控制或交流电压控制，用来调节与交流系统交换的无功，或保持换流站交流母线电压在给定的范围内。

（四）阻尼控制

直流输电系统功率的快速可控性还可用于阻尼控制，如阻尼所连交流系统中的次同步振荡、阻尼低频功率振荡等。太平洋联络线直流工程的小信号功率调制方案的研制和投入，就是为了解决美国西部系统的负阻尼振荡，该控制系统基于并联交流联络线的功率变化速率，调节信号值限制在±3%。该调制的成功运行使得太平洋交流联络线输送功率从2000MW增加到2500MW，产生了巨大的经济和节能效益。印度里汉得—德里直流工程中也考虑了用直流的调制作用来消除弱交流系统的低频振荡现象。

（五）功率调制

当直流输电线路与交流输电线路并联运行时，可以利用交流线路的某些运行参数的变化（如线路有功功率的增量）来调节直流线路的传输功率，改善并联交流线路的稳定性，提高其传输功率的能力。另外，对于两个相对较弱的交流电网，如果非同期互联的直流系统采用减小网间相角差的方式进行直流调制，可以有效地改善交流系统的稳定性，如悉尼背靠背直流工程、新西兰直流工程、纳尔逊河直流工程、斯奎尔比优特直流工程、CU直流工程和伊尔河背靠背直流工程等都考虑了利用功率调制改善与直流相连的某一端交流系统的稳定性。

所有直流输电调制功能均应纳入所处的交/直流混合系统的安全稳定控制系统统一考虑和研究。

七、直流输电运行人员控制

直流输电运行人员控制是为运行人员进行直流输电运行而设的控制、操作及监视功能。其主要有：①正常起动/停运控制；②状态控制；③运行过程中的运行人员控制；④直流系统故障状态下的操作控制；⑤换流站内设备及其辅助系统的操作控制；⑥直流系统的试验操作控制；⑦交流系统的操作控制；⑧运行工况监视。

运行人员控制应包括在各控制点上的自动顺序控制操作，以及必要时在换流站内的就地手动操作。控制点通常包括远方调度中心、换流站控制室、就地站及设备就地。除了故障需要系统紧急停运或当失去站间通信等情况外，对于直流系统运行的控制，只能在一个控制点（主控站）上进行。运行人员控制应能在远方调度中心与换流站控制室之间进行遥控或现场控制的选择，在整流和逆变两换流站间进行主/从控制的选择，以保证其控制的单一性。对于站内控制室和就地站或者设备就地之间的控制选择，必须受到连锁控制的制约。

（一）正常起动/停运控制

高压直流系统的正常起动控制必须包括：①主控站的选择；②直流系统运行方式的选择；③直流控制方式的选择；④运行整定值的选择；⑤顺序控制的起动。正常停运控制则需在主控站起动正常停运顺序控制。

（二）高压直流系统的状态控制

除了正常起动和停运需由运行人员操作，去起动换流站和极的顺序控制外，运行人员还应能进行手动操作，使高压直流系统能分段达到不同的状态，即：①检修状态（直流系统各接地开关均处于合闸位置）；②冷备用状态（换流站相关接地开关已断开，但换流器交、直流侧均未带电）；③热备用状态（直流系统交流侧带电，直流回路形成但换流器未解锁）；④运行状态（换流器解锁）；⑤试验状态（如直流线路空载加压试验、背靠背试验等）；⑥个别设备的维修状态，包括将某些设备退出自动顺序控制的控制范围，或者对某主、备通道进行选择等。

（三）运行过程中的运行人员控制

主要包括主控站/从控站的转换；主导极的转移；直流系统控制方式的在线转换；运行方式的转换操作；运行整定值（如直流电流或直流功率）及其变化率的改变；直流控制和保

护系统中各种参数的在线检查；附加控制的投入/切除；直流控制主/备系统及通信主/备通道的在线手动切换；手动过负荷控制等。

（四）直流系统故障状态下的操作控制

主要包括报警或保护动作后的手动复归；某些情况下的紧急停运；主/备保护通道的手动切换；主/备通信通道的手动切换等。

（五）换流站内设备及其辅助系统的操作控制

除了自动控制外，在某些工况下，对换流站中的主设备或辅助设备还应设有运行人员的就地（包括就地站和设备就地）操作控制，如交直流开关场内断路器、隔离开关的分合；接地开关的分合；换流阀的主/备冷却系统的投切；控制楼、阀厅的消防系统和空调系统的控制操作；换流变压器消防系统操作，分接头的变换；站用电源主/备通道的切换等。

（六）直流系统的试验操作控制

运行人员控制应满足系统投运前的调试、检修后或更新改造后的系统和设备的调试控制要求，如零功率试验（换流器出口短路，但电流可达到额定电流的试验）和背靠背试验；直流线路的空载加压试验；直流控制保护系统通道的自检试验；各监测盘和所有试验仪表自检试验和复归等。

（七）交流系统的操作控制

运行人员应能在控制室以及就地站或设备就地，按操作票实行换流站中常规交流设备的操作控制。

（八）运行工况监视

监视包括直流系统运行参数的在线监视，如换流站交/直流主回路接线状态、传输的直流功率、直流电流、直流电压、换流器触发角、阀中晶闸管元件状态、换流站与交流系统交换的无功功率、换流变压器分接头位置、能量计费、保护动作信号、交/直流谐波监视等，还包括运行参数的定时打印及召唤打印、事件记录及报警、故障录波等。

八、直流输电顺序控制

直流输电顺序控制是直流输电控制系统中能依次完成一系列操作步骤的自动控制功能，通常包括：①阀组交流侧充电/断电；②换流站的连接/隔离；③阀组的起动/停运；④金属回线/大地回线在线转换；⑤双极导线的并联/解并联；⑥直流滤波器的投/切；⑦直流极线开路测试。

控制系统的设计应保证当某顺序控制发生故障（如其供电电源瞬时消失）时，不会错误地发出改变状态的命令。当正在进行的自动顺序受阻（如某断路器拒动）时，顺序控制应自动中止，并向运行人员提示故障所在，以便运行人员及时发现及排除故障。为了增加控制的灵活性，在一个由顺序控制发动的顺序操作的任何阶段，都应允许运行人员干预，中止此自动操作，代之以手动控制操作或返回原起始状态。正在进行的顺序控制至少应向运行人员提供的信息是：①正在进行的操作步骤；②下一步要进行的操作步骤。

（1）阀组交流侧充电/断电。自动将每一阀组连接到换流母线上或从换流母线上切除的操作。

（2）换流站的连接/断开。根据直流系统运行方式的要求，完成换流器与直流极线、极中性母线的连接或断开，各站中的各极应能分别进行操作。

(3) 阀组的起动/停运。包括阀组的解锁及闭锁，以及使各站阀组起动同步的功能。当一个换流站的某一阀组被保护停运时，顺序控制应能自动将对端换流站的相应阀组也停运。

(4) 金属回线/大地回线在线转换。在直流系统运行中，进行从单极大地回线运行到单极金属回线运行的转换操作，或从单极金属回线运行到单极大地回线运行的转换操作。

(5) 双极导线的并联/解并联。在两极都停运的情况下，把两极导线并联到一极，或把并联的极线复原成单极线运行接线方式。

(6) 直流滤波器投/切。对每一直流滤波器分支分别进行连接或者断开，将直流滤波器断开并接地的倒闸操作不应使直流电流流入换流站接地网中。

(7) 直流极线开路测试：对于大容量、长距离直流输电工程，由于直流线路很长，为了确保在直流线路检修之后或长期停运后，在投运前是完好的，应对直流极线进行加压检查。为此，在本站直流极线隔离开关闭合和对站直流极线隔离开关断开的情况下，直流输电控制系统应能对直流线路进行空载加压试验，控制系统应为每极提供自动执行下列顺序操作的功能：

1) 解锁换流器，使直流线路带电。

2) 按一定斜率把直流电压升至某预定的电压水平。此电压水平应能在零至额定直流电压之间任意调整。此斜率也应当可调。在直流电压上升过程中，应允许运行人员手动干预，中止电压上升过程，此时直流电压应停留在干预时刻所对应的直流电压值上。在此之后，应允许运行人员选择继续上升至预定电压或从此下降电压至零。

3) 维持一定的时间，维持时间的长短应可调。

4) 以一定斜率将直流电压降至零，此斜率也应可调，在直流电压下降过程中，也应允许运行人员手动干预，中止电压下降过程，此时直流电压应停留在干预时刻所对应的直流电压上。在此之后，应允许运行人员再次起动此顺序控制，将直流电压降至零。

5) 闭锁换流器。

在进行极线开路试验时，应禁止对端换流站对应极的换流器解锁，并闭锁所有断线类保护以及直流欠压保护。对于双极直流输电系统，当一极运行时，另一极不仅应能在整流站进行极线开路试验，而且在逆变站也应能进行，以方便运行。在进行极线开路试验时，可以对直流线路电晕损耗进行测量。

第六节　直流输电系统控制保护装置

直流输电系统的控制保护装置随着直流输电技术和电力电子技术的发展而不断更新换代。近10多年来，直流输电技术发展的主要表现是高速发展的电子信息技术在直流控制保护中的应用，它包括实时多处理器技术、光通信技术、网络技术等。

由于直流系统的控制和保护之间关系密切，且在现代直流输电工程中，其控制和保护系统几乎都采用相同的硬件平台和软件平台，甚至集成在同一机柜之中，因此在本节中将直流系统的控制和保护装置放在一块叙述。

一、控制保护装置基本组成

直流系统控制保护装置通常采用多套冗余配置，每套有自己的计算、测量、电源等。

(一) 控制保护装置核心处理器

直流输电控制保护的计算系统，自晶体管及集成电路的出现使控制保护性能得到极大改善，从模拟式发展到数字式。特别是20世纪70年代，以微处理器为基础的电子计算机的发展，对直流输电控制及保护性能的提高、推动晶闸管阀为标志的直流输电的普及与发展起到了推波助澜的作用。微机化的直流输电控制及保护系统也随着电子信息技术的高速发展而不断地更新换代。

尽管近10多年来，直流输电控制保护的基本功能没有发生革命性的变化，但是随着电子信息技术的高速发展，实现这些功能的硬件和软件日新月异，每个工程都有所不同。20世纪60年代太平洋联络线直流控制系统中使用一台小型计算机，1977年投入运行的斯卡捷拉克电缆工程及1979年投入运行的CU直流工程分别应用了英特尔8008、8080A型微处理器和DS-8型8位微机系统，1984年投入运行的伊泰普直流工程基本上是微处理器化的控制系统。总的来说，处理器的计算速度越来越快，存储空间越来越大，并行运行的处理器越来越多。微处理器技术遍布直流系统各个设备的控制和保护，它包括极控、站控（交流场/直流场）、直流系统保护、换流变压器控制保护、交/直流滤波器控制保护、换流器冷却系统控制保护、站用电系统控制保护等。

(二) 测量装置

直流控制保护系统中的测量装置，是为了向控制保护系统提供必要的电气量或其他物理量输入信息，其主要包括以下几方面。

1. 直流电压测量

在换流站的直流开关场中，直流极母线和中性母线上都需要装设直流电压测量装置，用以测量直流极线电压及中性母线电压，向直流控制及保护系统提供信号。早期的高压直流工程所使用的直流电压测量装置主要有阻容分压器加隔离运算放大器型；随着光纤技术的进步，现在已能制造出光电型的直流电压测量装置，即将直流分压器的输出信号经电光转换后，用光缆送往主控制室。这种直流电压测量装置具有良好的抗电磁干扰性能。

直流电压检测装置的输出信号，既用于控制目的，又用于保护目的，如直流线路行波保护、直流欠压保护、直流回路开路保护等。因此，其测量精度取决于控制要求，其测量范围则取决于保护要求。对于控制来说，直流电压测量装置的测量精度应与直流电压的控制精度相匹配，若后者设定为1%，则前者在最大稳态直流电压下应为0.2%或更好。对保护来说，直流电压测量装置的测量范围应足够大，在1.5倍额定直流电压时的精度应不低于10%。并且，对于正、负两种极性的被测直流电压都应满足以上要求。其暂态响应特性和频率响应特性也应满足控制保护系统的要求，测量系统的截止频率(−3dB)应高于10kHz。

2. 直流电流测量

在换流器高压侧及中性线侧出口（通常在穿墙套管中）、直流线路入口及接地极线路入口、直流滤波器高压端和中性端及接地的断路器都应装设直流电流测量装置，向直流控制保护系统输出直流电流信号。

用于控制目的的直流电流测量装置，若电流控制精度为1%，则被测直流电流在短时过负荷电流以下时，其测量精度应不低于额定电流的0.2%。用于保护目的的直流电流测量装置，精度要求可低些，但也不应低于额定电流的2.0%，当被测电流为额定电流的300%时，其测量误差不应超过额定电流的10%。用于差动保护或双极电流平衡控制的直流电流测量装置，当被测电流在额定电流的1.5p.u.以下时，其配合精度不应低于1%，暂态响应特性和频率响应特性也应满足控制保护系统的要求，测量系统的截止频率(−3dB)应高于10kHz。

直流电流测量装置有磁放大器型和光电型，前者已有丰富的运行经验，但测量信号容易受到干扰；后者是20世纪90年代开始应用的新技术，抗干扰能力很强，详见本书第十一章第十一节介绍。

3. 交流电压测量

在交流开关场中，除按常规装设的交流电压互感器外，在换流变压器进线侧还装有一只交流电压互感器，用以向换流器控制系统提供换相电压过零点信号，作为计算换流器触发角(α角）的计时参考点，向换流器提供触发同步信号。此同步信号一般取自换流变压器网侧交流电压。控制保护系统对此交流电压互感器的基本要求是要有很好的抗干扰能力。若采用电容式电压互感器，应考虑适当的抗干扰措施；若采用电磁式电压互感器，则应考虑防铁磁谐振措施。

用于测量目的的交流电压互感器，其精度应不低于0.2级，用于保护目的的交流电压互感器，其精度要求要低一些。

4. 交流电流测量

在交流开关场中及各种滤波器回路中，需要装设各种不同规格的交流电流互感器，为换流站控制和保护提供信息。用于控制目的的交流电流互感器，其精度不应低于0.2级；用于保护目的的交流电流互感器，其精度要低一些，尤其在被测电流远大于额定电流值的情况。

5. 换流阀导通和关断点的测量

通常换流阀的导通和关断点的测量采用电磁型的微分电流互感器，其工作原理及要求见本书第十一章第十一节介绍。这种微分电流互感器也可以用在直流线路故障定位系统中，以测量进入换流站的陡波前电压。

（三）数据传送装置

在直流输电系统中，分布在换流站的各个控制保护设备之间需要相互传递有关信息，以保证直流系统的安全稳定运行。原先的信息传送采用专门的串行通道，在传送速度和冗余上有一定的限制，并且备品、备件易受制造厂的制约。采用通用的局域网技术，换流站分布控制的信息传送从专用电缆变成了局域网。可以采用市场很大的INTERNET网络器件，很好地克服了上述缺点。我国自天一广直流工程以来的直流输电工程，在站内的分布控制系统的信息交换都采用了局域网技术。

（四）通信装置

在高压直流输电的两个换流站之间、各换流站与各自的调度所之间，都必须配备适当的通信设备，用以传递与直流线路运行相关的控制信息、保护动作信息、设备状态信息、运行参数测量信息、运行操作信息等。

对于高压直流输电系统来说，两换流站之间没有其他通信联络，只要有电话可用，也能够运行，但是运行很不方便，一些自动化功能也难于实现。如果配备有良好的通信系统，直流系统的运行操作就更加容易，系统性能会更加完善。

为了保证双极中各极运行的独立性，通信系统应以极为基础进行配置。两极的通信系统在电气上和物理结构上都应予以分开，以便使各系统能够独立运行。需要传送的双极共用信息应尽可能地少，必须传送的双极信号应通过各极的通道同时传送。对于每一极的通信系统，出于可靠性的考虑，也应考虑信号通道多重化的要求。

1. 通信内容

为了保证直流输电系统的正常运行及事故处理，在两换流站之间，有大量的信息需要传送。这些信息主要有：连续控制用的直流功率定值、直流电流定值、频率控制信号、阻尼控制信号；运行操作命令，如换流器解锁/闭锁、运行控制模式转换、保护连锁、直流电流限制值、直流功率限制值；状态显示信号，如断路器开/合位置、隔离开关开/合位置、变压器抽头位置；测量显示信号，如直流功率、直流电流、换流器触发角和关断角。此外，还有报警信号、话音信号、直流线路故障定位信号等。

在换流站与各级电力调度之间需要的通信内容主要是遥控信号、状态显示信号、测量显示信号、报警信号及语音信号等。

2. 通信速度要求

在两换流站间交换的信息，对通信速度的要求可分为两类，一类是要求速度很高的信息，如直流电流指令、紧急停运信号；另一类是速度可以慢些的，如各种状态显示信号、测量显示信号。

为了说明通信速度与控制响应的关系，让我们考察一下直流电流控制回路的响应特性。根据电流裕度控制原则，在任何运行方式下，都必须保持一定的电流裕度，即要保证整流侧的直流电流定值大于逆变侧的直流电流定值。因此，当要求增大直流电流时，必须先增大整流侧的电流定值，然后增大逆变侧的电流定值；而当要求减小直流电流时，则应先减小逆变侧的电流定值，然后减小整流侧的电流定值，以达到两侧直流电流定值的配合，确保电流裕度的存在。

在正常运行方式下，直流电流是由整流侧控制的，以主导站设在整流站为例，当要求增大直流电流时，主控器发出的电流改变指令立即送给整流侧电流调节器，因而直流电流可立即开始上升，故直流系统的电流响应时间仅为直流电流环路的响应时间，而与两站间通信时延无关。然而，如果要求减小直流电流，那么为了确保电流裕度，主控器发出的电流改变指令，必须先送往逆变侧，将逆变侧的电流定值减小，同时将逆变侧电流定值已经减小的信号再回送到整流侧。整流侧接收到由逆变侧发送回来的回报信号后，才能向其电流调节器发出减小直流电流的指令信号。到这个时刻，实际直流电流才能开始下降。由此可见，当主导站位于整流侧而要求减小直流电流时，直流电流的响应时间包含两站之间通信通道往返传送信号的时滞。如果主导站设在逆变侧，那么情况与上述又有些不同。在这种情况下，无论是要求增大电流还是减小电流，直流系统的电流响应时间都包含一次通信时滞。由此可见，两站间信号传送速度是影响直流系统控制响应的重要因素。

另一个需要在两换流站间尽快传送的信号是紧急停运信号。葛—南直流工程采用单独的NSD41 通道传送此信号，实测通道时滞为 50～60ms。三—常直流工程在调试时，实测保护动作的传送时间仅 10ms。

考虑到通信对直流输电控制的重要性，为了保证信号的可靠传输，要求信号的误码率低于 10^{-6}。每一个信号都应各自满足这个可靠性水平，而不是在与冗余信号通道上所传输的信号比较之后才达到这个水平。对于保护动作信号应有专门冗余的传送通道，不受其他信号干扰。

（五）电源系统

控制保护系统通常由蓄电池系统直接供电，蓄电池通过站用交流电源浮充电运行。为了保证系统的可靠性，蓄电池及充电系统都应冗余配置。

二、控制保护系统结构配置工程实例

（一）葛—南直流工程

每个换流站拥有两家 BBC 公司开发的可编程控制系统，一个是高速可编程控制器 PHSC 系统，用于阀控；另一个是 P13 系统，用于站控。阀控和站控都采用双通道配置方案，一个处于工作状态，另一个处于热备用状态。当工作通道出现故障时，热备用通道将自动切换成工作通道。

葛—南直流输电工程的保护系统也是采用 PHSC 系统，以三取二冗余方式配置，当一套保护故障时，剩下的两个通道自动变成二取一。葛—南的三套直流保护与选择回路一起安放在同一个设备柜中，由处在保护柜中的一套三取二硬件回路选取，跳闸输出分别启动两条紧急停运总线。交流保护（包括换流变压器、交流滤波器、交流母线及开关）、直流滤波器保护、站用电及辅助装置保护均采用分别各自的装置，它们发出的停运直流系统的命令，直接或通过冗余的紧急停运总线传送给直流保护系统执行。

PHSC 系统使用 FUPLA 编程系统进行控制保护功能的软件编程。葛—南直流工程的控制和保护系统总体结构见图 4-5。

（二）天—广直流工程

天—广直流工程的控制保护系统是用高速数字式可编程控制器 SIMADYN D 系统为基础来实现的。直流控制系统分成互为冗余的两套系统，即系统 1 和系统 2 以及系统选择切换控制。两套系统互为备用，在直流系统运行期间，两套系统之间可以进行无扰动的切换。

天—广直流工程的直流保护系统，采用了与葛—南直流保护基本相同的三取二配置方案。交流滤波器保护采用大组集中冗余方式，换流变压器保护与交流、直流开关控制结合在一个机柜中。直流系统保护增加了直流滤波器保护。三套配置完全相同的直流保护，分别放在三个独立的机柜中，测量直流运行量通过光纤直接取自一次回路，两套三取二选择硬件电路分别安放在两个保护柜中，保护动作输出信号与其他装置的保护跳闸信号一起分别送给换流器控制的两个通道及变压器保护柜的两套跳闸回路。

SIMADYN D 系统使用 SIMATIC 编程系统，进行直流控制保护功能的软件编程。天—广直流工程的控制保护系统与外围设备连接和通信总览见图 4-6。

（三）三—常直流工程

三—常直流工程的直流控制保护系统采用了所谓的完全冗余概念。两套主系统的硬件和软件功能及构造完全一样，两套主系统中的任何一套都由两个主机 MC1 和 MC2 构成，其中 MC1 包括直流控制和第一套保护（主保护），MC2 包括直流控制和第二套保护（后备保护）。主计算机 MC 是以 ABB 公司生产的工业控制系统 MACH2 为基础，由计算、内存、输

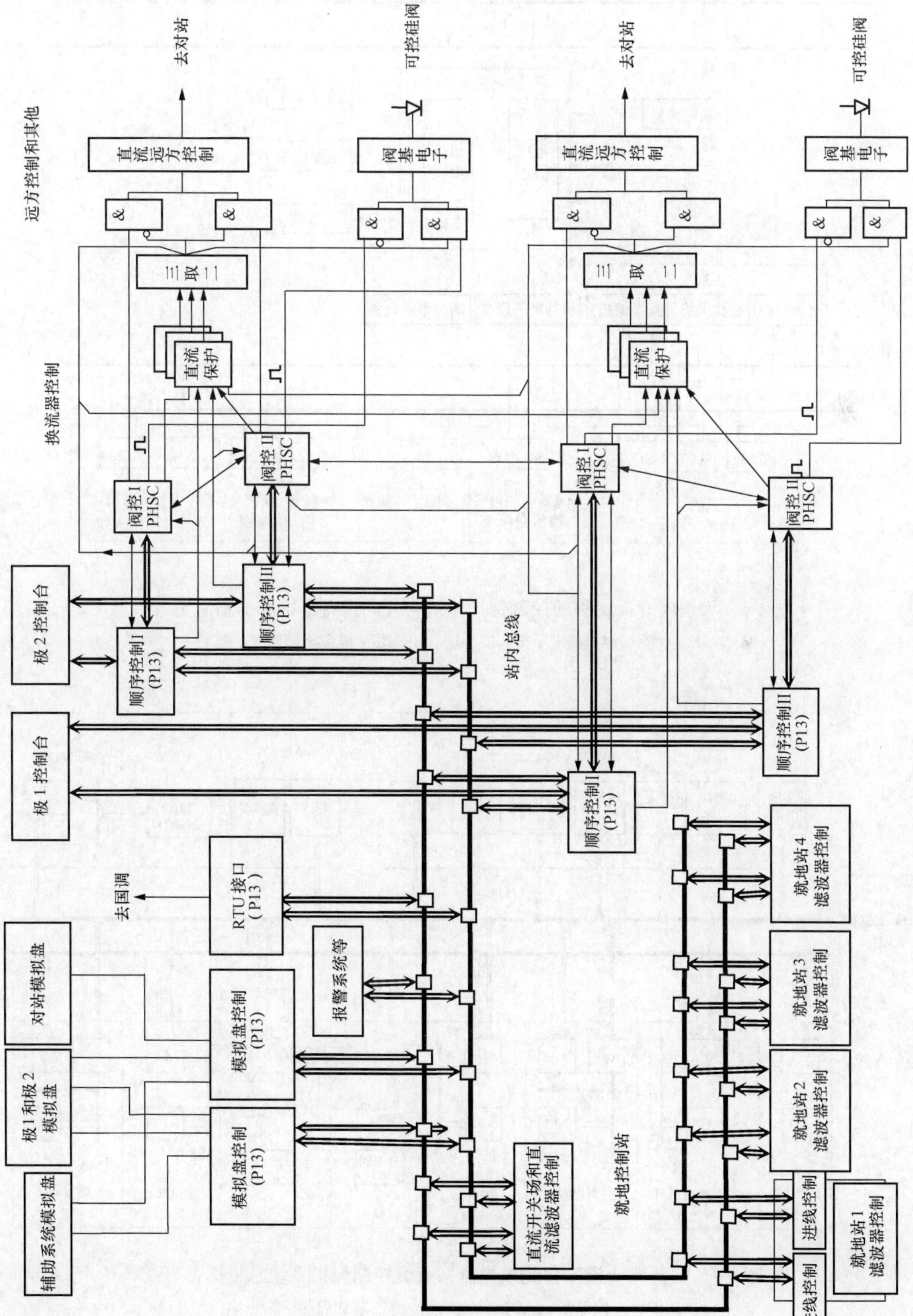

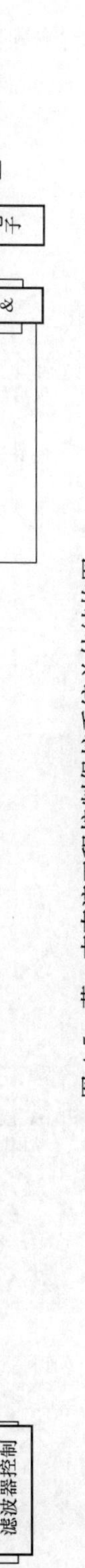

图 4-5　葛—南直流工程控制保护系统总体结构图

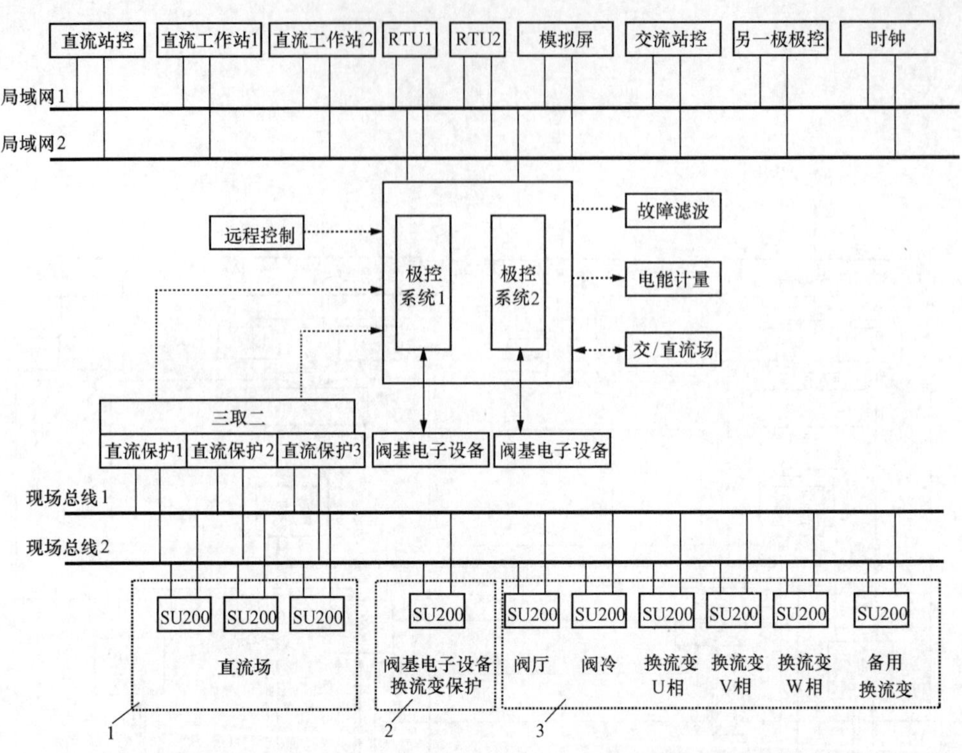

图 4-6　天—广直流工程的控制保护系统与外围设备连接和通信总览

1—直流场继电器室；2—控制屏；3—阀冷却系统控制

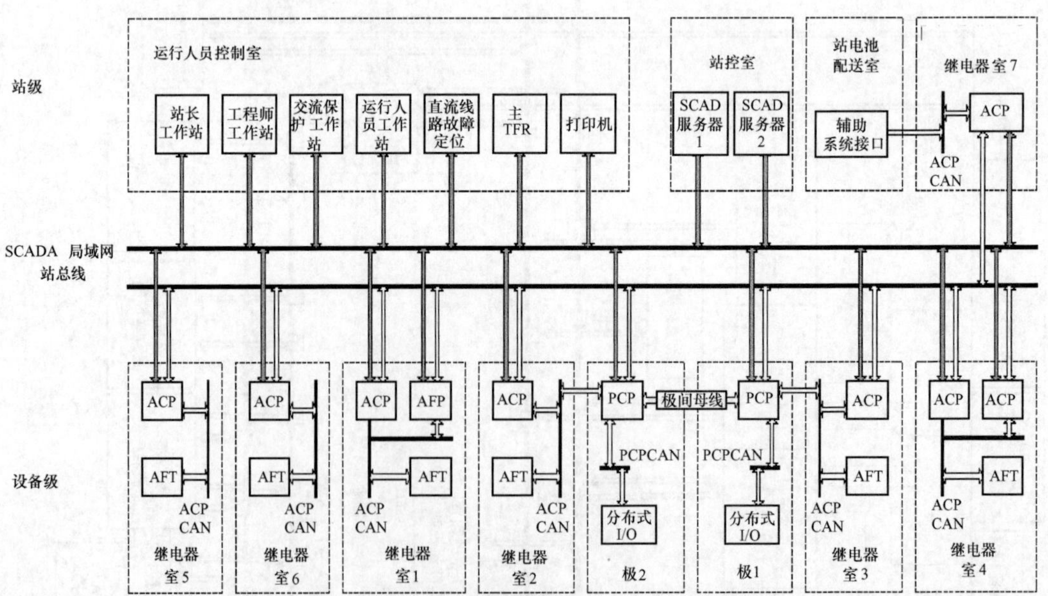

图 4-7　三—常直流工程龙泉换流站直流控制保护系统总框图

PCP—极控保护；AFP—交流滤波器控制和保护；

ACP—交流控制和保护；AFT—交流场接口终端

入/输出等板卡组成。MACH2 系统使用 HiDraw 编程系统进行直流系统控制保护功能的软件编程。

控制保护系统的分层结构主要包括：①站控级，包括 SCADA 系统、站控局域网和站内辅助系统报警接口；②设备级，包括交流系统控制和保护、交流场接口终端、交流滤波器控制和保护、极控制和保护、双极接口终端、直流场接线终端、阀控、换流变压器控制接口、平波电抗器控制接口、冷却系统的控制和保护以及辅助系统接口等。

三一常直流工程的直流系统保护包括换流器保护、极保护（包括直流开关场保护、极和中性母线保护、直流线路保护和直流滤波器保护）、双极保护（双极中性线及电极线保护）、换流器交流母线和换流变压器保护。除了交流滤波器和交流开关及辅助设备的保护外的所有直流保护功能都包括在一套直流保护装置内。

三一常直流工程龙泉换流站直流控制保护系统总框图见图 4-7。

直流输电系统故障分析与保护

第一节　直流输电系统故障分析

直流输电系统主要由两端换流站、直流输电线路和接地极系统所组成，换流站内主要有换流器、直流开关场和交流开关场的一次设备，以及控制保护二次设备。此外，影响直流系统运行的还有与两端换流站相连的交流系统。不同区域设备的故障，有其自己的特点，对直流系统的影响有所不同。

一、换流器故障

换流器是直流输电系统中最为重要的元件，可以比作直流输电系统的心脏，其故障形式和机理与交流系统中的一般元件有很大差别，保护动作后果也有所差异。现代直流输电为了减少交流侧和直流侧的谐波，通常以一个极为基本运行单元，每端采用一个 12 脉动换流器，它由两个交流侧电压相位差 30°的 6 脉动换流器组成。下面主要以 6 脉动换流器为例，对换流器故障进行分析。图 5-1 为 6 脉动换流器的原理接线。

换流器的故障可分成主回路故障和控制系统故障两类，主回路故障是换流器交流侧和直流侧各个接线端间短路（如阀短路）、换流器载流元件及接线对地短路（如交流侧单相对地短路）。图 5-2 为 12 脉动换流器主要故障点示意图。

（一）换流器阀短路故障

1. 整流器阀短路

阀短路是换流器阀内部或外部绝缘损坏或被短接造成的故障，这是换流器最为严重的一

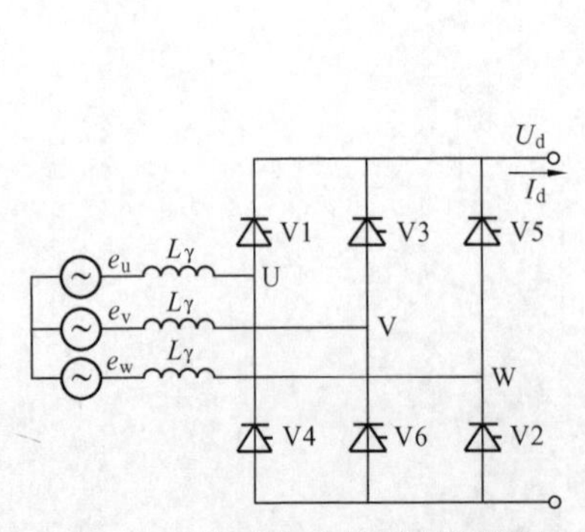

图 5-1　6 脉动换流器原理接线图

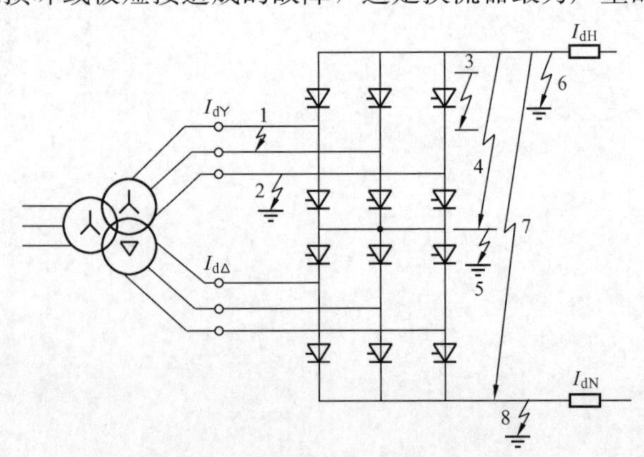

图 5-2　12 脉动换流器主要故障点示意图

种故障，其故障点见图 5-2 的 3。整流器的阀在阻断状态时，大部分时间承受反向电压。当经历反向电压峰值大幅度的跃变或阀出现冷却水系统漏水汽化等可能引起的绝缘损坏时，将使阀短路。这时阀相当于在正反向电压作用下均能导通。图 5-3 为 6 脉动换流器发生阀短路时造成的两相短路和三相短路等值电路图。

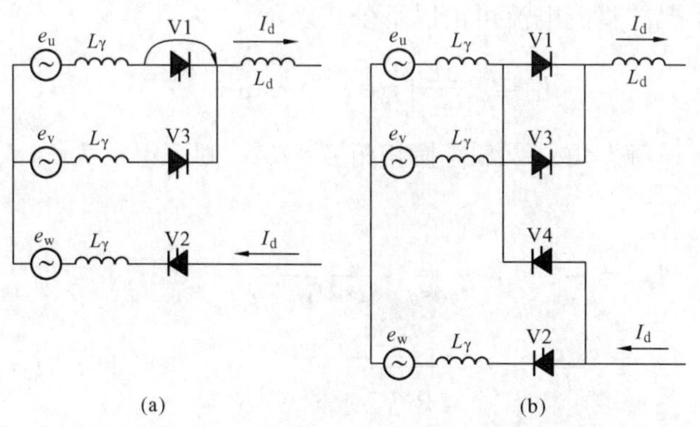

图 5-3　6 脉动换流器发生阀短路时的等值电路图

(a) 两相短路；(b) 三相短路

假设 $\alpha=0°$、$I_d=0$ 时阀短路，将产生最大的故障电流，以阀 V1 向阀 V3 换相结束后阀 V1 立即发生短路为例说明故障过程，其短路电流波形如图 5-4 所示。在 P3 脉冲发出后，阀 V3 开始导通，等值电路如图 5-3（a）所示形成的两相短路，由此可算出阀 V3 的短路电流；换相结束后阀 V1 立即发生短路，相当于反向导通，电流继续按两相短路电流的规律发展，i_3 继续增大，i_1 开始向负方向增大；在 P4 脉冲发出时刻，因阀 V4 的阳极对阴极电压为负而不能导通，当 W 相电压变正时刻，阀 V4 阳极对阴极电压开始为正，阀 V4 导通，阀 V2 开始向 V4 换相，形成三相短路和直流短路，i_3 电流按三相短路计算，其等值电路如图 5-3（b）所示；阀 V2 向阀 V4 换相结束后，又形成两相短路；当 P5 脉冲发出时刻，在阀 V3 向阀 V5 换相时又形成三相短路，从而交替发生两相短路、三相短路和直流短路。

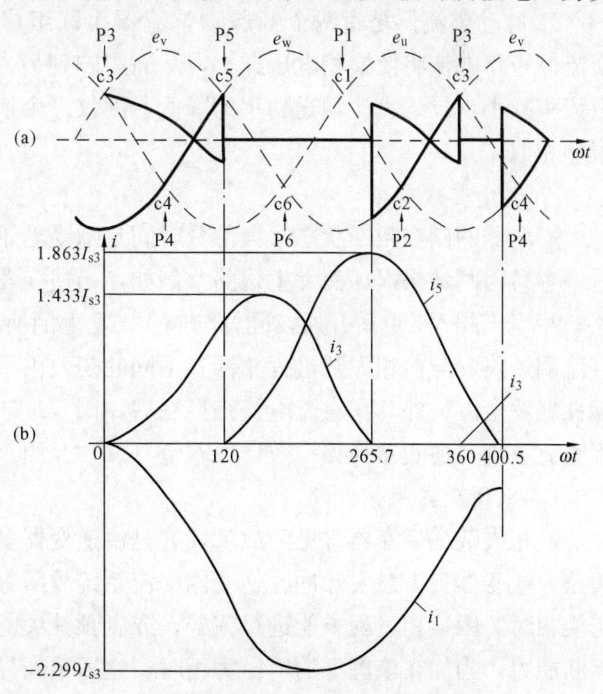

图 5-4　整流阀短路电流波形图

(a) 换相电压；(b) 最大阀短路电流

经分析[1]，阀 V3 的电流 i_3 在进行到 150°附近达到最大值 $1.433I_{s3}$，而当进行到 265.7°时降为零；此时阀 V5 的电流 i_5 达到其最大值 $1.863I_{s3}$。在此过程中，阀 V1 的电流 $i_1=-(i_3+i_5)$，在 210°左右达到最大值 $2.299I_{s3}$。i_1、i_3 及 i_5 电流变化如图 5-4（b）所示。两相短路电流与三相短路电流的幅值分

别由以下公式表示

$$I_{s2}=\frac{\sqrt{2}E}{2\omega L_{\gamma}},I_{s3}=\frac{\sqrt{2}E}{\sqrt{3}\omega L_{\gamma}} \tag{5-1}$$

式中，E 为换相线电压；L_{γ} 为换相电抗的电感；ω 为角频率，$\omega=2\pi f$；f 为交流系统频率。

由于额定运行工况的直流电流可由以下公式表示

$$I_{d}=\frac{\sqrt{2}E}{2\omega L_{\gamma}}[\cos\alpha-\cos(\alpha+\mu)] \tag{5-2}$$

假定额定工况下，触发角 $\alpha=15°$，换相角 $\mu=20°$，则可得出 I_{s2} 和 I_{s3} 与额定直流电流的关系

$$I_{s2}=\frac{\sqrt{2}E}{2\omega L_{\gamma}}=\frac{I_{d}}{[\cos\alpha-\cos(\alpha+\mu)]}\approx 6.813\ 2I_{d} \tag{5-3}$$

$$I_{s3}=\frac{\sqrt{2}E}{3\omega L_{\gamma}}=\frac{2I_{d}}{\sqrt{3}[\cos\alpha-\cos(\alpha+\mu)]}\approx 7.867\ 2I_{d} \tag{5-4}$$

因此，可得到在上述条件下，流过阀 V1、V3 和 V5 的故障电流最大值分别为

$$I_{1max}=2.299I_{s3}=18.087I_{d} \tag{5-5}$$

$$I_{3max}=1.433I_{s3}=11.274I_{d} \tag{5-6}$$

$$I_{5max}=1.863I_{s3}=14.674I_{d} \tag{5-7}$$

可以看出，阀短路的特征有：①交流侧交替地发生两相短路和三相短路；②通过故障阀的电流反向，并剧烈增大；③交流侧电流激增，使换流阀和换流变压器承受比正常运行时大得多的电流；④换流器直流母线电压下降；⑤换流器直流侧电流下降。

12 脉动整流器是由两个 6 脉动整流器串联组成，当一个 6 脉动整流器发生阀短路时，交流侧短路电流将使换相电压减小，从而影响到另一个 6 脉动整流器，因此 12 脉动整流器电流将减小，导致直流输送功率的降低。因仅一个换流阀短路，交流侧短路电流与 6 脉动整流器相似。

2. 逆变器阀短路

逆变器的阀在阻断状态，大部分时间是承受着正向电压，当电压过高或电压上升率太快时，容易因阀绝缘损坏而发生短路。例如，当逆变器的阀 V1 关断，加上正向电压后发生短路，相当于阀 V1 重新开通，同样与阀 V3 发生倒换相，而在阀 V4 导通时，V1 与 V4 形成直流侧短路，与换相失败过程相同。不同的是，由于阀 V1 短路，双向导通，换相失败将周期性地发生。另外，在直流电流被控制后，阀 V1 与阀 V3 换相时的交流两相短路电流将大于直流电流。逆变器换相失败详见本节（二）介绍。

（二）逆变器换相失败

换相失败是逆变器常见的故障，它是由逆变器多种故障所造成的结果，如逆变器换流阀短路、逆变器丢失触发脉冲、逆变侧交流系统故障等均会引起换相失败。当逆变器两个阀进行换相时，因换相过程未能进行完毕，或者预计关断的阀关断后，在反向电压期间未能恢复阻断能力，当加在该阀上的电压为正时，立即重新导通，则发生了倒换相，使预计开通的阀重新关断，这种现象称为换相失败。

以阀 V1 对阀 V3 的换相过程（见图 5-5）为例，若阀 V3 触发时，换相角较大，在阀电

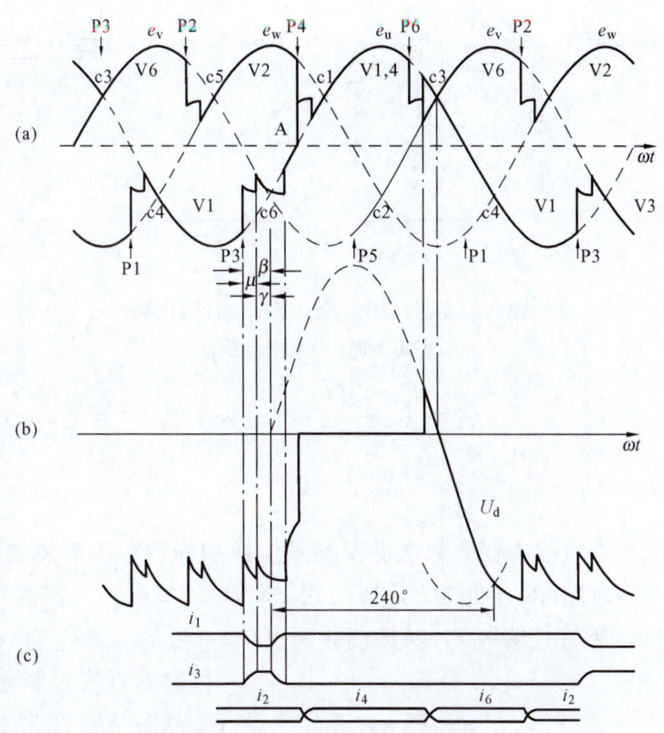

图 5-5 逆变器换相失败波形图

（a）换相电压；（b）直流电压；（c）阀电流

压过零点后，阀 V1 上还有剩余截流子，在正向电压作用下，不加触发脉冲也会重新导通，使阀 V3 倒换相至阀 V1，到 A 时刻阀 V3 关断。有时由于换相角过大，甚至到 C6 时阀 V1 向阀 V3 换相的过程尚未完成，接着就从阀 V3 倒换相到阀 V1。倒换相结束后，阀 V1 和阀 V2 继续导通。若无故障控制，则按原来次序触发以后各阀，在阀 V4 触发导通时，通过 V4 和 V1 形成直流侧短路。在 P5 时刻，阀 V5 承受反向电压不能开通，直到阀 V4 换相至阀 V6 后，直流短路消失。若不再产生换相失败，则可以自行恢复正常运行。在此故障过程中，逆变器反电压下降历时 240°约 13.3ms，直流侧短路换相角为 $120°+\mu$。

逆变器在发生换相失败直流侧短路后，直流系统的逆变侧失去反电动势。假设整流器在故障瞬间定触发角运行，则相当于电压源［参见图 5-6（a）］。当发生换相失败时，通过逆变器的故障电流可按式（5-8）计算

$$i_{dn}=I_{d0}+\frac{U_{dn}}{2R}(1-e^{-2\sigma t})+\frac{U_{dn}}{2\omega_1 L}e^{-\sigma t}\sin\omega_1 t \tag{5-8}$$

其中
$$\sigma=\frac{R}{2L};\omega_1=\sqrt{\frac{2}{LC}-\sigma^2}$$

式中，I_{d0} 为故障前输电线路电流；U_{dn} 为故障前逆变器直流电压；假设 $L_1=L_2=L$；$R=\frac{1}{2}(R_1+R_2+d_\gamma)$；$C$ 为直流线路等值电容。

如果整流器的定电流调节器是理想的，则可认为它是电流源［参见图 5-6（b）］，保持输出的直流电流不变，因此通过逆变器的故障电流将按式（5-9）计算

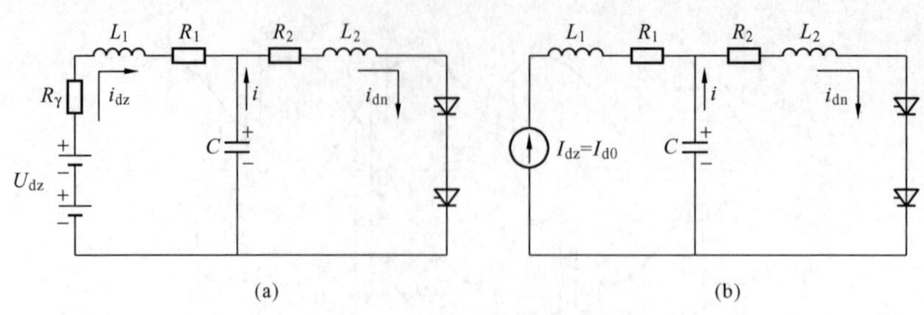

图 5-6 逆变器换相失败故障电流计算电路图

(a) 电压源；(b) 电流源

$$i_{dn}=I_{d0}+\frac{U_{dn}}{\omega_2 L}e^{-\sigma t}\sin\omega_2 t \tag{5-9}$$

式中，$\omega_2=\sqrt{\omega_0^2-\sigma^2}$；$\omega_0=\dfrac{1}{\sqrt{LC}}$。

图 5-7 是采用三—常直流工程参数，逆变器发生换相失败时直流侧故障电流计算结果。曲线 1 是按照式（5-8）计算的，曲线 2 是按照式（5-9）计算的，工程实测的最大直流短路电流在两条曲线之间，更接近曲线 2，其振荡频率也在 ω_1 与 ω_2 之间。

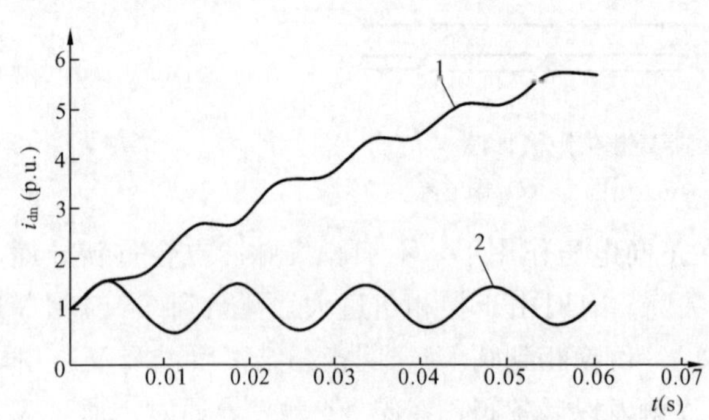

图 5-7 逆变器换相失败直流侧故障电流计算结果

目前的直流控制系统，一般在逆变器直流侧短路后 120°（约 6.7ms），不能完全控制住短路电流，因此逆变器换相角仍很大，使 V4 向 V6 换相仍不成功，直流侧短路继续存在；通常，最大短路电流出现在换相失败后 20ms 时，约 2 倍的额定电流；在直流侧短路 50ms 左右，整流侧的电流调节器才能将直流电流控制在整定值或零，与电流调节器的性能有关。此后，V6 或 V3 换相成功，解除直流侧短路。

若在阀 V3 换相失败之后，阀 V4 也换相失败，则称为两次连续换相失败，阀 V1 和阀 V2 连续导通近一个周波，直流反电压 180°（约 10ms），换流变压器持续流过直流电流产生偏磁，工频分量将进入直流系统。

换相失败的特征是：①关断角小于换流阀恢复阻断能力的时间（大功率晶闸管约 0.4ms）；②6 脉动逆变器的直流电压在一定时间下降到零；③直流电流短时增大；④交流侧短时开路，电流减小；⑤基波分量进入直流系统。

对于 12 脉动逆变器，一个 6 脉动逆变器发生换相失败，由于换相失败反向电压减小一半，直流电流又增大，使得串联的另一个 6 脉动逆变器的换相角增大，也可能发生换相失败。其直流电压和电流的变化趋势与 6 脉动逆变器相同。

（三）换流器直流侧出口短路

直流侧出口短路是指换流器直流端子之间发生的短路故障，其故障点见图 5-2 的 4 和 7。

1. 整流器直流侧出口短路

整流器直流侧出口短路与阀短路的最大不同是换流器的阀仍可保持单向导通的特性，以6脉动换流器为例，如果在整流器两个阀正常工作期间，发生直流出口短路，相当于发生了交流两相短路；当下一个阀开通换相时，将形成交流三相短路。如果在换流阀进行换相期间，发生直流出口短路，就相当发生了交流三相短路。

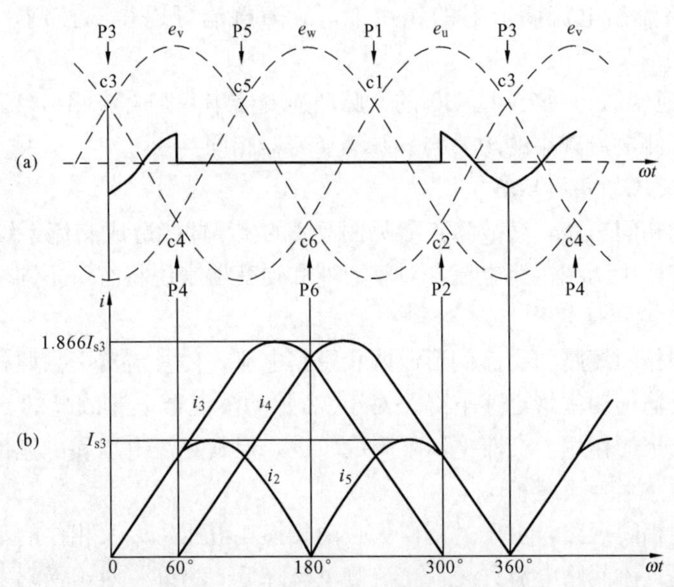

图 5-8　整流器出口短路波形图

（a）换相电压波形图；（b）最大阀短路电流波形图

以下简单分析整流器直流侧出口短路过程，如图 5-8 所示，设整流器运行在理想空载状态（即 $\alpha=0°$，$I_d=0$），在阀 V1 和阀 V3 换相结束后，阀 V2 和阀 V3 导通时发生短路，此时交流侧 V、W 两相短路，阀 V2 及阀 V3 的电流 i_2 和 i_3 按两相短路计算；当 $\omega t=60°$时阀 V4 开通，形成交流三相短路，i_2 和 i_3 按三相短路计算；当 $\omega t=120°$时发 P5 脉冲，但由于直流短路，阀 V5 处于反向电压作用下而不能开通，要等阀 V2 关断后 $i_2=0$ 时阀 V5 才开通，仍形成三相短路，阀 V3 的电流继续按上阶段变化；在 $\omega t=180°$时发 P6 脉冲，但阀 V6 也要等阀 V3 关闭后才能导通，而阀 V3 要在 $\omega t=300°$时才能关断，P6 的宽度最多只有 120°，因此实际上阀 V6 是不能开通的，在 $\omega t=300°$时阀 V3 关断，只剩下阀 V4、阀 V5 导通，转为 U、W 两相短路。在 $\omega t=360°$时 $i_4=i_5=0$，阀短路电流均为零，若故障继续存在，整流器重新转入阀 V2、阀 V3 导通情况下的两相短路状态，因此上述过程则成为周期性的循环。此时，V3 和 V4 中的最大电流为 $1.866I_{s3}$，V2 和 V5 中的最大电流为 I_{s3}。

整流器直流出口短路的特征是：交流侧通过换流器形成交替发生的两相短路和三相短路；导通的阀电流和交流侧电流激增，比正常值大许多倍；因短路直流线路侧电流下降；换流阀保持正向导通状态。

对于 12 脉动整流器，两个相差 30°的 6 脉动整流器串联，直流侧出口短路，短路通过两个 6 脉动整流器形成，其故障过程与 6 脉动整流器相似。

2. 逆变器直流出口短路

逆变器直流侧出口短路，其故障点见图 5-2 的 4 和 7，直流线路电流增大，与直流线路末端短路类似，但是由于直流平波电抗器的作用，其故障电流上升速度较慢，短路电流较小。当逆变器发生直流侧短路时，流经逆变器阀的电流将很快降到零，对逆变器和换流变压器均不构成威胁。实际上，在逆变器触发脉冲的作用下，当每个阀触发时，仍有瞬时充电电流存在。通常在整流站电流调节器的作用下，故障电流可以得到控制，但是短路不能被清除。

对于 12 脉动逆变器，两个相差 30°的 6 脉动逆变器串联，直流侧出口短路，换流器直流侧电流增大，交流侧电流减小的现象与 6 脉动逆变器相同。

（四）换流器交流侧相间短路

换流器交流侧相间短路，其故障点参见图 5-2 的 1，直接造成交流系统的两相短路。这对交流系统来说将产生两相短路电流，对整流器和逆变器来说将有所不同。

1. 整流器交流侧相间短路

整流器交流侧相间短路，交流侧形成两相短路电流，使整流器失去两相换相电压，其直流电流和电压以及输送功率将迅速下降。对于 12 脉动整流器，非故障的 6 脉动换流器尽管由于换流变压器电抗的作用，交流电压下降的较少，但其直流电压和电流也下降。

2. 逆变器交流侧相间短路

逆变器交流侧相间短路，由于逆变器失去两相换相电压，以及相位的不正常，使逆变器发生换相失败，其直流回路电流升高，交流侧电流降低。另外，对于受端交流系统相当于发生了两相短路故障，将产生两相短路电流；在直流故障电流被整流侧电流调节器控制后，每周瞬间交流侧两相短路电流将大于直流侧电流。对于 12 脉动逆变器，非故障的 6 脉动逆变器受到换相电压下降和故障的 6 脉动换流器发生换相失败使直流电流增加的影响，使其换相角增大，因而也发生换相失败。

（五）换流器交流侧相对地短路

对于 6 脉动换流器，换流器交流侧相对地短路的故障与阀短路相似。对于 12 脉动换流器，高压端 6 脉动换流器交流侧相对地短路是通过低压端 6 脉动换流器形成回路的，其故障点见图 5-2 的 2。

1. 整流器交流侧相对地短路

整流器交流侧相对地短路，通过站接地网及直流接地极（在站内接地开关闭合时不通过接地极），到达直流中性端，形成相应的阀短路。因此，短路回路电阻相应增加，其短路电流比阀短路略有减小。此时，直流中性端电流基本与交流端相同，但直流另一端电流基本不变。

对于 12 脉动整流器，无论哪个 6 脉动换流器发生单相对地短路，直流中性母线都是短路回路的一部分。由于高压端 6 脉动换流器的交流短路回路需要通过低压端 6 脉动换流器构成，因此交流侧短路电流相对较小。

应该注意的是，在整流器交流侧发生相对地短路期间，二次谐波分量将进入直流侧，如果直流回路的固有频率接近此频率，则可能引起直流回路的谐振。

2. 逆变器交流侧相对地短路

逆变器交流侧相对地短路，同样通过站接地网及直流接地极（在站内接地开关闭合时不通过接地极），到达直流中性端，形成相应的阀短路。其故障过程与阀短路类似，使逆变器发生换相失败。在故障初期，直流电流增加，交流电流减小。当直流电流被整流侧电流调节器所控制、逆变站换相解除直流短路时，反向电压突然建立，使换流器高压端的直流电流瞬间减小（甚至为零），通过对地短路回路形成的两相短路使交流侧电流和直流中性端电流增加。最后，由相应的保护动作，闭锁换流器，跳开交流侧断路器。

对于 12 脉动逆变器，由于故障的 6 脉动逆变器发生换相失败，直流电流增加，可能使非故障的 6 脉动换流器也发生换相失败。同样，无论哪个 6 脉动换流器发生单相对地短路，通过大地回路形成的两相短路使交流侧电流和直流中性端电流增加，而换流器另一端的直流电流瞬间由大变到小，然后由整流侧电流调节器控制在其整定值上。

（六）换流器直流侧对地短路

直流侧对地短路，包括 12 脉动换流器中点、直流高压端、直流中性端对地形成的短路故障，其故障点见图 5-2 的 5、6、8，故障机理与直流端短路类似，仅短路的路径不同。

1. 整流器直流侧对地短路

12 脉动整流器直流高压端对地短路，其故障点见图 5-2 的 6，通过站接地网及直流接地极（在站内接地开关闭合时不通过接地极），到达直流中性端，形成 12 脉动换流器直流端短路。短路使直流回路电阻减小，阀及交流侧电流增加；而直流侧极线电流很快下降到零。

12 脉动整流器直流侧中点对地短路，其故障点见图 5-2 的 5，使低压端 6 脉动换流器通过站接地网及直流接地极（在站内接地开关闭合时不通过接地极），到达直流中性点形成低压端 6 脉动换流器直流端短路。短路使直流回路电阻减小，低压端 6 脉动换流器阀电流及交流侧电流、直流中性点电流增加，直流极线电流下降。

12 脉动整流器直流中性端对地短路，其故障点见图 5-2 的 8，因中性端一般处于地电位，对换流器正常运行影响不大。但是，短路电阻与接地极电阻并联，重新分配通过中性点的直流电流。

2. 逆变器直流侧对地短路

12 脉动逆变器直流高压端对地短路，其故障点见图 5-2 的 6，直流端直接接地，通过站接地网及直流接地极，形成逆变器直流端短路，其故障过程与逆变器直流侧出口短路类似。故障使直流侧电流增加，而流经逆变器的电流很快下降到零，中性端电流也下降。

12 脉动逆变器直流侧中点对地短路，其故障点见图 5-2 的 5，将低压端 6 脉动换流器短路，使直流极线电流增加，可能引起高压端 6 脉动换流器换相失败。同样，中性端电流下降。

12 脉动逆变器直流中性端对地短路，其故障点见图 5-2 的 8，因中性端一般处于地电位，对逆变器正常运行影响不大。但是，由于短路电阻与接地极电阻并联，会重新分配通过的直流电流。

（七）控制系统故障

直流输电换流器由控制系统的触发脉冲控制，保证直流系统的正常运行。控制系统故障体现在触发脉冲不正常，从而使换流器工作不正常，其主要有以下两种。

1. 误开通故障

整流器阀关断期间，大部分时间承受着反向电压，发生误开通的机会较少，即使发生误开通也仅相当于提早开通，这对于正常运行扰动不大。逆变器的阀在阻断期间的大部分时间内承受着正向电压，若此时受到过大的正向电压作用，或阀的控制极触发回路发生故障，都可能造成桥阀的误开通故障。逆变器的误开通故障发展过程与一次换相失败相似，只要加以控制，能够使其恢复正常。

误开通的特征是：整流侧发生误开通时，因直流电压稍有上升，使直流电流也稍上扬；逆变侧发生误开通时直流电压下降或发生换相失败，使直流电流增加。

2. 不开通故障

阀不开通故障是由于触发脉冲丢失或门极控制回路的故障所引起。整流器发生不开通，如阀 V3 发生不开通故障，使阀 V1 继续导通，整流器直流电压下降；当阀 V4 导通后，由于 V4 和 V1 形成整流器旁路，而使整流器直流出口电压下降为零，直流电流跟随到零，一直到阀 V5 开通直流出口电压才逐步恢复，若采取控制措施，直流出口电压将提早恢复；直流出口电压的变化，使直流系统的电流也跟随变化；直流电压和电流中将出现工频分量，当直流回路的自振频率接近工频时，则可能会引起工频谐振。逆变器不开通使先前导通的阀继续导通，与换相失败相似，差别在于不存在倒换相，同理采用控制的方法可使其恢复正常。

不开通的特征是：整流侧发生不开通故障时，直流电压和电流下降；逆变侧发生不开通故障时，直流电压下降，直流电流上升。

(八) 换流器辅助设备故障

为了防止晶闸管元件因结温高而损坏，换流器需要空冷、水冷或油冷等冷却设备。冷却系统出现故障，将导致热交换剂温度的升高和流量及品质的异常现象。

二、直流开关场与接地极故障

(一) 直流极母线故障

直流极母线故障主要指接在母线上的直流场设备发生对地闪络故障，其故障机理是，在整流站像是换流器直流出口对地短路，在逆变站像是直流线路末端对地短路。在换流站直流开关场中，通常极母线两端设置有直流电流检测装置，其中的极母线对地短路，将反映在两端测量的电流差值中。极母线上连接的各种装置，一般都有自己的专门保护。对于一些对直流系统运行没有直接影响的辅助设备，如发生非接地性故障时，其直流电压和电流基本不变，如何保护需要具体研究。

(二) 中性母线故障

直流中性母线故障主要指接在中性线上的直流设备发生的对地短路，其故障机理像是换流器直流中性点对地短路，双极中性母线故障像是接地极引线对地短路。

同样，在换流站直流开关场中，所有中性母线两端都应设置有直流电流检测装置，根据这些电流可以判断出中性母线设备是否发生对地短路故障。另外，中性母线的电压，根据不同的直流接线方式，应在一定的范围内变化。例如，单极金属回线，直流系统惟一的接地点，一般设在逆变站；此时，整流站中性母线的电压等于金属回线上的压降。如果接地设备发生开路，中性线电压将发生异常现象。

由于中性母线处于地电位，短路支路与原接地线并联来分配直流电流，如果直流电流较小或短路阻抗较大，那么电流差值可能很小。中性母线上连接的重要装置，一般都有自己的专门保护。同样，对于一些直流系统运行没有直接影响的辅助设备，发生非接地性故障时，直流电压和电流基本不变，因此如何保护将需要具体研究。

（三）直流滤波器故障

直流输电使用的直流滤波器主要由电容、电感和电阻等元件组成，一般接在直流极母线与中性线母线之间。如果它们出现接地故障，除了直流极线或中性线上两端的电流出现差值，故障滤波器极线端与中性端的电流也会出现差值。另外，通过滤波器的电流也会增大。

由于电容元件一般由多台容量相等的电容器串联、并联组成，可以将它们分成两组或四组容量相等的部分，通过测量其不平衡电流，判断电容器故障。从直流输电工程运行中发现，如果发生电容器对称性故障，则上述的测量将不起作用。为此，根据滤波器的特性，可以检测流过滤波器的几种特征谐波电流，并计算出滤波器的失谐度，以用来判断电容器故障情况。

（四）直流接线方式转换开关故障

为构成直流系统不同的接线方式进行带电转换和极隔离，直流开关场具有一些断路器和隔离开关。这些设备发生对地短路故障，可由所在地域的电流测量装置测出差动电流。对于主要的断路器，如极隔离断路器（NBS）、金属回线转换断路器（MRTB）、大地回线转换开关（GRTS）等，可以通过相应的直流运行参量，判断是否具备这些断路器断开的条件以及断路器动作是否正确，以便采取重合断路器等保护措施。

（五）直流接地极及引线故障

为了避免直流地电流对站接地网和换流变压器的影响，接地极通常建在离换流站几十公里的地方，因此换流站与接地极之间需要接地极引线进行连接。当接地极引线发生断路故障时，则流过接地极的电流为零，站内因失去参考电位，中性母线电压将会升高。

接地极引线一般采用两根平行导线，比较两根导线的电流差可以判断出一定距离的引线故障。由于接地极本身处于地电位，因此对于接地故障，直流电流是按短路电阻和接地电阻分配的；对于接近接地极的短路故障，短路电阻远大于接地电阻，在换流站内测量接地极电流，很难反映出故障的实际情况。

三、换流站交流侧故障

（一）换流变压器及辅助设备故障

（1）变压器故障的本体物理量变化。换流变压器发生内部故障，其绕组温度，油温、油流和油位，以及气体、压力，均将会发生异常变化。

（2）变压器辅助设备故障。换流变压器的油泵、风扇和电机等辅助设备工作不正常，可以使换流变压器出现故障，从而使其本体物理量不正常。

（3）变压器故障的电气量变化。除了变压器本体物理特性变化反映变压器故障外，不同故障将引起变压器的不同电参量变化。在换流变压器交流进线各相及各个绕组两端设有电流测量装置，可以测量出不同地点对地短路故障所产生的差电流和过电流；不同故障和操作将产生一定时间的涌流和谐波量；通过故障电流可以计算出变压器的发热情况。交流电网操作时可能产生对换流变压器和换流器有损害的异常过电压现象。

对于每个 6 脉动换流器，只要换流器闭锁，就不会有严重的故障电流出现，但在换流器存在接地故障时，在换流变压器阀侧电压中会出现明显的零序分量。换流变压器发生三相不平衡故障，在换流变压器网侧中性点将产生零序电流分量。

对于双极不平衡运行或单极大地回线运行，当直流侧中性线接地开关闭合时，有较大的直流电流流过换流变压器中性点。换流变压器中性点流过大的直流电流将引起变压器饱和，这种饱和的特点是变压器中性点产生有很大峰值的周期性电流，并与直流接地极电流呈线性变化。换流变压器一次绕组内部接地故障或绕组故障，通过绕组高压侧的零序电流与中性点的零序电流比较可以测出故障。

（二）换流站交流侧三相短路故障

交流系统故障对直流系统的影响是通过加在换流器上的换相电压的变化而起作用的。当交流系统发生故障时，交流电压下降的速率、幅值以及相位的变化都会对直流系统的运行造成影响。

1. 整流侧交流系统三相短路故障

交流系统发生三相对称性故障，整流器的换相电压变化与故障点距换流站的电气距离有关，根据理论分析可知

$$U_{d1}=1.35E_1\cos\alpha-(3/\pi)X_{\gamma1}I_d \tag{5-10}$$

式中，U_{d1}为整流器的直流电压；α为触发角；$X_{\gamma1}$为整流器的等值换相电抗；E_1为整流器的换相线电压有效值；I_d为直流电流。

由式（5-10）可见，故障点离换流器越近，E_1下降越大，U_{d1}下降也越大，这对换流器的影响就越大，直至换相电压下降为零。直流系统受换相电压下降的影响，首先是直流电压下降而引起的直流电流下降，定电流控制从整流侧转到逆变侧，从而导致直流输送功率下降。由于没有危及直流设备的过电压和过电流产生，所以不需直流系统停运。在交流系统故障被切除后，随着交流系统电压的恢复，直流功率则快速恢复。

2. 逆变侧交流系统三相短路故障

逆变侧交流系统三相短路故障，使逆变站交流母线电压降低，从而使逆变器的反电动势降低，直流电流增大，可能引起换相换失败。交流电压下降的速度及幅值与交流系统的强弱及故障点离逆变站的远近有关。当故障点较近及交流系统较弱时，换相电压下降的幅值大且速度也快，最容易引起换相失败。以下将对交流系统发生三相短路故障可能引起换相失败的机理进行分析。

由换流原理可知，逆变器的触发角α、换相角μ_2、关断角γ以及超前触发角β之间有如下关系

$$\alpha=180^\circ-\beta \tag{5-11}$$

$$\beta=\gamma+\mu_2 \tag{5-12}$$

逆变器的直流电压、换相角和关断角可分别由以下公式表示

$$U_{d2}=1.35E_2\cos\gamma-(3/\pi)X_{\gamma2}I_d \tag{5-13}$$

$$\mu_2=\cos^{-1}[\cos\gamma-6X_{\gamma2}I_d/(1.35\pi E_2)]-\gamma \tag{5-14}$$

$$\gamma=\cos^{-1}\left[\left(U_{d2}+\frac{3}{\pi}X_{\gamma2}I_d\right)\Big/(1.35E_2)\right] \tag{5-15}$$

式中，$X_{\gamma2}$为逆变器的等值换相电抗；E_2为逆变器的换相线电压有效值；U_{d2}为逆变器的直流电压；I_d为直流电流。

通常在额定工况下，μ_2 为 15°～20°，γ 为 16°～18°。对于逆变器，α 的工作范围为 $90°<\alpha<180°$，即 β 的工作范围为 $0°<\beta<90°$。假定 γ_{min} 为晶闸管换流阀恢复阻断能力所需的时间，则根据目前晶阀管的制造水平约为 400μs（约为 7.2°）。这意味着，逆变器在运行中，如果 γ 角小于 7°，则会发生换相失败。

当交流系统发生三相短路时，换相电压 E_2 将降低，从式（5-13）可知，这将使逆变器的直流电压 U_{d2} 降低，从而使直流电流 I_d 升高。同时从式（5-14）和式（5-15）可知，E_2 的降低和 I_d 的升高都会引起运行的换相角 μ_2 加大和 γ 角变小。当 γ 角小于 γ_{min} 时，逆变器将发生换相失败。因此，逆变侧交流系统发生三相短路故障，逆变器是否会发生换相失败，与 E_2 下降的幅值和速度、I_d 上升的速度、γ 角调节器的增益和时间常数等因素有关。其中，E_2 下降的幅值和速度取决于故障点离换流站的距离和交流系统的强弱；I_d 上升的速度取决于直流回路的参数（主要是平波电抗器的电感和直流线路的电感和电容等）及整流侧电流调节器的增益和时间常数。看起来像是电流调节器与 γ 角调节器响应的越快，调节量越大，对抑制换相失败是有利的。但需要注意的是，γ 角调节器的调节量不能太大，响应时间也不能太快，它必须与电流调节器的动态参数相配合，才能得到较好的结果。因为 γ 角的加大，将使得逆变器的反电动势降低，从而加快了 I_d 的上升，致使 μ_2 增大，这将对防止换相失败是不利的。因此，对于一个已运行的直流输电工程（其直流系统参数和交流系统结构和参数已定），合理地调整电流调节器和 γ 角调节器的动态参数也是降低换相失败率的一种方法。

对于不同的直流输电工程，其直流回路参数、控制系统功能配置、动态参数和两端交流系统的强弱及参数等是不相同的。在工程设计阶段需要对整个交、直流系统进行实时物理模拟和离线数字仿真，并对直流控制系统的参数进行优化选择，使其有利于降低逆变器的换相失败率。

当交流系统故障，使换相电压大幅度下降时，换相角 μ_2 将大大增加，以致使阀的实际关断角将受到影响而变小[1]，此时的关断角与换相角的关系 $\gamma=60-\mu_2$。即使直流系统运行在整流站定直流电流、逆变站定关断角的理想方式，逆变器也可能发生换相失败。在这种情况下，交流系统发生三相短路时，产生换相失败的临界电压下降系数 K 可由下式表示

$$K=X_{\gamma2*}/[\cos\gamma-\cos(\gamma-\gamma_{min}+60°)] \tag{5-16}$$

式中，$X_{\gamma2*}$ 为换相电抗标么值，假定 $X_{\gamma2*}=\sqrt{2}X_{\gamma2}I_d/E_2=0.15$，$\gamma=17°$；$\gamma_{min}=7°$；代入式（5-16）得 $K=0.244$，即逆变器的三相电压对称下降到 24.4%以下时，即使关断角调节器起作用，换流器仍将发生换相失败。

需要注意的是，逆变器的触发角 α 不能小于 90°，即关断角与换相角之和不能大于 90°；所以，当换相电压瞬时变化幅值过大，逆变器的触发角被限制在最小值（100°左右）时，将很难避免发生换相失败。因此，在三相换相母线电压为零的极端情况下，逆变器必然发生换相失败。

考虑到 12 脉动换流器实测的关断角调节器最快只能在 1.667ms 完成换相电压变化对应的角度调节，在这个时间，如果相应于换相电压下降减小的关断角大于调节器增加的角度，将会发生换相失败。如果换相电压波形畸变或下面叙述的不对称故障造成的相位变化速度大于调节器的调节速度，那么也将发生换相失败。但是，换相失败发生后，如果在调节器作用下的关断角大于相对稳定的换相电压对应的关断角，那么逆变器将恢复正常换相。

在实际直流输电工程中，逆变器换相失败通常在 50ms 之内就可以恢复正常换相（与整流器的电流调节器的性能有关），一般交流系统三相故障在 100ms 内清除，随后 120ms 直流系统就可以恢复正常运行。

（三）换流站交流侧单相短路故障

单相故障是交流系统常见故障，一般形式为对地闪络。单相故障是不对称性故障，可以分离出正序、负序、零序分量。对于不同的换流变压器接线方式，对换相电压的影响也有所不同，其中零序分量通过换流变压器中性点，需要考虑换相线电压过零点相位变化的影响。例如，换流母线单相接地故障，换流变压器网侧故障相电压为零，对 Yy 接线阀侧换相电压与网侧一致；对于 Yd 接线，阀侧两相电压下降到 0.577p.u.，三相都有换相电压。如果交流线路一相断路，由于换流变压器存在三角接线，有互感作用，因此使换流变压器不同接线的换流器都有三相换相电压，仅相位发生变化。

1. 整流侧交流系统单相故障

整流侧交流系统发生单相故障，由于不平衡换相电压的影响，在直流系统将产生 2 次谐波。在故障期间，直流系统除了出现 2 次谐波外，与三相故障一样，直流电流和电压也相对减小，但直流输送功率下降比三相故障小。在交流系统单相故障清除后，直流输送功率将快速恢复。

2. 逆变侧交流系统单相故障

以变压器为 Yy 接线的逆变器为例，在一相（如 U 相）换相电压为零的极端情况下，如果触发脉冲相位不变（即不考虑控制作用），随着 U 相电压幅值的下降，线电压过零点将发生变化。当 U 相电压为零时，C1 和 C4 滞后 30°、C3 和 C6 超前 30°、C2 和 C5 不变（参见图 5-9）；线电压过零点的变化使应开通的阀（V6 和 V3）没有开通条件，应关断的阀（V4 和 V1）没有足够的关断角，逆变器则发生连续换相失败。

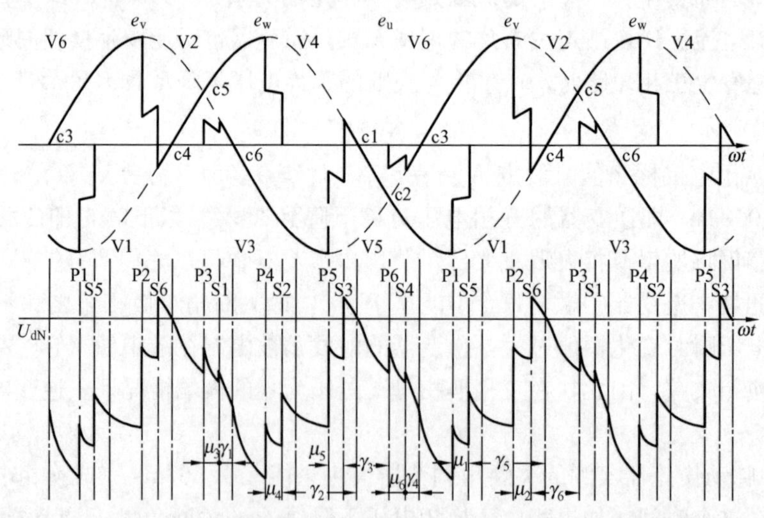

图 5-9　交流系统单相故障对逆变器换相影响示意图

在考虑关断角调节器作用的情况下，为保证足够的关断角，触发角被立即减小，换相失败在几十毫秒内就能恢复正常换相。图 5-9 是 U 相换相电压为零时，触发角减小到 120°，假定换相角为15°，关断角也为15°的换相过程图。由图5-9可看出，在失去一相换相电压时，减小触发角（增大关断角），可以使逆变器所有关断角都大于15°，以正常顺序换相，不会再发生换相失败；此时逆变器的直流电压平均值将低于正常值，并且出现较大的100Hz分量。触发角的减小将受到逆变器最小触发角的限制。

（四）交流单相重合闸

单相重合闸是，在交流线路发生单相对地闪络故障时所采取的清除故障、恢复线路运行的措施。在220kV系统中，单相重合闸时序是：0ms单相对地短路故障；150ms切除故障相，两相不平衡运行；1000ms重合故障相；重合后150ms不成功跳三相。

根据前面交流系统单相故障的分析，整流侧交流系统单相重合闸，仅因清除交流故障时间增长，增加了直流扰动的时间，其他机理基本相同。

对于逆变侧，如果逆变站有多回交流线路送出，其中一回发生单相对地闪络故障，尽管故障瞬间逆变器会发生换相失败，但在几十毫秒即可恢复正常。在故障相切除后两相运行期间，由于换流变压器的三角接线互感作用以及其他正常交流线路的支撑，换流器各相换相电压仍可保持一定的幅值，维持正常换相顺序，逆变器可以逐步恢复正常运行。在重合时，如果单相故障未被清除，相当于又发生一次单相短路故障，逆变器又发生换相失败，再逐渐恢复正常。故障线路跳三相切除后或重合成功，换相电压将恢复正常，逆变器也恢复正常运行。当单相故障不能清除（开关拒动）时，需要交流后备保护动作切除故障，从而不再执行重合闸措施，因此随着交流电压的恢复，直流系统也即恢复正常运行。

（五）交流滤波器故障

通常交流滤波器由电容器、电感器、电阻器和避雷器等元件组成。如果这些部件出现接地故障，则在高压和接地两端的电流将出现差值，另外通过滤波器的电流也会增大。由于电容元件一般由多台容量相等的电容器串联、并联组成，因此可以将它们分成两组或四组容量相等的几个部分，并通过测量其不平衡电流，也可判断出电容器故障；在发生不平衡电流和测量不能感知的对称故障时，可以检测流过滤波器的特征谐波电流和计算滤波器的失谐度，以达到判断电容器故障的目的。

（六）站用电系统故障

为了确保站用电和避免同时失去所有站用电源，一般换流站需要从相邻交流供电系统不同地点来提供两三路电源。为了避免造成环流，这些电源一个为有效，其他为备用；在有效的一路电源故障时，自动切换到其他备用的供电电源上；也可以使用两路站用电分别供给冗余配置的用电设备两个系统。换流站的站用电系统，虽然不是直流系统主要设备，但是实际直流输电工程的运行来说明，如果设计不当，在站用电切换时将会造成直流系统停运。这些切换需要注意转换时间与站用电设备允许失电时间的配合。当站用电系统供电电源及设备发生故障时，首先是相关的供电电压下降，可以利用这个特点进行站用电快速切换的控制和保护。

四、直流线路故障

直流线路故障，一般是以遭受雷击、污秽或树枝等环境因素所造成线路绝缘水平降低而产生的对地闪络为主。直流线路对地短路瞬间，从整流侧检测到直流电压下降和直流电流上升；从逆变侧检测到直流电压和直流电流均下降。其主要故障机理如下。

(一) 雷击

直流输电线路遭受雷击的机理与交流输电线路有所不同。直流输电线路，两个极线的电压极性是相反的。根据异性相吸、同性相斥的原则，带电云容易向不同极性的直流极线放电。因此对双极直流输电线路，两个极在同一地点同时遭受雷击的几率几乎等于零。一般直流线路遭受雷击时间很短，雷击使直流电压瞬时升高后下降，放电电流使直流电流瞬时上升。如果瞬时的电压上升，使直流线路某处对地绝缘不能承受，将发生直流线路对地闪络放电现象。

(二) 对地闪络

除了上述雷电原因外，当直流线路杆塔的绝缘受污秽、树木、雾雪等环境影响变坏时，也会发生对地闪络。直流线路发生对地闪络，如果不采取措施切除直流电流源，则熄弧是非常困难的。

当发生对地闪络后，直流电压和电流的变化将从闪络点向两端换流站传播。根据行波理论，两端测量的电压和电流可认为是前行波和后行波的叠加，行波以固有的幅值和略低于光速的速度传播。通常可用 $a(t)$ 代表前行波，$b(t)$ 代表后行波，Z 表示波阻抗。电压和电流的瞬时增量与 $a(t)$、$b(t)$ 之间的关系如下

$$\Delta u(t)=[a(t)-b(t)]/2 \tag{5-17}$$

$$\Delta i(t)=[a(t)+b(t)]/2Z \tag{5-18}$$

或

$$a(t)=Z\Delta i(t)+\Delta u(t) \tag{5-19}$$

$$b(t)=Z\Delta i(t)-\Delta u(t) \tag{5-20}$$

电压突然变化（如接地故障）将造成线路突然放电，因此对输电系统将产生涌流。这些波的不断反射会在线路上产生高频的暂态电压和电流。通过对瞬时电压和电流进行采样，以及已知的直流线路波阻抗，可以计算出行波值，更进一步地讲还可检测出直流线路接地故障的地点。

(三) 高阻接地

当直流输电线路发生树木碰线等高阻接地短路故障时，直流电压、电流的变化不能被行波等保护检测到，但由于部分直流电流被短路，两端的直流电流将出现差值。

(四) 直流线路与交流线路碰线

对于长距离架空直流输电线路，会与许多不同电压等级的交流线路相交，在长期的运行中，可能发生交直流线路碰线故障。交直流线路碰线，在直流线路电流中会出现工频交流分量。

(五) 直流线路断线

当发生直流线路倒塔等严重故障时，可能会将伴随着直流线路的断线。直流线路断线将造成直流系统开路，直流电流下降到零，整流器电压上升到最大限值。

第二节 直流输电保护系统

一、直流保护配置原则与特点

(一) 直流保护配置原则

直流输电系统的保护配置原则，来源于交流系统保护的配置原则，并结合了自己的特

点，主要有以下几方面。

1. 可靠性

保护装置的冗余配置，每套冗余配置的保护完全一样，有自己独立的硬件设备，包括专用电源、主机、输入电路、输出电路和直流保护全部功能软件，避免了因保护装置本身故障而引起的主设备或系统停运。每个可以独立运行的换流系统（如：极）的所有保护功能均集中放置在本极的保护装置中，采用集中冗余配置。双极部分的保护功能也应配置在每个极保护装置中，并有自己的测量回路。随着微机技术的发展，直流系统的一些主设备保护逐渐演变成在一定区域内集中配置。

2. 灵敏性

保护的配置应该能够检测到所有可能的，致使直流系统及设备处于危险情况的，以及对于系统运行来说不可以接受的故障和异常运行情况，因此直流保护采用分区重叠，没有遗漏，每一区域或设备至少采用相同原理的双主双备保护或不同原理的一主一备保护配置。

3. 选择性

直流系统保护分区配置，每个区域或设备至少有一个选择性强的主保护，便于故障识别；可以根据需要退出和投入部分保护功能，而不影响系统安全运行；单极部分的故障引起保护动作，不应造成双极停运；仅在站内直接接地双极运行方式时，某一极故障才必须停运双极，以避免较大的电流流过站接地网；任何区域或设备发生故障，直流保护系统中仅最先动作的保护功能作用；本极的关于极或双极部分的保护无权停运另外的极；保护尽量不依赖于两端换流站之间的通信，必须采取措施以避免一端换流器故障时引起另一端换流器的保护动作。

4. 快速性

充分利用直流输电控制系统，以尽可能快的速度停运、隔离故障系统或设备，保证系统和设备的安全；措施包括紧急移相、投旁通对、封锁触发脉冲、跳交直流两侧开关等。

5. 可控性

通过控制系统控制故障电压、电流等运行参数的方法，来减轻各种故障对设备的危害程度。

6. 安全性

保护应既不能拒动，也不能误动。为了保证设备和人身的安全，在不能兼顾防止保护误动和拒动时，保护及跳闸回路的配置宁可误动也不可拒动。跳闸回路应为独立的双跳闸线圈、双操作电源。

7. 可修性

各种直流保护功能的参数应便于修改，保护的配置应该考虑到装置试验和维护时不会影响到被保护的系统运行。

（二）直流保护特点

1. 微机化

随着电子技术的发展，现代直流输电保护已进入微机化时代。采用微处理器技术的直流保护具有以下特点。

（1）集成度高。可以将单独运行的换流系统内的所有能引起该系统停运的设备故障保护集中在一套保护系统中，有关高一级的极或双极的保护功能也都尽可能集中在这个基本的保护系统中。例如，葛—南直流将一个极的交流母线、换流器、直流开关场、直流线路和接地极及引线的保护都集中在主控室内的三套完全一样的冗余直流保护系统中；天—广直流的直流保护也是三重化，还将一大组交流滤波器保护集中在就地的继电器室中，双重化配置；三—常直流将换流变压器保护也集中到直流保护中。这些集中保护系统都是采用了多微处理器系统。

（2）判断准确。由于采用微处理器技术，便于输入信号处理、定量计算、判据设定、延时选择和冗余配置，因此提高了保护动作的准确性和系统的可靠性，便于故障分析处理。

（3）便于修改。微机保护中的各种功能可以通过软件功能和参数的修改进行修正，方便地投入或退出。例如，葛—南直流在调试和运行期间曾经修改软件，增加了丢失脉冲保护，调整了中性母线电流差动保护的定值，改进了直流系统保护的性能。

（4）经济性好。由于保护功能的集中，因此可以节省了保护硬件的投资；通过软件的修改，也提高和完善了保护功能，节省了技改经费；同时由于系统可靠性的提高也带来了一定的经济效益。

2. 与直流控制系统关系密切

由于直流系统的控制是通过改变换流器的触发角来实现的，直流保护动作的主要措施也是通过触发角变化和闭锁触发脉冲来完成的，因此直流系统的控制与保护功能关系密切。

（1）直流控制始终保持系统输送的功率恒定，当系统发生故障扰动时，控制系统将立即起作用，利用其快速性来抑制事故发展，企图维持系统稳定。例如，当逆变器发生换相失败，整流器的定电流调节器将抑制直流短路电流，约在 50ms 内将直流电流调回到额定值；逆变器的关断角调节器也将加大关断角，以防止换相失败。

（2）只有当系统发生严重的故障或设备发生永久故障，以及控制系统达到控制范围极限，直流系统不能恢复稳定时，直流保护才动作停运直流系统，隔离故障设备。例如，整流器发生阀短路故障，交流侧短路电流很大，控制系统不能控制，则需要保护迅速动作紧急移相，闭锁整流器触发脉冲。

（3）直流系统保护动作的策略是：某些保护先告警，同时采取控制措施，有些工程采取冗余的控制系统切换；如果故障进一步发展，则会起动保护停运程序。通过换流器触发脉冲的紧急移相或投旁通对，使直流电流和电压很快到零；根据不同的故障情况，直流保护起动不同的自动顺序控制程序，闭锁触发脉冲，并断开所连的交流滤波器和并联电容器。根据故障严重程度和不同的区域，相应发出直流极隔离的跳开直流断路器和换流变压器交流断路器指令。

因此，直流控制和保护的配合，既能快速抑制故障的发展，迅速切除故障，又能在故障消除后迅速恢复直流系统的正常运行。

3. 多重冗余配置

直流系统的保护基本属于系统保护，它包括换流器、直流开关场、中性母线、直流线路及交流开关场保护等不同保护区域的保护功能。为了防止直流保护装置本身的故障而造成运行可靠性降低，直流输电系统保护装置采用了冗余配置。直流保护的冗余用于提高保护装置本身的可靠性，最终以达到提高整个系统可靠性的目的。

如果仅有一套保护装置，装置本身故障，不是造成保护误动，就是造成保护拒动。因此采用两套相同的保护通道，其硬件、电源各自独立，假设它们发生误动和拒动故障的概率相同，但当冗余的方式不同时，保护的误动与拒动的概率也会不同。例如，冗余的方式为两个保护跳闸电路相“与”（二取二）输出，即两套保护都有跳闸信号时才输出。对于这种冗余配置，保护误动的可靠性逻辑是“与”的关系，对于拒动的可靠性逻辑则是“或”的关系。如果冗余的方式为两个保护跳闸电路相“或”（二取一）输出，即任一套保护有跳闸信号就输出，那么误动的可靠性逻辑是“或”的关系，但对于拒动的可靠性逻辑是“与”的关系。三套硬件和电源独立的，功能完全相同的保护通道，输出采用“三选二”方式（即两两之间先“与”，三个输出再“或”），可以避免任何一套保护装置本身故障造成的保护设备误动和拒动。一个保护通道故障误动，另两个通道正常，保护不会误动；一个保护通道故障拒动，另两个通道仍能正确动作，保护不会拒动；但需要解决好输出选择逻辑的冗余问题。如果四个相同的保护通道，输出逻辑的方式不同，作用也就不同。如果采用两两先“或”，然后输出再“与”的四取二方式，也可在一定程度上解决了误动与拒动的矛盾。电子技术的高速发展，为直流保护的多重冗余配置提供了可能。

（三）直流保护动作策略

1. 告警和启动录波

使用灯光、音响等方式，提醒运行人员，注意相关设备的运行状况，采取相应的措施，自动启动故障录波和事件记录，便于识别故障设备和分析故障原因。

2. 控制系统切换

利用冗余的控制系统，通过系统切换排除控制保护系统设备故障的影响。

3. 紧急移相

紧急移相是将触发角迅速增加到90°以上，将换流器从整流状态变到逆变状态，以减小故障电流，加快直流系统能量释放，便于换流器闭锁。

4. 投旁通对

同时触发6脉动换流器接在交流同一相上的一对换流阀，称为投旁通对。投旁通对可以用于直流系统的解锁和闭锁；直流保护使用投旁通对形成直流侧短路，快速降低直流电压到零，隔离交直流回路，以便交流侧断路器快速跳闸。形成投旁通对的一种策略是：当收到投入旁通对命令时，保持最后导通的那个阀的触发脉冲，同时发出与其同一相的另一阀的触发脉冲，闭锁其他阀的触发脉冲。

5. 闭锁触发脉冲

闭锁换流器的触发脉冲，使换流器各阀在电流过零后关断，在双极都闭锁时，需要同时切除所有交流滤波器。

6. 极隔离

在一个极故障停运时，为了不影响另一极正常运行，便于停运极直流设备检修，需要同时断开停运极中性母线上的连接断路器和极线侧连接隔离开关，进行极隔离。

7. 跳交流侧断路器

换流变压器网侧通过交流断路器与交流系统相连。为了避免故障发展造成换流器或换流变压器损坏，一些保护在闭锁换流器的同时，跳开交流侧断路器。

8. 直流系统再起动

为了减少直流系统停运次数，在直流线路发生闪络故障时，直流线路保护动作，启动再起动程序，将整流器控制角迅速增大到120°～150°，变为逆变运行，使直流系统储存的能量很快向交流系统释放，直流电流迅速下降到零。等待一段时间，待短路弧道去游离后，再将整流器的触发角按一定速率逐渐减小，使直流系统恢复正常运行。

二、直流保护功能配置

直流系统保护采取分区配置，通常将直流侧保护、交流侧保护和直流线路保护三大类，分为6个保护分区：①换流器保护区，包括换流器及其连线和控制保护等辅助设备；②直流开关场保护区，包括平波电抗器和直流滤波器，及其相关的设备和连线；③中性母线保护区，包括单极中性母线和双极中性母线；④接地极引线和接地极保护区；⑤换流站交流开关场保护区，包括换流变压器及其阀侧连线、交流滤波器和并联电容器及其连线、换流母线；⑥直流线路保护区。以三—常直流输电工程为例，对各保护区的功能配置进行介绍。

（一）换流器保护区

本区域主要包括在阀厅交、直流穿墙套管之内的换流器各种设备故障的电流差动保护、过电流保护以及换流器触发保护、电压保护和本体保护等。这个区域的主要保护功能如下。

1. 电流差动保护组

通过对换流变压器阀侧套管中电流互感器、换流器直流高压端和中性端出口穿墙套管中电流互感器的测量值比较，根据各种电流的差值情况，区别不同的换流器故障而设置不同的保护。换流器的这些电流差动保护起主保护的作用。例如，以交流电流大于直流电流为判据的保护，可作为换流器交、直流端短路故障的保护；以换流器直流侧高压端和低压端电流的差值为判据的换流器差动保护，可作为换流器对地短路故障的保护；以直流电流大于交流电流为判据的差动保护，可作为逆变器换相失败等故障的保护。现举例说明如下。

(1) 阀短路保护。保护目的是保护晶闸管换流器免受故障造成的过应力。其工作原理是利用阀短路、换流器交流侧相间短路或阀厅直流端出线间短路时，换流器交流侧电流大于直流侧电流的故障现象作为保护的判据。在正常运行时，这些电流是平衡的；当发生阀短路时，故障阀和正在换相的正常阀流过高幅值的电流；如果同一个三脉动阀组内第三个阀被触发，这种大电流也将流过这个阀；为避免这种情况，在第三个阀触发前，快速地检测故障，并且不投旁通对，立即闭锁换流器。

为了保证该保护快速动作，其动作定值一般设置为一半额定电流；保护的延时仅考虑防止高频干扰，一般仅为保护的软件执行周期（1ms左右）。阀短路故障是直流系统的严重故障，因此在保护动作后要闭锁换流器、跳开交流断路器和进行极隔离。

(2) 换相失败保护。保护目的是检测因交流电网扰动和其他异常换相条件造成的换流器换相失败；减少因交流电网扰动造成的换相失败次数；保证直流系统设备的安全。换相失败实质是关断角不能满足晶闸管恢复控制能力的需要，可以利用实测关断角或根据实测的运行参数来计算出关断角的方法取得保护的判据。由于实测关断角需要许多硬件装置，按照公式计算的关断角，又不能精确表示故障过程的每个阀关断角的具体情况，因此该保护的基本原理是根据逆变器换相失败时，交流侧电流大幅度降低，同时直流侧电流大幅度增加的故障特征而设计的。换相失败是控制脉冲故障或由交流电网故障引起的，因此必须与交流系统故障的最长清除时间相配合。每个直流工程换相失败保护均有自己的特点，通常为了防止换相失败还配备有相应的控制功能，保护动作后立即提前触发故障的逆变器，以防止继续换相失败，并起动暂态故障录波。保护动作后启动控制系统切换，避免因控制设备故障而造成停运；如果故障仍未消除，则闭锁换流器（由于换相失败是换流器工作不正常，故可以不投旁通对），跳开交流断路器。一些直流工程为了避免换相失败而引起直流线路保护误动，可通过通信闭锁整流侧直流线路保护。

（3）换流器差动保护。保护目的是检测换流器保护范围内的接地故障，并将故障换流器退出运行。其工作原理是，测量安装在阀厅直流中性端穿墙套管和极线端穿墙套管上的直流电流互感器的电流差值。为了适应直流各种运行工况，换流器差动保护可由一个快速不灵敏部分和一个慢速灵敏部分组成。保护定值和延时需要与阀短路保护和过电流保护相配合。由于保护动作是换流器接地故障的结果，因此需要闭锁换流器，跳开交流断路器，进行极隔离。

2. 过电流保护组

通过对换流变压器阀侧电流、换流器直流侧中性母线电流以及换流阀冷却水温度等参数的测量，可构成换流器的过电流保护，作为电流差动保护的后备保护。

（1）直流过电流保护。保护目的是防止造成换流设备，特别是晶闸管阀过电流损坏。其工作原理是测量换流器直流侧电流的最大值，当发生故障电流超过给定值时，闭锁换流器。为了与直流运行方式和主保护配合，通常保护的定值和延时分段设置。

（2）交流过电流保护。此保护与直流过电流保护不同的仅是监测量为换流器交流侧电流。

3. 触发保护组

对于换流器的触发脉冲，通常均设置监视系统。通过控制系统发出的脉冲与换流器晶闸管元件实际返回的触发脉冲相比较，可对换流器的误触发或丢失脉冲进行辅助保护。在阀内还需为晶闸管设置强迫导通保护，以避免当阀导通时，某个晶闸管不开通而承受过大的电压应力。

阀触发异常保护的目的是检测发出控制脉冲后换流阀是否导通，检测意外的阀触发，防止被选为投旁通对的阀不能导通，检测投旁通对阀的意外导通。其工作原理是换流器的触发系统按要求的导通间隔，向每个阀发送触发脉冲，比较触发脉冲与返回的触发信息，检测阀是否发生故障。这样，阀在触发脉冲间隔之外触发（误触发）或在间隔之内不能触发（丢失脉冲）都能检测到。此保护要与换相失败保护、直流谐波保护等配合，保护动作后先切换到冗余控制系统，如果故障仍然存在，则应闭锁换流器。

4. 电压保护组

电压保护组包括以交流侧或直流侧电压为监控对象的保护功能。

（1）电压应力保护。保护目的是通过连锁换流变压器分接开关，避免交流电压对所有换流设备产生过高的电气应力，避免阀避雷器过应力以及换流变压器过励磁。保护采用交流换流母线电压、分接开关位置来计算理想空载直流电压 U_{di0}，当电压值超过预设的整定值时，保护动作。此保护的策略是：U_{di0} 高于一定值，立即禁止进一步增大 U_{di0} 方向的分接开关动作；U_{di0} 高于一个更高的定值，将使分接开关向降低 U_{di0} 方向动作，并且切换到冗余的控制系统。对于再高的U_{di0}，则闭锁换流器，跳开换流变压器交流侧断路器。

(2) 直流过电压保护。保护目的是防止所有由于分接开关不正常运行或不正常的换流器开路运行。其工作原理是通过测量直流电压，结合直流电流、触发角来防止直流线路过电压。此保护应与极控设备中的过电压限制器、低压限流和直流线路保护等功能相配合。

5. 本体保护组

对于换流器本体，通常要求设置阀温度的监视。大部分直流输电工程使用温度的计算值，以对阀的热过应力进行保护。对于晶闸管工作状态的监视是换流器必不可少的环节。

(1) 晶闸管监测。当一个阀内的晶闸管故障数目达到预先整定的数量时，给出报警。当换流器充电且任何一个阀内晶闸管故障的数目超过整定值时，需跳开换流变压器网侧断路器。其工作原理是每个阀的阀控单元可以检测每个晶闸管在一定时间内是否加上了电压。当晶闸管加上电压时，将通过光纤将一个指示脉冲传到阀控，说明此晶闸管是正常的，否则就是损坏了。

(2) 大触发角监视。检查和限制主回路设备在大触发角运行时所受的应力。用大角度监测功能，计算因特殊要求增加触发角和关断角时在主回路设备上增加的应力。大角度保护是根据阀阻尼电路、阀避雷器和阀内电抗器的理论模型来计算换流器最大允许的功率损耗。当大角度运行时，如果超过晶闸管的限制值，同时具有较高的U_{di0}，大角度监测将在一定延时后，向分接开关发出降低U_{di0}的指令，并给出告警信号。若晶闸管阀上的应力进一步增加，大角度监测在一定延时后闭锁换流器。

(二) 直流线路保护区

1. 直流线路故障保护组

(1) 直流线路行波保护。它是直流线路故障的主保护，其目的是检测直流线路上的接地故障。根据行波理论，电压和电流可认为是前行波和后行波的叠加，行波以固有的幅值和略低于光速的速度传播。电压突然变化(接地故障)将造成线路突然放电，在输电系统中产生涌流。这些波的不断反射会在电力系统中产生高频的暂态电压和电流。通过对瞬时电压和电流采样和已知的波阻抗，行波可以计算出来，从而可以检测直流线路接地故障。行波保护的故障恢复策略详见下面的“再起动逻辑”。

(2) 微分欠压保护。该保护与行波保护目的和动作策略相同，保护只在整流站有效。它检测直流电压和电流，并有微分和欠电压两种不同的保护动作条件，相互结合可以提高保护动作的正确性。微分部分由一个微分电路构成，当直流线路发生接地故障时，直流电压以较高的速率降低到一个较低值，微分检测部分快速动作；为使微分检测更完善，同时要检测直流欠电压，较高的微分整定值和较低的欠电压水平，再考虑适当延时可以防止暂态电压下的保护误动。为区分整流站内故障与直流线路故障，测量dU/dt的同时测量dI/dt；较高的正dI/dt值(电流在正常方向上增加)，表明故障发生在直流线路电流互感器的线路侧；而较大的负值则表明故障点在直流场内；检测到欠电压持续时间超过预定值，则满足欠电压的条件；延时主要是保证保护的选择性，避免在开关操作过程及其他非直流线路故障扰动引起的保护误动。

(3) 直流线路纵差保护。保护目的是检测直流线路上的行波和微分欠压保护不能检测到的高阻接地故障。其工作原理是，测量并比较两站的极线电流，对测量电流可能出现的时间差应进行延时补偿。故障的恢复策略详见下面“再起动逻辑”。

（4）再起动逻辑。在行波、微分欠压、纵差等直流线路保护动作后，执行故障清除程序，进行再起动尝试的功能。当检测到故障时，向电流调节器发出“暂停”指令，并立即将触发角增大到90°以上，使整流器进入逆变运行，整流站和逆变站都使直流线路放电，直流电流很快降到零，在一定的去游离时间之后，进行再起动尝试。如果故障已经清除，再起动逻辑将监测直流电压的建立，恢复传输功率。如果直流电压不能建立，说明故障依然存在，再起动不成功，重新进行移相、降电流的去游离过程。再起动的次数是根据系统研究预先定好的。在绝缘出现问题（如绝缘子污染）时，为维持电压应力在较低水平，可采取降压再起动。当最后一次再起动不成功时，将闭锁换流器，停运直流系统。

2. 直流系统保护组

（1）直流欠电压保护。它是直流系统的后备保护，是通过测量直流电压或直流电流并结合触发角 α，检测直流线路上的低电压故障。此保护应与直流线路保护和低压限流功能相配合。

（2）线路开路试验监测。保护目的是检测在线路开路试验期间本站直流场和直流线路的接地故障。其工作原理是，如果直流电流超过预先设置值或者直流电压没有按预期地上升，则表明有接地故障发生。当交流侧电流过大时，保护也会动作。保护动作闭锁换流器。

（3）功率反向保护。保护目的是检测控制系统故障所造成的功率反向。功率反向的判据是，在没有功率反向指令的条件下，如果线路电压在一定时间（如0.5s）内极性改变并且超过设定的值，保护动作闭锁该极。

（4）直流谐波保护。保护目的是检测交直流线路碰线、阀故障、交流系统故障和控制设备缺陷等。其工作原理是，从直流电流中滤出基波和二次谐波，当谐波电流超过预定值一段时间后，保护动作。当谐波电流较小时，在一定延时后报警；当谐波电流较大时，则闭锁换流器。此保护应考虑与换相失败保护、阀触发异常保护以及交流保护的最长故障清除时间相配合。其保护动作有：切换到冗余控制系统、闭锁换流器、跳开交流断路器、进行极隔离等。

（三）直流开关场和中性母线保护区

1. 直流开关场电流差动保护组

（1）直流极母线差动保护。保护的范围是从极母线直流线路出口的直流电流互感器到阀厅穿墙套管上的直流电流互感器之间的直流母线和设备，检测该范围内的接地故障。有的工程使用中性母线套管上的直流电流测量设备，将保护范围扩展到换流器。其工作原理是，检测到的电流差值按定时限动作。保护动作为切换到冗余控制系统，并且在一定的延时之后，闭锁换流器、跳开交流断路器、进行极隔离。

（2）直流中性母线差动保护。保护的范围是从阀厅内中性端上的直流电流互感器到极中性母线出口直流电流互感器之间的设备，检测保护范围内的接地故障。其工作原理是，检测到的电流差值作为接地故障的判据，定时限动作，保护动作的策略与极母线差动保护相同。

（3）直流极差保护。保护的范围是从直流极母线出口到中性母线出口的直流电流测量点之间，包括换流器、直流滤波器在内的整个直流开关场，检测保护范围内的接地故障，作为直流开关场接地故障的后备保护。极直流电流由安装在中性母线和极母线上的电流互感器测量，同时测量避雷器和直流滤波器的电流，这些电流共同判断保护范围内的接地故障。保护动作策略与极母线差动保护相同。

2. 直流滤波器保护组（每组直流滤波器设备的保护）

（1）直流滤波电抗器过负荷保护。此保护是直流滤波器的元件保护，检测直流滤波电抗器谐波过负荷，使滤波器免受过应力。保护具有与电流平方成比例的反时限特性，测量通过滤波器组的电流，并将它与保护整定值比较。跳闸有足够的延时，以避免短时过负荷保护误动。保护的整定与滤波器元件的耐热特性相配合。保护动作为：切换到冗余控制系统，断开滤波器，如果是最后一组滤波器或故障电流很大时，则闭锁换流器。

（2）直流滤波电容器不平衡保护。直流滤波器的电容器组采用桥式或两大组并联结构，电流互感器测量不平衡电流作为不平衡保护动作条件。若一个电容元件短路，则内熔丝熔断隔离此故障元件，这时将会有小的不平衡电流。如果故障的电容器元件增加，则不平衡电流就会增加。保护目的是检测电容器的故障，避免直流滤波器组中电容单元的雪崩故障。其工作原理是，测量电容器中点 100、300、600Hz 三种频率的不平衡电流，每一种不平衡电流都与流过整个滤波器主电流中的同一频率电流相比较。报警和切除的整定值都建立在不平衡电流与主电流的比率基础之上，只有当至少两种频率主电流达到整定值时，才允许保护动作。保护动作为：1 段报警；2 段报警并延时切除滤波器；3 段立即切除滤波器；如果是一个极的最后一组滤波器，则闭锁换流器。

（3）直流滤波器差动保护。保护目的是检测直流滤波器范围内的接地故障。在极线侧和中性线侧测量流过滤波器的谐波电流差值，并与保护整定值比较。保护动作为切除滤波器。当故障电流很大或此滤波器为该极最后一组滤波器时，则应闭锁换流器。

3. 平波电抗器保护组

平波电抗器有干式和油浸式两种。干式平波电抗器的故障由直流系统极母差保护兼顾，油浸式平波电抗器除了直流系统保护外，还有同换流变压器类似的本体保护继电器，主要有油泵和风扇电机保护、油位监测、气体监测、油温检测、压力释放、油流指示、绕组温度、穿墙套管 SF_6 压力等。

（四）接地极引线和接地极保护区

1. 双极中性线保护组

（1）双极中性母线差动保护。保护目的是检测接地极引线和极中性母线之间的接地故障。保护测量接地极引线、金属回线母线和两极中性母线等流入和流出双极公共中性母线的直流电流，并求代数和。代数和值超过定值是保护区内接地故障的判据。在金属回线方式运行中，还有其他保护，此保护不用。

（2）站内接地过电流保护。保护目的是检测站内直流开关场保护区的接地故障和站内接地点的电流，如果流入站接地网的电流较大，则保护将动作清除故障电流。保护测量接地极引线、金属回路和中性母线上的直流电流，这些电流的代数和超过一定值时，表明保护范围内发生接地故障，发出告警。在双极运行时，首先进行冗余系统切换和极平衡调整，并投入中性母线接地开关，转移故障电流便于极隔离；如果已经使用站内接地网，则延时停运直流系统。在单极运行时，冗余系统切换后故障依然存在，则停运直流系统，跳开交直流两侧开关，进行极隔离。

2. 转换开关保护组

(1) 中性母线断路器保护。中性母线断路器位于极中性母线上，起连接或隔离换流器和中性线的作用。保护目的是，在一极停运时，此断路器断开该极换流器与中性母线的连接，将直流电流转移到接地极引线；如果断路器不能正确地转移电流，则保护将使其重合闸。其工作原理是，测量中性母线的直流电流，当发出中性母线断路器断开命令后一段时间内，电流不为零，则保护将对它发出重合闸指令。此保护用于极隔离。

(2) 中性母线接地开关保护。保护目的是在不能从站接地网向接地极引线转换电流时保护中性母线接地开关。其工作原理是，测量与开关串联的直流电流互感器的电流，当发出中性母线接地开关断开命令后一段时间内，电流不为零，则保护将对它发出重合闸指令。

(3) 大地回线转换开关 (GRIS) 保护。保护目的是当电流从金属回线向大地回线转移失败时，保护大地回线转换开关。其工作原理是，测量流过 GRTS 的直流电流，当 GRTS 断开并直流电流在一定时间后仍不为零时，保护将对它发出重合闸指令。

(4) 金属回线转换断路器 (MRTB) 保护。保护目的是当电流从大地回线向金属回线转移失败时，保护金属回线转换断路器。其工作原理是，测量两条接地极引线的直流电流，当断路器断开并直流电流在一定时间后仍不为零，保护将对它发出重合闸指令。

3. 金属回线保护组

(1) 金属回线横差保护。保护只在金属返回线方式运行期间，且在直流系统接地的换流站才有效。运行极的保护是测量两个极中性线电流和金属回线电流来检测金属返回导线上的接地故障。

(2) 金属回线纵差保护。保护只在金属返回线方式运行期间有效。保护是根据两个站测量的金属返回线电流识别金属回线上的接地故障。此外，还补偿可能的通信延时，通信中断时保护被连锁。

(3) 金属回线接地故障保护。保护只在金属返回线方式运行期间，且在直流系统通过接地极接地的换流站才有效。保护是测量站内接地电流和两条接地极引线电流来检测金属返回导线上的接地故障。

4. 接地极引线保护组

(1) 接地极引线断线保护。保护目的是使中性母线设备免受接地极断线所造成的过电压。其工作原理是，测量极中性母线对地电压，较大的持续过电压作为接地极引线开路的判据。当中性母线电压过高时，保护将发出闭合站内接地开关的指令。如果中性母线电压过高的同时，中性母线电流较小，则表明接地极引线开路。

(2) 接地极引线过负荷保护。保护目的是检测接地极引线过负荷。其工作原理是，测量接地极引线导线上的直流电流，整定需要与接地极引线承受的过负荷水平相配合，采用定时限特性，超过整定值一定时间后保护动作。保护动作为切换到冗余控制系统，降到一个预定的功率运行。

(3) 接地极引线阻抗监测。保护目的是检测接地极引线故障。其工作原理是，通过串联谐振电路向接地极引线注入高频电流，测量谐振电抗上产生的电压和注入接地极引线的电流，通过滤波计算处理后可得到一个从输入端看进去的阻抗。阻抗的改变是接地极引线故障的判据。以接地极引线无故障时，注入电流频率下的阻抗为整定值，保护动作为报警。此保护的后备是接地极引线不平衡监测。

(4) 接地极引线不平衡监测。保护目的是检测两条接地极引线之间的电流不均匀分布。其工作原理是，测量两接地极引线间的电流差，此电流差值构成接地极引线导线接地故障或开路故障的判据。保护动作为报警。

(五) 交流开关场保护区

本保护区域包括换流变压器、交流滤波器及并联电容器、换流母线设备等。换流变压器同常规电力变压器一样，具有本体保护，在电气上还配置有各种主保护和后备保护。在直流输电系统中，换流变压器的分接开关控制十分重要，并且动作频繁，因此应特别注意分接开关的位置及机械部件的监测和保护。

1. 换流变压器差动保护组

(1) 换流器交流母线和换流变压器差动保护。保护范围是从换流器交流母线断路器电流互感器到换流变压器二次侧电流互感器。按相比较流入、流出保护范围的电流，当电流的相量和超过整定值时保护动作。保护仅对基波电流敏感，对穿越电流、涌流和过励磁是稳定的。

(2) 换流变压器差动保护。保护目的是检测换流变压器从一次侧套管上的电流互感器到二次侧套管上的电流互感器之间的故障。保护比较换流变压器一次侧和二次侧的电流相量，其中考虑了变比和分接开关位置。其工作原理是，检测基波电流差值，如果稳态励磁电流的安匝数相等条件不满足，则保护动作；这是判断内部接地故障或绕组匝间短路的依据。安匝数相等条件只有在稳态才有效。在交流电压突然上升（如闭合断路器）之后，将产生短暂的差动电流，这种涌流有大量的 2 次谐波分量，保护分析此电流并产生 2 次谐波制动。安匝数相等这一标准只在换流变压器不饱和时才有效，在持续过电压期间，换流变压器可能会饱和，也会存在差动电流；保护通过检测 5 次谐波分量来检测过励磁电流，并制动保护。保护中有一个快速动作无制动的功能，仅检测大的差动电流，不检测谐波。保护在区外故障，有穿越电流时不应动作；当保护丢失分接开关位置信息时，这种保持稳定的功能尤其重要。

(3) 换流变压器绕组差动保护。保护目的是使换流变压器绕组免受内部接地故障的损害。其工作原理是，一次绕组每相有两个电流互感器测量绕组电流，这两个电流互感器分别安装在绕组的两端，其保护取差动电流与整定值逐相比较，以定时限特性动作。阀侧 Y 绕组和阀侧△绕组，每相也都有两个电流互感器测量绕组电流，这两个电流互感器分别安装在绕组的两端，其保护取差动电流与整定值逐相比较，以定时限特性动作。保护动作为闭锁换流器、跳开交流断路器。

2. 换流变压器过应力保护组

(1) 换流变压器过电流保护。保护目的是通过测量换流变压器一次侧电流，检测换流变压器内部故障，并按照可选的反时限特性动作。定值的选择能适合保护范围内的设备。保护的整定原理和动作策略与下面所述的换流器交流母线和换流变压器过电流保护相同。

(2) 换流器交流母线和换流变压器过电流保护。保护目的是测量换流器交流母线电流，检测换流器交流母线和换流变压器区域内的故障，并按照可选的反时限特性动作。保护的整定与在最小短路功率水平和在最大短路功率水平时，故障清除后交流侧的预期涌流相配合。保护还要与其他过电流保护相配合，能快速地清除严重故障以及当短路功率较小时能有一定

的灵敏度或故障不太严重时有一合理的较短延迟时间。反时限特性的计算公式如下

$$t=\frac{k\cdot T_{\mathrm{b}}}{\left(\frac{I_{\mathrm{OVC}}}{I_{\mathrm{SET}}}\right)^{\mathrm{p}}-I} \tag{5-21}$$

式中，I_{OVC}为实测电流值；I_{SET}为保护的整定值。

作为反时限特性选择的例子，$T_{\mathrm{b}}=80$，$p=2$，$k=0.05$，保护的起动电流比后备过电流保护中的最低电流高30%。

保护动作为闭锁换流器、跳开交流断路器。保护的后备有油、压力、气体、温度等继电器保护和换流变压器零序电流保护。

(3) 换流变压器热过负荷保护。保护目的是检测换流变压器过负荷，测量换流变压器一次绕组电流，并按照可选的发热时间常数动作。保护定值按照变压器制造厂提供的绕组温度与外部温度的热曲线设置。保护动作为报警。

(4) 换流变压器过励磁保护。保护原理是以变压器制造厂提供的过励磁曲线，选择换流变压器交流母线电压比值与频率比值和延时，确定保护整定值。保护动作为闭锁换流器、跳开交流断路器。

3. 换流变压器不平衡保护组

(1) 换流变压器中性点偏移保护。保护目的是检测换流变压器阀侧交流连接线上的接地故障。其工作原理是，对于每个6脉动换流桥，通过阀侧换流变压器套管上的末屏抽头测量换流变压器阀侧三相对地电压的相量和。如果换流器闭锁且没有发生接地故障，相量和为零。在发生单相接地故障时，只要换流器闭锁，就不会有严重的故障电流出现，但在阀侧电压中会出现明显的零序分量。保护检测零序分量并与整定值比较。当换流器解锁时保护必须退出，因为保护工作原理不适用于换流器解锁。

(2) 换流变压器零序电流保护。保护是测量换流变压器中性点电流，将三相电流瞬时值代数和输入保护，因此保护对零序电流分量敏感。保护分解电流并构成涌流（2次谐波）制动。整定值的选择应能避免区外交流系统故障时误跳闸，整定应与外部故障期间零序电流的切除时间相配合。保护动作为闭锁换流器、跳开交流断路器。

(3) 换流变压器饱和保护。保护的目的是防止直流电流从中性点进入换流变压器而引起换流变压器饱和。其工作原理是，监测变压器一次侧中性点电流和。在单极大地运行方式或双极不平衡运行方式，当直流中性母线接地开关闭合时，将引起换流站接地网电压升高，有直流电流流过换流变压器中性点，这个电流较大时将使变压器直流饱和。这种现象的特点是中性点电流有很大的周期性的峰值，峰值与直流接地极电流呈线性变化。峰值电流送至反时限特性功能，该特性由变压器制造厂提供。保护动作为报警，闭锁换流器，跳开交流断路器。

4. 换流变压器本体保护

换流变压器保护继电器主要有油泵和风扇电机保护、油位检测、气体检测、油温、压力释放、油流指示、绕组温度、套管SF_6密度和油流（分接开关）继电器等。

5. 交流开关场和交流滤波器保护

换流站交流开关场配置常规的交流线路保护、交流母线保护、重合闸和断路器失灵保护

等。换流站交流母线设备的故障，可按常规采用母线差动保护，但是对母线电流中可能出现的谐波电流应予以足够的重视。

(1) 换流器交流母线差动保护。保护范围是从换流器交流母线断路器电流互感器到换流变压器一次侧绕组电流互感器。其工作原理是，流入保护范围的电流按相比较，当电流相量和不为零时，保护动作。保护仅对基波电流敏感，对穿越电流是稳定的。保护动作为闭锁换流器、跳开交流断路器。

(2) 换流器交流母线过电压保护。保护目的是防止严重的持续过电压对换流变压器和换流器产生损害。其工作原理是，测量换流器交流母线的每相电压，对基波电压敏感，同时也对 7 次以内的谐波敏感。相电压与固定的参照值比较以检测异常过电压情况。当交流过电压不能被主要过电压限制措施限制在规定的幅值和持续时间范围内时，应切除交流滤波器。此保护虽然不是限制过电压的主要手段，但可起到后备保护作用。定值的选择应能避免在交流电网操作过电压下保护误动。保护动作为闭锁换流器、跳开交流断路器。

(3) 交流滤波器保护。保护目的是，对构成交流滤波器的电容器、电抗器和电阻器等每一元件都应当予以保护，也包括并联电容器组的保护，使其不被过电压或过电流所损坏。处于高压的电容器组通常布置成 H 型结构，以便通过检测其中点桥差电流而构成电容器组的不平衡保护；还可通过检测流过滤波器的电流，配置并联电容器的过电流保护和电抗器接地故障保护，还有电抗器和电阻器热检测的过负荷保护、并联电抗器内部短路接地的电流差动保护，以及通过对滤波器中零序电流和各相阻抗值变化的检测而设置的滤波器失谐保护等。一些保护功能参见直流滤波器保护。交流滤波器的断路器是直接影响换流站运行的重要部件，必须配置检测信号可靠的断路器失灵保护。故障的交流滤波器组被保护直接切除后，一般情况可以投入其他滤波器组，对直流系统运行仅产生投切扰动，不影响正常运行。如果没有后备滤波器，则需要降低直流输送功率。

由于在交流滤波器以及并联电容器组中都有大量的电容器单元，少量的电容器单元故障对滤波器特性的影响不大，往往并不需要立即切除滤波器分组，而可根据损坏的电容器单元数的多少而采取不同的保护措施。其保护措施可以考虑三段式动作方式：①第一段选择的定值，应使得承受应力最高的电容器元件上的电压应力，在任何运行条件下，都不超过所设计的连续额定应力；第一段只发出报警信号。在第一段已经报警的情况下，该滤波器或电容器组应能继续运行。②第二段选择的定值，应使得承受应力最高的电容器元件上的电压应力，在任何运行条件下，都不超过所设计的连续额定应力乘以再坚持运行 2h 所允许的降低定额系数。另外，此定值还应与过负荷保护相配合。第二段应立即报警，且在 2h 后跳开故障分组。如果故障是由电容器不平衡保护所检知的，当另一电容器支路的电容器也发生故障，从而使不平衡条件消失时，则第二段报警及跳闸的定时不应被复位。③第三段选择的定值应避免电容器元件雪崩损坏。承受最高应力的电容器元件上的电压应力，不应超过所设计的连续额定应力的两倍。第三段动作应立即切除该故障分组。

(4) 最后断路器保护。保护是监测换流变压器进线连接状态，当最后一条进线断开，应立即闭锁换流器。同时，保护监测相关的连接点，并且综合考虑最后一条进线的跳闸信息或能导致进线跳闸的保护动作信号。

(5) 其他。换流站中的辅助设备，如换流阀的冷却设备、变压器和电抗器的冷却设备、断路器的压缩空气系统、蓄电池及其充电系统、不停电电源等，都应配置监视和保护装置。当这些设备失去备用时，相应保护应报警。当某设备的功能失效，致使它所服务的设备可能遭受过应力时，则相应的保护应发出跳闸信号。

三、直流保护工程实例

我国自20世纪80年代末，先后建设一批±500kV高压直流输电工程，具有代表性的工程有葛—南直流工程、天—广直流工程和三—常直流工程。它们所采用的直流保护系统举例说明如下。

（一）葛—南直流输电工程

葛—南直流输电工程的直流保护设备使用瑞士ABB公司的可编程实时多处理器PHSC系统，采取三取二冗余配置。在一套保护故障时，剩下的两个通道自动变成二取一。葛—南的三套直流保护与选择回路一起安放在同一个设备柜中，每套保护均有自己专门的电源。由处在保护柜中的一套三取二硬件回路，选取相应的测量回路，分别起动两条紧急停运总线。

葛—南直流工程10多年的运行实践说明，三取二配置是成功的，没有因直流保护装置故障而发生直流系统强迫停运。应该注意到，直流系统的保护功能应尽可能放在三取二的保护装置中，保护输出逻辑电路在硬件上应与保护设备分开，采用尽量少的元件来保证高可靠性，也应采取冗余措施。葛—南直流保护的配置、各种保护功能的整定值和延时以及动作策略，如表5-1所示，未包括交直流滤波器、换流变压器等设备保护。

表5-1　葛—南直流输电工程直流保护一览表

保护编号	保护名称	保护定值	延时	保护动作策略
01	交流紧急停运保护	换流变压器及交流线路保护动作	0ms	紧急停运
02	站控紧急停运保护	换流器辅助设备保护动作	0ms	紧急停运
03	阀控紧急停运保护	40～46号保护动作	10ms	紧急停运
40	维修盘手动紧急停运保护		0ms	紧急停运
41	站控软件紧急停运保护		0ms	紧急停运
42	快速停运后备保护	快速停运启动	90s	紧急停运
43	接地极引线断线保护（Ⅱ段）	$U_{ee}\geqslant 5kV$ $I_{ee}+I_{eeop}\leqslant 48A$	0.5s	紧急停运
44	通信故障时逆变站紧急停运保护	$I_{dc}\leqslant 0.05p.u.$	3s	紧急停运
45	无功减载保护	$P_d>P_d(q)$ limit	20s/40s	报警/紧急停运
46	脉冲丢失保护	$\gamma\leqslant 5°$；$U_{ac}\geqslant 0.5p.u.$	120ms	紧急停运
04	星侧快速过电流保护	$I_{acy}\geqslant 4.2p.u.$	0ms	紧急停运
05	角侧快速过电流保护	$I_{acd}\geqslant 4.2p.u.$	0ms	紧急停运
06	星侧06号桥差保护（Ⅰ、Ⅱ段保护）	$I_{acy}-I_{dyc}>2p.u.$ $I_{acy}-I_{dyc}>0.5p.u.$	3.3ms 60ms	紧急停运
07	角侧07号桥差保护（Ⅰ、Ⅱ段保护）	$I_{acd}-I_{ddc}>2p.u.$ $I_{acd}-I_{ddc}>0.5p.u.$	3.3ms 60ms	紧急停运

续表

保护编号	保护名称	保护定值	延时	保护动作策略
08	快速过电压保护	$U \geqslant 1.6$p. u.	1.68ms	紧急停运
09	断线保护	$I_{dyl} \leqslant 0.05$p. u.	100ms	紧急停运
10	星侧慢速过电流保护	$I_{acy} \geqslant 2$p. u.	0.6s	紧急停运
11	角侧慢速过电流保护	$I_{acd} \geqslant 2$p. u.	0.6s	紧急停运
12	星侧桥12号桥差保护	$I_{dyc}-I_{acy}>0.07$p. u. $U_{ac}<0.3$p. u.	200ms 600ms	紧急停运
13	角侧桥13号桥差保护	$I_{ddc}-I_{acd}>0.07$p. u. $U_{ac}<0.3$p. u.	200ms 600ms	紧急停运
14	换流器差动保护	$\lvert I_{dyc}-I_{ddc}\rvert>0.2$p. u.	5ms	紧急停运
15	极母差保护	$\lvert I_{dyc}-I_{dyl}\rvert>0.5$p. u.	10ms	紧急停运
16	中性母线差动保护	$\lvert I_{ddc}-I_{ddl}\rvert>0.12$p. u.	180ms	紧急停运
17	双极线极母差保护	$\lvert I_{dyc}-I_{dy}+I_{dyop}\rvert>0.5$p. u.	10ms	紧急停运
18	金属回线旁路线差动保护	$\lvert I_{dd}-I_{dylop}\rvert>0.2$p. u.	0.5ms	紧急停运
23	慢速过电压保护	$U \geqslant 1.2$p. u.	0.5s	紧急停运
24	交流欠压保护	$U \leqslant 0.3$p. u.	650ms	紧急停运
25	接地极引线断线保护（Ⅰ段）	$U_{ee} \geqslant 62.5$kV $I_{ee}+I_{eeop} \leqslant 60$A	50ms	紧急停运
27	直流欠压保护	$V_d \leqslant 0.15$p. u.	0.2s/1s	紧急停运
28	50Hz保护	max $[I_{dyc}, I_{ddc}]$ 50Hz $\geqslant 0.07$p. u.	200ms 600ms	紧急停运
29	次同步振荡保护（Ⅱ段）	max $[I_{dyc}, I_{ddc}]$ (20+40) Hz $\geqslant 0.02$p. u.	35s	紧急停运
	次同步振荡保护（Ⅰ段）	max $[I_{dyc}, I_{ddc}]$ (20+40) Hz $\geqslant 0.02$p. u.	5s	报警
30	行波保护	$dv/dt \leqslant -396$kV/ms 和 $\int \Delta d(t)\,dt>1$kV	5ms	直流线路再启动
31	直流线路欠压保护	$dv/dt \leqslant -396$kV/ms $V_d>U_d$	<60ms	直流线路再启动
32	再启动保护	$\int V_d dt>U_d$ $40\% \times U_d>V_d$	60ms	直流线路再启动
33	直流线路从差保护	$\Delta I_d \geqslant 0.1$p. u.	5s	直流线路再启动
34	永久故障保护	$N=3$（再启动次数）	180ms	紧急停运
35	合差保护	$\lvert I_{dyc}+I_{dycop}+I_{ee_tot}\rvert \geqslant 0.05$p. u.	500ms	报警
36	接地极引线横差保护	$\lvert I_{ee}-I_{eeop}\rvert \geqslant 0.02$p. u.	1s	报警
37	大地回线转换开关保护（重合GRTS）	$I_{dylop} \geqslant 30$A $I_{dyc}>600$A	149ms	报警，重合GRTS

续表

保护编号	保护名称	保护定值	延时	保护动作策略
38	金属回线转换断路器保护（重合 MRTB）	$I_{ee\_tot} \geqslant 60A$	149ms	报警，重合 GRTB
39	开关跳闸保护	$I_{dyc} \leqslant 0.05p.u.$	20ms	跳低压高速开关
40	紧急触发保护	I_{acy} 或 $I_{acd} \geqslant 1.2p.u.$ 后，回 $<1.0p.u.$，又 $\geqslant 1.2p.u.$	0ms	触发全部换流阀

（二）天—广直流输电工程

天—广直流输电工程的直流保护采用德国 SIEMENS 公司的 SIMADYN D 系统，是一种高速多微处理器 DSP 系统。直流保护的冗余方式同样为三取二配置。天—广直流输电工程的直流保护分别放在三个独立的机柜中，直流测量信号通过光纤直接取自一次回路，两套三取二选择硬件电路分别安放在其中两个保护柜中，输出与其他装置的保护跳闸信号一起分别送给换流器两个控制通道及变压器保护柜的两套跳闸回路。天—广直流输电工程直流保护一览表，如表 5-2 所示。

表 5-2　天—广直流输电工程直流保护一览表

序号	保护名称	代码	保护定值	延时	动作策略
1. 换流器保护					
1.1	短路保护	87SCY/87SCD	$I_{acY}-\min(I_{dH},I_{dN})>2.0p.u.$ $I_{acD}-\min(I_{dH},I_{dN})>2.0p.u.$	0ms	(1)启动紧急停运； (2)跳中性母线高速开关； (3)跳换流变压器； (4)脉冲闭锁(整流侧)； (5)中央报警、事件记录、故障录波
1.2	交流过电流保护	50/51C-4	$I_{ac}>3.7p.u.$	5ms	(1)启动紧急停运； (2)跳换流变压器； (3)中央报警、事件记录、故障录波
		50/51C-3	$I_{ac}>2.0p.u.$	100ms	
		50/51C-2	$I_{ac}>1.65p.u.$	15s	
		50/51C-1	$I_{ac}>1.5p.u.$	20s	
1.3	桥差动/换相失败保护	87CBY-1/87CBD-1	$I_{ac}-I_{acY}>0.4p.u.$ $I_{ac}-I_{acD}>0.4p.u.$	200ms	(1)电流降低至 $0.3I_{dref}$； (2)启动中央报警、事件记录、故障录波
		87CBY-2/87CBD-2	$I_{ac}-I_{acY}>0.1p.u.$ $I_{ac}-I_{acD}>0.1p.u.$	200ms ($U_{AC}<$)	(1)启动紧急停运； (2)跳换流变压器； (3)中央报警、事件记录、故障录波
				1s ($U_{AC}>$)	
1.4	阀组差动保护	87CG-1	$\max(I_{dH},I_{dN})-I_{ac}>0.4p.u.$	200ms	(1)电流降低至 $0.3I_{dref}$； (2)启动中央报警、事件记录、故障录波
		87CG-2	$\max(I_{dH},I_{dN})-I_{ac}>1.0p.u.$	10ms	(1)启动紧急停运； (2)跳换流变压器； (3)中央报警、事件记录、故障录波
			$\max(I_{dH},I_{dN})-I_{ac}>0.1p.u.$	1s	

续表

序号	保护名称	代码	保护定值	延时	动作策略
1.5	直流差动保护	87DCM	ABS($I_{dH}-I_{dN}$)>0.05p.u.	5ms	(1)启动紧急停运; (2)跳中性母线高速开关; (3)跳换流变压器; (4)脉冲闭锁(整流侧); (5)中央报警、事件记录、故障录波
2. 直流母线保护配置					
2.1	极母线差动保护	87HV	ABS($I_{dH}-I_{dL1}$)>0.5p.u. 非单极并联运行	10ms	(1)启动紧急停运; (2)跳中性母线高速开关; (3)禁止解锁换流器; (4)禁止旁通对触发(逆变侧); (5)中央报警、事件记录、故障录波
			ABS[$I_{dH}-(I_{dL1}+I_{dL2})$]>0.5p.u. 单极并联运行		
2.2	中性母线差动保护	87LV	ABS($I_{dN}-I_{dE}$)>0.05p.u.	800ms	(1)启动紧急停运; (2)跳中性母线高速开关; (3)禁止解锁换流器; (4)中央报警、事件记录、故障录波
			ABS($I_{dN}-I_{dE}$)>0.25p.u.	10ms	
2.3	直流差动后备保护	87DCB	ABS($I_{dL}-I_{dE}$)>0.05p.u.	800ms	(1)启动紧急停运; (2)跳中性母线高速开关; (3)禁止解锁换流器; (4)中央报警、事件记录、故障录波
			ABS($I_{dL}-I_{dE}$)>0.25p.u.	50ms	
2.4	直流过电流保护	76-4	I_{dH}>2.50p.u.	50ms	(1)启动紧急停运; (2)禁止解锁换流器; (3)中央报警、事件记录、故障录波
		76-3	I_{dH}>2.00p.u.	100ms	
		76-2	I_{dH}>1.65p.u.	15s	
		76-1	I_{dH}>1.50p.u.	60min	
3. 接地极引线路保护配置					
3.1	接地极母线差动保护	GR方式	ABS[($I_{dE1}-I_{dE2}$)$-(I_{dee1}+I_{dee2})$]>0.05p.u.	800ms	(1)换流器闭锁; (2)启动中央报警、事件记录、故障录波
			ABS[($I_{dE1}-I_{dE2}$)$-(I_{dee1}+I_{dee2})$]>0.25p.u.	300ms	
		MR方式	ABS[($I_{dE1}-I_{dE2}$)$-I_{dL2}$]>0.25p.u.	300ms	
			ABS[($I_{dE1}-I_{dE2}$)$-I_{dL2}$]>0.05p.u.	800ms	

续表

序号	保护名称	代码	保护定值	延时	动作策略
3.1	接地极母线差动保护	BP 方式	ABS[$(I_{dE1}-I_{dE2})-(I_{dee1}+I_{dee2})$]>0.05p.u.	800ms	启动中央报警、事件记录、故障录波
			ABS[$(I_{dE1}-I_{dE2})-(I_{dee1}+I_{dee2})$]>0.25p.u.	300ms	
3.2	接地极电流平衡保护	GR 方式	ABS($I_{dee1}-I_{dee2}$)>0.05p.u.	500ms	(1)换流器闭锁； (2)启动中央报警、事件记录、故障录波
		MR 方式			
		BP 方式			启动中央报警、事件记录、故障录波
3.3	接地极过电流保护		I_{dee1}>0.9p.u. I_{dee2}>0.9p.u.	1s	(1)换流器闭锁； (2)启动中央报警、事件记录、故障录波
3.4	过电压保护(接地极开路保护)	BP 方式	U_{dN}>1.6p.u. (80kV)	100ms	(1)合高速接地开关； (2)(在 & I_{dee4}>0.1p.u. 时)换流器闭锁； (3)启动中央报警、事件记录、故障录波
		GR 方式	U_{dN}>1.6p.u. (80kV)	20ms	(1)合高速接地开关； (2)换流器闭锁； (3)启动中央报警、事件记录、故障录波
		MR 方式	U_{dN}>1.6p.u. (80kV)	20ms	(1)合高速接地开关； (2)换流器闭锁； (3)启动中央报警、事件记录、故障录波
3.5	金属回线接地故障保护		I_{dee4}>0.05p.u.	800ms	(1)(若 OEP 动作)换流器闭锁； (2)启动中央报警、事件记录、故障录波
4. 直流线路保护配置					
4.1	行波保护		du/dt>17.5% & U_{dL}>40% & I_{dL}>40%(逆变器)/ I_{dL}>15%(整流器)	0ms	(1)启动直流线路故障恢复顺序(整流侧)； (2)中央报警、事件记录、故障录波
4.2	直流低电压保护		U_{dL}<25% & after du/dt>	50ms	(1)启动直流线路故障恢复顺序(整流侧)； (2)中央报警、事件记录、故障录波
4.3	直流线路差动保护		ABS($I_{dL}-I_{dLother\ station}$)>0.05p.u.	500ms	(1)启动直流线路故障恢复顺序(整流侧)； (2)中央报警、事件记录、故障录波
4.4	交流—直流导线碰线保护		I_{dL}(50Hz)>0.05 U_{dL}(50Hz)>0.4	0ms	(1)换流器闭锁； (2)中央报警、事件记录、故障录波
4.5	金属回路导线保护		已经包含在 51MGFP(金属回线接地故障保护)中		

续表

序号	保护名称	保护定值	延时	动作策略
5. 基波保护配置				
5.1	50Hz检测Ⅰ段(81-50Hz-1)	I_{dL}(50Hz)>0.05	1s	(1)电流降低至0.3I_{dref}；(2)启动报警、事件记录、故障录波
5.2	100Hz检测Ⅰ段(81-100Hz-1)	I_{dL}(100Hz)>0.05		
5.3	50Hz检测Ⅱ段(81-50Hz-2)	I_{dL}(50Hz)>0.05	200ms	(1)换流器闭锁；(2)启动报警、事件记录、故障录波
5.4	100Hz检测Ⅱ段(81-100Hz-2)	I_{dL}(100Hz)>0.05		
6. 高速开关保护(8区)配置				
6.1	高速中性母线开关保护	I_{dE}>0.04p.u.	150ms	(1)重合中性母线高速开关；(2)若仍检测到接地故障，启动另一极闭锁
6.2	高速接地开关保护	I_{dee4}>0.04p.u.	150ms	重合高速接地开关
6.3	金属回线转换断路器保护	I_{dee3}>0.04p.u.	150ms	禁止断开MRTB，重合MRTB
		I_{dee3}<0.03p.u.	150ms	请求合上MRTB时，禁止断开金属回线开关(MRS)
6.4	大地回线转换开关保护	I_{dLop}>0.04p.u.	150ms	禁止断开MRS，重合MRS
		I_{dLop}>0.03p.u.	150ms	请求合上MRS时，禁止断开MRTB
7. 直流侧其他保护配置				
7.1	对方站故障检测	U_{dL}(100Hz)>0.1p.u. & I_{dL}(50Hz)>0.05p.u. & 通信中断 & 整流器侧	1s	整流侧换流器闭锁
		U_{dL}(100Hz)>0.1p.u. & I_{dL}(50Hz)>0.05p.u. & 通信中断 & 整流器侧 & U_{dL}>1.1p.u.	10ms	
7.2	交流阀绕组接地故障监测	U_0>0.1p.u. (208/SQR3=12kV) & 换流器未解锁	1s	禁止解锁

（三）三—常直流输电工程

三—常直流输电工程的直流保护采用瑞典ABB公司的MARCH2系统。它包括四组保护：①换流器保护；②极保护（包括直流开关场保护、中性母线保护、直流线路保护和直流滤波器保护）；③双极保护（包括双极中性线及接地极引线保护）；④换流器交流母线和换流变压器保护。

直流控制保护系统采用了冗余工作与备用概念。每套系统由主保护和备用保护构成。两套主系统中的任何一套都由两个主机（MC1和MC2）构成，其中MC1包括直流控制和第一套保护，MC2包括第二套保护。直流保护的名称、定值、延时以及动作策略，如表5-3所示，未包括换流变压器、交直流滤波器等设备保护。

表 5-3 三一常直流输电工程直流保护一览表

名称	测量点	保护定值	延时	动作策略
1. 换流器保护				
阀短路保护	I_{VY}、I_{VD}、I_{DNE}、I_{DNC}、T_4、I_{CN}、I_{DL}、I_{ANC}	(max _ $I_{VYD}-I_D$ _ max) >(0.5×p.u. +0.2×I_D _ max)	0.5ms	紧急移相闭锁换流器；跳换流变压器交流侧断路器；发出极隔离指令
换相失败保护	I_{VY}、I_{VD}、I_{DNE}、T_4、I_{CN}、I_{DL}、I_{ANC}	单 6 脉动桥 $I_{Dmax}-I_V>$ (0.133p.u. +0.1×I_{Dmax}) &$I_V<65\times I_{Dmax}$ &$U_{ac}>0.65$p.u.，展宽 150ms	550ms	控制系统切换
			600ms	紧急移相闭锁换流器；跳换流变压器交流侧断路器；发出极隔离指令
		任一 6 脉动桥 $I_{Dmax}-I_V>$ (0.133p.u. +0.1×I_{Dmax}) &$I_V<65\times I_{Dmax}$ 展宽 500ms	1.8s	控制系统切换
			2.6s	紧急移相闭锁换流器；跳换流变压器交流侧断路器；发出极隔离指令
		任一 6 脉动桥 $I_{Dmax}-I_V>$ (0.133p.u. +0.1×I_{Dmax}) &$I_V<65\times I_{Dmax}$ 展宽 2s	8s	控制系统切换
			10s	紧急移相闭锁换流器；跳换流变压器交流侧断路器；发出极隔离指令
电压应力保护	TCP、FREQ、U_{AC}	$U_{dio}>U_{di0G}$	2s	禁止分接头向高挡调节
		$U_{dio}>U_{di0L}$	155s	分接头向低挡调节
		$U_{dio}>1.02\times U_{di0absmax}$	158s	控制系统切换；紧急移相闭锁换流器；跳换流变压器交流侧断路器；闭锁换流变压器交流侧断路器
阀触发异常保护	CP、FP	误触发和不触发	80ms	控制系统切换
			100ms	紧急移相闭锁换流器；跳换流变压器交流侧断路器；闭锁换流变压器交流侧断路器
可控硅监视	VBE	每个阀 3 个可控硅故障		报警
		每个阀 4 个可控硅故障		控制系统切换（闭锁阀解锁指令）
		每个阀 6 个可控硅故障		跳换流变压器交流侧断路器
阀结温保护	I_{DNC}、CWT、α、γ、U_D、I_0	阀结温 92℃	50ms	减负荷
		冷却水出水温度 69.6℃	50ms	减负荷
			3s	紧急移相闭锁换流器
大触发角监视	U_{AC}、α、γ	电抗器温度 96℃	65min	禁止换流变压器分接头向高挡调节
		电抗器温度 99℃	65min	换流变压器分接头向低挡调节
		电抗器温度 100℃	73min	控制系统切换
		电抗器温度 101℃	81min	紧急移相闭锁换流器

续表

<table>
<tr><th>名称</th><th colspan="2">测量点</th><th colspan="2">保护定值</th><th>延时</th><th>动作策略</th></tr>
<tr><td rowspan="3">直流过电压保护</td><td colspan="2" rowspan="3">I_{DNE}、U_{DN}、U_{DL}</td><td colspan="2">$U_{DL}>1.08$p. u. 或
$U_{DL}-U_{DN}>1.08$p. u.</td><td>30s</td><td>控制系统切换</td></tr>
<tr><td colspan="2" rowspan="2">$U_{DL}-U_{DN}>1.1$p. u.</td><td>61s</td><td>投旁通对闭锁换流器</td></tr>
<tr><td>60s</td><td>紧急移相闭锁换流器</td></tr>
<tr><td colspan="7">2. 极保护</td></tr>
<tr><td rowspan="3">极母线差动保护</td><td colspan="2" rowspan="3">I_{DL}、T_1、I_{DNC}</td><td colspan="2">150A</td><td>1s</td><td>报警</td></tr>
<tr><td colspan="2" rowspan="2">$I_{diff}>$（0.4+0.2×I_D/3000）×3000</td><td>2ms</td><td>控制系统切换</td></tr>
<tr><td>6ms</td><td>投旁通对闭锁换流器；
跳换流变交流侧断路器；
发出极隔离指令</td></tr>
<tr><td rowspan="6">极差动保护</td><td colspan="2" rowspan="6">I_{DL}、I_{DNE}、I_{ANC}、I_{CN}</td><td rowspan="4">慢速部分</td><td rowspan="2">$I_{diff}>90$A</td><td>4.1ms</td><td>报警</td></tr>
<tr><td>4.2ms</td><td>控制系统切换</td></tr>
<tr><td rowspan="2">$I_{diff}>$
（0.05+0.2×
I_D/3000）×3000</td><td>250ms</td><td>控制系统切换</td></tr>
<tr><td>300ns</td><td>投旁通对闭锁换流器；
跳换流变交流侧断路器；
发出极隔离指令</td></tr>
<tr><td rowspan="2">快速部分</td><td rowspan="2">$I_{diff}>$
（0.4+0.2×I_D/3000）
×3000</td><td>7ms</td><td>控制系统切换</td></tr>
<tr><td>15ms</td><td>投旁通对闭锁换流器；
跳换流变交流侧断路器；
发出极隔离指令</td></tr>
<tr><td rowspan="7">接地极断线保护</td><td colspan="2" rowspan="7">U_{DN}、I_{DNE}</td><td colspan="2" rowspan="3">正常方式 $U_{DN}>10$kV
MR 方式 $U_{DN}>50$kV</td><td>60s</td><td>合中性母线接地开关</td></tr>
<tr><td>50s</td><td>控制系统切换</td></tr>
<tr><td>90s</td><td>投旁通对闭锁换流器；
跳换流变交流侧断路器；
发出极隔离指令</td></tr>
<tr><td colspan="2" rowspan="3">正常方式 $U_{DN}>20$kV
MR 方式 $U_{DN}>60$kV</td><td>300ms</td><td>控制系统切换</td></tr>
<tr><td>350ms</td><td>合中性母线接地开关</td></tr>
<tr><td>400ms</td><td>投旁通对闭锁换流器；
跳换流变交流侧断路器；
发出极隔离指令</td></tr>
<tr><td colspan="2">正常方式 $U_{DN}>30$kV
$I_{DNE}<75$A
MR 方式 $U_{DN}>75$kV
$I_{DNE}<75$A</td><td>10ms</td><td>投旁通对闭锁换流器；
跳换流变交流侧断路器；
发出极隔离指令</td></tr>
<tr><td>直流滤波器 C1 电容不平衡保护（Ⅰ、Ⅱ、Ⅲ段）</td><td>T_4、I_{UNB}</td><td>12/24
电容器不平衡保护</td><td colspan="2">龙泉：I（150Hz）>101.2A
I（300Hz）>53.9A
I（600Hz）>50.6A</td><td>0（一个电容损坏）</td><td>报警（2 周波）</td></tr>
</table>

续表

<table>
<tr><th>名称</th><th colspan="2">测量点</th><th>保护定值</th><th>延时</th><th>动作策略</th></tr>
<tr><td rowspan="12">直流滤波器C1电容不平衡保护（Ⅰ、Ⅱ、Ⅲ段）</td><td rowspan="12">T_4、I_{UNB}</td><td rowspan="6">12/24
电容器不平衡保护</td><td>政平：I（150Hz）>104.2A
I（300Hz）>50A
I（600Hz）>52.6A</td><td>0（一个电容损坏）</td><td>报警（2周波）</td></tr>
<tr><td>龙泉：I（150Hz）>306.2A
I（300Hz）>163.0A
I（600Hz）>153.1A</td><td rowspan="2">2H（一个单元电容损坏）</td><td rowspan="2">拉开故障滤波器两侧隔离开关</td></tr>
<tr><td>政平：I（150Hz）>315.2A
I（300Hz）>151.3A
I（600Hz）>159.3A</td></tr>
<tr><td>龙泉：I（150Hz）>620.0A
I（300Hz）>330.0A
I（600Hz）>310.0A</td><td rowspan="2">0（两个单元电容损坏）</td><td rowspan="2">拉开故障滤波器两侧隔离开关；
当最小滤波器组不满足时闭锁换流器</td></tr>
<tr><td>政平：I（150Hz）>639.2A
I（300Hz）>306.8A
I（600Hz）>323.0A</td></tr>
<tr><td colspan="3"></td></tr>
<tr><td rowspan="6">12/36
电容器不平衡保护</td><td>龙泉：I（150Hz）>101.2A
I（300Hz）>53.9A
I（600Hz）>51.4A</td><td rowspan="2">0</td><td rowspan="2">报警（两周波）</td></tr>
<tr><td>政平：I（150Hz）>104A
I（300Hz）>50.2A
I（600Hz）>53.2A</td></tr>
<tr><td>龙泉：I（150Hz）>306.2A
I（300Hz）>163.0A
I（600Hz）>155.6A</td><td rowspan="2">2h</td><td rowspan="2">拉开故障滤波器两侧隔离开关</td></tr>
<tr><td>政平：I（150Hz）>304.7A
I（300Hz）>152A
I（600Hz）>162A</td></tr>
<tr><td>龙泉：I（150Hz）>620.0A
I（300Hz）>330.0A
I（600Hz）>315.0A</td><td rowspan="2">0</td><td rowspan="2">拉开故障滤波器两侧隔离开关；
当最小滤波器组不满足时闭锁换流器</td></tr>
<tr><td>政平：I（150Hz）>637.8A
I（300Hz）>308.1A
I（600Hz）>328.4A</td></tr>
<tr><td rowspan="2">直流滤波器差动保护</td><td colspan="2" rowspan="2">T_1、T_4
额定电流100A</td><td rowspan="2">I_{diff}>20A</td><td>2s</td><td>控制系统切换</td></tr>
<tr><td>2.05s</td><td>拉开故障滤波器两侧隔离开关；
当I_{diff}>180A时，禁止滤波器两侧隔离开关动作，闭锁换流器</td></tr>
</table>

续表

<table>
<tr><th>名称</th><th>测量点</th><th colspan="2">保护定值</th><th>延时</th><th>动作策略</th></tr>
<tr><td rowspan="2">直流滤波器过负荷保护</td><td rowspan="2">T_3、T_4</td><td colspan="2">$P>0.95$p. u.</td><td></td><td rowspan="2">报警，换流器闭锁，跳换流变交流侧断路器，发出极隔离指令</td></tr>
<tr><td colspan="2">$P>1.0$p. u.</td><td></td></tr>
<tr><td>直流线路行波保护</td><td>I_{CN}、U_{DL}、I_{DEL}、I_{DL}</td><td colspan="2">极线波阻抗 256.2Ω，接地极引线波阻抗 493Ω，一般模式波临界值 75kV 极线波临界值 210kV</td><td></td><td>启动再启动程序</td></tr>
<tr><td rowspan="8">直流线路突变量和欠压保护</td><td rowspan="8">I_{DL}、U_{DL}</td><td rowspan="5">微分部分</td><td>电压定值（整流/逆变）0.5p. u./0.75p. u.</td><td>0.2ms</td><td rowspan="5">启动再启动程序</td></tr>
<tr><td>电压微分定值 1（整流/逆变）−150kV</td><td>0ms</td></tr>
<tr><td rowspan="2">电压微分定值 2（整流/逆变）−125kV</td><td>0.15ms</td></tr>
<tr><td>0.4ms</td></tr>
<tr><td>电流微分定值（整流/逆变）0.5p. u./ms</td><td>0.5ms</td></tr>
<tr><td rowspan="3">欠压</td><td rowspan="3">正常运行 0.5p. u.
降压运行 0.3p. u.</td><td>40ms</td><td>控制系统切换</td></tr>
<tr><td>100ms</td><td>启动再启动程序</td></tr>
<tr><td>820ms</td><td>当无通信时，启动再启动程序</td></tr>
<tr><td rowspan="3">直流线路纵差保护</td><td rowspan="3">I_{DL}、I^*_{DL5}</td><td colspan="2" rowspan="2">$I_{diff}=I_{DLOCAL}-I_{DREMOTE}>I_{REF1}$
$30<I_{REF1}=0.1\times I_{DLOCAL}<150$</td><td>100ms</td><td>报警（允许通道延时 100ms）</td></tr>
<tr><td>300ms</td><td>控制系统切换</td></tr>
<tr><td colspan="2">$I_{diff}=I_{DLOCAL}-I_{DREMOTE}>I_{REF1}$
$30<I_{REF1}=0.3\times I_{DLOCAL}<150$</td><td>400ms</td><td>启动再启动程序</td></tr>
<tr><td>交直流碰线保护</td><td>I_{DL}、I^*_{DL5}</td><td colspan="2">相对地基波电压大于 80kV</td><td>50ms</td><td>保护动作，保持 500ms 投旁通对闭锁，极隔离交流断路器跳闸</td></tr>
<tr><td rowspan="5">再启动保护</td><td rowspan="5">I_{DL}、I^*_{DL5}</td><td rowspan="2">双极模式</td><td>以故障前电压启动次数</td><td>2</td><td rowspan="5">紧急移相闭锁换流器</td></tr>
<tr><td>降压（0.7）启动次数</td><td>1</td></tr>
<tr><td rowspan="2">单极模式</td><td>以故障前电压启动次数</td><td>1</td></tr>
<tr><td>降压（0.7）启动次数</td><td>1</td></tr>
<tr><td>通信故障</td><td>以故障前电压启动次数</td><td>1</td></tr>
</table>

续表

名称	测量点	保护定值	延时	动作策略
中性母线开关保护	I_{DNE}	$>75A$	125ms	控制系统切换
			140ms	重合 NBS
开路试验保护	I_{DNE}、I_{VD}、I_{VY}、U_D	$U_{DL}-U_{DCAL}>0.25\times U_{DNOR}$ 或 $I_{DNE}>60A$ 或 max（I_{VY}，I_{VD}）$-I_{DNE}>60A$	0	报警
		$U_{DL}-U_{DCALC}>0.3U_{DNOR}$ 或 $I_{DNE}>75A$	4ms	跳闸（直流侧故障），跳交流断路器
		max（I_{VY}，I_{VD}）$-I_{DNE}>75A$	2ms	跳闸（交流侧故障），跳交流断路器
直流谐波保护	I_{DNE}	对于二次谐波：173A	$\tau=9s$	报警
		对于二次谐波：206A		控制系统切换
		对于二次谐波：247.5A		换流器闭锁，跳换流变压器交流侧断路器，发出极隔离指令
		对于基波：150A		报警
		对于基波：210A		控制系统切换
		对于基波：270A		换流器闭锁，跳换流变压器交流侧断路器，发出极隔离指令
中性线差动保护	I_{DNC}、I_{DNE}、I_{ANC}、I_{CN}、T_4	150A	1s	报警
		$I_{diff}>$（$0.1+0.2\times I_D/3000$）$\times3000$	6ms	控制系统切换
			16ms	换流器闭锁，跳换流变压器交流侧断路器，发出极隔离指令
直流欠压保护	α、U_{DL}、I_{DNE}	$D_L<0.5p.u.$	2s	换流器闭锁，跳换流变压器交流侧断路器，发出极隔离指令
			4s	
		α（整流侧）$>60°$ 且 $I_{DNE}>0.3p.u.$	400ms	
		α（整流侧）$>60°$ 且 $I_{DNE}>0.3p.u.$	500ms	
功率反向保护	U_{DL}、I_{DNE}	功率等级 1：300MW	50ms	换流器闭锁，跳换流变压器交流侧断路器，发出极隔离指令
			70ms	
		功率等级 2：200MW	80ms	
		功率等级 3：200MW	100ms	
		电压等级 1：0.1p.u.		
后备中性母线隔离开关保护		$>75A$	130ms	换流器闭锁，跳换流变压器交流侧断路器，发出极隔离指令
			150ms	

3. 双极保护

续表

名称	测量点	保护定值	延时	动作策略
双极中性线差动保护	I_{DNE1}、I_{DNE2}、I_{DEL1}、I_{DEL2}、I_{DGND}、I_{DME}、I_{ANCE}	$I_{diff}=I_{DNE1}-I_{DNE2}-(I_{DEL1}+I_{DEL2}+I_{DGND}+I_{DME}+I_{ANCE})$，双极运行时 $I_{diff}>75A$	1s	报警
		双极运行时 $I_{diff}>0.1\times(I_{DNE1}-I_{DNE2})+100A$	130ms	控制系统切换
			200ms	发出极平衡指令
			700ms	控制系统切换
			1.2s	合上 NBGS
			2s	换流器闭锁，极隔离，交流断路器跳闸
		单极运行时 $I_{diff}>75A$	1s	报警
		单极运行时 $I_{diff}>0.1\times(I_{DNE1}-I_{DNE2})+100A$	130ms	控制系统切换
			150ms	功率回降
			600ms	换流器闭锁，极隔离，交流断路器跳闸
金属回线纵差保护	I_{DME}和对站 I_{DME}	$I_{diff}>I_{REF1}$，$I_{diff}=I_{DME\_L}-I_{DME\_R}$ $I_{REF1}=0.1\times I_{DME_L}$且 $60A<I_{REF1}<150A$	100ms	报警
			300ms	控制系统切换
		$I_{diff}>I_{REF2}$ $I_{REF2}=0.3\times I_{DME_L}$且 $60A<I_{REF1}<150A$	300ms	功率回降直至重新启动
			550ms	换流器闭锁，极隔离，交流断路器跳闸
接地极引线过负荷保护	I_{DEL1}、I_{DEL2}	$I_{DEL1}>0.75\times I_{DNOM}$或 $I_{DEL2}>0.75\times I_{DNOM}$	500ms	报警
			10s	控制系统切换
			120s	单极运行时，功率回降至设定值
				双极运行时，极平衡
NBGS 保护（0060）	I_{DGND}	开关断开后，I（接地直流电流）>75A	125ms	控制系统切换
			140ms	重合 NBGS 开关并闭锁
		开关断开后，I（接地直流电流）>200A	3s	控制系统切换，发出极平衡指令，换流器闭锁，极隔离，交流断路器跳闸
MRTB 保护（0030）	I_{DEL1}/I_{DEL2}	开关断开后，I（接地直流电流）>75A	195ms	控制系统切换
			210ms	重合 MRTB 开关
GRTS 保护（0040）	I_{DME}	开关断开后，I（接地直流电流）>75A	125ms	控制系统切换
			140ms	重合 GRTB 开关

续表

名称	测量点	保护定值	延时	动作策略
NBGS后备保护（0060）	$I_{DME}/I_{DEL1}/I_{DEL2}/I_{DNE1}/I_{DNE2}$	开关断开后，I（接地直流电流）>75A	130ms	控制系统切换
			150ms	重合NBGS开关
		开关断开后，I（接地直流电流）>200A	3s	双极运行时，控制系统切换，发出极平衡指令，换流器闭锁，极隔离，交流断路器跳闸
			3s	单极运行时，控制系统切换，发出功率回降指令，换流器闭锁，极隔离，交流断路器跳闸
MRTB后备保护（0030）	$I_{DME}/I_{DGND}/I_{DNE1}/I_{DNE2}$	开关断开后，I（接地直流电流）>75A	200ms	控制系统切换
			220ms	重合MRTB开关
GRTS后备保护（0040）	$I_{DEL1}/I_{DEL2}/I_{DGND}/I_{DNE1}/I_{DNE2}$	开关断开后，I（接地直流电流）>75A	130ms	控制系统切换
			150ms	重合GRTS开关
站接地过电流保护	$I_{DEL1}/I_{DEL2}/I_{DME}/I_{DNE1}/I_{DNE2}$	I_{diff}>100A	1s	报警
		双极运行时 I_{diff}>100A	1.4s	控制系统切换
			1.5s	发出双极平衡指令
			2s	控制系统切换
			2.5s	合上NBGS开关
			3s	跳闸
		单极运行 I_{diff}>200A	0.9s	控制系统切换
			2s	Y闭锁，极隔离，交流断路器跳闸和闭锁
金属回线横差动保护	$I_{DNE1}/I_{DNE2}/I_{DME}$	I_{diff}>90A	4s	报警
仅政平侧		I_{diff}>(0.05+0.2×I_d/3000)×3000	4.1s	控制系统切换
			650ms	控制系统切换
			750ms	换流器闭锁，发出极隔离指令，跳交流侧断路器
金属回线接地电流保护	$I_{DEL1}/I_{DEL2}/I_{DGND}/I_{DNE1}/I_{DNE2}$	I_{DGND}或（$I_{DEL1}+I_{DEL2}$）>（0.1×I_{DNE}+50）×0.8	500ms	控制系统切换
仅政平侧		I_{DGND}或（$I_{DEL1}+I_{DEL2}$）>0.1×I_{DNE}+50	150ms	控制系统切换
			200ms	发出功率回降指令直至重新启动
			450ms	换流器闭锁，发出极隔离指令，跳交流侧断路器

续表

名称	测量点	保护定值	延时	动作策略
接地极引线阻抗监视		100Ω	10s	报警
接地极引线不平衡报警	I_{DEL1}/I_{DEL2}	$I_{DEL1}-I_{DEL2}>60A$	50ms	报警

第六章

换流站无功补偿与交流侧滤波

第一节　换流器消耗无功分析

本章所讨论的无功功率都是指稳态的无功。因此，对于无功消耗、补偿和平衡的分析，都采用稳态的分析方法。

一、电网换相换流器无功特性

采用电网换相换流器的直流输电换流站，不管处于整流运行还是逆变运行状态，直流系统都需要从交流系统吸收容性无功，即换流器对于交流系统而言总是一种无功负荷。根据换流原理可知，换流器消耗的无功功率可由下式表示

$$Q_{dc} = P\tan\varphi \tag{6-1}$$

其中

$$\tan\varphi = \frac{(\pi/180)\mu - \sin\mu\cos(2\alpha+\mu)}{\sin\mu\sin(2\alpha+\mu)} \tag{6-2}$$

$$\mu = \cos^{-1}[U_d/U_{di0} - (X_c/\sqrt{2})(I_d/E_{11})] - \alpha \tag{6-3}$$

$$U_d/U_{di0} = \cos\alpha - (X_c/\sqrt{2})I_d/E_{11} \tag{6-4}$$

式中，U_{di0}为换流器理想空载直流电压，kV；$U_{di0}=3\sqrt{2}E_{11}/\pi$；$P$ 为换流器直流侧功率，MW；Q_{dc}为换流器无功消耗，Mvar；φ 为换流器的功率因数角，°；μ 为换相角，°；X_c 为每相的换相电抗，Ω；I_d 为直流运行电流，kA；α 为整流器触发角，°；E_{11}为换流变压器阀侧绕组空载电压有效值，kV；U_d 为换流器直流电压，kV；当换流器以逆变方式运行时，式中的 α 用 γ 代替，γ 为逆变侧关断角，°。

从上述计算公式可以看出，换流器无功功率除受有功功率影响外，还与其他很多运行参数相关，其中最为灵敏的是触发角 α 和关断角 γ。有关换流器的无功功率理论问题已在很多直流输电书籍中有详细的描述，本节只结合直流输电工程的实际需要，重点讨论换流器的无功功率运行轨迹和在直流输电工程设计中对换流器无功功率的控制这两方面的问题。

所谓换流器的无功功率运行轨迹，是指换流器吸收的无功功率随换流功率的变化曲线。不同的运行控制方式有不同的无功功率轨迹，如逆变器定关断角和整流器定触发角的无功功率轨迹、换流器定电流运行和定电压运行的无功功率轨迹等。

图 6-1 所示为换流器理论上可能的无功功率轨迹。这一轨迹图表明，对于同一个有功功

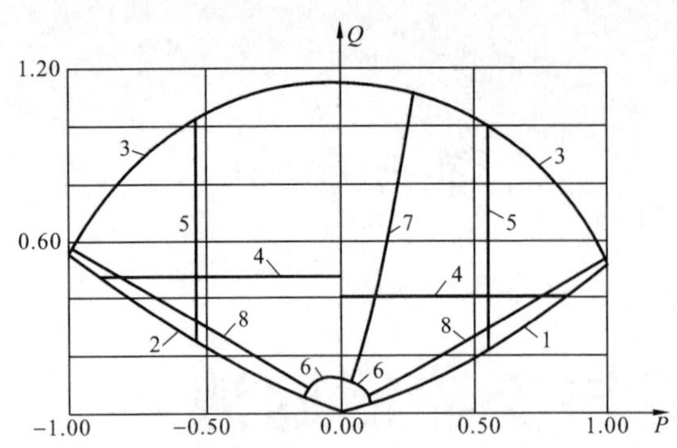

图 6-1 换流器各种运行方式的无功功率轨迹

P—换流器传输的有功功率；Q—换流器吸收的无功功率；1—整流器最小触发角控制；2—逆变器定关断角控制；3—换流器定直流电流控制；4—换流器定无功功率控制；5—换流器定有功功率控制；6—换流器定最小直流电流控制；7—整流器定最大触发角控制；8—换流器定直流电压控制

率运行点，换流器吸收的无功可以相差很大，这就为人们合理利用换流器参与无功电压控制提供了理论依据。

在实际利用无功功率轨迹时要考虑两方面的问题，第一是设备额定值和运行参数的限制，主要考虑换流器受绝缘配合限制而允许的最大理想空载运行电压，受换流变压器分接头范围限制而可能达到的最小理想空载运行电压；由于晶闸管元件触发一致性要求而允许的最小触发角限制；由于换流阀冷却要求而允许的最大长期稳态运行触发角限制；由于防止逆变器换相失败而要求的最小稳态关断角限制；受换流阀和其他主回路设备限制而允许的最大稳态运行电流的限制等。第二是参变量的改变，主要是交流母线电压的变化和换流变压器分接头的改变等。

在实际运行中，人们经常是从两个方面来利用换流器的无功功率轨迹。

一方面，对于正常的运行区域，尤其是换流功率接近额定直流功率的区域，需要采用各种可能的控制方式，使得换流器消耗的无功功率最小。对于逆变器，采用定关断角控制方式可以最容易达到这一目的。当采用定整流侧直流电压时，一般需要配备合理的换流变压器抽头控制，以保证正常运行时逆变器关断角不超过一定的值。整流器通常采用定电流控制，为了既保证整流器不轻易失去定电流控制的能力，又尽可能地减少无功消耗，需配备换流变压器抽头控制，使整流器触发角尽可能较小。

另一方面，当换流器运行功率远小于额定功率时，为了滤波的要求，需要投入一定的滤波器，使得换流站无功过剩，因而需要换流器多吸收无功；或者当交流系统较弱，对换流站不平衡无功特别敏感时，需要利用换流器进行无功功率控制。此时最大触发角常常是主要的限制因素。

二、无功消耗工程计算方法

上述理论公式中的无功功率消耗量都是在确定的设备参数、运行参数和控制参数下精确计算出来的。对于实际运行的换流器，由于设备参数的公差（主要是换流变压器的阻抗公差）；一些运行参数的不确定性，如母线电压的随机性，测量装置的误差而导致的直流电流、直流电压和直流功率的误差，测量和控制误差造成的控制参数的不准确性等，因此换流器消耗的无功功率是随机的。在工程设计时，为了确定或校核无功补偿方案，需要规定一个确定的计算工况，通常采用如下的工程方法。

（一）运行工况考虑

对运行工况的考虑，为了确定容性无功补偿量，需要确定无功消耗量较大的工况。

1. 额定工况

直流系统的设备都是按照在所有系统条件和环境条件范围内长期连续运行在额定工况这一

基本原则设计的。因此，容性无功补偿设备容量的设计一定要考虑额定运行工况。所谓额定运行工况，包括正常输送方向、正常接线方式、额定直流电压和额定直流电流等几个方面。

2. 稳态过负荷工况

尽管直流系统设备是按照额定工况设计的，但由于实际运行中系统条件和环境条件可能优于设计时考虑的极端情况、动用备用设备、利用设计裕度和短期内提高设备容许运行温度等，都使得直流系统能够过负荷运行。由于无功功率的稳态特性，需要考虑的主要是稳态过负荷运行方式，通常有2h过负荷和长期连续过负荷两种。为了保证过负荷运行条件，需要校核无功平衡情况。

3. 最大降压工况

最大降压工况是指直流电压降低到最低值，直流电流取这一降压工况下的最大值运行工况，也是一个重要的校核方式。

4. 最大反送工况

直流输电工程应无例外地具有反送能力。根据不同性质的直流输电工程，对反送能力的大小和可用率也有不同的要求。根据规范要求反送方式可能为设计方式或者重要校核方式。

5. 确定感性无功补偿容量

需要考虑正向双极最小输送功率和单极最小输送功率方式以及反向双极最小输送功率和单极最小输送功率方式。

（二）运行控制方式

运行控制方式是除运行方式以外对无功消耗影响最大的因素，要综合考虑整流侧定电流控制、逆变侧定直流电压或定关断角控制以及换流变压器抽头控制的影响。对于整流侧，换流变压器抽头控制一般为保持触发角 α 在其额定值附近，其典型的数值为：额定触发角 α_n 为15°，稳态运行时保持在此值的±2.5°。因此，在计算大无功消耗时，要考虑交流母线电压和换流变压器抽头的位置，使得触发角为17.5°，而在计算小无功消耗时要取12.5°。逆变侧如果采用定关断角控制，关断角 γ 可直接取额定值，其典型值为18°。而如果采用定整流侧直流电压的控制方式，则应按照在此方式下逆变器的最大可能 γ 角来计算大无功消耗，对于小无功消耗则取额定值。

（三）设备参数变化

对于换流器无功消耗的计算，影响最大的设备参数是换流变压器的换相电抗，对于大无功工况要采用最大的换相电抗公差，对于小无功要采用最小的换相电抗公差。另一个影响逆变侧换流器无功消耗的参数是直流线路电阻，对于大无功方式，要采用最小可能的电阻；对于小无功方式，要采用最大可能的电阻。

（四）测量误差

测量误差主要是指直流电流和直流电压互感器的误差。在无功消耗计算中，可以统一考虑为换流器有功功率的误差。对于大功率方式，假定测量装置具有负的测量误差，即实际运行功率大于测量装置感知的功率；而对于小无功方式，测量装置则考虑正误差。测量误差的典型值为±1%。

（五）控制误差

控制误差主要是指触发角和关断角的测量和控制误差，其中测量误差占主要成分，控制误差的典型值为±0.5°。

三、无功消耗计算实例

(一) 工程基本参数

双极长距离架空线路直流输电工程，直流线路电阻变化范围为8～12Ω，额定值为10Ω；额定直流功率为2×1500MW，测量位置为整流侧平波电抗器直流线路侧；额定直流电压为±500kV，测量位置同直流功率；额定直流电流为3000A；整流侧换流母线额定电压为525kV，运行范围为500～550kV；逆变侧换流母线额定电压为500kV，运行范围为490～525kV。

(二) 相关的规范要求

稳态过负荷能力要求为1.1p.u.；降压要求为80%额定电压，100%额定电流；70%额定电压，100%额定电流；最小功率要求：10%额定功率；反向输送要求为不小于正向额定功率的90%，测量位置为反向输送情况下的整流侧平波电抗器直流线路侧。

(三) 工程基本设计

换流变压器额定阻抗：由于阀的抗短路电流能力不同，采用15%、16%、20%三种设计方案；换流变压器抽头范围：根据不同的控制观点采用+30%−5%和+10%−5%两种方案；换流变压器阻抗公差为±5%。

(四) 测量误差

按功率测量误差为1%考虑。

(五) 整流侧控制范围和精度

定电流控制，额定触发角为15°，换流变压器抽头按触发角控制，控制范围为±2.5°，控制精度为0.5°。

(六) 逆变侧控制方式

第一种控制方式为定关断角控制，额定关断角为18°，控制精度为0.5°；第二种控制方式为定整流侧直流电压，换流变压器调压分接头按关断角控制，其控制范围为18°～20.5°，控制精度为0.5°。

正常运行时整流侧和逆变侧消耗无功的计算结果，分别见表6-1和表6-2。

表6-1　正常运行时整流侧消耗无功的计算结果（Mvar）

运行方式	考虑因素	15%阻抗 + 30%抽头	16%阻抗 + 30%抽头	18%阻抗 + 30%抽头	15%阻抗 + 10%抽头	16%阻抗 + 10%抽头	18%阻抗 + 10%抽头
额定运行方式，双极，±500kV，3000MW	不考虑任何因素	1492	1531	1606	1492	1531	1606
	考虑控制范围	1599	1635	1711	1599	1635	1711
	再考虑测量误差	1615	1651	1728	1615	1651	1728
	考虑所有因素	1665	1705	1804	1665	1705	1804
双极110%过负荷	不考虑任何因素	1631	1673	1754	1631	1673	1754
	考虑所有因素	1777	1818	1897	1777	1818	1897
双极，降压80%，3000A	不考虑任何因素	1194	1225	1285	2116	2143	2194
	考虑所有因素	1332	1364	1443	2161	2189	2245

续表

运行方式	考虑因素	15%阻抗+30%抽头	16%阻抗+30%抽头	18%阻抗+30%抽头	15%阻抗+10%抽头	16%阻抗+10%抽头	18%阻抗+10%抽头
双极，降压 70%，3000 A	不考虑任何因素	1708	1731	1777	2417	2440	2486
	考虑所有因素	1746	1770	1819	2465	2490	2540
双极，反送 90% 负荷，定关断角控制	不考虑任何因素	1343	1373	1432	1343	1373	1432
	考虑所有因素	1433	1448	1511	1433	1448	1511
双极，反送 90% 负荷，定直流电压控制	不考虑任何因素	1343	1373	1432	1343	1373	1432
	考虑所有因素	1522	1553	1616	1522	1553	1616
双极，10%小负荷	不考虑任何因素	89	90	91	89	90	91
	考虑所有因素	72	72	72	72	72	72
单极，10%小负荷	不考虑任何因素	45	45	45	45	45	45
	考虑所有因素	36	3	36	36	3	36

表 6-2 正常运行时逆变侧消耗无功的计算结果（Mvar）

运行方式	考虑因素	15%阻抗+30%抽头	16%阻抗+30%抽头	18%阻抗+30%抽头	15%阻抗+10%抽头	16%阻抗+10%抽头	18%阻抗+10%抽头
额定运行方式，±500kV，3000MW，定关断角方式	不考虑任何因素	1523	1559	1629	1523	1559	1629
	考虑所有因素	1608	1645	1720	1608	1645	1720
额定运行方式，±500kV，3000MW，定直流电压方式	不考虑任何因素	1523	1559	1629	1523	1559	1629
	考虑所有因素	1725	1762	1836	1725	1762	1836
双极 110% 过负荷，定关断角方式	不考虑任何因素	1723	1765	1848	1723	1765	1848
	考虑所有因素	1821	1866	1955	1821	1866	1955
双极 110%过负荷，定整流侧直流电压方式	不考虑任何因素	1723	1765	1848	1723	1765	1848
	考虑所有因素	1949	1994	2082	1949	1994	2082
双极，降压 80%，3000A，定关断角方式	不考虑任何因素	1199	1227	1282	2115	2134	2188
	考虑所有因素	1270	1300	1359	2194	2222	2274
双极，降压 80%，3000A，定电压方式	不考虑任何因素	1199	1227	1282	2115	2134	2188
	考虑所有因素	1363	1392	1451	2194	2222	2274
双极，降压 70%，3000A，定关断角方式	不考虑任何因素	1738	1766	1808	2392	2415	2458
	考虑所有因素	1814	1838	1884	2485	2510	2558
双极，降压 70%，3000A，定电压方式	不考虑任何因素	1738	1766	1808	2392	2415	2458
	考虑所有因素	1814	1838	1884	2485	2510	2558
双极，反送 90%负荷	不考虑任何因素	1310	1343	1407	1310	1343	1407
	考虑所有因素	1464	1498	1565	1464	1498	1565
双极，10%小负荷	不考虑任何因素	88	89	90	88	89	90
	考虑所有因素	73	74	75	73	74	75
单极，10%小负荷	不考虑任何因素	44	45	45	44	45	45
	考虑所有因素	37	37	38	37	37	38

从表6-1和表6-2的计算结果可以看出，在设计参数中，对于额定运行方式和过负荷运行方式，换流变压器阻抗是最大的影响因素。对于降压方式，换流变压器分接头的级数和范围是最大的影响因素。对于各种设计制造和控制公差，总体上是十分显著的，需要在工程设计中充分考虑，其中逆变侧控制方式是最大的影响因数。

第二节　换流站无功平衡与无功补偿

由于换流器的运行总是伴随着无功功率的消耗，因此每一个换流站都必须装设无功补偿设备，进行无功平衡和无功补偿时应注意如下几个工程问题。

一、交流系统无功支持能力与无功需求

当换流站位于电厂或电厂群附近，如水电厂直流送出工程的整流站，在直流系统大负荷运行时，可以利用交流系统的部分无功电源，以达到少装容性无功补偿设备的目的；在直流系统小负荷运行时，可以利用发电机的进相能力，吸收换流站的部分过补偿无功，以达到少装感性无功补偿设备的目的。交流系统这种帮助换流站进行无功平衡的能力，叫做无功支持能力。充分利用交流系统无功支持能力可以减少换流站无功补偿容量，节省无功补偿设备如电容器和电抗器的投资，还可以减少无功补偿设备的分组，节省相应的变电设备和控制保护设备的投资，在直流系统突然停运时，可以降低甩负荷过电压水平，相应降低换流站设备造价。因此，充分而合理地利用交流系统的无功能力是十分重要的。

交流系统无功能力可以采用普通的潮流程序进行计算，在规划电网的潮流计算中所需注意的所有事项都是有效的，如负荷功率因数的准确选择、母线电压的控制范围、发电机功率因数和空载电压的控制、发电机升压变压器和电网中关键联络变压器调压抽头的选择等。

决定交流系统无功支持能力计算结果的一个最重要因素是运行方式的选择。首先要考虑直流输电工程的运行方式，如正向输送额定功率、正向输送过负荷功率、正向输送最小功率、反向输送最大功率、反向输送最小功率等。对于所考虑的直流输送方式，要根据相关的规范和导则，结合工程投运和电网发展的实际，合理地选择水平年、电网开断方式和开机方式。

另一个决定无功支持能力计算值的重要因素是换流站母线电压水平的选择。一般来说，在计算交流系统向换流站提供无功能力时，在同样的交流系统条件下，换流站母线电压压得越低，系统支持换流站的容性无功能力越大。反之，母线电压抬得越高，所计算出的系统容性无功支持能力越小。为了充分利用系统的能力而又为运行留有足够的余地，在计算容性无功支持能力时，一般选择换流站母线电压等于或略低于额定水平。在计算感性无功支持能力时，换流站交流母线电压比规程允许的最高允许电压低0.01～0.02p.u.。

当换流站位于负荷中心时，换流站交流母线将作为交流系统的一个枢纽母线，需要维持母线电压基本恒定。这样，在大负荷方式下，交流系统无功补偿不足，电压下降，部分无功负荷将从换流站得到补偿；在小负荷方式下，交流系统无功过剩，电压升高，需要换流站帮助吸收。这种交流系统对于换流站而言，相当于一个无功负荷。

将换流站所在区域的无功负荷结合到换流站无功消耗中一并考虑，来进行补偿在很多情况下是可取的，因为这样更便于控制。但是，如果换流站交流母线电压为500kV等超高压水平，变电设备的费用大，将补偿系统无功负荷的设备装设在换流站是不合算的。另外，集中装设在换流站的无功补偿容量需要通过一定的网络元件到达无功负荷，将引起有功和无功的附加损耗，电网运行可能变得不经济。再者，大量集中装设的容性无功补偿设备在直流系统因故停运时可能产生过高的甩负荷过电压。鉴于上述原因，现代长距离大容量直流输电工程，如果位于负荷中心或电网的枢纽点，一般采用保持换流站本身无功平衡，不与交流系统进行无功交换的设计原则。

在直流系统小负荷时，吸收的无功特别少，而由于滤波的要求，需要投入一定的滤波器，通常为两组滤波器，将造成无功过剩。如果此时仍要求换流站无功平衡，而换流站又不同时兼作变电站，没有适合于低压电抗器的安装位置，将有可能需要装设高压可投切电抗器，造价很高。如果利用换流站附近电网中的适当位置，装设可投切的低压电抗器，能够满足电网的无功平衡，又可降低电网的总体投资。

二、无功补偿设备类型

目前世界上已有换流站的无功补偿设备主要有三大类：第一类，机械投切的电容器和电抗器。其中电容器由于滤波要求是必需的，最小滤波电容容量约占换流容量的30%。第二类，静止无功补偿装置。当换流站所在电网较薄弱时，电压控制困难，有时甚至可能发生电压稳定问题，此时可以考虑装设静止无功补偿装置。这种设计由于控制系统的相互影响，有一定的缺点，应用不是十分广泛。目前，世界上只有英法海峡直流工程英国侧换流站和加拿大恰图卡背靠背直流工程中采用。第三类，调相机。当换流站所连接的交流电网相对直流输电系统的容量而言太弱时，则需要在换流站装设调相机。这种情况一般多发生在远方电站向位于负荷中心的电网送电工程的受端，世界上两个最典型的例子是伊泰普直流工程受端换流站和纳尔逊河直流工程受端换流站。无功补偿设备类型的选择主要取决于系统强度，对于新建工程可采用如下方法来考虑。

在规划阶段，根据电网的强度，一般当短路比大于5时，只考虑电容器和电抗器，当短路比为3～5时，需要进行电压稳定性计算研究，开始考虑采用其他具有电压控制能力的无功补偿设备。近年来，由于现代直流输电工程设计和控制保护水平的提高，一般在短路比大于3时则不需采用特殊的无功补偿设备。当短路比小于3时，采用常规的换流技术，则需要考虑装设其他无功补偿设备，其最有效的办法是装设调相机。但采用调相机投资大、占地多、运行可靠性低、维护工作量大，与目前电力工业的设计思路是背道而驰的，因此不宜采用。在常规换流站中，一般只采用机械投切的电容器和电抗器，如果经研究表明只采用可投切的无源元件不能满足系统性能要求而需要采用调相机时，则应进行更加深入的研究。一个合理的选择是采用新型的换流技术，如电容换相换流器或PWM控制的电压源逆变器技术（详见本书第二章第七节）。

三、容性无功补偿设备容量确定

换流站需要装设多少容性无功补偿设备可以采用如下公式计算

$$Q_{total} \geqslant \frac{Q_{ac}+Q_{dc}}{U^2}+NQ_{sb} \tag{6-5}$$

式中，Q_{total}为在正常电压下交流滤波器和并联电容器所提供的总无功，Mvar；Q_{sb}为在正常电压下由最大的交流滤波器分组或并联电容器分组所提供的无功，Mvar；N为备用的无功补偿设备组数；Q_{ac}为在决定无功供给设备容量时所假设的交流系统无功需求，负值表示交流系统提供的无功，Mvar；Q_{dc}为在决定无功供给设备时所假设的直流换流设备的无功需求，Mvar；U为标么值设计电压。

容性无功容量设计分设计点和校核点。对于设计点，上述公式的物理意义是指：在给定的直流系统运行方式下，换流器吸收最大的无功，交流系统需要的无功负荷（或能够提供的无功支持），交流母线电压为较低的水平U，N组最大的无功补偿设备不可用，换流站仍能维持无功平衡。其中，几个参数的意义再补充解释为：Q_{dc}表示换流器在特定工况下的最大无功功率消耗值。而对于工况本身，则一般采用一个设计工况和多个校核工况。设计工况的最典型方式是正常正向额定方式。如果直流输电系统的主要目的是电网互联，或主要为输电，同时在很大程度兼作互联，则需要考虑反向最大输送方式的工况。如果设计点多于一个，Q_{ac}需根据不同的直流系统运行工况分别计算。U表示设计平衡点的交流母线标么值电压，其基值为该换流站交流母线正常运行电压，这一电压不一定是交流母线的额定电压，而是平常经常运行的电压水平，用于该站无功设备参数的设计。U的选值主要根据计算交流系统容性无功支持能力时所取的电压。如果Q_{ac}的取值合理，U可以采用1。N一般情况下为1。

对于校核方式，如降压方式、过负荷方式、反送方式，仍需保证所考虑方式下无功的平衡。但由于这些方式的重要性远不如设计方式，因而可以改变公式中的如下参数：可以将N改为0，即意味着不考虑校核方式与换流站失去备用无功补偿设备的方式同时发生；采用较小的Q_{ac}，即考虑对换流站容性无功平衡较有利的交流系统运行方式；如果U小于1，可以考虑将U改为1，不考虑换流站极端电压水平。

四、感性无功补偿设备容量确定

感性无功补偿设备容量可用下述公式计算

$$Q_r = Q_{fmin} - \frac{Q_{ac} + Q_{dc}}{U^2} \tag{6-6}$$

式中，Q_r为在正常电压下换流站并联电抗器吸收的总无功，Mvar；Q_{ac}为在计算无功吸收设备时，允许从换流站流进交流系统的最大无功，Mvar；Q_{dc}为在计算无功吸收设备时，计算的直流系统无功需求，Mvar；Q_{fmin}为在正常电压下，由最少交流滤波器组所产生的无功，Mvar；U为设计时考虑的交流母线标么值电压。

与容性无功补偿设备类似，在工程实际中需考虑如下因素：

（1）Q_{dc}，尽管为了运行安全，换流器的无功消耗需要考虑上述所有的工程因素，但是如何选择计算换流器最小无功消耗的运行工况对工程造价有重要影响。一般在工程中有两种基本的方式，其一是选择单极最小运行方式，采用这种方式，换流器的无功消耗达到绝对最小，所设计的直流系统具有最好的运行灵活性和系统性能，但造价显著提高；其二是选择双极最小运行方式，采用这种方式，换流器消耗的无功功率能够达到直流工程额定功率的4%左右，假设换流站容性无功补偿设备容量在数值上为直流工程额定功率的40%～60%，分成10～12组，则每组容量在数值上为直流工程额定功率的4%～5%。换流器无功功率可以抵消一组无功补偿设备的容量。采用这种方式的主要理由有：①现代直流输电工程可用率很高，平均约为97%，因此单极运行时间占全年时间为5%～6%；②在单极运行方式下，以最小功率运行的概率很低，理论上应不足 10%，因此全年单极最小运行方式发生的概率只有约 0.5%；③可以通过制定合理的运行调度规程，规定单极运行时最小功率按双极容许最小功率考虑；④换流器在小功率方式下可以通过改变触发角而多吸收无功。我国从天—广直流输电工程开始，都采用双极最小运行方式作为感性无功补偿设计方式。

(2) Q_{fmin}，这一参数是指在最小运行方式下由于交流滤波器性能要求而必须投入的滤波用容性无功补偿设备的容量。现代直流输电工程的滤波性能要求一般较高，投入一组滤波装置常常不能满足要求，因此需要在换流站或其附近的其他变电所装设感性的补偿设备，用于平衡多余的容性无功功率。实际上，在直流最小运行方式下，投入一组主要的滤波器后，谐波指标超标极为有限，对系统的影响很小，甚至比换流器投入前的背景谐波还要低。因此，适当调整这种方式下的滤波要求，使得投入一组滤波器的方式成为可能，可以很好地优化系统设计。

(3) Q_{ac}，本应为计算所得的交流系统吸收容性无功功率的能力，但如果换流站交流母线电压为 500kV 及以上的超高压，则采用可投切的高压电抗器价格十分昂贵，因此从全系统优化的角度出发，可在系统适当的位置装设低压电抗器。为了便于设计，在规范要求中可设式 (6-6) 中的 Q_r 为 0，按如下公式求出 Q_{ac} 的值

$$Q_{ac}=U^2Q_{fmin}-Q_{dc} \tag{6-7}$$

五、无功补偿设备分组

换流站容性无功补偿设备和感性无功补偿设备的容量，除需满足设计点的无功平衡条件外，另一个重要的工程问题是无功补偿设备的分组。一般来说，容性无功补偿设备是换流站无功补偿设备的主要部分，在总容量一定的情况下，分组越少，投资和占地就越省，但需受如下因素的控制。

(1) 交流系统最大允许投切容量。根据交流系统的强弱，允许投切的容量受两个参数的限制。一是投切时的稳态电压变化，其含义是假定交直流系统其他所有运行方式不变，在投入或切除一组无功补偿设备，交直流控制系统到达新的稳态后，换流站交流母线电压的标么值变化，一般规定为 1%～1.5%。交流系统稳态强度用 dU/dQ（稳）表示，主要是由系统无功潮流控制方式决定。二是投切时的暂态电压变化，其含义是所有控制系统开始动作前的电压突变，完全由系统电气强度决定，通常规定为 2%左右。对于现代直流输电系统，由于换流器可方便地参与瞬时无功控制而基本不增加一次设备投资，因此暂态电压变化的限制相对于稳态电压变化的限制而言起着次要作用。

(2) 滤波器构成限制。为了滤除各次谐波，需要采用调谐于不同频率的滤波器；为了保证在一组甚至两组滤波器因损坏退出运行时，直流系统能够维持运行，提高直流输电系统的可靠性和可用率，每种滤波器又需要多于一组，因此对容性无功补偿设备的最低组数提出一定的要求。

(3) 如果无功补偿设备分组数过少，每组容量必定很大，根据式 (6-5)，当单组容量过大时，将使得总的容性无功补偿设备容量增加很大。

(4) 根据式 (6-6)，当每组容性无功补偿设备容量太大时，换流站需要的感性无功补偿设备容量显著增大，整个工程的经济性降低。

(5) 对于本章第三节所述的无功与电压控制要求，如果单组无功补偿设备容量太大，

投入后将引起不平衡无功较大，可能会造成不满足系统的要求。对于较小的直流系统，如背靠背直流系统，可以采用控制直流系统运行方式，增加无功吸收，减少与系统的不平衡无功；对长距离大容量直流输电系统，由于其主要目的是远距离送电，一般不采用这种控制方式。

综合上述几个因素，一般换流站容性无功补偿设备的组数设为8～12组。对于离电源较近的整流站，如果滤波要求能够满足，则采用6组补偿设备也是可行的。

换流站感性无功补偿设备容量一般较小，设备分组的方式一般只有1组和2组两种方式。采用1组的方式显然较为节省，但该组设备故障对直流系统运行方式的限制以及由此带来的可靠性和可用率降低，必须在可以接受的范围内，否则应采用两组感性无功补偿设备。

第三节　无功与电压控制

在本章第一节和第二节中，着重讨论了换流器吸收无功的特性以及换流站的无功补偿设计。本节将着重讨论无功补偿设备的投切和控制，其中包括换流站无功补偿设备的控制、换流站附近交流系统内无功补偿设备的控制、换流器无功功率的控制以及所有这些设备的联合控制。

一、无功补偿设备投切控制

在常规的换流站中，无功补偿设备仅为可投切的无源设备，包括在基波频率下提供容性无功的滤波器组、并联电容器组和提供感性无功的并联电抗器组。这些无功补偿设备的投切控制主要有不平衡无功控制和交流电压控制两种控制方式。

（一）不平衡无功控制

不平衡无功控制的原理为：在直流换流站稳态或准稳态运行时，对于换流站无功控制器而言，式（6-1）～式（6-4）中用于计算换流器无功消耗的各个参数都是已知的，基于这些参数能够实时求出换流器消耗的无功 Q_{dc}。通过运行人员工作站（OWS），可以设定一条不平衡无功随换流站有功功率变化的曲线，通过这一曲线可以求出当前运行点的理想不平衡无功 Q_{ac}（向交流系统流入容性无功为正）。同样，通过OWS或在控制软件中设定，可以求得允许不平衡无功 ΔQ。通过式（6-8）和式（6-9）可以求得无功补偿设备的投入点和切除点。

当换流站有功功率增加或其他运行参数改变，使得换流器吸收的无功功率增加，不平衡无功不断减少，当满足下列条件时，发出无功补偿设备投入命令

$$Q_{dc}-(U_{ac}/U_{acN})^2Q_{total}+Q_{ac}\geqslant\Delta Q \tag{6-8}$$

式中，U_{ac}为实际交流母线电压，kV；U_{acN}为无功设备设计时考虑的交流母线正常电压，kV；Q_{total}为当前状态下已投入总的无功补偿设备的额定容量，在U_{acN}下计算得出，Mvar。

当换流站有功功率减少或其他运行参数改变，使得换流器吸收的无功功率降低，不平衡无功不断增加，当满足下列条件时，发出无功补偿设备切除命令

$$(U_{ac}/U_{acN})^2Q_{total}-Q_{dc}-Q_{ac}\geqslant\Delta Q \tag{6-9}$$

图6-2所示为根据上述投切原理设计的无功控制器的投切顺序示意图。现结合图6-2分析几个不平衡无功控制方式的工程问题。

1. 启动过程

以图 6-2（a）为例，当直流系统以最小功率启动时，无功补偿控制需投入最少滤波器组，一般此时流入交流系统的不平衡无功较大。为了最大限度地减少不平衡无功，降低换流站带给交流系统的负担，对应最小直流功率的最少滤波器组的投入方式可以有多种。以最少投入两组滤波器为例，可在解锁前投入 2 组，也可以在解锁前只投入 1 组，在解锁过程中再投入 1 组，还可以在解锁前 1 组也不投入，而在解锁过程中分步投入 2 组。这些控制一般设置在换流器解锁的顺序控制中，不属于无功控制范畴。

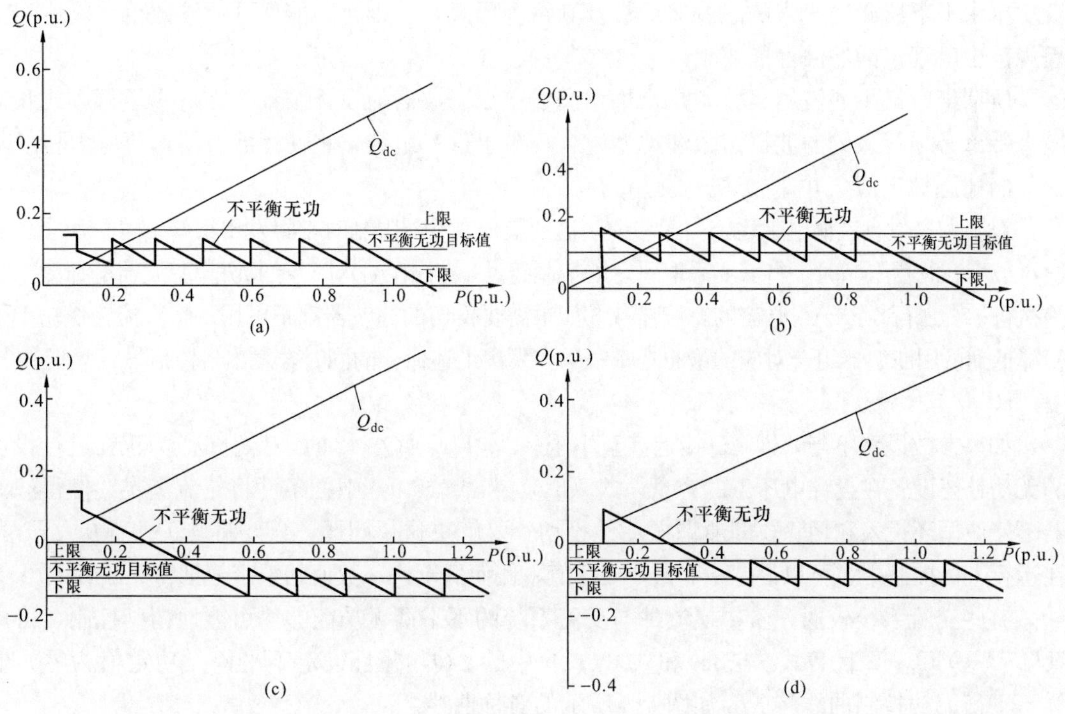

图 6-2　不平衡无功控制投切顺序示意图

图 6-2（a）所示为恒定的较大不平衡无功 Q_{ac}，表示较早投入，较晚切除补偿设备、功率上升时滤波器投入顺序；图 6-2（b）所示为恒定的较大不平衡无功 Q_{ac}，表示较早投入、较晚切除补偿设备、功率下降时滤波器切除顺序；图 6-2（c）所示为恒定的较小不平衡无功 Q_{ac}，表示较晚投入、较晚切除补偿设备、功率上升时滤波器投入顺序；图6-2（d)所示为恒定的较小不平衡无功 Q_{ac}，表示较晚投入、较早切除补偿设备，功率下降时滤波器切除顺序。

2. 停运过程

以图 6-2（b）为例，当换流器闭锁时，需及时切除所有无功补偿设备。在换流器停运过程中尽早切除滤波器对于维持较弱的交流系统的电压水平是十分重要的。

3. 投切早晚

比较图 6-2（a）和图 6-2（c），由于这两图所示的不平衡无功控制器中的参数 Q_{ac} 设置不同，第 3 组滤波器的投入时间明显不一样。对于交流系统缺乏无功，电压偏低，希望换流站的无功补偿设备尽早投入，较晚退出，这时需设置较大的 Q_{ac}，反之，可设置较小的 Q_{ac}。

4．投切限制

如果系统无功缺乏，则将通过增大 Q_{ac}，提早投入滤波器和其他无功补偿设备。在这种情况下，除了无功补偿设备因故障原因不可用外，没有其他限制因素。反之，如果系统电压太高，将需要通过降低 Q_{ac}，晚投入或早切除容性无功补偿设备，并将受到最少滤波器组数限制；如果进一步降低 Q_{ac}，将投入更少的无功补偿设备，甚至可能将受到绝对最少滤波器组数的限制。

所谓最少滤波器组数限制，是指根据离线交流滤波器的设计结果，在对应运行方式和运行功率水平下所必须投入的滤波器组数及其组合形式，否则将不能保证滤波效果，以达到工程规范中所规定的滤波性能要求。

所谓绝对最少滤波器组数，是指根据离线交流滤波器的设计结果，在对应运行方式和输送水平下必须投入的滤波器组数和类型组合，少于这一组数，将使得滤波器运行应力超过其元件的稳态额定值，并造成滤波器过负荷。

对于大多数直流输电工程，当无功控制达到最少滤波器限制时，将发出报警信号；而当达到绝对最小滤波器限制时，将需要采取一定的控制行动，例如，①对于要求切除滤波器的命令，拒绝执行；②强行投入一组必需的滤波器；③如果需要投切的滤波器都不可用，将直流输送功率强行降低到可用滤波器组合对应的最小功率；④在发出上述命令的同时，发出告警信号。

5．振荡性投切

如果参数设置不当，即 ΔQ 接近甚至小于 $(U_{ac}/U_{acN})^2Q_{sub}/2$ 时，其中 Q_{sub} 为正在进行投切的无功补偿设备在设计电压下的容量，式（6-8）和式（6-9）中的条件将轮流满足，使得滤波器不停地循环投入和切除，即所谓振荡性投切。要解决这一问题，只要将 ΔQ 适当放大即可。在运行人员控制中，可以设定一个最小 ΔQ 值，任何低于这一数值的整定值都将无法置入。

有些交流系统较弱，希望换流站与交流系统的不平衡无功能够尽可能地精确控制，可用 $(U_{ac}/U_{acN})^2Q_{sub}/2$ 代替式（6-8）和式（6-9）中的 ΔQ，并且设定不平衡无功定值为零，这样不平衡无功控制曲线将成为如图 6-3 所示的对称曲线。

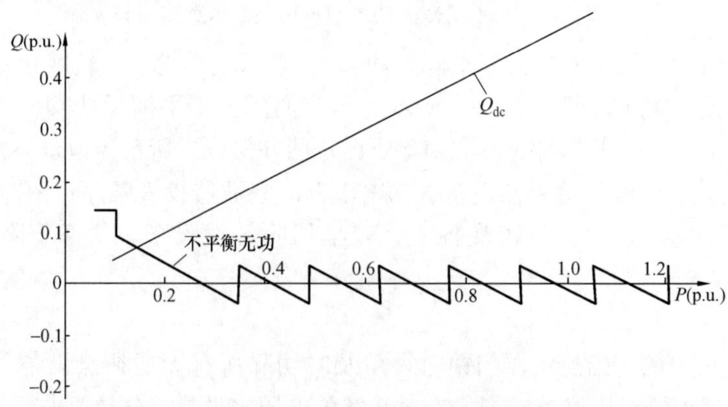

图 6-3　不平衡无功最小化的无功控制曲线图

如果采用这样的控制判据，每投入（或切除）一组无功补偿设备，立即达到了切除（或投入）该设备的判据，除非直流输送功率在连续快速增减过程之中，否则将不可避免地造成振荡性投切。因此，在这种判据下需要引出一个附加判据，即上一次投切发生后，直流系统是否发生过运行方式改变或者是否输送功率变化超过 ΔP，其中 ΔP 是一个预先设定的值。

6. 循环投入

换流站无功补偿设备一般只有有限的几种，其中每一种有若干组。为了最有效地提高滤波性能，在最少组数（一般为 1～2）到所有滤波器投入的每一特定组数，都有一个固定的类型组合。为了使得所有无功补偿设备及其对应的变电设备能够在整个寿命周期内均匀地承担任务，无功控制中还必须有一段精密的计数程序。对于每一种设备，对投运组按投入先后计数，当需要切除这种设备时，将切除命令发至最先投入的那一组。同样，对于未投入组，在需要投入这种设备时，将命令发至上次最先切除的那一组。

（二）电压控制

除了控制换流站与交流系统的不平衡无功外，换流站无功补偿设备还可以用来对换流站交流母线电压进行控制。

图 6-4 所示是电压控制模式的换流站无功控制系统响应随直流输送功率变化曲线的示意图。在换流器解锁前或解锁过程中，根据顺序控制要求投入最少滤波器组数。随着直流输送功率的增加，交流母线电压下降，当满足下列条件时，投入一组无功补偿设备

$$U_{set}-U_{ac}\geqslant\Delta U \tag{6-10}$$

式中，U_{set} 为交流母线整定电压水平；U_{ac} 为实测交流母线电压；ΔU 为电压控制死区。

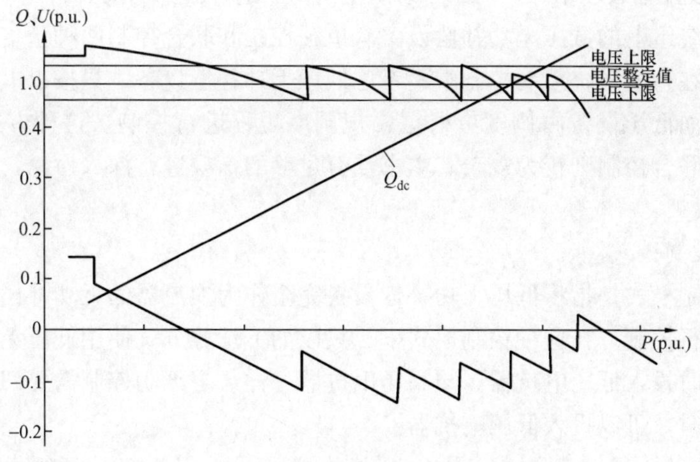

图 6-4　交流母线电压控制模式动作示意图

同样，随着直流系统输送功率的降低或其他运行的参数改变，使得交流母线电压上升，当满足下列条件时，切除一组无功补偿设备

$$U_{ac}-U_{set}\geqslant\Delta U \tag{6-11}$$

与不平衡无功控制模式一样，电压控制也需要解决启动、停运、投切限制、振荡性投切和循环投切等工程问题，其中其他内容与不平衡无功控制模式相同，只有振荡性投切需解释如下。

对于一定的系统接线方式、电压控制方式和潮流水平，在换流站交流母线上投入 ΔQ 无功，将引起交流母线电压稳态变化 ΔU，用微分方式表示系统稳态电压对无功的灵敏性为 dU/dQ，假定在已知的运行范围内，dU/dQ 的最大值为 C，换流站以无功补偿设备设计电压为基值的标么值最高电压为 U_{max}，换流站最大无功分组为 Q_{max}，则 ΔU 应满足

$$\Delta U \geqslant CU_{max}^2 Q_{max}/2 \tag{6-12}$$

为了确保不发生振荡性投切，需考虑一定裕度，应再将 ΔU 增加 20%～50%。

dU/dQ 的值随系统接线方式和运行方式的变化有很大变化，按最不利情况确定的 ΔU 在系统情况有利时显得太大，将造成电压控制精度不够，大量不平衡无功在系统内流动。因此，换流站一般多采用不平衡无功控制模式。

二、可投切高压电抗器控制

当换流站装设有高压电抗器时，通过系统研究可以有不同的控制策略，下面介绍的是一种可行的策略。按照前面所述的不平衡无功或交流母线电压控制模式，当无功控制器满足切除一组无功补偿设备的判据，如果遇到最小滤波器限制，以及检测到有高压电抗器可用而未投入运行，同时上述所有条件又都满足，则应投入一组电抗器。如果无功控制器检测到是投入一组容性补偿设备的判据，以及有高压电抗器投入，同时两个条件又都满足，则应切除一组高压电抗器。

三、交流系统其他无功补偿设备投切控制

从理论上说，换流站换流器的无功吸收能力和无功补偿设备可以参与区域性的无功电压控制，但这种控制需要集中设立的控制器和完善的传感通信设施，且可能牵涉多个运行单位，调度运行又复杂，因此一般不宜采用。本条所讨论的交流系统其他无功补偿设备主要是指装设在换流站内的降压变压器或联络变压器第三绕组上的低压电容器和电抗器。

变压器第三绕组上的低压无功补偿设备有单独控制和联合控制两种基本控制模式。所谓单独控制，是指在直流系统无功控制中不考虑低压无功补偿设备，只按以上两条所述考虑本身的平衡问题，而低压设备由调度员根据常规调度规程进行控制。这种方式在理论上很简单，无需赘述。联合控制则较为复杂，本书没有足够的篇幅进行深入讨论，仅列出以下几种可能的控制模式。

(一) 无功控制模式

所谓无功控制模式是指将低压无功补偿设备完全作为换流器的无功补偿设备，只结合换流器运行方式进行控制。在这种控制模式下，只以如下三种方式使用低压无功补偿设备。

(1) 低负荷时投入低压电抗器。与高压电抗器一样，当无功控制需要切除滤波器而遇到最少滤波器限制时，可以投入低压电抗器。

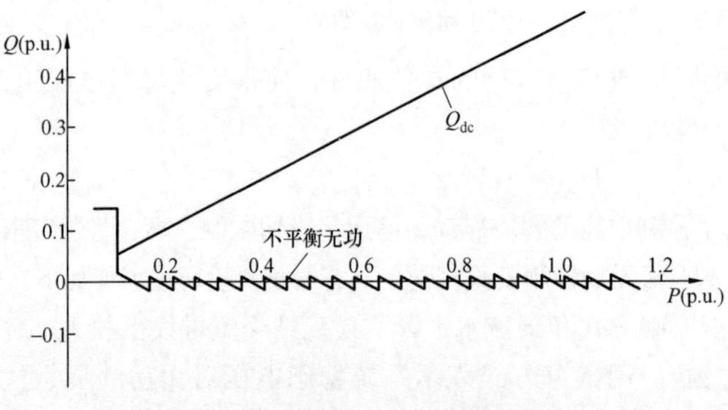

图 6-5　利用低压无功补偿设备进行不平衡无功精密控制示意图

(2) 高负荷时投入低压电容器。当所有可用的高压滤波器和并联电容器都投入后，如果无功控制器检测到投入判据，则可投入低压电容器。

(3) 用于精密无功控制。由于每组可投切的低压电抗器和电容器的容量只有高压补偿设备容量的 1/4～1/2，可以利用这些设备进行精密的无功控制。图 6-5 所示为低压电抗器和电容器参与

精密无功控制的示意图，其中假定低压无功补偿设备容量为高压无功补偿设备容量的 1/3。

（二）无功电压控制模式

所谓无功电压控制模式，是指低压无功补偿设备除像（一）所述参与无功控制外，其投切判据中还需考虑交流母线电压。如果电压太高，在投入了足够满足无功平衡条件的低压电抗器后，仍继续投入剩余的电抗器，直至电压低于某一整定值。以这种方式投入的电抗器不计入无功补偿总容量之中。同样，当交流母线电压低于某一预先整定的水平时，低压电容器将不受不平衡无功限制，陆续投入运行，直至电压恢复正常。对于这种控制方式，所考虑的电压可以是高压母线电压、中压母线电压或两者的某种加权和。

（三）电压控制模式

对于这种控制模式，低压无功补偿设备完全不参与换流器的无功平衡，而只用于交流母线电压控制。同样，所控制的电压可以是高压母线电压、中压母线电压或两者的加权和。

四、连续调节无功补偿设备控制

具有连续可调节能力的无功补偿设备主要有调相机和静止无功补偿器两种。由于换流站有可投切的容性无功补偿设备和滤波器，静止无功补偿器只包括可控制电抗器 TCR。这种设备的主要作用是提高逆变侧换流站交流母线的电压稳定性，同时可帮助限制过电压。TCR 正常运行时采用定交流母线电压控制。为了保证对电压的支持作用，正常运行时需有一定的负荷；为了具有感性无功支持、降低损耗和提高抗过电压的能力，稳态运行时一般不宜满负荷。因此，换流站其他无功补偿设备的投切可以根据 TCR 的运行状态进行，力图使其稳态运行状态处于经研究预先设定的范围。由于直流输电技术发展迅速，今后的趋势是在换流站装设静止无功补偿器的可能性更小。

调相机从性能上讲是逆变站最理想的无功补偿设备。除提供一定无功外，可以提高换流站短路比，增加转动惯量，改善换流器换相条件，降低过电压，这在早期直流输电工程中有较普遍的应用。调相机的控制与 TCR 类似，正常运行时采用交流母线电压控制模式，其最理想的运行点是在过励磁的半载附近。直流系统无功控制器只需控制滤波器投切，使得调相机在理想运行范围内运行。

五、换流器参与无功电压控制

从本章第一节可知，要降低换流器的无功消耗，常常会遇到其他运行参数的限制，而增加换流器的无功消耗，则所受到的限制要少得多。换流器常在以下三种情况下参与无功电压控制。

（一）低负荷下增加无功消耗

在直流输电工程运行中，如果必须运行在单极最小功率方式，系统的无功电压条件又达到设计中考虑的最恶劣情况，则可以通过增加换流器触发角的方式，强迫换流器多吸收无功，从而达到换流站无功平衡的目的。此时在大触发角下运行，除了换流阀阻尼均压回路要承受更大的应力外，平波电抗器和直流滤波器也承受着比正常触发角下大得多的电气应力。从理论上讲，这些设备应该按照这种恶劣运行条件设计，但对于设备寿命仍有极为不利的影响。因此，直流输电工程不宜长期在这种方式下运行。如果换流变压器具有较大的正向调压范围，在强迫增加无功的运行方式下，应该尽量调高分接抽头，尽可能地降低换流变压器阀侧电压。

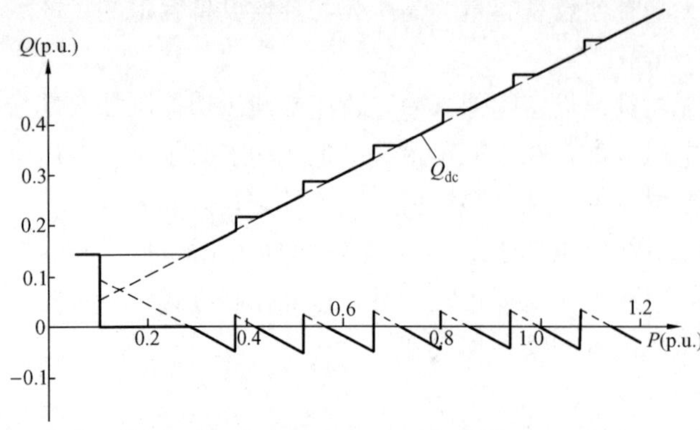

图 6-6　利用换流器无功吸收能力限制不平衡无功示意图

（二）帮助进行不平衡无功的精密控制

如果换流站所连接的交流系统特别弱，对于稳态不平衡无功的要求特别严，表现为上述 ΔQ 过小，即当不平衡无功满足式（6-8）时，应投入一组无功补偿设备，不平衡无功将立即满足式（6-9），那么根据如前所述，则这种情况下不具备稳定的运行点。为此，可以采用图 6-6 所示的方法，改变换流器无功吸收水平，致使稳态不平衡无功满足系统要求。图 6-6 所示为不对称控制，即正常运行时按照最小无功消耗方式运行，投入点仍按式（6-8）控制，投入后的一段时间内强迫换流器多吸收无功，将不平衡无功限制在 ΔQ 之内；当有功功率足够大时，换流器退出强迫无功控制方式，返回最小无功方式。随着有功功率进一步增加，不平衡无功反向增加，直至重新满足式（6-8）后投入另一组无功补偿设备。

（三）降低无功补偿设备投切时的暂态电压变化

很多时候，换流站的设计能够满足交流系统稳态不平衡无功限制，但不能满足无功补偿设备投切时的暂态电压变化要求，此时可采用图 6-7 所示的控制方式来降低暂态电压变化。图 6-7（a）所示为换流站无功控制器检测到投入无功补偿设备的要求，在发出投入设备断路器合闸信号后一定时间（为 30～50ms）内，将 γ 角整定值突然提高，使换流器吸收无功突然增加，抵消无功补偿设备突然投入的影响，然后在数秒钟之内，将 γ 角整定值逐渐降低到正常值。图 6-7（b）所示为换流站无功控制器检测到切除无功补偿设备的要求时，在数秒钟之内，将 γ 角整定值逐渐增加，在发出投入设备断路器合闸信号后一定时间（30～50ms）内，将 γ 角整定值突然降低到正常值，使换流器吸收无功突然降低，抵消无功补偿设备突然切除的影响。

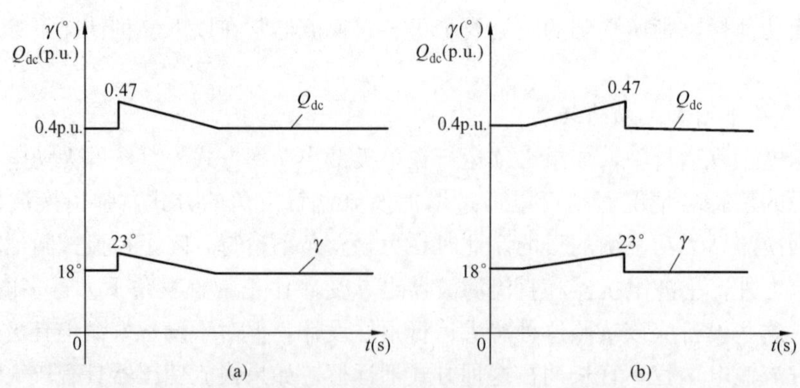

图 6-7　利用换流器控制降低无功补偿设备投切时的暂态电压变化

（a）无功补偿设备投入；（b）无功补偿设备切除

第四节　换流站交流侧谐波分析

任何形式的换流器在换流的同时都会产生谐波，对于本书所重点讨论的电网换相换流器，在交流侧产生的谐波有特征谐波、非特征谐波和通过穿透作用产生的谐波三种主要类型。

一、特征谐波

在分析换流器所产生的特征谐波时，常常假设换流器处于理想的换流状态，即：交流母线电压为恒定频率的理想正弦波，换流变压器各相的阻抗和变比完全相等，同一个 12 脉动换流器的 Yy 和 Yd 换流变压器组的阻抗和变比完全相等，每周期的 12 个脉冲严格按电角度 30°等距触发，直流回路的电流为理想的直流。在这些理想状态下，换流变压器绕组电流波形如图 6-8 所示。

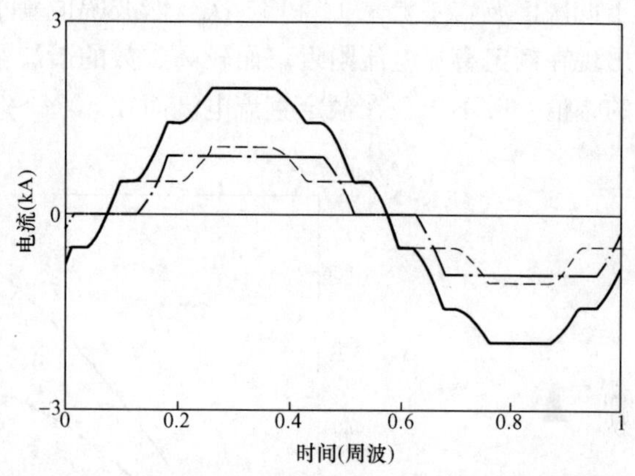

图 6-8　理想状态下换流变压器绕组电流波形图

—·— —星形绕组；– – – —三角形绕组；—— —总电流

换流变压器绕组电流谐波分量有如下的特点：

(1) 只存在 $6K\pm1$（其中 K 为正整数）次谐波，即 6 脉动特征谐波；

(2) $6K-1$ 次谐波为负序，$6K+1$ 次谐波为正序；

(3) Yy 和 Yd 接线换流变压器绕组中各次谐波分量的幅值相等；

(4) Yy 和 Yd 接线换流变压器绕组中 $12K\pm1$ 次谐波的相位相同，相互叠加；而 $6\times(2K-1)\pm1$ 次谐波的相位相反，相互抵消。

因此，在三绕组换流变压器系统侧绕组或 12 脉动换流器两组对应两绕组换流变压器连接处的系统侧，只有 $12K\pm1$ 次谐波。

在理想条件下，可以推导出换流变压器绕组中每段电流波形的数学表达式，利用傅里叶分析可以推导出各次谐波的正弦和余弦分量，这在很多教科书中都有详细的描述，对于工程设计，可按以下公式计算特征谐波电流的幅值

$$I_{\mathrm{m}}=F_{\mathrm{n}}\frac{U_{\mathrm{v}}}{U_1}N_{\mathrm{b}}\frac{1}{n}\frac{\sqrt{6}}{\pi}I_{\mathrm{d}} \tag{6-13}$$

其中

$$F_{\mathrm{n}}=\frac{1}{2\varepsilon}\sqrt{A^2+B^2-2AB\cos(\alpha+\mu)}$$

$$A=\frac{1}{n+1}\sin(n+1)\frac{\mu}{2}$$

$$B=\frac{1}{n-1}\sin(n-1)\frac{\mu}{2}$$

$$\varepsilon=d_{\mathrm{xN}}\frac{I_{\mathrm{d}}U_{\mathrm{dioN}}}{I_{\mathrm{dN}}U_{\mathrm{dio}}}$$

式中，I_{m} 为交流侧谐波电流幅值；n 为谐波次数；N_{b} 为 6 脉动换流器数；U_{v} 为换流变压器实际抽头位置阀侧电压；U_1 为换流变压器实际抽头位置系统侧电压；U_{dioN}为额定空载直流

电压；U_{dio}为实际空载直流电压；I_{dN}为额定直流电流；I_d为实际直流电流；F_n为由于换相角的存在造成的谐波减少系数；ε 为由换相引起的相对电压降；d_{xN}为由换相引起的额定相对电压降；α 为实际触发角或关断角；μ 为实际换相角。

从计算公式可看出，各次谐波电流的幅值与直流电流直接相关，同时还受换相角的影响。图 6-9 所示为各次谐波电流幅值随换流变压器直流电流的变化规律。从图 6-9 可看出，对于低次谐波，主要是 11 和 13 次，谐波幅值基本上随直流电流增加而增加，最大的谐波幅值出现在额定直流电流附近。而较高次数的谐波幅值随直流电流的变化规律要复杂得多，最大的幅值一般不出现在额定直流电流而在 50%～80%额定直流电流之间。

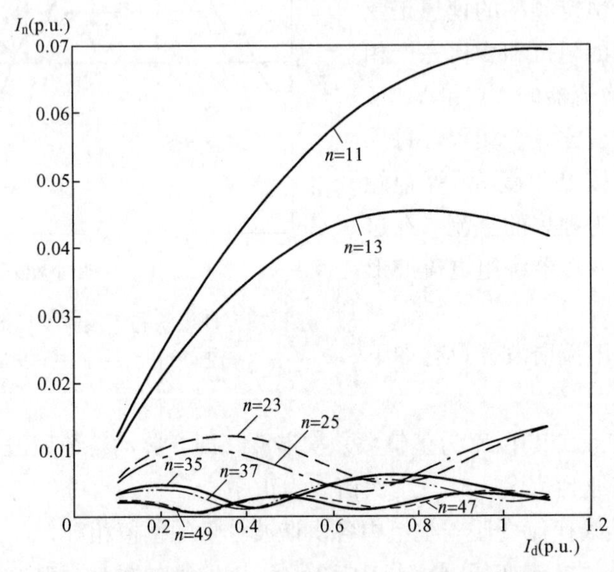

图 6-9　典型特征谐波电流幅值随换流变压器直流电流的变化规律

二、非特征谐波

实际直流输电工程的运行工况不可能是理想的，这些不理想的因素概括起来有：①直流电流中存在纹波；②交流电压中存在谐波；③交流基波电压不对称，即存在负序电压；④换流变压器阻抗相间差异；⑤Yy 组换流变压器和 Yd 组换流变压器触发角差异；⑥由于换流变压器变比不同造成 Yy 组换流变压器和 Yd 组换流变压器换相电压不同；⑦Yy 组换流变压器和 Yd 组换流变压器阻抗差异；⑧触发脉冲不完全等距。

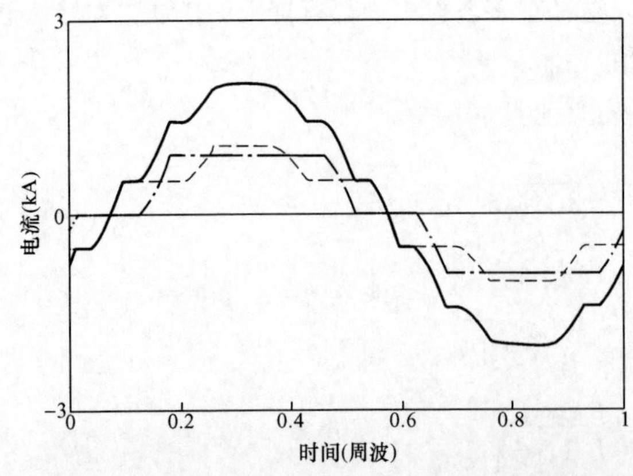

图 6-10　换流变压器绕组中流过实际电流波形图

—·—·—星形绕组；– – – —三角形绕组；——— —总电流

由于这些原因，换流变压器绕组中流过实际电流，如图 6-10 所示。如果进行傅里叶分析，发现这种电流波形中除包含上述特征谐波以外，还包含其他次数的谐波，通常称作非特征谐波。上述 8 种原因产生的非特征谐波在发生的位置（U、V、

W 相)、次数、幅值和相位上有各种组合，不管采用理论分析，还是数字或物理模拟，都不可能得到清晰的对应关系。因此，在理论分析和工程实际中都只能采用逐项分析的办法，即分别考虑上述各项因素单独存在，而假定其他所有因素都是理想的。现对逐项因数作简单的定性或定量分析。

对于上述的①原因，可以分析为：在交流系统谐波分析中，所关心的直流电流是指流过换流器和平波电抗器的电流，它有别于流过直流线路的电流。这一电流中主要存在工频、2 次谐波和 12 次谐波电流，其中 12 次谐波电流主要影响交流侧 11 次和 13 次谐波电流，由于这两次谐波电流为特征谐波，本身幅值较大，非特征分量常常不考虑。对交流系统影响较大的是低次谐波。当直流换流器中流过低次谐波电流时，考虑在谐波电流与交流电压相对相位最不利的情况下，将在交流侧某些相中产生最大的谐波电流幅值，其谐波次数和幅值的对应关系如表 6-3 所示。

表 6-3　　交流侧谐波电流与直流侧纹波电流的次数和幅值对应关系

直流侧纹波次数和幅值		交流侧谐波次数和幅值	
谐波次数	谐波幅值	谐波次数	最大可能的谐波幅值
1	$I_1 I_d$	0　直流分量	$0.707 \times I_1 I_{ac}$
		+2　二次正序谐波	$0.707 \times I_1 I_{ac}$
2	$I_2 I_d$	−1　基波负序分量	$0.707 \times I_2 I_{ac}$
		+3　三次正序分量	$0.707 \times I_2 I_{ac}$
3	$I_3 I_d$	−2　二次负序分量	$0.707 \times I_3 I_{ac}$
4	$I_4 I_d$	−3　三次负序分量	$0.707 \times I_4 I_{ac}$
		+5　五次正序分量	$0.707 \times I_4 I_{ac}$

注　I_d是直流电流；I_{ac}是对应 I_d的交流基波有效值电流。

直流侧的纹波除基波有可能是沿线附近的交流线路感应所得外，其他都是由于两侧换流器直流电势中含有相应次数的谐波分量所至。

②和③非理想条件都将在换流器直流电势中产生低次谐波电势。如果进行严格的理论分析，可以将各种谐波次数分成四种情况，但在工程实际应用中常常只需考虑低次非特征谐波，其次数和幅值对应关系如表 6-4 所示。

表 6-4　　直流侧谐波电压与交流侧谐波电压的次数和幅值对应关系

交流侧谐波电压次数和幅值		直流侧谐波电压次数和幅值	
谐波次数	谐波幅值	谐波次数	最大可能的谐波幅值
−1　基波负序电压	$U_{-1}U_{ac}$	2	$0.707 \times U_{-1}U_{dc}$
+2　二次正序电压	$U_{+2}U_{ac}$	1	$0.707 \times U_{+2}U_{dc}$
−2　二次负序电压	$U_{-2}U_{ac}$	3	$0.707 \times U_{-2}U_{dc}$
+3　三次正序电压	$U_{+3}U_{ac}$	2	$0.707 \times U_{+3}U_{dc}$
−3　三次负序电压	$U_{-3}U_{ac}$	4	$0.707 \times U_{-3}U_{dc}$
−4　四次负序电压	$U_{-4}U_{ac}$	5	$0.707 \times U_{-4}U_{dc}$
−5　五次负序电压	$U_{-5}U_{ac}$	6	$0.707 \times U_{-5}U_{dc}$

注　U_{ac}是交流母线基波电压幅值；U_{dc}是对应 U_{ac}的直流电压。

在求得换流器中含有的非特征谐波电压后，通过第七章介绍的方法，可以求得直流系统中的低次纹波电流，再通过表 6-3 所示的对应关系，求得交流侧低次谐波电流幅值。

对于④非理想因素，可以用下述表达式来表示换流变压器各相的标幺值电抗

$$X_u = X_0\ (1+g_u);\ X_v = X_0\ (1+g_v);\ X_w = X_0\ (1+g_w)$$

式中，X_0 为标称电抗，g_u、g_v 和 g_w 为制造公差。

根据电抗的变化方向，可以归纳为以下两种最严重的情况：

第一种为：$g_u=0$，$g_v=\pm g_0$，$g_w=\mp g_0$，g_0 为变压器制造公差的绝对值，这种情况下将产生奇数次 3 的倍数次谐波，如 3、9、15 次等。其谐波的幅值为

$$\begin{aligned} I_n = & \frac{I_1 g_0}{n(n^2-1)I_d X_0\sqrt{3}} \times \{n^4[\cos(\alpha+\mu)-\cos\alpha]^2 + 2n^3\sin\alpha\sin n\mu[\cos(\alpha+\mu)-\cos\alpha] \\ & + n^2[\sin^2\alpha+\sin^2(\alpha+\mu)+2\cos n\mu(\cos^2\alpha-\cos\mu)+2\cos\alpha\cos(\alpha+\mu)-\cos\alpha] \\ & + 2n\cos\alpha\sin n\mu[\sin\alpha+\sin(\alpha+\mu)]+2\cos^2\alpha(1-\cos n\mu)\}^{1/2} \end{aligned} \tag{6-14}$$

第二种为：$g_u=\pm g_0$，$g_v=0$，$g_w=0$，这种情况下将产生奇数次非 3 的倍数次谐波，如 5、7、11、13 次等。其谐波的幅值为式（6-14）表示的一半。

对于 $X_0=0.2$、$g_0=0.075$ 的典型值，前几次谐波的幅值如表 6-5 所示。

表 6-5　换流变压器阻抗不平衡引起的谐波电流典型值

谐波次数	可能产生的最大谐波幅值（表示为基波电流的百分数，%）	谐波次数	可能产生的最大谐波幅值（表示为基波电流的百分数，%）
3	0.70	11	0.22
5	0.33	13	0.19
7	0.29	15	0.31
9	0.50		

⑤到⑦的原因都是使 Yy 组 6 脉动换流器和 Yd 组 6 脉动换流器的运行工况不完全对称，使得原有的 6 脉动特征谐波中的 6×（2K−1）±1 次谐波不能彻底抵消，构成了 12 脉动换流器的一类特殊非特征谐波。如果分别为这三项不平衡因素假定一个特定的值，可以很容易求得每个 6 脉动换流器的运行工况，套用特征谐波的计算公式，可以分别求得各次谐波的差值。由于这种谐波的确定性，可以采用三项因素差值的绝对值和作为总的谐波源来考虑。

⑧不平衡因素产生广谱的非特征谐波。如果一个换流器的正极端 3 个阀比正常早触发电角度 ε，而负极端 3 个阀晚触发电角度 ε，其他所有条件都为理想条件，则换流器将产生所有偶次谐波，偶次谐波的幅值与基波电流的幅值比为

$$I_n = \frac{2\sin n\varepsilon}{2n\cos\varepsilon} I_1 \approx \varepsilon I_1 \tag{6-15}$$

如果假设 ε 为 0.1°，则所产生的偶次谐波的幅值都为基波电流幅值的 0.174%。

如果只有一相中的两个阀触发有上述不平衡，而其他四个阀都按正常角度触发，则产生 3 的倍数次谐波，当 ε 很小时，非特征谐波的幅值为

$$I_{3n}=\frac{1.5n\varepsilon}{3n\sqrt{3}/2}I_1\approx 0.577\varepsilon I_1 \tag{6-16}$$

如果 ε 为 0.1°，则所有三的倍数次谐波的幅值约为基波电流幅值的 0.1%。在实际系统中，不能确定触发不对称的模式，因此可假定这两种模式同时存在，根据控制系统的最大可能误差 2ε，代入上述两式，求得偶次谐波和 3 的倍数次谐波的幅值。

三、其他谐波源

除上述谐波以外，对于换流站交流滤波器，还存在以下几类谐波源，影响着滤波性能和滤波器额定值，需引起特别重视。

第一类是背景谐波，存在于交流电力系统之中，由电气化铁道、工业拖动负荷、整流负荷、家用整流负荷、其他整流工程和静补工程等产生。产生背景谐波的另一个主要因素是交流系统变压器饱和引起的低次谐波，需要通过合理选择变压器额定抽头位置和优化调度交流系统运行电压水平来解决。电网背景谐波对电网的安全经济运行危害巨大，已引起世界各国电网公司的高度注意，纷纷采取综合措施进行治理。当换流站装设交流滤波器后，系统中的谐波有向换流站流动的趋势，因此如何合理地确定背景谐波对于换流站滤波器设计是十分重要的，尤其对滤波器设计的经济性影响很大，目前在工程上常用实测、预计和结合规程的方法来确定，而未来应结合各电网公司的谐波综合治理措施，逐步过渡到按规程来确定。

第二类是换流站换流变压器或其他变压器饱和所产生的谐波。一般将换流变压器或其他变压器饱和产生的谐波归结为背景谐波一类，而不管建设和投入的先后，有两种情况可以引起换流变压器饱和：第一种情况是变压器投入和短路故障切除后的电压恢复，换流变压器将产生暂态饱和，对滤波器产生暂态的应力，但这种应力对构成滤波器的元件额定值一般不起决定性作用，因此在滤波器设计中通常不加考虑。第二种情况是交流母线电压升高。对于设计合理的直流系统，换流变压器抽头总是随交流电压升高而上调，换流变压器不应产生可观测的饱和现象。

第三类是换流变压器中存在直流分量，可能长期运行在饱和状态，由此产生的谐波电流可能造成对交流滤波器的长期负担，在滤波器的额定值设计中需适当考虑。

四、实际谐波电流选取

换流站交流母线背景谐波和换流器谐波电流是换流站交流滤波器设计的两个重要输入条件。背景谐波一般是以开路谐波电压水平和交流系统阻抗变化范围来表示，并应在前期研究中予以确定，而在直流系统研究和设计过程中需要确定的只是换流器的谐波电流水平。

换流器的运行方式是千变万化的，一些不平衡因素的分布更是不可预测。因此，要确切计算出换流器的各次谐波并经实际运行检验是不可能的，工程上常常采用最恶劣的工况来进行设计。如果将换流器谐波不合理地增大，不但会造成滤波器设计的严重浪费，而且将引起无功控制等一系列困难，是非常不必要的，也对直流系统整个性能是有害的。因此，如何确定一组尽可能小的最大谐波，并保证在所关心的运行方式下，换流器实际产生的谐波绝不超过这组谐波，这就是本条要讨论的内容。

首先要提出同时最大谐波组和不同时最大谐波组概念。所谓同时最大谐波组，是指在感兴趣的运行方式范围内的某一个运行工况下，按照上述方法计算出的最大特征和非特征谐波组。所谓非同时最大谐波组，是指在感兴趣的运行方式范围内，计算所有可能的运行方式，得到一系列的谐波电流组合，并在这些组合的各次谐波中，选择幅值最大的一个作为谐波电流幅值，由此产生的一组谐波电流。

由于谐波电流的不确定性，为了确保工程的安全，多采用非同时最大谐波组方法。由于运行方式的无限性，实际工程计算中常计算有限的运行方式，如针对一种确定的输送方向、确定的系统接线方式、是否降压运行、从最小运行功率到感兴趣的最大功率（如最大稳态过负荷功率），取额定功率的某一个百分比（典型值如2%或5%）作为增量，逐点计算一组谐波电流。对于最小功率点，计算所得的谐波电流组即为用于设计的谐波电流组，对于其他任何功率点，只需比较该功率点下计算出的每次谐波幅值与前一功率点对应频率的谐波幅值，并取较大的一个，所得的谐波组合就是该功率点下的非同时最大谐波电流组。

◀第五节　换流站交流侧滤波

谐波对电力系统设备的危害可归结为两类：第一类危害，在电气设备的基波电压上叠加谐波电压，引起电气应力的增加，这种危害对电力电容器最为显著；谐波通过电气设备引起附加发热，这种危害对变压器和发电机类设备最为显著；谐波的存在可能引起控制保护设备的误动作。第二类危害，通过电力线路的谐波电流将通过感应作用在邻近的电话线上产生谐波电势，对通信系统产生干扰。流过电力线路大的谐波电流可能在邻近的弱信号线路上产生感应电势，从而造成人员伤亡或设备损坏。如果不采取措施予以滤除，则上述危害是不可接受的。因此，任何换流站都需装设交流滤波装置。

一、滤波系统性能要求

要装设滤波器，需要进行滤波器设计。像其他任何设计一样，需要有预先设定的设计标准，交流滤波器的设计标准主要有滤波性能和额定值两大类。

（一）电压畸变

1. 单次谐波畸变 D_n（以百分比表示）

$$D_n=\frac{U_n}{U_1}\times 100\% \tag{6-17}$$

式中，U_1 是系统基波相电压有效值，该电压可取标称额定电压，如 $525/\sqrt{3}$kV 或 $230/\sqrt{3}$kV 等，也可取正常运行最低电压，如 $500/\sqrt{3}$kV 或 $220/\sqrt{3}$kV 等；U_n 是所考虑的母线 n 次谐波相对地电压有效值。

2. 总谐波畸变 THD（也可写成 Deff）

$$THD=\sqrt{\sum_{n=2}^{N}D_n^2} \tag{6-18}$$

式中，N 表示所考虑的最高谐波次数，有两种主要的考虑方法，第一种是取50，我国主要采用这种方法；第二种是取谐波频率达到5kHz的谐波次数。

3. 总的算术谐波畸变 D

$$D=\sum_{n=2}^{N}D_n \tag{6-19}$$

在进行直流工程规范时，常选用上述三种电压畸变中的两种，其中单次谐波畸变是必选的，在 *THD* 和 *D* 中，一般选择 *THD*，因为 *THD* 是总的谐波功率的一种表现形式。

对于每一个直流换流站，在进行交流滤波器设计之前，需要确定上述电压畸变的允许值，这些值的高低，直接决定滤波系统的造价。一般选用的典型范围为：D_n 多选用 0.5%～1.5%，典型值为 1.0%。近年来，根据系统负序电压和背景谐波情况，可能对不同次数的谐波采用不同的要求，如奇次谐波采用较高的值，低次谐波采用较高的值等。D_n 直接限制的是在较高直流功率下的主特征谐波（如 11 次或 13 次谐波）和 3 次谐波。*THD* 多选用 1%～4%，没有明确的典型值。*D* 多选用 2%～4%，典型值为 4%。

在未经研究直接确定电压畸变允许值时，还要考虑其他因素，如交流母线的电压等级（高电压等级一般对应更加严格的要求）、母线与负荷尤其是重要负荷的电气距离、母线与发电机的电气距离、附近其他谐波源、母线背景谐波水平以及网络现状和发展（一般来说，长线容易造成谐波的放大，而强大的环状网不容易造成对负荷的有害影响）等因素。

由于对交流系统侧的耐受能力未进行详细的研究，因此推荐在交流滤波器设计中进行灵敏性分析。具体办法是将允许的谐波畸变率提高 50%～100%，对交流滤波器进行重新设计，如果费用的节省特别巨大，则需考虑进行详细的耐受研究。

如果工程进度允许，又具备相应的研究工具和数据，则应该对电压畸变的允许值进行详细的研究，主要考虑如下几个方面。

（1）电磁兼容。电磁兼容可简指电力系统一次、二次设备以及用户的设备对各种电磁干扰的耐受能力。对于谐波，则设备发出的谐波水平要低于规定的标准，而设备的耐受能力则需高于规定的标准。在考虑电磁兼容时，应计及高、中、低各级电网的所有谐波源共同作用下的总影响。对于电磁兼容 IEEE 和 IEC 都有标准，其中 IEEE 的标准更严，其具体标准见表 6-6～表 6-8。

表 6-6　IEEE 的电磁兼容水平推荐值

换流站母线电压水平	各次谐波畸变率（%）	总的谐波畸变率（%）
69kV 及以下	3.0	5.0
69～161kV	1.5	2.5
161kV 以上	1.0	2.0

表 6-7　IEC 推荐的低压网电磁兼容水平（电压小于 35kV）

非 3 的倍数次奇次谐波		3 的倍数次奇次谐波		偶次谐波	
谐波次数 *n*	电压畸变率（%）	谐波次数 *n*	电压畸变率（%）	谐波次数 *n*	电压畸变率（%）
5	6.0	3	5.0	2	2.0
7	5.0	9	1.5	4	1.0
11	3.5	15	0.3	6	0.5
13	3.0	21	0.2	8	0.5
17	2.0	21 以上	0.2	10	0.5
19	1.5			12	0.2
23	1.5			12 以上	0.2
25	1.5				
大于 25	0.2+1.3（25/*n*）				

表 6-8　　IEC 推荐的高压网电磁兼容水平（电压大于 35kV）

非 3 的倍数次奇次谐波		3 的倍数次奇次谐波		偶次谐波	
谐波次数 n	电压畸变率（%）	谐波次数 n	电压畸变率（%）	谐波次数 n	电压畸变率（%）
5	2.0	3	2.0	2	1.5
7	2.0	9	1.0	4	1.0
11	1.5	15	0.3	6	0.5
13	1.5	21	0.2	8	0.4
17	1.0	21 以上	0.2	10	0.4
19	1.0			12	0.2
23	0.7			12 以上	0.2
25	0.7				
大于 25	$0.2+25/2n$				

上述电磁兼容标准所规定的各次谐波容许值是系统所有谐波源所共同产生的结果。在规定换流站所产生的谐波电流所容许的电压畸变时，可以按以下方法进行考虑。

1）对于背景谐波较低的母线，$D_n=(D_{nemc}^2-D_{nb}^2)^{1/2}$，其中，$D_{nemc}$和$D_{nb}$分别为规定的 n 次谐波电磁兼容容许值和背景谐波水平。

2）对于背景谐波较大，甚至大于电磁兼容容许值的情况，D_n可取 $0.707D_{nemc}$。

（2）主要设备耐受能力。也是一个主要限制因素，它要考虑的设备有以下三类。

1）同步发电机。谐波电流流入同步发电机后的发热效应与负序电流的发热效应相似，因此可采用等效负序电流 I_{2eq}来衡量

$$I_{2eq}=\left[\sum_{n}\sqrt{3}n(I_{6n+1}+I_{6n-1})^2\right]^{1/2} \tag{6-20}$$

其中，n 为整数，与考虑的谐波总次数 N 相关，如 N 为 50，则 n 取 1、2、…、8；I_{6n+1}和I_{6n-1}为流入发电机定子的谐波电流有效值。

在具体工程研究中，必须先选定特定的网络接线和运行方式，计算（估算）流入发电机的负序电流，再从 IEC—60034.1 中规定的机组负序电流容许值中减去实际负序电流，求得容许流入发电机的谐波电流值，再倒算到换流站交流母线的谐波电压容许值。

2）常规交流设备。一般来说，常规交流设备的额定值要高于电磁兼容能力。在进行换流站规范或设计时，应重点考虑电网内换流站附近的电容器堆和高压电缆，因为这两种设备容易与电网其他元件一起构成谐振条件，对谐波可能有放大作用，从而造成设备应力增大，造成过负荷，影响设备寿命。电力变压器也是一类需要重点考虑的设备，在 ANSIC57.12.00—1980 中规定了电力变压器连接点允许的 3 次、5 次和 7 次谐波有效值。

3）其他直流和静补等设备。在电网中新建一个直流换流站，其谐波可能对邻近的直流换流站和静补以及 FACTS 系统造成影响，尤其是对这些系统中的滤波设备，因为新建换流站的影响相当于增加了原有系统的背景谐波，而这些谐波在设备设计中可能未加考虑。

（二）电话干扰

早期的电话系统都基于明线通信，易于受邻近电力或通信线路中的音频电流干扰而降低信噪比，影响通话质量。目前的电话通信系统已有重大改进，很多重要线路都已改为光纤通

信，但明线通信仍占有重要地位，尤其是电力线路通过的广大农村地区，情况更是这样。因此，在涉及谐波问题的规范和设计时，毫无例外地要考虑电话干扰问题。

电话干扰的定义有两种：第一种基于换流站母线谐波电压水平；第二种基于连接到换流站交流线路中的谐波电流，这种电流通常是同一个走廊内的单回或多回线路的谐波电流总和。

1. 基于母线谐波电压

（1）电话谐波波形系数 $THFF$

$$THFF=\left[\sum_{n=1}^{N}\left(\frac{U_{\mathrm{n}}}{U}F_{\mathrm{n}}\right)^{2}\right]^{1/2} \tag{6-21}$$

式中，U_{n} 为畸变电压的 n 次谐波分量；N 为最高谐波次数；$F_{\mathrm{n}}=p_{\mathrm{n}}nf_0/800$；$p_{\mathrm{n}}$ 为听力加权系数（参见第七章内容）；f_0 为基波频率（50Hz）；U 为线对地电压有效值，由下式计算

$$U=\left[\sum_{n=1}^{N}(U_{\mathrm{n}})^{2}\right]^{1/2} \tag{6-22}$$

（2）电话干扰系数 TIF

$$TIF=\frac{\left[\sum_{n=1}^{N}(U_{\mathrm{n}}W_{\mathrm{n}})^{2}\right]^{1/2}}{U_1} \tag{6-23}$$

式中，$W_{\mathrm{n}}=C_{\mathrm{n}}\times 5nf_0$，$C_{\mathrm{n}}$ 是表示听力对频率敏感系统的值（参见第七章内容），f_0 为基波频率。

2. 基于交流线路谐波电流

采用交流线路谐波电流定义的滤波性能指标，叫 IT 积，其定义如下

$$IT=\left[\sum_{n=1}^{N}(I_{\mathrm{n}}W_{\mathrm{n}})^{2}\right]^{1/2} \tag{6-24}$$

采用基于母线谐波电压的方法便于规范和设计，而采用基于交流线路谐波电流的方法更加直接地反映了谐波对电话通信线路的影响。每种方法中又有多于一种的定义，其中北美地区主要采用 IEEE 的规定，而欧洲则多采用 IEC 的规定，两者之间的区别甚小。中国一般采用欧洲的做法，最常用的是 $THFF$。

二、滤波系统构成

换流站滤波器的设计是一个试验和检验过程，在设计阶段中已知条件为：①各种相关的系统条件；②各种相关的环境条件；③无功补偿方案和无功平衡条件；④滤波性能要求和损耗费用；⑤换流器的谐波。

滤波器的设计步骤为：第一步，选定一种滤波器组合方案，初步计算滤波器各元件参数；第二步，计算滤波性能，如满足，进入第三步，否则返回第一步，选择另一种滤波器组合方案；第三步，计算滤波器各元件稳态额定值，计算滤波器总损耗，并进行价格比较，如满意，进入第四步，否则返回第一步；第四步，计算滤波器各元件暂态额定值。由于研究迭代的时间有限，不可能进行很多次的比较，因此设计者的经验就显得特别重要，而经验主要体现在第一步，即体现在如何确定滤波系统的构成上。

本条首先介绍滤波器的基本类型及其特点，然后分析选择滤波器形式中应考虑的几个重要方面。到目前为止，大部分直流输电工程的交流滤波器均采用无源滤波器。无源滤波器是

由电感、电容和电阻三种无源元件构成。无源滤波器与交流系统并联，作为谐波的旁路通道，因此在谐波频率下应处于串联谐振的小阻抗状态。由于滤波器组数有限，失谐影响严重，因而要采用一些宽带、高通或在特殊频率下具有大阻尼的滤波器。

（一）调谐滤波器

1. 单调谐滤波器

单调谐滤波器的接线与阻抗—频率特性如图 6-11 所示，其滤波器阻抗为

$$Z(f)=R+jX=R+j(2\pi fL-1/2\pi fC) \tag{6-25}$$

$$S(f)=G(f)+C(S)=1/Z(f) \tag{6-26}$$

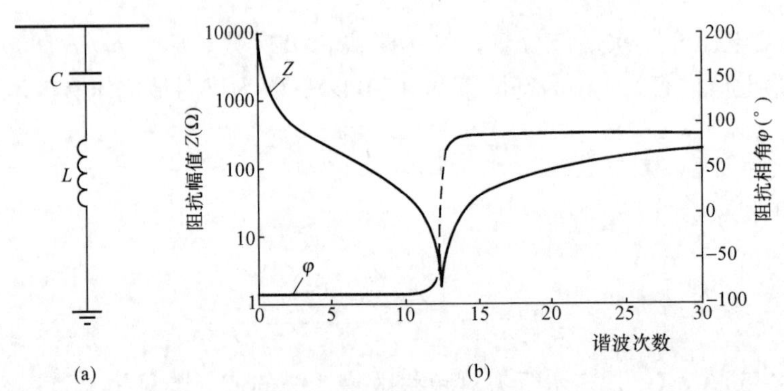

图 6-11 单调谐滤波器接线和阻抗—频率特性

(a) 单调谐滤波器接线；(b) 阻抗—频率特性

决定滤波器参数的主要条件是额定电压下单台滤波器的基波无功容量 Q_n 和调谐频率 f，它们可由以下公式表示

$$Q_n=V_n^2C(f_0) \tag{6-27}$$

$$dZ/df(f_t)=0 \tag{6-28}$$

求解式 (6-26) 和式 (6-27)，并通过解析公式可直接求得滤波器电容和电感参数。

决定滤波器性能的另一个因素是滤波器的调谐锐度，可用品质因数 q 来表示

$$q=\frac{\sqrt{L/C}}{R}$$

品质因数越大，滤波器在调谐频率下的阻抗越小，滤波效果越好，但对频率的偏移也更为敏感。为了克服这一缺点，常常在设计滤波器电感时有意降低其品质因数，当这种方法仍不能满足要求时，可以装设串联的小电阻。单调谐滤波器一般调谐在 5、7、11、13 次特征谐波频率上，如果在本章第四节讨论的系统条件、环境条件和电容器损坏条件使得频率偏差总是朝向某一确定的方向时，则可进行预偏调。这种滤波器的优点是结构简单，对单一重要谐波的滤除能力强，损耗低，且维护要求低；主要缺点是低负荷时的适应性差，抗失谐能力低。由于 12 脉动换流器的广泛采用，消除了 5 次和 7 次的特征谐波，因此在最新的直流输电工程中一般不再考虑装设单调谐滤波器。

2. 双调谐滤波器

双调谐滤波器的接线和阻抗—频率特性如图 6-12 所示，其滤波器阻抗为

$$S_p(f)=G_p(f)+jC(f)=1/R+j(2\pi fC_2-1/2\pi fL_2) \tag{6-29}$$

$$Z_p(f)=1/S_p(f) \tag{6-30}$$

$$Z(f)=R+jX=R_1+j(2\pi fL_1-1/2\pi fC_1)+Z_p(f) \tag{6-31}$$

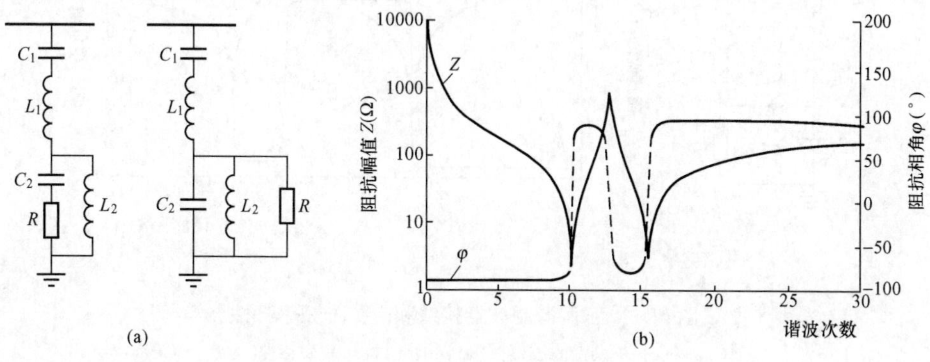

图 6-12　双调谐滤波器接线和阻抗—频率特性

(a) 双调谐滤波器接线；(b) 阻抗—频率特性

决定滤波器参数的主要条件是额定电压下单台滤波器的基波无功容量 Q_n 和调谐频率 f_{t1}、f_{t2} 以及介于两个调谐频率之间的并联回路调谐频率 f_p，它们可由以下公式表示

$$Q_n=U_n^2C(f_0) \tag{6-32}$$

$$dZ/df(f_{t1})=0 \text{ 和 } dZ/df(f_{t2})=0 \tag{6-33}$$

$$2\pi fpC_2=2\pi fpL_2 \tag{6-34}$$

通过求解非线性方程组式（6-32）～式（6-34），可求得滤波器电容和电感参数。在计算中，假定电阻 R 已知，R_1 与 L_1 有一定的关系或直接忽略。滤波器选择的两个最重要因素是调谐频率的配对以及并联回路的调谐频率。双调谐滤波器的主要优点是：可以滤除两个特征谐波，比两个独立的单调谐滤波器损耗更低，只有一个处于高电位的电容器堆，便于解决低输送功率时的滤波问题，滤波器种类减少，便于备用和维护；主要缺点是：对失谐较为敏感，由于谐振的作用低压元件的暂态额定值可能较高，元件数较多，且常常需要两组避雷器。双调谐滤波器是目前采用最普遍的滤波器形式，通过调整电阻值可在很大频率范围内产生高频阻尼滤波作用，只有在 *THFF* 要求特别高时才可能采用下节讨论的双调谐带高通阻尼滤波器。

3. 三调谐滤波器

三调谐滤波器的接线和阻抗—频率特性如图 6-13 所示，其滤波器阻抗为

$$S_{p1}(f)=G_{p1}(f)+jC_{p1}(f)=1/R_2+j(2\pi fC_2-1/2\pi fL_2) \tag{6-35}$$

$$Z_{p1}(f)=1/S_{p1}(f) \tag{6-36}$$

$$S_{p2}(f)=G_{p2}(f)+jC_{p2}(f)=1/R_3+j(2\pi fC_3-1/2\pi fL_3) \tag{6-37}$$

$$Z_{p2}(f)=1/S_{p2}(f) \tag{6-38}$$

$$Z(f)=R+jX=R_1+j(2\pi fL_1-1/2\pi fC_1)+Z_{p1}(f)+Z_{p2}(f) \tag{6-39}$$

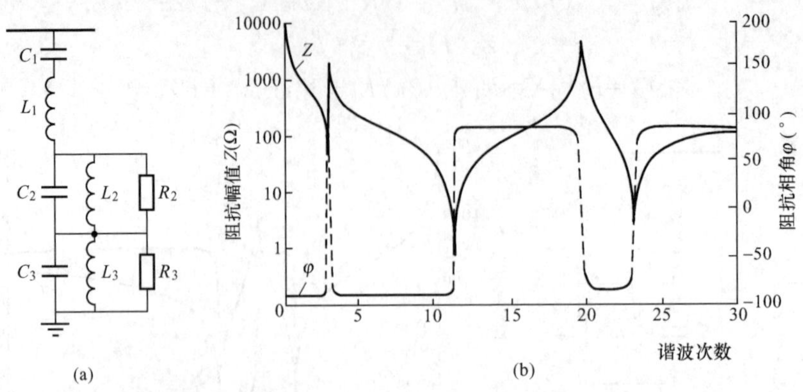

图 6-13　三调谐滤波器接线和阻抗—频率特性

(a) 三调谐滤波器接线；(b) 阻抗—频率特性

决定滤波器参数的主要条件是额定电压下单台滤波器的基波无功容量 Q_n 和调谐频率 f_{t1}、f_{t2}、f_{t3} 以及介于两个调谐频率之间的并联回路的调谐频率 f_{p1} 和 f_{p2}，它们可由以下公式表示

$$Q_n = U_n^2 C\ (f_0) \tag{6-40}$$

$$dZ/df\ (f_{t1}) = 0、dZ/df\ (f_{t2}) = 0 \text{ 和 } dZ/df\ (f_{t3}) = 0 \tag{6-41}$$

$$2\pi f p_1 C_2 = 2\pi f p_1 L_2 \text{ 和 } 2\pi f p_2 C_3 = 2\pi f p_2 L_3 \tag{6-42}$$

通过求解非线性方程组式 (6-40) ～式 (6-42)，可求得滤波器电容和电感参数。在计算中，假定电阻 R_2 和 R_3 已知，R_1 与 L_1 有一定的关系或直接忽略。三调谐滤波器与双调谐滤波器相比，其优点更加突出，缺点也更加明显。三调谐滤波器一个最突出的优点是小负荷下无功平衡方便，最大的缺点是现场调谐困难。目前在直流工程中已开始采用。

(二) 阻尼滤波器

1. 二阶高通阻尼滤波器

二阶高通阻尼滤波器接线和阻抗—频率特性如图 6-14 所示。除需合理选择阻尼电阻值外，元件参数的选择与单调谐滤波器类似。这种滤波器是早期直流工程中常用的一种阻尼滤波器，目前已基本不再采用。

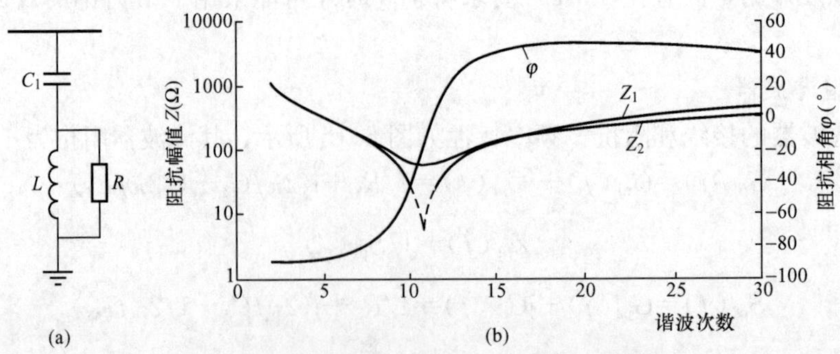

图 6-14　二阶高通滤波器接线和阻抗—频率特性

(a) 二阶高通阻尼滤波器接线；(b) 阻抗—频率特性

2. 三阶高通阻尼滤波器

三阶高通阻尼滤波器接线和阻抗—频率特性如图 6-15 所示。除需合理选择阻尼电阻值外，还需选择并联回路的调谐频率以确定元件参数。这种滤波器的基波损耗比二阶高通阻尼滤波器要低一些，但滤波器的组成要复杂，滤波效果也略低于二阶高通阻尼滤波器。

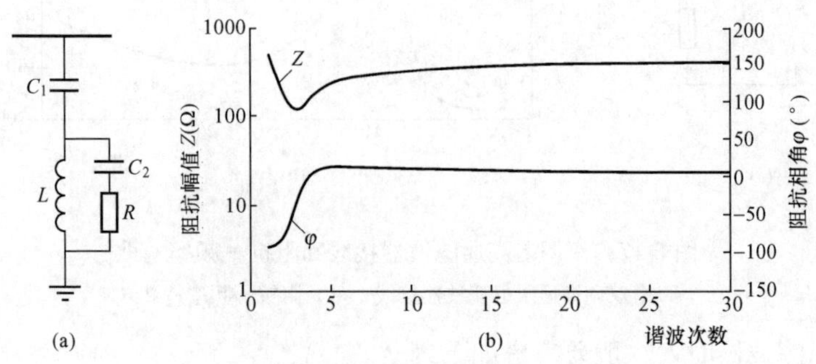

图 6-15　三阶高通阻尼滤波器接线和阻抗—频率特性

(a) 三阶高通阻尼滤波器接线；(b) 阻抗—频率特性

3. C 型阻尼滤波器

C 型阻尼滤波器接线和阻抗—频率特性如图 6-16 所示。这种滤波器是从三阶高通阻尼滤波器发展起来的，由于 C_2 和 L 构成的回路谐振于工频，基波电流几乎全部流经这一回路，进一步降低了基波损耗。决定这种滤波器元件参数的因素主要有基波无功功率、C_2 和 L 的谐振条件、谐振点的频率以及阻尼的要求。由于在指定的频率范围内增加足够的阻尼而损耗很小，目前这种滤波器在低次谐波滤波器中应用最为广泛。

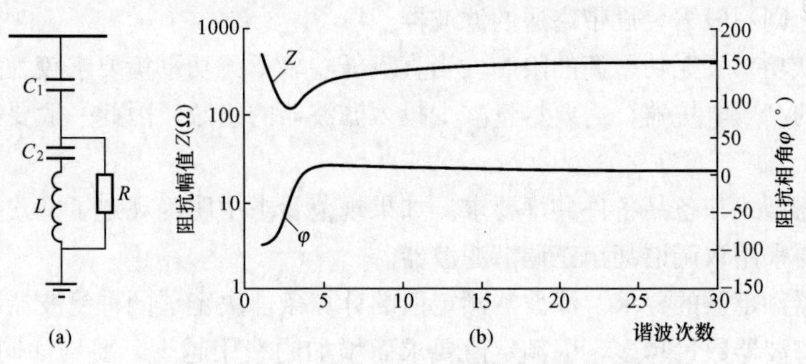

图 6-16　C 型阻尼滤波器接线和阻抗—频率特性

(a) C 型阻尼滤波器接线；(b) 阻抗—频率特性

4. 双调谐高通阻尼滤波器

双调谐带高通滤波器接线和阻抗—频率特性如图 6-17 所示。这种滤波器是通过在正常的双调谐滤波器高压电抗器旁边并联一个高频旁通电阻而成，具有广谱滤波和阻尼作用。但由于构成太复杂，性能与前述三类阻尼滤波器相比无显著优越性，因此应用不广泛。

（三）滤波器形式选择原则

滤波器的选择基本上未超出上述两项共 7 种，但如何选择合适的型式仍需要理论和经验

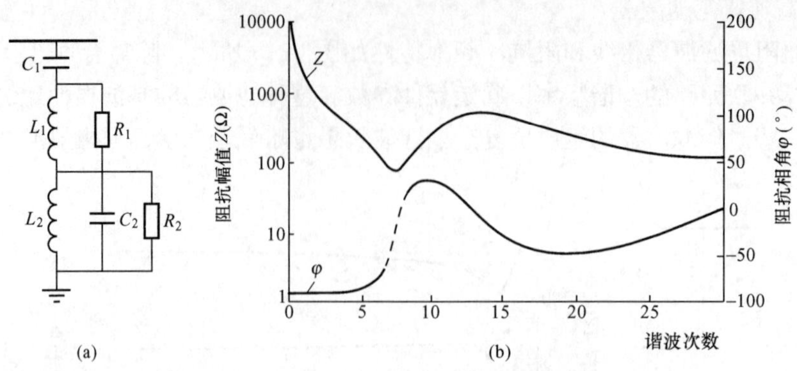

图 6-17　双调谐高通滤波器接线和阻抗—频率特性

(a) 双调高通阻尼滤波器接线；(b) 阻抗—频率特性

的支持。在选择滤波器时，一般要考虑如下因素。

(1) 交流系统的频率变化范围。一般来说，当频率变化范围大时，需要采用阻尼特性较好的滤波器型式，因为这种滤波器的滤波性能对频率的变化不敏感。

(2) 环境温度的变化范围以及是否允许采用季节性分接头。环境温度的变化与频率变化具有相似的影响，在电抗器上装设季节性分接头是解决夏冬气温相差过于悬殊的经济而有效的措施。但如果电力公司因运行便利的要求规定不允许采用分接头，则采用对参数变化较为不敏感的阻尼型滤波器具有较大的优越性。

(3) 对单次谐波电压、电流要求的限制。如果在性能要求中对单次谐波有较为严格的要求，则一般需装设调谐型滤波器。

(4) 对 *THFF* 等要求的限制。如果在性能要求中对 *THFF* 等高频频谱敏感的指标有较为严格的要求，则一般需装设带高通的滤波器。

(5) 直流低功率下无功平衡的限制。当直流低功率下无功平衡要求较为严格时，为了避免装设可投切的高压电抗器，需要尽量减少投入滤波器的组数，因此一般要采用双调谐甚至三调谐滤波器。

(6) 滤波器型式和备品备件共享要求。如果规范要求中明确规定了型式数量和备品备件的要求，一般要采用双调谐甚至三调谐滤波器。

(7) 滤波器额定值的要求。滤波器额定值的计算条件决定了同种滤波器数量的要求。一般而言，同种滤波器数量越多，因额定值要求而增加的费用越少。要增加同种滤波器数量，必须减少种类，因而需采用双调谐滤波器。

(8) 交流母线电压水平。由于电容器堆的自身设计要求，使得交流母线电压越高，每堆的额定容量也必须相应提高，总的滤波器台数减少，因而需要采用双调谐滤波器。

(9) 三次背景谐波水平和负序电压水平。当电网三次背景谐波水平和负序电压水平增高时，三次谐波指标将成为一个显著的限制因素。通常当负序电压超过 1%时，需要装设调谐于三次谐波的 C 型滤波器。通过选择适当的 C 型滤波器电阻，对 5 次和 7 次谐波等也将起到较大的阻尼作用。

三、滤波系统计算分析与滤波器设计

根据上述滤波器设计程序，在选择了一种滤波器组合后，需要进行一系列的分析计算。

本节将重点介绍滤波器设计中性能计算、稳态额定值计算和暂态额定值计算的三大计算。

（一）交流滤波器性能计算

对于常规的直流输电工程设计，应采用如图 6-18 所示的计算模型。

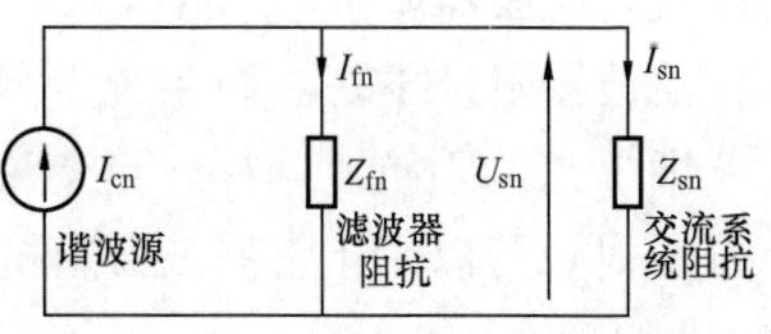

图 6-18　交流滤波器设计计算模型

从图 6-18 可简单地推出以下计算公式

$$U_{sn}=\frac{Z_{fn}\times Z_{sn}}{Z_{fn}+Z_{sn}}I_{cn}=\frac{I_{cn}}{Y_{fn}+Y_{sn}} \tag{6-43}$$

$$I_{sn}=\frac{Z_{fn}\times I_{cn}}{Z_{fn}+Z_{sn}}=\frac{Y_{sn}\times I_{cn}}{Y_{fn}+Y_{sn}} \tag{6-44}$$

$$I_{fn}=\frac{Z_{sn}\times I_{cn}}{Z_{fn}+Z_{sn}}=\frac{Y_{fn}\times I_{cn}}{Y_{fn}+Y_{sn}} \tag{6-45}$$

式中，I_{cn}为换流器发出的谐波电流；Z_{fn}、Y_{fn}为投入的滤波器的总阻抗和总导纳；I_{fn}为流入滤波器的谐波电流；Z_{sn}、Y_{sn}为交流系统的阻抗和导纳；I_{sn}为流入交流系统的谐波电流；U_{sn}为交流母线谐波电压。

从图 6-18 和式（6-43）～式（6-45）可看到，对于每次谐波，只需确定换流器的谐波电流幅值、投入滤波器的阻抗和交流系统的阻抗三个数据，即可计算出评价滤波性能所需的基本参数，即换流母线单次谐波电压幅值U_{sn}。在本章第四节中对换流器产生的谐波电流幅值进行了详细分析，在性能计算中一般不考虑背景谐波的影响，而只考虑背景谐波的存在对换流器非特征谐波电流的影响。

影响交流滤波器阻抗的最大因素是投入的交流滤波器台数及其组合形式。在工程设计中，通常采用分步计算法，即对于给定的输送方向和运行方式，从最小容许输送功率开始，直至最大稳态过负荷功率，以额定功率的一定百分比（通常为 2%～5%）为步长，逐渐增加输送功率。在最小输送功率方式下确定投入最小滤波器组合，当功率逐渐增加时，在某一功率点滤波性能不满足规定的标准，根据超出的指标情况决定增加投入一组滤波器，重新计算滤波性能。一般情况下，此时的滤波性能将能够满足规范要求，再次逐渐增加功率，直到需要增加新的一组滤波器。在正向双极输送方式下，当输送功率到达额定值时，或其他规定的考核运行点下，根据性能要求计算所需投入的滤波器数不能超过规范规定，即设计中必须考虑滤波器的备用。

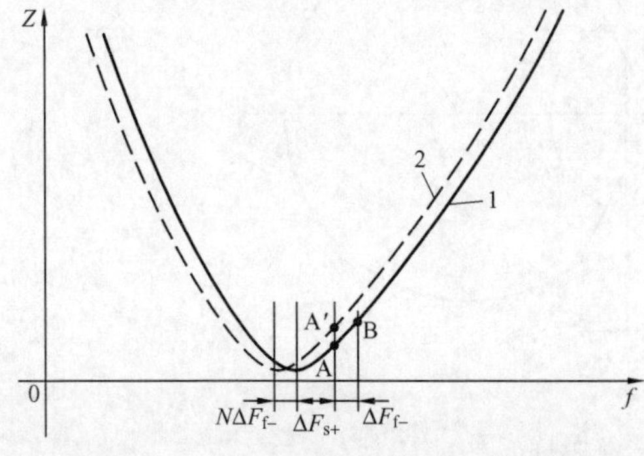

图 6-19　综合考虑滤波器失谐示意图

1—正常滤波器阻抗特性；2—滤波器参数变化后阻抗特性

影响滤波器阻抗的另外两个因素是交流系统频率和滤波器元件参数变化。如果要详细考虑所有这些变化的组合，计算工作量是不可接受的，因此在工程计算中，常常考虑这两种因素的综合影响。图 6-19 所示是以单调谐滤波器为例，说明综合考虑的理论基础。图 6-19 实线所示为正常滤波器阻抗随频率变化的曲线，虚线所示为滤波器参数变化，使得其调谐点频率降低 $N\Delta F_{f-}$ 的近似阻抗曲线。在交流系统频率增加 ΔF_{s+} 时，如果按正常阻抗曲线，滤波器阻抗为A点，如果按变化后的曲线，滤波器阻抗为A′点。在实际计算中，考虑滤波器阻抗不变，而系统等效频率上升 $\Delta F_{f-}+\Delta F_{s+}$ 时的滤波器阻抗为滤波器等值阻抗，即B点的阻抗。同样，当交流系统频率下降 ΔF_{s-} 而滤波器参数变化引起调谐频率上升 $N\Delta F_{f+}$ 时，可以用正常滤波器阻抗并考虑等值频率下降 $\Delta F_{f+}+\Delta F_{s-}$ 时进行阻抗计算。

考虑滤波器串联谐振频率的基本算法 $F_0=(2\pi\times\sqrt{LC})^{-1/2}$，可以推导出

$$\Delta F_{s-}=\frac{1}{2}(\Delta C_+/C+\Delta L_+/L)F_n \tag{6-46}$$

$$\Delta F_{s+}=\frac{1}{2}(\Delta C_-/C+\Delta L_-/L)F_n \tag{6-47}$$

上两式中，F_n 为交流系统额定频率；$\Delta C_+/C$ 和 $\Delta L_+/L$ 为电容值和电感值相对增加；$\Delta C_-/C$ 和 $\Delta L_-/L$ 为电容值和电感值相对降低。

现代的滤波电抗器常常带电感值调节抽头，在工程调试时调整到最优值。一般来说，电抗器电感值随温度变化很小，$\Delta L_+/L$ 和 $\Delta L_-/L$ 通常取调压抽头精度的一半。电容器电容值产生误差的原因有初始误差，温度变化产生的误差和电容器元件损坏引起的误差。由于电抗器带调节抽头，通常不考虑电容器初始误差。当电容器温度变化时，由于热胀冷缩和电容器介质常数的变化，引起电容值变化。通常电容值随温度增高而减小。电容器元件损坏引起电容值的变化与电容器形式相关，对于外熔丝和无熔丝电容器，元件损坏引起电容值增加，对于内熔丝电容器，元件损坏引起电容值降低。通常滤波器低压电容器采用无熔丝电容器，在设计中采用特别大的裕度，不考虑损坏。高压电容器采用内熔丝，取二级报警时的损坏程度作为计算电容值最大损坏程度。

交流系统阻抗对滤波器性能有很大影响。在通过上述公式计算滤波性能时，对于某次谐滤，可以考虑交流系统开路或交流系统阻抗在给定范围内变化，直到与该频率下滤波器阻抗形成最大并联阻抗，即通常所指的谐振状况。典型的交流系统阻抗范围如图6-20所示，其中图6-20（a）表示用于低次谐波的阻抗，图6-20（b）表示用于高次谐波的阻抗，该图是在交流系统所有可能的运行接线方式下通过专门的阻抗扫描程序计算所得。

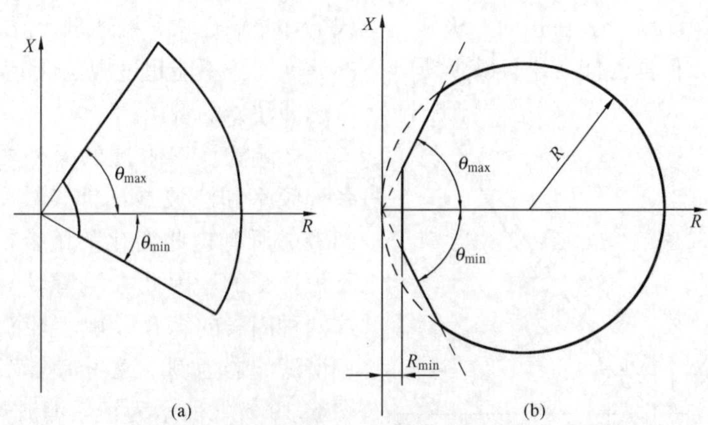

图6-20 典型交流系统阻抗范围

（a）低次谐波阻抗扇形图；（b）高次谐波阻抗区域图

（二）交流滤波器稳态额定值计算

交流滤波器元件的稳态应力来自两个方面，第一是换流器谐波电流；第二是背景谐波电压，采用叠加原理进行计算。

计算换流器谐波电流产生的应力与计算滤波性能的方法类似，只需要另外注意以下几个工程问题：

（1）只需考虑规范中要求的几个特殊设计点，即在一定的运行方式和一定的输送功率下，假定较多的滤波器不可用，按图 6-18 所示的电路计算滤波器回路各次谐波电流。

（2）在计算谐波电流时要考虑较严重的系统情况，如较大的负序电压。

（3）要考虑系统最大的稳态频率变化范围。

（4）要考虑滤波器最大的参数变化范围。

（5）要考虑可能发生的最不利系统阻抗与滤波器阻抗的谐振情况。在这种最不利的情况下计算出换流站交流母线各次谐波电压后，要假定每一滤波器处于最佳的调谐状态，再求通过滤波器的各次谐波电流。

交流系统背景谐波在滤波器上产生的应力可通过图6-21所示的计算电路进行计算，在这一电路中，交流系统采用戴维南等值电路表示，谐波电压源即背景谐波水平、阻抗采用与性能计算相同的阻抗模型。在滤波器应力计算中，需要最大可能的等效频率变化范围内系统阻抗与交流滤波器阻抗的最严重谐振情况。

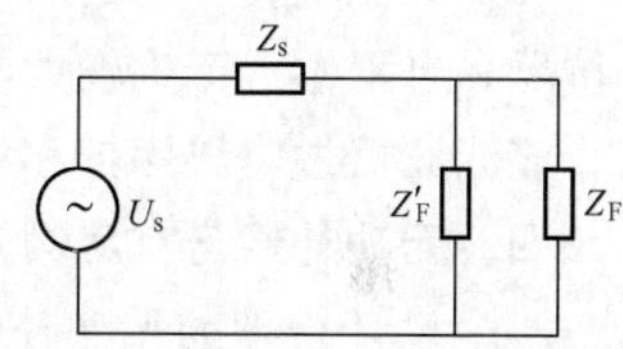

图 6-21　背景谐波在滤波器中产生应力的计算电路图

U_s—滤波器开路时的背景谐波电压；Z_s—交流系统阻抗；Z_F—所考虑的滤波器阻抗（取较小值）；Z'_F—其他滤波器阻抗（取较大值）

当分别计算出各种滤波器各类元件在换流器谐波电流和交流系统背景谐波电压作用下产生的电流和电压应力后，采用以下两式求总的应力

$$I_n = \sqrt{I_{n1}^2 + I_{n2}^2 + kI_{n1}I_{n2}} \tag{6-48}$$

$$U_n = \sqrt{U_{n1}^2 + U_{n2}^2 + kU_{n1}U_{n2}} \tag{6-49}$$

上两式中，I_n 和 U_n 分别为滤波器元件的谐波电流和电压；下标 1 和 2 分别表示由直流换流器和交流系统背景谐波所产生的谐波分量；k 值可根据不同的规程选择，根据中国规程的一个代表性选择如下：

n	3	5	7	9	…
k	1.62	1.28	0.72	0	…

偶次及 10 次以上不考虑，即 k 值为 0。

在对规范要求的所有工况进行计算后，对于每一种滤波器中的每一种元件，选择最大的应力作为元件设计应力，并根据规范要求的设计裕度确定滤波器元件的额定值。

在滤波器元件额定值确定后，对于滤波器性能计算中投入的每一种滤波器组合，在考虑背景谐波的情况下，不断增加换流器功率，直到某一元件应力达到其额定值，这就是在该滤波器组合下考虑滤波器安全所能输送的最大功率，并由此可反推出各种运行方式下每一输送功率时的绝对最少滤波器组数。

（三）交流滤波器暂态额定值计算

滤波器元件暂态额定值是指交直流系统发生大的扰动，造成元件大于稳态应力且随时间变化的额定值要求。工程中主要考虑如下三种情况：

（1）交流系统发生大的扰动后，系统频率偏离稳态范围，并在一定的时间内返回稳态变化范围，引起滤波器元件额定值增加。计算的办法是将频率随时间变化的曲线以折线近似，通过稳态计算程序计算出每一频率点元件的应力，并以这些应力核算元件的电气应力和热应力。

（2）当交流系统发生工频过电压时，滤波器元件，尤其是高压电容器将承受更大的应力。一般情况下，电力电容器耐受工频过电压的能力比接在同一母线的交流避雷器能力强，因而这种工况可不作为主要校核工况。

（3）高压电容器充电的情况下，滤波器引线上发生对地短路故障，可能在低压元件，如电抗器和电阻器上产生较大的暂态应力。对于这种情况的计算方法，参见本书第八章第四节交直流滤波器过电压保护和绝缘配合。

四、无功补偿与交流侧滤波的关系和协调

一个设计合理的无功补偿和交流滤波系统应具备的特性是：由于无功补偿的要求所需要投入的交流滤波器数应大于由于滤波性能的要求所必须投入的交流滤波器数，由于滤波器稳态额定值的要求所需投入的交流滤波器数最少。在实际运行中，交流滤波器的投入由无功补偿和无功平衡控制来决定，交流滤波性能要远优于滤波器设计中给出的性能；交流滤波器元件所承受的应力要小于滤波器稳态额定值计算所要求的元件额定值。当利用交流滤波器控制换流站交流母线电压时，可能出现滤波器投入数减少的现象，这时应由控制保护系统中的最少滤波器保护来处理滤波要求。当滤波器数量减少到低于滤波性能要求时，控制保护系统将给出达到最少滤波器的报警信号。当滤波器数进一步减少并达到滤波器额定值设计要求时，控制保护系统将根据设定值给出报警、减低功率或停运信号。

五、交流滤波技术发展

交流滤波技术的发展主要有滤波器本身的发展和换流技术的发展两个方面。滤波器本身的发展有以下几个方面。

（一）自调谐滤波器

如图 6-11 所示的单调谐滤波器，系统频率或滤波器电抗、电容元件的任何变化，都将引起调谐点频率偏离实际的谐振频率，造成所谓的失谐。如果能够自动控制电容或电抗元件的参数，则能避免失谐。

如图 6-22 所示，采用附加线圈的办法，通过控制铁芯材料的饱和度，可以控制电抗器的电感值，从而达到自调谐的目的，图中 L 为电感值，I_c 为控制电流。这种滤波器具有非常高的滤波效果，但只适合于单调谐滤波器中采用，针对一个谐波频率，价格相对较贵。因此，在常规直流工程中采用不普遍。

（二）有源滤波器

利用高频元件制造的逆变器，可以产生交流滤波器频谱内的各次谐波，注入到换流母线上。如果采用某种特殊的控制方法，使得注入的谐波电流在已有的交流滤波器和交流系统构成的并联阻抗上产生的谐波电压与已有谐波电压幅值相等，相位相反，则可以达到理想的滤

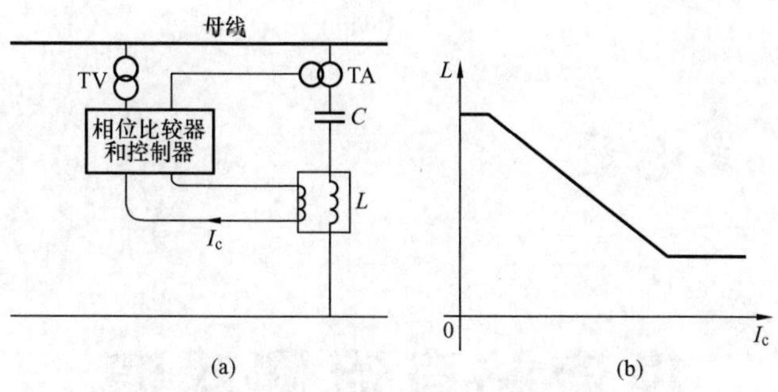

图 6-22　自调谐滤波器示意图

(a) 接线图；(b) 电感 L 与控制电流 I_c 关系曲线图

波效果。这种方法在技术上是可以实现的，但由于要求的谐波源容量大，成本高，目前没有应用场所。

（三）单相备用系统

为了提高直流输电系统的可用率，当一相滤波器故障退出运行后，可以投入单相备用滤波器。采用单相备用系统可以节省部分备用滤波器的投资，但由于只能作为一种滤波器的备用，对于直流系统过负荷没有无功支持作用，因此在大型直流输电工程中没有采用。

（四）先进元部件

最近开发的元部件，如光纤电流互感器和由此产生的紧凑型开关设备有批量用于交流滤波器的趋势，我国三—常直流输电工程中就采用了这种设备，可以节省占地，减少基础、构架等。

换流技术的发展有采用串联电容补偿的电容换相换流器 CCC 和采用 PWM 技术的电压源换流器，它们已在本书第二章第七节中介绍，在此不再赘述。

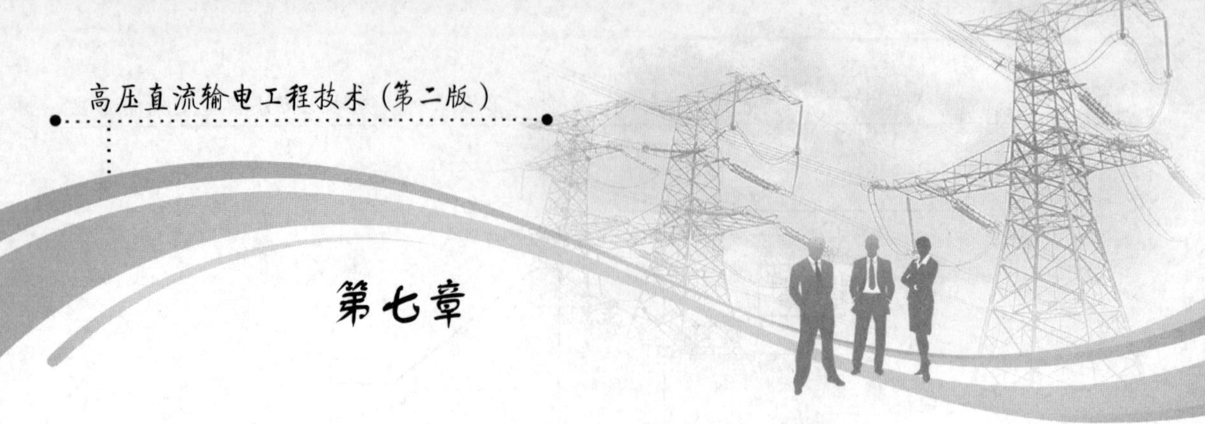

第七章

换流站直流侧滤波

第一节 直流侧谐波分析

各种换流变压器都在直流侧产生谐波，直流输电系统中常用的桥式换流器也不例外。直流侧的谐波主要是换流引起的谐波，即所谓特征谐波，和其他原因引起的谐波，其中由其他原因引起的谐波主要是指换流变压器参数和控制的各种不对称引起的谐波以及交流电网中谐波通过换流器转移到直流侧的谐波，即所谓非特征谐波。

一、特征谐波

特征谐波是指在理想的条件下，单纯由于换流而产生的谐波。在正常情况下直流输电换流变压器一般运行在接近理想状态，因此特征谐波是直流侧谐波的主体。分析换流变压器特征谐波的理想条件是换流变压器交流母线电压为理想的三相对称正弦波，流过换流变压器的电流为理想的直流电流，换流变压器本身的参数三相绝对对称，换流器的控制产生绝对等距的触发脉冲。

在上述理想条件下，直流侧的电压波形见本书第二章图 2-5 和图 2-8。在一个周波的每一阶段中，直流电压都是正弦波的某一部分。通过傅里叶分析，可以确定各次谐波电压的有效值为

$$U_{\mathrm{m}}=\frac{1}{\sqrt{2}}(A^{2}+B^{2})^{1/2} \tag{7-1}$$

谐波电压的相位为

$$\varphi=\arctan(B/A) \tag{7-2}$$

其中
$$A=[\cos(n+1)\alpha+\cos(n+1)(\alpha+\mu)]/(n+1)-[\cos(n-1)\alpha+\cos(n-1)(\alpha+\mu)]/(n-1)$$
$$B=[\sin(n+1)\alpha+\sin(n+1)(\alpha+\mu)]/(n+1)-[\sin(n-1)\alpha+\sin(n-1)(\alpha+\mu)]/(n-1)$$

对于 6 脉动换流变压器，$n=6k$，其中 $k=1$、2、3…，即 6 的整数倍，对于 12 脉动换流变压器，$n=12k$，即 12 的整数倍。

20 世纪 90 年代以前，在各种教科书和论文的理论分析以及工程实践中都采用图 7-1 所

示的等值电路表示12脉动换流变压器12脉动直流侧谐波模型，因而形成了所谓的12脉动理论。

在20世纪90年代初，修建美国IPP直流工程时，由于直流接地极引线与直流线路同杆架设，发现在同杆架设段直流侧谐波超标严重，造成谐波超标的主要谐波次数是18次谐波，而不是传统的特征谐波。在解决这一问题的过程中，发现直流中性点对地电容值对18次谐波具有重要影响，同时还发现换流器对地杂散电容在分析直流侧谐波电流分布中的重要作用，因而提出了图7-2所示的12脉动换流器3脉动直流侧谐波分析等值电路，即所谓3脉动谐波模型。

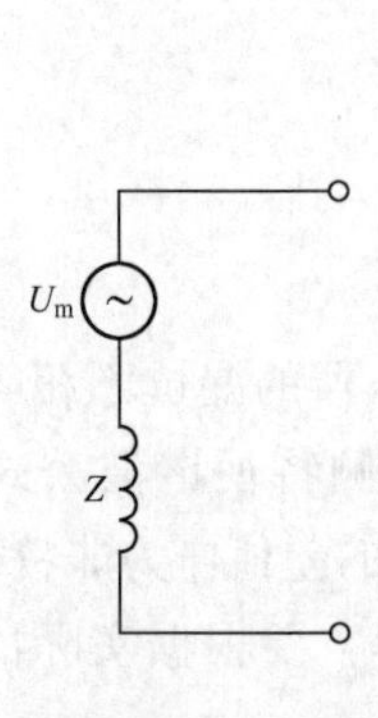

图7-1　传统的12脉动换流器12脉动直流侧谐波模型

U_m—12脉动谐波电压源；

Z—12脉动换流器内阻抗

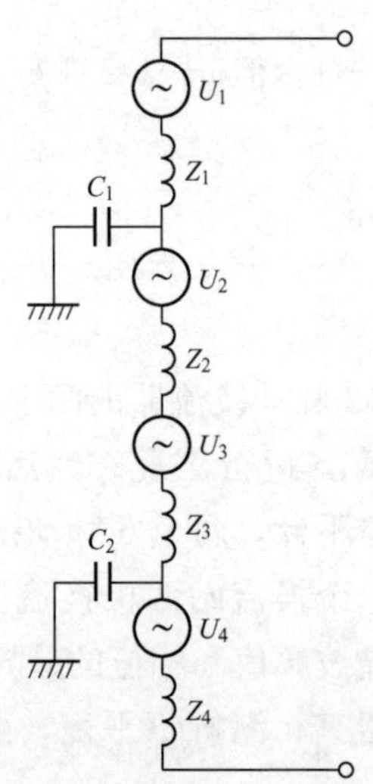

图7-2　新型的12脉动换流器3脉动直流侧谐波模型

U_1～U_4—3脉动谐波电压源；Z_1～Z_4—$\frac{1}{4}$12脉动换流器的内阻抗；C_1、C_2—换流变压器对地杂散电容

在3脉动直流侧谐波模型中，各个分电源的谐波电压幅值都相等，并等于12脉动模型中谐波电压数值的1/4，它们之间的相位关系见表7-1。

表7-1　　3脉动直流侧谐波模型中各谐波电压源间的相位关系

谐波次数 / 电源组别	3、15、27…	9、21、33…	6、18、30…	12、24、36…
U_1	φ	φ	φ	φ
U_2	$\varphi+180°$	$\varphi+180°$	φ	φ
U_3	$\varphi+90°$	$\varphi+270°$	$\varphi+180°$	φ
U_4	$\varphi+270°$	$\varphi+90°$	$\varphi+180°$	φ

二、非特征谐波

产生直流侧非特征谐波的因素有如下几方面。

(1) 交流母线电压中含有谐波电压U_n（以基波电压为基值的标么值表示），直流侧将产生非特征谐波电压U_k（以理想空载直流电压为基值的标么值表示）。根据n和k的关系，可以分为如下4类。

1）$n+k=12p_1+1$，$n-k=12p_2+1$，其中k、p_1和p_2为整数

当$n^2>k^2$时
$$U_k=U_n\left(\frac{n\sqrt{2}}{n^2-k^2}\right)\tag{7-3}$$

当$n^2<k^2$时
$$U_k=U_n\left(\frac{k\sqrt{2}}{k^2-n^2}\right)\tag{7-4}$$

2）$n+k=12p_1+1$，但$n-k\neq12p_2+1$
$$U_k=\frac{U_n}{\sqrt{2}(n+k)}\tag{7-5}$$

3）$n+k\neq12p_1+1$，但$n-k=12p_2+1$
$$U_k=\frac{U_n}{\sqrt{2}(n-k)}\tag{7-6}$$

4）$n+k\neq12p_1+1$，$n-k\neq12p_2+1$
$$U_k=0\tag{7-7}$$

（2）对于构成12脉动换流器的两个6脉动换流器的换流变压器的漏抗不相等和变比不相等，可以通过计算其运行工况，然后代入6脉动换流器直流侧特征谐波公式，求得的6（2k)次谐波可忽略不计，两个6脉动换流器6（2k+1）次谐波的差值作为非特征谐波。

（3）对于构成一个换流站两极换流器的任何运行参数不相等，要根据实际情况进行计算，充分考虑各次谐波幅值和相位的差异。

（4）换流变压器三相漏抗不平衡，可以用下述表达式来表示换流变压器各相的标么值电抗
$$X_u=X_0(1+g_u);X_v=X_0(1+g_v);X_w=X_0(1+g_w)$$
式中，X_0为标称电抗；g_u、g_v和g_w为制造公差，根据电抗的变化方向，最严重的情况为：$g_u=0$，$g_v=\pm g_0$，$g_w=\pm g_0$，在这种情况下，直流侧最大的各次谐波分量为
$$U_n=\frac{I_dX_0g_0U_{di0}}{2\sqrt{6}}\tag{7-8}$$
式中，I_d为标么值直流电流；g_0是换流变压器相间阻抗公差的绝对值；U_{di0}为换流器理想空载直流电压。

三、实际谐波电压选取

同选取交流侧实际谐波电流一样，在选取直流侧实际谐波电压时，也提出了同时最大谐波组和不同时最大谐波组的概念（详见本书第六章第四节）。所谓同时最大谐波组，是指在感兴趣的运行方式范围内的某一个运行工况下，按照上述方法计算出的最大特征和非特征谐波组；所谓非同时最大谐波组，是指在感兴趣的运行方式范围内，计算所有可能的运行方式，得到一系列的谐波电压组合，并在这些组合中的各次谐波中，选择幅值最大的一个作为谐波电压幅值，由此产生的一组谐波电压源。

由于谐波电压的高度不确定性，为了确保工程的安全，多采用非同时最大谐波组的方法。由于运行方式的无限性，实际工程计算中常计算有限的运行方式，如针对一种确定的输送方向、确定的系统接线方式、是否降压运行等，从最小运行功率到感兴趣的最大功率（如

最大稳态过负荷功率）取额定功率的某一个百分比（典型值如2%或5%）作为增量，逐点计算一组谐波电压，取各种工况中各次谐波幅值最大的一个，所得的谐波组合就是运行方式下的非同时最大谐波电压组。

第二节 直流侧滤波系统

一、直流侧谐波危害

从上节可看到，直流输电系统的直流侧设备（主要指平波电抗器、各种滤波器、直流线路和直流接地极线路等）流过谐波电流是不可避免的，这种谐波电流将产生以下三种危害。

（1）对直流系统本身的危害。直流侧除滤波器外的所有设备中流过的谐波电流，都会造成这些设备的附加发热，因而增加了设备的额定值要求和运行费用。当谐波水平达到一定值时，理论上可能引起直流保护系统误动，对于实际直流工程设计，一般不着重考虑这些因素。

（2）对线路邻近通信系统的危害。本节所叙述的直流侧谐波，是指频率在5～6kHz以下的音频谐波电流，其最大的危害是对直流线路和接地极线路走廊附近的明线电话线路的干扰。在直流输电技术发展的早期，较长距离的裸线作为电话线是十分广泛的，直流线路对电话线的干扰一直作为一个重要的技术问题。

（3）通过换流器对交流系统的渗透。类似于交流侧谐波电压可以通过换流器转移到直流侧的道理，直流侧的谐波电流也可以通过换流器转移到交流系统。如果一个直流系统直流侧的滤波太弱，如最近有些背靠背工程中取消了平波电抗器，使得直流回路的谐波电流只能由两侧换流变压器阻抗限制，流入到两侧交流系统的谐波将十分显著，可能造成这些系统运行性能显著下降。

二、滤波系统性能要求

（一）性能要求定义

由于存在上述危害，尤其是第二种危害，一般具有架空线路的直流工程都配置直流滤波器，而背靠背工程和全电缆工程可不考虑直流滤波器。由此可见，直流滤波器主要是针对明线通信干扰这种危害进行规范和设计的。要保证通信的质量，必须保证一定的信噪比，通常用分贝数表示。

图7-3为直流线路对沿线明线干扰原理的感应模型。图7-3（a）所示为地模式感应电压，由于在实际工程中只考虑离线较远的明线通信线路，而太近的明线一般需要搬迁，直流线路和地线之间的距离比它到通信线路的距离要小得多，因此可以将整个直流线路断面的各次谐波电流等值为一根导线（位于两极线的中心，与极线等高）中流过的电流在明线上产生的感应电压，简称为纵向感应电压，它直接取决于两线之间的互感。如果通信线路的高度一定，到直流线路的横向距离一定，则除了直流线路的几何尺寸外，直流线路对通信明线的纵向感应将主要受大地电阻率的影响。

图7-3（b）所示的电路表示常见的金属模式感应电压，它是通信线路来回线路上感应电压的差值，简称为横向感应电压。如果通信系统采用金属模式传输，横向感应电压便成为干扰电压，是需要限制的对象。横向感应电压不但受上述几何参数和大地参数的影响，而且主要决定于通信线路的结构。如果通信线路采用屏蔽线路，在同样的信号电平和信噪比要求

下，可以耐受的直流谐波电流比明线要大得多。

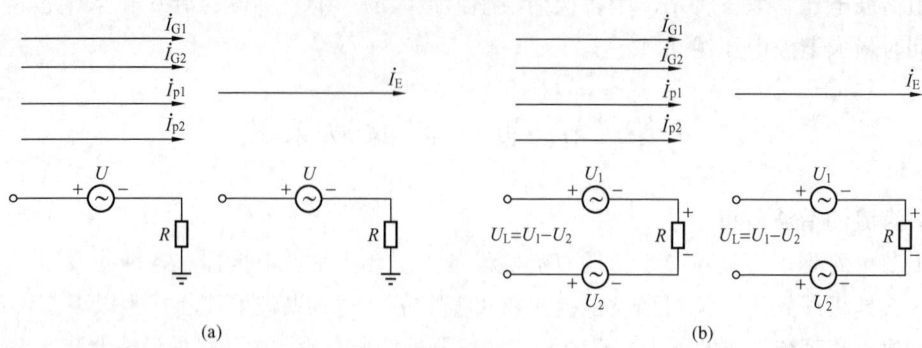

图 7-3　直流线路对沿线明线干扰原理的感应模型

（a）地模式感应电压；（b）金属模式感应电压

在图 7-3 中，$\dot{I}_{G1}$ 和 $\dot{I}_{G2}$ 为接地极引线中的电流；$\dot{I}_{p1}$ 和 $\dot{I}_{p2}$ 为直流极线中的电流；$\dot{I}_E$ 为等值在一根导线上的电流；U 为地模式在通信线上的感应电压；U_L 为金属模式在通信线上的感应电压；M 为地模式的互感；M_1 和 M_2 为金属模式的互感；R 为负荷。它们之间的关系可用以下公式表示

$$\dot{I}_E = \dot{I}_{G1} + \dot{I}_{G2} + \dot{I}_{p1} + \dot{I}_{p2}$$

$$\dot{U} = \omega M \dot{I}_E$$

$$\dot{U}_L = \dot{U}_1 - \dot{U}_2 = \omega(M_1 - M_2)\dot{I}_E$$

$$\dot{U}_1 = \omega M_1(\dot{I}_{G1} + \dot{I}_{G2} + \dot{I}_{p1} + \dot{I}_{p2}) = \omega M_1 \dot{I}_E$$

$$\dot{U}_2 = \omega M_2(\dot{I}_{G1} + \dot{I}_{G2} + \dot{I}_{p1} + \dot{I}_{p2}) = \omega M_2 \dot{I}_E$$

如果直流线路已经建成并投入运行，可以采用直接测量通信线路干扰电压的方法来评价整个线路在通信干扰方面的综合性能，也可以通过测量直流投运和不投运时通信系统的信噪比变化来衡量综合干扰作用。

在直流输电系统规划建设阶段，如果采用上述干扰模型，需要掌握通信线路的详细结构和参数，这几乎是不可能的。因此一般不直接用并行通信线路上的干扰电压水平来作为设计直流滤波器的评价标准，而采用下述表示直流系统内残留谐波水平的等效干扰电流作为设计标准。等效干扰电流是所有谐波频率，即从工频的 1～N 次（N 通常取 50）的噪声加权残余电流，按照下面的公式进行计算

$$I_{eq}(x) = [I_e(x)_S^2 + I_e(x)_R^2]^{1/2} \quad (\text{mA}) \tag{7-9}$$

式中，$I_{eq}(x)$ 为沿着输电线走廊的任何点，噪声加权至 800Hz 的等效干扰电流，mA；$I_e(x)_S$ 为只由送端换流器谐波电压源产生的等效干扰电流分量幅值，mA；$I_e(x)_R$ 为只由受端换流器谐波电压源产生的等效干扰电流分量幅值，mA；x 为沿线路走廊的相对位置。

由送端换流器或受端换流器的谐波电压所产生的沿线各点的等效干扰电流可按下式计算

$$I_e(x) = \left\{ \sum_{n=1}^{N} [I_r(n,x) \times P(n) \times H_f]^2 \right\}^{1/2} \tag{7-10}$$

式中，I_r（n，x）为在沿线路走廊位置“x”的 n 次谐波残余电流的均方根值，mA；n 为谐波次数；H_f 为耦合系数，表示典型明线耦合阻抗与频率的关系，见表 7-2。

对于其他频率，H_f 的值可采取线性插值方法求取。由于受直流线路干扰影响的主要是通信明线，因而采用 H_f 来代表耦合阻抗与频率的关系。

P（n）为 n 次谐波的噪声加权系数，表示人耳对噪声频率的敏感程度。这一敏感程度是通过对抽样人群进行实际试验获得的，不同的试验可能得出不同的结果。目前国际上主要采用图 7-4 所示的 P 系数和 C 系数两种系数，其中 P 系数主要在欧洲通用，而 C 系数主要在北美通用。

表 7-2　典型明线网络的耦合系数

频率（Hz）	耦合系数 H_f
40～500	0.70
600	0.80
800	1.00
1200	1.30
1800	1.75
2400	2.15
3000	2.55
3600	2.88
4200	2.95
4800	2.98
5000	3.00

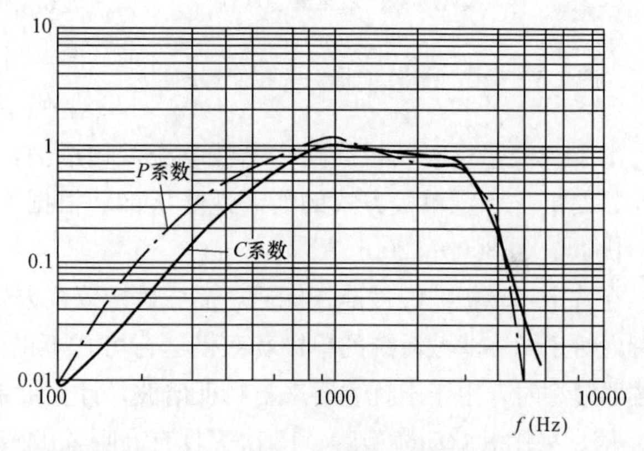

图 7-4　人耳对噪声频率的敏感程度

由送端换流器或受端换流器的谐波电压所产生的沿线任意点的残余电流定义为下列相量之和

$$I_r(n,x) = \sum_{i=1}^{nc} I_p(n,i,x) \tag{7-11}$$

式中，I_p（n，i，x）为在位置 x 流过导体 i 的 n 次谐波电流均方根相量值，mA；i 为导体编号；nc 为在线路走廊中导体总数量，包括所采用的地线、接地极线路和接地极线路的地线。

等效干扰电流计算方法的基础是：线路上的所有频率的谐波电流对邻近平行或交叉的通信线路所产生的综合干扰作用与流过单一等效导线的单个频率的谐波电流所产生的干扰作用相同，这个单频率谐波电流就称作等效干扰电流。计算等效干扰电流时不仅应考虑流过直流极导线和接地极线路的谐波电流，而且还应考虑感应到直流线路和接地极线路地线中的谐波电流。如果采用互阻抗算法，可能要求采用删除地线后的线路结构。但在等效干扰电流的计算中，必须以某种方法考虑地线中的谐波电流，通常良好接地的地线具有降低谐波电流的作用。

（二）性能指标选取

直流输电工程直流侧谐波性能指标的选择是一个复杂的工程问题，它包含线路路径内通信明线的调查，在给定滤波水平下需要搬迁通信线路的调查和投资估算，最优性能指标选择等几个方面。

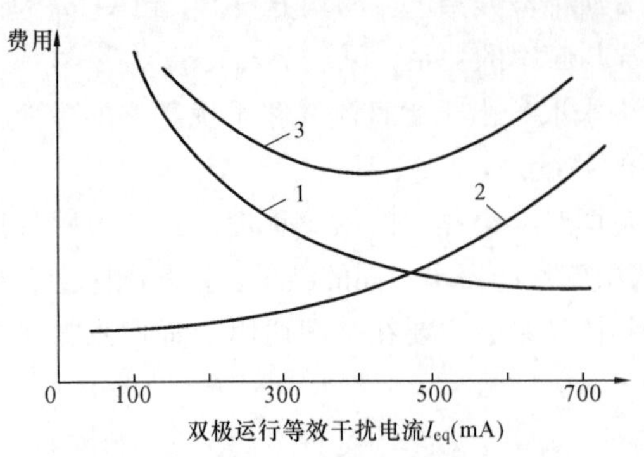

图 7-5　最优滤波性能指标选择原理图

最优滤波性能指标选择的理论基础如图 7-5 所示，其中曲线 1 表示直流滤波系统投资水平与性能指标的关系，随性能指标的降低，需要增加滤波器台数，费用显著上升；曲线 2 表示搬迁和补偿通信明线线路的费用随直流滤波性能指标变化的曲线，随着性能指标的增大，需要搬迁的线路增加，费用上升；曲线 3 为综合造价随性能指标的变化规律。从图 7-5 可看出，当性能指标在一个适当的水平时，综合费用最低，这一指标即为该工程的最优指标。

由于双极平衡时两极线路中谐波电流互相抵消，对通信线路的干扰水平比单极方式低，因此需要最先确定单极方式的滤波性能指标。根据 20 世纪通信线路的状况，单极方式的等效干扰电流为 800～1200mA。

在选定了单极滤波性能指标后，需要确定双极方式的滤波性能指标。合理确定这一指标主要考虑对于同一滤波系统的单极和双极运行方式下谐波电流水平的比例。在采用 12 脉动直流滤波器模型时，由于干扰主要来自特征谐波，计算结果表明单极方式的干扰水平是双极方式的 3～4 倍。采用 3 脉动模型后，18 次等具有高听觉敏感频率的非特征谐波的幅值增大，计算和测量表明，单极方式的干扰水平约为双极方式的 2 倍。根据这一理论，双极方式的等效干扰电流约为 400～600mA。近期由于广泛采用光纤通信，明线通信大幅度减少，使得单极方式的等效干扰电流可放宽到 6000mA，相对应的双极方式的等效干扰电流可放宽到 3000mA。

三、滤波系统构成

图 7-6 所示为双极直流输电工程一个极的直流滤波系统方框图，其中主要指出了对直流滤波起作用的部分，分别简述如下。

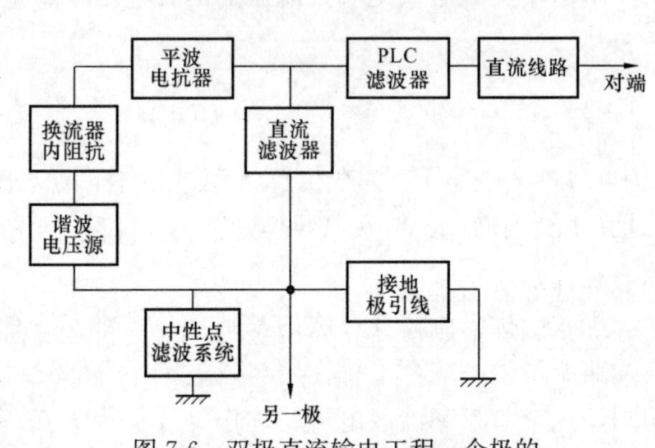

图 7-6　双极直流输电工程一个极的直流滤波系统方框图

(一) 直流线路或电缆

直流线路本身具有纵向阻抗和对地电容，对直流谐波有一定的限制作用。直流电缆除本身有屏蔽作用外，由于对地电容较大，对谐波有较大的限制作用。直流线路和电缆的设计主要考虑有效输送功率等问题，绝对不会专门为滤波器要求而改变设计。

(二) 平波电抗器

对于谐波电流而言，平波电抗器是串接在主电流回路上的一个大阻抗，对于直流滤波有很大的帮助。一般情况下，平波电抗器的参数将根据其他主要因素选取，不专门为滤波要求而改变。

（三）直流滤波器

对于具有架空线路的直流工程一般需要装设直流滤波器。直流滤波器是专门为降低流入直流线路和接地极引线中的谐波分量而装设的。直流滤波器一般连接于极母线和极中性线之间。

（四）中性点滤波系统

中性点滤波系统是指安装在极中性点对地之间的低压设备，主要为通过换流变压器杂散电容入地的谐波电流提供就近的返回中性点的低阻抗通道。根据 3 脉动模型，良好的中性点滤波系统对降低整个直流系统的谐波水平有较明显的作用。中性点滤波系统有两大类，其一为由电容、电感和电阻组成的滤波器，滤波效果最好，但存在占地大、成本高的缺点。对于合理选择的滤波性能指标，一般不需要采用。目前工程中广泛采用的是中性点电容器。这种电容器除参与滤波外，还能缓冲接地极引线落雷时的过电压。在采用 12 脉动模型时期设计的直流工程，中性点电容器的电容值通常只有几个微法，而在采用 3 脉动模型之后，一般采用数十微法或更大的电容值。

（五）PLC 滤波系统

有些直流工程采用 PLC 作为通信手段，因此两端需装设 PLC 滤波和耦合装置。最新的直流工程采用 OPGW 光纤通信，但为了防止换流器产生的 PLC 载波频域的噪声沿直流线路传输对沿线交直流线路上的 PLC 载波信号的干扰，一般也安装 PLC 滤波器。PLC 滤波器的主要作用是滤除载波频域的信号，对直流滤波也有一定的帮助。

（六）换流器内阻

谐波电流流过换流器时，将遇到换流变压器阻抗的阻碍作用，这一阻抗需要在滤波器计算模型中考虑。通常考虑一个 12 脉动换流器的内电抗为 $4\times(1-\mu/60)X_t$，其中 X_t 是换流变压器每相电抗（Ω）；μ 是换相角（°）。

四、直流滤波器型式与参数选择

直流滤波器的型式不如交流滤波器那样众多，最常用的为双调谐滤波器，其结构型式和阻抗频率特性，见第六章图 6-12。

设计双调谐滤波器时有两个调谐点频率作为输入参数，如 12/24 次双调谐滤波器，调谐频率 f_1 和 f_2 分别为 600Hz 和 1200Hz。另外一个重要参数是高压电容器 C_1 的电容值，滤波器的滤波能力基本与这一电容值的大小成正比，同时对于同样额定电压的电容器，其成本也基本上与其电容值成正比。最后一个参数是低压电容器与低压电抗器的并联谐振频率，该点频率对于图 6-12 中阻抗最大的位置。由于双调谐滤波器阻抗频率特性具有下降快而上升较慢的特点，因此将并联谐振的频率设置在较靠近 f_1 的位置，通过推算可发现并联谐振频率 f_p 取 $\sqrt{f_1 f_2}$ 时具有最优的阻抗频率特性。

根据上述条件，可以推导出以下谐振点方程

$$2\pi f_p - \frac{1}{\sqrt{L_2 C_2}} = 0 \tag{7-12}$$

$$2\pi f_1 L_1 - \frac{1}{2\pi f_1 C_1} + \frac{2\pi C_2 - 1}{4\pi^2 f_1^2 L_2 C_2} = 0 \tag{7-13}$$

$$2\pi f_2 L_2 - \frac{1}{2\pi f_2 C_1} + \frac{2\pi C_2 - 1}{4\pi^2 f_2^2 L_2 C_2} = 0 \tag{7-14}$$

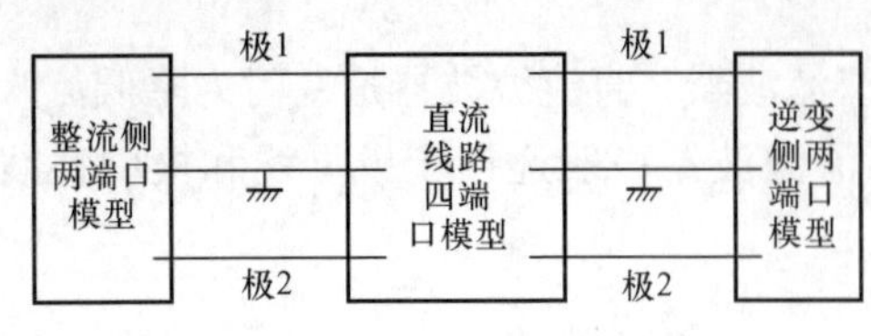

图 7-7　直流滤波器性能计算用端口模型图

在确定了 C_1 后，联立求解式（7-12）～式（7-14），便可确定滤波器的各个参数。

五、滤波器性能计算

图 7-7 所示为直流滤波器性能计算用端口模型图，其中直流线路架空地线的屏蔽影响已根据地线的接地方式等效到直流线路参数之中。直流线路可以分成若干段，假定每一段内线路参数是均匀的，利用线路的分布参数模型，在任一特定的频率下，每一段直流线路可以采用一个 4 断口网络表示，并具有以下阻抗模型：

$$\begin{bmatrix} U_{11} \\ U_{12} \\ U_{r1} \\ U_{r2} \end{bmatrix} = \begin{bmatrix} Z_{11} & Z_{12} & Z_{13} & Z_{14} \\ Z_{21} & Z_{22} & Z_{23} & Z_{24} \\ Z_{31} & Z_{32} & Z_{33} & Z_{34} \\ Z_{41} & Z_{42} & Z_{43} & Z_{44} \end{bmatrix} \cdot \begin{bmatrix} I_{11} \\ I_{12} \\ I_{r1} \\ I_{r2} \end{bmatrix} \tag{7-15}$$

利用串联连接的断口网络阻抗模型，即先将每段线路网络的阻抗模型转换成转移模型，然后将所有线段的转移矩阵连乘，得到全部直流线路的转移模型，最后换算成以下阻抗模型：

$$\begin{bmatrix} U_{r1} \\ U_{r2} \\ U_{i1} \\ U_{i2} \end{bmatrix} = \begin{bmatrix} Z_{111} & Z_{112} & Z_{113} & Z_{114} \\ Z_{121} & Z_{122} & Z_{123} & Z_{124} \\ Z_{131} & Z_{132} & Z_{133} & Z_{134} \\ Z_{141} & Z_{142} & Z_{143} & Z_{144} \end{bmatrix} \cdot \begin{bmatrix} I_{r1} \\ I_{r2} \\ I_{i1} \\ I_{i2} \end{bmatrix} \tag{7-16}$$

对于两端换流站，可以用常规的电路网络表示，每一支路都可以具有电压源并带电阻、电感和电容串联表示的内阻抗。对于任一特定的频率，电源的幅值和相位是预先计算出的，并可以通过支路阻抗模型计算各支路的阻抗实部和虚部。

对于每次谐波频率，将与直流线路的接口处设想为两个端口，并假定在端口处开路，可求得整流侧和逆变侧的开路端口电压，并以下述端口模型表示

整流侧
$$\begin{bmatrix} U_{r1} \\ U_{r2} \end{bmatrix} = \begin{bmatrix} U_{r10} \\ U_{r20} \end{bmatrix} - \begin{bmatrix} Z_{r11} & Z_{r12} \\ Z_{r21} & Z_{r22} \end{bmatrix} \cdot \begin{bmatrix} I_{r1} \\ I_{r2} \end{bmatrix} \tag{7-17}$$

逆变侧
$$\begin{bmatrix} U_{i1} \\ U_{i2} \end{bmatrix} = \begin{bmatrix} U_{i10} \\ U_{i20} \end{bmatrix} - \begin{bmatrix} Z_{i11} & Z_{i12} \\ Z_{i21} & Z_{i22} \end{bmatrix} \cdot \begin{bmatrix} I_{i1} \\ I_{i2} \end{bmatrix} \tag{7-18}$$

根据等效干扰电流的定义，需分别求出由整流侧谐波电压源和逆变侧谐波电压源引起的谐波电流。对于整流侧引起的谐波电流，只需假定 U_{i10} 和 U_{i20} 为 0，联立求解式（7-15）～式（7-17）。在求得端口电流和电压后，可以利用各线路段的转移模型，求得各

段线路端口的电流和电压，然后利用分布参数线路模型计算出线路每一点的谐波电流。类似地，可以求出逆变侧谐波电压源产生的谐波电流。对于所关心的每次谐波，重复上述计算，便可以求得式（7-11）中要求的所有谐波电流值。在计算直流滤波性能时，一般只需考虑滤波器的失谐因素，其考虑的办法与交流滤波器设计类似。

六、直流滤波器稳态额定值计算

通过分别计算整流侧和逆变侧谐波电压源在线路上产生的谐波电流，可以分别先计算出它们在整流侧和逆变侧各支路产生的各次谐波电流，再按照下式求出支路电流的幅值

$$I_{nk} = (I_{nkr}^2 + I_{nki}^2)^{1/2} \tag{7-19}$$

式中，I_{nk}为k支路的n次谐波电流幅值；I_{nkr}为k支路由整流侧谐波电压源产生的n次谐波电流幅值；I_{nki}为k支路由逆变侧谐波电压源产生的n次谐波电流幅值。在求得各支路的各次谐波电流幅值后，便可方便地确定各设备的稳态额定值。

第三节　直流有源滤波器

一、采用有源滤波器理由

由于对3脉动模型的应用，加之有些直流输电工程穿越人口相对集中的区域，规定了很低的等效干扰电流水平，因此为了要满足严格的要求，如双极100mA，单极200mA，如果继续采用常规的滤波系统，则需要并联许多滤波器，提高了投资和占地面积，降低了直流系统的整体可靠性和可用率，从而开始开发直流有源滤波器。

图7-8为直流滤波器造价与等效干扰电流水平的关系，其中曲线1为无源滤波器方案，曲线2为有源滤波器方案。从图7-8可看出，当直流线路穿越人口密集和广泛采用明线通信的地区，需要提高滤波性能和降低谐波干扰指标到一定程度后，采用有源滤波器具有较好的经济性。

二、有源滤波器原理

图7-9所示为直流有源滤波器的原理图，它除采用常规的无源滤波器作为滤波兼耦合外，在滤波器支路加入一个可控的直流电压源。

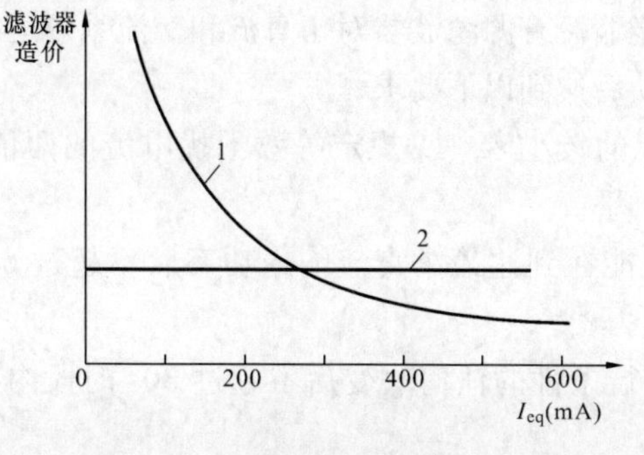

图7-8　直流滤波器造价与等效干扰电流水平的关系图

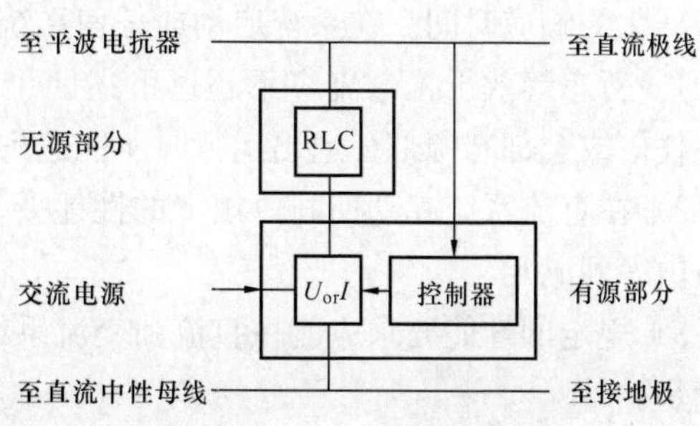

图7-9　直流有源滤波器原理图

直流有源滤波器的理论是：对于每一次谐波频率，通过在滤波器支路内引入一个受控电压源，使其在直流线路端口产生与换流器谐波电压源产生的空载电压大小相等，相位相反的受控电压，来降低直流线路中的谐波电流。

以整流侧为例，对于离线分析，可以先计算出式（7-17）中的U_{r10}和U_{r20}，并分别假定极Ⅰ和极Ⅱ滤波器中的电压为1kV，相位为零，分别求得它们所产生的空载端口电压U_{r101}、U_{r201}和U_{r102}、U_{r202}，再通过求解复数线性方程，可以求得在给定的电路参数下，需要在两极滤波器回路施加的谐波电压幅值和相位。

有源滤波器的在线控制原理与离线分析类似，通过分析各次谐波频率下直流线路端口电流中的谐波分量与直流滤波器支路电压的关系，并据此调整电压的幅值和相位，达到降低直流线路谐波的目的。

三、有源滤波器工程问题

（一）一般要求

要满足直流系统正常运行，有源滤波器设计需满足以下基本要求。

（1）投切要求。在不切除有源滤波器的条件下应能投入或切除以及起动或关闭有源部分，这些操作和控制不影响任一极的功率输送。

（2）维护要求。当有源滤波器的有源部分切除运行时，其无源部分应能投入并长期连续运行。有源滤波器应能在对应极带电的情况下检修而不影响任一极的功率输送。有源部分应能在对应的无源部分带电的情况下检修而不影响任一极的功率输送。

（3）备用要求。如果根据可靠性计算结果要求采用备用有源部分，应安装一个完整的有源部分，在一定时间内能投到任一极中而不影响任一极的功率输送。

（4）参数调整要求。对于不同的运行条件，可能要求对直流有源滤波器控制器或控制系统整定值进行调整以满足规定的性能要求。这种调整应是完全自动的，无需运行人员干预。在系统调试阶段应完成有源滤波器的整定和调整，在直流系统整个寿命期间，对于规定的运行接线方式和运行条件，都无需因环境温度或交直流系统参数的变化而对有源滤波器进行重新调整。

（二）性能要求

（1）双极运行时，任何或全部有源滤波器有源部分退出运行后的等效干扰电流值应不高于单极运行方式所规定的性能指标。

（2）有源滤波器有一定的响应时间，应尽可能缩短有源滤波器对于直流和交流系统运行条件变化的响应时间。在系统启动或任何系统扰动后达到以下要求。

1）暂态等效干扰电流应不超过下述两个指标的较小者：①规定等效干扰电流的两倍；②在任何或全部有源部分退出运行时所能达到的水平。

2）在直流系统起动期间，规定的性能要求应能在到达最小直流输送功率后不超过60s时段内得到满足。

3）规定的性能要求应能在直流和交流系统运行条件的任何改变后不超过30s时段内得到满足。

（三）额定值要求

不管有源部分投入运行还是部分或全部退出运行，直流滤波器都不能对直流输电系统的运行产生任何限制。滤波器有源部件的电压、电流和功率额定值应足以满足连续运行和规定性能指标。除此之外，在任何规定的运行方式下，对于各有源滤波器有源部分退出的任何组合情况，每一直流滤波器的额定值都应能满足连续运行的要求。在一个或两个有源滤波器，包括其无源部分退出运行时，每一滤波器的额定值都应能满足连续运行的要求。直流有源滤波器有源部分的连续电压和电流额定值应比在上述所有条件下计算出的最大额定值要求至少高25%。

第八章

直流输电系统过电压保护与换流站绝缘配合

第一节　换流站过电压保护

高压直流输电系统也像其他所有电气系统一样，由于遭受雷击、操作、故障或其他原因而产生各种波形的过电压，因而需装设过电压保护装置，对过电压进行限制，对设备提供保护，从而达到提高系统可靠性，降低设备成本的目的。

一、换流站过电压保护变迁

换流站过电压保护装置经历了保护间隙、碳化硅有间隙避雷器和金属氧化物无间隙避雷器三个发展阶段。

早期的直流输电工程大多采用保护间隙作为主要的过电压保护装置，它的结构简单，价格便宜，坚固耐用，通流能力大，但放电电压不稳定，没有自灭弧能力。因为直流输电系统中有完善的控制调节系统，在保护间隙动作之后，能自动降低直流电流到零，帮助间隙灭弧，然后有可能自动再起动，恢复直流送电能力。

直流避雷器的运行条件和工作原理与交流避雷器有很大的差别，其主要是：①交流避雷器可利用电流自然过零的时机来切断续流，而直流避雷器没有电流过零点可资利用，因此灭弧较为困难；②直流输电系统中电容元件（如长电缆段、滤波电容器、冲击波吸收电容器等）远比交流系统得多，而且在正常运行时均处于全充电状态，一旦有某一只避雷器动作，它们将通过这一只避雷器进行放电，所以换流站避雷器的通流容量要比常规交流避雷器大得多；③正常运行时直流避雷器的发热较严重；④某些直流避雷器的两端均不接地；⑤直流避雷器外绝缘要求高。总之，直流避雷器的运行条件要比交流避雷器的严酷得多，因而对直流避雷器提出的技术要求很高，直到20世纪60年代才研制出合格的碳化硅直流避雷器。

碳化硅避雷器虽比火花间隙的保护特性有较大的提高，但由于保护特性仍不理想，不能有效降低残压，即配合电流下的残压与避雷器额定电压的比值高。为了降低设备绝缘水平，必须降低避雷器额定值。在这种情况下，为了保证避雷器本身的运行安全，必须串联间隙，因此仍然带来一些保护水平的不确定性。

对直流避雷器所提出的技术要求是：非线性好，灭弧能力强，通流容量大，结构简单，体积小，耐污性能好。这些要求正好是20世纪70年代以后发展起来的金属氧化物避雷器的突出优点。因此，一经推出便迅速地淘汰了传统的碳化硅有间隙避雷器而成为现代直流输电系统中唯一选用的过电压保护装置。由于金属氧化物避雷器的伏安特性比碳化硅避雷器的优越得多，从而不再需要有串联间隙，故有时也被称为无间隙避雷器。目前在常规直流输电系统中，已无例外地均采用氧化锌无间隙避雷器作为过电压保护装置，因而本章只介绍这种保护设备。

氧化锌避雷器由绝缘套管和串联的避雷器芯片组成，其中芯片是一种陶瓷材料，由氧化锌和其他添加材料，如氧化铋、氧化钴、氧化铬、氧化锰和氧化锑等混合，并磨制成极小的颗粒后压制烧结而成。烧制后的芯片材料主要由低阻性的氧化锌颗粒构成，颗粒直径约为 10μm，在其周围由厚度约为 0.1μm 的高阻性氧化物薄膜紧密包裹，随着电场强度的变化，薄膜的电阻率可在 10^{10}～1Ω·cm 之间变化，相对介电常数为 500～1200，极端情况可达 1600。

芯片的导通机理可分为以下三个阶段：

第一阶段为低电场下的绝缘特性。此时高阻薄膜可看成能量屏障，阻止电子在氧化锌颗粒之间移动；电场有降低屏障能量值的作用，从而允许部分电子以热扩散的方式穿过，其电流密度可表示为

$$J_s = J_0 \exp[-(\phi_B - Ee^3/4\pi\varepsilon)/kT] \tag{8-1}$$

式中，J_0 为常数；ϕ_B 是屏障值；e 为电子电量；ε 是介电常数；E 为电场强度；k 是 Boltzmann 常数；T 为绝对温度。

第二阶段为中等电场下避雷器的限压特性。当薄膜内的电场强度达到约 10^6V/cm 时，电子将以隧道效应通过薄膜的能量屏障，其电流密度可表示为

$$J_s = J_1 \exp[-(A\phi_B^{1/2}/E)] \tag{8-2}$$

式中，J_1 和 A 是常数。

第三阶段为高电场强度下的导通特性。此时由穿过薄膜的隧道效应所产生的电压降已很小，电压降大多集中在氧化锌颗粒上，电流密度随电场强度的增大逐渐逼近下式表达的规律

$$J_s = E/\rho \tag{8-3}$$

避雷器的伏安特性对过电压幅值和绝缘配合有重要的影响。从材料开发的角度出发，采用以 V/mm 表示的电场强度对以 A/mm^2 表示的电流密度的变化曲线是最理想的，但在工程中应用最广泛的是单块芯片的伏安特性或以标么值电压表示的伏安特性。图 8-1 所示是直径为 80mm、厚度为 20mm 的一块氧化锌避雷器芯片的典型伏安特性。

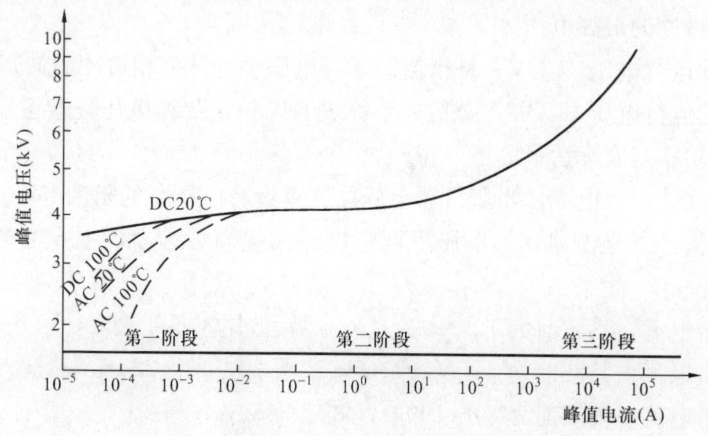

图 8-1　氧化锌避雷器芯片典型伏安特性

在电流低于 10^{-2}A 区域时，避雷器特性随温度变化很大，对应于电子热扩散的导电模式。当电流在 $10^{-2}\sim10^{4}$A 范围变化时，对应于上述隧道效应的导电模式，避雷器的电压变化很小，其伏安特性可用式（8-4）表示，在对数坐标上可表示为一条直线

$$I = CU^{\alpha} \tag{8-4}$$

式中，C 为与避雷器芯片几何尺寸相关的常数；α 为与材料特性相关的非线性系数，一般为 10～50，从降低设备绝缘水平的角度出发，应选用 α 较大的材料，在工程估算时可采用 30 的典型值。

当电流继续增大时，避雷器电压线性上升，主要为氧化锌颗粒上的电阻性压降。为了便于叙述，将体现氧化锌避雷器性能的基本参数定义如下。

（1）避雷器参考电压 U_{ref}。是衡量一支避雷器材料特性、几何尺寸和串联片数的主要参数，是在厂家规定的一个电流水平下避雷器两端电压的峰值。这个电流一般为数毫安，处于避雷器伏安特性第一个区域和第二个区域之间的过渡部位。

（2）避雷器参考电流 I_{ref}。是避雷器加上参考电压时的阻性电流峰值。

（3）避雷器额定放电电流。用于衡量避雷器放电能力的放电电流峰值，电流波形为 8/20μs。

（4）避雷器保护残压 U_{res}。当通过规定波形和幅值的放电电流时避雷器两端间的电压峰值。

（5）避雷器保护特性。是用陡波、雷电波、操作波三个规定的波形、规定的配合电流幅值以及在通过这些电流时避雷器保护残压来表示。

（6）避雷器连续运行电压。无间隙氧化锌避雷器的连续运行电压是换流站过电压研究和绝缘配合的一个重要组成部分，它直接关系到对避雷器本身的要求以及被保护设备的绝缘水平。连续运行电压是换流站某处对地，或两点之间可能出现的持续时间为数分钟以上的运行电压，在这样的电压下避雷器不失去热稳定性，也不显著老化。连续运行电压是以 50Hz/60Hz 下交流电压有效值表示。在换流站中，很多避雷器在连续运行时的电压都不是理想的正弦波电压，而是其他不规则的电压波形。在选择避雷器参数时要用到以下三个术语和相应的概念。

1）顶值连续运行电压 PCOV。对于连续运行电压中存在换相过冲时，顶值连续运行电压是指考虑换相过冲的最高电压。

2）峰值连续运行电压 CCOV。是指连续运行电压中不计换相过冲的最高峰值电压。

3）等效连续运行电压 ECOV。是指一个等效的工频正弦波电压，避雷器在这一电压下连续运行消耗的功率与实际运行电压下相同。

（7）避雷器连续运行电流。当避雷器上施加连续运行电压时的阻性电流。

（8）配合电流。是避雷器在过电压下流过电流的最高估计值，主要考虑以下四种电流波形。

1）陡波冲击电流，其波前为 1（0.9～1.1）μs，波尾不长于 20μs。

2）雷电冲击电流，其波前为 8（7～9）μs，波尾 20（18～22）μs。

3）操作冲击电流，其波前为 30～100μs，波尾为 60～200μs。

4）长操作冲击电流，其波前达 1000μs，波尾达 2000μs。

(9) 能量特性。单次冲击或连续冲击下能够吸收的以 MJ 表示的能量。

(10) 额定电压。针对交流应用的避雷器铭牌参数，近似参考电压。在一般交流母线上应用时约为最高连续运行电压的 1.3～1.4 倍。因此，在最高连续运行电压下运行的避雷器连续运行电流比参考电流还要下降 2～3个数量级。

(11) 避雷器耐受暂时过电压幅值随时间的关系。除了连续运行电压，避雷器还需考虑的一个重要应力是暂时过电压。在常规交流应用中，用于线路末端的避雷器比用于母线的避雷器额定电压要高 5%～6%就是这个道理。用于衡量避雷器耐受暂时过电压能力的一个指标是耐受时间随暂时过电压幅值变化的曲线，如图 8-2 所示。

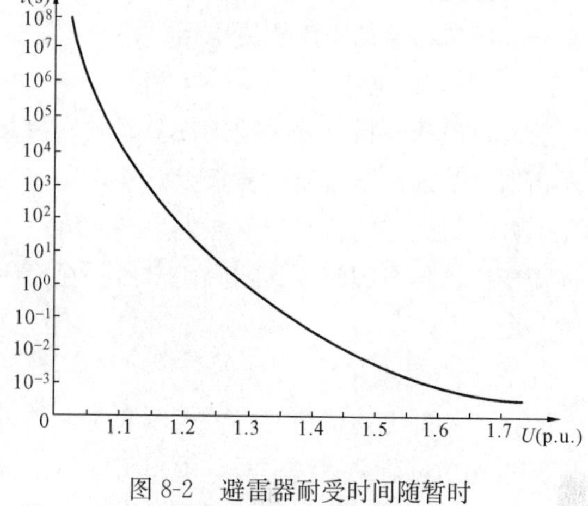

图 8-2　避雷器耐受时间随暂时过电压幅值变化的曲线图

二、换流站过电压保护与绝缘配合

直流输电换流站过电压保护与绝缘配合的目的就是寻求一种避雷器配置和参数选择方案，保证换流站所有设备（包括避雷器本身）在正常运行、故障期间及故障后的安全，并使得全系统的费用最省。

从避雷器安全的角度出发，需要考虑两个主要方面，其一是长期连续运行的安全，防止加速老化。其物理原理是能够在规定的环境条件下，在避雷器运行温度不超过保证运行寿命所规定的最高温度时，最高连续运行电压下的电阻性漏电流所引起的损耗能够与散热能力平衡。在工程中，尤其是在交流使用条件下简化为根据最高连续运行电压采用足够高的额定电压。其二是过电压下通过避雷器的能量不能超过其允许值。一般来说，避雷器额定电压越高，单位电压的能量要求越低，对于内阻抗较小的系统而言，情况更是这样。较高的避雷器额定电压可以降低单位电压避雷器的能量要求，因而可以降低避雷器制造难度和费用。

对于被保护设备，避雷器额定电压越高，保护水平就越高，设备的绝缘水平也必定相应提高，因而制造难度和费用增加。为了解决避雷器安全和设备造价之间的矛盾，需要进行精心的优化配置工作，在这方面已进行了不少的研究工作，最后概括成为国际和国内的标准和导则。

在工程中，除严格按照标准和导则进行规范外，换流站的过电压保护需要依赖工程经验。换流站过电压保护和绝缘配合的一般过程是：第一步，确定避雷器的配置方案；第二步，确定各避雷器的额定电压和保护特性；第三步，初步确定配合电流、保护残压和设备绝缘水平；第四步，进行过电压研究，确定避雷器能量要求，校核实际流过避雷器的电流幅值是否超过配合电流；第五步，如果必要，则进行调整，即一般情况下调整避雷器并联柱数，必要时需调整额定电压甚至配置方案，最终确定保护方案和绝缘水平。

第二节　直流输电系统过电压

对于采用氧化锌无间隙避雷器进行过电压保护的方案，过电压研究总是结合某种或某个避雷器特性来进行，一般不进行预期过电压研究，即不在确定避雷器配置方案之前进行故障模拟。为了说明换流站过电压的主要类型和产生原因，需对换流站各种可能的过电压进行简单介绍，由此说明各种避雷器的必要性。

一、来自换流站交流侧过电压

（一）暂时过电压

暂时过电压是指持续时间为数个周波到数百个周波的过电压。除直接作用在设备，尤其是避雷器上引起避雷器能量要求上升外，还作为其他故障和存在的起始条件，将引起操作过电压上升。最典型的暂时过电压发生在换流站交流母线，直接影响着交流母线避雷器，并通过换流变压器传至阀侧，影响阀避雷器。在换流站交流母线上产生的暂时过电压主要有以下三种类型。

1. 甩负荷过电压

当换流站的无功负荷发生较大改变时，根据网络的强弱，将产生程度不同的电压变化。特别是当无功负荷突然消失时，电压将突然上升，即为甩负荷过电压。如果不考虑电压上升所引起的变压器饱和，则可用工频动态过电压 DOV 来表示。引起甩负荷过电压的一个典型原因是换流器停运。对于交流母线设备绝缘水平和避雷器应力，一般考虑直流双极停运，此时的电压水平最高，而且对设备应力的影响主要体现在过电压的最高幅值。如果经研究发现过电压幅值过高，超过相应电网运行规程规定的母线暂时过电压最高允许值（如中国高压电网的最高暂时过电压，母线侧为最高运行电压的 1.3 倍，线路侧为 1.4 倍），则应该采取相应的措施，如快速切除并联无功补偿设备，加以限制。但需要指出的是，用于这种目的的断路器必须具备在这样高的电压下切除电容器的能力。当考虑暂时过电压对阀避雷器应力的影响时，一般不考虑连接在同一交流母线上的所有换流器全部停运，因为换流器停运以后，其避雷器从耐受相间电压变成耐受相对地电压，一般不会再有过应力。另外，在考虑这种工况时，最重要的是甩负荷前后最大的电压变化倍数而不是过电压的绝对值，因为只有这一电压变化量才能通过换流变压器转变为阀避雷器上的过电压绝对值。

2. 变压器投入时引起的饱和过电压

换流站和常规交流变电所不同，一般装设有大量的滤波器和容性无功补偿设备，与系统感性阻抗在低次谐波频率下可能发生谐振，造成较高的综合阻抗，使得变压器投入时饱和引起的励磁涌流在交流母线上产生较高的谐波电压，并叠加到基波电压上，造成长时间的饱和过电压。由于换流站一般有多个换流器，当其他换流器运行时，不可避免地要投入滤波器和容性无功补偿设备，当最后一台换流变压器投入时，必将发生这类情况。为了降低这类过电压的幅值，几乎所有换流变压器的断路器都加装合闸电阻，合闸电阻对降低换流变压器投入时的铁磁谐振过电压十分有效。

3. 清除故障引起的饱和过电压

在换流站交流母线附近发生单相或三相短路，使得交流母线电压降低到零。在故障期间，换流变压器磁通将保持在故障前水平不变。当故障清除时，交流母线电压恢复，电压相位与剩磁通的相位不匹配，将使得该相变压器发生偏磁性饱和。这种饱和过电压不能通过加装合闸电阻来解决，因而成为确定换流站交流母线避雷器能量要求的基本工况之一的办法。

（二）操作过电压

交流母线操作过电压是由于交流侧操作和故障引起的，具有较大幅值的操作过电压一般只维持半个周波。除影响交流母线设备绝缘水平和交流侧避雷器能量外，还可以通过换流变压器传导至换流阀侧，而成为阀内故障的初始条件。引起操作过电压的操作和故障有以下几类。

1. 线路合闸和重合闸

当两端开路的线路在一侧投入到交流系统时，通常在线路末端产生较高的操作过电压，而线路首端的过电压水平相对较低。当换流站交流开关场投运时，总是让第一回投入的线路首先带电，当达到稳定状态后，再接到换流站交流母线上，这样可以避免在交流开关场设备上造成大的操作过电压。另外，线路合闸过电压可通过加装合闸电阻得到改善。

2. 投入和重新投入交流滤波器或并联电容器

在投入滤波器时，因滤波电容器电压与交流母线电压相位不一致，将产生操作过电压。最严重的情况是滤波器刚刚退出，还未彻底放电，而因为某种原因需再次投入，此时如果电容器残压与交流母线电压刚好反相，将造成严重的操作过电压。在现代的换流站控制保护系统中，无例外地配备最短投入时间保护，并要求电容器装设放电电阻。限制交流滤波器投入过电压的措施主要为选相合闸和装设合闸电阻。

3. 对地故障

当交流系统中发生单相短路时，由于零序阻抗的影响，会在健全相上感应出操作过电压。对于直流换流站常用的中性点固定接地系统，则这种操作过电压一般不太严重。

4. 清除故障

清除故障也会引起操作过电压，但过电压倍数一般不太高。

（三）雷电过电压

换流站交流母线产生雷电过电压的原因有交流线路侵入波和换流站直击雷两类。由于换流站一般进线较多，又有较多的交流滤波器等阻尼雷电波的设备，加之无例外地装设交流母线避雷器，因此雷电过电压的情况一般没有常规变电所严重。另外，由于换流变压器的屏蔽作用，雷电波不能侵入换流阀侧，因此在通常情况下雷电过电压不作为换流站交流过电压研究和绝缘配合的重点，可直接依照常规交流变电所规程进行处理。

二、来自换流站直流侧过电压

（一）暂时过电压

在换流站直流侧产生暂时过电压的原因主要有以下两类。

1. 交流侧暂时过电压

当换流器运行时，因各种原因在换流站交流母线上产生的暂时过电压能够传导至直流侧，将主要引起阀避雷器通过较大的能量。

2. 换流器故障

换流器部分丢失脉冲、换相失败、完全丢失脉冲等故障，均能够引起交流基波电压侵入直流侧。如果直流侧主参数配置不当，存在工频附近的谐振频率，则由于谐振的放大作用，将在直流侧引起较长期的过电压。

（二）操作过电压

在换流器内部产生操作过电压的原因主要有以下两类。

1. 交流侧操作过电压

交流侧操作过电压可以通过换流变压器传导到换流器。由于交流母线避雷器的保护作用，传导到直流侧的过电压通常不对直流设备产生过大的应力。但一般在考虑换流器内部短路时，都假设交流母线电压为避雷器保护水平，以保证设备安全。

2. 短路故障

在换流器内部发生短路故障，由于直流滤波电容器的放电和交流电流的涌入，通常会在换流器本身和直流中性点等设备上产生操作过电压。最典型的短路地点是换流变压器阀侧出口至换流阀之间对地短路。

（三）雷电过电压

由于换流变压器及平波电抗器的屏蔽作用，因此在一般设计中可不考虑雷击引起的过电压。但当换流器内部发生短路故障时，充电的极电容和直流滤波器电容通过平波电抗器向未短接的部分放电，如果回路自然频率为雷电波频率，则会在这些设备上将产生雷电过电压。

（四）陡波过电压

以下两种原因会在换流器中产生陡波过电压。

1. 对地短路

当处于高电位的换流变压器阀侧出口到换流阀之间对地短路时，换流器杂散电容上的极电压将直接作用在闭锁的一个阀上，对阀产生陡波过电压。而直流滤波器和极电容上的电压将通过平波电抗器加到未导通的阀上，造成雷电波或操作波过电压。

2. 部分换流器中换流阀全部导通和误投旁通对

当两个或多个换流器串联时，如果某一换流器全部阀都导通或误投旁通对，则剩下未导通的换流器将耐受全部极电压，造成陡波过电压。

三、来自直流线路过电压

（一）雷电过电压

直流线路上的直击雷和反击雷除在直流线路上产生雷电过电压外，还将沿线路传入直流开关场，直流开关场直击雷也将产生雷电过电压。

（二）操作过电压

直流线路上产生操作过电压的情况主要有以下两种。

(1) 在双极运行时，一极对地短路，将在健全极产生操作过电压。这种操作过电压除影响直流线路塔头设计外，还影响两侧换流站直流开关场过电压保护和绝缘配合。过电压的幅值除与线路参数相关外，还受两侧电路阻抗的影响。

(2) 对开路的线路不受控充电（也称空载加压）。当直流线路对端开路，而本侧以最小触发角解锁时，将在开路端产生很高的过电压。这种过电压不但能加在直流线路上，而且也可能直接施加在对侧直流开关场和未导通的换流器上。在现代直流输电工程中，可以采用两种技术避免上述情况发生，其一是在站控中协调两侧的网络状态和解锁顺序，避免对开路的直流线路加电压；其二是在极控中加连锁，避免换流器小角度解锁。通过这两种技术，将这种直流侧最严重的过电压情况发生的概率降低到工程设计中可不予考虑的程度。

第三节　换流站绝缘配合

一、换流站避雷器配置

针对换流站避雷器配置，可以将换流站分成图 8-3 所示的三个区域：A 区域为交流区域，避雷器的配置与常规交流变电站没有本质的区别；B 区域为换流器区域，该区域的避雷器主要用于保护晶闸管换流阀和换流变压器；C 区域为直流场区域，该区域的避雷器主要用于保护直流场设备。上述三个区域避雷器配置的总原则是：交流侧产生的过电压应由交流侧避雷器限制；直流侧产生的过电压应由直流侧避雷器限制；重要设备应由与之直接并联的避雷器保护。按所在区域来分，交流滤波器应属于交流侧区域，直流滤波器应属于直流侧区域，但从保护原理看，用于滤波器保护的避雷器有其区别于其他避雷器的特点，将在本章第四节中予以单独介绍。

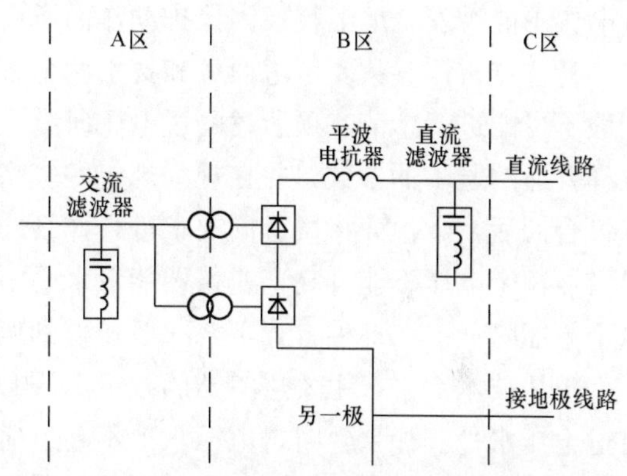

图 8-3　换流站避雷器配置分区图

根据上述原则，图 8-4 所示为目前最常用的每极一组 12 脉动换流器的避雷器典型配置方案。

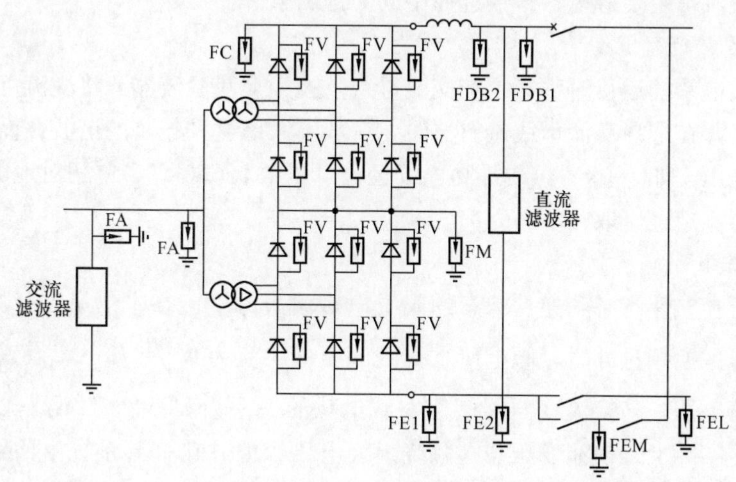

图 8-4　每极一组 12 脉动换流器的避雷器典型配置方案

FV—换流阀避雷器；FDB1、FDB2—直流极避雷器；FE1、FE2—中性母线低容量避雷器；FEL、FEM—中性母线高容量避雷器；FA—交流母线避雷器；FM—6 脉冲阀桥避雷器；FC—换流器避雷器

实际工程的避雷器配置方案可能与图8-4的方案略有区别。对于空气绝缘的平波电抗器，为降低纵向绝缘水平，经技术经济比较后可以采用与电抗器直接并联的避雷器；对于油浸式平波电抗器，则不采用并联避雷器而依靠两侧对地的避雷器保护。由于阀避雷器串联可以代

替 6 脉动桥避雷器的作用，目前一般不再配置 6 脉动桥避雷器。有时为了降低 YNy 变压器阀侧绕组的绝缘水平，可以采用 6 脉动桥母线避雷器。

二、避雷器参数初选

在避雷器生产技术一定的情况下，所谓确定避雷器参数就是确定避雷器额定电压（或与之相当的参数，如参考电压）和避雷器通流能量，前者决定避雷器耐受正常工作电压和暂时过电压的能力，同时也基本上决定了保护点的保护水平和设备绝缘水平；后者决定避雷器在过电压下能否安全地消耗掉因保护动作而产生的能量，同时也间接地影响保护水平。

初选避雷器参数要考虑商务和技术两个方面。对于总体承包的工程，承包商在投标阶段一般不可能进行本节三项所述的过电压研究，而是根据直流系统主回路参数以及工程经验，选择合适的避雷器参数，并在规程规定的较高配合电流下确定保护水平和设备绝缘水平。在签订合同后，承包商将按合同要求进行详细的过电压研究，在这一过程中一般要求已承诺的避雷器额定电压不能升高，避雷器能量水平不能降低，避雷器保护水平不能升高，设备绝缘水平不能降低。在这种方式下，一般能得到偏于保守的绝缘配合方案。

单从技术上讲，主要避雷器的额定电压必须根据最大连续运行电压选取，并适当考虑暂时过电压水平。如果暂时过电压水平不超过避雷器耐受暂时过电压随时间曲线规定的水平，则一般只需考虑最大连续运行电压，并约取该电压 1.3～1.4 倍，因此在其后的所有研究中一般不再考虑变动避雷器额定电压。所有的研究都是按一支避雷器特性考虑，并在配合电流下的保护残压进行绝缘配合。如果经过过电压研究发现最大冲击电流较小或需要多支避雷器并联，则可适当降低配合电流，并相应降低保护残压水平。

下面介绍换流站主要避雷器参数选择中的关键因素。

1. 交流母线避雷器 FA

由于直流输电系统运行时都必须在交流母线上投入交流滤波器，将交流母线谐波电压限制到很低的水平，在选择交流母线避雷器时，一般不考虑这种较小的谐波，而直接考虑母线最高连续运行电压，如 500kV 母线最高连续运行电压常取 550kV，单相对地电压为 318kV，因此一般避雷器额定电压取 420kV。

2. 阀避雷器 FV

换流器运行在整流状态和逆变状态的阀上电压波形分别已在本书第二章图 2-5 和图 2-8 中给出。在不考虑换相过冲时，阀上所承受的电压最大值为 $U_{vp}=\sqrt{3}\pi U_{di0}$，其中 U_{di0} 为换流器理想空载直流电压，与换流变压器阀侧空载电势的关系为 $U_{di0}=3\sqrt{2}E/\pi$。因此，阀上所承受的最大电压实际上是换流变压器阀侧绕组线电压峰值。在直流系统主回路参数设计中，可求得 U_{di0} 的额定值 U_{di0N} 以及稳态运行中允许出现的最大值 U_{di0max}，而大多数直流工程中 $U_{di0max}=U_{di0N}$。但是，考虑测量系统的误差和换流变压器抽头的调节死区等因素，计算实际运行中可能达到的绝对最大值为 U_{di0abs}，一般要比 U_{di0max} 大 2%～3%，并留有一定的设计裕度 0.5%～1%，从而得到用于阀避雷器设计的 $U_{di0Vmax}$。避雷器等效连续运行电压的有效值为 $U_{EOC}=\pi U_{di0Vmax}/3\sqrt{2}$。

在上述讨论中没有考虑换相过冲的影响。在现代换流阀中，由于冷却技术的进步，阻尼回路的效果更好，换相过冲一般不大，且对避雷器产生影响的换相过冲都发生在阀电压的突变上升沿，对最高电压影响不大，可将最大连续运行电压适当提高，来等效考虑换相过冲的影响。

3. 换流器避雷器 FC

换流器直流侧电压波形请见本书第二章图 2-5 和图 2-8，其峰值电压受换流器 U_{di0} 和运行角度的影响。对于工程中常用的 12 脉动换流器的最高连续运行电压，常出现在直流电压较高的运行工况。其计算工况为：换流器具有绝对最大理想空载电压，对应较大的触发角或关断角，同时还使得直流电压运行在可能的最大值，考虑所有这些因素，可取最大连续运行电压为最大直流电压的约 1.1 倍。

4. 直流线路避雷器 FDB1

直流线路避雷器的运行电压几乎为纯直流，其中的小幅值纹波对于避雷器的连续运行应力影响甚微，可忽略不计。对于现代直流输电工程，由于控制保护系统的完善，线路避雷器不考虑耐受大的暂时过电压和严重的操作过电压，其主要作用是限制直流开关场设备的雷电过电压水平。

5. 直流母线避雷器 FDB2

直流母线避雷器与直流线路避雷器耐受的运行电压相同。在正常运行时，这两台避雷器几乎并联运行，只是在雷电冲击下，由直流母线避雷器对平波电抗器绕组等设备提供了更直接的保护。

6. 直流中性点避雷器 FE

图 8-5 给出计算中性点运行电压的示意图。图 8-5（a）所示为双极运行，中性点电压 U_1 和 U_2 为接地极中不平衡电流所产生的直流压降。图 8-5（b）中所示为单极金属回线运行方式，对于中性点接地一侧，中性点电压为零，对于不接地一侧，中性点电压 U 为极电流在金属回线上产生的直流压降。通常 U_1 和 U_2 均小于 5kV，U 小于 40kV。图 8-5 所示的 U_1、U_2 和 U 可用下式计算

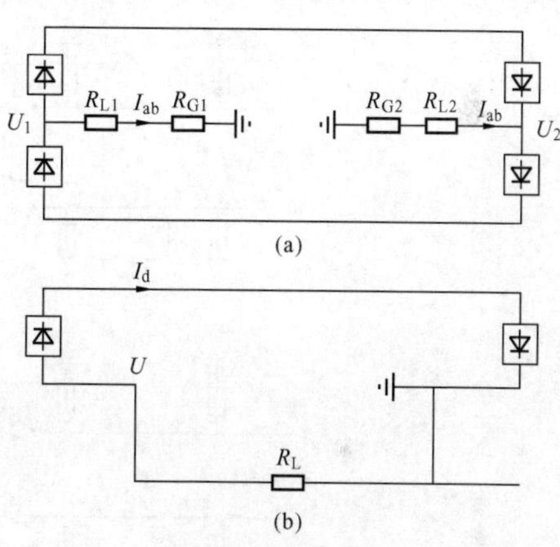

图 8-5　计算换流站直流中性点正常运行电压示意图
（a）双极运行；（b）单极金属回线方式运行

$$U_1 = (R_{L1} + R_{G1})I_{ab} \tag{8-5}$$

$$U_2 = (R_{L2} + R_{G2})I_{ab} \tag{8-6}$$

$$U = R_L I_d \tag{8-7}$$

式中，R_{L1}、R_{L2} 和 R_{G1}、R_{G2} 分别为两端接地极引线和接地极电阻；R_L 为金属回线电阻；I_{ab} 为接地极中的不平衡电流；I_d 为直流运行电流。

在直流极对地短路、换流变压器阀侧套管出口对地短路、交流侧不对称故障等情况下，中性点将出现操作过电压，此时在中性点避雷器上将产生较大的应力。图 8-6 所示为对于一个具有确定主回路参数的直流工程，中性点母线避雷器的最大能量要求与避雷器额定电压的关系图。

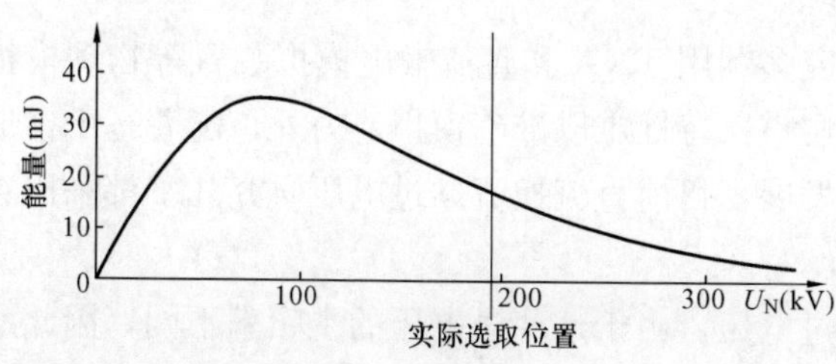

图 8-6　中性点母线避雷器的最大能量要求与避雷器额定电压的关系图

从图 8-6 可看出，为了同时满足稳态运行电压应力和较小的能量要求，中性点避雷器的额定值要在超过能量峰值的较高电压区域选择。选择中性点避雷器额定电压时还需要考虑另一个因素。在双极直流系统中，一般要在不接地侧装设金属回路转换断路器 MRTB 和大地回路转换开关 GRTS，它们是由一个常规断路器，加上 LC 振荡回路，并联很大的一个金属氧化物吸能装置而构成，这个吸能装置通常为几十支并联的氧化锌避雷器。为了获得一定的消能能力，这些氧化锌避雷器必须具备一定的额定电压。当这些开关操作时，避雷器动作，在中性点产生一定的残压，为了保证这些开关的正确动作并避免中性点对地避雷器过应力，应将这些避雷器的额定电压选择得明显高于开关消能避雷器的额定电压。

直流中性点开关场是直流输电系统接线变换的主要场所。在双极、单极大地回路、单极金属回路这三种基本运行方式下，由于接入系统的部分是不同的，因此中性点避雷器配置应考虑这一因素。图 8-7 给出一种中性点避雷器典型配置。

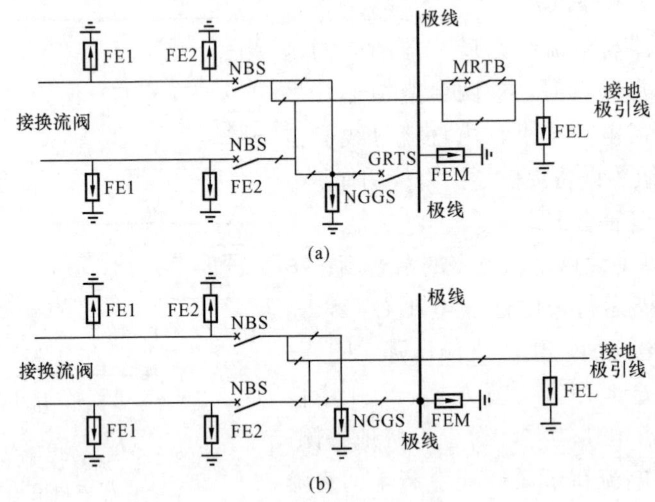

图 8-7 直流中性点避雷器典型配置

(a) 不接地侧；(b) 接地侧

三、过电压研究

如前所述，避雷器参数一经确定，其保护水平和设备绝缘水平都可凭经验确定。尽管如此，在实际工程设计中，仍需进行大量的过电压研究。这些研究的目的主要是验证在各种冲击情况下，流过避雷器的电流是否超过配合电流，以及验证避雷器所需吸收的能量是否超过其能力。

在直流输电技术发展的初期，过电压研究多利用 TNA 和直流输电模拟装置等物理模拟设备。由于这些设备的阻尼比实际系统大，避雷器特性难以准确模拟。另外，随着基于梯形隐式积分数字模型的成熟以及计算机技术的发展，目前直流换流站过电压研究几乎都采用数字方法。

换流站中存在暂时、操作、雷电和陡波过电压。由于这些过电压的主频率不同，因此所采用的电路模型也不一样。对于暂时过电压和操作过电压，由于冲击波的频率较低，杂散参数的影响甚微，因而电路模型可采用工频稳态电路模型，各种参数都可准确确定。对于雷电过电压，由于主频率很高，杂散参数的影响已上升为主导作用。对于陡波过电压，杂散参数是惟一起主导作用的参数。因此，用于研究雷电过电压和陡波过电压的电路模型与稳态电路模型完全不同，如电容器对陡波的阻抗可忽略不计，而电容器堆的杂散电感成为决定过电压的重要参数，因而在电路中以电感模型表示，同样电抗器以杂散电容模型表示。有时在引线较长时，甚至必须采用分布参数模型。

在换流站设计阶段，设备和引线的杂散参数不可能准确获得，以这种不准确的模型和参数进行过电压研究没有实际意义。另外，由于避雷器保护特性的改善，选取较大的配合电流对换流站交流母线和直流设备的绝缘水平影响不大，决定设备绝缘能力和避雷器能量要求主要是操作过电压和暂时过电压。因此，过电压研究也主要针对这两种形式的过电压进行。

过电压研究一般针对特定避雷器进行。在进行过电压研究时应主要考虑以下三方面的因素，第一，操作或故障前的运行工况，包括交流系统接线方式、系统强度和阻尼、输送功率方向和大小、无功补偿设备投入情况、触发角和关断角、是否由于其他过电压已引起其他避雷器动作等；第二，操作和故障情况，主要包括操作和故障型式、故障地点、故障相位和故障阻抗等；第三，避雷器情况，主要包括避雷器的配置情况，通常在研究一种避雷器在操作和故障情况下的表现时，可假定其他所有避雷器不存在或不动作，对正在研究的避雷器，不管其物理结构如何，都用一支避雷器模型表示，由于过电压研究主要关心通过避雷器的电流幅值和能量，因而可选用较低的特性曲线。表 8-1 所示为针对各种避雷器的过电压研究所需考虑的因素。

表 8-1　　过电压研究因素汇总表

序　号	避雷器名称	稳 态 工 况	故 障 和 操 作
1	交流母线避雷器	短路比取稳态最小，故障后可再次损失一回交流线路，功率方向取整流，双极大功率，容性无功补偿设备投入最大	交流线路单相对地金属短路，短路地点靠近换流站交流母线，故障相位使换流变压器剩磁通最大，双极停运，一定时段后切除线路，切除相位使变压器偏磁最严重
2	阀避雷器	短路比取稳态最小，故障后可再次损失一回交流线路，功率方向取整流，双极，其中一极为最大功率，另一极为小功率；容性无功补偿设备投入最大	交流系统故障，切除一回交流连线，引起输送大功率的一极停运
3	换流器避雷器	同阀避雷器	换流变压器阀侧对地短路
4	直流线路避雷器	直流侧不同接线方式、直流滤波器不同投入方式	不同地点的直流单极短路故障
5	直流母线避雷器	同直流线路避雷器	同直流线路避雷器
6	直流中性点避雷器	同阀避雷器、考虑直流侧不同接线方式	换流变压器阀侧对地短路、直流单极对地短路

四、换流站主要设备绝缘水平确定

经过避雷器选择和过电压研究，具备了进行换流站绝缘配合的条件后，绝缘配合应针对每一个或一类设备按四个步骤进行：第一，确定哪种避雷器动作将会在设备上引起最高的过电压；第二，根据配合电流确定对应避雷器在各种冲击波下的保护水平；第三，根据规程规定的绝缘裕度要求，确定设备的最低绝缘水平要求；第四，根据 IEC 标准试验电压序列，将设备绝缘水平向上归整到最近一个标准试验电压。表 8-2 给出了各种换流站设备绝缘配合应考虑的相关因素。

表 8-2　换流站设备绝缘配合中应考虑的相关因素

<table>
<tr><th rowspan="2">序　号</th><th rowspan="2">设备名称</th><th rowspan="2">避雷器名称</th><th colspan="3">绝缘裕度</th></tr>
<tr><th>陡波</th><th>雷　电</th><th>操作</th></tr>
<tr><td>1</td><td>交流母线设备，含换流变压器系统侧绕组</td><td>交流母线避雷器 FA</td><td>—</td><td>40%，不计距离，如果考虑距离，可采用 25%</td><td>15%</td></tr>
<tr><td>2</td><td>换流阀</td><td>阀避雷器 FV</td><td>20%</td><td>15%</td><td>15%</td></tr>
<tr><td>3</td><td>YNy 型换流变压器阀侧绕组</td><td>2 倍阀避雷器加中性点避雷器，2FV+FE</td><td>25%</td><td>20%</td><td>15%</td></tr>
<tr><td>4</td><td>YNd 型换流变压器阀侧绕组</td><td>阀避雷器加中性点避雷器，FV+FE</td><td>25%</td><td>20%</td><td>15%</td></tr>
<tr><td>5</td><td>换流器高压侧</td><td rowspan="2">换流器避雷器 FC</td><td>25%</td><td>25%</td><td>20%</td></tr>
<tr><td>6</td><td>平波电抗器阀侧</td><td>25%</td><td>20%</td><td>15%</td></tr>
<tr><td>7</td><td>直流母线设备</td><td rowspan="2">直流母线避雷器 FDB2</td><td>25%</td><td>25%</td><td>20%</td></tr>
<tr><td>8</td><td>平波电抗器线路侧</td><td>25%</td><td>20%</td><td>15%</td></tr>
<tr><td>9</td><td>直流中性点设备，含换流器低压侧</td><td>中性点避雷器 FE</td><td>25%</td><td>25%</td><td>20%</td></tr>
<tr><td>10</td><td>YNy 型换流变压器阀侧中性点</td><td>同阀侧绕组</td><td colspan="3">同阀侧绕组</td></tr>
</table>

换流阀制造成本和运行损耗都直接与阀内所串联的元件数成正比，而串联元件数又是直接由阀绝缘水平而决定。因此，根据理论分析和几十年的运行经验，绝缘裕度可以适当选低。另外，换流阀中元件损坏都能够通过实时监视及时发现，并在计划检修中更换，经检修后的阀又重新达到新阀的绝缘水平，从而使阀的绝缘能力不会随运行时间而显著变化。

五、避雷器参数确定与规范

通过过电压研究，确定了流过避雷器的冲击电流和能量要求。在这种情况下，一般不改变避雷器的额定电压，而直接将额定电压与能量要求会同其他电气和机械参数，提交避雷器厂家。有时由于交流系统特别薄弱，有些避雷器如交流母线避雷器、阀避雷器和中性点避雷器的冲击电流可能大于根据规程和经验选择的配合电流，或者能量要求大于单支避雷器的生产能力，需要采用多柱避雷器并联。其最简单的方法是使用同一瓷套内的多柱避雷器并联，其性能由避雷器厂家进行匹配。当能量要求更高，使得同一瓷套内多柱避雷器并联仍不能满足要求时，则必须采用多支避雷器并联。

当采用多支避雷器并联时，不能随意使用同样额定参数的避雷器直接并联，并联的避雷器必须具有完全一致的特性。对于常用的避雷器，在冲击电流为某一较大值（通常为1kA左右）时，其残压的设计值为U_p，制造特性误差为$\pm\beta\%$，即最高保护残压为U_p（$1+\beta/100$），最低保护残压为U_p（$1-\beta/100$），β最大可达1～2。当这样的两支避雷器直接并联并耐受相同电压时，根据式（8-4）并取α为30的典型值，如果β为1，则具有高保护特性的避雷器中通过的电流只有具有低保护特性的避雷器中通过的电流的1/2，即3支避雷器并联后的效果只相当于2支避雷器。如果α为50，则较小的电流只有较大电流的1/3，因此4支避雷器并联的效果只相当于2支避雷器的作用。如果β取2，则α为30和50时，较小的电流分别只有较大的电流的1/3和1/7。

采用并联多柱或多支避雷器时，通常采用同一配方甚至同一炉烧制的芯片，并进行特性测试和匹配。为了准确测量，通常将需要匹配的两支或多支避雷器并联，施加标准波形、幅值接近保护残压的冲击电压，测量出流过避雷器的最小电流是最大电流B倍。这一差异将用于多柱和多支并联避雷器的设计，并作为避雷器厂的保证值。为了应用方便，在N支避雷器并联时，假设$N-1$支具有小电流特性而只有一支具有大电流特性，并联以后相当于NA支避雷器，其中A等于［（$N-1$）$B+1$］/N。

第四节　交直流滤波器过电压保护与绝缘配合

一、滤波器过电压保护特点

交直流滤波器过电压研究和绝缘配合具有一定的特殊性，其主要原因是滤波器中装设一个大容量的电容器。对于直流输电工程所采用的交直流电压水平，滤波电容器全部安装在接近母线的高压侧。由于电容器具备耐受过电压和隔离过电压的作用，因此一般不需要专门装设避雷器来进行过电压保护。另外，系统侧产生的过电压也不易传导至电容器以下的低压设备，如电抗器、电阻器和电流互感器等。另一方面，由于这些处于低压位置的设备与大电容直接串联，当滤波器两端直接短路时，充满电的高压电容器将直接对低压设备放电，在低压设备上产生过电压。

图8-8所示为滤波器避雷器保护原理图，其中为调谐在11次谐波的单调谐滤波器，在纯工频电压U_n下，电容器电压U_C为$121U_n/120$，电抗器电压U_L为$U_n/120$。因此，电抗器的正常运行电压很低，在充分考虑谐波影响的情况下，电抗器的电压也只有几千伏的数量级。当滤波器母线附近发生对地短路时，短路前电容器充电至母线避雷器的保护水平，短路时此电压将直接加到电抗器上，造成陡波性质的过电压。随着电容器放电和振荡，还将在电抗器上产生操作过电压。

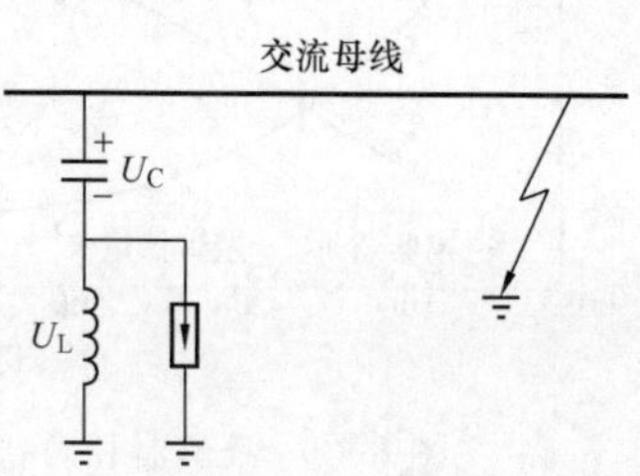

图8-8　滤波器避雷器保护原理图

二、避雷器配置

交直流滤波器的结构型式不同，其避雷器的配置也不同，图8-9给出两种典型的滤波器避雷器配置情况，从这两

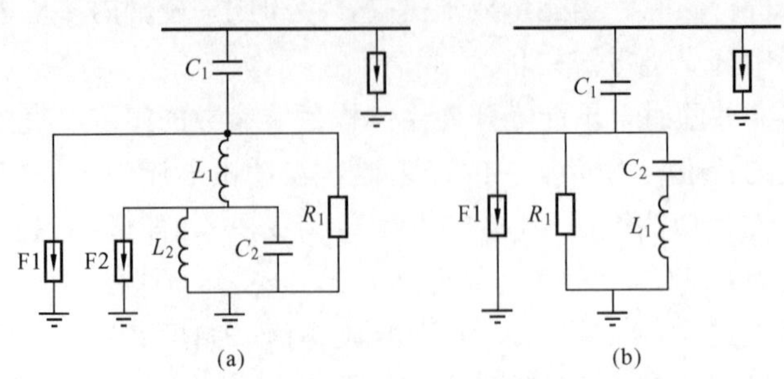

图 8-9　滤波器避雷器配置图

（a）双调谐带高通滤波器的典型结构和避雷器配置；

（b）低次 C 型滤波器的典型结构和避雷器的配置

种典型滤波器的配置可以看出，滤波器内避雷器的配置原则是，对于高压电容器，不配置专门的避雷器；对于低压电抗器和电阻器，配置与之直接并联的避雷器。

在避雷器的配置确定之后，一个重要的工作是确定避雷器的额定电压。如前所述，交直流滤波器内避雷器的连续运行电压很低，只有几千伏到几十千伏，而与之串联的电容器可能充电到数百千伏。当发生外部短路时，充电的电容器与低压电抗器并联，产生数十倍的预期过电压。对于这种情况，避雷器额定电压的选择不能根据最高连续运行电压，而应该根据类似于本章第三节中关于直流中性点避雷器额定电压选择原理进行选择。这一过程的原理可以用图 8-10 所示的避雷器和设备综合造价与避雷器额定电压的关系曲线加以说明，其中低电压段的空白表示由于最高连续运行电压限制而不允许采用的额定电压范围。对于不同的避雷器额定电压，通过下面介绍的过电压研究，可获得避雷器能量要求和设备绝缘要求。由此可推算出避雷器和设备综合费用，通过多次试探，可以选择到最优避雷器额定电压。

从图 8-10 可看出，费用处于较低的一段曲线一般是较为平直的，表示在这段区域内综合造价对避雷器额定电压不十分敏感。为了保证设备安全，应在费用增加不显著的前提下，尽量取较高的额定电压，同时也有利于解决下述滤波器投入时避雷器动作电流过大的问题。

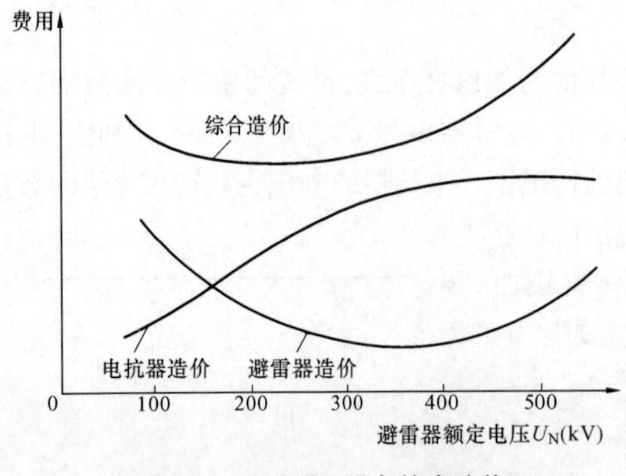

图 8-10　避雷器和设备综合造价与避雷器额定电压的关系曲线图

滤波器不同于其他电气设备，需要随着直流功率的变化而投入和切除。对于以联网为主要目的的直流输电工程，可以按平均每日两个负荷周期考虑，即多数滤波器每日要投入和切除两次。在滤波器投入瞬间，电容器残压（绝大多数时间为零）与母线对应相的瞬时电压可能有很大区别，这一差别将瞬时加到低压电抗器和与之并联的避雷器上，如果电压差大于避雷器动作电压（定义为避雷器电流大于数十或数百安的电压），避雷器上将耗散可观的能量，因为这种动作是相当频繁的，对避雷器寿命将存在不可忽视的影响。

三、过电压研究

交直流滤波器避雷器的过电压研究主要是针对滤波器母线对地短路这种故障形式。由于突发短路引起的过电压具有陡波的性质，电路模型要采用陡波研究模型。具体而言，高压电容器采用其本身电容与杂散电感的串联模型，电容器本身充电至母线避雷器的操作波保护水平；电抗器以其本身电感并联杂散电容模型表示；电阻器以本身电阻和杂散电感模型表示；避雷器模型也应考虑陡波下的特性；故障点和引线一起以杂散电感表示。一台标准滤波器过电压研究模型如图8-11所示。在研究中，通过改变表示引线长短的杂散电感模拟故障点与滤波器的距离，并可搜索到最严重的过电压情况。

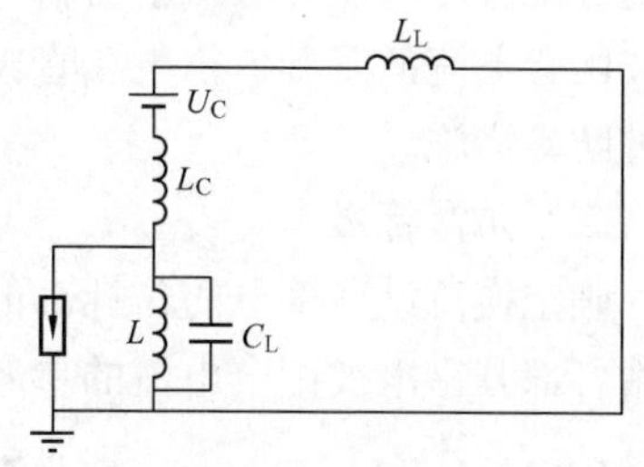

图8-11　滤波器过电压研究模型示意图

U_C—短路前电容器电压；L_L—从电容器顶点到短路点的引线电感；L_C—电容器堆杂散电感；C_L—电抗器杂散电容；L—电抗器电感

同样的模型还可用于滤波器投入时的过电压研究，惟一的区别是交流系统以等值电势和等值阻抗表示。通过改变合闸相位，可以得出避雷器能量随合闸相位变化的规律，结合开关合闸的相位统计特性，或者有意采取的措施，如选相合闸等的相位特性，按每天两次的投切频率，提交厂家用于避雷器设计。

四、绝缘配合

交直流滤波器的绝缘配合主要分为两部分，第一部分是高压电容器，它包括三个方面：①电容器高压侧绝缘水平按交流母线设备考虑；②电容器低压侧绝缘水平按与之直接串联的电抗器的高压侧绝缘水平考虑；③电容器两端之间可先按母线避雷器保护水平与连接在其低压侧的避雷器的保护水平之和考虑，再按一般空气绝缘设备的绝缘裕度确定绝缘要求。这种绝缘要求只对电容器堆的结构产生影响，而电容器内部应力主要是由稳态工况决定。第二部分是低压设备，按照滤波器避雷器保护水平进行绝缘配合，绝缘裕度按空气绝缘设备进行选择。需要强调的是，在考虑滤波器避雷器保护水平时，其雷电波配合电流不能像交流开关场避雷器那样取值很大，如500kV开关场取值为20kA，而应该采用一个小得多的配合电流，其典型值是2kA。否则，不但要显著增加避雷器费用，而且设备的绝缘水平将受雷电波过电压控制，显著提高绝缘水平要求。从下一节的描述可知，要采用较小的雷电波配合电流，必须采取更好的雷电屏蔽措施。

第五节　换流站防雷保护

一、换流站防雷设计特点

换流站的防雷保护与常规交流变电所防雷保护没有本质的区别，都是采用避雷针和避雷线等方法将具有某种强度的雷电波直击概率降低到工程上可以不考虑的程度。由于换流站存在交流开关场、高压直流开关场、交流滤波器场、直流中性点场等用途不同、电压等级各异的户外场，因此防雷保护有着不同于普通变电所的特点。

开关场的雷电波来源主要有两个，第一个是线路侵入波，即连接到交流场、直流场和直流中性点场的交流、直流和接地极线路靠近换流站区段落雷，雷电波几乎没有衰减而侵入换流站的对应部位。线路上的落雷又分直击雷和地线落雷后的反击波两种，对于开关场的雷电波绝缘配合，一般只考虑直击雷。第二个是换流站直击雷，是换流站进行绝缘配合时选择雷电波配合电流的基础。雷电波直击开关场的原因是屏蔽失败。本节将讨论换流站防雷标准和各种防雷措施。

二、防雷标准

确定换流站各部分防雷标准的基础是绝缘配合中采用的雷电波配合电流。表 8-3 给出换流站各部分雷电波配合电流的参考值。

表 8-3　　换流站各部分雷电波配合电流参考值

位　置	电压水平（kV）	雷电波配合电流参考值（kA）
交流开关场	220 以下	10
	220～500	15
	500 及以上	20
直流开关场	200 及以下	10
	200～500	15
	500 及以上	20
交流滤波器低压设备区		2
直流滤波器低压设备区		2
直流中性点区域		2

表 8-3 所示的雷电波配合电流参考值，除用于换流站防雷设计外，还应用于相应线路的防雷设计，这一点在工程中必须注意。

三、防雷措施

换流站防雷措施主要有避雷针和避雷线两种。避雷针根据需要可以安装在构架上或独立基础上。

避雷针和避雷线的防雷原理及设计方法与交流变电所类同，可根据选定的防雷标准（如 20kA）和规定的屏蔽概率（如 99.99%），通过合理设计避雷针的高度和密度，可以按要求达到覆盖全部变电设备。

在滤波器低压设备区域和直流中性点区域，由于屏蔽要求较高，如果仍然采用避雷针，则必须提高避雷针的高度，这将引起针体和基础造价的大幅提升，同时影响换流站整体观感；或者提高采用避雷针的密度，引起布置困难并增加占地。因此，可以在构架避雷针和位于站区边沿的独立避雷针之间架设避雷线。避雷线的防雷原理与避雷针极为相似，只是屏蔽区域有显著的扩展，从原来以避雷针为轴心的一个柱体扩展为沿避雷线的一个条状体。避雷线的设计原理与避雷针类似。

第九章

直流输电外绝缘

直流输电外绝缘一般意义上包括换流站直流场设备外绝缘和直流输电架空线路外绝缘两部分。与交流输电外绝缘的要求相似，其绝缘强度应耐受系统直流工作电压、内过电压和系统外部的雷电过电压。雨、雾、水、污秽等环境因素以及海拔高度都会对直流外绝缘的电气强度产生程度不同的影响。

第一节　直流输电外绝缘电气特性

一、直流电压下空气间隙放电特性

高压直流空气间隙主要是指换流站内直流设备的安全净距和直流线路杆塔的塔头间隙。对直流及其过电压下空气间隙绝缘强度的研究，国内外很多试验室都做了很多工作。现根据中国电力科学研究院的主要试验结果，并参照一些重要试验室的数据讨论空气间隙的直流与冲击放电特性。

（一）换流站直流场典型空气间隙直流放电电压

直流及过电压下空气间隙绝缘强度的研究既需要在棒—棒、棒—板等标准电极上进行，也需要结合工程实际在模拟换流站设备间隙与导线对杆塔结构上进行。

1. 棒—棒和棒—板间隙的直流放电特性

在中国电力科学研究院进行的标准电极试验是垂直布置的：对棒—棒间隙，间隙在0.5～2m范围内棒—棒的放电电压与极性无关，与间隙距离呈线性关系，其平均放电电压梯度约为500kV/m。干湿条件对棒—棒间隙的放电电压无明显影响。对棒—板间隙，正极性放电电压与间隙距离亦呈线性关系，其平均放电电压梯度约为485kV/m，略低于棒—棒间隙，且不受湿条件影响；负极性时的放电电压远高于正极性，放电电压梯度约为980kV/m，但湿条件使其放电电压显著下降。无论是棒—棒间隙，还是棒—板间隙，干条件下的直流电压的标准偏差都很小，其变异系数一般小于0.8%～0.9%。这些结果处于其他试验室得到的数据之间，如图9-1和图9-2所示。

2. 直流场典型间隙的直流放电特性

换流站直流场（包括阀厅）的典型间隙，主要指决定换流站阀厅和直流场设备对接地体空气间隙距离的典型电极结构，实际上主要是设备的屏蔽环对周围墙壁或其他接地体构成的空气间隙。

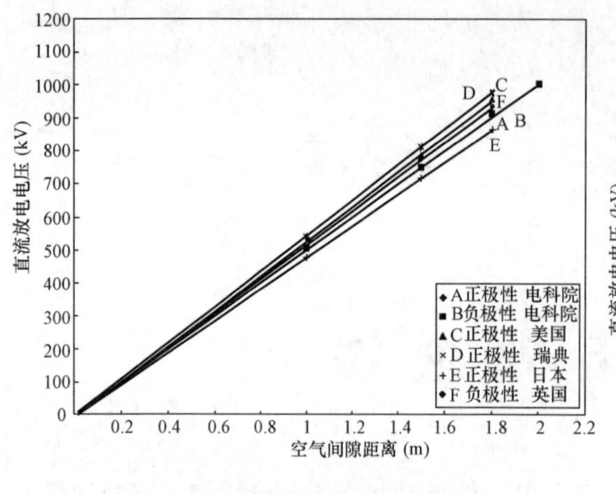

图 9-1　棒—棒间隙的直流放电特性

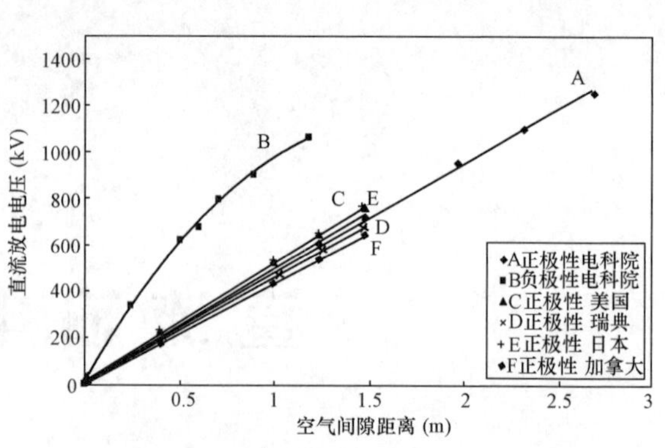

图 9-2　棒—板间隙的直流放电特性

在直流工作电压的作用下，换流站直流设备均压环对接地体的放电特性，大致可由和棒—棒间隙或正极性棒—板间隙的直流放电特性来确定。由于实际的直流设备对接地体的空气间隙距离是根据操作过电压确定的，远大于直流工作电压确定的间隙距离，因此在设计设备对接地体间隙距离时，可不考虑直流工作电压确定的间隙距离。

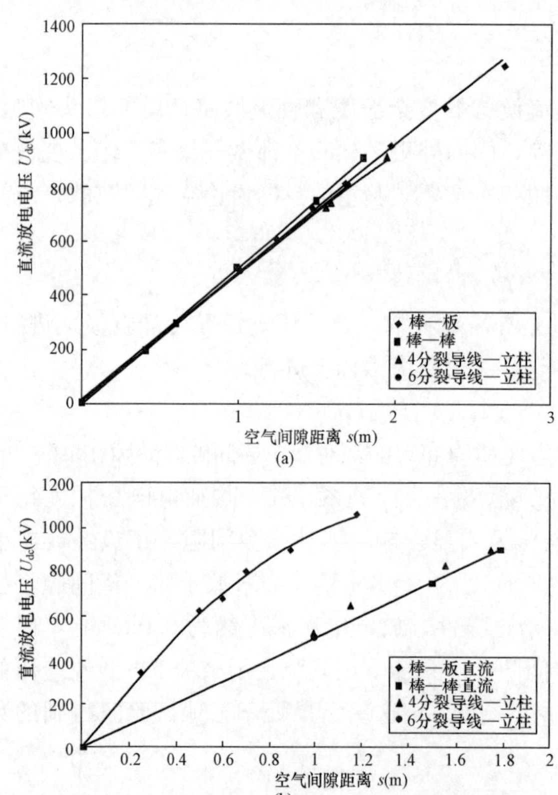

图 9-3　导线—杆塔间隙直流放电特性

(a) 分裂导线对塔柱间隙的正极性直流放电特性；

(b) 分裂导线对塔柱间隙的负极性直流放电特性

(二) 线路杆塔空气间隙直流放电特性

中国电力科学研究院曾对±500kV和±800kV直线塔I型绝缘子串布置时导线—塔身构成的空气间隙进行了电气强度试验。±500kV杆塔间隙模拟试验时，导线采用四分裂结构，子导线间距为450mm，直径为23.7mm（模拟4×300mm^{2}导线），导线长22m，对地高度16m（最高升至22m），横担和立柱的宽度均为1.15m，绝缘子串为32片160kN直流绝缘子；±800kV杆塔间隙进行模拟试验时，导线采用六分裂结构，子导线间距为450mm，直径为36.2mm（模拟6×720mm^{2}导线），导线长25m，对地高度不小于16m，模拟横担和立柱宽度均为3.4m，绝缘子串使用复合绝缘子（高压侧均压环的外径为1120mm，管径为120mm）。模拟导线风偏均由人为拉偏导线来完成。试验表明（见图9-3），极性对导线—杆塔间隙的放电电压有显著影响。正极性直流电压下导线—杆塔间隙的放电电压与间隙距离呈线性关系，平均放电电压梯度可取 460kV/m（变异系数取 0.9%）；在负极性直流电压作用下，导线对塔身间隙的放电电压明显高于正极性，但仍明显低于负极性棒对板间隙的放电电压。

二、操作冲击与雷电冲击电压下空气间隙放电特性

（一）直流输电系统的内过电压和雷电过电压

直流系统的内过电压包括来自换流站交直流两侧的过电压。换流站交流侧的操作过电压、重合闸和变压器启动可能引起的谐振以及与谐波有关的操作过电压、直流甩负荷可能导致交流系统出现的过电压，都会叠加到直流侧。换流站直流侧过电压主要发生在线路极对地故障时的非故障极上，其幅值取决于故障点位置，也与换流站接线方式有关。

直流系统外部的雷电过电压（或称大气过电压）主要发生在雷击直流线路的情况下。雷击线路杆塔或架空地线时，其中一极导线—杆塔间隙和绝缘子串承受的将是雷电冲击电压和直流工作电压之和，另一极则承受两者之差。由于雷电放电多为负极性，故正极绝缘相对薄弱。雷击线路导线时，则情况相反。因此，确定线路杆塔空气间隙，既要进行操作冲击电压放电试验，也要进行雷电冲击电压放电试验。对换流站直流场设备，因有滤波器、换流变压器、平波电抗器等，故从线路侵入的雷电波的幅值和陡度将显著减小；同时各类避雷器还可限制雷电过电压的影响。因此，对于换流站直流场空气净距的确定，重点是进行操作冲击放电试验。

空气间隙的冲击电压放电特性和外施电压波形有关。通常在高压直流输电工程中，雷电冲击电压和操作冲击电压都采用标准波形来评定空气间隙的绝缘性能，通常采用 50% 放电电压来描述空气间隙的冲击放电特性。

（二）空气间隙的操作冲击放电电压

1. 换流站典型空气间隙的操作冲击放电电压

换流站直流场（包括阀厅）内的设备屏蔽环对接地体空气间隙距离是由操作过电压确定的，大致可用棒—棒间隙或正极性棒—板间隙的操作冲击放电特性来估算。

中国电力科学研究院曾对棒—板和棒—棒间隙的操作冲击放电特性进行了试验研究。如图 9-4 所示，在正极性操作冲击作用下，棒—板和棒—棒间隙的放电特性都呈现出饱和现象，棒—棒间隙的放电电压高于棒—板间隙。在相同间隙距离下，波前时间对放电电压有显著影响，波前时间为 50μs 和 500μs 的放电电压均高于 180μs 和 250μs 的放电电压，表明在正极性操作冲击下存在一个出现最低放电电压的临界波前时间。

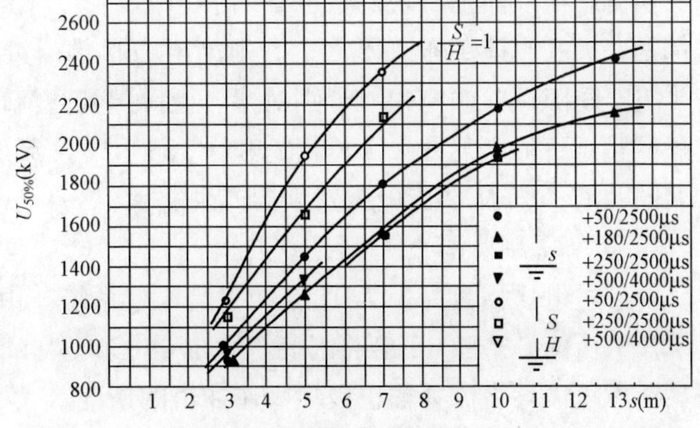

图 9-4　棒—棒和棒—板电极的正极性操作冲击放电特性

考虑电极形状和“邻近效应”对操作冲击放电电压的影响，户外直流场的典型电极可以选择极母线（带端部屏蔽环或球）对地面遮栏和支持绝缘子的间隙，阀厅和户内直流场可选择极母线或屏蔽环（球）对单面墙或多面墙构成的间隙。比较准确确定换流站直流场（包括阀厅）内的设备对

接地体的放电特性，可构建模拟试验平台，进行真实尺寸的直流设备对接地体空气间隙的放电试验。

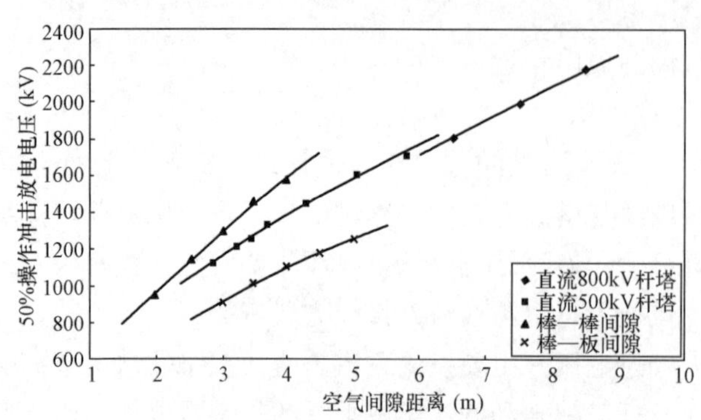

图 9-5 ±500kV 和±800kV 线路直线塔塔头空气间隙操作冲击放电特性

2. 线路杆塔空气间隙的操作冲击放电电压

直流输电线路直线塔两极导线多数采用水平排列，偶有垂直排列的情况。直线塔绝缘子串的悬挂方式有 I 型串、V 型串和 Y 型串。中国电力科学研究院曾对±500kV 直线塔 I 型串和±800kV 直线塔 V 型串布置时导线—塔身构成的空气间隙进行了操作冲击放电试验，图 9-5 给出了这些试验结果。试验时模拟导线和塔头尺寸与直流电压试验时相同。

（三）空气间隙的雷电冲击放电电压

中国电力科学研究院曾对±500kV 直线塔 I 型串和±800kV 直线塔 V 型串布置时，对同样塔头间隙试品进行的雷电冲击放电特性试验，其结果见图 9-6。从图 9-6 可以看出，±800kV塔头间隙雷电冲击放电电压与空气间隙距离保持着较好的线性关系，并与±500kV 的特性曲线有较好的延续性。

雷电冲击的放电路径集中在均压环到横担以及均压环到立柱的最近空气间隙路径上，且放电弧道呈直线状，充分反映出雷电冲击放电路径主要沿最短间隙距离发展的特性。

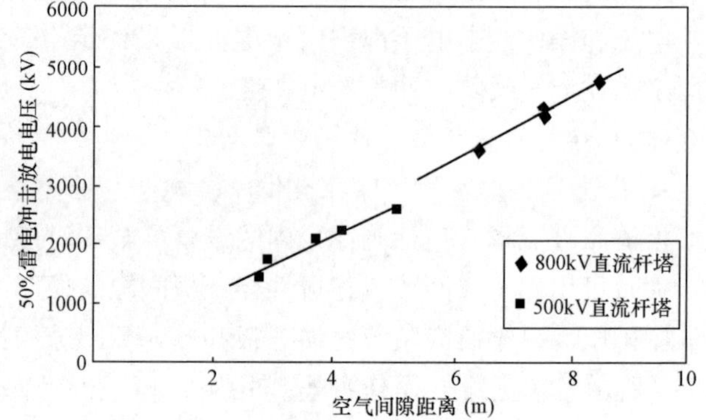

图 9-6 ±500kV 和±800kV 线路直线塔塔头空气间隙雷电冲击放电特性

（四）空气间隙的直流叠加冲击放电电压

换流站与线路上出现的过电压通常都是叠加在直流工作电压之上。中国电力科学研究院在±500kV 和±800kV 线路直线塔塔头空气间隙试验研究中，分别对棒—板间隙和直流仿真塔进行了直流叠加过电压下的空气间隙试验。直流电压由±1000kV 和±1500kV 直流发生器产生，操作冲击和雷电冲击由 6000kV 和 7200kV 冲击电压发生器产生。

1. 直流叠加操作冲击电压试验

对于过电压倍数为 1.7～1.8 的直流输电系统，由于反极性叠加的合成电压幅值仅为直流工作电压的 0.7～0.8 倍。因此，叠加电压试验可以不考虑这种反极性电压叠加的情况，而只考虑正极性直流叠加正极性操作冲击的情况。

图 9-7 给出操作冲击叠加到预加正极性直流电压下的棒—板间隙放电特性。在间隙距离2～5

m的范围内，其放电电压高于只施加操作冲击时的12%～17%，与瑞典的相关研究结果是一致的。这表明，预先存在的直流电压对棒—板间隙的放电电压有较大的影响。

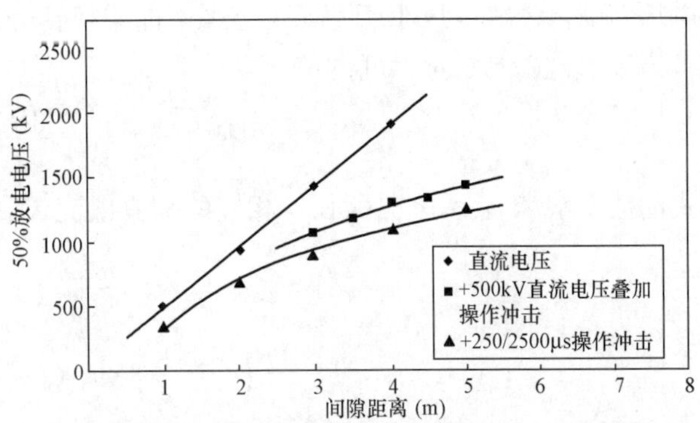

图 9-7　棒—板间隙直流叠加操作冲击放电特性

图 9-8 为±500kV 与±800kV 塔头间隙的试验结果，可以看出，塔头间隙距离在 3～8m 的范围内，正极性直流叠加正极性操作冲击 50%放电电压比同样试品布置条件下的单独加操作冲击的放电电压高 2%～5%；放电电压的变异系数比单独施加操作冲击时略高。因此，在进行±800kV 直流线路塔头空气间隙设计时，从偏于安全的角度考虑，可仍按正极性操作冲击放电电压来选取空气间隙距离。

2. 直流叠加雷电冲击电压试验

图 9-9 试验表明，无论是导线接地，还是预加直流电压，间隙的雷电放电电压均与间隙距离呈线性关系。极性对杆塔加雷电冲击时的放电电压有明显影响，负极性的放电电压梯度低于正极性约 9%。值得注意的是，导线施加直流电压，杆塔施加反极性雷电冲击时，间隙叠加的雷电冲击的放电电压低于单独施加雷电冲击的放电电压。

三、直流电压下绝缘子污闪特性

（一）绝缘子直流污闪条件分析

20 世纪 50 年代，F. Obenaus 首先提出用一段长度的局部电弧串联一个剩余污层电阻来描述污闪的物理模型，即模型两端的电压为

$$U = AxI^{-n} + R(x)I \tag{9-1}$$

式中，I 为流过表面的泄漏电流；x 为局部电弧长度；$R(x)$ 为表面剩余污层电阻；A、n 为电弧常数。

方程式（9-1）中，AxI^{-n}代表局部电弧压降，它随电流增加而减少；$R(x)I$ 代表剩余污层电阻上的电压降，它随电流增加而增加。很显然，对一确定弧长 x 的电弧必有一最小外

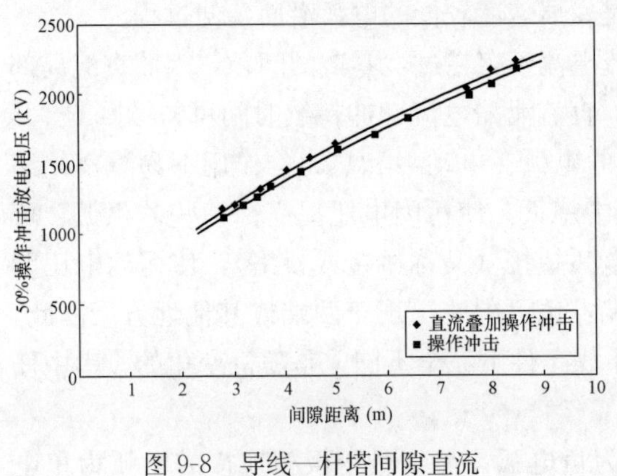

图 9-8　导线—杆塔间隙直流叠加操作冲击放电特性

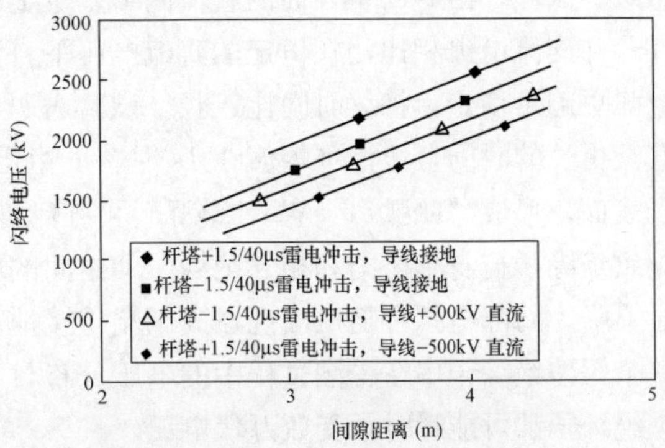

图 9-9　导线—杆塔间隙雷电冲击和直流叠加雷电冲击放电特性

施电压 U_{min}。外施电压小于 U_{min}，电弧不能维持；外施电压大于 U_{min}，电弧获得发展。

当 $dU_{min}/dx=0$ 时，可得

$$R(x)=-nx\frac{dR(x)}{dx} \tag{9-2}$$

上式的数字解 X_c 表示临界弧长，相应的临界电流 I_c 和临界电压 U_c 分别为

$$I_c=\left[\frac{nAX_c}{R(X_c)}\right]^{\frac{1}{n+1}} \tag{9-3}$$

$$U_c=\left(1+\frac{1}{n}\right)(nAX_c)^{\frac{1}{n+1}}R(X_c)^{\frac{n}{n+1}} \tag{9-4}$$

污闪条件分析的关键是确定 $R(x)$ 的解析式，它不仅与局部弧长有关，而且与绝缘子形状有关。20 世纪 80 年代中期，清华大学将真实绝缘子展开为一橄榄形的平板模型，并通过实测电弧伏安特性和剩余污层表面电导率的变化对绝缘子直流污闪条件进行定量分析。真实绝缘子的剩余污层电阻 $R(x)$ 可表示为

$$R(x)=\frac{1}{\pi\gamma_e}\ln\frac{L-x}{r_0} \tag{9-5}$$

式中，γ_e 为有效污层电导率（或称临界电导率），试验表明它约为加压 100ms 时实测剩余污层表面电导率的 1.25 倍；L 为模型表面爬电距离；r_0 为弧根半径，$r_0=\sqrt{\frac{I}{1.45\pi}}$（Wilkins 给出）。

由于绝缘子表面电弧的飘离，绝缘子的污闪电压可用下式估算

$$U=AKxI^{-n}+\left(\frac{K_tI}{\pi\gamma_e}\right)\ln\left(\frac{L-x}{K_tr_0}\right) \tag{9-6}$$

式中，K 为局部电弧长度与绝缘子表面爬电距离之比，大于 1 时表示电弧飘离表面，小于 1 时表示伞间或棱间电弧桥接；K_t 为与局部电弧串联的污层数。

（二）直流局部电弧的描述和污闪的极性效应

直流电压下污秽绝缘子表面受潮时，其电流密度大的区域会因污层水分蒸发而出现局部干区；干区电场强度足够大时，就会发生局部放电；当局部电弧跨越整个剩余污层时，闪络就会发生。导致闪络的电弧发展速度平均每秒仅几米；临闪前发展速度骤然增加一、两个数量级。因此，沿绝缘子表面的直流闪络基本上是发展速度较低的电弧沿面延伸过程。

与交流电弧相比，在恒定的直流电压下直流电流不存在过“零”的问题，因而直流局部电弧更趋于稳定，持续时间比较长。试验表明，直流泄漏电流脉冲持续时间可持续 0.5～1s 甚至更长的时间，统计平均值在 1s 左右。稳定的电弧在电动力和热力的作用下易飘离绝缘子表面，形成“飘弧”。一些“飘弧”可在延伸中熄灭，使污闪电压提高；一些“飘弧”可导致绝缘子自身伞棱间和相邻绝缘子伞裙间的电弧短接（又称桥接或桥络），使污闪电压明显下降。局部电弧可随机出现在高压端与接地端，也可同时出现于两端或其他地方。因此，整个污秽绝缘子串在受潮过程中的电压分布与干燥条件下完全不同，是随机变化的，串中任一绝缘子都可能瞬时承受数万伏电压。

直流电弧有极性的差异。负极发出的电弧为负电弧，与相对正极相连接的电弧为正电弧。对于结构复杂的绝缘子，负电弧稳定，正电弧易形成飘弧。当电位较高端绝缘表面出现

“清洁区”时，跨越“清洁区”的正电弧极易与相邻绝缘表面的负电弧相连接，并导致绝缘子伞裙间的桥接。通常悬式绝缘子串负极性污闪电压低，瑞典原 ASEA 公司、美国 BPA 公司、日本电力中央研究所和 NGK 公司等进行的人工污秽试验结果表明负极性闪络电压大约比正极性闪络电压低 10%～20%。对棒形支柱绝缘子的极性效应还存在不同的试验结果。日本 NGK 公司认为电站用绝缘子污闪电压负极性并不总低于正极性；美国 EPRI 则认为支柱绝缘子的污闪电压以负极性最低。

（三）直流污闪电压低于交流污闪电压

迄今为止，倾向性的看法是相同污秽条件下直流污闪电压低于用有效值表示的交流污闪电压；而且随着污秽度的增加，直流污闪电压下降的比率越大。中国电力科学研究院对 6 种盘形绝缘子进行比对试验，除交流标准型试品在轻盐密下直流正极性与交流相当外，其他试品的直流污闪电压均低于交流；其中直流线路通用的直流绝缘子正极性的污闪电压比交流低 10%～20%，负极性比交流低 20%～35%。美国 EPRI 的试验表明盘形绝缘子串的直流污闪电压比交流低 50%。日本 NGK 公司的试验表明支柱绝缘子在盐密 0.1mg/cm^{2}时的直流污闪电压比交流污闪电压低 36%～43%；大型套管的直交流耐受电压在盐密0.01～0.02mg/cm^{2}时大致相当；随着盐密增加直流耐受电压较交流下降 20%～30%。

直流和交流电压下绝缘表面的电弧外特性差异揭示了直流污闪电压低的原因。与直流电弧相比，交流电弧不稳定、持续时间短，多沿面发展。尤其是在污秽度较重时，直流电弧飘弧短接作用比交流明显的多。交流电弧外特性有别于直流的基本原因在于交流电弧随电流作周期变化，当电流过“零”时电弧或熄灭或减弱。一些复杂结构的绝缘子在交流下有较高的污闪电压，但在直流下由于伞裙易被电弧短接而性能并不好。这说明，绝缘子的直流污闪电压受其伞裙结构影响更大。

与交流情况相似，影响污闪电压的诸多因素如盐密、盐的种类、灰密及污秽沿绝缘子表面的不均匀分布等也影响绝缘子的直流污闪电压，由于直流电弧稳定、易飘弧，这种影响往往更大。

（四）直流污闪电压与绝缘子爬电距离的关系

悬式绝缘子串直流污闪电压或耐受电压与绝缘子片数（或串长）的线性关系，今天已成为大多数人的共识（见图 9-10）。中国电力科学研究院与日本 NGK 公司合作，对悬垂串 300kN 级 60 片钟罩型盘形绝缘子和 45 片三伞型盘形绝缘子在相同盐密和灰密条件下分别进行了直流人工污秽试验。试验结果表明，大吨位直流悬式绝缘子串的 50% 闪络电压与片数成正比；美国 PITTSFIELD 通用电气公司使用防雾型绝缘子在 200～1000kV 电压和 0.01～0.04mg/cm^{2}盐密范围内试验，认为在绝缘子串长 50 片（约 8m）以内与 50%闪络电压呈

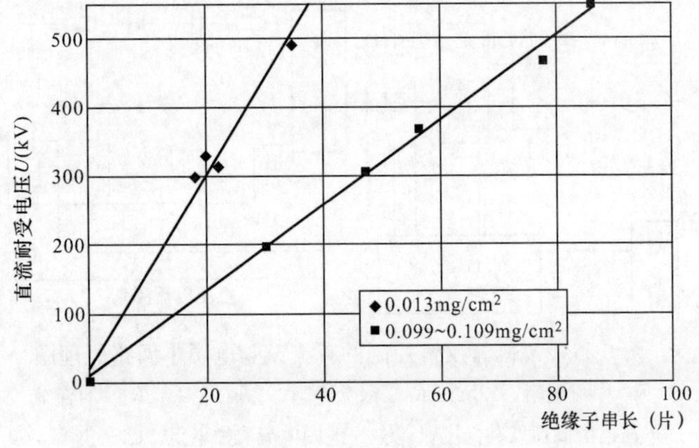

图 9-10　直流耐受电压与绝缘子串长的关系

线性关系；日本电力中央研究所使用盘径为420mm的直流绝缘子在500kV电压和0.01～0.3mg/cm^{2}盐密范围内试验，得出耐受电压与串长成正比，并认为绝缘子串长长达14m时线性关系依然存在。因此，用短串的污闪或耐受电压来估算长串的污闪特性在理论上是成立的。但串长越短，估算结果可能带来的误差就越大，±500kV和±800kV直流输电线路污秽外绝缘的设计应使用尽可能长的绝缘子串的污秽试验结果。

对于换流站直流设备使用的绝缘子，美国和日本的一些研究都认为支柱绝缘子以及直立设备瓷套管的直流耐受电压与其绝缘高度或爬距成正比。对于大型瓷套，在盐密很轻时，有非线性现象。也有研究者提出，支柱绝缘子的直流污闪电压有随爬距增加而减小的倾向。

（五）直流叠加操作冲击电压时污秽绝缘子的闪络

污秽绝缘子在直流叠加冲击电压的闪络特性目前研究很少。CIGRE曾有报告介绍了不同极性直流叠加操作冲击的组合状态下，轻污秽绝缘子的最低闪络电压与预加直流电压（在－250kV～0和0～＋300kV范围内变化）的关系，并指出：用清洁雾法与湿污法对支柱绝缘子进行正操作波叠加直流正极性电压试验，其闪络电压比只有操作波时下降25％和50％。

四、直流污秽试验

由于直流电压下绝缘子的积污特性及其闪络特性与交流有很大不同，各国为此开发了多种用于直流污秽试验的试验电源，并对直流污秽试验方法进行了广泛的研究。

（一）直流人工污秽试验

1. 直流污秽试验电源

人工污秽试验要求其试验电源要有足够的坚挺度即不应因泄漏电流而引起过大的电压降，以免污闪电压测量结果偏高。IEC和我国有关直流污秽试验标准的具体规定有：①在电流为500mA、持续时间为0.5ms的阻性电流条件下，试品上的电压下降率不超过5％；②高过试验电压的过冲不超过10％。其试验电源可采用三种方法获得：①使用低阻抗的交流电源和整流回路；②安装大容量的输出电容器；③采用可控硅调节系统。

使用常规试验电源，需要确定一个可以接受的最小电源容量。采用低阻抗的交流电源是最基本的措施，而试验回路中电阻分量与电抗分量的比例对动态电压降的影响很小。增加滤波电容量可把动态电压降限制到某一规定数值。

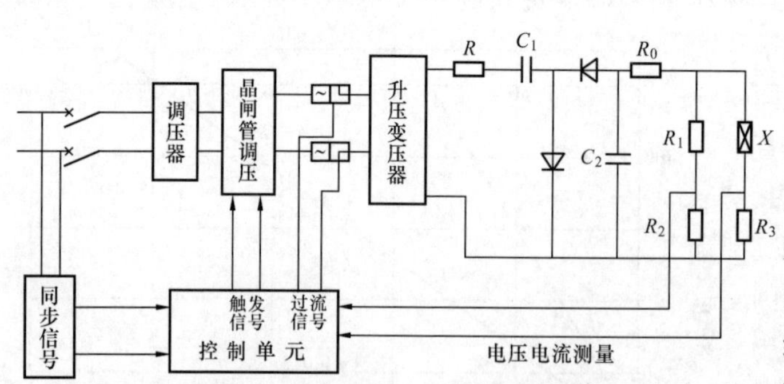

图9-11　晶闸管反馈控制的直流试验电源主回路原理图

R—限流电阻，12kΩ；R_0—限流电阻，24kΩ；R_1、R_2—直流分压器的高压臂和低压臂；R_3—泄漏电流取样电阻；C_1—电容，0.355μF；C_2—电容，0.415μF；X—试品

采用可控硅调压，不仅可以减小常规试验电源容量，而且可以有效地减小输出电压的动态压降，获得更高稳定度的直流污秽试验电源。目前国内外普遍使用了可控硅反馈控制的试验电源装置，国内电压等级最高的±1000kV直流污秽试验电源建在国家电网公司特高压直流试验基地，由中国电力科学研究院负责管理。

图9-11给出一个晶闸管反

馈控制的试验电源实例，它主要是由主回路和低压控制回路组成。其中，主回路主要包括晶闸管、变压器、高压硅堆与滤波电容器；控制回路主要包括触发脉冲、基准电压、移相脉冲、反馈调度、脉冲放大、过流保护与光电耦合电路。

2. 直流人工污秽试验方法

直流人工污秽试验方法有盐雾法、固体层法和带电积尘法三种。其中，IEC 1245 规定的标准方法是盐雾法和固体层法；我国行业标准目前只规定了固体层法。

（1）盐雾法为一些西欧国家所乐于使用，除对试验电源交流侧的短路电流有所不同要求外，与交流人工污秽试验中规定的盐雾法完全相同。

（2）固体层法为目前大多数国家包括我国所广泛使用。IEC 1245 对该法做出了原则规定：直流固体层法与交流试验的 B 程序基本相同，两者主要差别在污液配置只取一种，即使用 40g 高岭土、1000g 水和适量工业纯氯化钠配置污液。可用其他不溶物替代高岭土，但性能有统一要求，并需有与高岭土比对试验的结果。我国行业标准 JB/T 6747—1993 规定，试品表面灰密应为 $0.5mg/cm^2$，配置污液的不溶物为硅藻土。

（3）带电积污法由瑞典原 ASEA 公司提出，为美国、法国的一些研究者所用。使用此法首先进行带电积尘，在形成涡流风的雾室内喷入高岭土，使带电绝缘子积污；然后使用 0.5%浓度的盐水喷射成雾湿润绝缘子污层；静置后加电压，同时再用盐水喷射，每隔规定时间后快速升压至闪络。此试验方法虽然主观愿望是模拟自然条件下带电绝缘子表面的不均匀污秽分布，但难以规定统一标准，目前尚未被 IEC 所接受。

法国 Sediver 介绍了使用上述三种试验方法对包括瓷、玻璃与合成材料在内的数十个绝缘子的试验，给出了不同试验方法下耐污性能最好的几种绝缘子的试验数据。其结论是：用不同试验方法得出的绝缘优劣顺序完全不同，即三种试验方法不等效[29]。

同是采用固体层法，由于施加电压方式的不同，试验结果也会有很大差别。通常的加压方式有两种：一是升压法（我国各单位多使用）；二是恒压法，包括耐受法和升降法。中国电力科学研究院给出了传统直流型（钟罩型）盘形绝缘子四种试验方法的比较：以雾中耐受法求得的试品最大耐受电压为 1，它低于升降法求得 $U_{50\%}$ 的 7%～10%；升压法求得的平均污闪电压高于升降法 $U_{50\%}$ 的 4%～8%；重复闪络法的耐受电压高于雾中耐受电压的 5%。

目前国外少数国家还开展了直流叠加操作冲击的人工污秽试验的研究。试验表明，轻污秽条件下绝缘子闪络发生在波头或波峰附近；随污秽度的增加，闪络逐渐趋向波尾。因此，冲击污秽试验装置中应使用大容量的冲击电压发生器，并使用低阻分压器进行测量。直流叠加操作冲击的污秽试验方法目前有湿污法和清洁雾法两种。

（二）直流自然污秽绝缘子的人工雾室试验

将直流电压下自然积污绝缘子置于人工雾室进行污秽试验，对建立自然积污绝缘子的闪络特性与人工污秽试验结果之间的定量关系，正确判断直流线路和换流站所在地区的绝缘子污秽水平是十分有益的。其试验程序包括：①从运行线路或自然污秽试验站取回绝缘子作试品；②从串中取 2～3 片绝缘子进行必要的盐密和灰密测试；③将绝缘子串置于雾室中，待绝缘子接近饱和受潮时进行升压闪络或耐受试验；④将试验结果与同污秽条件下的人工污秽试验数据进行比较。但是有关研究工作报道得很少。日本根据多个直流自然污秽试验站的结果统计出：盘形悬式绝缘子自然污秽 50%闪络电压与人工污秽条件下的雾中耐受电压比值大于2的概率为50%，该比值等于1的概率仅有1%；棒形绝缘子的该比值大于1.56～1.94的概率为50%，该比值等于1的概率接近2%。

五、换流站设备套管雨闪

(一) 垂直套管的大雨闪络

1. 污秽条件下垂直套管的大雨闪络

垂直套管的雨闪通常发生在污秽不很严重时的大雨中，在我国330～500kV交流变电站和±500kV换流站交直流场的外绝缘事故中占有十分突出的地位。如1996年7月葛洲坝换流站的一次暴雨中交流场的电容分压器和直流场的耦合电容器套管同时发生闪络。垂直套管的雨闪既不同于标准的清洁绝缘子的湿闪，也不同于传统意义的污闪。

直流瓷套管的闪络与交流瓷套管闪络有相类似的特点：①瓷套管的闪络集中发生在5～9月，即全年表面积污相对较轻的时期，盐密一般在0.06mg/cm^{2}及以下；②闪络都发生在大雨或暴雨突降数分钟内；③发生雨闪的瓷套管中伞间距相对偏小，但其他主要结构参数（如爬电比距、伞间距与伞伸出之比等）和技术指标（如工频、雷电全波冲击和操作冲击湿耐受电压等）均能满足IEC 60815和国家标准《污秽地区绝缘子使用导则》的要求。

在模拟瓷套管的大雨闪络试验时可以观察到：在闪络前，雨水滴淋到脏污的套管伞裙表面污秽会被冲下，沿伞裙外边檐淌下形成污水帘（或污水柱），在上伞裙下边檐到下伞裙上边缘之间形成多串并联的“污水帘+空气间隙”。降雨量越大，套管表面受雨量也越大，伞裙下边檐污水帘越长，空气间隙则越短。当空气间隙不能承受过高的电压时，间隙被击穿，出现局部电弧。众多“污水帘+伞裙”空气间隙的逐个击穿，最终导致整个套管的闪络。因此，要防止雨闪的发生，关键是增加空气间隙的长度。从设计角度，可在套管制作时增设若干大伞裙，阻断污水帘或污水柱的形成，或直接增加套管的伞间距。

2. 直流套管的大雨闪络试验方法

垂直套管大雨闪络试验的方法国外没有，国内已完成电力行业标准报批稿，其要点包括：①试验电源容量不应低于污秽试验的要求。②污秽物由氯化钠和不溶物（如高岭土或硅藻土）以及适量黏结剂（使用量应视自然污秽物的黏附能力而定）组成；试品染污可以采用定量涂刷法、喷污法和浸染法，盐密和灰密应根据现场实测值确定。③人工雨可使用自来水：模拟风雨交加时，可采用45°淋雨；模拟静风降雨时，可采用垂直淋雨；雨水垂直分量的平均值以3～5mm/min为宜，极限值为10mm/min。④试验程序：首先将染污干燥后的试品置于雾室内按实际运行工况位置安装，再施加工作电压或规定的试验电压，接着按规定雨量淋雨并保持雨量连续稳定，直至试品闪络或表面局部放电逐渐减轻不可能发生闪络止。⑤试品合格与否可用一给定试验电压的最大耐受污秽度或用一给定污秽度下的最大耐受电压来表示；最大耐受污秽度和最大耐受电压的定义参见GB 4582.2—1991。此外，对于有机合成套管的染污，必须对表面的憎水性进行预处理，染污干燥后应使试品表面污层的憎水性得到恢复。

3. 污秽条件下直流套管的大雨闪络特性

(1) 雨水电导率对闪络电压的影响。在直流电压下，在较轻污秽条件（盐密为0.05mg/cm^{2}和0.06mg/cm^2）下，淋雨电导率（50～600μS/cm）对闪络电压无影响；当污秽重（盐密为0.15mg/cm^2）时，雨水电导率为500μS/cm的闪络电压值略低。根据此试验结果，可以认为污秽不过重时，一般雨水电导率对垂直套管的闪络电压影响可忽略不计。

（2）雨量对闪络电压的影响。用伞间距分别为90mm和70mm的大小伞和等径伞做试品，*ESDD*为0.06 mg/cm²，*NSDD*为1.0mg/cm²。图9-12给出了雨量和最低闪络电压梯度的关系。无论是大小伞还是等径伞，闪络电压都随着降雨量的增加而降低。从图中还可以看出，随着雨量的增加，等径伞的闪络电压下降得更快，显然是因其伞间距（70mm）比大小伞（90mm）低引起的。

（3）污秽度对闪络电压的影响。在四种盐密下进行淋雨试验：随着盐密的增加，闪络电压成下降趋势。图9-13给出了盐密和闪络电压的关系。很明显，闪络电压梯度随着盐密的增大非线性降低，在盐密较低时，其下降速度较快，当盐密超过0.15mg/cm²时，下降速度趋缓。

试验在伞裙上、下表面均匀涂污和不均匀涂污（仅上表面涂污）两种条件下进行。均匀涂污时闪络电压明显低于仅上表面涂污时的闪络电压。这表明伞裙下表面污秽对雨闪电压存在影响。

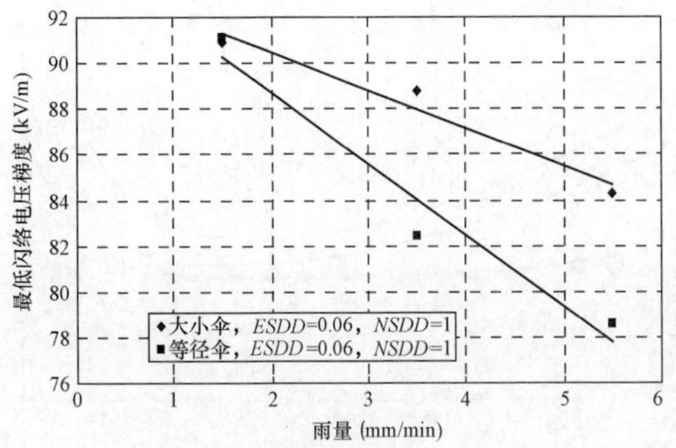

图9-12　雨量对闪络电压梯度的影响

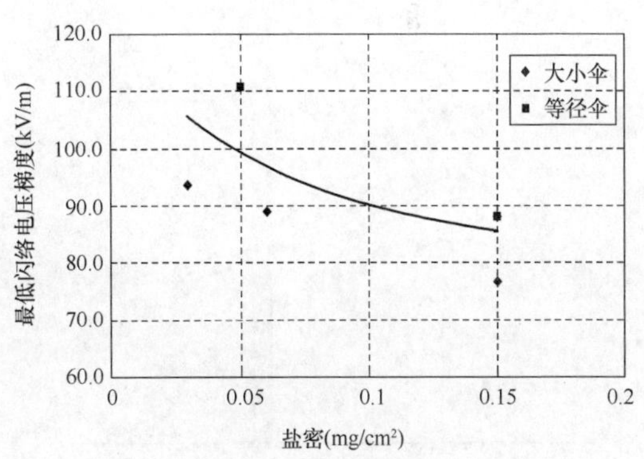

图9-13　盐密和闪络电压梯度的关系

（4）套管长度与闪络电压的关系。试验在盐密0.06mg/cm²，灰密1.0mg/cm²，雨量3～4mm/min条件下进行。大小伞和等径伞试品在1～4m和4～6m范围内，其雨闪电压与绝缘长度成正比。由此推断，不计瓷套直径的影响，大型套管的雨闪电压与其长度增加大致呈线性增长。

（二）穿墙套管的非均匀淋雨闪络

1．穿墙套管的污闪与非均匀淋雨闪络

美国太平洋联络线的SYLMAR换流站靠近高速公路一极的穿墙套管发生的闪络次数特别多，被认为与汽车排出的尾气污染有关，套管上测得的最大盐密为0.035mg/cm²。加拿大IREQ和日本NGK公司对穿墙套管进行的人工污秽试验表明，爬电比距为3.0cm/kV的穿墙套管水平布置时，盐密达到0.02mg/cm²就要发生污闪。

最初人们把穿墙套管的闪络都归于污闪，后来发现：穿墙套管因其水平布置一般表面污秽度很低，而且闪络大多发生于下雨天，无法用一般污秽闪络的理论来加以解释。于是非均匀淋雨闪络就被提了出来。所谓非均匀淋雨是指在下雨天由于换流站阀厅墙壁的遮挡，使水平安装的穿墙套管表面绝缘受潮状况不均匀，远离墙壁的一端被雨淋湿，而靠近墙壁的一端仍然保持干燥状态，如图 9-14 所示。

直流穿墙套管非均匀淋雨的最低闪络电压通常低于套管的运行电压。国内外已有的运行经验和试验结果都说明，在较高电压等级下，简单增加套管爬距并不能解决套管的非均匀淋雨闪络问题。例如，美国 SYLMAR 换流站套管爬距取 2.53cm/kV，加拿大 NELSON 河换流站套管爬距取 3.4 cm/kV 和 4.4cm/kV，巴西 ITAIPU 换流站套管爬距取 3.5cm/kV，我国上海南桥和葛洲坝换流站套管爬距取 5.85cm/kV，都未能防止套管的雨中闪络。

2. 穿墙套管的非均匀淋雨闪络特性

穿墙套管在非均匀淋雨条件下的耐压值比均匀淋雨时低得多。中国电力科学研究院在 330kV 套管上进行的试验，揭示了穿墙套管非均匀淋雨闪络的基本特性。

(1) 干区长度对穿墙套管闪络电压的影响。干区长度对穿墙套管闪络电压的影响，如图 9-15 所示，随着干区长度的增加，穿墙套管闪络电压先逐渐下降达到最低值，然后又较快地上升。闪络电压的最低值（或最低值范围）为临界值（或临界范围），相应的干区长度可视为临界干区长度。临界干区长度时的闪络电压比均匀淋雨时的闪络电压低 25%～30%。

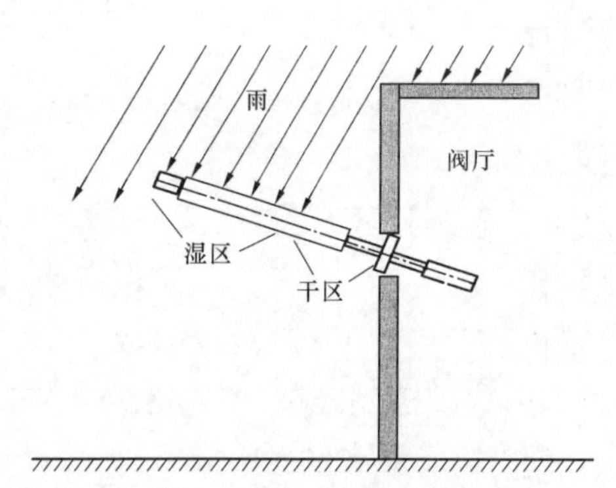

图 9-14 直流穿墙套管非均匀淋雨示意图

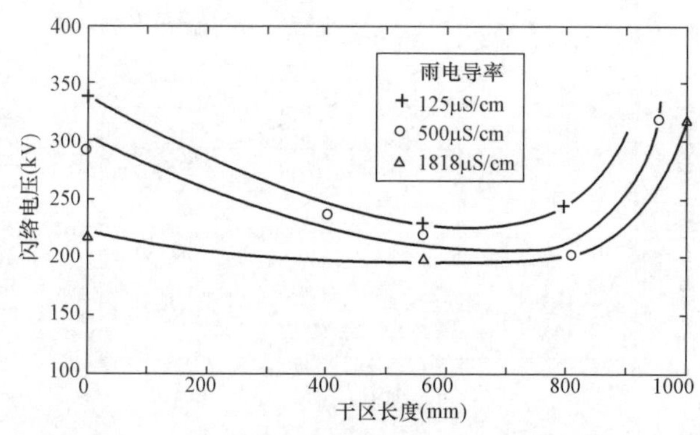

图 9-15 套管非均匀淋雨闪络电压与干区长度的关系

(2) 雨水电导率对穿墙套管闪络电压的影响。穿墙套管均匀淋雨和非均匀淋雨闪络电压与雨水电导率的关系见图 9-16。尽管非均匀淋雨条件下穿墙套管的闪络首先在干区发生，湿区的雨水电导率的大小也仍然对整个套管的闪络电压有影响。当穿墙套管的干湿状况不变时，雨水电导率越大套管闪络电压越低，且有饱和趋势。图 9-16 还显示，雨水电导率对非均匀淋雨闪络电压的影响要小于对均匀淋雨闪络电压的影响，而且当非均匀淋雨的干区长度达到临界值时影响最小。

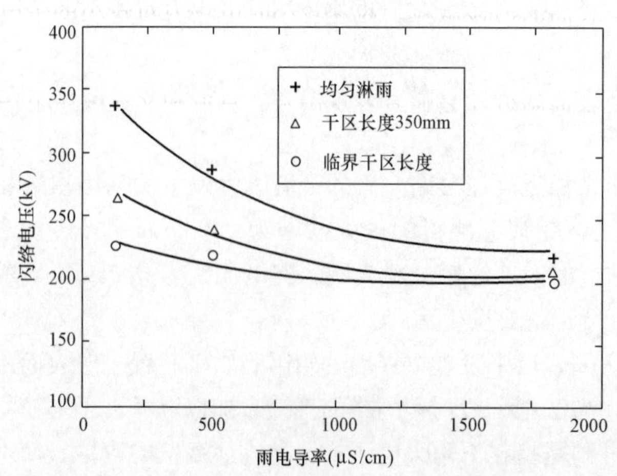

图 9-16 套管非均匀淋雨闪络电压与雨水电导率关系

由于穿墙套管的干区长度的改变和湿区的雨水电导率的改变都影响到沿面电压的分布，因此穿墙套管闪络电压从根本上讲还是由沿面电压的分布决定的。极不均匀电场使干区电晕放电迅速转变为刷状放电；在放电脉冲的作用下，套管介质中电容电流值增大，提供了足够的能量使放电易于转变为先导放电，并发展为贯穿整个穿墙套管。

3. 直流穿墙套管的非均匀淋雨闪络试验方法

非均匀淋雨闪络试验的方法国内外至今还在探讨过程中，美国IEEE已提出一个行业标准。在诸多研究中有的采用先加电压后淋雨的方法，有的采用先淋雨后加电压的方法。前者一般与现场条件相符，而后者便于调节雨量及雨水分布，以减少试验结果的分散性。中国电力科学研究院对比两种试验方法，其闪络电压相差4%～16%。先淋雨后加压的试验步骤为：①依照所要求的干区长度调节好一定电导率的人工雨后，保持淋雨10min。②缓慢升压到预计闪络电压值并维持10min。③如套管在该电压下耐受10min，则将试验电压提高预计闪络电压值的5%；如套管在10min内闪络则停电10min后重新升压，并使电压值低于预计闪络电压值的5%。④重复步骤③的过程，直至找出该干区长度下最低闪络电压。⑤改变干区长度后重复上述步骤①～④的过程，直至找出各种非均匀淋雨条件下套管的临界闪络电压。

第二节　大气环境对直流输电外绝缘电气性能影响

影响外绝缘电气强度的大气环境包括雨、雪、雾、覆冰等气象条件，也包括大气污染、海拔高度等。对于空气间隙来说，海拔高度是最主要的影响因素；对于绝缘子外露表面，各种湿污条件和海拔高度带来的影响都是不可忽视的。与交流不同，由于直流电压的静电吸尘作用，直流外绝缘表面积污严重，因此各种潮湿环境条件对直流外绝缘的设计要求更为苛刻。

一、大气污染对直流绝缘子表面积污影响

（一）直流电压下绝缘子的静电吸尘效应

大气中的固体或液体微粒沉积在绝缘子表面形成污秽层，这是由于污秽微粒自身重力以及在绝缘子附近受到的风力、电场力所引起的，同时也和污秽微粒与绝缘子表面接触时的附着力有关。不少研究认为，风速较大时风的压力是决定污秽微粒运动并使之附于绝缘子表面的主要因素。但风速过大时在难以形成涡流的绝缘子光滑表面减少了微粒附着于绝缘子表面的可能，甚至还可能吹掉已沉积在绝缘子表面的污秽微粒。风速较小时电场力对较小的带电微粒起着控制作用。微粒较大时自身重力的作用就会越来越突出。

电场对带电微粒的作用仅仅在绝缘子表面附近才会显著表现出来。直流和交流电压下污秽微粒在绝缘子表面沉积的差异主要取决于带电微粒的运动，带电微粒在直流电压下受到恒定方向的电场力的作用而被吸引到绝缘子表面，这就是直流的静电吸尘效应。在电场作用下带电微粒的定向运动是首先由电场力方向决定的，其次也受电场梯度影响。影响绝缘子表面电场力的垂直分量越大，表面积污就越多。同时，污秽微粒接近绝缘子的电离区时，还能得到其局部电晕而产生的电荷。这都是造成直流电压下绝缘子积污高于交流积污的原因。

（二）直流电压下绝缘子积污及其积污率

1. 直流电压下绝缘子的积污及环境影响因素

直流电压下绝缘子的积污受自然环境影响很大，这包括以下几方面：

（1）风雨的影响：风对绝缘子积污的影响主要是风速，同时也与风向有关，很多试验站

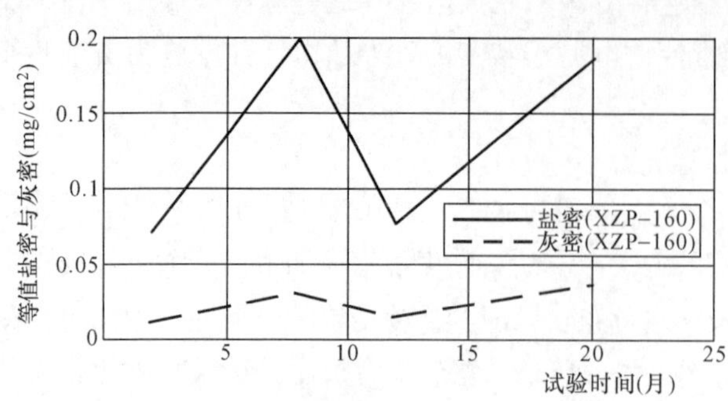

图 9-17　魏善庄直流自然积污试验站绝缘子串表面积污量随试验时间变化图

都观察到较多的污秽集聚在绝缘子的背风面。雨水是清除绝缘子表面污秽的主要因素，大雨不仅可以较彻底地清洗绝缘子上表面的污秽，而且还可以清洗掉下表面一半甚至更多的污秽。我国北方内陆几个直流积污站雨季后测量结果证明绝缘子表面等值盐密仅为雨季前的1/8。图 9-17 给出了其中一个试验站绝缘子表面积污量随试验时间变化的实例。

(2) 污秽物性质（包括形态、粒径、携带电荷量）的影响：悬浮在绝缘子附近的带电微粒受电场力作用最大，工业排放的烟雾、交通工具排放的尾气因其粒径极小（0.01～10μm)，带电粒子多，极易受到恒定电场的影响。通常这些地区的直流线路绝缘子积污都比较严重。在现场人们还发现换流站内直流场绝缘子表面污秽物较交流场的污秽更不易清除。受台风侵袭较多的沿海地区，电场力对于这些随风而来的海水雾滴和粒径较大的飞沫的影响很小，因此直流和交流积污相近。

(3) 电压极性的影响：各个试验站和现场观察到的结果也不一致，即使是同一试验站在不同时期结果也不相同。如前苏联直流研究院试验室的模拟试验，4 种盘形绝缘子的积污比较，除一种试品外，都是负极性积污多于正极性。又如美国 BPA 在±400kV 试验线路上经过 3～5 年运行后测得正极性电压较负极性电压积污平均多 60%；而 SYLMAR 换流站内支柱绝缘子表面却测得负极性积污量高于正极性的结果。再如日本武山污秽试验站测得±250kV下，直流线路绝缘子 1.5 年的积污量在负极性电压下偏高，而 6 年的积污量则正极性电压下偏高。中国电力科学研究院在多个直流自然积污站和±500kV 换流站及线路绝缘子的各年度测试比较中，除测得正极性电压下污秽沿串分布更不均匀外，没有观察到极性的特别影响。

(4) 电压梯度的影响：实验室的模拟试验和美国 BPA 的 BIG-EDDY 试验中心的现场试验都证明：随着直流电压梯度的提高，积污量增多。中国电力科学研究院在两个直流积污站测得绝缘子表面污秽度基本与所施加的电压梯度成正比。

(5) 电晕放电的影响：导线电晕在其周围产生大量空间电荷，这些漂移电荷通过撞击和附着使悬浮在导线周围的介质微粒带电，在电场的作用力下，其中一些带电微粒会被吸附到绝缘子表面。

2. 直流电压下绝缘子的积污速率

根据目前已有的试验结果，直流电压下盘形悬式绝缘子在一个积污季节内的污秽度可用一指数函数表示

$$ESDD = A \cdot e^{BM} \tag{9-7}$$

式中，$ESDD$ 为积污量；M 为暴露月数；A、B 为常数，通常决定于现场的自然环境与绝缘子的结构。

对于沿海快速污染，绝缘子表面积污可用下式表示

$$ESDD = CS^3 t \tag{9-8}$$

式中，$ESDD$ 为积污量；S 为风速，m/s；t 为强风持续时间；C 为常数，通常取决于现场的自然环境与绝缘子的结构。

（三）直流电压下绝缘子表面的污秽分布

1. 沿悬式绝缘子串的污秽分布

绝缘子表面的污秽分布包括轴向、径向和伞裙上下表面的分布，其中对绝缘子串污闪电压影响最大的是污秽在上下表面的分布 。由于绝缘子下表面大气湍流和电场强度强，一般下表面积污要严重；加之雨水的清洗，更加剧了上下表面积污量的差别。例如，美国 SYLMAR 换流站测得绝缘子积污一年，其下表面积污量平均为上表面的 3.3 倍，暴雨后则为 10～15 倍；我国三个内陆污秽试验站连续积污数月未受到雨水清洗时绝缘子上表面污秽一般多于下表面，雨季后上表面积污明显少于下表面；±500kV 葛—南线华东段绝缘子等值盐密测试的数据表明，上下表面污秽度可相差 2～10 倍以上。

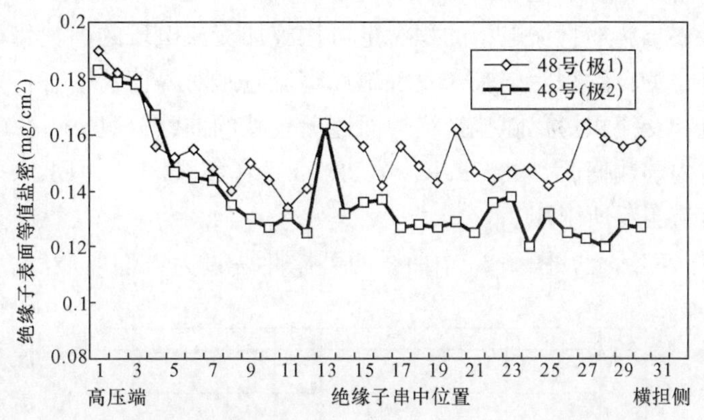

图 9-18　葛—南线 48 号杆塔污闪绝缘子串表面等值盐密分布

图 9-18 给出了有代表性的污秽沿绝缘子串不均匀分布的实例，这种不均匀分布一般是导线侧积污量多，串中部或横担侧积污量少。美国 BPA 在其试验线路上测得的数据表明，绝缘子串下部积污量为串中其他绝缘子积污量的 2 倍；日本、瑞典也都认为绝缘子的污秽分布在串两端比较高。

2. 站用绝缘子表面污秽分布

换流站内垂直放置的瓷套和支柱绝缘子的背风面聚集更多的污秽，如葛洲坝换流站瓷套迎风面与背风面积污量可相差 3 倍；而伞径较小的支柱绝缘子其迎风面与背风面积污的差别要小得多。支柱绝缘子伞裙上下表面积污比则为 1～2，随着积污时间的延长，该比值有减少趋势。

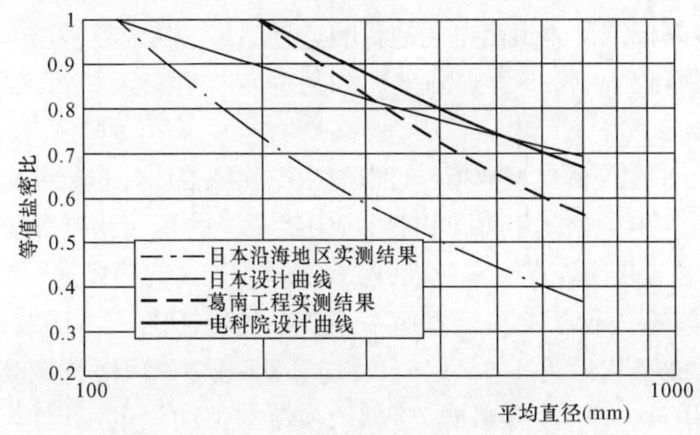

图 9-19　绝缘子表面盐密与其平均直径的关系

换流站内设备瓷套与支柱绝缘子表面污秽沿轴向分布的情况是：①沿轴向高压端积污严重，中部积污最轻，瓷套较支柱绝缘子分布更均匀一些；②除去伞裙形状的影响之外，随着站用绝缘子平均直径的加大其表面污秽呈现减少趋势，我国葛—南线两换流站和日本沿海的测试结果见图 9-19，美国 BIG EDDY试验中心及 6 个换流站也得出类似的结果；③伞裙形状对设备绝缘子沿面污秽分布也有较大的影响。

各国换流站测得的水平放置的直流穿墙套管的表面污秽度均远小于其他站用绝缘子表面的污秽度。很显然，穿墙套管水平放置，有利于雨水的清洗，因而大大改善了其表面的积污性能。除阀厅侧套管根部受风的涡流影响而积污较多又不易被雨水冲洗外，沿套管表面越接近高压端积污越严重。这个分布趋势与电压极性无关。雨水的清洗引起穿墙套管上部污秽流向下部，因此套管下部的污秽度明显高于其上部。如葛洲坝换流站测得的数据表明，穿墙套管下部表面等值盐密为上部的 1.42 倍。

（四）直流和交流积污比

由于直流的静电吸尘效应，直流电压下绝缘子的积污一般多于交流。但各国现场和自然积污试验站得到的数据很不相同。20 世纪 80 年代美国 LENOX 通用电气公司的模拟试验认为直流电压下绝缘子吸引带电粒子的能力是不带电的 10 倍；美国 SYLMAR 换流站现场试验得出施加直流电压的积污量可比施加交流电压的高数倍，甚至高一个数量级。日本在沿海进行的自然积污试验未发现施加直流电压对等值盐密有特别的影响，据此日本提出了一条直流和交流积污比随盐密增加而逐渐衰减的曲线（见图 9-20）。该曲线在补充了瑞典提供的一组内陆数据后，被 CIGRE 第 22 03 工作组公布于“ELECTRA”（1992），并长期被国内外直流工程所引用。

实际上，图 9-20 中曲线的可靠性一直为人们所质疑。如等值盐密较重时直交流积污比仍可能很大，瑞典污秽地区测得交流场等值盐密为 0.08mg/cm^{2}时的直流和交流等值盐密比为 3.4；又如轻污秽时直流电压的影响也未必明显，日本在内陆米泽自然污秽试验站测得施加直流电压的绝缘子串与不带电绝缘子串的等值盐密比仅为 1.2～1.4。很明显，造成不同试验结果的原因与污源及污秽物性质有关。电场力对随海风而来的雾滴与粒径大的飞沫影响甚微；而高速公路上的汽车尾气的粒子粒径极小，带电部分多，极易受到恒定电场的影响。近年来，越来越多的人认识到图 9-20 提出的曲线只适用于滨海地区，但广大内陆地区如何确定“直交流积污比”是一个迫切需要解决的问题。

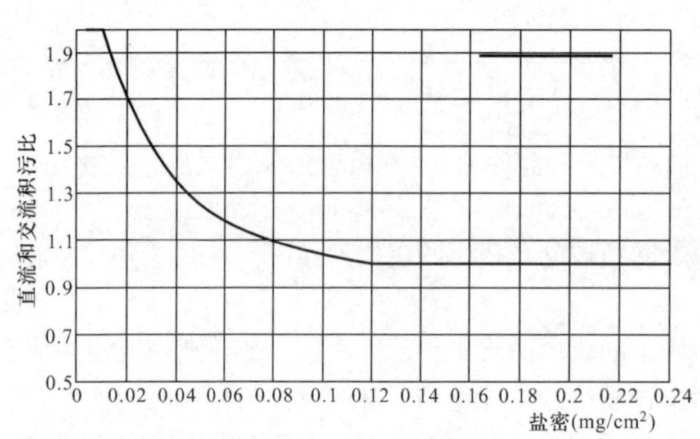

图 9-20 绝缘子直流和交流积污比与表面等值盐密的关系

表 9-1 给出了国内几个直流自然积污试验站的典型数据，可以看出：除魏善庄站直流和交流积污比偏低外，其他各站支柱绝缘子的积污比约为 3；同期悬式绝缘子串的积污比略低一些，为 2～3。显然，内陆地区绝缘子污秽较重时，直流和交流积污比未呈现减少的趋势。

1991 年和 1992 年葛—南线两换流站都进行了交流场和直流场支柱绝缘子的积污比较：葛洲坝换流站的直流和交流等值盐密比的平均值为 1.96（1991 和 1992 年数据），南桥换流站的直流和交流等值盐密比的平均值为 1.6（1991 年数据）。如两换流站长期全电压运行，设备的直流和交流积污比预计将在 2～2.5 之间。

表 9-1 国内几个直流自然积污试验站的典型统计数据（等值盐密/灰密，mg/cm²）

试品	施加电压	舟山	清河	魏善庄		富县
XP-70 和 XP-160	DC(－)	0.048/—	0.121/0.651	0.049/0.210	0.079/0.296	0.044/0.208
	AC	0.018/—	0.042/0.169	0.042/0.186	0.052/0.211	0.020/0.086
	直流和交流积污比	2.7/—	2.9/3.9	1.2/1.1	1.5/1.4	2.2/2.4
	试验周期	81.10～83.2	86.4～87.4	88.8～89.4	87.8～90.5	88.8～89.8
电站绝缘子	DC(－)	—	0.115/1.370	0.040/0.189	—	0.098/0.674
	AC	—	0.033/0.330	0.033/0.141*	—	0.035/0.227
	直流和交流积污比	—	3.5/4.2	1.2/1.3	—	2.8/3.0
	试验周期	—	86.4～88.4	88.9～89.4	—	88.8～90.4

* 为不带电绝缘子串测量数据。

根据我国早期自然积污站和±500kV 换流站及线路的试验结果，并结合瑞典提出的一些数据，中国电力科学研究院与瑞典输电研究所（STRI）共同提出了一个选择绝缘子积污比的方法，见表 9-2。它给出了污染源和风速两个重要影响因素及三条使用原则：①自然污染源如海雾（或飞沫）、盐碱扬尘等的直流和交流积污比值小于工业、机动车尾气等人为污染源的比值。②距工业、机动车尾气等人为污染源越近，直流和交流积污比值一般越大（工业高架源应考虑主要污染物最大落地浓度距离）。③风速大时的直流和交流积污比值小于风速小时的比值。但该方法使用主观随意性较大，不易操作，人们希望继续改进。

表 9-2 选择绝缘子积污比的方法

直流和交流积污比	环境特征描述	污染源		污染源影响距离（km）	
				风速＜3m/s	风速≥3m/s
1～1.2	自然污染源影响的地区	交通干线		≤0.2	
1.3～1.9	同时有自然污染源和人为污染源，但不包括小风期人为污染源影响的地区	工业排放	独立源	≤1	≤5
			工业区	≤20	≤40
		居民区		≤1	≤5
2～3	小风期人为污染源影响的地区	矿区、建筑工地		≤2	≤10

21 世纪，中国电力科学研究院根据风洞试验和±500kV 换流站、线路及邻近交流绝缘子积污测试的比较，提出了决定绝缘子直交流积污比的两大因素是风速和污秽物颗粒度。影响绝缘子直交流积污比的临界风速为 1.5m/s。风速小于 1.5m/s 时，绝缘子表面积污主要由直流电场场强决定，直交流积污比随污秽微粒粒径的加大而减小；风速大于 1.5m/s 时，风力逐渐成为绝缘子积污的控制因素，直交流积污比随风速与污秽微粒粒径的乘积的增大而减小。站用绝缘子和线路绝缘子的直交流积污比都可用一衰减的粒径（风速小于 1.5m/s）或粒径与风速乘积（风速大于 1.5m/s）的幂函数表示，如图 9-21 所示。

二、覆冰（雪）对绝缘子直流放电电压的影响

直流输电线路绝缘子串的覆冰研究，国外主要是美国 EPRI 的高压输电中心

(HVTRC)，从20世纪60～80年代进行了两次较为系统的试验研究。日本在20世纪70年代也进行了覆冰绝缘子的直流试验。国内重庆大学、中国电力科学研究院先后进行了此项研究工作。

（一）绝缘子的覆冰及其影响因素

过冷水滴在低温绝缘子表面的冻结形成覆冰。绝缘子串覆冰按形成条件及性质分为以下三种类型：

（1）硬覆冰，外观透明或半透明，呈玻璃或微毛玻璃状，密度大，质地坚硬，不易脱落，通常发生在雨凇和雨夹雪天气中；覆冰冻结过程中过冷却水滴和骤然遇冷的融雪都会沿绝缘子伞裙边缘淌下而冻结成悬挂在伞裙之间的冰凌，严重时可在绝缘子串上形成桥接冰柱；冰凌主要冻结在绝缘子串迎风面；静风或风向多变时可较均匀地悬挂在绝缘子四周。

（2）软覆冰，外观白色不透明，呈霜晶状或雪粒堆集冻结晶状体，密度小，质地松软，易脱落，通常出现在雾凇形成过程中。

（3）混合覆冰，外观乳白色，气隙较多，体积较大，透明和不透明冰交错形成，硬软适中，黏附力较强；通常在气温不稳定时由重度雾凇加轻度雨凇形成混合冻结体。

其中，对绝缘性能影响最大的是雨凇形成的硬覆冰，绝缘子各片间（伞裙间）常有数根冰柱悬挂，甚至“桥接”或“包围”整个绝缘子串。冰桥的形成使绝缘子串的绝缘性能明显下降，特别是在绝缘子遇到染污之时。绝缘子染污的途径主要有覆冰发生前长期表面积污，覆冰覆雪具有较高的电导率，覆冰表面受到外部环境污染（如融冰时横担污水流至绝缘子串覆冰表面）。在直流电压下，电场对绝缘子周围的水滴有极化作用和吸附作用，也能加速绝缘子表面覆冰。

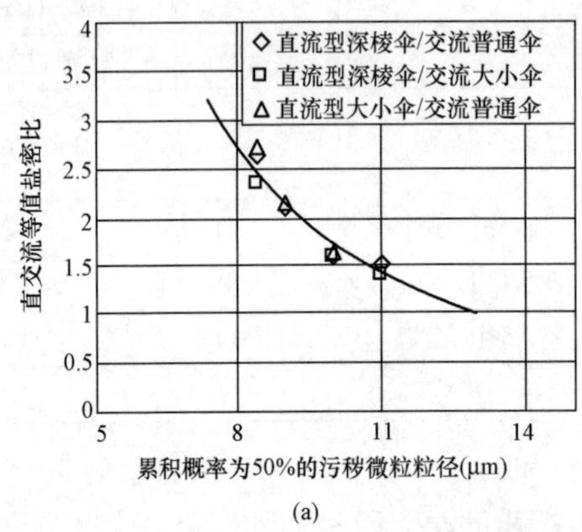

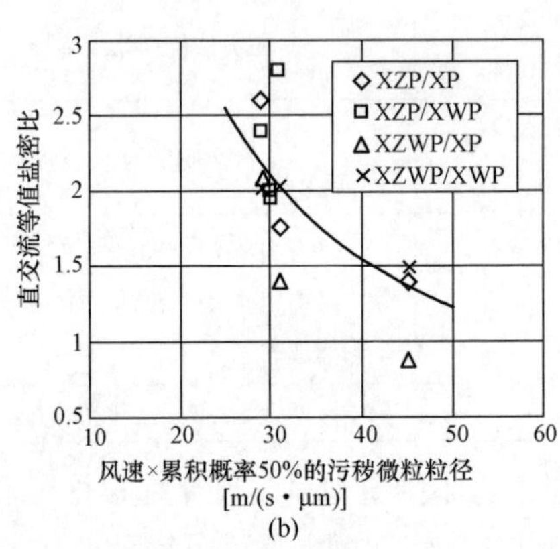

图 9-21 直流绝缘子对交流绝缘子的积污比

(a) 风速小于1.5m/s，换流站和线路；(b) 风速大于1.5m/s，线路

（二）绝缘子串的覆冰闪络特性

覆冰闪络发生在成冰或融冰过程中，其中以融冰时闪络为多。只要冰保持冻结其耐受电压是很高的。当冰开始融化时，耐受电压也随之降低。如果桥接冰柱开始融化，绝缘子表面污秽度相同时，则绝缘子的覆冰闪络电压低于污闪电压。在轻污秽地区绝缘子串可能因冰桥形成而导致闪络；在重污秽地区绝缘子表面较少的覆冰量也可能造成融冰

时发生污闪。

1. 覆冰量与冰桥对绝缘子串闪络特性的影响

绝缘子串表面形成硬覆冰的重量、厚度及冰的密度以及形成冰柱的长度是影响闪络电压的重要因素。通常可以用覆冰厚度（表征覆冰量）和冰柱桥接状态（表征冰柱的长度）作为绝缘子覆冰的特征量参数，但是两者关系尚需研究。冰桥的形成可使绝缘子串闪络电压明显下降。美国EPRI给出了随覆冰厚度增加绝缘子串闪络电压梯度下降的曲线（见图9-22），覆冰用水电导率为33μS/cm。图9-23给出了清洁绝缘子串在不同程度冰桥条件下的闪络电压曲线，覆冰绝缘子串表面冰桥越严重，其直流闪络电压越低。当冰水电导率为238μS/cm时的绝缘子串闪络电压明显低于受到水泥污染时的污闪电压。

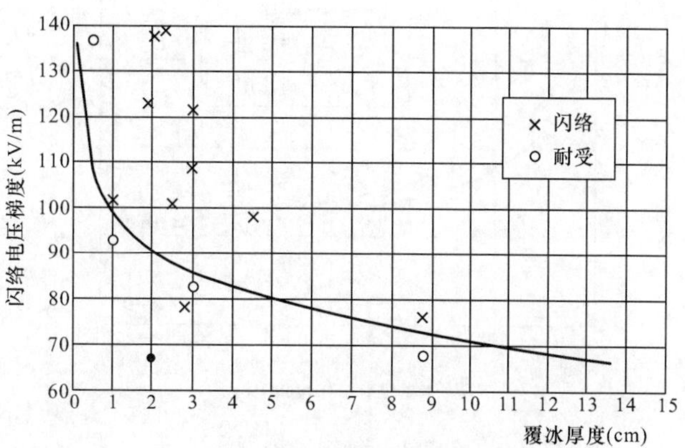

图9-22　覆冰厚度对绝缘子串闪络电压梯度的影响图

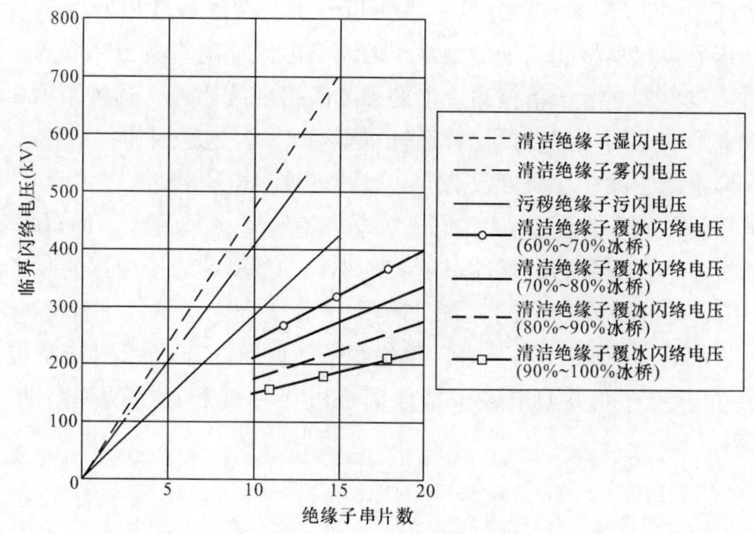

图9-23　冰桥形态对绝缘子串临界闪络电压的影响图

2. 覆冰绝缘子串直流闪络电压与融冰冰水电导率的关系

绝缘子串的覆冰闪络电压和其冰水的电导率关系密切，冰水电导率越大，覆冰绝缘子闪络电压越低。图9-24给出了3种串长（10片串、15片串和20片串）的直流绝缘子串单位长度的覆冰闪络电压和覆冰水电导率的关系。绝缘子片间冰桥达50%时（表面半圆周形成冰桥），冰水电导率为换算到20℃的数值（覆冰厚度大于2cm）。试验方法为升压法，先使绝缘子整串覆冰，然后逐渐升高电压，当绝缘子表面开始融冰时，迅速升高电压，直至闪络。当冰水电导率从50μS/cm增加到108μS/cm，闪络电压下降了25%～40%，而大于200μS/cm的冰水电导率使覆冰绝缘子串的闪络电压则趋于饱和。

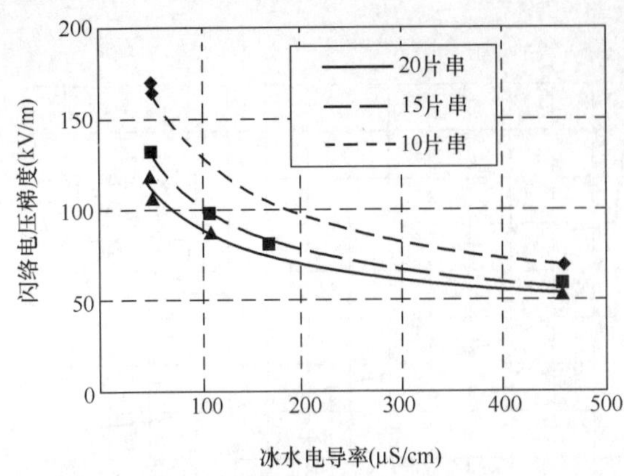

图 9-24 直流电压下绝缘子串闪络电压梯度与覆冰水电导率的关系

覆冰冰水电导率的大小来自于大气污染，或是覆冰前绝缘子表面有污秽，或是覆冰过程中雨雪受到污染，或是铁塔横担融冰时的污水流下。

3. 直流电压极性对覆冰绝缘子串闪络电压的影响

日本电力中央研究所认为，直流的覆冰闪络电压和交流有效值差不多，直流负极性的最低闪络电压值低于正极性。美国EPRI则认为，覆冰绝缘子片间桥接未形成时直流正极性的最低闪络电压较负极性略高，而100%桥接后极性对覆冰绝缘子串闪络电压影响就不明显了。

4. 绝缘子造型与绝缘子串悬挂方式对覆冰闪络电压的影响

中国电力科学研究院对绝缘子伞型和串型对防冰闪络电压的影响进行了一系列试验研究。

试品选用210kN钟罩型、双伞型和三伞型盘形绝缘子，三种绝缘子单位高度冰闪梯度和盐密的关系曲线如图9-25所示。由图9-25可以看出，覆冰条件相近时，不同伞形绝缘子的覆冰闪络梯度相近，双伞型和三伞型绝缘子的闪络电压梯度略高于钟罩型绝缘子。从具体的试验结果来看，双伞型绝缘子单位高度上的覆冰闪络梯度要比普通钟罩型高9%，三伞型绝缘子单位高度上的覆冰闪络梯度要比普通钟罩型高6%。这是因为：

(1) 各种伞形绝缘子冰柱总长度没有明显差距，冰层电阻相近；

(2) 闪络电压的差别与盘径差异有关，双伞型绝缘子盘径最大，钟罩型绝缘子盘径最小，在相同覆冰重量下，双伞型的覆冰厚度将最小，钟罩型绝缘子覆冰的厚度最大。

试品选取210kN钟罩型瓷绝缘子、玻璃绝缘子和复合绝缘子，三者覆冰形态在重覆冰时瓷绝缘子串上下都有1～2片未桥接，玻璃绝缘子串低压端有1～2片未桥接，而复合绝缘子伞间都被冰柱桥接。三种类型绝缘子覆冰闪络电压梯度和盐密的关系曲线，如图9-26所示。

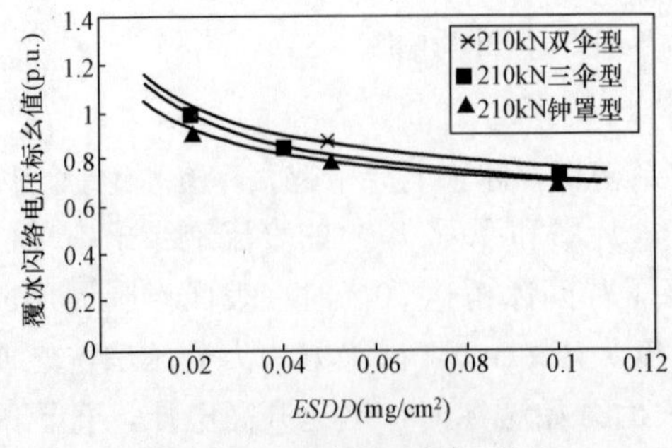

图 9-25 三种类型绝缘子的覆冰闪络电压和盐密的关系曲线

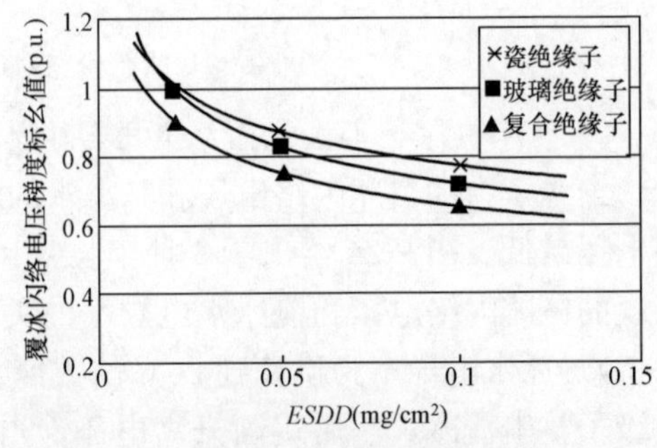

图 9-26 三种类型绝缘子覆冰闪络电压梯度和盐密的关系曲线

对比Ⅰ形串和Ⅴ形串的覆冰闪络特性，试品采用210kN钟罩型瓷绝缘子，覆冰厚度大于25mm。在三种污秽条件下进行了Ⅰ形串和Ⅴ形串绝缘子覆冰闪络试验。得到的不同串形绝缘子串的覆冰闪络电压梯度和盐密之间的关系曲线，如图9-27所示。绝缘子的造型影响覆冰闪络，其中伞间距是主要因素。从现有数据看，钟罩型优于双伞型。有研究认为，绝缘子串覆冰严重时悬垂单串和双串闪络电压基本相同；覆冰量相同时，Ⅴ形绝缘子串比垂直串闪络电压高21%；融冰发生时耐张串较悬垂串闪络电压高。

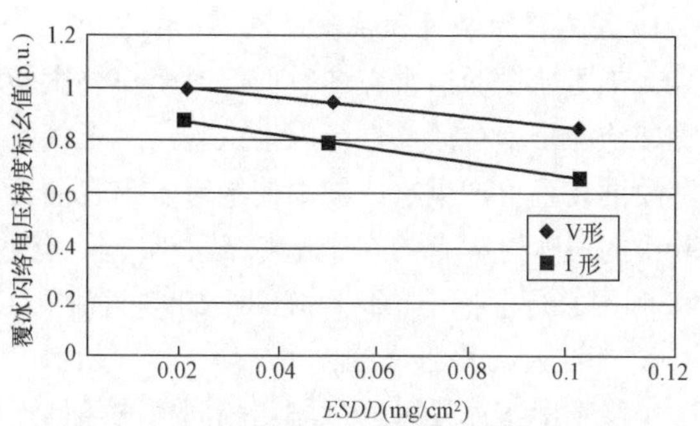

图9-27 不同串形绝缘子覆冰闪络电压梯度和盐密的关系曲线

5. 覆冰绝缘子串闪络电压随串长的非线性变化

覆冰绝缘子串直流最低闪络电压与串长之间的关系是非线性的。覆冰越重，其非线性越趋明显。试验表明，覆冰绝缘子串直流最低闪络电压 U 与片数 m 的关系，可用幂函数式表示

$$U = am^b \tag{9-9}$$

式中，U 为最低闪络电压，kV；m 为绝缘子片数，片；a、b 为常数，由绝缘子串覆冰状况决定。中国电力科学研究院试验中当绝缘子表面盐密为0.02mg/cm^{2}和冰水电导率为50μS/cm时10～26片绝缘子串的 $a=106$ 和 $b=0.416$。实测曲线见图9-28。

为研究带电覆冰与不带电覆冰的试验结果差异，中国电力科学研究院进行了不同串长绝缘子的带电覆冰试验和不带电覆冰试验对比。在盐密为0.02mg/cm^2，灰密为1.0mg/cm^2，绝缘子覆冰水电导率为50μS/cm，表面严重覆冰的条件下，不同串长绝缘子的带电覆冰试验结果和不带电覆冰试验结果对比如图9-29所示。从图9-29中的曲线可以看出，不同串长条件下，带电覆冰和不带电覆冰的闪络电压差别不一样，随着串长的增加，二者间的差别似有减少趋势。

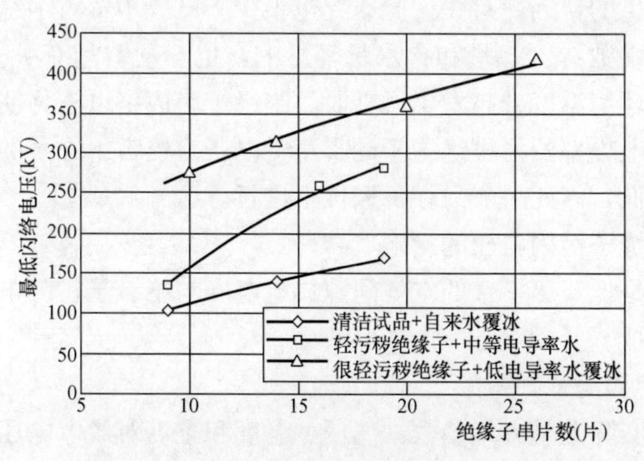

图9-28 覆冰绝缘子串直流最低闪络电压与串长的关系图

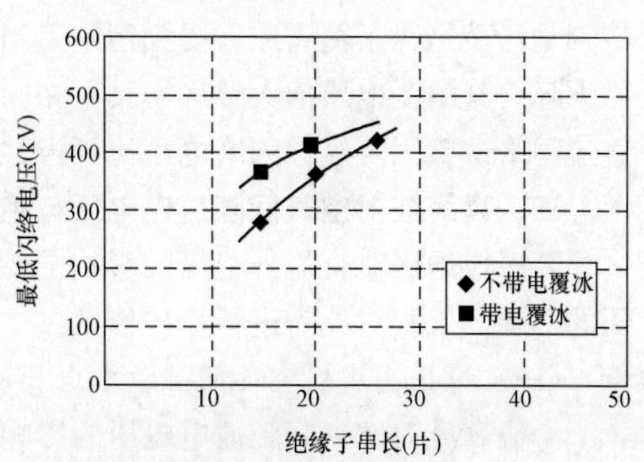

图9-29 不同串长绝缘子串的带电与不带电覆冰试验结果

(三) 绝缘子的人工覆冰试验

1. 人工覆冰装置和试验电源

人工覆冰试验通常在冬季低温时于户外试验场或一个温度可控的人工气候室内用人工雨或雾使绝缘子串覆冰并进行闪络试验。人工气候室由冷冻室、制冷机组和喷淋系统三部分组成，喷淋装置可产生雾或细雨使绝缘子串表面形成雾凇或雨凇。根据冷冻室内容积的大小，试验中的覆冰过程有的在带电情况下实施，有的在不带电情况进行。试验电源应符合 IEC 1245 和国家行业标准 JB/T 6763—1993 直流人工污秽试验对电源的要求。

2. 直流人工覆冰试验方法

绝缘子串覆冰量可通过监测相同覆冰条件下单独设置的匀速转动的圆柱导体的覆冰量或覆冰厚度来实现，也可根据绝缘子表面实际覆冰量或覆冰厚度来确定。绝缘子片间冰柱桥接状况的监测在覆冰过程进行：未形成冰桥时监测片间冰凌长度或冰凌下端部与绝缘子上表面的空气间隙；形成冰桥时监测桥接冰柱根数及冰柱直径。绝缘子表面盐密按人工污秽试验的固体层法规定进行。

染污后的试品立即悬挂于冷冻室内或户外塔架实施人工覆冰，用喷淋装置产生的细雨形成绝缘子串表面雨凇或雾凇。试验前后分别对结冰和融冰冰水电导率进行测量。

电压施加方法大体可分为以下四种：

(1) 直接使用升压法或恒压法进行试验。

(2) 在覆冰过程中同时施加一较高电压，若在覆冰过程中发生闪络，则略降低施加电压，直至闪络不发生为止。

(3) 在绝缘子串覆冰阶段施加较低电压，覆冰冻结后每隔 5min 所施加电压增加 5kV，直至闪络；然后在闪络电压上逐次递减 5kV，每次加压 30min，直至其间不发生闪络为止。

(4) 在覆冰绝缘子串逐渐升温的过程中每 5min 进行一次升压闪络试验，直至得出冰闪电压与闪络次数或融冰时间的 U 形试验曲线为止。

覆冰绝缘子串闪络特性的评价参数有最低闪络电压、最大耐受电压和 50%闪络（或耐受）电压，其中 50%闪络电压的优点是可直接用于绝缘设计。

(四) 污秽绝缘子覆雪闪络特性

通常清洁绝缘子串覆雪闪络是很难发生的，因此有关试验研究也很少。试验中覆雪绝缘子的闪络特性受雪的体积电阻率、电介质常数、含盐量和含水量等影响，也与覆雪量有关。特别是污秽绝缘子覆雪或雪受到污染后当环境温度升高发生融雪时，绝缘子串闪络电压将明显下降，其耐受电压值大致等于具有相同电导率的污秽绝缘子的雾耐受电压。覆雪绝缘子的直流闪络试验因负极性闪络电压比正极性低，因此一般只在负极性下进行。

三、高海拔对空气间隙放电电压与绝缘子污闪电压的影响

高海拔地区对直流外绝缘的影响主要是低气压导致的空气间隙放电电压与绝缘子污闪电压的下降。工程对此需进行海拔修正。

(一) 海拔高度对空气间隙放电电压的影响

海拔高度对空气间隙放电电压的影响实际上是大气参数：气压、温度和湿度对放电电压的影响。海拔校正有两种方式，一是直接计入海拔高度，二是顾及当地气象条件。在现行标准中，前者有《高压输变电设备的绝缘配合》（GB 311.1—1997）和《绝缘配合 第二部分：

应用导则》（IEC 60071-2：1996）等，因不计温度、湿度等气象参数的影响，海拔校正有不足之嫌；后者有《高电压试验技术 第一部分：一般试验要求》（GB/T 16927.1—1997）和《交流电气装置的过电压保护和绝缘配合》（DL/T 620—1997）等。由于缺少海拔2000m以上的长间隙放电的试验数据，其海拔校正还难以取得共识。

中国电力科学研究院通过昆明（1970m）和西宁（2254m）以及北京（50m）三地的试验对GB/T 16927.1标准给出的海拔校正方法进行了验证。试验包括高压与特高压换流站直流场典型间隙的操作冲击放电试验和直流线路杆塔塔头空气间隙的操作冲击放电试验。图9-30（a）和（b）分别给出了3.3～5m（西宁）和5～8m（昆明）6分裂导线对塔身空气间隙操作冲击放电电压的试验结果。

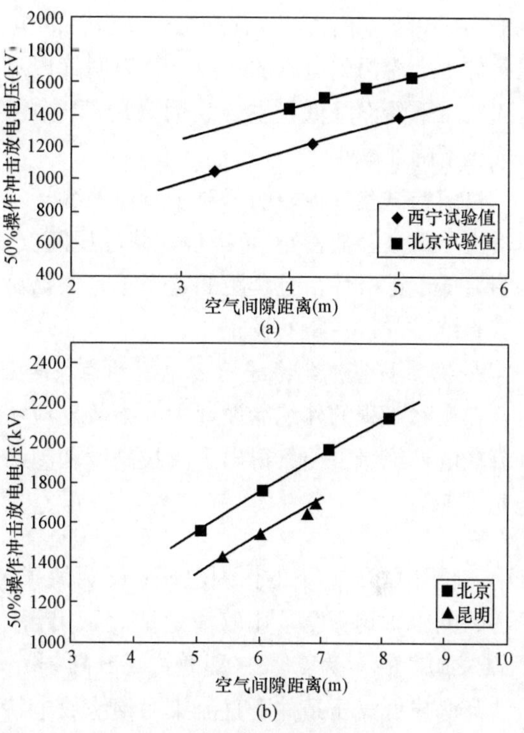

图9-30　6分裂导线对塔身空气间隙操作冲击放电特性

（a）西宁（海拔2254m）；（b）昆明（海拔1970m）

试验表明，从工程应用的角度，在海拔2000m及以下地区可以使用高海拔地区的大气参数，按GB/T 16927.1标准规定的g参数法来进行大气修正，也可按下式确定放电电压的海拔修正系数为

$$k_{\mathrm{h}} = \mathrm{e}^{mH/8150} \tag{9-10}$$

式中，H为海拔高度，m；m为海拔修正因子，取值见IEC 60071-2。

目前g参数法和上式都只能用于海拔2000m及以下的海拔修正，这是因为相对空气密度修正系数表达式中的m值和湿度修正系数表达式中的w值的使用范围限制在海拔2000m及以下。

（二）低气压对污秽绝缘子闪络电压的影响

1. 低气压下直流污闪电压的下降指数

大量试验研究表明，在低气压下的正负极性直流污闪电压较常压下降低，可以表示为

$$U = U_0\left(\frac{p}{p_0}\right)^n \tag{9-11}$$

式中，U_0为标准大气压下的污闪电压；p为运行处的大气压；p_0为标准大气压；n为污闪电压随气压下降的指数。

对于实用绝缘子，因试验条件、绝缘子结构形状与表面盐密的不同，n值有差异。清华大学根据3种直流盘形绝缘子和2种直流支柱绝缘子污秽试验得出的n值分别平均为0.12～0.45和0.31～0.88；重庆大学根据3种交、直流盘形绝缘子和2种交流支柱绝缘子污秽试验得出的n值分别平均为0.14～0.31和0.23～0.63；前苏联在海拔3200m和800m试验站得出的n

值平均为0.5。总之，尽管绝缘子直流污闪电压随气压下降的指数分散性较大，但都小于相同条件下交流污闪电压的指数，这表明气压对直流污闪电压的影响比交流要小。直流污闪电压随气压下降而降低，主要是因为局部电弧的伏安特性随气压下降而降低，即电弧常数 A 随气压下降而减小。

目前的试验数据表明，对于直流绝缘子，正极性闪络电压随气压降低（即海拔升高）下降得更严重（轻盐密）；负极性闪络电压随气压降低变化得较小。但是，由于负极性闪络电压明显低于正极性，且爬距的选择总是根据负极性污秽试验数据进行，因此高海拔使用负极性试验结果进行比距的校正。

2. 高海拔直流绝缘子污闪电压的海拔校正

在实际工程的外绝缘设计中，指数 n 应用起来很不方便。中国电力科学研究院“500kV直流输电外绝缘”项目得出了海拔高度和闪络电压之间的线性表达式为

$$\frac{U}{U_0}=1-k_1H \tag{9-12}$$

式中，U_0为常压 p_0下的污闪电压；U 为海拔高度 H 下的污闪电压；下降斜率 k_1反映气压对于污闪电压影响程度，比较清楚地表示出污闪电压随海拔的升高而降低，如钟罩型绝缘子（XZP-210）的 k_1为0.08（即海拔每升高1km，直流污闪电压下降8%）。

高海拔低气压条件下直流染污绝缘放电特性尚在研究中。对于直流污闪电压随气压下降而降低的规律，以及电压类型、绝缘子形状、污染程度对污闪电压下降规律的影响及原因均需进一步工作。

第三节　直流输电外绝缘选择

对于高压与特高压直流工程的空气间隙，换流站一般由操作过电压控制；线路直线塔采用I形绝缘子串时一般由直流工作电压控制，采用V形绝缘子串时由操作过电压控制。对于绝缘子，因表面污秽的存在，无论是换流站还是线路，通常都由直流工作电压所决定。

一、杆塔和换流站空气间隙确定

（一）杆塔塔头空气间隙

对于使用悬垂绝缘子串的杆塔空气间隙，应在因绝缘子串风偏而使间隙变小时仍能承受直流工作电压和操作过电压。可以参照交流杆塔的规定，即按《高压直流架空送电线路技术导则》（DL/T 436—2005）的规定，以线路设计最大风速来确定工作电压下空气间隙的风偏角，以线路设计最大风速的1/2来确定操作过电压下空气间隙的风偏角，详见第十二章第一节。

1. 直流工作电压下的空气间隙

导线对杆塔的空气间隙的直流50%放电电压可按DL/T 436—2005给出的公式［见式(12-2)］求得。

根据中国电力科学研究院导线对杆塔空气间隙的试验结果进行设计，直流电压下导线对杆塔间隙的平均放电电压梯度可取460kV/m，放电电压的变异系数可取0.9%，其计算结果见表9-3。

表 9-3　　直流工作电压要求的空气间隙计算结果

海拔高度(m)	工作电压(kV)	k_3	$1-3\sigma_N$	k_2/k_1	U_{50} (kV)	计算间隙(m)	使用间隙(m)
500	500	1.1	0.973	1.064	601.4	1.307	1.31
1000				1.134	641.0	1.393	1.40
500	800	1.15	0.973	1.064	1006.0	2.187	2.20
1000				1.134	1072.2	2.331	2.34

2. 操作过电压下的空气间隙

导线对杆塔的空气间隙的正极性50%放电电压可按DL/T 436—2005给出的下述公式求得

$$U_{50\%}=\frac{k'_2k'_3}{(1-2\sigma_s)k'_1}U_m \tag{9-13}$$

式中，k'_3为操作过电压倍数，推荐值为1.7；k'_1为操作波放电电压的空气密度校正系数；k'_2为操作波放电电压的空气湿度校正系数；σ_s为间隙在操作过电压下放电电压的变异系数，5%；U_m为最高运行电压。

按式（9-13）计算出±500kV直流线路杆塔在海拔500m和1000m时的50%放电电压分别为995kV和1048kV。参照图9-31中±500kV拉线塔的情况，间隙分别可取2.45m和2.65m（拉线上移）。该间隙大于自立式直流杆塔的操作过电压间隙，为此，DL/T 436—2005以此为海拔500m和1000m时的操作冲击电压间隙。±500kV葛—南线实际是按1.8倍的操作过电压确定导线对杆塔的空气间隙，故在海拔500m和1000m时分别采用的是2.75m和2.95m。同理，±800kV直流线路按1.8倍的操作过电压确定导线对杆塔的空气间隙，海拔为500m和1000m时分别采用的是5.78m和6.30m。

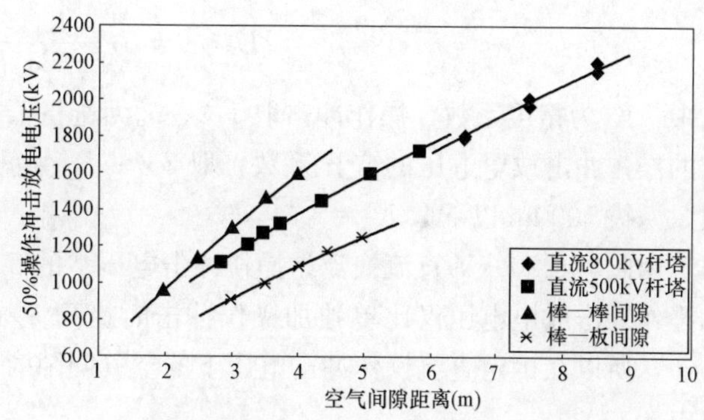

图 9-31　分裂导线—杆塔间隙操作冲击放电特性

3. 塔头尺寸

（1）按间隙圆确定塔头尺寸：按海拔1000m时直流工作电压及过电压下要求的间隙值和相应风偏角（V形串可不考虑）以及绝缘子串长要求作图，确定分裂导线及绝缘子串(导线侧均压环）悬挂点至塔身边缘的距离。根据我国实际工况可选择的最小塔头间隙见表12-16。

（2）按导线在档距中央接近距离要求校核塔头尺寸：为防止导线在档距中央因大风引起不同步摆动而导致空气击穿，在1000m档距以内两极线间距离应满足式（12-8）的要求。例如，当±500kV线路设计档距为450m时，再加上0.45m的导线分裂间距，两极线距离不应小于12m。

（3）对带电作业要求的校核：带电作业间隙的50%操作冲击的放电电压$U_{50\%}$可按式

(9-13) 求得，但 σ_s 的系数 2 改为 3。

试验表明，带电作业最不利的工作条件是身着等电位作业服的工作人员对导线之间的距离。当直流系统最高工作电压为 510kV 和内过电压倍数为 1.7～1.8 倍时，带电作业应承受的耐受电压为 867～918kV，相应间隙为 2.9～3.1m，外加 0.5m 人体活动范围。通常带电作业所需的安全间隙距离不作为设计的控制因数。

（二）换流站直流场设备空气间隙

从线路杆塔空气间隙的计算可知，操作过电压起决定作用。由于换流站直流场极母线多采用固定安装方式，且两极间距离足够大，因此空气间隙主要考虑极母线对地距离。对于固定式母线，也主要计算操作过电压结果。同时，过电压下的间隙值应与极母线避雷器的相应保护水平相配合。表 9-4 列出了葛—南直流工程换流站使用的直流避雷器参数。

表 9-4　　葛洲坝和南桥换流站使用的直流避雷器参数

型　号	额定电压 (kV)	最高运行电压 (kV)	8/20μs 电流残压（kV）			45/90μs 电流残压（kV）		
			3kA	10kA	20kA	0.3kA	1.0kA	3.0kA
MDL-C515	DC515	515	987	1038	1110	877	910	950

间隙的操作冲击 50%放电电压 $U_{50\%\cdot s}$ 可按下式求得

$$U_{50\%\cdot s}=\frac{K_1}{(1-2\sigma)K_2}u_p \tag{9-14}$$

式中，K_1 为裕度系数，操作冲击取 1.2；u_p 为避雷器操作冲击保护水平，取 950kV；σ 为间隙的操作冲击放电电压的变异系数，取 5%；K_2 为间隙的操作冲击放电电压的气象校正系数，海拔 1000m 以下取 $K_2=1$。

因此，±500kV 直流换流站操作冲击电压下的 50%放电电压可取 1266kV。由于直流叠加操作冲击放电电压仅比单独加操作冲击时提高 3%～4.5%（变异系数略高，为 5.4%～7%），所以在确定直流操作冲击电压下的空气间隙时，可只使用正极性操作冲击电压下的放电电压。

比较细致地描述换流站直流场（包括阀厅）的典型间隙，户外直流场可以选择极母线（带端部屏蔽环或球）对地面遮栏和支持绝缘子的间隙，阀厅和户内直流场可选择极母线或屏蔽环（球）对单面墙或多面墙构成的间隙。以中国电力科学研究院进行的±500kV 直流换流站极母线对设备构架和遮栏之间空气间隙的正操作冲击放电电压试验为例，该试验结果见图 9-32。

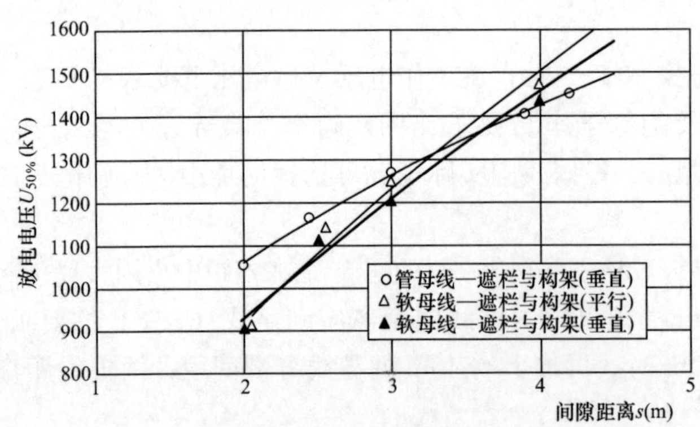

图 9-32　换流站典型间隙的操作冲击放电特性

由图 9-32 可见，极母线对构架及遮栏呈垂直布置时的正极性操作冲击放电电压较平行布置时为低；同样是母线和构架及遮栏呈垂直布置，间隙大于 3.6m 时管母线较软母线放电电压低，而间隙小于 3.6m 时试验结果相反。在操作冲击电压为 1266kV 条件下，换流站空气间隙可根据软母线对垂直布置的构架及遮

栏的正极性操作冲击放电电压来确定，其50%放电电压可用下式表示，计算可得间隙为3.4m，即

$$U_{50\%}=593.5d^{0.6467} \tag{9-15}$$

式中，d 为空气间隙，m。

用同样方法，可获得其他典型间隙的正极性操作冲击放电特性及放电电压表达式。

二、直流绝缘子选择

与交流相比，绝缘子直流污闪电压受其伞裙结构影响更大。由于直流系统操作过电压倍数较交流小，因此有可能要求直流绝缘子爬电距离对绝缘高度的比值大于交流绝缘子，从而通过增加爬距、提高爬距对高度的比值来改善绝缘子的直流污闪特性。而爬距的增加必然导致绝缘子伞裙盘径的加大和结构形状的复杂。

（一）架空线路绝缘子

1. 直流盘形绝缘子

目前，国际通用的直流盘形绝缘子的主要结构特点是：①防雾型（国内也称钟罩型），为阻挡潮气直接进入下表面，绝缘子呈钟罩形，且上表面为圆弧状球面，利于上表面污秽受潮后尽快流失；②大盘径、大爬距，如160kN和210kN直流绝缘子采用320mm的盘径，每片标称爬距为540～550mm，比交流标准型绝缘子增加80%左右（结构高度均为170mm），使其爬距对高度的比值保持在3.0～3.5范围之内；③长短交错棱，伞裙下表面长短棱交错布置，使相邻两棱端间的空气间隙总和增加，同时第二道陡峭的棱可有效抑制局部电弧的伸展；④控制棱槽中的爬距与棱端间隙的比例，如NGK公司提出用棱下系数 $K=(n-1)\sum S/d$（式中，S 为各棱高之和，d 为各棱端距离之和，n 为棱数）来描述直流绝缘子伞形结构的优劣，并认为该值在0.7～1.1范围内为宜，取0.9最佳。通用直流盘形绝缘子的结构尺寸和技术参数见表12-9。

改善绝缘子的自清洗性能是选择绝缘子造型的另一思路。根据我国自然环境和污源特点，已有生产厂开发大盘径大爬距的双伞型和三伞型直流绝缘子投入试运行。该类绝缘子具有空气动力型的水平及倾斜的光滑伞裙，下表面不易形成涡流；且雨水直接冲洗作用更显著，但在静电吸尘作用下其效果尚待考验。已有自然积污试验表明其逐年累计积污量要低于防雾型，如在我国北方地区三年累积最大等值盐密比防雾型少30%。

图9-33给出了国内外几种主要直流绝缘子（钟罩型）悬垂串在不同染污条件下的雾耐受电压曲线。

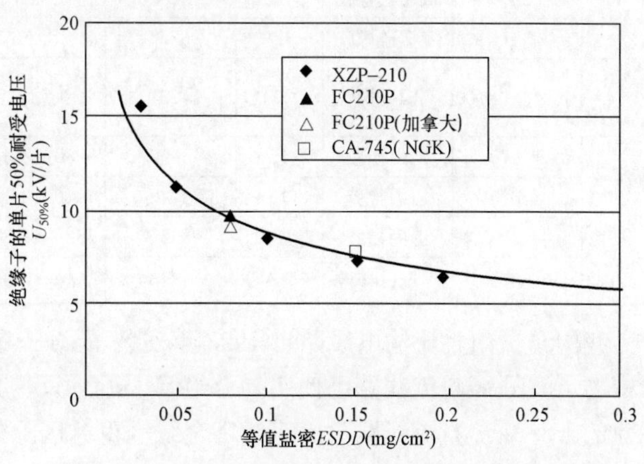

图9-33　通用直流绝缘子耐受电压与盐密的关系

直流电压下瓷与玻璃介质中钠离子的定向迁移会引起绝缘件的老化。Sediver公司认为钠离子迁移会导致玻璃件正极一端出现一个高电阻区，过高分布的电压会造成该区域的电击穿；NGK公司则认为钠离子在迁移过程中因俘获电子而形成体积大得多的原子，引起体积膨胀

致使瓷件破裂；瓷介质中的杂质在直流下产生的热应力也可能引起温升，导致局部膨胀而破碎使瓷发生热击穿。而解决直流盘形绝缘子老化的根本途径是提高绝缘子的体积电阻率。试验表明：用于直流的瓷与玻璃件的体积电阻在100℃时不应低于10^4MΩ，并要尽力降低杂质含量。标准规定，凡用于直流线路的绝缘子均应进行离子迁移试验和热破坏试验。

直流盘形绝缘子金具的腐蚀主要表现为钢脚的腐蚀。泄漏电流流经钢脚时，钢脚发生氧化反应，使铁不断被腐蚀，造成钢脚截面逐渐减小，构成对机械强度的威胁；同时泄漏电流流经胶状水泥，在胶状水泥与钢脚的接触部位形成腐蚀物堆积而产生机械应力，引起瓷件破裂。为防止钢脚的腐蚀，国内外制造商均采用安装防腐锌套（作为牺牲电极）的办法。据近年调查，葛南线所经污秽地区如宜昌、安庆和嘉兴段的绝缘子钢脚锌套都存在腐蚀情况，其中腐蚀严重的锌套表面凹进深度已达2mm，凹进处表面宽度为4～5mm，据此推算，该锌套还可使用10年。由此看来，在我国潮湿的重污秽地区还需提高锌套的现有设计标准。

2. 直流棒形复合绝缘子

直流线路最早使用棒形悬式复合绝缘子的是美国±400kV太平洋联络线（后升压至±500kV），目的是为解决沿高速公路线路的严重污闪问题。据CIGRE第22-03工作组调查统计，自1976年第一次将复合绝缘子用于直流线路到1992年为止，共有809只复合绝缘子运行了5500只·年（仅包括美国及新西兰四家电力公司），其中高温硫化硅橡胶绝缘子只占9%，见表9-5。虽然这些复合绝缘子运行条件较差，或处于重污秽地区，或受到人为破坏，但运行状况基本良好，其中以硅橡胶绝缘子为最优（BPA使用的乙丙橡胶复合绝缘子曾发生多次闪络）。

表9-5　　国外直流线路复合绝缘子使用简况

使用单位	电压等级(kV)	合成绝缘子	数量(只)	连接长度(mm)	爬距(mm)	比距(mm/kV)	均压环	投运年份	运行(年)
美国UPA	±400	乙丙橡胶	120	2250/5110	9630	24.1	两端用	1980	12
	±400	乙丙橡胶	16	2245/5362	10 920	27.3	两端用	1984	4
美国BPA	±400→±500	乙丙橡胶	2	2240/5070	8763	21.9→17.5	两端用	1976	9～7
	±400→±500	乙丙橡胶	8	2100/4900	10 160	25.4→20.3	两端用	1981	4～7
	±500	室温硅橡胶	180	3710	9398	18.8	两端用	1991	1
	±500	高温硅橡胶	120	4458	10 257	20.5	两端用	1985/86	7
	±400→±500	室温硅橡胶	2	3772	8026	20.1→16.1	两端用	1976	9～7
美国LADWP	±400→±500	高温硅橡胶	300	4724	12 850	32.1→25.7	两端用	1984	1～7
新西兰电力公司	±270	乙丙橡胶	15	3606	5080/13 330	18.8/49.4	高压端	1984/85	7
	±270	乙丙橡胶	15	3538/3603	4940/13 470	18.3/49.9	两端用	1984/85	7
	±270	乙丙橡胶	16	3924	5820/14 570	21.6/54.0	两端用	1984/85	7
	±270	高温硅橡胶	15	4520	5540/13 040	20.5/48.3	不用	1984/85	7

我国葛—南直流输电线路自1993年安装了24只复合绝缘子进行试运行，至今，我国运行中的±500kV直流线路已使用复合绝缘子近万只，其主要结构尺寸和技术参数见表12-10。在建的±800kV直流线路更是直线塔全线（重冰区除外）采用复合绝缘子。

根据国外复合绝缘子在直流线路上的运行经验和国内有关研究的初步结果，复合绝缘子用于直流线路应有不同于交流线路的特点，主要有：①直流电弧对硅橡胶的电蚀损比交流电弧要严重得多，伞裙与护套的设计（包括材质与结构）应能防止直流电弧的电蚀损与灼伤；②由于持续潮湿条件下硅橡胶表面憎水性会暂时减弱而导致的表面泄漏电流剧增，须采取防腐措施，在两金具端部应加装防电解腐蚀的阳极保护电极；③加强芯棒护套与端部金具连接区的密封层，以抵御直流电弧的灼损；④芯棒应具有尽可能小的离子迁移电流和较高的耐弱酸侵蚀能力；⑤外绝缘表面应有较交流更大的爬电比距和适当的伞间距，比距可取相同瓷或玻璃绝缘子串比距的 3/4。为此，在直流复合绝缘子的招标与验收时，必须制定专门试验标准，确保产品质量的可靠性。

直流线路使用复合绝缘子的好处甚多：①清洁区和轻污区使用可以大大减轻线路运行维护的工作量，减少停电次数，为电网带来巨大的经济效益；②污秽地区利用其良好的抗污闪性能，可减小塔头尺寸，为外绝缘设计带来极大的便利；③国产复合绝缘子预计售价仅为瓷和玻璃绝缘子串的 1/3，即使使用双串也可减少工程造价；④可以减轻施工强度。总之，使用复合绝缘子是从根本上解决直流线路污闪的决定性措施。

（二）换流站支柱绝缘子和设备套管

与线路绝缘子相同，直流支柱绝缘子和设备套管的结构形状对其污闪电压的影响远大于交流。为防止直流电弧短接绝缘子伞裙，在增加伞裙爬距的同时要控制绝缘子的伞间距。目前国内外的产品均将伞间距取在 70～90mm 范围内。

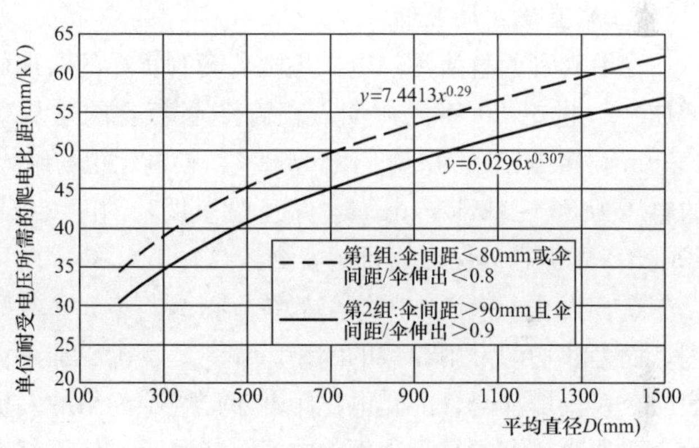

图 9-34　设备绝缘子单位耐受电压所需爬电比距与平均直径的关系

日本认为，包括支柱绝缘子在内的电站用设备绝缘子（竖直安装的瓷套）在相同污秽度下，随着试品平均直径的增加，其污闪电压在逐渐降低。图 9-34 给出了 10 种伞形的设备绝缘子爬电比距与平均直径的关系。试品分为两组：一组伞间距小于 80mm 或伞间距与伞伸出之比小于 0.8；另一组伞间距大于 90mm 且伞间距与伞伸出之比大于 0.9。试验给出如下经验公式

$$\lambda = KD^{-n} \qquad (9\text{-}16)$$

式中，λ 为爬电比距，mm/kV；D 是平均直径，mm；K 与 n 为常数，取决于试品伞裙的结构，其中 n 一般取 0.3。

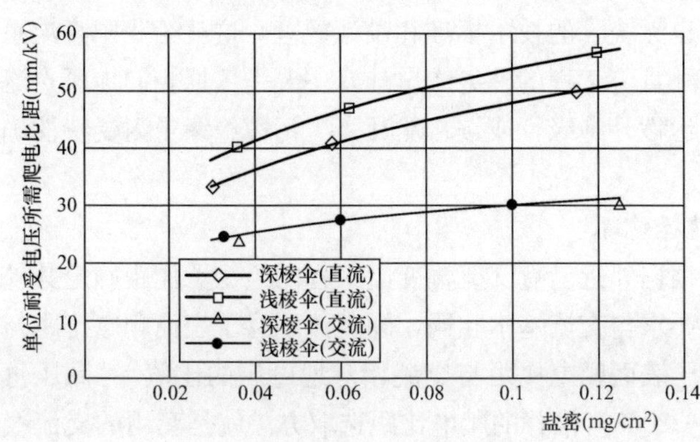

图 9-35　支柱绝缘子不同伞裙结构的污闪性能

图 9-35 两组两线的差别表明了试品伞裙结构对其污闪电压的影响。交流电压下浅棱伞与深棱伞支柱绝缘

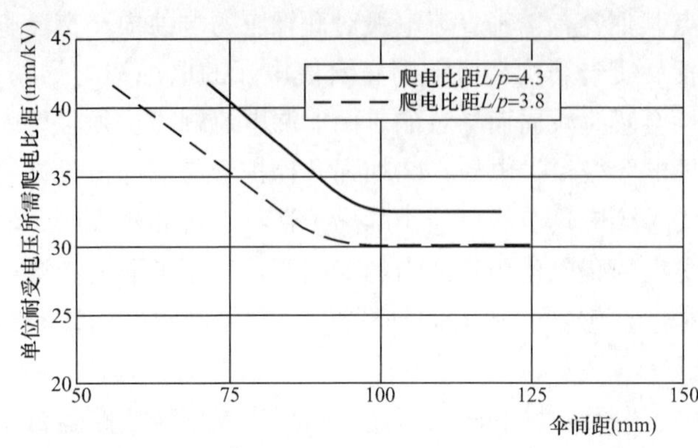

图 9-36 伞间距与单位耐受电压所需爬电比距的关系

子在同一盐密时的耐受电压特性相同；但在直流电压下浅棱伞爬电比距要较深棱伞多10%。随着污秽度的增加，支柱绝缘子的直流和交流耐受电压比值明显下降，因此直流支柱绝缘子的伞裙不同于交流绝缘子。

美国EPRI提出伞间爬距与伞间距的比（也称比爬距）为3∶1时，其直流耐受特性最佳，当比值超过时即减少伞间距或增加伞间爬距，都有使空气间隙击穿的趋势。日本认为，具有较大伞间距的深棱伞的直流污秽特性比其他伞形优越。图9-36给出了深棱伞站用绝缘子在盐密0.03mg/cm^{2}时伞间距与爬电比距的关系曲线。

（三）直流穿墙套管

穿墙套管的直流污闪电压也随着套管直径的增加而降低。因此，套管直径增大，爬距则增加。20世纪80年代初期，直流穿墙套管的主要结构尺寸是：平均芯子直径为190～450mm，爬电比距为23～48mm/kV，爬电比距与绝缘长度之比为2.5～4.2，单位绝缘长度的电压为80～127kV/m。运行经验表明，对于400kV以上的穿墙套管，爬电比距高达50mm/kV仍难以保证运行的安全。

迄今为止，换流站闪络事故统计认为，绝大多数穿墙套管的闪络都不是一般意义上的污闪，而是非均匀淋雨导致的闪络。瑞典、美国、加拿大的非均匀淋雨试验和现场运行经验都表明，仅仅增加套管的爬电比距并不能杜绝闪络的发生。因此，防治穿墙套管非均匀雨闪的发生要从改变潮湿套管表面的电场分布着手。使用复合套管（包括瓷套管喷涂RTV和加装辅助伞裙）和在套管周围安装固定式水冲洗装置都是有效措施。

三、直流污秽外绝缘设计

高压直流输电系统的外绝缘设计主要取决于工作电压下绝缘子的污秽特性，除特殊情况（如多雷区线路、大跨越高塔）外，可不进行操作过电压和雷电过电压的校验。由于历史原因，在交流方面我们积累了较多经验，有了比较成熟的选择绝缘的方法；而直流方面的研究还很不够，缺乏实际运行经验，国际上也无统一的技术标准和设计规范，这就给我国直流系统外绝缘的选择带来许多困难。现有国外直流工程的外绝缘设计，主要是依据相同地区直流和交流系统的运行经验按爬电比距确定污秽外绝缘，或按自然及人工污秽绝缘子耐受特性确定绝缘水平。

（一）根据运行经验按照爬电比距选择绝缘

对于已建和待建直流输电工程可以根据邻近已有交流输变电工程的绝缘子比距确定其外绝缘水平。国外早期对直流爬电比距的要求与交流基本相同，即直流绝缘子表面爬电比距与直流极对地电压的比值相当于交流绝缘子表面爬电比距与交流相对地电压的比值。《高压直流架空送电线路技术导则》（DL/T 436—2005）推荐的爬电比距选取方法就是套用的交流线路污秽等级划分。但是大量运行经验已证明，以往对直流污秽问题估计的过于乐观。许多建成的线路和换流站都被迫加强绝缘或采取其他补救措施，葛—南直流输电工程就是一例。很显然，无论在清洁区还是在污秽区，直流的爬电比距都要大于交流。

以线路为例，根据葛—南线的实际运行经验，相同环境条件下，直流绝缘子的爬电比距应不小于500kV交流绝缘子比距的2.0倍（还需继续积累全电压下的运行经验）。换流站直流设备与交流设备的爬电比距的比值应更大。

按照爬电比距选择绝缘的局限性是：同一自然环境中的直流和交流绝缘子的表面放电状况要相似即同属一类放电，否则就没有可比性。这就要求在确定直流绝缘子的爬电比距时，相邻交流绝缘子的爬电比距要适当（运行中既不能有明显的放电现象，也不能有过大的绝缘裕度）。不同类型交流绝缘子有效爬电比距的差异也会影响直流绝缘配置的可靠性。

（二）按照自然污秽闪络特性选择绝缘

在拟建直流换流站站址和线路所经的典型地区先行建立自然污秽试验站，经过2～3年或更长时间的带电运行，测量自然污闪概率与绝缘子电位梯度的关系，并据此选择绝缘子，使发生污闪的概率低到可以接受的程度。根据绝缘配合统计法计算，当系统最高运行电压U_m确定后，工作电压下绝缘子的污闪概率P_j可以表示为绝缘子的$U_{50\%}$闪络电压及其标偏σ的函数，即

$$P_j = F[(U_m - U_{50\%})/\sigma] \tag{9-17}$$

而线路100km·年的污闪次数为

$$N = [1-(1-P_j)^n]\cdot N_w \tag{9-18}$$

式中，n为100km·年的绝缘子串数；N_w为年平均雾湿日。一般认为绝缘子串的闪络概率是服从正态分布的，因此P_j可以从正态分布表上查得。平均雾湿日需根据具体线路环境情况确定。

按照此法选择绝缘比较接近实际，但是耗资大，试验周期长，难以推广。因此，通常是利用自然积污绝缘子作人工雾闪试验，建立自然积污绝缘子的闪络特性与人工污秽试验结果之间的定量关系，然后依据人工污秽结果选择绝缘。

（三）按照人工污秽试验选择绝缘

1. 选择直流设备外绝缘的基本步骤

根据人工污秽试验选择直流设备外绝缘的基本步骤简述如下：

(1) 根据拟建站址和拟建线路所经区域的交流输变电设备的积污状况和同类地区直流和交流自然积污比，预测该区域直流换流站支柱绝缘子和线路通用绝缘子表面的等值盐密值和灰密值；

(2) 根据直流换流站各类设备表面等值盐密与其平均直径相互关系的推荐公式和支柱绝缘子的预测值，推算其他各类设备套管表面的等值盐密与灰密；线路其他造型的悬式绝缘子表面等值盐密可依据通用型进行折算；

(3) 确定等值盐密值的人工污秽试验时使用的盐密值，即有效盐密；

(4) 在有效盐密下进行各类设备的人工污秽试验，获取50%污闪电压；

(5) 根据各地实测的灰密与等值盐密的比值、上表面与下表面等值盐密（含灰密）的比值，对现有人工污秽试验数据进行灰密和上下表面积污比的修正；

(6) 由于绝缘设计中的诸多不确定因素及不同试验室人工污秽试验结果的分散性，在最

终确定设计站用绝缘子比距和线路绝缘子片数时应考虑留有适当裕度；如裕度已在上述各步骤留出，则可免去此修正。

2. 换流站直流设备爬电比距的选择实例

以±500kV 三—常直流输电工程龙泉、政平两换流站为例。

(1) 确定两换流站交流设备表面的等值盐密：通过多种方法预测龙泉、政平两换流站交流场支柱绝缘子的等值盐密年均值分别取 0.03 mg/cm² 和 0.06mg/cm²。龙泉、政平两换流站直流和交流积污比分别取 2.0 和 1.8，直流场深棱伞支柱绝缘子等值污秽等值盐密值分别为 0.06～0.07 mg/cm² 和 0.13mg/cm²。

(2) 确定两换流站直流设备表面的有效盐密：使用钙离子当量浓度计算出两站有效盐密修正系数，确定龙泉、政平两站直流支柱绝缘子有效盐密分别为 0.05 和 0.10mg/cm²；垂直套管有效盐密分别为 0.04 和 0.08mg/cm²。

(3) 根据已有人工污秽试验结果计算爬电比距：在试验盐密（有效盐密）0.03mg/cm² 和灰密 0.10mg/cm² 条件下，深棱型支柱绝缘子或垂直套管的爬电比距 λ_A 由下式确定

$$\lambda_A = 6.03D^{0.307} \tag{9-19}$$

式中，λ_A深棱型绝缘子的爬电比距，mm/kV；D 为支柱绝缘子或垂直套管的平均直径，mm。

根据支柱绝缘子的耐受电压与盐密的−0.33 次方的幂函数关系，计算出两换流站支柱绝缘子所需爬电比距分别为 41mm/kV 和 55mm/kV，垂直套管所需爬电比距分别为46mm/kV和58mm/kV。

(4) 对已有人工污秽试验结果进行灰密修正：取灰密对等值盐密比为 5 进行修正，灰密修正系数按下式进行计算

$$K_N = 0.73N^{-0.13} \tag{9-20}$$

式中，N 为试验灰密，mg/cm²。

灰密修正后，两换流站直流场支柱绝缘子爬电比距分别为 46mm/kV 和 64mm/kV；两换流站垂直套管的爬电比距分别为 51～71mm/kV。

(5) 给出两换流站户外直流设备的爬电比距的设计值：直流设备的爬电比距设计值 λ_{SH} 按下式确定

$$\lambda_{SH} = K\lambda(1 + 1.64\sigma) \tag{9-21}$$

式中，K 为考虑测试条件变化等的安全系数；λ 为灰密修正后的人工污秽试验结果，mm/kV；σ 为试验结果的标准偏差。

式 (9-21) 兼顾了试验与测试数据的分散性和设备运行所期望的可靠性。两换流站直流场支柱绝缘子爬电比距的设计值分别为 54mm/kV 和 75mm/kV；两换流站垂直套管的爬电比距设计值分别为 61mm/kV 和 84mm/kV。

3. 盘形悬式绝缘子片数的选择实例

以±500kV 三—常直流输电线路为例。由于盘形绝缘子上下表面积污差别比支柱绝缘子和套管突出的多，因此需增加上下表面盐密分布不均匀的修正。

(1) 确定沿线 XP 型绝缘子表面等值盐密：如两换流站交流场 XP 型悬式绝缘子的等值盐密年均值分别取 0.05mg/cm² 和 0.1mg/cm²。沿线各远离工业污染的山地、丘陵和农田区

段直流和交流积污比可取 1.4～1.8；邻近村庄和集镇或受到远距离工业污染影响的区段直流和交流积污比可取 1.6～2.0；靠近工业源或紧邻交通干线的区段直流和交流积污比可取 1.8～2.2。

（2）沿线不同区段绝缘子表面的有效盐密：根据现场实测经验，农业地区有效盐密修正系数可取 0.5～0.7；在城市、工业区、乡镇工业密集区和盐碱地区可取 0.8～1.0。

（3）根据已有人工污秽试验结果计算悬垂串片数：使用已有长串人工污秽试验结果计算悬垂串片数，只有在缺少长串数据时才使用短串试验数据。日本提供的 CA-745EZ 直流通用绝缘子串的每片耐受电压 U_{WS} 与试验盐密 S 的关系可使用如下经验公式表示

$$U_{WS} = 5.98S^{-0.308} \tag{9-22}$$

式中，U_{WS} 为绝缘子串每片耐受电压，kV/片；S 为试验盐密，即有效盐密，mg/cm²。

中国电力科学研究院给出的国产 XZP-210 短串数据为

$$U_{WS} = 3.36S^{-0.378} \tag{9-23}$$

（4）对已有人工污秽试验结果进行灰密修正：由于国外长串试验数据都是在轻灰密（0.1mg/cm²）条件下得到的，因此，灰密修正系数 K_N 可按下式计算

$$K_N = 0.73N^{-0.13} \tag{9-24}$$

式中，N 为表面灰密，mg/cm²。

国内按照国家标准进行的试验使用灰密为 1mg/cm²，因此其灰密修正系数 K_N 需按下式计算

$$K_N = 0.996N^{-0.123} \tag{9-25}$$

（5）绝缘子表面污秽不均匀分布的修正：绝缘子上下表面盐密分布不均匀时，可按下式进行修正

$$K' = 1 - A\log R \tag{9-26}$$

式中，K' 为上下表面污秽不均匀分布系数；R 为上下表面盐密比；A 为常数，可取 0.21～0.49。

（6）绝缘子串设计片数：绝缘子串所需设计片数 N 可按下式计算

$$N = K\frac{U_M}{K_N K' U_{WS}} \tag{9-27}$$

式中，U_M 为直流系统最高工作电压，kV；K 为考虑测试条件变化等的安全系数。

按照上述程序，除自然植被良好、人迹罕至的山区，一般地区龙政线直线串可取 37～46 片（每年清扫一次），重污秽地区应使用复合绝缘子。悬垂双串在单串基础上增加 2～5 片。耐张串由于自清洗能力强，积污少，一般可不再增加片数。

（四）按照泄漏电流特性选择绝缘

污秽绝缘子在工作电压下泄漏电流脉冲的峰值，是一个描述现场污秽程度的动态参数，同时也可说明绝缘子能否发生污闪。因此可根据泄漏电流选择绝缘，其步骤如下：

（1）在试验室里确定绝缘子闪络梯度和临界泄漏电流之间的关系曲线 $E_c - I_c$。如图9-37所示，根据各种不同污秽绝缘子试验得出的关系式为

$$E_c = 0.226I_c^{-0.69} \tag{9-28}$$

式中，E_c 为闪络梯度，kV/m；I_c 为泄漏电流，A。

（2）求出闪络梯度的下限值，即耐受梯度 E_w 和耐受时出现的最大泄漏电流 I_p 的关系曲

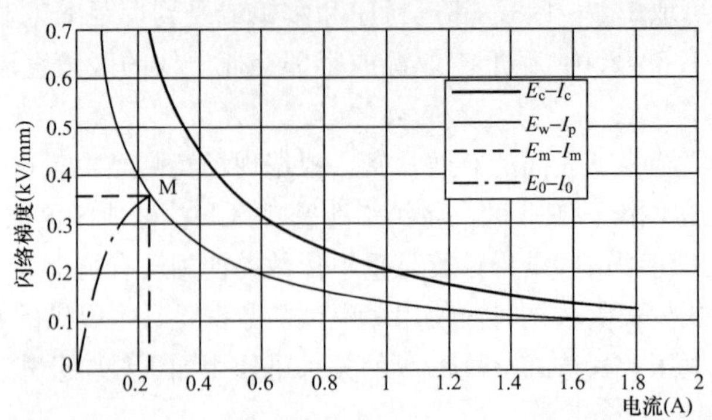

图 9-37　盘形绝缘子临界闪络梯度与临界泄漏电流之间的关系

线 E_w-I_p，该曲线也可通过雾耐受电压试验直接求得。

(3) 在自然污秽站，记录泄漏电流，求出试品上的电位梯度与最大泄漏电流幅值的关系曲线 E_0-I_0。在电位梯度较低时，泄漏电流基本上由绝缘子的污层电导和所加电压决定。随着局部电弧的出现，泄漏电流增长的比较快，特性曲线开始出现非线性。曲线 E_w-I_p 和曲线 E_0-I_0 的交点 M 决定了耐受时的最大泄漏电流 I_m 及其对应的耐受梯度 E_m。如工作电压梯度 E_0 小于 E_m，则认为是安全的。E_m/E_0 决定了安全系数。

第十章

直流输电线路环境影响

直流输电线路的环境是直流输电线路设计、建设和运行中必须考虑的重大技术问题。直流输电线路的电磁环境直接和输电线路电晕特性有关，换流站的电磁环境除和带电导体电晕放电有关外，还和换流装置的换流特性有关。

直流输电线路的电晕现象包括电晕损失、直流电场效应、无线电干扰和可听噪声等几方面内容，它们是线路设计必须考虑的问题。早期在设计和建设直流输电线路前，先要建立相应的试验基地，对拟建线路的电晕特性进行充分研究，取得规律为线路设计提供依据后，才开始正式设计和建设。例如，美国为了本国直流输电线路的建设，美国邦纳维尔电力局（BPA）和美国电力科学研究院（EPRI）曾对±400～±600kV直流输电线路的电晕效应特性进行过详细的试验研究；加拿大为了本国直流输电线路的建设，魁北克水电研究院（IREQ）曾对±600～±1200kV直流输电线路的电晕效应进行过研究。

第一节　直流线路电晕

线路电晕是指导线表面电位梯度超过一定临界值后，引起导线周围的空气电离所产生的一种发光的放电现象。直流线路电晕由于电压作用形式和交流不同，它的发展过程和交流电晕有很大差别。交流线路发生电晕时，由于导线电压的极性周期性变化，上半个周期因电晕放电空气电离产生的离子，在下半个周期因电压极性改变，又几乎全都被拉回导线，因此带电离子只在导线周围很小区域内作往返运动，两相和相导线与大地间的广大空间，不存在带电离子。直流线路发生电晕时，由于导线电压极性是固定的，在两极导线电晕产生的带电离子中，和导线极性相反的离子被拉向导线，而和导线极性相同的离子将背离导线，沿电力线方向运动，这样两极和极导线与大地间的整个空间将充满带电离子。

一、直流线路电晕现象

当直流线路发生电晕后，按电离的发生情况可将除导线以外的整个空间分为电离区和非电离区两部分。电离区是指紧贴导线周围很薄的一层空间，非电离区是指两极导线间和极导线与大地间的广大空间。在电离区内电场强度很高，电子在该电场作用下与气体分子碰撞后，使气体分子电离，新产生的电子被电场加速后又与其他分子碰撞，使电离雪崩式的发展。和导线极性相反的带电离子朝向导线方向运动，最后进入导线或在导线表面处被中和。和导线极性相同的离子背离导线运动，最终被排斥到电离区以外，沿电力线方向继续运动，其速度随着电场强度的减小逐渐减慢。在两极导线间除了正、负离子运动外，还存在带电离子的复合和中和现象。在电离区的边缘，由于带电离子运动速度的变慢，形成一层和极导线极性相同的空间电荷层，它们在一定程度上削弱了电离区内电场，使导线表面场强保持临界场强值，从而使电晕放电持续稳定进行。上述的电离区和非电离区的带电离子运动，形成了直流输电线路上的电晕电流，由此造成的能量损失称为电晕损失。

二、直流线路导线临界电场强度

如上所述，线路电晕是在导线表面场强超过某一临界值后才开始产生，这一临界值通常称为电晕临界电场强度，或起始电晕电场强度。皮克是最早研究线路电晕的，他当时研究的仅限于交流线路电晕，他通过大量的试验给出了适用于交流线路的电晕起始电场强度的计算公式。如果认为直流线路导线起晕场强和交流线路起晕场强的峰值相同，这样可以把皮克公式转换成如下的直流形式

$$g_0 = m \times 30\left(1+\frac{0.301}{\sqrt{r}}\right) \tag{10-1}$$

式中，g_0 为标准大气条件下导线表面电晕起始电场强度，kV/cm；m 为反映导线表面状况的粗糙系数；r 为导线半径，cm。

由上式可见，导线电晕起始电场强度不是一个常数，小直径导线比大直径导线的电晕起始电场强度要高。它的物理意义是：要使线路电晕放电能够自持，除导线表面场强需要足够大外，距导线一定距离的周围空间也需足够大的场强。小直径导线的空间场强随着离开导线距离的增加而衰减程度比大直径导线的快，因此为了维持周围空间一定的场强，小直径导线的表面必须具有更高的场强才能使放电自持。还需要说明的是，皮克通过试验求取导线表面起始电晕场强时，采用的是光滑导线，相当于式（10-1）中 $m=1$，实际导线是采用多股绞线，导线在制造和架设过程中可能造成一些伤痕，运行中还会有尘埃、昆虫、鸟粪和水滴等附着在表面上，以上诸多情况将使导线表面变得粗糙，为此还需要用粗糙系数 m 进行校正。对于直流输电线路的 m 取值，不同研究者取值不完全一样，一般为 0.40～0.60 之间。

三、直流线路导线表面电场强度计算

直流输电线路的电晕将会造成电晕损失、直流电场效应、无线电干扰和可听噪声等几方面后果。在直流线路设计时，必须把上述诸多效应控制到合理程度。而直流线路电晕放电的严重程度直接和导线表面电场强度的大小，特别是表面最大电场强度有关，因为在这些点正是电晕放电最为活跃的地方，为此准确计算导线表面最大电场强度显得格外重要。对每相为单根导线的输电线路，计算导线表面电场可采用马克斯威尔电位系数法，此时每根导线上的电荷用集中在导线中心的线电荷来表示。分裂导线表面电场的计算最早是马克特（Markt）和门得尔（Megele）提出的，他们用等效的单根导线代替分裂导线，先用马克斯威尔电位系数法决定每极导线总电荷，然后把该分裂导线作为孤立导体对待，认为每根导线电荷相同，先求出每根导线的平均场强，然后考虑各子导线间电场的相互加强作用求出最大场强。这一方法以后又经多人修改，已广泛用于各国的工程计算中，虽然在具体细节上有些差别，但基本考虑方法没有脱离原来设想，因此仍称它为马克特、门得尔法。该方法的优点是计算简单，对 4 分裂以下导线，计算精度满足工程要求；其缺点是没有反映分裂导线中每根导线表面电场大小和分布不一样这一实际情况，不能计算导线附近空间电场。随着输电事业的发

展，又陆续提出了多种准确计算分裂导线表面和附近空间电场的方法，主要有逐步镜像法、模拟电荷法、矩量法和保角变换法等，其中尤以逐步镜像法和模拟电荷法采用较多和比较准确。考虑到高压直流输电线路多采用分裂导线，这里仅就分裂导线表面场强的工程计算方法作一简要介绍。

（一）国际大电网会议和无线电干扰特别委员会推荐的计算方法

（1）将分裂导线用单根等效导线代替，等效导线直径 D_e 由下式决定

$$D_e = D\sqrt[n]{\frac{nd}{D}} \tag{10-2}$$

式中，D 为通过分裂导线束各子导线中心的圆的直径，cm；n 为分裂导线的根数；d 为子导线的直径，cm。

（2）用马克斯威尔电位系数法决定每极等效导线的总电荷 Q，根据极导线的电压和它们的电位系数以及待求的电荷，可列出方程式组为

$$[p][Q] = [U] \tag{10-3}$$

式中，$[Q]$ 为分裂导线束总电荷的单列矩阵；$[U]$ 为分裂导线束电压的单列矩阵；$[p]$ 为直流线路等效极导线和地线及其镜像的电位系数方形矩阵，矩阵中电位系数可用下式计算

$$p_{ii} = \frac{1}{2\pi\varepsilon}\ln\left(\frac{4H}{d}\right) \tag{10-4}$$

$$p_{ij} = \frac{1}{2\pi\varepsilon}\ln\left(\frac{L'_{ij}}{L_{ij}}\right) \tag{10-5}$$

式中，p_{ii} 和 p_{ij} 分别为自电位系数和互电位系数；H 为等效极导线或地线的对地平均距离；L_{ij} 为第 i 根等效极导线或地线与第 j 根等效极导线或地线间的距离；L'_{ij} 为第 i 根等效极导线或地线与第 j 根等效极导线或地线的镜像间的距离；ε 为空气介电常数。

由式（10-3）可以求出每极等效导线上的电荷 Q。

（3）导线的平均表面场强可由下式决定

$$g = \frac{Q}{\pi\varepsilon nd} \tag{10-6}$$

（4）导线的最大表面场强可由下式决定

$$g_{max} = g\left[1 + (n-1)\frac{d}{D}\right] \tag{10-7}$$

用上述方法求得的导线表面场强的准确度可达 2%，计算精度满足工程要求。

（二）经验公式计算方法

1. 单极性线路

瓦格纳（Wagner）提出的计算单极性直流线路最大表面场强公式为

$$g_{max} = \frac{2U(1+B)}{nd\ln\dfrac{2H}{R_e}} \tag{10-8}$$

式中，U 为极导线对地电压，kV；n 为分裂导线束子导线数；d 为子导线的直径，cm；H 为极导线对地距离，cm；R_e 为分裂导线等效半径，cm，$R_e = D_e/2$，D_e 的计算见式（10-2）；B 为分裂系数，它取决于分裂根数：两分裂为 $B=2.0d/2s$；三分裂为 $B=3.464\,d/2s$；四分裂为 $B=4.24d/2s$；六分裂 $B=5.31d/2s$，其中 s 为分裂导线的分裂间距，cm。

2. 双极性线路

(1) 双极单根导线。安汤姆逊(Adamson)和亨哥拉尼(Hingorani)曾提出适用于双极性导线表面最大电场强度的计算公式如下

$$g_{\max}=\frac{U}{r\ln\left[\frac{s}{r}\times\frac{1}{\sqrt{1+\left(\frac{s}{2H}\right)^2}}\right]\left(1+\frac{r}{H}\right)^2}\approx\frac{U}{r\ln\left[\frac{s}{r}\times\frac{1}{\sqrt{1+\left(\frac{s}{2H}\right)^2}}\right]} \tag{10-9}$$

式中,U 为极导线对地电压,kV;s 为极间距离,cm;r 为光滑导线的直径,cm;H 为极导线对地距离,cm。

式(10-9)适用于每极单根导线的双极线路,计算结果和计算机计算相差在 2%以内,但不适用于采用分裂导线的双极性线路。

(2) 双极分裂导线。曼哥尔特(Mangolt)提出的公式,可用于计算分裂导线表面最大电场强度

$$g_{\max}=\frac{1+(N-1)\frac{r}{R}}{Nr\ln\left[\frac{2H}{(NrR^{N-1})^{1/N}\sqrt{\left(\frac{2H}{s}\right)^2+1}}\right]}U \tag{10-10}$$

式中,U 为极导线对地电压,kV;s 为极间距离,cm;H 为极导线对地距离,cm;N 为分裂导线根数;R 为通过所有子导线中心的圆周的半径,cm;r 为子导线的半径,cm。

四、直流线路电晕损失

如前所述,直流输电线路发生电晕后将会产生电能损失,这将使线路年运行费用增加,实际上要完全消除电晕是不可能的,尘土、昆虫、水滴和表面不平等都会产生高场强点,从而导致产生电晕。为了确保输电线路的建设和年运行费用经济合理,线路设计者应合理地选择导线结构,使电晕损失控制到合理范围,并使它与其他设计判据如无线电干扰和可听噪声等相协调。

(一) 直流线路电晕损失特点

根据国外已进行的多年试验研究,认为直流输电线路电晕有以下几方面特点:

(1) 直流输电线路雨天时电晕损失的增加要比交流线路小很多,交流线路雨天电晕损失比晴天大很多,最大可增大 50 倍;而直流线路最多只增大 10 倍。直流线路雨天平均电晕损失,当导线表面电场强度较低时约为晴天的 4 倍,当导线表面电场强度较高(26~30kV/cm)时约为晴天的 2 倍。

(2) 导线表面电场强度一定时,不论是雨天或晴天,直流电晕损失随分裂导线根数的增加而增加。

(3) 在风速 0~10m/s 的范围内,直流电晕损失通常将随风速的增加而增加。

(4) 在给定的电压下,双极性每一极的电晕损失一般是单极性电晕损失的 1.5~2.5 倍。

(5) 在给定的电压下,不论是双极还是单极运行,正极性与负极性电晕损失大致相等。

（二）直流线路电晕损失计算公式

根据美国BPA和EPRI以及加拿大IREQ对高压直流输电线路电晕损失的试验研究结果，得出一些有较好置信度的经验计算公式，现简介如下。

1. 皮克法

皮克最早研究交流线路的电晕损失现象，提出了交流线路电晕损失计算公式，该公式转换用于直流线路后，又经美国EPRI作了修改，其形式如下

$$P=\frac{123}{1.04}\sqrt{\frac{r'}{s}}\left(U-29.8\times0.47r'\ln\frac{s}{r'}\right)^2\times10^{-5} \tag{10-11}$$

式中，P为每条线路每公里的电晕损失，kW/km；U为导线对地电压，kV；s为极间距离，cm；r'为电晕效应等效半径，cm，单根导线可用实际导线的半径，分裂导线采用契克耶夫定义的等效半径。

2. 安乃堡（Anneberg）法

这种计算方法是瑞典安乃堡根据分析直流试验线路的大量试验数据后得出的。

（1）单极线路好天气下的计算公式如下

$$P=UK_{c}nr\times2^{0.25(g-g_0)}\times10^{-3} \tag{10-12}$$

式中，P为每条单极直流线路电晕损失，kW/km；U为导线对地电压，kV；K_c为导线表面系数，由0.15（光滑导线）变到0.35（有缺陷的导线）；n为子导线数；r为子导线的半径，cm；g为在运行电压下，导线表面的最大电场强度，kV/cm；g_0为22δkV/cm，δ为相对空气密度。

（2）双极线路好天气下的计算公式如下

$$P=[2U(K+1)K_{c}nr\times2^{0.25(g-g_0)}]\times10^{-3} \tag{10-13}$$

式中，$K=\frac{2}{\pi}\times\arctan\left(\frac{2H}{s}\right)$，$H$为导线对地距离，$s$为极间距离；其他符号代表意义同式(10-12)。

3. 巴布科夫（Popkov）法

巴布科夫研究了双极直流输电线路电晕理论，根据光滑导线在模拟条件下的试验结果，用实际线路的实测数据予以修正，改写为如下公式

$$P=2.24\times10^{-1}U\left(\frac{U-U_0}{s}\right)^2 \tag{10-14}$$

式中，U为每极对地电压，kV；U_0为对应于导线表面电场强度为14kV/cm时的导线电压，kV；s为极间距离，cm。

第二节　直流线路电场效应

当直流输电线路导线表面电场强度大于起始电晕电场强度时，靠近导线表面的空气发生电离，电离产生的空间电荷将沿电力线方向运动。以双极直流线路为例，此时整个空间大致可分为图10-1所示的三个区域，正极导线与地面间（区域）充满正离子，负极导线与地面间（区域）充满负离子，正负极导线间正负离子同时存在。这些空间电荷将造成直流输电线

路所特有的一些效应。空间电荷本身产生电场，它将大大加强由导线电荷产生的电场；空间电荷在电场作用下的运动，形成离子电流；由极导线向大地流动的离子电流，遇到对地绝缘的物体，将附着在该物体上形成物体带电现象，从而引起暂态电击。

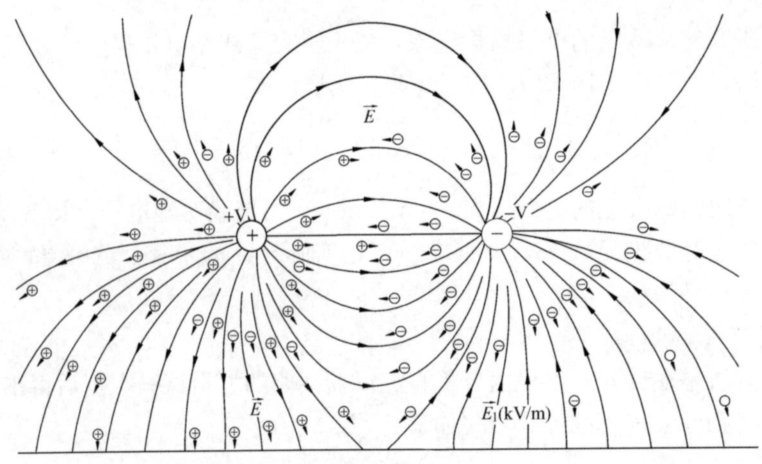

图 10-1　双极直流输电线路电场力线模型

一、空间电场与离子电流分布

直流输电线路下的空间电场是由两部分合成的，一部分是由导线所带电荷产生的静电场，这种场与导线排列的几何位置有关，与导线的电压成正比，通常又称之为标称电场(Nominal Field)；另一部分是由空间电荷产生的电场。这两部分电场合成后，称为合成电场（Total Field)。合成场强的大小主要取决于导线电晕放电的严重程度，最大合成电场有可能比标称电场大很多，可达它的 3～3.5 倍。图 10-2 给出了±500kV 直流试验线路下合成和标称电场的分布图，该试验线路极导线为 4xLGJQ-300，极间距 14m，极导线对地 12.5m。图 10-2 实线和虚线分别表示合成电场和标称电场的计算值。不同形状的点分别表示实测的最大和最小值。合成电场的最大值出现在极导线外侧 1～2m 处，合成场强的最小值为零，一般出现在两极导线的中心。需要特别指出的是，图 10-2 所给的分布是指无风时

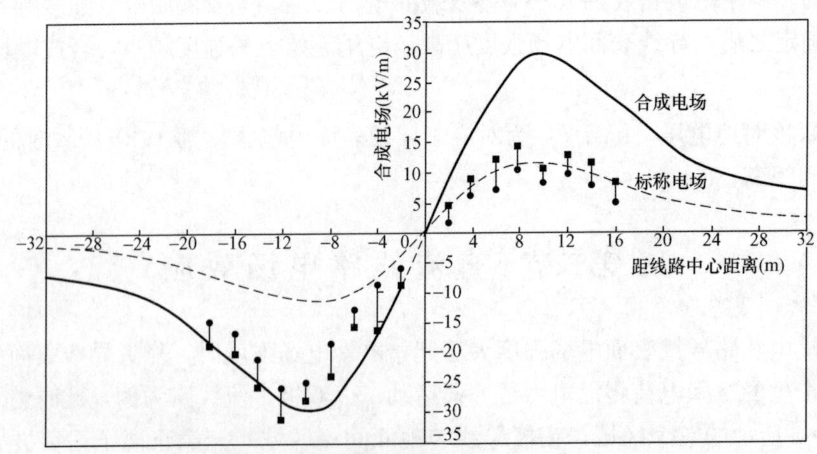

图 10-2　±500kV 直流试验线路合成场强分布图

最为理想的情况，由于正负离子在电场下的迁移速度和风速相比，属同一数量级，因此即使是很小的风（风速 1m/s），也将使合成电场分布发生畸变。另外，垂直线路方向的小风，将使合成电场的最大值向顺风方向移动，风速稍大将使合成电场分布发生严重畸变。

还需要指出的是，高压直流输电线路线下的合成电场普遍高于同一电压等级的交流线路线下电场，不能把直流电场和交流电场等同起来，因为在正常运行的直流输电线路下，没有通过电容耦合的感应现象，在相同的电场下两者产生的效应也是不同的。

图 10-3 给出了±500kV 直流试验线路下离子电流密度分布图，这里说的离子电流密度是指流入地面每平方米面积的电流，图 10-3 中曲线为计算值，直线为实测值的变化范围，由于在电场作用下负离子的迁移率［1.8(cm/s)/(V/cm)］大于正离子［1.4(cm/s)/(V/cm)］，因此实测的负离子电流密度大于正离子电流密度。

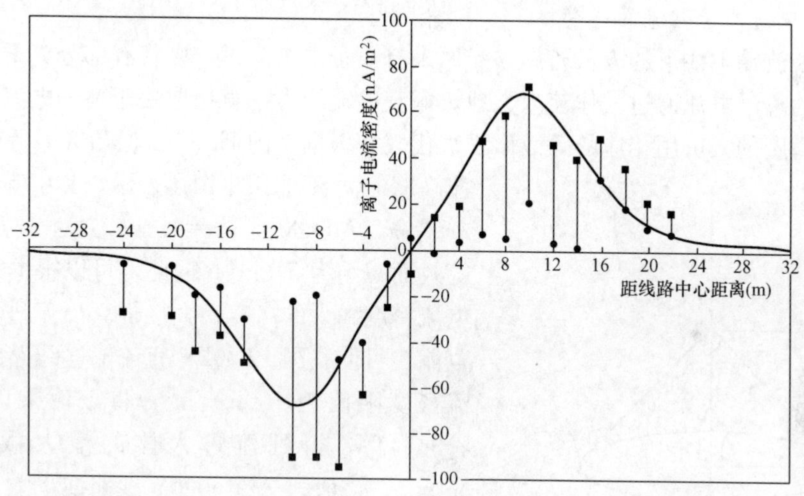

图 10-3　±500kV 直流试验线路离子电流密度的分布图

合成电场和离子电流密度的大小与导线表面电场强度、电晕起始电场强度有关。当线路的几何尺寸确定之后，导线表面电场强度越高，电晕起始电场强度越小，合成电场和离子电流密度越大。因此，降低导线表面电场强度和提高电晕起始电场强度均可以减小合成电场和离子电流密度。

二、人在直流输电线下活动的感受与效应

人在直流输电线下活动，可能产生的效应有：人在高压直流电场下的感受、人截获离子电流的感受、人接触接地和绝缘物体后的感受几方面，现分述如下。

（一）人在高压直流电场下的感受

为了搞清高压直流电场对人的感受，美国 Delles 试验中心曾邀请一些人在高压直流母线下进行直接感受试验，母线直径较大不产生电晕，线下电场是没有空间电荷的纯直流电场，被试人员站在对地绝缘的橡皮垫（绝缘电阻＞30MΩ）上，其试验的综合评价如表 10-1 所示。

表 10-1　　直流母线下受试者的综合评价

人体感受程度	母线电压（kV）	相应场强（kV/m）
头皮有较轻微刺激感	400	22
头皮有刺激感，耳朵和毛发有轻微感觉	500	27
头皮有强烈刺痛感	600	32
脸和腿有感觉	750	40

穿普通鞋的人在高压直流母线下，当电场为 30kV/m 时，毛发有刺激感，头皮有轻微刺痛感。这主要是由于人处在电场中将使原有电场发生畸变，造成局部电场加强所致。在电场中直立的人，头顶部电场将增大约 15 倍。基于以上情况，曾规定直流输电线路下，可能有人员活动的地方，合成场强限制为 30kV/m。我国在建设±500kV 直流输电线路时，也规定线路跨越农田时的合成场强限值为 30kV/m。

（二）人截获离子电流的感受

站立在直流输电线下的人，若站立处原来有离子电流流过，则将有部分离子电流被人截获，被截获的离子电流通过人体流入大地。截获电流的大小直接取决于离子电流密度和人的高矮，不同高度的人可用相应的等效面积来代表。根据美国 EPRI 试验研究，等效面积和人体高度的关系可用图 10-4 表示，其中等效面积 $A=\pi r^2=\pi\ (h\tan 37.5°)^2=1.85h^2$。对 1.7m 高的人，等效面积约为 5.3m^2。据此，可以根据站立处离子电流密度和人的高度，直接推算出流过人体的截获电流。目前我国±500kV 直流输电线路线下离子电流密度限值为 100nA/m^2，将该值乘以等效面积 5.3m^2 后，得到流过人体的最大截获电流为 530nA，该值和交流 500kV 线路线下人体感应电流相比，小一个数量级。站立在交流输电线路下的人，通过导线对人体电容耦合，在人体内感应有一稳态交流电流，该电流和场强间有一固定关系。对 1.7m 高的人，每 1kV/m 场强感应电流约为 15μA，若线下场强限值为 10kV/m，感应电流则为 150μA。为了对比方便，表 10-2 给出了人体交直流电击电流的临界值。由表 10-2 可见，要得到同样的感受程度，流过的直流电流要比交流大 5 倍以上。而站立在直流输电线路线下人的截获电流，又比直流感觉的临界值小 2 个数量级，因此一般不会有任何感觉。

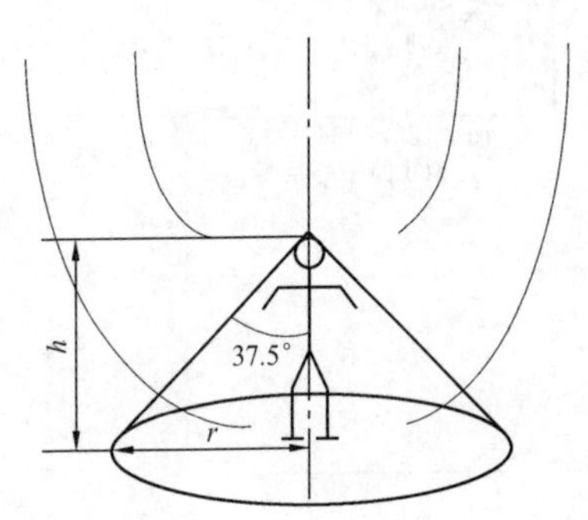

图 10-4　人体等效面积示意图

表 10-2　　人体电击电流临界值

人体感受程度	电击电流（mA）			
	直流电流		交流电流	
	男人	妇女	男人	妇女
无感觉	1.0	0.6	0.4	0.3
轻微的刺激，“感觉的临界值”	5.2	3.5	1.1	0.7
不舒服的电击，不疼，肌肉未失控	9	6.0	1.8	1.2
疼痛的电击，肌肉未失控，99.5%的人能摆脱	62	41	9.0	6.0

（三）人接触接地和绝缘物体后的感受

以上仅从流过人体的电流大小来讨论人的感受情况，在直流输电线路下，对地绝缘良好的人或物体，截获离子电流后，由于电荷集聚将使人或物体对地产生高电位。此时对地绝缘的人接触接地物体，或处于地电位的人接触对地绝缘的物体，在接触瞬间聚集在对地绝缘的物体或人体上感应的电荷，以火花放电形式，通过人体或物体释放到大地。当释放的能量或电荷足够大时，会有电击感，这种电击称为暂态电击。暂态电击水平取决于接触瞬间通过人体释放的能量或电荷量，后两者又取决于物体的对地电压、对地电容以及物体的绝缘状况。

站在直流输电线路下人和物体的等值电路如图 10-5 所示，其中 R_p 为对地绝缘电阻，市面上出售的鞋，绝缘电阻一般为 3MΩ（胶底布鞋）～1000MΩ（塑料凉鞋）不等，电工专用的绝缘靴，绝缘电阻较高，可达 500 000MΩ；C_p 为人体对地电容，一般为 100pF。假设截获电流为 1μA，人对地电阻为 1000MΩ，这样人对地电压将为 1kV。在这一电压下人体不会有任何感觉，当此人接触接地体时，人体释放的能量为 $1/2C_pU_p^2=0.05$mJ，释放的电荷为 $C_pU_p=0.1$μQ。按照美国早期进行的试验，能够感觉到的暂态电击释放的能量约为 1.5mJ。1976 年加拿大进行的暂态电击试验，能够感觉的暂态电击释放的电荷为 1.5μQ，可以接受暂态电击释放的电荷为 3μQ。

人和物体在直流输电线路下可能出现的电击情况有三种，如图 10-5 所示。第一种情况，见图 10-5（a），人站在直流线路下，所穿鞋的电阻 R_p 约为 200MΩ，C_p 为零，截获的电流约 4μA，人可达到 800V 的电位，此时人不会有任何感觉。第二种情况，见图 10-5（b），一个对地绝缘良好的人，人对地电阻 R_p>500MΩ，C_0 为零，C_p 为 100pF，R_0 为 100Ω，截获电流约 4μA，U_p 约 2kV，当人接触接地的金属栅栏时，瞬时会有约 20A 的电流流过，但在 0.1μs 内即可衰减到 1mA 以下，释放的能量仅 0.2mJ，此时仅有勉强可以感觉到的电击。第三种情况是日常生活中常见的，见图 10-5（c），一个对地绝缘良好的大型物体，如大型汽车停在直流输电线路下，车对地电阻 R_0 为 1MΩ，R_p 为 1500Ω，C_0 为 10 000pF，U_0 为 1kV，放电起始电流为 670mA，截获的离子电流为 1mA，当接地良好的人去接触该物体时，储存在该物体上的能量通过人体释放，产生暂态电击，暂态电击能量约 5mJ。

在人能控制的试验室条件下，已经知道 1.2～2.5mJ 能量能使汽油引燃，而对实际的车

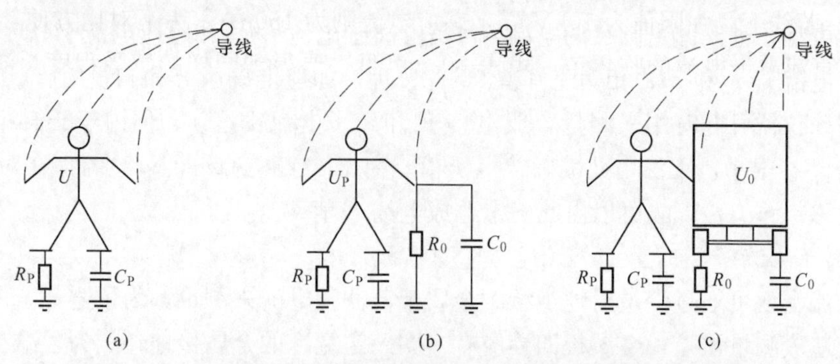

图 10-5　在直流输电线路附近人和物体可能出现的情况示意图

（a）正常接地的人；（b）对地绝缘良好的人接触接地体；

（c）通常接地的人接触较高绝缘电阻的大型车辆

辆引燃所需能量要超过 100mJ，除非采用特别的办法把轮胎对地绝缘，任何车辆都不可能达到这一能量水平。

三、合成电场与离子电流密度测量

（一）合成电场测量

测量直流输电线路线下的合成电场，需要用特制的旋转电场仪，该电场仪一方面要能准确测量合成的直流电场，另一方面又能把截获的离子电流泄流入地，并尽量小地影响正常读数。该电场仪探头是由每隔一定角度开有若干个扇形孔的两个圆片组成，两圆片同轴安置，两者间隔开一定距离并相互绝缘，上面圆片随轴转动并直接接地，下面圆片固定不动并通过一电阻接地。图 10-6 给出了旋转电场仪测量原理示意图。当动片转动时，直流电场通过转动圆片上的扇形孔，时而作用在定片上，时而又被屏蔽。这样在定片与地之间产生一交变的电流信号。该电流信号与被测直流电场成正比，通过测量该交变的电流可以知道直流电场的大小，可以用数学公式说明如下。

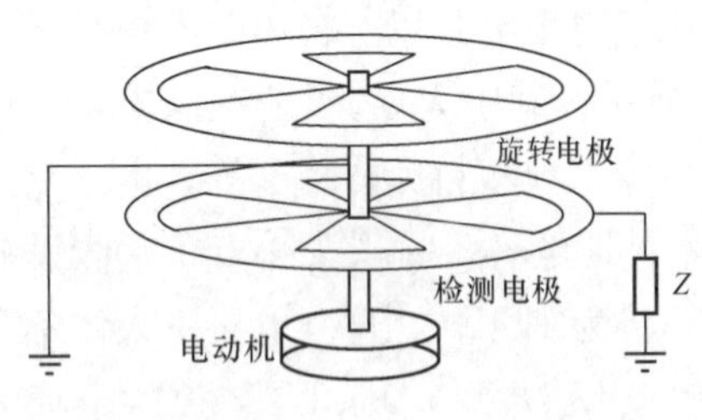

图 10-6　旋转电场仪测量原理示意图

假设圆片上共有 n 个扇形孔，每个扇形孔面积为 A_0，上面圆片转动的角速度为 ω，则当上圆片转动时下面圆片暴露于直流电场的总面积 A 随时间的变化为

$$A(t) = nA_0(1 - \cos n\omega t) \tag{10-15}$$

若被测直流电场的场强为 E，空气的介电系数为 ε_0，则定片上感应的电荷 $Q(t)$ 为

$$Q(t) = \varepsilon_0 EA(t) \tag{10-16}$$

由此可以求得，由直流电场感应的电流为

$$i_e(t) = \frac{\mathrm{d}Q(t)}{\mathrm{d}t} = \varepsilon_0 En^2 A_0 \omega \sin n\omega t \tag{10-17}$$

通过测量 $i_e(t)$ 可以知道合成电场 E。

还需要指出的是，沿电力线移动的离子电流，也通过转动圆片上的扇形孔进入定片，若离子电流密度为 J，则进入到下面固定圆片的离子电流为

$$i_j(t) = JA(t) = nA_0 J(1 - \cos n\omega t) \tag{10-18}$$

由上式可见，进入固定圆片的电流 $i(t)$是由离子电流 $i_j(t)$和感应电流 $i_e(t)$两个分量组成，其感应电流 $i_e(t)$和 $i_j(t)$相角正好差 90°。按理，如能准确区分和测量 $i_e(t)$和 $i_j(t)$两个分量，利用该仪器可同时用来测量合成电场 E 和离子电流密度 J，但由于旋转电场仪的 A 值小，致使 $i_j(t)$很小，无法由此准确求得 J 值。由于 $i_j(t) \ll i_e(t)$，$i_j(t)$的存在对 $i_e(t)$读数影响小，即 $i(t) \approx i_e(t)$，故可以由此确定合成电场 E 值。

（二）离子电流密度测量

离子电流密度可通过测量对地绝缘的金属板截获的电流来测量，为了避免金属平板边缘对电场畸变造成测量误差，金属板四周应有一圈一定宽度的金属接地环。为了减少微弱电流测量带来的误差，金属板的面积应足够大，使其截获的离子电流数值能在当前测量仪表量程范围以内。通过测量进入中部接收电极的离子电流来测量离子电流密度。进入吸收电极的离子电流可用两种方法测量，一种方法是将接收板通过一个能测量微弱电流的电流表接地，直

接测量电流，目前市面出售的数字精密弱电流表的内阻约 1kΩ（实际上是通过测 1kΩ 上的压降来读数的）。另一种方法是将接收板与地间并联一个电阻，通过测量该电阻上的压降，来推算出流过的电流。并联的电阻在精密数字电压表能读数的条件下，应尽可能地小，若阻值过大，被接收板接收的离子电荷不能很快释放，会导致读数误差，该电阻可以是 1kΩ 或 1～10kΩ间。

美国 EPRI 曾做过金属板四周有无金属接地环时对测量误差的影响，试验表明如果没有四周的接地屏蔽环，即使金属板的面积很大，误差都在 12.5%以上。他们还做过接地屏蔽环的宽度、金属板离地高度和金属板的面积对测量误差的影响试验，其试验表明：接地屏蔽环的宽度对金属板离地高度的比值越大、金属板离地面的高度越小，则测量误差越小。

（三）自动测量系统

交流输电线路只要线路电压稳定不变，线下工频电场分布是稳定的，可只用一块场强表垂直线路方向逐点测量工频电场。而直流输电线路线下的合成电场和离子电流密度的分布，即使线路电压稳定不变，它们的分布也是随时变化的。这是因为影响直流线路导线电晕放电的因素很多，产生的空间带电离子，以及带电离子运动的随机性很大，因此合成电场和离子电流的分布将随时在改变。

直流输电线路合成电场和离子电流密度通常要用多套仪器同时测量，一般是在直流输电线路档距中间，垂直线路方向每隔一定距离放置一台旋转电场仪和离子电流密度测量板。若要全面给出直流线路线下合成电场和离子电流密度分布，一般需同时放置 20 余套测量设备，图 10-7 给出了相应的示意图。

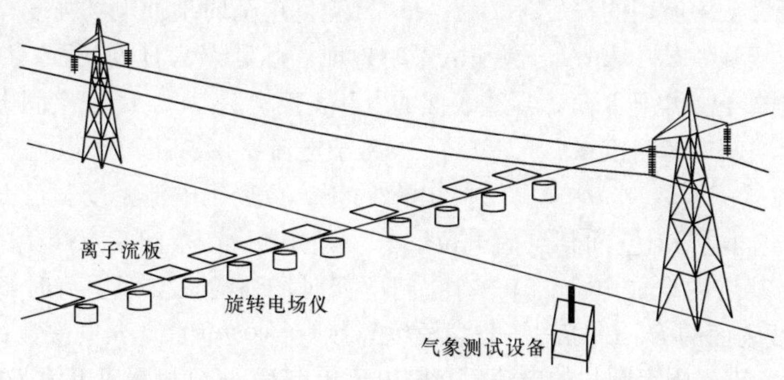

图 10-7　直流输电线路合成电场和离子电流测量示意图

由于电晕放电受季节、气象条件和导线表面状态多种因素影响，随机性很大，电晕放电形成的离子在空间的运动又会受到多种因素影响，以致合成电场和离子电流密度随机性很大，故需要进行较长时间连续测量，给出统计分布。

整个测量系统主要由以下三部分组成。

（1）各类测量仪表。包括多台旋转电场仪、多台离子电流密度测量板、风速风向仪、温度、湿度和气压计等。

（2）数据收集系统。将上述仪表测试的数据（几十个数据），每隔一定时间（如几秒钟）逐个采集一次并储存起来。同时，应将上面测量中非电数据，如风速风向、温度、湿度等转变为电信号。

（3）数据处理系统。是将上述测量得到的大量数据，按不同需要通过计算机进行处理并给出结果，如给出不同季节、不同气象条件或某特定时段的平均值和不同几率的统计分布曲线等。

四、合成电场与离子电流计算

决定直流输电线路环境影响的重要参数是地面离子电流密度和由导线上电荷、空间电荷共同产生的地面合成电场。为了在设计和建设直流输电线路时，把地面离子电流密度和合成电场控制到合理的程度，需要解决准确计算它们的办法。由于线下整个空间存在因电晕产生的大量空间电荷，使这种计算变得相当复杂。到目前为止，计算这种场的方法大致可分以下三种。

第一种方法是采用解析计算办法，这是 20 世纪 60 年代末 Sarma 等人首次提出，他们采用了 Deutsch 假设，认为空间电荷不影响场的方向，仅影响其大小，从而把二维计算变为一维计算，使问题变得容易解决。

第二种方法是由导线电荷产生的标称电场用理论计算，有空间电荷后的合成场强由标称电场和经验公式计算，人们称它为半经验公式法。

第三种方法是采用数值计算方法，即用有限元素法来计算离子流场，它是加拿大学者 Janischewcky 等人于 20 世纪 70 年代末首次提出，以后其他国家有些学者又作了不少改进，这一方法无需 Deutseh 假设，从理论角度来讲，更具有科学性。

为了对直流输电线路线下地面离子电流密度和合成电场的计算方法有一完整的了解，以下简要地介绍三种计算方法的基本思路和计算步骤。

这三种计算方法中所用的符号含义为：E—无空间电荷时地面电场强度；E_S—空间电荷存在时地面合成场强；E_D、E_{Dmax}—饱和电晕时地面场强和最大地面场强；U—导线对地电压；U_0—导线电晕起始电压；ρ_l—导线表面的电荷密度；ρ、ρ_+、ρ_-—空间电荷密度、正空间电荷密度、负空间电荷密度；J、J_+、J_-—离子电流密度、正离子电流密度、负离子电流密度；J_{D+}、J_{D-}、J_{D+max}、J_{D-max}—饱和电晕时正、负离子电流密度和最大正、负离子电流密度；φ—无空间电荷时空间某点的电位；φ_e—空间电荷在空间某点产生的电位；φ_s—有空间电荷时空间某点的合成电位；A—有空间电荷时场强与无空间电荷时场强的比值，即 E_S/E；At—导线表面的 E_S/E；D_{eq}—分裂导线等效直径；ε—真空介电常数；K—平均离子迁移率；R—离子的复合系数；l—沿电力线的距离；H—导线对地高度；P—两极间距离；X—距线路中心线的距离；v—风速。

（一）解析计算方法

1. 基本方程和假设

当线路的几何尺寸决定之后，合成场强 E_S、空间电荷密度 ρ 和离子流密度 J 满足以下三式

$$\nabla \cdot E_S = -\rho/\varepsilon \tag{10-19}$$

$$J = K\rho E_S \tag{10-20}$$

$$\nabla \cdot J = 0 \tag{10-21}$$

综合上三式，得

$$E_S \cdot \nabla(\nabla \cdot E_S) + (\nabla \cdot E_S)^2 = 0 \tag{10-22}$$

由于所描述的有空间电荷的合成场强方程是非线性的，这种合成场强方程无法求解，为此 Sarma 等人引进一些假设，它们是：

(1) 空间电荷只影响场强幅值而不影响其方向，即 Densch 假设

$$E_S = AE \tag{10-23}$$

式中，A 为标量函数，如果沿着已知无空间电荷场强 E 的电力线求解合成电场 E_S，那么原先复杂的二维场问题，便转为沿电力线求解一维的非线性微分方程组的边界值问题。

(2) 导线表面附近发生电离后，导线表面场强保持在起晕场强值。

(3) 正、负极导线起晕电压相等。

(4) 不考虑离子的扩散作用。

(5) 双极线路下正、负离子迁移率相同。

(6) 离子迁移率与电场强度无关，是一常数。

2. 计算步骤

无空间电荷时空间电场 E 的求法很多，可先采用逐步镜像法或模拟电荷法求取 E，然后根据式（*10-23*），只要求得 A，即可求得 E_S。A 的求法是由式（*10-20*）、式（*10-21*）、式（*10-23*）可导出

$$E \cdot \nabla(A\rho) = 0 \tag{10-24}$$

这说明无空间电荷时，沿任意一条电场力线，$A\rho$ 之积是一常数，即

$$A\rho = A_1\rho_1 \tag{10-25}$$

又从式（*10-23*），关系式 $\nabla \cdot E = 0$ 和式（*10-19*），可得

$$\nabla \cdot E_S = E \cdot \nabla A = -\rho/\varepsilon_0 \tag{10-26}$$

将 $E = -\mathrm{d}\varphi/\mathrm{d}l$ 和从式（*10-25*）求得的 ρ 代入上式得

$$A\mathrm{d}A = \frac{\rho_1 A_1}{\varepsilon_0}\frac{\mathrm{d}\varphi}{E^2} \tag{10-27}$$

积分并整理上式，便可求得函数 A

$$A^2 = A_1^2 + \frac{2\rho_1 A_1}{\varepsilon_0}\int_0^U \frac{\mathrm{d}\varphi}{E^2} \tag{10-28}$$

将式（*10-20*）及式（*10-21*）联立求解，得 $\nabla \cdot E_S = -E_S \nabla\rho/\rho$，再代入式（*10-19*）后沿电力线有 $\mathrm{d}\rho/\rho^2 = -\mathrm{d}l/\varepsilon_0 E_S$，由于 $E = -\mathrm{d}\varphi/\mathrm{d}l$ 及式（*10-25*）即可求得 ρ 的计算式如下

$$\frac{1}{\rho^2} = \frac{1}{\rho_1^2} + \frac{2}{\varepsilon_0\rho_1 A_1}\int_0^U \frac{\mathrm{d}\varphi}{E^2} \tag{10-29}$$

沿无空间电荷的电场力线的 A 及 ρ 值求得后，便可算出 E 和 J。

解式（*10-25*）和式（*10-26*），可用弦截迭代法，ρ_1 初值若选择不当，可能会不收敛。为此 Sarma 等提出了一个寻找初值的公式

$$\rho_m = \frac{\varepsilon_0(U - U_0)}{\int_0^U\int_0^U \frac{\mathrm{d}\eta}{E^2}\mathrm{d}\varphi} \tag{10-30}$$

式中，η 是哑电位变量，通过平均电荷密度 ρ_m，可以较好地选取 ρ_1 的初值。

（二）半经验公式法

这一方法是美国 *EPRI* 在直流输电线路模型上进行了大量模拟试验的基础上，找出了地面合成电场和离子电流密度与线路基本参数间的关系，于 1983 年提出的。

1. 基本思路

通过在直流输电线路模型上进行系列的电晕试验，认为直流输电线路线下的电场有两种极限情况，一种是没有电晕时，仅由导线上电荷决定的静电场或称标称电场；另一种是饱和电晕时仅由空间电荷决定的电场，此时电晕已发展得相当严重，线下电场仅取决于极间距离和对地距离，导线本身尺寸已不影响线下电场。在计算实际线路下的空间电场和离子电流密度分布时，首先计算出上述两种极限情况的电场分布和离子电流密度分布，在此基础上再计算出未饱和电晕放电时的合成电场和离子电流密度的分布。

2. 计算步骤

以导线水平布置为例，计算可分成以下三个步骤。

第一步，先计算出无空间电荷存在时，仅由导线上电荷产生的地面电场，又称标称电场 E 的分布。

第二步，计算饱和电晕时，地面电场和离子电流密度的最大值及其横向分布。饱和电晕时地面电场的最大值 E_{0max} 按下式计算

$$E_{0\max} = 1.31(1 - e^{-1.7P/H}) \cdot \frac{U}{H} \tag{10-31}$$

饱和电晕时地面离子电流密度的最大值 J_{D+max} 和 J_{D-max} 按以下两式计算

$$J_{D-\max} = -2.15 \times 10^{-15}(1 - e^{-0.7P/H}) \cdot \frac{U^2}{H^3} \tag{10-32}$$

$$J_{D+\max} = 1.65 \times 10^{-15}(1 - e^{-0.7P/H}) \cdot \frac{U^2}{H^3} \tag{10-33}$$

饱和电晕时地面电场和离子电流密度的横向分布，可由美国 *EPRI* 研究报告 *EL*-2257 *Conductor Development* 中的图 3-21 和图 3-22 查曲线求得。在线路走廊以外的部分可按下列经验公式求取［公式适用于 1＜（X－P/2）/H＜4］

$$E_D = 1.46(1 - e^{-2.5P/H}) \cdot e^{-0.7P(X-P)/H} \cdot \frac{U}{H} \tag{10-34}$$

$$J_{D+} = 1.54 \times 10^{-15}(1 - e^{-P/H}) \cdot e^{-1.75P\cdot(X-P/X)} \cdot \frac{U^2}{H^3} \tag{10-35}$$

$$J_{D-} = -2.0 \times 10^{-15}(1 - e^{-1.5P/H}) \cdot e^{-1.75P\cdot(X-P/X)} \cdot \frac{U^2}{H^3} \tag{10-36}$$

第三步，计算实际直流线路（即未饱和电晕时）地面合成场强和离子电流密度。首先计算出各分裂导线表面最大场强 g_{max}，这可按本章第一节三项推荐的方法计算。其次是通过皮克公式或直接给出导线的电晕起始场强 g_0，用下式算出导线起始电晕电压 U_0

$$U_0 = U \cdot \frac{g_0}{g_{\max}} \tag{10-37}$$

有空间电荷后地面某点的合成场强 E_S 可由下式求得

$$E_S = E_0\left\{1 - \left[K_e \cdot \frac{U_0}{U} \cdot \left(1 - \frac{E}{E_0}\right)\right]\right\} \tag{10-38}$$

式中，K_e＝f（U/U_0）可根据 H/D_{eq} 和 U/U_0 的比值，由美国 *EPRI* 研究报告中的图 5-13

查曲线求得。

地面某点的离子电流密度可按下式求得

$$J_S = J_0\left[1 - K_i \cdot \frac{V_0}{V} \cdot \left(1 - \frac{V_0}{V}\right)^2\right] \tag{10-39}$$

式中，$K_i = f(U/U_0)$ 可根据 H/D_{eq} 和 V/V_0 的比值，由美国 *EPRI* 研究报告中的图 5-14 查曲线求得。

（三）有限元素法

这种计算方法首次由加拿大学者 *Janischewckj* 提出，该法先设置空间某点电荷密度为某一初始值，再用微分方程进行计算得到计算值，若和原来初设值有差别，修正原来初设值后，再进行计算，进行多次迭代，直至相互一致为止。为了解决迭代过程中不收敛问题，日本学者 *Takuma* 又将上流差分概念引入有限元计算中，使计算方法日逐完善。

1. 基本方程和假设

用等效的单根导线代替分裂导线，不考虑导线弧垂，假设导线和地面平行，导线起晕后导线维持起晕时的场强不变，不考虑电荷的扩散，并认为正负离子迁移率、复合系数和风速是恒定的。

描述双极性直流线路的基本方程如下

$$\nabla \cdot E_S = (\rho_+ - \rho_-)/\varepsilon \tag{10-40}$$

$$\nabla \cdot J_+ = (-R \cdot \rho_+ \cdot \rho_-)/\varepsilon \tag{10-41}$$

$$\nabla \cdot J_- = (R \cdot \rho_+ \cdot \rho_-)/\varepsilon \tag{10-42}$$

$$J_+ = \rho_+ (K_+ E_S + v) \tag{10-43}$$

$$J_- = \rho_- (K_- E_S + v) \tag{10-44}$$

边界条件是：①在导线表面上，$\varphi_S = \pm U$，$\partial \varphi_S / \partial l = E_{S+}$（或 E_{S-}），$\rho = \rho_S$。②在人工边界上，$\varphi_S = \varphi$。③在地面上，$\varphi_S = 0$。

2. 计算步骤

将输电线路电场的无限场区简化为有限场区，具体办法是在离输电线路较远处划出一条假想边界，它的宽度至少应大于导线对地距离数倍，以确保对求解范围内的场值影响小。将划定场区按三角形进行剖分，离导线越近网格剖分越密。设定导线表面电荷密度，在此基础上计算空间各点的电位和合成电场。

求空间电位时，空间某点电位 φ_S 由两部分组成，用公式表示为 $\varphi_S = \varphi + \varphi_e$，其中 φ 是由导线电荷产生的电位，可用等效电荷法求得；φ_e 是由空间电荷产生的电位，可求解下列方程式得到

$$\nabla^2 \varphi_e = -(\rho_+ - \rho_-)/\varepsilon \tag{10-45}$$

$$\varphi_e = 0\text{(在所有边界上)} \tag{10-46}$$

在空间各点电位分量 φ 和 φ_e，电场分量 E 和 E_e 求出后，可按 $\varphi_S = \varphi + \varphi_e$ 和 $E_S = E + E_e$，求出空间各点合成电位 φ_S 和合成电场 E_S。

由空间各点的合成电位和合成电场求电荷密度，可对式（10-41）～式（10-44）共 4 个方程求解，求解过程中可利用日本学者 *Tukuma* 上流差分概念，以确保求解的收敛。再根据新的空间电荷密度分布求新的电位分布。每完成一步迭代就需对所求得的解进行检验，办

法是人为给出空间合成电场和电荷密度允许误差，若不满足误差要求，需要对原设定的导线表面附近的电荷密度进行一次修正，修正后重新开始下一次迭代计算，直到空间各点电荷密度和电位的计算结果在一定误差范围以内，同时满足边界条件为止。

第三节　直流线路无线电干扰

直流输电线路在正常运行电压下允许导线发生一定程度的电晕放电，线路电晕放电如前所述会产生电晕损失，会在广大空间产生离子流。除此以外，还会对线路周围无线电正常接收产生干扰。这主要是因为电晕放电过程就其性质来说是脉动的，在输电线路导线上产生电流和电压脉冲，这些脉冲是以上升至幅值的时间和衰减时间来表征的，一般为微秒的数量级，其重复率在兆赫范围。

负极性导线电晕放电，放电点一般均匀分布在整个导线表面，脉冲幅值小，重复出现的脉冲幅值基本一致，和正极性导线相比，对无线电信号接收干扰不大。

正极性导线电晕放电，放电点在导线表面的分布随机性大，持续的放电点大多数出现在导线表面有缺陷处，放电脉冲幅值大，且很不规则，是无线电干扰的主要来源。对于双极性直流输电线路，正极导线产生无线电干扰一般要比负极性大 6*dB*。

一、无线电干扰的横向衰减与频谱特性

（一）无线电干扰横向衰减特性

直流输电线路因电晕产生的无线电干扰随着离开线路距离的增加而逐渐衰减，并遵循一定的规律。对双极直流线路，因正极导线是主要无线电干扰源，无线电干扰的横向衰减，是以正极性为对称中心，向两侧衰减。对频率为 1*MHz* 的干扰，其衰减大约在 50*m* 以内与垂直线路方向的距离平方成反比，大于 50*m* 以后与距离成反比。不同频率这个拐点距干扰源的距离大约是 $d=\lambda/2\pi$，其中 λ 为波长（*m*）。

（二）无线电干扰频谱特性

直流输电线路无线电干扰随着频率增加逐渐减小，其频谱特性与交流输电线路很相似，记录到的小差别，可完全归因于现象和仪表指示的正常变化。

二、大气条件对无线电干扰的影响

大气条件对直流输电线路无线电干扰的影响较为复杂，根据美国 *EPRI* 和 *BPA* 的试验研究，认为直流输电线路无线电干扰随着湿度增加而有减小的趋势，随着温度增加而有增加的趋势，而气压的改变对干扰没有明显的影响。

（1）下雨对直流输电线路无线电干扰的影响。刚开始下雨无线电干扰会略有增加，这可能是由于导线上个别水滴产生电晕放电所致，随着下雨时间增加干扰逐渐减小。雨天直流输电线路无线电干扰反比晴天有所降低。一般情况下，雨天干扰水平平均比晴天约低 3*dB* 左右，雨停后干扰又会逐渐增加。这一情况和交流输电线路明显不同，交流线路雨天干扰水平比晴天高 15～28*dB*。

（2）下雪对直流输电线路无线电干扰的影响。和晴天相比，干雪使直流输电线路无线电干扰增加，湿雪又会使干扰略有减小。

（3）有风时将使直流线路无线电干扰增加，特别是风由负极向正极方向吹时影响最

大。根据美国 EPRI 在试验线段下的试验，当风速大于 4m/s，风向由负极导线向正极导线吹时，风速每秒增加 1m，干扰增加 0.3～0.4dB。当风速小于 4m/s 时，其他变量的影响掩盖了风的影响。当风由正极导线吹向负极导线时，由于测量数据很少，尚无法给出定量结果。

（4）不同季节对直流输电线路无线电干扰的影响。根据美国 EPRI 的试验，在晚秋和早冬季节，直流输电线路无线电干扰较低，此时气温较低，空气湿度较高。夏季是一年中无线电干扰最高的季节，此时气温较高，空气湿度较低，导线上又常附着尘埃、昆虫、鸟粪等，加之这一时期风速较大。冬季和早秋季节，无线电干扰接近平均值。

三、无线电干扰允许电平

美国 EPRI 在试验线路下，对试验线路加不同电压，曾邀请一些人进行无线电信号接收质量的评价试验，其接收质量分为背景察觉不到、背景可察觉、背景明显、难听懂和听不清五个等级，试验结果见图 10-8。

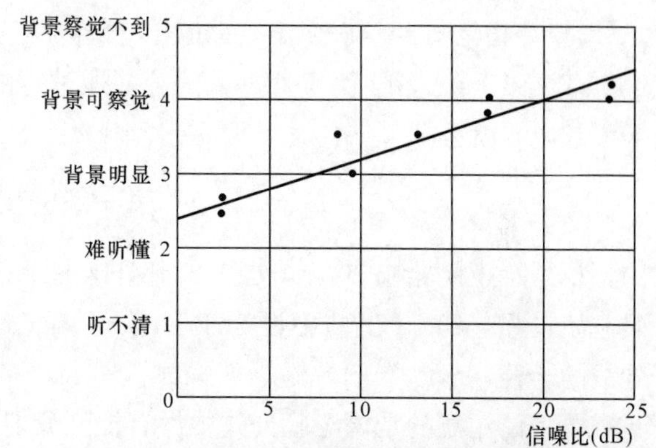

图 10-8　无线电干扰允许水平接收试验结果

主观评价结果认为：对直流输电线路允许的无线电干扰的信杂比为 20dB，即广播信号必须比直流电晕干扰高出 20dB，才能较为满意地收听；而对交流输电线路较为满意地收听信杂比为 28dB。由此可见，直流输电线路因电晕对无线电广播的干扰要比交流线路小。

四、无线电干扰经验公式

直流输电线路无线电干扰的计算公式主要是根据试验线路和已运行的实际线路大量测量而得到的。

（一）国际无线电干扰特别委员会（CISPR）推荐公式

1982 年 CISPR 提出的适用于双极直流线路无线电干扰计算公式为

$$E = 38 + 1.6(g_{\max} - 24) + 46\lg r + 5\lg n + \Delta E_{\mathrm{f}} + 33\lg\frac{20}{D} + \Delta E_{\mathrm{w}} \tag{10-47}$$

式中，E 为无线电干扰电平，dB（μV/m）；$g_{\max}$ 为导线表面最大场强，kV/cm；r 为子导线半径，cm；n 为分裂导线数；D 为距正极性导线的距离（适用于 $D<100$m）；ΔE_{W} 为气象修正项；ΔE_{f} 为干扰频率修正项。

式（10-47）中前 4 项计算得到的干扰值是指在基准频率 0.5MHz 下，距正极导线 20m 处晴天的干扰值。要得到其他频率、距正极导线更远处和其他气象条件下的干扰值，应增加后面三项计算内容。

关于距离对干扰的影响，根据测试表明，在频率 0.4～1.6MHz 范围，距正极导线距离约在 $300/2\pi f$ 以内，横向衰减与交流相似，则可用下式计算会得到满意结果

$$\frac{E_2}{E_1} = \left(\frac{D_1}{D_2}\right)^{1.65} \tag{10-48}$$

式中，E_2 和 E_1 分别为距离 D_2 和 D_1 处的干扰电平。若 E_1 和 D_1 均为基准值，则式（10-48）可改写成

$$E_2 = E_1 + 33\lg\frac{20}{D_2} \tag{10-49}$$

关于频率对干扰的影响，根据为数不多的测试数据，直流线路无线电干扰频谱特性可近似地看成和交流线路一样，为此可用下式进行修正，今后在取得更多测试数据后，再确定采用同样修正是否合适

$$\Delta E_{\mathrm{f}} = 5[1 - 2(\lg 10f)^2] \tag{10-50}$$

式中，f 为测量频率，MHz；上式适用于 0.15～30MHz 频段。

（二）美国电力科学研究院（EPRI）推荐公式

美国 EPRI 在达列斯（Dalles）试验基地进行的试验研究，得到以下计算双极直流线路晴天无线电干扰公式

$$E = 214\lg\frac{g_{\max}}{g_0} - 278\left(\lg\frac{g_{\max}}{g_0}\right)^2 + 40\lg r \tag{10-51}$$

式中，E 是距正极导线 30.5m 处 0.834MHz 的干扰水平，dB（1μV/m 为 0dB）；g_0 为导线电晕起始场强，EPRI 试验中设为 14kV/cm；$g_{\max}$ 为导线表面最大电场强度，kV/cm；r 为子导线的半径，cm。

需要提请注意的是该经验公式中没有提到分裂导线根数对干扰的影响。

关于直流线路无线电干扰频谱特性，EPRI 根据试验数据，对归算到 1MHz 频率的频谱特性曲线，提出用下列经验公式。

对 1MHz 及以下的干扰，它相对 1MHz 的干扰水平差值可用下式求得

$$\Delta E_{\leqslant 1\mathrm{MHz}} = -27\lg f \tag{10-52}$$

对 1MHz 以上的干扰，它相对 1MHz 的干扰水平差值可用下式求得

$$\Delta E_{>1\mathrm{MHz}} = -17\lg f^2 \tag{10-53}$$

第四节　直流线路可听噪声

输电线路导线产生电晕后，伴随电晕放电，还同时会产生可听噪声。随着电压等级的升高，它已成为设计交、直流特高压线路必须考虑的重要因素。通过交、直流线路大量试验研究，已经查明交、直流线路电晕放电时产生的可听噪声主要来自正极性流注放电。

输电线路因电晕放电产生的可听噪声，严重时会对线路附近居民带来烦躁和不安，因此设计和建设直流输电线路时，应将可听噪声限制到合理范围内。

一、可听噪声计量

可听噪声是用声压的有效值来计量的，通常是以 20μPa 作为基准单位，20μPa 系正常人在 1000Hz 时能听到的最低声压，人能听到的声压级范围很大。因此用对数来表示声压大小比较方便，用分贝表示的声压级为

$$\mathrm{dB} = 20\lg\frac{P}{P_0} \tag{10-54}$$

式中，P 为以帕（Pa）为单位的被测声压；P_0 为基准声压，20μPa。

人对噪声的感觉与频率关系很大，所测声压必须按不同频率进行加权后才能成为有用的测量值。声压计一般都配有 A、B 和 C 频率加权网络，用得最多的是 A 频率加权网络，因该网络是模拟人耳对纯音的平均响应，用该网络加权后所测声压用 dB（A）表示。

二、可听噪声横向衰减

正极性导线电晕是直流输电线路可听噪声的主要来源，因此直流线路可听噪声向两侧的横向衰减，它的对称轴不是线路中心而是正极性导线。随着距离的增加，可听噪声的衰减要比无线电干扰的衰减慢得多，一般是距离增加一倍可听噪声的衰减接近 2.6dB（A）。图10-9 是美国 EPRI 在±600kV 试验线路下晴天时先后 5 次测得的可听噪声横向分布，曲线是 5 次的平均值。

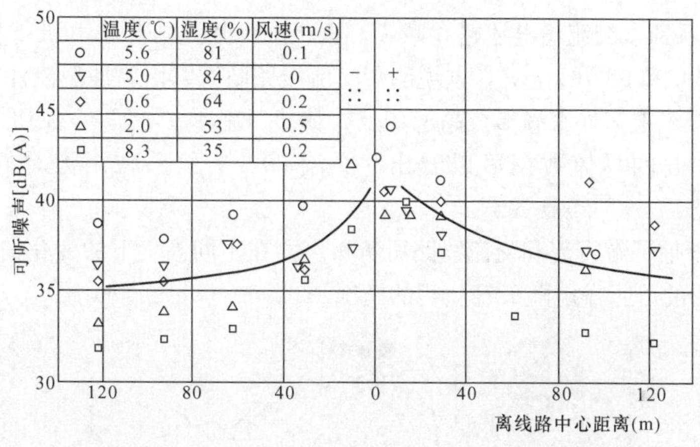

图 10-9 ±600kV 试验线路下晴天可听噪声横向分布

三、交直流线路可听噪声差别

交流线路电晕产生的可听噪声由两部分组成，一部分是由正极性流注放电产生的宽频带噪声，这是交流噪声的主要部分；另一部分是由于电压周期变化，使导线附近带电离子往返运动产生的纯音，频率是 50Hz 的倍频。直流输电线路电晕产生的噪声主要来源于正极性流注放电。

交流输电线路可听噪声，在晴天时很小，一般是在小雨、雾和下雪时，导线表面受潮，表面附着水滴，此时可听噪声大，是线路设计考虑的主要条件。而直流输电线路的可听噪声在下雨时较晴天反而有所减小，下雪天的噪声与晴天差别不大。因此晴天的可听噪声是设计直流线路时首先要考虑的条件。

为了解交流和直流线路可听噪声的差别，表 10-3 给出了 1975 年美国 EPRI 对交流线路和直流线路实测噪声的比较结果。直流试验线路极导线为 4 根 ϕ3.05cm 导线，分裂间距 45.7cm，极间距 11.2m，对地距离 13.1m，电压在±400kV 和±600kV 运行时，导线表面场强分别为 20kV/cm 和 30kV/m。500kV 交流输电线路相导线为 2 根 ϕ4.07cm 导线，分裂间距 45.7cm，正三角布置，底边 12.2m，斜边 10.4m，导线最大表面电场为 17.8kV/m。

表 10-3　　交流线路和直流试验线路实测噪声的比较结果

线路种类	声级（dB）(A)		线路种类	声级（dB）(A)	
	均方根值	准峰值		均方根值	准峰值
±400kV 直流试验线路	30.0	38.0	500kV 交流线路，晴天	29.0	34.0
±600kV 直流试验线路	48.0	59.5	500kV 交流线路，雨天	58.5	68.0

由表 10-3 可见，对直流线路用准峰值测量较均方值测量的数值大，这是因为直流线路电晕产生的可听噪声，主要由随机的和脉冲性的流注放电产生，由于脉冲放电持续时间与其重复率相比是很短的，从而使声压的均方根值小，因准峰值对脉冲峰值反应灵敏，故读数较均方根值大 8～12.5dB（A），这也说明了对直流线路可听噪声用准峰值测量较均方根值测量更为合适。

由表 10-3 可看到，交流输电线路在晴天和雨天时，用均方根值和准峰值测量的噪声差别分别为 5dB（A）和 9.5dB（A），这说明了交流线路晴天时由脉冲型流注放电产生的噪声小，雨天时由于导线上多处水滴形成高电场点，脉冲型流注放电增多，用准峰值测量的噪声增大。比较表 10-3 的具体数据可以看出，交流 500kV 线路在雨天时的可听噪声大于±600kV直流线路。

为了更加清晰地了解直流和交流线路可听噪声，在不同天气下的变化情况，图 10-10 给出美国 EPRI 实测的可听噪声随天气变化的情况。

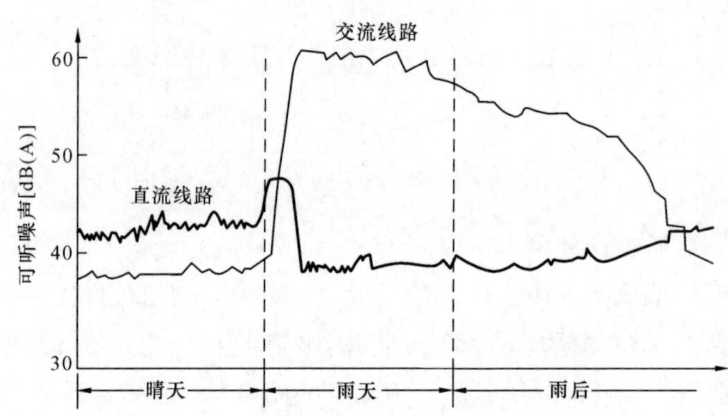

图 10-10　美国 EPRI 实测的可听噪声随天气变化的情况

四、可听噪声的主观评价

可听噪声给人造成的烦恼程度，与每个人不同生理条件有关，很难给出一个严格和准确的客观标准。美国 EPRI 在直流试验线路下，对试验线路加不同电压，每级电压下稳定一定时间，曾邀请本单位一些人员进行噪声烦恼程度的主观评定，并将噪声烦恼程度分为很寂静、寂静、比较嘈杂、嘈杂、很嘈杂和不能忍受的嘈杂六个等级。

对每一级电压评价完后，再升一级电压后进行评价，主观评价时周围环境背景噪声为 25～35dB（A）间，其试验结果见图 10-11。为了使试验结果能适用于类似线路，将线路所加电压转换成导线表面最大电场，由图 10-11 可见，噪声烦恼程度是导线表面电场的线性函数。

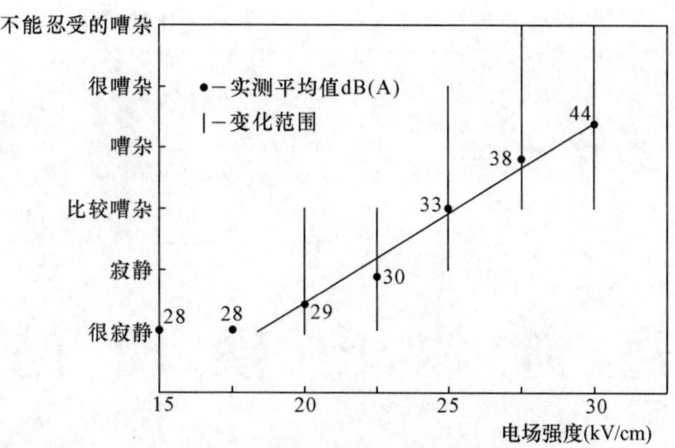

图 10-11　直流线路可听噪声主观评价

五、可听噪声的经验公式

（一）美国邦纳维尔电力局（BPA）推荐公式

$$AN = -133.4 + 86\log g_{max} + 40\log d_{eq} - 11.4\log D \tag{10-55}$$

其中
$$d_{eq} = 0.66n^{0.64}d$$

式中，g_{max}为导线表面最大电场强度，kV/cm；d 为子导线直径，mm；n 为子导线根数；D 为离正极性导线的距离，m。

（二）美国电力科学研究院（EPRI）推荐公式

夏季好天气 50%可听噪声水平可用下式计算

$$AN = -57.4 + 124\log\frac{E}{25} + 25\log\frac{d}{4.45} + 18\log\frac{n}{2} + K_n \tag{10-56}$$

式中，E 为导线表面起晕电场强度，kV/cm；d 为子导线直径，cm；K_n 为与分裂根数有关的函数，当 $n \geqslant 3$ 时，$K_n = 0$；当 $n = 2$ 时，$K_n = 2.6$；当 $n = 1$ 时，$K_n = 7.5$。

式（10-56）适用于起晕电场在 15kV/cm$<E<$30kV/cm，子导线直径 2cm$<d<$5cm，分裂根数 $1<n<6$ 的情况，雨天可听噪声较晴天小 6dB，冬季晴天可听噪声较夏季晴天小 4dB，春季晴天可听噪声较夏季晴天小 2dB。

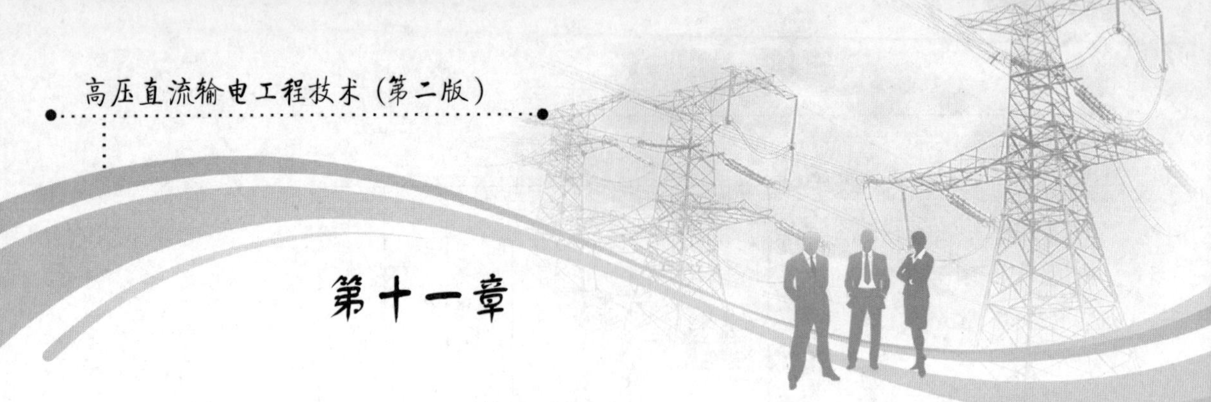

第十一章

直流输电换流站

第一节　换流站概述

在高压直流输电系统中，为了完成将交流电变换为直流电或者将直流电变换为交流电的转换，并达到电力系统对安全稳定及电能质量的要求，换流站中应包括的主要设备或设施有：换流阀、换流变压器、平波电抗器，交流开关设备、交流滤波器及交流无功补偿装置、直流开关设备、直流滤波器、控制与保护装置、站外接地极以及远程通信系统等。图 11-1 给出高压直流换流站典型的构成图。

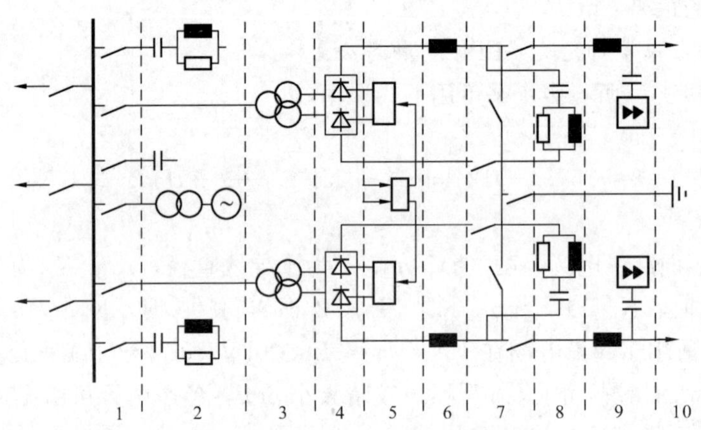

图 11-1　高压直流换流站典型构成图

1—交流开关装置；2—交流滤波器和无功补偿装置；3—换流变压器；
4—换流阀；5—控制与保护装置；6—平波电抗器；7—直流开关装置；
8—直流滤波器；9—电力线载波；10—接地极

对于各种类型的直流输电系统，无论是两端的、多端的，或者是背靠背的，都具有相似的换流站设计及换流站设备。对于两端或多端系统，由于要通过直流线路进行长距离输电，需要更多的直流侧设备，如过电压保护装置及直流滤波器。而对于背靠背直流输电系统，由于不通过直流输电线路进行直流功率的传输，而是在同一个换流站里实现 AC/DC/AC 的功率变换，所以其直流侧的设备比两端或多端直流系统的换流站要简单些，特别是免于设置直流滤波器及站间的远程通信系统。

换流站的主要设备一般被分别布置在交流开关场区域、换流变压器区域、阀厅控制楼区域以及直流开关场区域四个区域里。

交流开关场区域主要包括按主接线要求进行连接的换流站交流侧开关设备、交流滤波器及无功补偿设备、防止设备免遭过电压侵害的交流避雷器。为了对交流侧的电流、电压等电气量进行监测，在这个区域里还装设有交流测量装置。

大容量高压直流换流站的换流变压器容量大、台数多，占地面积较大。为了缩短换流变压器阀侧套管与阀厅之间的引线长度，减少直流侧由于绝缘污秽所引起的闪络事故，一般要求换流变压器靠近阀厅布置。保护换流变压器的交流避雷器靠近换流变压器布置。根据防火要求，在换流变压器区域装设水喷淋灭火系统或其他灭火系统。

阀厅与控制楼大都采用整体建筑结构。阀厅内安装晶闸管换流阀及其相应的开关设备和过电压保护设备。在大多数高压直流换流站中，换流变压器的阀侧套管都直接插入阀厅，以减少套管的污闪几率。采用水作为冷却介质的晶闸管换流阀还安装了冷却水管路。20 世纪 90 年代初期，在采用晶闸管换流阀的换流站阀厅中曾发生过多起火灾事故。火灾原因一般是由于电气连接处的接触不良、充油元件的过热及泄漏以及冷却水管渗漏引起电弧等原因，从而引起了对阀厅防火的重视。阀厅防火的主要措施是在晶闸管阀的电路中避免采用充油元件；加强对冷却水回路的监视；阀组件中尽量采用阻燃材料；在阀厅中采用性能较好的火灾早期探测装置并设置必要的水消防装置。

在高压直流输电的双极换流站中，主控制楼一般布置在两极阀厅之间，以节省控制电缆，特别是缩短由控制室阀控系统至阀厅的光缆长度，以减少光信号的衰耗。控制楼内一般布置有阀的冷却设备、辅助电源设备、通信设备以及控制保护设备等。

直流开关场区域主要布置了高压平波电抗器、直流滤波器、过电压保护装置、直流测量装置以及用于运行方式切换和故障清除所需的直流开关装置，如低压直流高速开关（LVHS）、金属回线转换断路器（MRTB）、大地回线转换开关（GRTS）。

第二节　换 流 站 主 接 线

直流输电换流站由基本换流单元组成，基本换流单元有 6 脉动换流单元和 12 脉动换流单元两种类型，每个基本换流单元主要包括换流变压器、换流阀、交直流滤波器、控制保护设备、交直流开关设备等。本节将主要介绍换流器的接线、换流变压器与换流器的连接方式、交流滤波器的接入系统方式、直流开关场的接线以及一些换流站特殊的接线方式。常规交流开关场的接线方式将不在本节讨论范围之内，因此不予以介绍。

一、换流阀组接线

换流器通常采用三相桥式整流电路，早期的直流输电工程多采用 6 脉动换流器作为基本换流单元，由于 6 脉动换流器会在交直流侧产生较多的低次谐波，因此现代高压直流工程均采用 12 脉动换流器作为基本换流单元。6 脉动换流器和 12 脉动换流器的接线见图 11-2（a）和（b）。

每极的换流器接线始终是直流输电工程设计前期需要研究和论证的课题。对于现代直流输电工程，论证的焦点集中在每极采用几组 12 脉动换流单元，其可能的接线方式通常有三

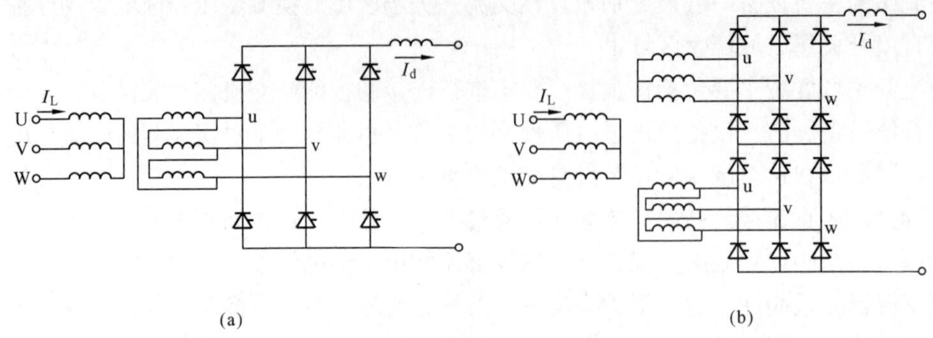

图 11-2 换流器接线图
(a) 6 脉动换流器；(b) 12 脉动换流器

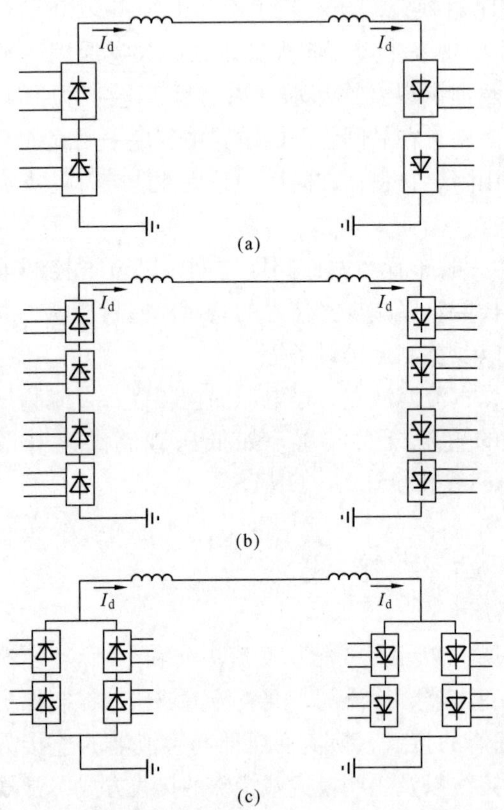

图 11-3 每极的换流器接线方式
(a) 每极 1 组 12 脉动换流单元；(b) 每极 2 组 12 脉动换流单元串联；(c) 每极 2 组 12 脉动换流单元并联

种：①每极 1 组 12 脉动换流单元；②每极 2 组 12 脉动换流单元串联；③每极 2 组 12 脉动换流单元并联，参见图 11-3。

每极采用几组 12 脉动换流单元主要与以下因素有关：①单个 12 脉动换流单元的最大制造容量；②换流变压器的制造及运输限制；③分期建设的考虑；④可靠性及可用率；⑤投资考虑；⑥交流系统的要求。在上述诸因素中，单个 12 脉动换流单元的最大制造容量和换流变压器的制造及运输限制往往是确定每极换流器组数的决定性因素，有时分期建设的要求和资金安排也会影响每极组数的确定。

从可靠性、可用率及投资来看，采用每极 1 组 12 脉动换流器明显优于每极 2 组，根据对 31 项每极 1 组的直流工程以及 5 项每极 2 组的直流工程的强迫能量不可用率（FEU）的统计，前者为 1.13%（平均值），而后者为 2.09%（平均值）。表 11-1 给出了这三种接线方式的投资估算。

交流系统的要求主要考虑，当直流系统一组基本换流单元故障时对交流系统带来的冲击。若每极采用一组 12 脉动换流器，则换流器故障即为极故障；在直流系统一个极的输送功率比较大，且两端的交流系统又比较弱的情况下，每组换流器故障对系统的冲击就比较大；当采用每极两组换流器串联或并联，一组换流器故障可以只退出故障的换流器而不停运单极，对系统的冲击就会比较小。由于不论采用每极 1 组 12 脉动换流器，还是采用每极 2 组 12 脉动换流器，直流系统单极故障总会发生（只是后者发生的概率较低），交流系统总是要承受直流单极故障的冲击，因此交流系统的要求不是确定每极多少个12脉动换流器的决定因素，而且必须结合其他方面来综合考虑。由于每极1组12脉动换流器的方案具有接线布置简单、可靠性高、投资省的特点，若制造商具备生产制造能力，且运输通道不受限制，则应优先采用这种方案。

表11-1　三种接线方式的投资估算

接线方案	每极1组12脉动单元	每极2组12脉动单元	
		串联	并联
阀及相关设备投资（含阀厅）	100%	120%	150%～180%

图11-4　ABB户外阀

图11-5　户内悬挂阀

换流阀通常布置在户内，也有布置在户外的，如卡布拉巴萨直流输电工程的油冷阀以及ABB公司最近推出的户外阀，见图11-4。户内阀的布置可以是悬挂式，也可以是支撑式，分别见图11-5和图11-6。悬挂式或支撑式阀通常可采用一个四重阀或一个二重阀作为一个阀塔，详见本章第三节换流阀的内容。

二、换流变压器与换流阀连接

换流变压器的型式直接影响换流变压器与换流阀的连接及布置。由于三相三绕组换流变压器具有接线布置最简单、投资最省等特点，对于中小型直流输电工程，在条件许可的前提下，总是优先采用。由于受制造能力及运输尺寸的限制，对于大型直流输电工程，三相双绕组变压器、单相三绕组变压器以及单相双绕组变压器也广泛应用。

图11-6　户内支撑阀

根据前面提到的换流器三种接线方式，考虑上述换流变压器的几种型式，结合目前已有或规划的直流输电工程的容量，可能的换流变压器与换流阀组的接线组合有5种：①三相三绕组换流变压器，对于每极1组12脉动换流器，每极只用一台，多用于容量较小的直流工程，见图11-7（a）；②三相双绕组换流变压器，对于每极1组12脉动换流器，每极需两台，多用于中型直流工程，见图11-7（b）；③单相三绕组换流变压器，对于每极1组12脉动换流器，每极需3台，见图11-7（c）；④单相双绕组换流变压器，对于每极1组12脉动换流

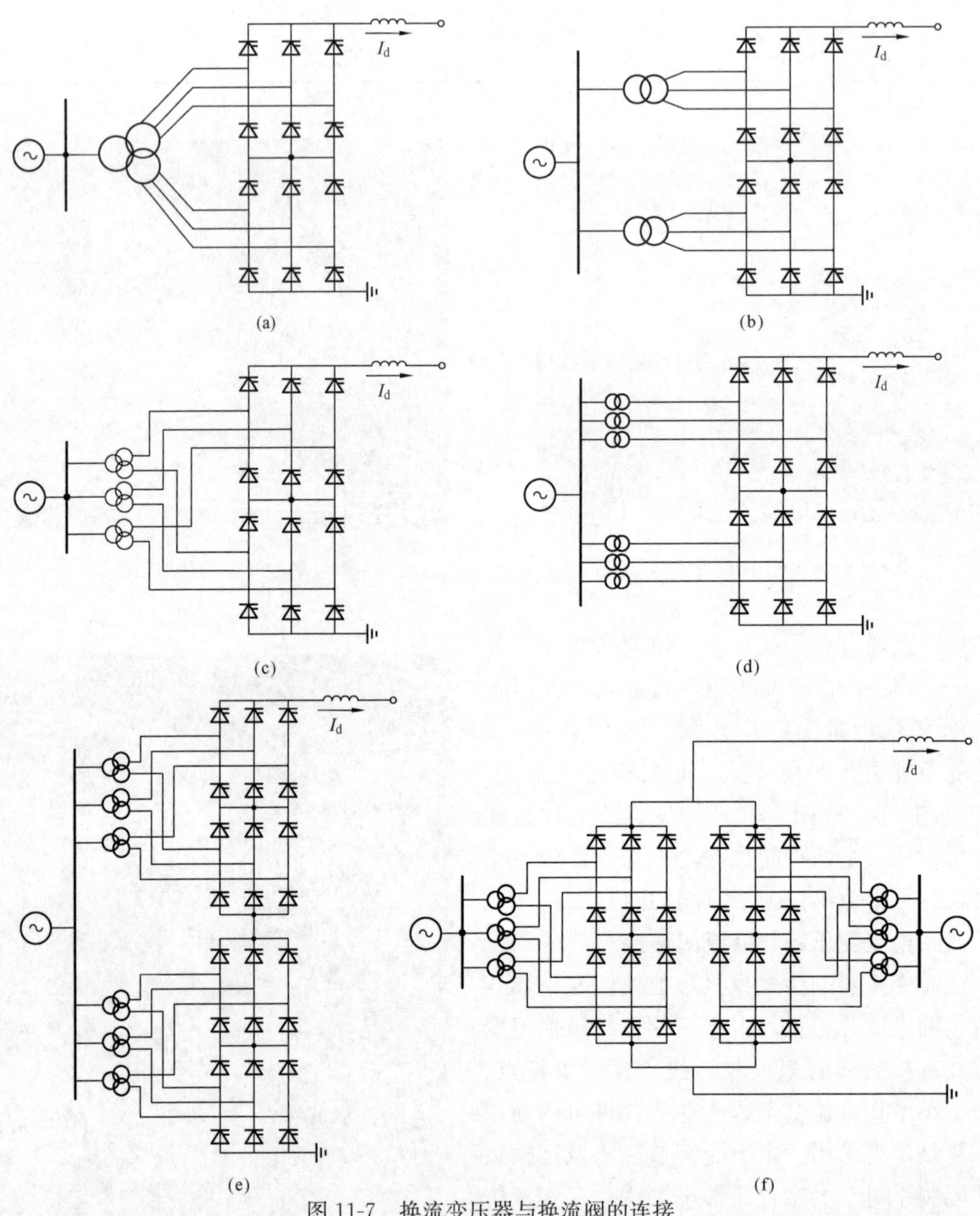

图11-7　换流变压器与换流阀的连接

(a) 三相三绕组换流变压器，每极1组12脉动换流单元；(b) 三相双绕组换流变压器，每极1组12脉动换流单元；(c) 单相三绕组换流变压器，每极1组12脉动换流单元；(d) 单相双绕组换流变压器，每极1组12脉动换流单元；(e) 单相三绕组换流变压器，每极2组12脉动换流单元串联；(f) 单相三绕组换流变压器，每极2组12脉动换流单元并联

器，每极需 6 台，多用于大型直流工程，见图 11-7（d）；对于特大型直流输电工程，若采用每极 2 组 12 脉动换流器，则每极需 12 台；⑤单相三绕组换流变压器，对于每极 2 组 12 脉动换流器串联或并联，每极需 6 台，多用于大型直流工程，见图 11-7（e）、（f）。

在具体工程中到底采用哪一种连接方式，需要根据直流输电工程的容量、换流器及换流变压器的生产制造能力以及换流变压器运输尺寸的限制情况等来确定。

换流阀通常布置在阀厅内，对双极直流系统，阀厅中间常常布置有主控室，由于阀与换流变压器接线组合的差异，换流变压器与阀厅的布置有不同的形式，归纳起来有三种：①换流变压器单面插入阀厅布置，可适用于各种接线方式；②换流变压器双面插入阀厅布置，可适用于每极两组 12 脉动换流器的情况；③换流变压器脱开阀厅布置，可适用于各种接线方式。此外，也有一些工程，因受换流变压器运输尺寸的限制，采用将单相三绕组换流变压器部分绕组（如 Y 绕组）的套管直接插入阀厅布置，其余绕组（△绕组）的套管布置在阀厅外，经单独的穿墙套管插入阀厅完成与换流器的连接。

换流变压器阀侧套管插入阀厅布置的优点是：①可利用阀厅内良好的运行环境来减小换流变压器阀侧套管的爬距；②可防止换流变压器阀侧套管的不均匀湿闪；③可省掉从换流变压器至阀厅电气引线的单独穿墙套管。但这种布置方式的缺点是：①阀厅面积显著增大，增加了阀厅及其附属设施的造价及年运行费用；②增加了换流变压器的制造难度；③换流变压器的运行维护条件较差；④换流变压器的备用相更换不方便。当然，如果采用换流变压器双面插入阀厅的布置方式，则还存在交流场的布置或引线复杂以及总的占地面积增加的缺点。换流变压器脱开阀厅布置的优缺点基本上是与插入阀厅布置的优缺点相反的。这几种布置方式的技术经济原则比较见表 11-2。

表 11-2　　几种布置方式的技术经济原则比较表

换流变压器布置方式	单面插入阀厅	双面插入阀厅	换流变压器与阀厅脱开
阀厅（长×宽，m）	50.0×23.0	36.0×27.0	29.0×18.5
每极阀厅面积（%）	100	84.5	46.7
换流变与阀厅总占地（%）	100	136.9	121.8
阀厅造价（万美元）	380	250	200
套管（万美元）	0	0	144

三、交流滤波器接入系统方式

高压直流换流站交流侧滤波器通常分成很多组，其接入系统的方式有以下四种：

（1）交流滤波器大组直接接在换流站交流母线上（或接入 3/2 串中），通常滤波器大组是由几个滤波器分组接在一个滤波器小母线上而形成；

（2）交流滤波器大组直接 T 接在换流变压器的进线回路上；

（3）交流滤波器分组直接接在换流站交流母线上（或接入 3/2 串中）；

（4）交流滤波器分组直接接在换流变压器单独的绕组上。

上述几种交流滤波器接入系统方式的接线见图 11-8，其接入系统方式的特点见表 11-3。

在实际工程中，交流滤波器接入系统的方式应结合交流开关场主接线的形式（双母线或 3/2 接线）及布置等综合考虑之后确定。

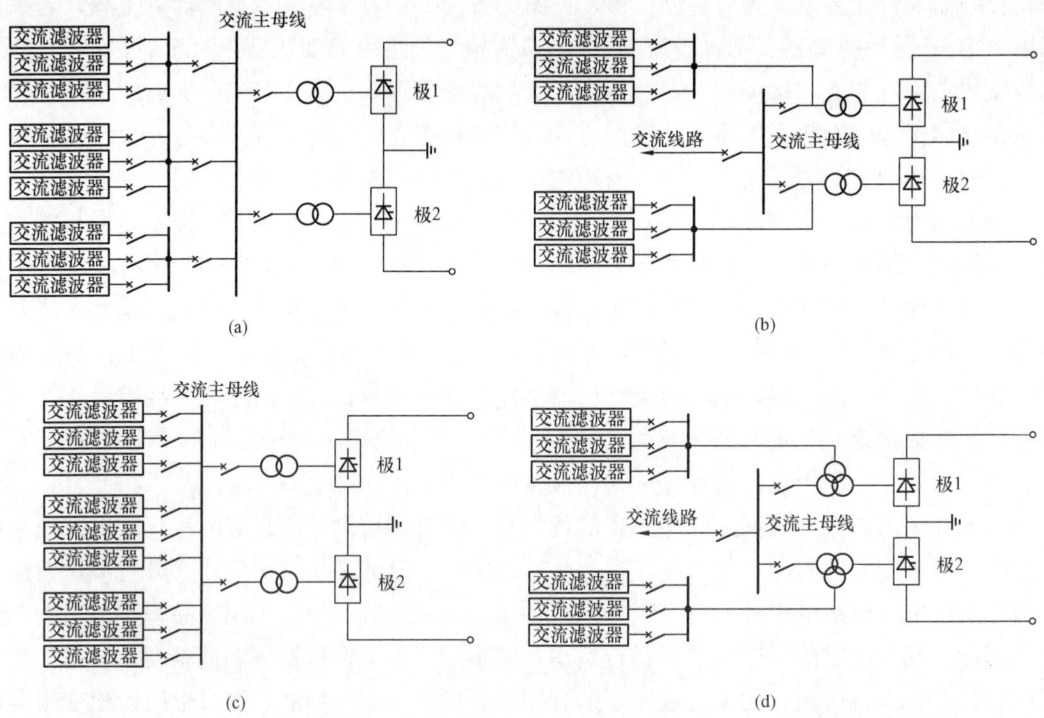

图 11-8　交流滤波器接入系统方式示意图

(a) 交流滤波器大组接母线；(b) 交流滤波器大组 T 接换流变压器；
(c) 交流滤波器分组接母线；(d) 交流滤波器接换流变压器单独绕组

表 11-3　　交流滤波器接入系统方式的特点

序号	接入方式	特点
1	滤波器大组接母线或进串	滤波器接线及主母线可靠性高，对双极直流系统，便于交流滤波器双极间的相互备用，滤波器分组开关可选用操作频繁的负荷开关
2	滤波器直接 T 接在换流变压器进线	交流滤波器按极对应较好，但不便于两极间的相互备用
3	滤波器分组直接接母线	投资较省，便于交流滤波器双极间的相互备用；由于交流滤波器投切频繁，断路器故障率较高，会直接影响母线的故障率
4	滤波器接入换流变压器单独的绕组	可与无功补偿装置公用，可降低滤波器造价，但换流变压器制造比较复杂

四、直流开关场接线

直流开关场的设备主要包括平波电抗器、直流滤波器（部分工程不装直流滤波器）、直流测量装置（TV、TA）、避雷器、冲击电容器、耦合电容器、开关设备、母线和绝缘子等。直流开关场有双极接线和单极接线，典型的双极直流开关场接线见图 11-9。

对双极直流输电工程，直流开关场的接线通常要适应双极运行方式、单极大地回线方式和单极金属回线方式以及双导线并联大地回线方式等多种运行方式之间的转换，因此需要在中性线上装设相应的转换开关，以便实现各种接线方式的转换。在实际工程中，常常只在某一个换流站（如整流站）中装设。

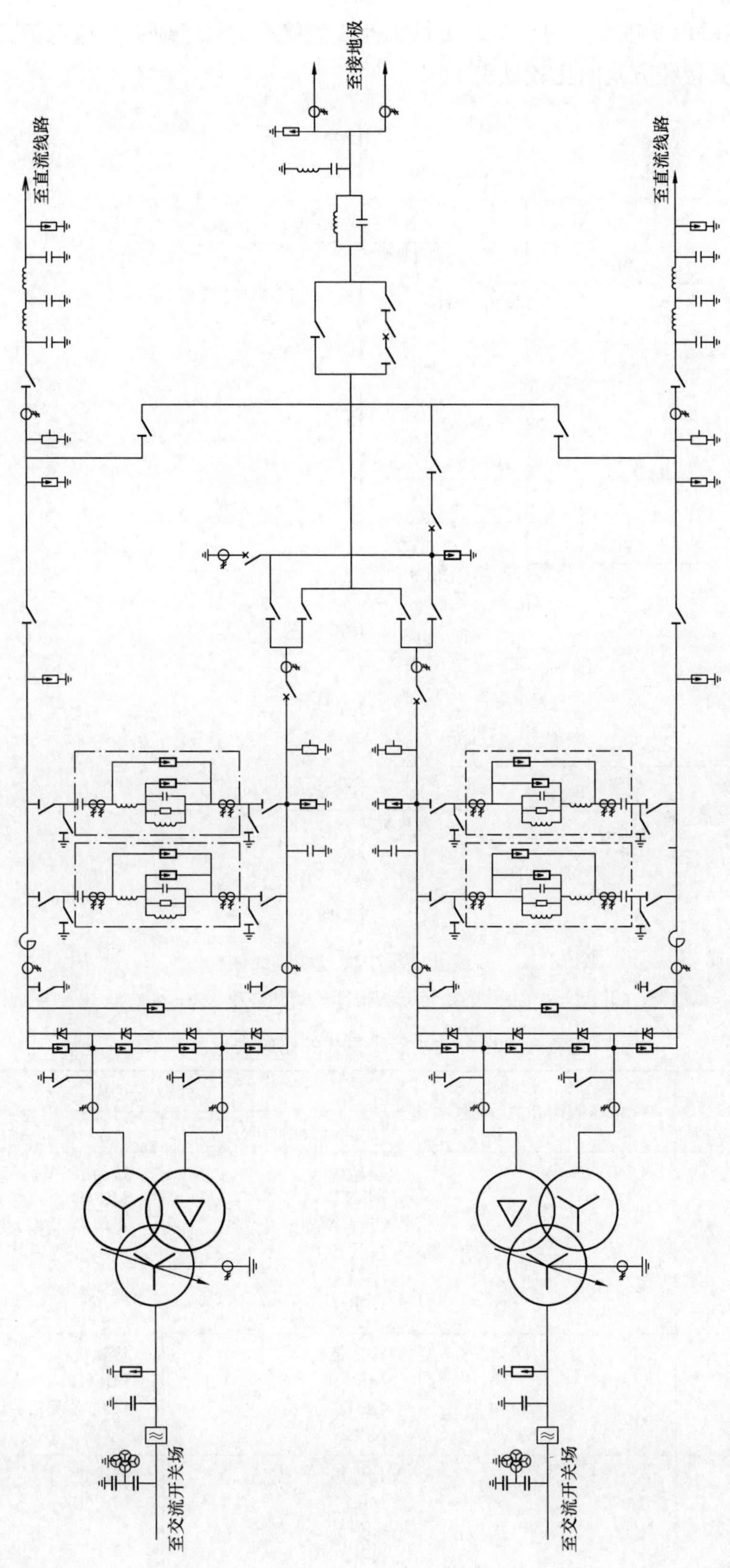

图 11-9　双极直流开关场接线图

在三—常直流输电工程中，对直流开关场中性线的接线进行了研究，拟定了三种接线方式，见图 11-10，其接线方式的比较见表 11-4。

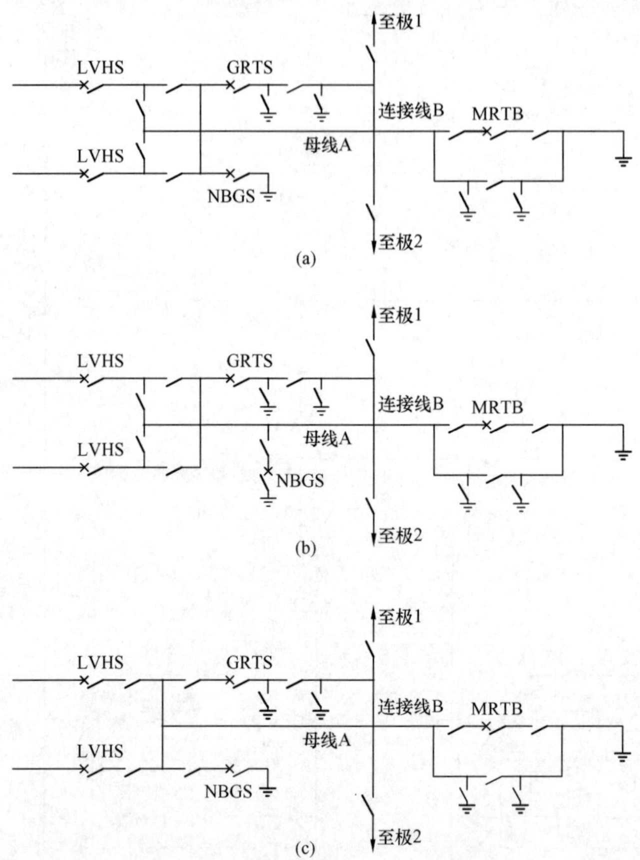

图 11-10　直流开关场中性母线接线图

MRTB—金属回线转换断路器；GRTS—大地回线转换开关；LVHS—低压高速开关；NBGS—中性线临时接地开关

表 11-4　　直流开关场中性线接线方式的比较表

接　线　图	低压隔离开关数量	检修设备范围	
		双极运行时	单极运行时
图 11-10（a）	10	接地极 MRTB 母线 A 及相关设备 连接线 B GRTS NBGS	接地极 MRTB 母线 A 及相关设备
图 11-10（b）	11	接地极 MRTB GRTS NBGS	接地极 MRTB 母线 A 及相关设备
图 11-10（c）	10	接地极 MRTB GRTS NBGS	接地极 MRTB

五、换流站特殊接线方式

（一）背靠背换流站

由于背靠背换流站没有直流输电线路，通常直流额定电压较低，直流额定电流较高，不设直流滤波器，有时也可省去平波电抗器，无直流开关设备，因此直流侧接线简单。当要求较高的可靠性及可用率时，可采用一个以上的单极或双极系统并联，背靠背换流站的接线方式见第十四章图 14-1。

（二）整流站特殊接线方式

当直流输电工程的整流站主要是由发电厂直接供给电源时，可以考虑将整流站建在发电厂内，与发电厂的开关站合建。此时可将发电机的升压变压器与换流变压器合二为一，省去一级变压。发电机可以接在一个交流母线上，也可以采用单元接线的方式，直接接在换流变压器的一个绕组上。这两种接线方式分别在新西兰南北岛直流工程和伏尔加格勒—顿巴斯直流工程中采用。发电厂与地区电网的连接可以通过专门的联络变压器（新西兰直流工程），也可以由换流变压器的专门绕组来实现。例如，伏尔加格勒—顿巴斯直流工程采用五绕组换流变压器，其中 2 个绕组接 2 台发电机，2 个绕组接 2 个 6 脉动换流器，而另一绕组则接地区 220kV 电网。各发电机的同步运行是靠 220kV 的地区电网来实现，见图11-11。

当发电厂无地区负荷或地区负荷很小时，也可以考虑采用发电机—变压器—换流器独立

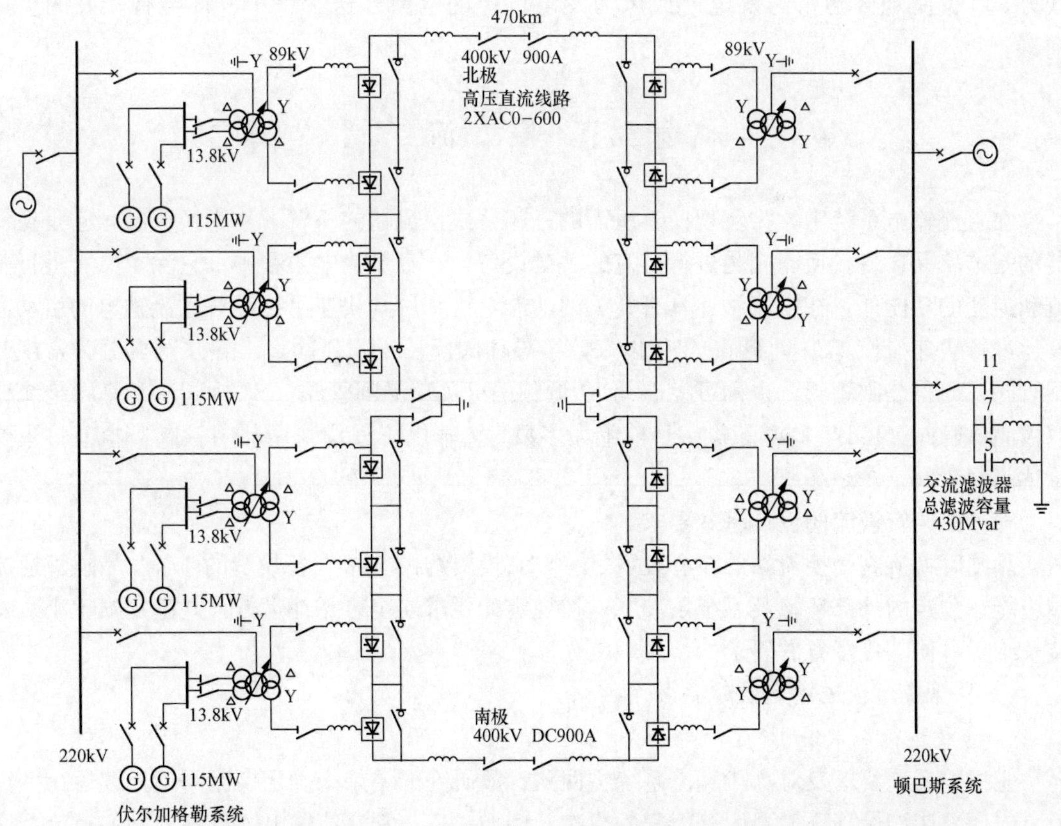

图 11-11　伏尔加格勒—顿巴斯直流工程主接线图

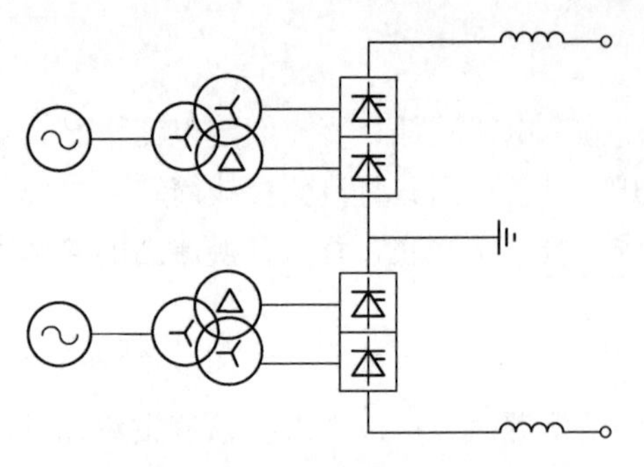

图 11-12　独立的单元接线方式原理图

的单元接线方式，其接线方式原理图见图 11-12。

每组发电机—变压器—12 脉动换流器形成一个独立的单元，这些单元在直流侧可以串联，也可以并联。这种接线方式不仅可省去一级变压，还可省去换流站的交流母线及其相关的开关设备。换流器所消耗的无功可由发电机来提供。采用 12 脉动换流器所产生的交流侧谐波也可以由发电机来吸收，这些谐波将会增加发电机的损耗和振动，在发电机制造上需考虑这些因素。如果在发电机出口装设交流滤波器，则应对甩负荷以后发电机可能产生的自励磁过电压进行研究。

这种单元接线方式的整流器，可以采用可控的晶闸管换流阀，也可以采用不可控的二极管换流阀。当采用二极管换流阀时，直流电压则由发电机的快速励磁系统来控制。在这种接线方式下，发电机可以改变频率运行，也可以非同步运行，这对水力发电厂和风力发电厂都是有利的。这种接线方式，由于换流站的设备减少了许多，结构得到了简化，可以大量节省投资和运行费用，同时也提高了运行可靠性，其主要缺点是运行的灵活性较差。这种单元接线方式在偏僻地区的水力发电厂或风力发电厂等的电力外送工程中，将会有较好的应用前景。

第三节　换　　流　　阀

在直流输电系统中，为实现换流所需的三相桥式换流器的桥臂，称为换流阀，它是换流器的基本单元设备。换流阀是进行换流的关键设备，在直流输电工程中，它除了具有进行整流和逆变的功能外，在整流站还具有开关的功能，可利用其快速可控性对直流输电的启动和停运进行快速操作。20 世纪 80 年代以来，半导体阀代替了汞弧阀，半导体阀可分为常规晶闸管阀（简称晶闸管阀，也称可控硅阀）、低频门极关断晶闸管阀（GTO 阀）和高频绝缘栅双极晶体管阀（IGBT 阀）三类。目前绝大多数直流输电工程均采用晶闸管阀，本节将主要论述晶闸管阀。

一、晶闸管换流阀设计基本要求

晶闸管换流阀是换流站的核心设备之一，其投资约占全站设备投资的 1/4。晶闸管换流阀应能在预定的外部环境及系统条件下，按规定的要求安全可靠地运行，并满足损耗小、安装及维护方便、投资省的要求。

（一）系统对换流阀定值的要求

1. 连续运行额定值

应根据系统要求及对高压直流系统主回路参数研究的结果来确定换流阀的连续运行额定值，应计及诸如最高环境温度等因素的影响。例如，三—常直流输电工程整流站的换流器应具有的连续运行额定值有：额定直流电压，±500kV；额定直流电流，3000A；额定直流功率，3000MW。阀的冷却系统及其他辅助系统的设计须满足所确定的连续运行额定值的要求。

2. 过负荷能力

换流阀的过负荷能力应与高压直流输电系统的过负荷能力相匹配，根据系统要求换流阀的过负荷能力可分为三种：①连续过负荷额定值，可以长期连续运行的过负荷能力；②短时过负荷额定值，一般是指0.5h至数小时内可连续运行的过负荷能力；③暂态过负荷额定值，一般是指数秒钟内的过负荷能力。

前两种过负荷额定值是由相应电力系统故障后为减少经济损失以及为电力系统故障后的恢复提供必要的功率支持而提出来的，该定值的合理性应顾及相应设备费用的增加。后一种过负荷额定值是由直流输电系统以各种调制方式阻尼交流系统的振荡和提高系统运行稳定性的要求而提出的。

上述过负荷额定值均应考虑过负荷前的运行状态，例如实际的负荷情况及冷却设备投运情况。

（二）对运行触发角工作范围的要求

晶闸管换流阀的运行触发角工作范围的优化选择应考虑的因素有：①满足额定负荷、最小负荷和直流降压等各种运行方式的要求；②满足正常起停和事故起停的要求；③满足交流母线电压控制和无功调节控制等要求。

换流阀的额定运行触发角（整流器为触发角，逆变器为关断角），从减少无功消耗、减少谐波分量和降低运行损耗等方面考虑，宜越小越好；但从换流阀安全可靠换相和保证有足够的调节裕度的角度出发，应有最小角度限制。根据直流输电工程的经验和目前晶闸管的制造水平以及触发控制系统的性能水平，整流器的触发角一般取15°左右，最小值为5°；逆变器的关断角一般取15°～18°，最小值为15°。

当直流系统降压运行时，若换流变压器的有载分接头已调至极限位置，不可能再将触发角控制在规定范围内，则其触发角值必将增大。对于三—常直流输电系统，经计算表明，在直流系统以400kV（0.8p.u.）电压和300A（0.1p.u.）电流运行时，阀的触发角达到38°～40°，这将是设计晶闸管换流阀稳态运行时的最大角度限制要求，阀的冷却及热力设计须满足此角度连续运行的要求。然而，在起停过程和潮流反转过程等特殊情况中，这个限制将被解除，以保证这个过程的顺利进行。在起停过程中，触发角将短时处于90°的极端值，持续时间一般应限制在1min内。对于利用换流器进行无功功率调节的直流输电工程，还应考虑在进行无功调节时可能运行的最大触发角。

二、阀电气连接

晶闸管换流阀是由晶闸管元件及其相应的电子电路、阻尼回路以及组装成阀组件（或阀层）所需的阳极电抗器、均压元件等通过某种形式的电气连接后组装而成的换流桥一个桥臂。

（1）晶闸管及晶闸管级（Thyristor Level）。晶闸管是组成晶闸管阀的关键元件，在高压直流输电中使用的晶闸管芯片直径已大到125mm，反向非重复阻断电压已高于8kV。除了光电转换触发晶闸管外，光直接触发晶闸管也已在高压直流输电工程中应用。光电触发的晶闸管级由晶闸管元件及其所需的触发、保护及监视用的电子回路、阻尼回路构成。

(2) 阀组件。串联连接的若干个晶闸管级与阳极电抗器串联后再并联上均压(电容)元件构成了阀组件。

(3) 单阀(或阀臂)。若干个阀组件串联连接组成一个单阀,它构成了6脉动换流器的一个臂,故又称阀臂。

(4) 三相6脉动换流器及三相12脉动换流器。由6个单阀可以连接构成三相6脉动换流器;由12个单阀可以连接构成三相12脉动换流器。一般由2个单阀垂直组装在一起构成6脉动换流器一相中的2个阀,称为二重阀,而由4个单阀垂直安装在一起构成12脉动换流器的一相中的4个阀,称为四重阀。

上述晶闸管级、阀组件、单阀、6脉动换流器和12脉动换流器的接线示意图,见图11-13。

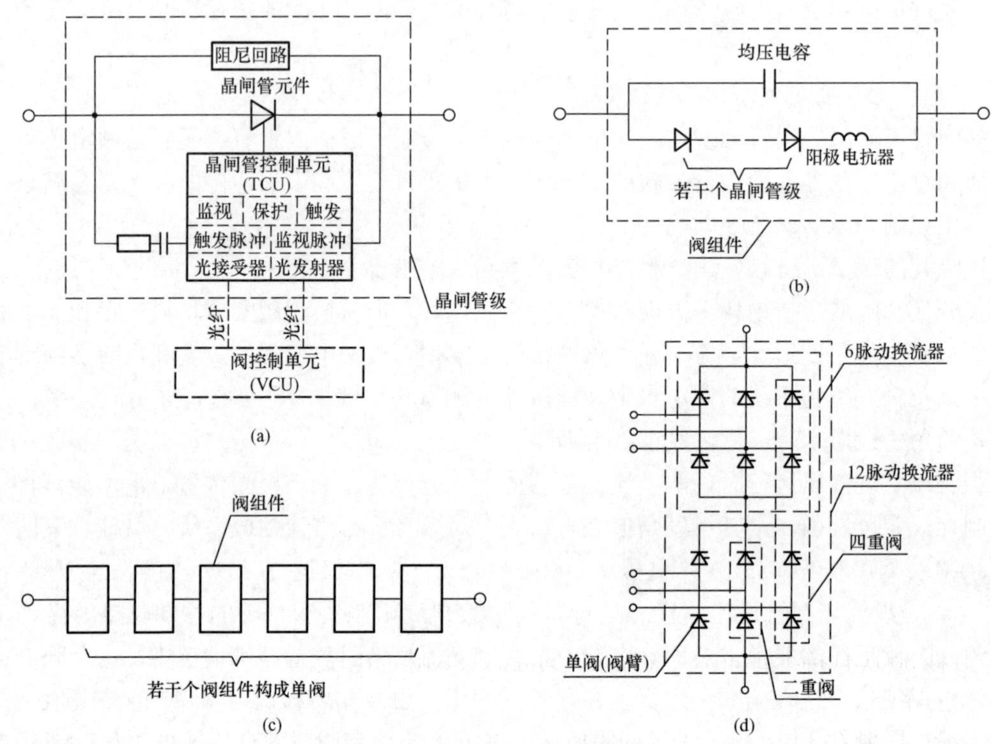

图11-13 阀电气连接示意图

(a) 晶闸管级;(b) 阀组件;(c) 单阀(桥臂);(d) 换流器

三、阀电气性能与参数选择

(一) 阀电气性能与元件特性

1. 阀电气性能

以12脉动换流单元的阀运行为例来说明阀的基本电气性能。

(1) 阀最主要的特性是仅能在一个方向导通电流,这个方向定为正向。电流仅在一个周期的1/3期间内流过一个阀。

(2) 不导通的阀应能耐受正向及反向阻断电压,阀电压最大值由避雷器保护水平确定。

(3) 当阀上的电压为正时,得到一个控制脉冲阀就会从闭锁状态转向导通状态,一直到流过阀的电流减小到零为止，阀始终处于导通状态，不能自动关断。一旦流过阀的电流到零，阀即关断。

(4) 阀要有一定的过电流能力，通过健全阀的最大过电流发生在阀两端间的直接短路，而过电流的幅值主要由系统短路容量和换流变压器短路阻抗所决定。

现代高压直流换流阀主要由晶闸管元件串联组成（由于元件电流额定值已能满足工程要求，一般无须并联接线），阀的电气性能通过晶闸管元件的特性来实现。

2. 阀元件特性

晶闸管元件主要有以下特性。

(1) 阳极伏安特性。当加在晶闸管元件上的正向阳极电压增加时，如果门极电流为零，正向阳极电流将随阳极电压的增加而从零缓慢加大，即使正向电压已加到很高，电流仍只有几毫安，元件处于正向阻断状态，此时的阳极电流称为正向漏电流。待电压升到某一数值U_{DSM}，电流突然急剧增加，管压降突然降至很小（为0.5～1.5V）时，元件转入导通状态，U_{DSM}称为断态不重复峰值电压。如果元件上的电压多次超过U_{DSM}，且有大电流通过，则将使元件特性恶化以致损坏。如果门极电流不为零，则随着门极电流的增加，晶闸管元件由阻断状态变为导通状态所需的正向阳极电压就减小。如果门极电流达到其可触发电流，则晶闸管元件在很低的正向阳极电压下就能导通。

晶闸管元件的阳极（与阴极之间）加上反向电压时的特性和二极管相似，只有很小的反向漏电流，且随反向电压的加大而增大。如果反向电压达到U_{RSM}（称为反向不重复峰值电压）时，反向电流急剧增加，元件将被击穿而损坏，因而元件上所加的反向电压只能小于U_{RSM}。

(2) 门极特性。晶闸管元件的门极正向电压和正向电流之间的关系，称为门极特性。在门极与阴极之间施加正向电压，必然显示出二极管的特性，但又有别于普通二极管。其正、反向电阻差别较小，在门极正常触发区内，应既能使元件可靠触发开通，又不致使门极击穿或过热。

(3) 断态重复峰值电压（U_{DRM}）。指晶闸管门极断路和正向阻断条件下，可施加的重复率为每秒50次且持续时间不大于10ms的断态最大脉冲电压。

(4) 反向重复峰值电压（U_{RRM}）。指晶闸管在门极断路条件下，可施加的重复率为每秒50次且持续时间不大于10ms的反向最大脉冲电压。

(5) 额定平均电流。指在规定的环境和散热条件下，允许通过的工频正弦半波电流的平均值，而表征元件发热情况的电流常以有效值表示。

(6) 断态临界电压上升率$\mathrm{d}u/\mathrm{d}t$。在额定结温和门极开断条件下，不导致晶闸管元件从断态转变为通态的最大阳极电压上升率，一般在每微秒几千伏范围内，容许的$\mathrm{d}u/\mathrm{d}t$最大值与结温有关，结温越高，容许的$\mathrm{d}u/\mathrm{d}t$越低。

(7) 通态临界电流上升率$\mathrm{d}i/\mathrm{d}t$。当用门极触发使元件开通时，晶闸管元件能承受而不发生有害影响的最大通态电流上升率，一般在每微秒数千安范围内。晶闸管允许的$\mathrm{d}i/\mathrm{d}t$大小与开通过程有关。当元件开通时，首先在门极附近的结面逐渐形成导通区，然后逐步扩展到整个结面完全导通，整个过程约几微秒到几十微秒。若$\mathrm{d}i/\mathrm{d}t$过大，元件PN结面还未完全导通，门极附近的结面电流密度过大，则会发生局部过热而导致元件损坏。

(8) 开通时间 T_{ON}。从门极加上触发脉冲开始到阳极电流上升到稳态值 10%的这段时间，称延迟时间 T_{d0}，与此同时阳极与阴极间的压降在减小。阳极电流从稳态值 10%上升到 90%所需的时间，称为上升时间 T_{r0}。开通时间 T_{ON} 定义为上述两者之和，即 $T_{ON}=T_{d0}+T_{r0}$。

(9) 关断时间 T_{OFF}。这里所说的关断是指元件的阳极、阴极回路在外电路作用之下使晶闸管元件开始关断，不涉及门极可关断的晶闸管元件。关断时间指在额定结温下元件正向电流为零起到元件恢复阻断能力为止的这段时间。关断时间 T_{OFF} 是反向阻断恢复时间 T_{rr} 和正向阻断恢复时间 T_{pr} 之和，即 $T_{OFF}=T_{rr}+T_{pr}$。

换流阀性能的优劣与晶闸管元件特性直接相关。从换流阀设计的基本要求看，阀的优化是综合考虑技术和经济的复杂问题，其中串联晶闸管元件最少和优选晶闸管元件参数是阀设计的一个重要目标。为减少串联元件数，降低相应损耗和成本，应要求元件耐压水平高，电流定值大，即要求提高单个元件的开关功率容量。晶闸管直径 ϕ125mm、8kV 左右耐压水平和 3kA 以上电流定值的晶闸管元件已在工程中采用。除减少元件串联数外，阀设计还应降低串联回路中电压分布不均匀系数，并更好地利用晶闸管元件的电流能力，以及阀内晶闸管元件各种参数的分散性为最小。如元件的开通时间应尽可能一致，尽可能小，这样可大大减小开通过电压；元件的恢复电荷尽可能小，尽可能一致，这样可大大减小关断过电压，提高关断速度；又如元件的 dI/dt 能力、承受浪涌电流能力应尽可能高，将有利于降低阀的成本及尺寸；选择触发功率小的和通态压降低的晶闸管元件，可减少阀的损耗。目前有不少耐压水平高的元件还不能用在直流换流阀上，就是因为通态压降太高，使阀的损耗高到无法接受，若仅为降低阀损耗，选用通态压降低的元件，则其耐压能力又受到很大限制，将导致串联元件数增加。

由于晶闸管元件参数之间相互制约，现代高压直流换流阀的设计应根据性能要求，合理地选择主要参数指标。换流阀的设计也是晶闸管元件参数优化的过程。

(二) 阀的耐压性能

晶闸管阀应能承受各种不同的过电压，阀的耐压设计应考虑保护裕度。当考虑到电压的不均匀分布、过电压保护水平的分散性以及其他阀内非线性因素对阀应力的影响时，保护裕度必须足够大。根据工程经验，不计阀内冗余元件，阀和多重阀单元的耐压应有的保护裕度是：对于操作冲击和雷电冲击应大于避雷器保护水平的 15%；对于陡波头冲击应大于避雷器保护水平的 20%。

通常，阀的过电压耐受能力是由每个晶闸管的耐压水平通过多个元件串联叠加来实现的，故在一定的元件耐压水平参数下，阀的耐压能力由晶闸管的串联元件数所决定。

阀臂中每数个元件串联之后（称为组件）与一个（或数个）饱和电抗器串联，而该电抗器将承担陡波冲击（1200kV/μs）的大部分过电压和雷电冲击的部分过电压，而且平波电抗器还将限制从线路侵入的雷电波，故上述两种过电压对阀臂串联元件数不是主要的控制因素。

操作冲击是决定串联元件数的主要因素。由于多个元件串联和各元件对端部的杂散电容及元件特性的不均匀性，尽管有均压回路，但仍会存在电压分布不均匀。操作冲击波的电压分布不均匀系数，目前制造水平可达到 1.05～1.10，这是决定阀臂最小串联元件数时应予以考虑的因素。

从绝缘配合要求看，阀臂正向非重复阻断电压应高于避雷器保护水平和最小正向紧急触发电压（BOD），阀臂的反向非重复阻断电压应高于避雷器保护水平并满足最小绝缘配合裕度要求。

阀臂最小串联元件数可由下式计算

$$\left(\frac{U_{RSM}N}{K_{SI}U_{SI}}-1\right)\times 100\% > 15\% \tag{11-1}$$

式中，U_{RSM}为元件非重复反向阻断电压，kV；N为阀臂最小串联元件数；K_{SI}为操作冲击波电压分布不均匀系数；U_{SI}为避雷器保护水平，kV。

此外，阀应能在晶闸管级保护触发动作时连续运行，在最大工频过电压，如交流系统故障后的甩负荷工频过电压下，阀的保护触发不应因逆变换相暂态过冲而动作，保护触发不应影响此后的直流系统恢复。另外，在正常控制过程中的触发角快速变化不应引起保护触发动作。

为了阀的安全可靠运行，在进行换流阀设计时，还要考虑元件的故障率和冗余度。根据经验，每个阀中晶闸管级的冗余数应大于运行周期内晶闸管级损坏数目期望值的2.5倍，也不应小于阀中晶闸管级总数的3%。晶闸管级的故障率应包括晶闸管元件故障率及辅助元件如阻尼电容器、阻尼电阻器和控制单元的故障率。目前晶闸管故障率保证值一般在0.2%～0.4%。

冗余晶闸管级是指在阀中满足最低耐压水平所要求的最少串联晶闸管级数上再多串联的晶闸管级数，以补偿在运行中由于故障而损坏的晶闸管级数。其冗余度定义如下

$$f_r=\frac{N_t}{N_t-N_r} \tag{11-2}$$

式中，N_t为阀中串联晶闸管级总数；N_r为阀中串联晶闸管级冗余数。

依据工程经验，晶闸管换流阀的冗余度不宜小于1.03，且每阀臂冗余元件数不应少于3个。

（三）阀的电流性能

晶闸管阀不仅应能满足在负荷额定运行工况、连续过负荷及短时过负荷工况下的直流电流，这是由直流系统正常运行方式所决定的，而且还应具有一定的暂态过电流能力，这是由系统故障条件所提出的要求。对晶闸管元件来说，常用浪涌电流能力I_{TSM}来表征。

工程中一般要求阀对由故障引起的暂态过电流应具有的承受能力有：①晶闸管在元件的最高结温下，所有的冗余元件已用完，对于阀运行中任何故障所造成的最高短路过电流，阀应承受一个完全偏置的不对称电流波，并且对于在此之后立即重现的在计算过电流时所采用的同样的交流系统短路水平下的最大工频过电压，阀应保持完全的闭锁能力而不引起损坏及阀特性的永久改变；②如果不要求阀闭锁任何正向电压，阀应能承受数个完全不对称的电流波，其数量取决于换流变压器回路断路器的开断时间，在短路电流波之间，阀上将出现反向恢复电压，其幅值与最大短路过电流同时出现的最大动态工频过电压相同，在这种情况下，阀应能保持导通。当单个阀中所有的晶闸管元件全部短路或单阀外部闪络时，实际上将形成两相短路电流，此时阀内电抗器和引线应能在机械上承受这种过电流。这种故障对整流侧最

为严重。阀的最大短路电流可用下式计算

$$I_k = \frac{I_{dN} U_{diomax}}{2d_{xmin} U_{dioN}}(1+\cos\alpha_{min}) - \frac{I_{dmax}}{2} \tag{11-3}$$

其中

$$U_{diomax} = \frac{\frac{U_{dN}}{2} + (d_{xmin} + d_{rmin})\frac{I_{dmax}}{I_{dN}} U_{dioN} + U_T}{\cos\alpha_{min}} \times K_{off} \tag{11-4}$$

式中，α_{min}为最小触发角；U_{dioN}为额定理想空载直流电压；I_{dN}为额定直流电流；U_{dN}为额定直流电压；I_{dmax}为最大直流电流；d_{xmin}为最小相对感性电压降；d_{rmin}为最小相对阻性电压降；U_T 为一个换流阀的恒定电压降；K_{off}为直流甩负荷所引起的电压升高系数。

计算最大故障电流应考虑的运行条件为：最高的阀侧绕组电压、最小的换流变压器电抗、最大的交流系统短路水平和最小触发角（5°）。故障电流最大值主要取决于换流变压器短路电抗，如三峡换流站的换流变压器短路阻抗值约为 16%，则预期最大短路电流约为 36kA，即要求晶闸管元件的浪涌电流能力不得小于该值。

（四）阀的损耗特性

换流阀的损耗是高压直流输电系统性能保证值的重要基础，是评价换流阀性能优劣的重要指标。根据直流输电工程的经验，换流站在额定工况时的损耗约小于传输功率的 1%，而阀的损耗则占全站损耗的 25%左右。

阀的损耗是由晶闸管元件的各种损耗和阀内辅助系统元件或设备的损耗组成，详见本书第三章第八节中的“晶闸管换流阀损耗”，其中阀通态损耗、关断损耗、阻尼回路和均压回路损耗、阀电抗器损耗和阀冷却损耗是阀损耗的主要部分。

四、阀热性能

换流阀在运行中产生各种损耗，对晶闸管元件的影响就是导致元件结温升高。由于晶闸管元件的额定参数主要取决于在元件内所产生的热量及元件把内部热量传到外壳的能力，故运行损耗产生的结温升高是晶闸管元件额定参数选择的限制因素，而阀的热力设计就是要将晶闸管的运行结温维持在正常范围内，需考虑各种稳态和暂态工况、晶闸管结温工作范围、冷却系统设计等多方面因素。

阀的热力强度设计基于阀的额定工作电流、各种过负荷电流及暂态故障电流。前两种负荷电流属于稳态运行工况。晶闸管元件目前制造水平的正常工作结温允许范围是60～90℃，因此冷却系统额定容量选择应能满足这一要求。各种暂态故障电流将决定晶闸管元件的最高允许结温。换流阀承受故障电流的过程，对晶闸管元件来说可以假定为一个绝热过程，冷却系统和散热器基本不起作用，此过程表现为晶闸管元件结温的急剧上升。评价阀承受故障电流的能力，主要看故障末期结温以及故障切除后马上承受正向工作电压时的最大结温。要求实际最大结温应小于导致永久损坏晶闸管元件的极限结温，并留有一定裕度。目前国际上的制造水平是：导致永久性损坏的极限结温为 300～400℃；承受最严重故障电流后的最高结温为 190～250℃。

一般来说，阀承受故障电流能力取决于晶闸管元件直径，直径越大，过电流能力越强。三—常直流输电工程阀侧最大短路电流约 36kA，要求采用直径 ϕ125mm（5″）的晶闸管元件，指标高于葛—南直流输电工程（14.5kA，ϕ75mm）和天—广直流输电工程（22.4kA，ϕ100mm）。

五、阀触发

换流阀触发系统向换流器发出一定波形和一定相位，并满足其他要求的门极触发脉冲，对换流阀的触发开通时刻（或相位）进行控制，以实现直流输电系统的电流、电压及功率的控制。触发系统包括从控制装置输出端到各个晶闸管元件门极为止的全部电路和装置。

为了保证安全导通，晶闸管换流阀的触发系统必须满足的要求有：①控制系统发出的触发指令必须传递到不同高电位下的每个晶闸管级；②在晶闸管所处的电位下，需有足够的能量来产生触发脉冲；③所有晶闸管必须同时接受到触发脉冲。

触发脉冲的具体参数视制造商不同而略有差别，总结世界上已投运的直流输电工程，阀的触发方式主要有光电转换触发和光直接触发两种。

光电转换触发是目前使用最普遍的触发方式，已用于大多数直流输电工程，尤其是长距离、超高压、大容量的直流输电工程。光电转换触发把由阀控系统来的触发信号转换为光信号，通过光缆传送到每个晶闸管级，在门极控制单元把光信号再转换成电信号，经放大后触发晶闸管元件。这种触发方式为了保证使上百个晶闸管同时触发，对元件的要求非常严格，各发光管、光接受器及光缆的特性要一致，分散性应尽量限制到最小范围，光接口装置的光损耗也要尽量小，以降低触发功率损耗，安全快速触发晶闸管元件。

光电转换触发利用了光电器件和光纤的优良特性，实现了触发脉冲发生装置和换流阀之间低电位和高电位的隔离，同时也避免了电磁干扰，减小了各元件触发脉冲的传递时差，使均压阻尼回路简化和小型化，使能耗减少，造价降低，是当今直流输电工程的主流。

光直接触发是换流阀的另一种触发方式，其工作原理是在晶闸管元件门极区周围，有一个小光敏区，当一定波长的光被光敏区吸收后，在硅片的耗尽层内吸收光能而产生电子一空穴对，形成注入电流使晶闸管元件触发。这种触发方式对光控晶闸管元件的光源要有严格的波长、能量、寿命、效率等要求，以降低触发能量的损耗。与光电转换触发方式相比，光直接触发省去了控制单元的光电转换、放大环节及电源回路，简化了阀的辅助元件，改善了阀的触发特性，提高了阀的可靠性。光控晶闸管元件，在日本的直流输电工程中得到了广泛应用，我国在建设的贵—广直流输电工程中采用光控晶闸管换流阀。

采用光电转换触发的晶闸管阀触发系统均设在晶闸管控制单元中，从阻尼回路取得电源，并配有储能装置。在以下降低交流电压运行时，阀和触发系统的设计应保证有足够的能量来提供触发脉冲，使阀安全导通：①交流系统单相对地故障，故障相电压降至零，持续时间不小于 0.5s；②交流系统三相对地短路故障，电压降至正常电压的 30%，持续时间不小于 0.25s。

对于交流系统故障，若在换流站交流母线测量的三相平均电压大于正常电压的 30%，但在 1s 期限内，又可能降至正常极限最低电压值之下，此时按电压条件和晶闸管阀的热稳定限制，晶闸管阀应能以与这种电压条件和阀稳定限制相一致的直流电流最大值连续运行。对于换流站交流母线三相平均电压测量值为正常电压的 30%或更低的交流系统故障，如有可能应通过继续触发换流器维持直流电流以某一幅值运行来改善直流系统的恢复性能。如果为了保护高压直流设备而必须关闭换流器，那么阀应在恢复到正常的交流母线三相电压的 40%之后的 20ms 内解锁。在故障期间或故障瞬时清除期间，阀的触发应尽量减小恢复电压的幅值，并改善稳定性。

六、阀控制与保护

采用光电转换触发的晶闸管换流阀，其控制和保护是由阀电子设备来实现的，它包括晶闸管控制单元和晶闸管元件监测设备。晶闸管控制单元实现晶闸管元件的触发及监测，并应配有正向紧急（保护）触发装置。晶闸管级的正向紧急触发装置，是通过晶闸管元件的阻容并联回路中抽取电压，利用二极管的雪崩特性，紧急触发晶闸管元件，使其免受巨大的正向过电压。紧急触发电压的整定值应首先考虑作为备用触发回路，其次应高于避雷器保护水平，作为避雷器的后备。此外，晶闸管控制单元还提供晶闸管元件在恢复期内的保护功能和电压测量，并通过两根低衰耗的光缆，向阀控制单元（VCU，又称阀基电子设备）传送元件运行监测信号。每个晶闸管元件都有自己的控制单元。晶闸管元件的触发监控系统示意图可参见图 11-14。

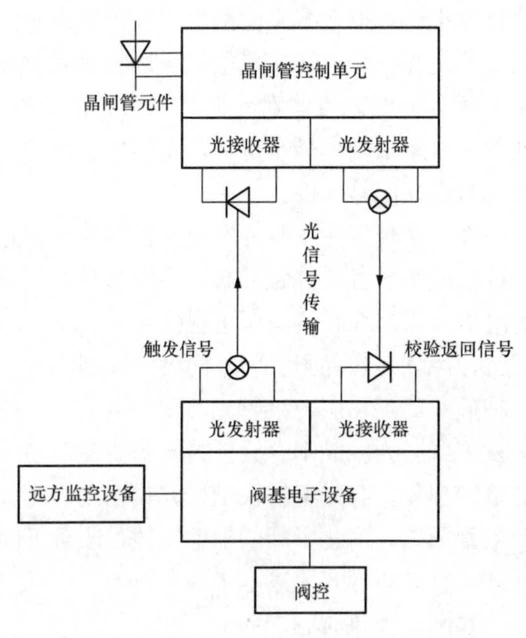

图 11-14 晶闸管元件触发监控系统示意图

阀控制单元是阀内各种信号和晶闸管运行状态统计的汇集地，与晶闸管控制单元、晶闸管元件监测设备、阀组控制和保护系统、阀避雷器电子监测、阀冷却系统泄漏检测等设备都有信息交换。阀控制单元将阀控发出的脉冲变成门极控制所需的脉冲序列，并对来自每个晶闸管元件的运行状态信号、$\mathrm{d}U/\mathrm{d}t$ 过电压保护、负电压检测等进行统计后传送到晶闸管监测设备。阀控制单元通常是每个四重阀（或二重阀）公用 1 个，可布置在主控楼的继电器室。

晶闸管监测设备通过通信光缆与阀控单元相连，通过电缆与换流站的站控系统相连，并配备专用打印机，其主要功能是：①检测并定位故障晶闸管元件及晶闸管控制单元的位置；②当一个阀内故障晶闸管元件数及动作的正向保护触发（BOD）数超过规定数量时，将发出告警或跳闸信号给站控系统；③检测阀控制单元到晶闸管控制单元的光发射器和光接受器的裕度；④按时间顺序打印记录事件数据。

阀组运行控制是直流输电的核心设备之一，它可分为系统控制、双极控制、阀组控制及触发控制等几个层次，详见本书第四章内容。

换流阀的保护可分为阀内部保护及阀外部保护两个部分。阀的内部保护措施主要有避雷器保护及正向保护触发（BOD）。BOD 保护用于防止晶闸管元件在没有正常的控制脉冲时承受的正向过电压，反向过电压保护主要是由阀避雷器来实现。当然，阀的保护还包括冷却系统的控制保护。阀的外部保护主要是由换流站的阀组和极保护区的过电流保护、阀桥差动保护、极差动保护及过电压保护所组成，详见本书第五章内容。

七、阀冷却、绝缘与结构

换流阀的结构设计与冷却方式和绝缘方式有关。从绝缘方式看，换流阀有空气绝缘、油

绝缘和 SF_6 绝缘等。从冷却方式看，换流阀有水冷却、风冷却、油冷却、氟利昂冷却等。阀的冷却方式和绝缘方式之间的配合主要有 4 种形式，详见表 11-5。

表 11-5　　不同冷却方式和绝缘方式的换流阀比较

项　目	空气绝缘风冷却	空气绝缘水冷却	油绝缘油冷却	SF_6 绝缘氟利昂冷却
优　点	检修方便，结构简单，可靠性高	冷却效果好，利于降低阀的单位容量占有体积，损耗小，检修方便	绝缘特性好，冷却效果较好，抗震能力强，电磁屏蔽好	可大大减小阀的体积，可靠性高
缺　点	风冷系统庞大，噪声大，冷却效果不佳	存在设备腐蚀及泄漏隐患	检修不便，元件冗余度要求高，杂散电容大，均压回路设计困难	检修复杂，存在冷却介质与绝缘介质互漏隐患
安装要求	需设空调阀厅	需设空调阀厅	用户外布置，全部元件装在绝缘油箱中	可户外布置，装在铁箱中
工程实例	早期直流输电工程，如温哥华岛、伊尔河、CU 等工程中采用，后逐渐被水冷阀取代	20 世纪 80 年代后投产的、几乎所有的直流输电工程均采用，设计制造和运行经验已非常成熟	仅新信浓变频站、卡布拉巴萨少数工程中使用	试验装置投入运行

可以看出，空气绝缘水冷却阀是近代直流输电工程换流阀的主流，冷却效果理想，检修维护方便，制造技术成熟，运行经验丰富。空气绝缘水冷却阀对空气的温度和净化有一定要求，须采用户内式布置。在结构上大多采用组件结构，每个晶闸管元件与其均压阻尼回路和控制单元组成一个晶闸管级，几个或十几个晶闸管级串接与饱和电抗器串联后再与均压电容器并联组成阀组件。数个阀组件采用分层布置，串联组成一个桥臂（阀臂），即一个单阀。在单阀中还包括光缆系统、冷却回路和阀绝缘结构。

12 脉动换流器由 2 个 6 脉动换流器串联组成；1 个 6 脉动换流器每相由 2 个换流阀臂串联。在电气布置上，可将 12 脉动换流器每相 4 个阀臂紧密串联连接在一个阀塔上，称为四重阀。四重阀结构紧凑，可大大减少阀厅空间，三相共 3 个四重阀布置在 1 个阀厅内，即所谓三相四重阀，所有辅助系统均按 12 脉动换流器为一个独立单元进行配置，这是每极 1 个 12 脉动换流器的典型布置，为国内外大多数直流输电工程所广泛采用。

四重阀的安装方式有支撑式和悬吊式两种：①支撑式阀不适宜安装在地震活动区或抗震要求高的场合，因为需要增添更多支柱型绝缘构件，势必使支撑结构复杂化，阀整体质量增重。②悬吊式阀用具有柔性结构的摇摆式悬挂系统把整个阀从阀厅的大梁悬挂下来，阀的每一层都可在任何水平方向上摆动，阀可不受水平方向的地震应力，而在悬吊点可装设缓冲阻尼装置，使阀也能与垂直方向的地震应力相隔离。与支撑式阀相比，免除了柱式绝缘子因安装不良而承受过大应力的危险。其长度和高度均可减少 10%，当然在电、热、光诸方面，管线都应该是挠性的，以配合悬挂的机械结构。

采用支撑式结构，光缆和冷却水管均从地面引上阀塔，可能需考虑设置地下室。采用悬吊式结构，光缆和冷却水管从四重阀的最低电位引入，大多数工程是悬吊式阀的高电位朝下，悬挂点电位最低，也就是说光缆和冷却水管沿阀厅顶部敷设并接入阀体。另外，一般考虑在阀厅顶部设置巡视通道，但顶部往往温度最高，噪声大，因此有些工程在顶部加吊顶，以改善运行维护人员工作条件，又使阀厅美观整洁。

八、换流阀对阀厅的要求与阀厅防火

阀厅用于布置换流阀，当采用每极一个 12 脉动换流器接线时，则每极设置一个阀厅，每个阀厅布置一个 12 脉动换流器。

为保证换流阀的安全、可靠运行，换流站的阀厅应满足的要求有：①阀厅应为金属全屏蔽，以屏蔽外部的电磁干扰和阀换相时所产生的干扰。阀厅的顶板和墙，可由波纹钢板构成的夹层板组成。阀厅的地板须有适当的屏蔽铁丝网，铁丝网埋于混凝土中，铁丝网的边缘与墙边作电气连接。②阀厅一般设置空调系统，控制温度和湿度到规定范围，保证在各种运行条件下不使阀的绝缘部件出现冷凝及过热，阀厅空调系统的设计以阀组散热为目的，并综合考虑冷却系统设计和阀厅内的温度限制值范围。每一极空调系统应是独立的，各设两套空调设备，一套运行，另一套备用。正常运行时两套设备应能一个星期自动切换一次，空气出、入口位置的选择应使阀附近的空气温度不超过 45℃。如考虑将阀基电子设备布置在主控制楼继电器室，则除巡视外运行人员一般不进入阀厅，因此将阀厅正常运行时温度限制在 5～50℃应是适宜的。③阀厅内应维持微正压，以防止灰尘进入，保持阀厅内空气洁净。④阀厅应配备先进可靠的防火系统，包括耐火的结构材料、灵敏的火源探测及处理系统和有效的灭火装置。

换流阀是高压直流换流站的心脏，长期运行于高电压、大电流，任何元部件的故障或电气连接不良，都有可能导致局部过热，绝缘被破坏，产生电弧和引起失火。世界上投运的直流输电工程曾发生多起换流阀着火事故，因此对阀及阀厅的防火应有严格的要求。

（一）阀内和元部件防火特性

阀是由大量的塑料、合成材料和非导电体组成。如果材料本身没有自熄性能，一旦起火形成火源，即使在已探测到故障并断开电源后，火势仍可蔓延。对阀塔而言，火情会自然恶化形成烟囱效应。客观地说，绝对不燃烧的阀是制造不出来的，但必须有充分的保证措施，在阀内部任何初期的燃烧在换流阀保护跳闸以前应不会蔓延，并且一旦断开电源之后，火势将自行熄灭。

应明确阀内的非金属材料要具有很低的可燃性并能自灭，要符合有关的材料标准。所有的塑料中应添加足够的阻燃剂。制造厂应提供有关阀内所有塑料部件（如阀元件支持件、冷却水管、导线、光导纤维铠装、光导纤维管道、维护平台等）完整的可燃性清单。清单中应包括材料的质量、热特性（起燃点和明火燃点温度）、燃烧特性和根据美国材料与试验协会（ATSM）的 E135—1990 标准进行的圆锥热量器试验方式或其他等值方法所进行的各种材料燃烧特性试验结果。试样的摆向（水平/垂直）必须反映受试材料在阀内的实际摆向，而用于试验的热流量应代表一种极大的火灾，例如由多重阀单元的具有极大能量的闪络所产生的火灾。其试验结果应包含点燃时间、比热值、特定熄灭区域和燃烧有效发热。

在设计阀内电子电路设备时，应尽量通过使用具有较低燃烧特性的元部件、高的可靠性和适当的额定值冗余而将火灾风险减至最小。在相邻的材料和光纤通道的节与节之间应设置具有耐火能力的防火板，或通过采用其他措施来控制火势的传播。在阀内应尽可能不使用会成为潜在火源的元件，如油浸电容器等，如果因为某些关键性技术因素而必须使用无自熄能力的易燃材料（如电容器的浸渍液）时，则应保证此种材料数量为最少，并应考虑充分的隔离或在元部件之间设置防火板，以防止火灾蔓延。

为提高阀的防火能力，世界上主要的直流设备制造商积极研制新材料，研究新措施，并开发了一些新的元器件投入或即将投入商业运行，这些改进包括：①使用大裕度的电子元件；②将电气连接减至最少，接点设计牢固；③阀中材料均具有阻燃性、自熄性或低燃性；④阀的电子电路板用金属材料密封；⑤采用 SF_6 电容器或干式绝缘电容器，避免了充油元件；⑥阀组件水平方向用防火板隔开；⑦使用的阀电抗器和冷却水管均不会燃烧。随着运行经验的成熟，新一代防火能力强的阀体材料和阀内元件或设备均可考虑在工程中采用，将阀起火的危险降至最小。

（二）阀厅套管防火特性

通常阀厅内安装有换流阀（三相四重阀）、各类套管、阀组避雷器、电压分压器等高电压设备，以及大量的母线用于四重阀与换流变压器和避雷器的连接。换流阀与交流系统的连接是由穿过阀厅的套管来实现，它包括穿墙套管、换流变压器阀侧绕组套管（交流）、油浸式平波电抗器靠近阀侧的套管（直流）。套管的结构可以是实心、充气或油绝缘的，而充油套管一般用于 350kV 以上电压等级，由于它含有大量的易燃物质，充油套管已成为一个特殊的火灾隐患。

对换流变压器或油浸平波电抗器套管来说，一旦套管故障会导致大量的油流进阀厅，因此要特别提高警惕防止其发生，应仔细审查所采用的方法并相应选取处理火灾的策略，还应该注意到一旦油套管爆炸，油会流出换流变压器或平波电抗器的外壳。纳尔逊河双极Ⅱ直流输电工程曾发生过穿墙套管外部闪络引起爆炸，导致阀厅内起火事故的发生。如果使用油浸式套管，则应要求相应处理火灾的措施，应对油位和油质做定期检查，对油及套管运行情况的在线监测等，均有助于及早查明故障隐患。

实心和气体绝缘套管的技术正在不断发展，它为实现套管无油化展现了大好前景。事实上，500kV 的 SF_6 绝缘套管已投入了商业运行。在我国的天—广直流输电工程中，已使用了干式的换流变压器阀侧套管和干式合成直流穿墙套管。

此外，阀厅内的电压分压器、电流互感器、避雷器、悬式绝缘子、母线等设备也能直接或间接引起火灾。因此，应要求提供将火灾减至最小的设计，并尽可能避免使用油浸设备，在设计中还应考虑到设备故障对相邻设备的影响。

（三）阀厅火灾探测系统

提高阀和阀厅的防火能力，除改进阀体材料的元件和避免使用易成为火灾隐患的设备外，在阀厅内装设完善的探测系统也是必不可少的。根据针对正在运行的 27 个高压直流输电工程所发生的 23 次失火事故的调查，安装在阀厅内的常规火灾探测系统已被证实不很有效。如葛洲坝换流站 1994 年 5 月极Ⅰ发生阀臂故障，引起明火，而报警系统没有动作，幸亏运行人员及时发现并采取措施，才未酿成严重事故。阀厅早期火灾探测系统的失效被认为是由强迫空气高速交换、空间太大和探测器的相对不灵敏度所引起。

自印度里汉德和巴西伊泰普工程的两次大火灾后，许多业主都在阀厅里安装了先进的火灾探测系统。通过调查研究，发现了几种适用于阀厅内的高灵敏度火灾探测系统，其综合比较见表 11-6，其中空气取样系统最受欢迎，其工作原理是不停地通过探头吸抽空气来检测火初期产生的细微颗粒。经试验和运行经验表明，属于空气取样系统一类的“VESDA”和“Environment One”系统是可供工程考虑的，它们能提供精确而又可靠的火灾早期探测，并已安装在多个直流输电工程中。此外，还应考虑装设闭路电视系统以配合火灾探测系统实现对阀厅的监视。当然，无论选择哪种系统，都应考虑到探测的冗余度、可靠性和易于维护。

表 11-6　　阀厅火灾探测系统比较表

主要性能	空气取样	电视录像	红外线录像	电弧探测	火焰探测	常规烟＋热探测器
对起燃/电弧反应时间	非常灵敏/慢	不灵敏/快	不好/快	不灵敏/好	不灵敏/不好	慢/慢
探测范围	远	有　限	有　限	有　限	有　限	相当远
安装难易	易	很　难	很　难	很　难	易	易
报警水平可调	能	不　能	能	能	能	不　能
现有阀厅采用难易	易	难	难	难	易	易
分区取样	易	很　难	很　难	很　难	很　难	易
维护水平	适　中	适　中	适　中	适　中	低	低
运行经验	良　好	良　好	极有限	极有限	有　限	不　好
价　格	适　中	适　中	适　中	适　中	适　中	便　宜

（四）阀厅灭火系统

灭火系统是阀和阀厅防火的一个重要环节，其结构和组成应依据众多因素而定，例如，阀和阀厅的结构；阀厅内的布局；油浸换流变压器与平波电抗器的邻近程度；防火规程的要求；消防部门的建议等。在选择某种灭火系统时还应考虑的因素有：灭火材料的灭火能力；就地自动控制系统；能防止误操作；利于人身安全；对设备及环境的污染程度等。目前可供选择的灭火物一般为气体、干性化学品、水和含水泡沫等，这些常用灭火物的主要优缺点比较列于表 11-7 中。

表 11-7　　常用灭火物的主要优缺点比较表

序号	主 要 性 能	气体（含卤物、二氧化碳等）	干性化学品	水	水成泡沫
1	设备＋安装费用	高	高	低	低
2	替换材料费用	高	低	低	低
3	更换材料延误时间	很　长	长	很　短	很　短
4	灭火时间	快	适　中	长	长
5	安装影响	大	适　中	适　中	适　中
6	对阀及阀厅设备的影响	小	大	适　中	中等偏大
7	长期可靠性	低	中	高	高
8	对环境的影响	大	中	小	小
9	人工参与	不　行	不　行	可　以	可　以
10	能否使用其他材料	无	可　以	可　以	可　以

续表

序号	主 要 性 能	气体（含卤物、二氧化碳等）	干性化学品	水	水成泡沫
11	系统的复杂程度	高	中	中	中
12	对人的危害	大	中	小	小
13	分区使用	尚无实例	可	可	可
14	火势重燃可能性	中	低	中	低
15	大量使用的效果	低	低	高	高
16	防止阀厅油失火的效果	中	低	中	高
17	扑灭局部或小火效果	高	高	中	低
18	与排烟系统兼容性	不　能	难	可　以	可　以

（五）阀厅结构

阀厅基本结构应为设备运行提供一个可控制的环境。从失火看，运行设备封闭意味着一旦失火，毒气、腐蚀性烟雾和热量不能扩散并随即影响其他设备，这时如果阀厅的结构材料有助于火势加大，则会使设备更加受到热量和烟雾的损害。

为减小阀厅失火几率，在阀厅设计中应考虑：尽可能采用不能燃烧的结构，如果不能实现，则须同时考虑灭火措施；采用能防止起火爆炸的结构，并提供有关可能会发生倒塌的情况。对于阀厅结构，不仅要规定采用非可燃性材料，还应要求结构材料具有耐火性能。例如，钢结构不能燃烧，但与混凝土结构相比，其持续耐火能力非常低，除非涂上防火层加以保护。

阀厅的建筑结构还应考虑以下一些具体问题：对建筑结构要同时考虑既能助减火势又能便于清扫，如防止漏油和方便排水；为管道、沟槽、通向邻近房间的门窗提供全部的防火密封装置，结构中的焊缝和接头应密封良好；提供一个排烟系统，使之能在失火时，从高处排除烟雾，从低处吸入空气；根据建筑布置和防火安全规范提供紧急疏散通道；综合考虑能够可靠地控制阀厅内的气压、温度、湿度和灰密度的加热、通风和空调系统；根据所安装的空气取样火灾探测系统，仔细考虑空调进风和排风孔的位置；防止产生可能污染高压设备的水泄漏源，例如屋顶泄漏，包括浸透屋顶和排烟孔的雨；屋顶和排水管道表面的冷凝水；阀冷却介质泄漏，以及从高处来的进水管道泄漏等。

九、阀冷却系统

冷却系统是换流阀的一个重要组成部分，它将阀体上各元器件的功耗发热量排放到阀厅外，保证晶闸管运行结温在正常范围。本节将以空气绝缘水冷却的晶闸管换流阀为例，介绍水冷却系统的构成。冷却系统直接影响到换流阀的安全可靠运行，要求它既要有足够的冷却容量，又要有较高的可靠性。通常，冷却水系统又分为内冷水系统和外冷水系统。冷却系统设计须综合考虑内冷水最高进出口温度、外冷水系统设计、阀厅最高温度限制和阀厅空调系统设计等多方面因素。

（一）内冷却系统

换流阀的内冷却水又称一次循环水，在阀第一次投运前，就必须向阀的内冷却回路注入一定数量的冷却水，冷却水管将阀内所有元件的散热器连接起来。较低温度的冷却水经循环水泵加压后进入冷却水管流入阀内全部散热器，吸收晶闸管元件及其辅助元件产生的热量，水温将升高。一次循环水经过外冷却系统冷却后，水温降至初始值，开始下一个循环冷却。

由于阀体处于几百千伏的高电位上，一次循环水必须具有极低的电导率。经工程经验表明，一般要求电导率为0.1～0.5μS/cm，达到0.5μS/cm时换流阀须立即停运。为此，内冷水系统必须长期并联去离子运行的水处理支路，而且必须是封闭式循环系统。冷却水系统原理示意图参见图11-15。

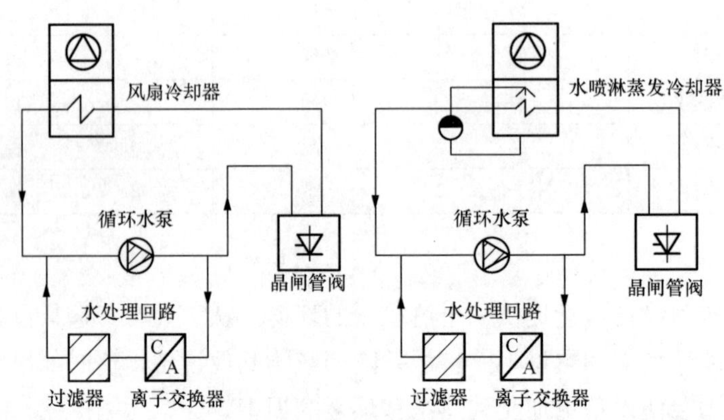

图11-15　冷却水系统原理示意图

晶闸管元件运行结温范围较窄，正常工作结温在60～90℃范围内。内冷水系统目前的设计制造水平是入口处最高温度40～50℃，出口处最高温度50～65℃，一旦出口水温超过保护水平的整定值，则保护系统将发出告警或跳闸信号。

内冷水进、出口温度之间的温升可由下式计算

$$\Delta T = \frac{\Sigma \mathrm{P}}{\mathrm{QC}} \tag{11-5}$$

式中，ΣP 为功率损耗，W；Q 为冷却水流速，m^3/h；C 为水的比热常数。

从上式可以看出，流速也是冷却系统设计的一个重要指标。天—广直流输电工程输送容量较葛—南直流输电工程多1.5倍，但由于采用了耐压水平高、直径大的阀片，阀串联元件数量减少，同时改进了均压阻尼回路设计，降低了损耗，并且提高了冷却水进、出口水温(提高热交换效率)，故承包商建议的流速设计值与葛—南直流输电工程相当。三—常直流输电工程输送容量又较天—广直流输电工程增大1.67倍，虽有望采用更大直径的阀片，但元件耐压水平难有提高，阀片串联数量不会减少，预计损耗同输送容量几乎成正比地增加，而进、出口水温设计值接近极限，故内冷水流速要增大到350～400m^3/h，是通过加大水压或增大管径来实现的。表11-8列出了三个直流输电工程内冷水系统设计参数比较。

表11-8　　三个直流输电工程内冷水系统设计参数比较

工　程	最高进/出口水温（℃）	冷却水流速（m^3/h）	水　压（MPa）	管　径（mm）
葛—南直流输电工程	40/49	250	0.50	200
天—广直流输电工程	50/60	217	0.43	200
三—常直流输电工程	45.8/56.6	354～400	0.45	243

内冷水回路的设计有并联冷却和串联冷却两种，如图 11-16 所示。从理论上说，并联冷却的效果更均匀一些，但两种设计都有成熟的制造和运行经验，都可在直流输电工程中采用。

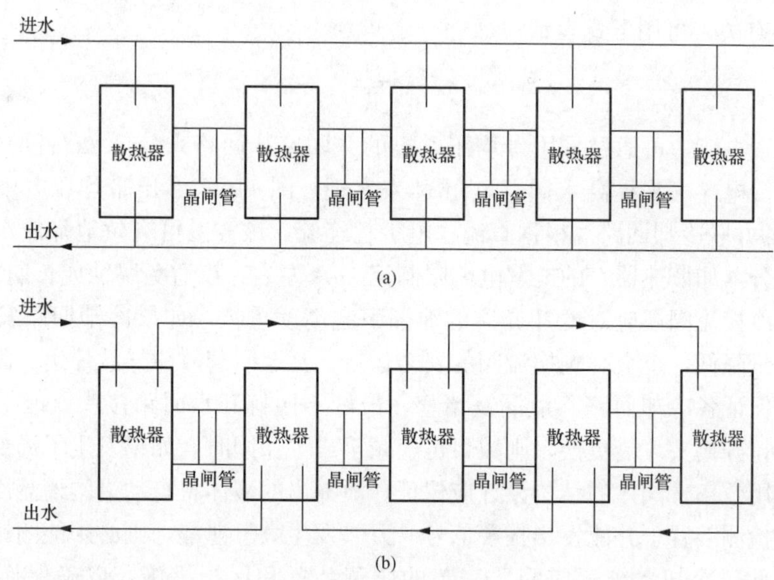

图 11-16　内冷水回路示意图

（a）并联冷却；（b）串联冷却

（二）外冷却系统

换流阀外冷却系统的主要功能是对一次循环水进行冷却，使水温降至初始值后，再进入阀体进行循环冷却。阀组对外冷却系统的要求是提供足够的冷却容量，保证阀组安全可靠运行。外冷却系统有二次水喷淋冷却（湿冷）和空气强迫冷却（干冷）两种方案，其原理图可见图 11-15。当这两种方案具有相同的性能指标和可靠性时，可作定性分析和比较如表 11-9 所示。

表 11-9　外冷却系统两种方案定性分析和比较表

方　案	湿　冷	干　冷
损　耗	小	大
占　地	小	大
噪　声	较低	较高
设备及维护	需设置二次水系统，对水源、水质、水量有较高要求，必要时配水处理设备，需定期除水垢	系统元件少、结构简单，但需定期刷洗风扇叶片
工程实例	多数直流输电工程采用，如葛—南、天—广、伊泰普、魁北克—新英格兰直流工程等	近年来一些直流输电工程采用，如波罗地海、新西兰、斯卡捷拉克Ⅲ、强德拉普尔、维也纳东南背靠背直流工程等

（三）冷却系统腐蚀与泄漏

水冷却换流阀对一次循环水要求是电导率为 0.1～0.5μS/cm 的去离子水。因为在高电压作用下，由于电导率存在，会在水冷却回路设备表面形成电解电流，容易引起设备腐蚀，影响阀组的安全可靠运行。为了将与冷却水接触的各种物质表面的腐蚀和老化减至最小，保证设备的运行寿命，应该严格选择水冷却系统的设备材料，控制去离子水的电导率，更主要的是必须尽量避免设备表层的电解腐蚀。电解电流 I 与冷却水回路进、出口的电压差 ΔU 和水回路电阻 R 有关，可用下式表示

$$I=\frac{\Delta U}{R} \tag{11-6}$$

要控制电解电流，可通过采用带均压电极的并联冷却回路来降低 ΔU、增加管道长度、减小管径、降低电导率来提高水回路电阻 R 来实现。图 11-17 示出带均压电极的晶闸管和 RC 阻尼电路的并联冷却回路。根据直流输电工程经验，该方法可有效地降低水回路的电压差，将金属部分（如散热器）的电解电流限制至 1μA 左右，以避免腐蚀或长期老化。

此外，水冷换流阀还应对冷却介质的泄漏引起高度重视，如果冷却回路发生泄漏或堵塞，使冷却容量降低，也会影响换流阀的安全运行，甚至引起故障导致停运。因此，要求换流阀的设计要保证各冷却回路不泄漏及堵塞，最好不用打开水回路接头就能更换晶闸管元件，即使必须打开接头才能更换，则数目也应减至最少。同时，如果发生了局部泄漏，也不应降低阀的使用效率。阀体的结构设计应保证，泄漏出的液体将自动沿沟槽流出，离开带电体，流至一个检测装置，并能发出报警信号。万一发生大量泄漏，则必须能闭锁换流阀，以避免损坏。因此，冷却系统还应配置完善的监测装置和保护措施，以确保换流阀的安全运行。

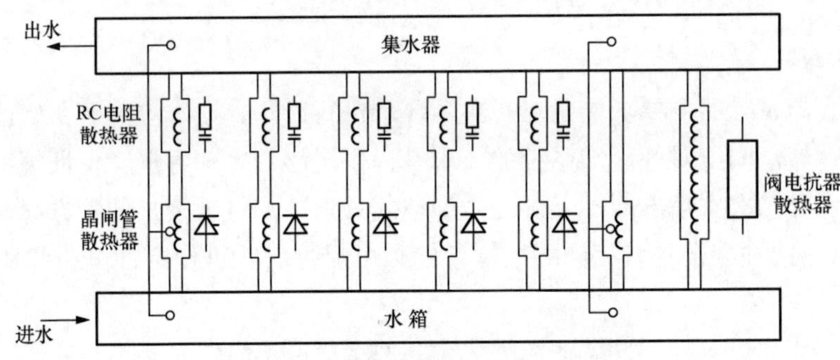

图 11-17　带均压电极的并联冷却回路

第四节　换 流 变 压 器

在高压直流输电系统中，换流变压器是最重要的设备之一，这是由于其处在交流电与直流电互相变换的核心位置以及在设备制造技术方面的复杂性和设备费用的昂贵等所决定的。另外换流变压器的可靠性及可用性对于整个系统来说也是很关键的。

一、换流变压器功能与特点

换流变压器与换流阀一起实现交流电与直流电之间的相互变换。现代高压直流输电系统一般都采用每极一组 12 脉动换流器的结构，所以换流变压器还为两个串联的 6 脉动换流器之间提供 30°的相角差，从而形成 12 脉动换流器结构。换流变压器的阻抗限制了阀臂短路和

直流母线上短路的故障电流，使换流阀免遭损坏。

由于换流变压器的运行与换流器的换相所造成的非线性密切相关，所以换流变压器在漏抗、绝缘、谐波、直流偏磁、有载调压和试验等方面与普通电力变压器有着不同的特点。

1. 短路阻抗

为了限制当阀臂及直流母线短路时的故障电流以免损坏换流阀的晶闸管元件，换流变压器应有足够大的短路阻抗。但短路阻抗也不能太大，否则会使运行中的无功损耗增加，需要相应增加无功补偿设备，并导致换相压降过大。大容量换流变压器的短路阻抗百分数通常为12％～18％。

2. 绝缘

换流变压器阀侧绕组同时承受交流电压和直流电压。由两个 6 脉动换流器串联而形成的 12 脉动换流器接线中，由接地端算起的第一个 6 脉动换流器的换流变压器阀侧绕组直流电压垫高 $0.25U_d$（U_d 为 12 脉动换流器的直流电压），第二个 6 脉动换流器的阀侧绕组垫高 $0.75U_d$，因此换流变压器的阀侧绕组除承受正常交流电压产生的应力外，还要承受直流电压产生的应力。另外，直流全压起动以及极性反转，都会造成换流变压器的绝缘结构远比普通的交流变压器复杂。

3. 谐波

换流变压器在运行中有特征谐波电流和非特征谐波电流流过。变压器漏磁的谐波分量会使变压器的杂散损耗增大，有时还可能使某些金属部件和油箱产生局部过热现象。对于有较强漏磁通过的部件要用非磁性材料或采用磁屏蔽措施。数值较大的谐波磁通所引起的磁致伸缩噪声，一般处于听觉较为灵敏的频带，必要时要采取更有效的隔声措施。

4. 有载调压

为了补偿换流变压器交流网侧电压的变化以及将触发角运行在适当的范围内以保证运行的安全性和经济性，要求有载调压分接开关的调压范围较大，特别是可能采用直流降压模式时，要求的调压范围往往高达 20％～30％。

5. 直流偏磁

运行中由于交直流线路的耦合、换流阀触发角的不平衡、接地极电位的升高以及换流变压器交流网侧存在 2 次谐波等原因将导致换流变压器阀侧及交流网侧绕组的电流中产生直流分量，使换流变压器产生直流偏磁现象，导致变压器损耗、温升及噪声都有所增加。但是，直流偏磁电流相对较小，一般不会对换流变压器的安全造成影响。

6. 试验

换流变压器除了要进行与普通交流变压器一样的型式试验与例行试验之外，还要进行直流方面的试验，如直流电压试验、直流电压局部放电试验、直流电压极性反转试验等。

二、换流变压器型式

换流变压器的总体结构可以是三相三绕组式、三相双绕组式、单相双绕组式和单相三绕组式四种。换流变压器结构型式示意图见图 11-18。

采用何种结构型式的换流变压器，应根据换流变压器交流侧及直流侧的系统电压要求、变压器的容量、运输条件以及换流站布置要求等因素进行全面考虑确定。

对于中等额定容量和电压的换流变压器，可选用三相变压器。采用三相变压器的优点是

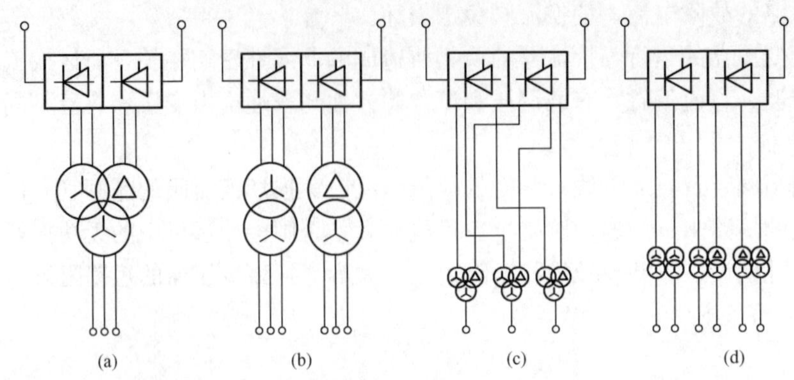

图 11-18　换流变压器结构型式示意图
(a) 三相三绕组；(b) 三相双绕组；(c) 单相三绕组；(d) 单相双绕组

减少材料用量、减少变压器占地空间及损耗，特别是空载损耗。对应于 12 脉动换流器的两个 6 脉动换流桥，宜采用两台三相变压器，其阀侧输出电压彼此应保持 30°的相角差，网侧绕组均为 Y 连接，而阀侧绕组，一台应为 Y 连接，另一台应为△连接。

对于容量较大的换流变压器，可采用单相变压器组。在运输条件允许时应采用单相三绕组变压器。这种型式的变压器带有一个交流网侧绕组和两个阀侧绕组，阀侧绕组分别为 Y 连接和△连接。两个阀侧绕组具有相同的额定容量和运行参数（如阻抗和损耗），线电压之比为$\sqrt{3}$，相角差为 30°。

高压大容量直流输电系统采用单相三绕组换流变压器组相对于采用单相双绕组来说具有更少的铁芯、油箱、套管及有载调压开关，因此原则上采用三绕组变压器要更经济、可靠。但单相三绕组变压器的运输质量约为单相双绕组的 1.6 倍。

三—常直流输电工程的双极输送功率为 3000MW、直流电压为±500kV。对选用单相三绕组变压器或单相双绕组变压器进行了选型原则性方案比较，详见表 11-10。

表 11-10　　换流变压器选型原则性比较

型　式	单相三绕组	单相双绕组	型　式	单相三绕组	单相双绕组
换流变压器容量（单台，MVA）	～590	～295	运输尺寸（长×宽×高，m）	～13×3.5×4.9	～9.5×4.4×4.7
接线方式	YNyd	YNy；YNd	运输难度	难	易
换流变压器总台数	6＋1（每站双极）	12＋2（每站双极）	制造难度	难	易
运输质量（t）	约 400	约 250	投资比较	100％	140％

考虑到采用单相三绕组变压器时，其单台容量将是世界上最大的，单台运输质量也是最重的，无论制造、运输或运行都存在一定的风险，因此从稳妥出发选用了单相双绕组型式的变压器。

图 11-19 为单相三绕组换流变压器外形图，这种变压器安装了有进入阀厅的阀侧套管。

三、换流变压器主要参数选择

现代高压直流输电系统通常均采用 12 脉动换流器，以下介绍有关换流变压器主要参数的选择是以 12 脉动换流器为基础的。

（一）换流变压器阀侧交流额定电压 U_{VN}

$$U_{VN}=\frac{U_{dioN}}{\sqrt{2}}\times\frac{\pi}{3}=\frac{U_{dioN}}{1.35} \tag{11-7}$$

式中，U_{dioN} 为在规定的额定触发角（α_N）或关断角（γ_N）、额定直流电压（U_{dN}）及额定直流电流（I_{dN}）下，一个 6 脉动换流器的理想空载直流电压。

对于整流侧

$$U_{dioNR}=\frac{(U_{dNR}/n)+U_T}{\cos\alpha_N-(d_{XNR}+d_{rNR})} \tag{11-8}$$

对于逆变侧

$$U_{dioNI}=\frac{\left(\frac{U_{dNR}-R_{dN}I_{dN}}{n}\right)-U_T}{\cos\gamma_N-(d_{XNI}+d_{rNI})} \tag{11-9}$$

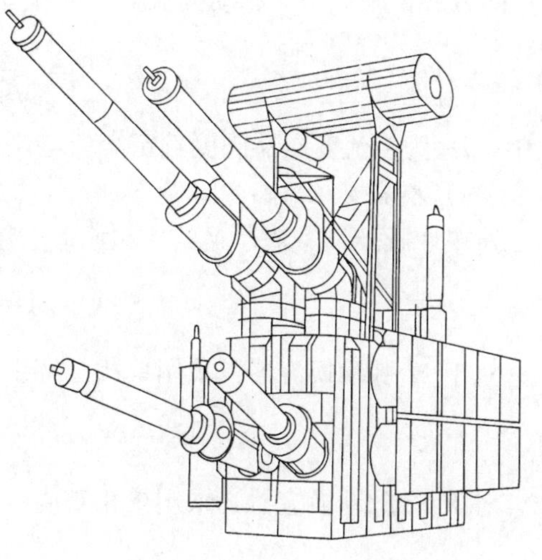

图 11-19 大型单相三绕组换流变压器带有进入阀厅的阀侧套管

上两式中，n 为每极 6 脉动换流器数，对于每极 1 组 12 脉动换流器，则 $n=2$；U_{dNR} 为整流侧额定直流电压；U_T 为换流阀正向导通压降；α_N 为整流侧额定触发角；γ_N 为逆变侧额定关断角；d_{XNR}、d_{XNI} 为对应于换流变压器额定抽头位置的整流侧与逆变侧的直流感性压降标么值；d_{rNR}、d_{rNI} 分别为对应于换流变压器额定抽头位置的整流侧与逆变侧的直流阻性压降标么值；R_{dN} 为直流输电线路电阻；I_{dN} 为额定直流电流。

这里应特别指出的是直流感性压降 d_{XNR} 及 d_{XNI}，是与换流阀换相过程密切相关的参数，它表征换相电抗，主要包括换流变压器的漏抗及其他在换相回路中影响换相的电抗，一般可认为

$2d_{XN}\approx$换流变压器短路电压 U_k 标么值＋PLC 回路电抗感性压降标么值

由于换流变压器的漏抗是起主要作用的，所以又可近似地认为

$$d_{xN}\approx\frac{1}{2}U_K$$

另外还要指出，直流电阻性压降 d_{rNR}、d_{rNI} 也是反映换相过程的参数，它主要是代表在换相过程中换流变压器与平波电抗器中的负荷损耗以及换流阀中的负荷损耗，d_{rN} 可以表示为

$$d_{rN}=\frac{P_{cu}}{U_{dioN}I_{dN}}+\frac{2\times R_{th}I_{dN}}{U_{dioN}} \tag{11-10}$$

式中，P_{cu} 为换流变压器及平波电抗器的负荷损耗；R_{th} 代表两个 6 脉动阀换流器同时导通时的损耗。

以三一常直流输电工程为例，取 $U_{dNR}=500\text{kV}$、$n=2$、$U_T=0.3\text{kV}$、$\alpha_N=15°$、$\gamma_N=17°$，$d_{XNR}=d_{XNI}=0.082$、$d_{rNR}=d_{rNI}=0.003$、$I_{dN}=3\text{kA}$、$R_{dN}=8\Omega$，则可求得 $U_{dioNR}=284.13\text{kV}$ 和 $U_{dioNI}=270.94\text{kV}$，再用式（11-7）可得 $U_{VNR}=210.4\text{kV}$ 和 $U_{VNI}=200.6\text{kV}$。

（二）换流变压器阀侧额定交流电流 I_{VN}

如果把理想的三脉动换流回路的阀侧电流 I_V 的波形视为幅值为 I_d（直流电流），长为

120°的方波，则对于6脉动换流器，换流变压器阀侧交流电流的有效值可以表示为

$$I_{VN}=\frac{\sqrt{2}}{\sqrt{3}}I_{dN}=0.816I_{dN} \tag{11-11}$$

式中，I_{VN}为换流变压器阀侧额定交流电流有效值；I_{dN}为额定直流电流。

（三）换流变压器额定容量S_N

对于6脉动换流器，采用三相换流变压器的额定容量为

$$S_N=\sqrt{3}U_{VN}I_{VN}=\frac{\pi}{3}U_{dioN}I_{dN} \tag{11-12}$$

对于12脉动换流器，采用单相三绕组换流变压器的额定容量为

$$S_{N3W}=\sqrt{3}U_{VN}I_{VN}\times\frac{2}{3}=\frac{2\pi}{9}U_{dioN}I_{dN} \tag{11-13}$$

对于12脉动换流器，采用单相双绕组换流变压器的额定容量为

$$S_{N2W}=\frac{S_{N3W}}{2}=\frac{\pi}{9}U_{dioN}I_{dN} \tag{11-14}$$

当取U_{dioNR}=284.13kV、I_{dN}=3.0kA时，单相双绕组换流变压器的容量为297.5MVA。

（四）换流变压器短路阻抗（短路电压）

在进行高压直流输电系统设计时，对换流变压器的短路阻抗进行优化选择是一项重要的内容。短路阻抗百分数太大（约大于22%）或太小（约小于12%）都会导致换流变压器制造成本的增加。短路阻抗的选择应考虑的因素有：①短路阻抗确定了换流变压器的漏磁电感值以及晶闸管允许的短路浪涌电流值；②由于短路阻抗越大，换流站内部的电压降就越大，因此这对于已确定的高压直流输电系统的额定输送功率，就要求换流变压器及换流阀有更大的标称容量；③短路阻抗确定了换相角的大小，从而也影响逆变站超前触发角或关断角的大小；④短路阻抗影响换流站无功功率的需求以及所需的无功补偿设备容量；⑤短路阻抗将影响谐波电流的幅值，一般来说，短路阻抗增大会减小谐波电流的幅值。

以上所述，仅是换流变压器短路阻抗选择应顾及的一些主要因素。短路阻抗对换流站总费用的影响也要根据具体情况而定。对于长距离高压直流输电系统来讲，由于送电容量大，选用的晶闸管元件的载流能力也较大，能够承受较大的短路电流，所以短路阻抗的减小可能不会使短路电流增加到超出晶闸管元件的能力范围。对于背靠背换流站，为了减少换流站的投资费用，直流电压选得较低，而直流电流选得较大，且往往接近换流阀所允许的短路电流。在这种情况下，短路阻抗的减小会导致直流电压的提高，换流站的成本可能会增加。

我国的葛—南、天—广和三—常等直流输电工程，换流变压器的短路电压百分数大约为15%～16%。

（五）换流变压器有载分接头调节方式及分接头调节范围

换流变压器有载分接头调节主要有两种调节方式：①保持换流变压器阀侧空载电压恒定；②保持控制角（触发角或关断角）于一定范围。

这两种方式的主要区别在于：①前者换流变压器的分接头调节主要用于交流电网本身的电压波动所引起的换流变压器阀侧空载电压的变化，这种变化一般较小，因此所要求的分接头范围也较小。而由直流负荷变化所产生的直流电压变化，则由控制角调节进行补偿。这种调节方式的分接头调节开关动作不太频繁，有利于延长分接头调节开关的使用寿命。②后者

换流器正常运行于较小的控制角范围之内，直流电压的变化主要由换流变压器的分接头调节补偿。这种方式吸收的无功少，运行经济，阀的应力较小，阀阻尼回路损耗较小，交直流谐波分量也较小，即直流系统的运行性能较好。这种调节方式的分接头调节开关动作较频繁，同时要求的分接头调节范围要大些。

许多远距离高压直流输电工程都利用降压运行来消除直流架空线路的绝缘由于气象及污秽原因而降低时所发生的非永久性接地故障，以提高输电系统的可用率。当采用这种运行方式时，换流变压器分接头范围的选择应与控制角配合以适应降压要求。这种运行方式下所要求的正分接头范围最大。

我国近来建设的长距离高压直流输电工程一般都采用第二种有载分接头调节方式，即保持控制角于一定范围的调节方式。下面举一个原则性的算例。

已知：直流额定电压 $U_{dN}=\pm500\text{kV}$；直流额定电流 $I_{dN}=3.0\text{kA}$；交流网侧额定电压 $U_{lN}=525\text{kV}$；交流网侧最高运行电压 $U_{lmax}=550\text{kV}$；整流侧正常触发角 $\alpha_N=15°$；直流架空输电线路每极正常直流电阻 $R_{LN}=8.0\Omega$；降压运行要求的直流电压 $U_{dr}=350\text{kV}$；降压运行时的最低直流功率要求 $P_{dmin}=150\text{MW}$；换流器直流感性压降 $d_{XR}=8.2\%$；换流阀正向导通压降 $U_T=0.3\text{kV}$。试根据上述基本数据选择整流侧换流变压器的正分接头范围。

整流侧的直流电压表达式为

$$\frac{U_{dR}}{2}=U_{dioR}\left[\cos\alpha-(d_{XR}+d_{rR})\times\frac{I_d}{I_{dN}}\times\frac{U_{dioNR}}{U_{dioR}}\right]-U_T \tag{11-15}$$

由上式得出整流侧的 U_{dioR} 为

$$U_{dioR}=\frac{\dfrac{U_{dR}}{2}+U_T+(d_{XR}+d_{rR})\times\dfrac{I_d}{I_{dN}}\times U_{dioNR}}{\cos\alpha} \tag{11-16}$$

整流侧额定理想空载电压为

$$U_{dioNR}=\frac{\dfrac{U_{dNR}}{2}+U_T}{\cos\alpha_N-(d_{XNR}+d_{rR})}=\frac{\dfrac{500}{2}+0.3}{\cos15°-(0.082+0.003)}$$
$$=284.1(\text{kV})$$

通常规定当交流网侧电压为额定电压、阀侧空载电压为额定理想空载电压时的变比为 0 抽头的位置，其相应的变比值为

$$n_{nom}=\frac{U_{lN}}{U_{VN}}=\frac{U_{lN}}{\dfrac{U_{dioNR}}{\sqrt{2}}\times\dfrac{\pi}{3}}=\frac{525}{\dfrac{284.1\times\pi}{\sqrt{2}\times3}}=2.4953$$

当直流降压运行 70%，单极输送功率为规定的最小值 $P_{dmin}=150\text{MW}$ 时，要求的正抽头位置应处在最大抽头位置。这时的阀侧理想空载电压为

$$U_{dioR}=\frac{\dfrac{350}{2}+0.3+(0.082+0.003)\times\dfrac{150/350}{3}\times284.1}{\cos\alpha}=\frac{178.75}{\cos\alpha}$$

由于在这种工况下应加大触发角 α 运行，因此取 $\alpha=38°$ 得

$$U_{dioR}=\frac{178.75}{\cos\alpha}=\frac{178.75}{\cos38°}=226.84(\text{kV})$$

当 $U_{dioR}=226.84\text{kV}$、$U_{Imax}=550\text{kV}$ 时，换流变压器的变比相对于正常变比 $n_{nom}=2.4953$的倍数为

$$n_{max}=\frac{U_{Imax}}{U_{IN}}\cdot\frac{U_{dioNR}}{U_{dioR}}=\frac{550}{525}\times\frac{284.1}{226.84}=1.312$$

若取分接头级差为 1.25%，则所需的正级数为

$$+TC_{step}=\frac{1.312-1}{0.0125}=25$$

四、换流变压器绕组直流偏磁

换流变压器绕组中直流偏磁电流的存在会影响磁化曲线，并产生偏移零坐标轴的偏移量。其产生直流偏磁电流的原因有：①触发角不平衡；②换流器交流母线上的正序二次谐波电压；③在稳态运行时由并行的交流线路感应到直流线路上的基频电流；④单极大地回线方式运行时由于换流站中性点电位升高所产生的流经变压器中性点的直流电流。

换流阀运行中触发导通的轻微不平衡所引起的直流偏磁早已引起直流输电工程的注意。经研究表明，由于这一原因在换流变压器绕组中产生直流分量的励磁电流，只有当触发角不平衡使得换流变压器阀侧绕组中正半波电流增大，而负半波电流减小，从而导致绕组中正、负两半波电流平均值不等于零这一极端的情况下才会出现。换流阀触发角不平衡产生的原因可能是由于交流系统电压的不对称和等距离触发系统及晶闸管触发回路所造成的触发误差。另外，由于同相两个阀触发信号光纤长度的轻微不同也会导致触发时间的轻微差别。

根据对换流阀控制系统包括换流阀触发电子回路的分析认为，不同阀之间触发角的不平衡一般不会超过 0.02°。按比较保守的估算，由此在阀侧绕组所产生的直流不平衡电流可以用下式估算

$$\Delta I_{dc}=\frac{4\times\Delta\alpha}{360^{\circ}}\times I_d \tag{11-17}$$

当 $\Delta\alpha=0.02°$时，$\Delta I_{dc}=0.22\times I_d\times10^{-3}$。图 11-20 所示是触发角偏差导致的直流偏磁电流示意图。

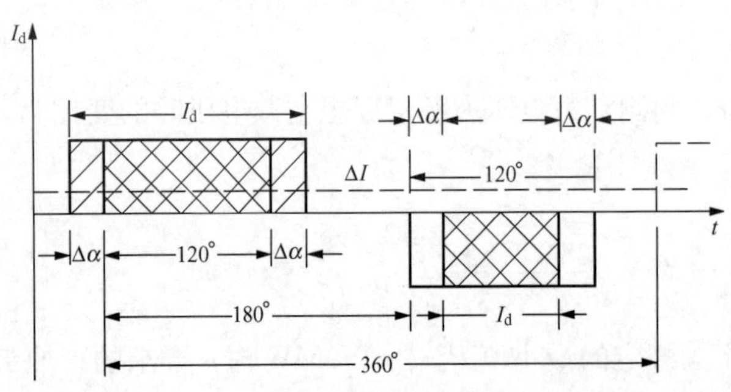

图 11-20　触发角偏差导致的直流偏磁电流示意图

由于换流器交流母线存在正序二次谐波电压，在直流侧则会出现 50Hz 的交流电压分量，从而导致换流变压器阀侧电流中出现直流电流分量。根据我国的交流系统运行情况及有关规程的规定，一般假定换流器交流母线存在相当于系统基频电压 1%的正序二次谐波电压。这种假设是相当保守的，通常只有换流器交流母线上所接的交流滤波器与交流系统发生谐振时才会出现。利用 EMTDC 对包括 12 脉动换流器、交流滤波器、平波电抗器和直流滤波器在内的交直流系统进行模拟可以求出相应的直流电流分量。在模拟计算中，是将交流系统基频电压叠加上 1%的二次谐波电压，以考虑其对直流电流分量的影响。

在实际工程中，直流输电架空线路可能平行并靠近交流线路架设。在稳态运行时，交流

线路上流过的交流电流可能在直流线路上感应出基频电压，从而导致直流线路上出现基频电流。即使交流线路三相系统的负荷电流是对称的，但又因各相导线与直流极线距离不等，也会在直流线路上感应产生交流基频电压。降低这种耦合影响的有效措施是交流线路采用相导线的换位措施。

由于在换流过程中换流阀的按序通断，直流线路的50Hz电流使得换流变压器阀侧绕组出现直流电流分量。在绕组一相中的直流电流分量可以在零和其最大值之间变化，这取决于50Hz电流与换相角之间的相角关系。在计算中往往假定最严重的条件以得到一个最大的直流电流分量。

单极大地回线方式运行时接地极电流的影响是在换流变压器中产生直流电流偏磁。1991年新西兰350kV直流系统Benmore换流站在扩建工程投产调试时，换流变压器在空负荷（阀未解锁）条件下发现直流偏磁使励磁电流幅值达100A以上，从而引起严重的零序谐波使滤波器过负荷跳闸。当时制造厂认为变压器允许的因直流偏磁引起的励磁电流不能超过40A幅值，否则会使变压器铁芯过热。这一电流对应于5A的直流偏磁电流，相当于每台单相变压器允许1.66A的直流偏磁电流。单极大地回线方式运行，在换流站或附近的变电所变压器中性点能引起多大的直流电流分量取决于与接地极的距离、接地极周围的大地电阻率、换流站及变电所的电位升高以及交流电网的构成及参数等多方面的因素。Benmore换流站至接地极的距离仅8km，接地极电流为2kA时，Benmore换流站的地电位高达84V，一般经验为10V左右。

考虑到上述新西兰直流输电工程的经验，并根据研究结果，我国天—广直流输电工程规范书中提出单极大地回线方式运行时流过换流变压器三相中性点的直流电流为10A，平均每台单相三绕组换流变压器承受3.3A。这一偏磁电流对网侧电压为220kV的变压器相当于额定励磁电流的0.7～1.3倍；而对于网侧电压为500kV的变压器，其值相当于额定励磁电流的1.5～3倍。这样高的直流偏磁要求，给变压器的制造带来了一定的困难。

对于贵—广直流输电工程，制造商计算了换流站在最不利条件下的直流偏磁电流，结果是：触发角不平衡引起0.84A（阀侧）；二次谐波电压引起0.38A（阀侧）；并行交流线路感应引起1.09A（阀侧）；单极运行地电位升高引起1.67A；网侧绕组总的直流偏磁电流为1.67A+（0.84A+0.38A+1.09A）/n_{nom}=2.6A。由上列数据可见，直流偏磁电流是正常励磁电流的1.7倍。

第五节 平波电抗器

直流平波电抗器与直流滤波器一起构成高压直流换流站直流侧的直流谐波滤波回路。平波电抗器能防止由直流线路或直流开关站所产生的陡波冲击波进入阀厅，从而使换流阀免于遭受过电压应力而损坏；平波电抗器能平滑直流电流中的纹波，能避免在低直流功率传输时电流的断续；平波电抗器通过限制由快速电压变化所引起的电流变化率来降低换相失败率。因此平波电抗器是高压直流换流站的重要设备之一。

一、平波电抗器主要参数选择

平波电抗器最主要的参数是其电感量，从上述平波电抗器的作用来看，其电感量一般趋于选大些，但也不能太大。因为电感量太大，运行时容易产生过电压，使直流输电系统的自动调节特性的反应速度下降，而且平波电抗器的投资也增加。因此，平波电抗器的电感量在满足主要性能要求的前提下应尽量小些，其选择应考虑以下几点。

(1) 限制故障电流的上升率。其简化计算公式为

$$L_{\mathrm{d}}=\frac{\Delta U_{\mathrm{d}}}{\Delta I_{\mathrm{d}}}\Delta t=\frac{\Delta U_{\mathrm{d}}(\beta-1-\gamma_{\min})}{\Delta I_{\mathrm{d}}\times 360f} \tag{11-18}$$

式中，f 为交流系统额定频率；$\gamma_{\min}$ 为不发生换相失败的最小关断角；ΔU_{d} 为直流电压下降量，在 12 脉动换流器中，一般选取一个 6 脉动桥的额定直流电压；ΔI_{d} 为不发生换相失败所容许的直流电流增量；Δt 为换相持续时间，$\Delta t=\frac{\beta-1-\gamma_{\min}}{360f}$；$\beta$ 为逆变器的额定超前触发角，$\beta=\arccos\ (\cos\gamma_{\mathrm{N}}-I_{\mathrm{d}}/I_{\mathrm{s2}})$；$\gamma_{\mathrm{N}}$ 为额定关断角；I_{d} 为额定直流电流；I_{s2}为换流变压器阀侧两相短路电流的幅值；ΔI_{d} 为 $2I_{\mathrm{s2}}\ [\cos\gamma_{\min}-\cos\ (\beta-1^{\circ})]\ -2I_{\mathrm{d}}$。

由上式计算电感量，并未计及直流线路电感的限制作用，也不考虑直流控制保护系统的动作，所以在实际工程中采用的电感量可适当降低。

(2) 平抑直流电流的纹波。其估算公式为

$$L_{\mathrm{d}}=\frac{U_{\mathrm{d(n)}}}{n\omega I_{\mathrm{d}}\times\frac{I_{\mathrm{d(n)}}}{I_{\mathrm{d}}}} \tag{11-19}$$

式中，$U_{\mathrm{d(n)}}$为直流侧最低次特征谐波电压有效值；I_{d} 为额定直流电流；$\frac{I_{\mathrm{d(n)}}}{I_{\mathrm{d}}}$为允许的直流侧最低次特征谐波电流的相对值；$n$ 为最低次特征谐波，对 12 脉动换流器 $n=12$；ω 为基频角频率，$\omega=2\pi f$。

(3) 防止直流低负荷时的电流断续。对于 12 脉动换流器 L_{d} 可用下式计算

$$L_{\mathrm{d}}=\frac{U_{\mathrm{dio}}\times 0.023\sin\alpha}{\omega I_{\mathrm{dp}}} \tag{11-20}$$

式中，U_{dio}为换流器理想空载直流电压；α 为直流低负荷时的换流器触发角；I_{dp}为允许的最小直流电流限值。

(4) 平波电抗器是直流滤波回路的组成部分。其电感值应与直流滤波器的参数统筹考虑，电感值大，则要求的直流滤波器规模小，反之亦然。因此平波电抗器电感量的取值应与直流滤波器综合考虑，并进行费用的优化。

(5) 平波电抗器电感量的取值。应避免与直流滤波器、直流线路、中性点电容器、换流变压器等在 50、100Hz 发生低频谐振。

根据以往高压直流输电工程的经验，确定平波电抗器的电感量没有一个统一的计算公式，而是一个性能价格逐步优化的过程，从而确定一个最优值。从远距离高压直流输电工程平波电抗器的参数来看，大部分平波电抗器的工频电抗标么值通常在 0.20～0.70 范围内。

二、平波电抗器型式

平波电抗器具有干式和油浸式两种型式。这两种型式的平波电抗器在高压直流输电工程中均有成功的运行经验。与油浸式平波电抗器比较，干式平波电抗器具有以下优点。

(1) 对地绝缘简单。干式平波电抗器虽然安装在高电位，但主绝缘只简单地由支柱绝缘

子提供，提高了主绝缘的可靠性。油浸式平波电抗器主绝缘由油纸复合绝缘系统提供，相对而言较复杂。

(2) 无油，并消除了火灾危险和环境影响。干式平波电抗器无油绝缘系统，因而没有火灾危险和环境影响，而且使用干式平波电抗器无需提供油处理系统，在阀厅和户外平波电抗器之间也无必要设置防火墙。

(3) 潮流反转时无临界介质场强。高压直流输电系统的潮流反转需改变电压极性，会因捕获电荷的原因在油纸复合绝缘系统中产生临界场强；但对干式平波电抗器，改变电压极性仅在支柱绝缘子上产生应力，没有临界场强的限制，这样干式平波电抗器的支柱绝缘子与其他母线支柱绝缘子的特性相似。

(4) 负荷电流与磁链成线性关系。由于干式平波电抗器没有铁芯，因而在故障条件下不会出现磁链的饱和现象，在任何电流下都保持同样的电感量。

(5) 暂态过电压较低。由于干式平波电抗器对地电容相对于油浸式平波电抗器要小得多，因此干式平波电抗器要求的冲击绝缘水平相对较低。

(6) 可听噪声低。由于干式平波电抗器无铁芯，因此与油浸式平波电抗器相比，可听噪声较低。

(7) 质量轻，易于运输、处理。

(8) 运行、维护费用低。干式平波电抗器没有辅助运行系统，基本上是免维护的，因此运行费用较低。

油浸式平波电抗器具有与干式平波电抗器几乎相反的特点，其主要优点为：

(1) 油浸式平波电抗器由于有铁芯，因此要增加单台电感量很容易。

(2) 油浸式平波电抗器的油纸绝缘系统很成熟，运行也很可靠。

(3) 油浸式平波电抗器安装在地面，因此重心低，抗震性能好。

(4) 油浸式平波电抗器采用干式套管穿入阀厅，取代了水平穿墙套管，解决了水平穿墙套管的不均匀湿闪问题。油浸式平波电抗器的垂直套管也采用干式套管，使其发生污闪的概率降低。

国外直流输电工程中，也有采用干式及油浸式两种平波电抗器混合使用的，该方案结合了两种型式平波电抗器的优点，但运行维护不方便，备品多，价格贵，一般不推荐这种方案。

葛—南直流输电工程采用干式平波电抗器，每极两台 150mH 串联，配油浸式穿墙套管。天—广直流输电工程，最初承包商推荐采用每极两台 150mH 干式平波电抗器串联，配干式硅橡胶穿墙套管，后因采用有源直流滤波器，每极的平波电抗器电感量减小到 150mH，只需要一台干式平波电抗器，投标商 ABB 则推荐的是每极一台 360mH 的油浸式平波电抗器。

直流负荷（以 $I_d^2 \cdot L_d$ 衡量）不是很大时，一般选择空气绝缘干式电抗器。这种电抗器的制造成本较低，而且当需要备用时，一般可以用单个的电抗线圈构成，不需要成组电抗器备用。但干式电抗器的主要绝缘暴露在空气中，对污秽比较敏感。另外，这种干式电抗器安装在支持绝缘子上，对地震比较敏感，可能要设置减震平台。

当直流负荷（$I_d^2 L_d$）较大时，选用油浸绝缘平波电抗器较好，因为在这种条件下成本一般较低。由于这种平波电抗器的主要绝缘是封闭在绝缘油箱内，抗污秽能力较好。

在电感量相同的情况下，油浸绝缘平波电抗器的设备费用大概是干式的两倍多，而且油浸式电抗器的冷却系统（如油泵、风扇）还需要辅助电源。但是对于所要求的电感量，如果采用两台干式电抗器才能满足要求，则选用干式电抗器的总费用几乎和选用一台油浸电抗器的费用相当。例如，若每极平波电抗器要求的电感量为200mH，根据一般的制造水平，每极可以采用一台油浸式平波电抗器或采用每极两台干式平波电抗器。对双极系统，这两种方案的原则性技术经济比较如表11-11所示。

表11-11　双极系统两种平波电抗器方案的原则性技术经济比较

名　称	干式平波电抗器	油浸式平波电抗器
全站需用总数（台）（工作量＋备用量）	5 （4＋1）	3 （2＋1）
主绝缘型式	由支持绝缘子提供、简单	由油纸复合绝缘系统提供，复杂
制造水平	成熟	成熟
供应厂商	目前国际上仅有Haefely－Trench等少数公司生产	国际上各主要的直流输电设备供货商均能生产
制造能力	可供100mH/每台	可供200mH/每台或更大
运行经验	较成熟	成熟
运行费用	较低	较高
抗震能力	较差	较好
过负荷能力	提高较困难	提高较容易
总占地面积	较多	较少
本体造价	两者本体造价的总量之比：干式/油浸＝0.935/1.0	
综合造价	基本持平	

第六节　交流滤波器

并联交流滤波器有常规无源交流滤波器、有源交流滤波器和连续可调交流滤波器三种型式。现在已投运的直流输电工程，交流滤波器大部分都采用常规无源交流滤波器。常规无源交流滤波器的设计、制造、调试、安装及运行等技术已非常成熟。葛—南及天—广直流输电工程也都采用常规无源交流滤波器。由于有源交流滤波器和连续可调交流滤波器仅在个别交流或直流输电工程中应用，因此本节仅论述无源交流滤波器。

一、交流滤波器设备配置原则

换流站配置的交流滤波器有滤除换流器产生的谐波电流和向换流器提供部分基波无功两个任务。交流滤波器的配置主要应遵循的原则是：①滤波器额定电压等级一般应与换流器交流侧母线电压等级相同；②应根据谐波电流的计算结果合理配置相应的单调谐滤波器、双调谐滤波器及三调谐交流滤波器或调谐高通型交流滤波器，但类型不宜太多，2～3种为宜；③在满足性能要求和换流站无功平衡的情况下，滤波器分组应尽可能少，尽量使用电容器分组；④全部滤波器投入运行时，应达到满足连续过负荷及降压运行时的性能要求；⑤任一组滤波器退出运行时，均可满足额定工况运行时的性能要求；⑥小负荷（10%I_d）运行时，应使投入运行的滤波器容量为最小。

二、交流滤波器电路类型

根据高压直流换流站常用无源滤波器的类型，按其频率阻抗特性可以分为三种类型：①调谐滤波器，通常调谐至一个或两个频率，最多为三个频率；②高通滤波器，在较宽的频率范围内具有相当低的阻抗；③调谐滤波器与高通滤波器的组合构成多重调谐高通滤波器。关于交流滤波器类型的介绍，详见本书第六章第五节换流站交流侧滤波。

三、交流滤波高压电容器选择

交流滤波器元件包括高、低压电容器和电抗器、电阻器。在滤波器的整个投资中，高压电容器投资占了大部分，而且高压电容器的设计制造技术要求高，工艺复杂，其质量及性能好坏直接影响着交流滤波器性能和可靠运行。因此，将重点对高压电容器型式选择进行论述。

（一）高压电容器平均工作场强选择

交流滤波电容器一般采用金属箔电容器。高压电容器的性能技术经济指标是由比特性（kvar/dm^3 或 kg/kvar）和额定值来表征的。电容器介质平均工作场强对电容器技术经济指标起决定性作用。电容器的比特性大约和电容器平均工作场强的平方成正比；电容器的体积和平均工作场强平方成反比。取较高平均工作场强意味着单位体积电介质材料的电容值较高，电容器的体积较小；而单位体积电容值的提高和电容器体积的减小意味着减少材料的消耗和成本的降低。场强和介质材料的选取也决定了电容器的运行寿命。但是，能否选取较高的场强取决于：电介质耐受场强的能力，电极边缘局部放电起始电压，电介质耐受过电压的能力，电介质的厚度，电极边缘的裕度，电极型式等。目前，国际上交流电容器的平均工作场强在 60～70kV/mm 之间。

（二）高压电容器电介质材料选择

电容器的电介质材料有纸、纸和聚丙烯膜混合、全聚丙烯膜（PP 膜）三种型式。电介质的特性和质量是影响电容器可靠性的最主要因素，而介质材料中的薄弱点和这些缺陷的数量及特性是介质老化的重要因素。目前，质量高、性能好的高压电容器均采用全膜介质。与纸或混合介质电容器相比，全膜电容器的优点是损耗小、体积小、造价低、寿命长。以 200kvar 电容器为例，即使选择低场强（45kV/mm 以下），采用全膜介质比采用复合介质电容器质量可降低 20%以上，材料成本可降低 10%以上。若选取高场强以后，则效益更加明显，性能更加优越。

（三）高压电容器浸渍液选择

高压电容器浸渍液的使用经历了矿物油、聚氯联苯（PCB）、非聚氯联苯（单苄基甲苯）、双苄基甲苯、单苄基甲苯掺合二苯基乙烷（混合后称 SAS－40）等阶段。目前，广泛使用非聚氯联苯类浸渍液。

高压电容器浸渍液的特性以及电容器制造过程中对浸渍剂的预处理方式，会对电容器过电压耐受能力产生重要的影响。两极间电压过高，电容器就会发生局部放电。这种局部放电最先开始于场强较高的电极边缘，并与局部放电的起始值有关。

对浸渍液的技术要求是：理化电气性能优良（如凝固点低、黏度小、击穿强度和体积电阻率高、介质损耗因数小等），电、热稳定性好，无毒或低毒，能生物降解，不污染环境，不危害人体健康等。对全膜电容器的浸渍液，特别强调其应具有与 PP 膜相容性好，渗透力强，黏度（特别是低温下黏度）小，凝固点低等特点。浸渍液应具有良好的抑制局部放电特别是低温下局部放电的能力。

由于聚氯联苯对环境有严重的污染及毒性，在工程中禁止将其作为电容器的浸渍液使用。目前工程中一般采用单苄基甲苯和二苄基甲苯的混合液 M/DBT 或单苄基甲苯和二苯基乙烷的混合液 SAS－40 作为交流滤波电容器的浸渍液。

（四）对金属材料要求

高压交流滤波电容器的电极金属箔采用铝箔，厚度一般为 5～6μm，要求均匀性要好，质密性好，清洁度高；电容器单元的外壳采用不锈钢箱体；外壳的防爆破坏能力应与内部故障的放电能量相匹配。

（五）熔断保护型式选择

电容器的熔断保护型式有内熔丝、外熔丝、无熔丝三种，滤波电容器组的单元元件构成及熔断保护类型见图 11-21。

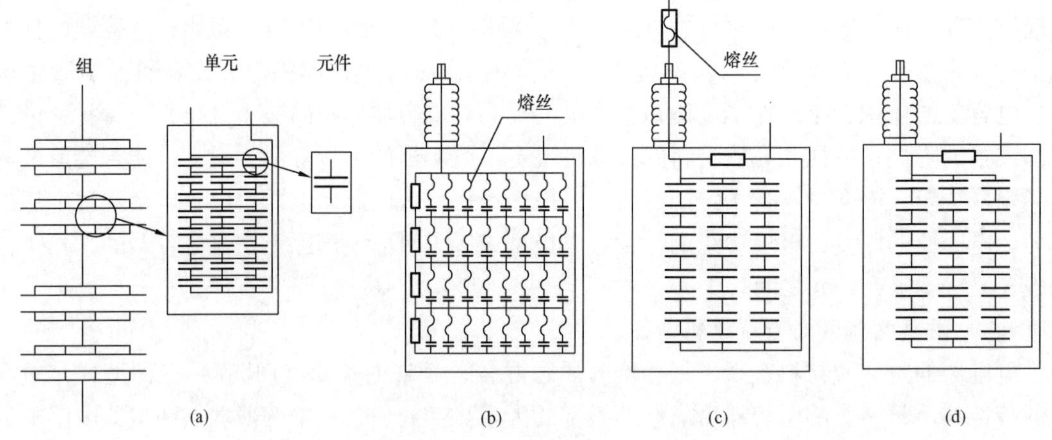

图 11-21　滤波电容器组的单元元件构成及熔断保护类型

(a) 电容器组的单元、元件构成；(b) 内熔丝；(c) 外熔丝；(d) 无熔丝

电容器元件并（或串）联后成为小组（group），若干个小组串（或并）联后装入不锈钢箱内组装成一台电容器，即单元（unit），电容器单元串、并联后则为电容器组（bank），见图 11-21（a）。不同熔断保护型式的高压电容器特点如下。

（1）内熔丝。每个电容器单元内部一般采用多个元件并联成一组，多组串联成一个单元（即一台电容器），每个电容器元件都串接有熔断器。当元件被击穿或熔丝动作后所导致的电容器单元或电容器组电容值和电压分布改变较小。按内熔丝设计的电容器单元的额定电压一般较外熔丝的小，而额定容量一般较外熔丝的大。单元容量一般为 400～800kvar，最大的可以达到 1500kvar。电容器单元内一般并联元件数较多，而串联元件数较少。

（2）外熔丝。每个电容器单元内部一般采用多个电容器元件串联成一组，多组并联成为一个单元（即一台电容器），内部的串联数一般多于并联数，且元件不串接熔断器。每台电容器外部串联熔断器保护。当元件被击穿的数量到达一定的数量时，熔丝动作，熔丝动作导致一个电容器单元退出运行，因此所引起的电容器组电容值和电压分布改变较大，这种改变是不连续的。电容器单元额定电压较高而额定容量较小，单元容量通常为 100～200kvar 左右。

(3) 无熔丝。每个电容器单元内部一般采用多个电容器元件串联成一组，多组并联成一个单元（即一台电容器）。电容器单元的内部及外部均不采用熔断器保护。这种设计是基于聚丙烯薄膜被击穿和两个金属电极之间缩短时，元件发生故障的概率很低。电容器单元的额定电压水平和外熔丝的相近，而额定容量较外熔丝的高。

上述三种电容器中内熔丝和无熔丝电容器在交流系统中应用得较为广泛，一般欧洲倾向于用内熔丝电容器，而北美则较长时期里倾向于用外熔丝电容器。无熔丝保护电容器的技术应用是近 10 年的事。

作为高压直流换流站交流滤波器用电容器，应具有提供无功补偿和滤波的双重功能，因此从上述分析可知，外熔丝和无熔丝电容器的共同缺陷是：由于元件故障后引起电容器单元和电容器组电容值及电压分布改变较大，因此元件故障将使交流滤波器滤波性能因电容值改变较大而变差，而电压分布改变较大会造成其他电容器单元的电压应力增大。由于外熔丝开断容量的原因，外熔丝电容器单元容量比内熔丝的小，这意味着整组滤波器由于电容器单元多使成本增加。综上所述，高压直流输电换流站交流滤波器一般选用内熔丝电容器。

四、交流滤波器设备安装方式

交流滤波器设备主要是高压电容器，它有支撑式和悬挂式两种安装方式。这两种安装方式在一些工程中均采用过，例如巴西伊泰普直流输电工程和印度强德拉普尔直流输电工程，采用的是悬挂式；我国的天—广和葛—南直流输电工程则采用了支撑式。

电容器单元在支架上有卧式和立式两种安装方式。卧式安装可以采用较短的层间支柱绝缘子，单元间连接导体也较短，故障单元更换也比较方便，并且可以减小电容器组底部主支柱绝缘子的机械应力，但电容器单元浸渍液泄漏的可能性较立式大。立式的特点和卧式的正好相反。除非有特殊要求，一般应采用卧式安装。支撑式电容器安装时，高电位在上部，和母线连接的导体从顶部引接。滤波器设备的其他元件电位较低，尺寸和质量较小，均采用支撑式安装。

五、交流滤波器设备主要电气应力

（一）高压电容器的主要应力

对于高压电容器，其主要电气参数是电容器组最高运行电压、热稳定电流和决定爬电距离的最高电压。

(1) 最高持续运行相电压 U_{cmax}。最高持续运行相电压应包括谐波电压，为给运行留有裕度，取作用在电容器上各电压的算术和

$$U_{cmax}=\sum_{n-1}^{n=50}U_n \tag{11-21}$$

式中，U_n 为 U_{cmax} 所包含的 n 次谐波电压。

(2) 电容器热稳定电流 I_{th}

$$I_{th}=\sqrt{\sum_{n=1}^{n=50}I_n^2} \tag{11-22}$$

式中，I_n 为通过电容器的 n 次谐波电流。

（3）决定爬电距离的最高电压 U_{creep}

$$U_{creep}=\sqrt{\sum_{n=1}^{n=50}U_n^2} \tag{11-23}$$

式中，U_n 为 U_{creep} 所包含的 n 次谐波电压。

（二）电抗器的主要应力

对于滤波电抗器，其主要的电气参数是电抗器最高运行电压、热稳定电流和决定爬距的最高电压。

（1）最高持续运行相电压 U_{Lmax}

$$U_{Lmax}=\sum_{n=1}^{n=50}U_n \tag{11-24}$$

式中，U_n 为 U_{Lmax} 所包含的 n 次谐波电压。

（2）电抗器热稳定电流 I_{th}

$$I_{th}=\sqrt{\sum_{n=1}^{n=50}I_n^2} \tag{11-25}$$

式中，I_n 为流过电抗器的 n 次谐波电流。

（3）决定爬电距离的最高电压 U_{creep}

$$U_{creep}=\sqrt{\sum_{n=1}^{n=50}U_n^2} \tag{11-26}$$

式中，U_n 为 U_{creep} 所包含的 n 次谐波电压。

（三）电阻器的主要应力

对于电阻器，其主要参数是热稳定电流和决定爬电距离的最高电压。

（1）电阻器热稳定电流 I_{th}

$$I_{th}=\sqrt{\sum_{n=1}^{n=50}I_n^2} \tag{11-27}$$

式中，I_n 为通过电阻器的 n 次谐波电流。

（2）决定爬电距离的最高电压 U_{creep}

$$U_{creep}=\sqrt{\sum_{n=1}^{n=50}U_n^2} \tag{11-28}$$

式中，U_n 为 U_{creep} 所包含的 n 次谐波电压。

第七节　直流滤波器

目前世界上已运行的高压直流输电工程中所采用的并联直流滤波器有无源直流滤波器和有源（混合）直流滤波器两种型式。无源直流滤波器已有多年的运行经验，在大多数工程中采用。有源直流滤波器首次于 1991 年在康梯—斯堪Ⅰ直流工程中投入试运行，后来又在斯卡捷拉克Ⅲ和波罗的海电缆直流工程中被采用，我国的天—广直流输电工程则是采用有源直流滤波器的远距离架空线路直流输电工程。本节主要论述无源直流滤波器，而有源直流滤波器已在本书第七章第三节中介绍。

一、直流滤波器配置原则

直流滤波器配置，应充分考虑各次谐波的幅值及其在等值干扰电流中所占的比重，即在计算等值干扰电流时各次谐波电流的耦合系数及加权系数。在理论上，12 脉动换流器仅在直流侧产生 $12n$ 次（$n=1, 2, 3\cdots$）谐波电压。但是，实际上由于存在着各种不对称因素，包括换流变压器对地杂散电容等，将导致换流器在直流侧产生非特征谐波。其中，由换流变压器杂散电容而产生的次数较低的一些非特征谐波幅值较大，要滤除它们需要较大的滤波器容量。这部分谐波的主要路径是通过换流变压器→换流阀→大地，而进入直流线路的分量较小。另外一方面是通信线路受到谐波干扰的频域主要在 1000Hz 左右，对 50Hz 的交流系统来讲，20 次左右的谐波分量危害最严重，要重点消除这部分谐波。考虑到同一换流站两极的对称性，两极应配置相同的直流滤波器。

目前世界上的直流输电工程，通常采用以下直流滤波器配置方案。

（1）在 12 脉动换流器低压端的中性母线和地之间连接一台中性点冲击电容器，以滤除流经该处的各低次非特征谐波，一般不装设低次谐波滤波器以避免增加投资。

（2）在换流站每极直流母线和中性母线之间并联两组双调谐或三调谐无源直流滤波器。中心调谐频率应针对谐波幅值较高的特征谐波并兼顾对等值干扰电流影响较大的高次谐波，这样可以达到较好的滤波效果。

二、直流滤波器电路类型

直流滤波电路通常作为并联滤波器接在直流极母线与换流站中性线（或地）之间。直流滤波器的电路结构与交流滤波器类似，也有多种电路结构型式，常用的有：具有或不具有高通特性的单调谐、双调谐和三调谐三种滤波器，其电路结构可参见交流滤波器的有关内容。尽管直流滤波器与交流滤波器有许多类似之处，但也存在着一些重要差别，其主要差别如下。

（1）交流滤波器要向换流站提供工频无功功率，因此通常将其无功容量设计成大于滤波特性所要求的无功设置容量，而直流滤波器则无需这方面的要求。

（2）对于交流滤波器，作用在高压电容器上的电压可以认为是均匀分布在多个串联连接的电容器上；对于直流滤波器，高压电容器起隔离直流电压并承受直流高电压的作用。由于直流泄漏电阻的存在，若不采取措施，直流电压将沿泄漏电阻不均匀地分布。因此，必须在电容器单元内部装设并联均压电阻。

（3）与交流滤波器并联连接的交流系统在某一频率时的阻抗范围比较大。因此，在特定的电网状态下，如交流线路的投切、电网的局部故障等会引发交流滤波电容与交流系统电感间的谐振。因此，即使是在准确调谐（带通调谐）的交流滤波器电路中也需要采用阻尼措施。但是换流站直流侧的阻抗一般来说是恒定的，因此允许使用准确调谐（带通调谐）的直流滤波器。

直流滤波器电路结构的确定应以直流线路所产生的等效干扰电流为基础。由于特征谐波电流的幅值最大，所以直流滤波器的电路结构应与这些谐波（即谐波次数为 12、24、36…的谐波）相匹配。

一般情况下，直流滤波器的成本占整个换流站的成本不是很大。直流滤波器中价格最高的元件为高压电容器，这是由于必须将它设计成耐受直流高压的电容器。降低成本的主要手段之一是将滤波器设计成具有公共高压电容器的双调谐或多调谐滤波电路。

通常在换流站的中性点与大地之间装设起滤波作用的电容器，装设该电容器的作用是为直流侧以3的倍次谐波为主要成分的电流提供低阻抗通道。由于换流变压器绕组存在对地杂散电容，为直流谐波特别是较低次的直流谐波电流提供了通道，因此应针对这种谐波来确定中性点电容器的参数，一般来说，该电容器电容值的选择范围应为十几微法至数毫法，同时还应避免与接地极线路的电感在临界频率上产生并联谐振。

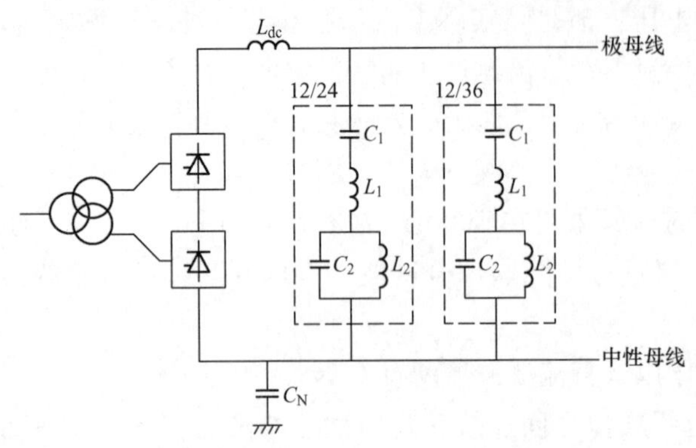

图 11-22　12 脉动换流器一个极的直流滤波器示意图

直流滤波器的电路结构，通常多采用带通型双调谐滤波电路。对于12脉动换流器，当采用双调谐滤波器时，通常采用12/24及12/36的谐波次数组合。图11-22给出12脉动换流器一个极的直流滤波器示意图。

三、直流滤波高压电容器选择

直流滤波元件包括高低压电容器、电抗器等元件，高压电容器是其中的主要元件。

(一) 高压电容器平均工作场强选择

直流滤波器的高压电容器主要是承受直流电压，交流电压分量极小。直流电压按每个串联电容器单元端部瓷绝缘子的泄漏电阻大小分布在每个电容器单元上。目前，交流高压电容器的平均工作场强在60～70kV/mm之间，直流高压电容器的平均工作场强为90～110kV/mm（直流）。用于直流滤波器的高压电容器所承受的电压应力主要是直流工作电压，其分布要考虑到沿电容器单元端部瓷绝缘套管泄漏电阻分布的不均匀性，另外还要计及谐波电压的影响。

(二) 高压电容器熔断保护型式选择

用于直流滤波器的高压电容器可以选择外部熔断式保护、内部熔断式保护和无熔断式保护三种中的任一种，但目前以采用内部熔断式保护的为较多。由于直流滤波器仅用于滤波，没有无功补偿功能，滤波支路总电流一般较交流滤波器小，所以当技术经济合理时可采用性能可靠的、无熔断保护的高压电容器。

四、直流滤波器设备主要电气应力

在计算换流站直流滤波器设备所承受的主要电气应力时，应考虑各种可能的运行方式，它包括潮流方向、直流全压和直流降压等运行方式。另外，在进行直流滤波器各部件设备的应力计算时，还应假定每极所连接的任一组直流滤波器支路都可能退出运行的情况。

(一) 电压应力

高压直流滤波电容器两端的电压由下式确定

$$U_{\mathrm{dfc}}=\sqrt{2}\sum_{n=1}^{n=50}U_{\mathrm{n}}+kU_{\mathrm{DC}} \tag{11-29}$$

式中，U_{DC}为最高持续直流电压；U_n 为 n 次谐波电压的有效值；n 为谐波次数，$n=1\sim50$；k 为主要考虑由直流污秽所引起的直流电压分布不均匀系数，取 $k=1.3$。

将式（11-29）中直流电压值取零，就可求出直流滤波器低压端电容器、电抗器和避雷器两端的峰值电压。

（二）决定爬电距离的电压

主要决定电容器和电抗器两端、高压和低压接线端对地爬电距离的电压，称为决定爬电距离的电压。

（1）高压电容器两端

$$U_{cr,DC}=\sqrt{U_{DCmax}^2+\sum_{n=1}^{n=50}U_n^2} \tag{11-30}$$

式中，U_{DCmax}为直流极对地电压最大值。

（2）其他所有设备两端

$$U_{cr,rms}=\sqrt{\sum_{n=1}^{n=50}U_n^2} \tag{11-31}$$

（3）其他所有设备接线端对地

$$U_{crDC}=\sqrt{U_{DCNM}^2+\sum_{n=1}^{n=50}U_n^2} \tag{11-32}$$

式中，U_{DCNM}为中性点直流电压最大值。

（三）电流应力

通过电容器的额定电流为

$$I_{th}=\sum_{n=1}^{n=50}I_n \tag{11-33}$$

通过电抗器的额定电流为

$$I_{th}=\sqrt{\sum_{n=1}^{n=50}I_n^2} \tag{11-34}$$

式中，I_n 为 n 次谐波电流的有效值。

（四）可听噪声计算所用的电流

用于计算电容器和电抗器产生的可听噪声电流为

$$I_{audible}=\sqrt{\sum_{n=1}^{n=50}I_n^2} \tag{11-35}$$

式中，I_n 为 n 次谐波电流的有效值。

（五）避雷器主要应力

计算保护滤波器设备（主要是电抗器）的避雷器最高持续运行电压 U_{MCOV}时，应考虑施加于避雷器上的最不利组合时的运行条件。U_{MCOV}可利用下式进行初步估算

$$U_{MCOV}=\sum_{n=1}^{n=50}U_n \tag{11-36}$$

式中，U_n 为 n 次谐波电压。

第八节 无功补偿装置

采用普通晶闸管换流阀进行换流的高压直流换流站，一般均采用电网电源换相控制技术，其特点是换流器在运行中要从交流系统吸取无功功率。整流侧和逆变侧吸取的无功功率与换流站和交流系统之间交换的有功功率成正比，在额定工况时一般为所交换的有功功率的40%～60%。

换流站运行中所需的无功功率不能依靠或不能主要依靠其所接入的交流系统来提供，而且也不允许换流站与交流系统之间有太大的无功功率交换。这主要是因为当换流站从交流系统吸取或输出大量无功功率时，将会导致无功损耗，同时换流站的交流电压将会大幅度变化。所以，在换流站中根据换流器的无功功率特性装设合适的无功补偿装置，是保证高压直流系统安全稳定运行的重要条件之一。

对于高压直流换流站的无功功率特性要求并没有统一的标准，为了满足换流器无功功率的需求，并保证换流站交流母线的电压稳定在允许的范围之内是最基本的要求，换流站的无功功率特性可采用下列三种方法来描述。

(1) 保持换流站的功率因数为常数。当要求保持功率因数为常数时，则无功补偿装置必需根据直流负荷的变化以及交流电压的变化作出快速精确的反应，这对于直流负荷变化超出一定范围时，为达到这种特性的要求，在无功补偿装置及其控制系统中所花的代价是昂贵的。

(2) 使换流站的功率因数为有功功率的适当函数，即 $\cos\varphi=f\ (P)$，换流站的无功功率需求是与有功功率成正比的。可能在换流站的正常有功功率水平下，无功补偿装置及其控制系统可以满足这种特性的要求。但是在直流系统处于低负荷时，由于交流滤波的要求投入运行的交流滤波器所发出的基波无功大于换流器所吸收的无功功率，利用加大换流器的触发角来进行控制往往还不足以完全平衡，因此这时换流站要向交流系统输出无功功率，此时则很难与所要求的特性相一致。而且按这种特性来要求无功补偿装置及其控制往往要极大地受制于交流系统的电压及无功状况，运行是比较复杂的。

(3) 如果用 Q 表示换流站与交流系统所交换的无功功率，则可以用 $Q=0\pm\Delta Q$ 来表示换流站的无功功率特性。也就是说，换流站与交流系统的无功交换为零，或允许有 ΔQ 的少量交换，这要视交流系统的无功及电压特性来确定。按照这种特性，换流器所需的无功由换流站自身装设无功补偿装置完全补偿，与交流系统只允许少量的无功交换。而根据这一原则交流系统只需要解决换流站接入后所出现的其他无功功率及电压问题。目前的高压直流输电系统，一般采用这种特性要求来装设无功补偿装置及其控制系统，其明显的优点是实施简单、投资节省。

换流站装设的无功功率补偿装置一般有下列几种形式。

1. 交流滤波器及无功补偿电容器组

当换流站所接的交流系统不是很弱时，一般均采用这种补偿形式。交流滤波器除满足滤波要求外，也能提供基波无功。当交流滤波器所提供的基波无功不足以满足换流站的无功要求时，需另外装设无功补偿用的电容器组。在交流滤波器合理设计的范围外，加大交流滤波器的容量以满足无功功率的要求是不经济的。单纯的无功补偿用电容器组要比同容量的交流滤波器便宜。

2. 交流并联电抗器

为了满足换流站轻负荷运行时的要求，可能需要装设交流并联电抗器。由于并联电抗器要随无功补偿电容器（包括交流滤波器）的投入情况进行切换，因此需要装设开关设备。由于装设并联电抗器及其开关的费用较贵，因此只有当利用换流站自身的无功特性无法满足运行条件要求时才予以考虑。

3. 静止补偿装置

由于用开关投切的无功补偿电容器组、交流滤波器组以及交流并联电抗器等无功补偿装置的主要缺点是不能调节或仅能分级慢速调节，而且不能频繁操作，所以除了投切上列设备对主要部分的无功进行补偿之外，且利用换流站本身的无功特性尚不能满足高压直流系统对无功补偿的要求时，可采用静止补偿装置以达到对无功功率快速及无级调节的要求。另外，当受端为弱交流系统时，若采用这种补偿方式，还可提高系统电压的动态稳定性。

4. 同步调相机

静态无功补偿装置可以达到良好的电压及无功控制，但不能提高换流站所接交流系统的短路比。通常，当短路比（SCR）等于或小于3时，将会造成高压直流系统运行的困难，主要表现是当交流系统扰动或故障时将导致换相失败，甚至持续的换相失败。当换流站交流母线接入调相机以后，则可以提高系统的短路比，改善换流器的换相条件，提高系统的稳定性。例如，我国舟山直流输电工程和嵊泗直流输电工程的受端换流站均装设了调相机，但调相机投资贵、运行维护复杂，应尽量予以避免采用。

下面以三—常直流输电工程为例，简单地说明该工程龙泉换流站的无功补偿设备的装设情况。

已知：直流极对地电压 $U_{dR}=485kV$；6脉动换流器的理想空载直流电压 $U_{dioR}=282.7kV$；换流变压器阀侧交流电压 $U_{vR}=209.4kV$；直流双极输送功率 $P_d=3000MW$；触发角 $\alpha=18°$；换相角 $\mu_R=21.4°$；相对感性压降 d_{XR}（%）$=8.61\%$；直流线路每极电阻 $R_{dc}=8\Omega$；直流电流 $I_d=3.10kA$。

换流器所需的无功为

$$Q_{dc}=P_d\times\tan\varphi \tag{11-37}$$

$$\tan\varphi=\frac{(\pi/180°)\times\mu-\sin\mu\times\cos(2\alpha+\mu)}{\sin\mu\times\sin(2\alpha+\mu)} \tag{11-38}$$

由上式可求出，与上述运行参数相对应的双极换流器所需的无功为 $Q_{dc}=1727Mvar$。

额定电压下换流站吸收的总无功功率 Q_{total} 按下式计算

$$Q_{total}=\frac{Q_{ac}+Q_{dc}}{1.0^2}+Q_{sb} \tag{11-39}$$

式中，Q_{ac} 为交流系统的无功需求，正值为从换流站吸收无功，负值为向换流站输送无功，取 $Q_{ac}=-800Mvar$；Q_{sb} 为换流站装设的最大一组分组的容量，应考虑该组退出运行的情况，取 $Q_{sb}=140Mvar$。

根据上式计算得换流站总的无功需求为1067Mvar。龙泉换流站的无功补偿设备全由交流滤波器组构成，具体为：11/13次双调谐高通型滤波器3组，每组容量为140Mvar；24/36次双调谐高通型滤波器3组，每组容量为140Mvar；3次双调谐高通型滤波器2组，每组容量为118Mvar；以上无功补偿装置总的无功容量为1076Mvar。关于换流站无功补偿分析详见本书第六章内容。

第九节　换流站避雷器

换流站中的交流避雷器与交流变电所中的避雷器基本相同，但直流避雷器的运行条件和工作原理与交流避雷器有着很大的差别。关于直流避雷器与交流避雷器的差别详见本书第八章第一节内容。直流避雷器应具有较好的非线性伏安特性、灭弧能力强、通流容量大以及有较好的耐污性能。20世纪70年代以来，金属氧化物避雷器由于其非线性伏安特性好，通常不需要串联间隙，结构简单，因而在直流输电系统中得到了广泛应用。目前建设的直流输电工程也无例外地全部采用金属氧化物无间隙避雷器。金属氧化物避雷器的特性详见本书第八章第一节内容。

换流站避雷器配置的原则是：①由交流侧产生的过电压应尽可能由位于换流站交流侧的避雷器予以限制，交流母线避雷器应承担起主要的限制过电压作用。②由直流侧产生的过电压应当由位于直流侧的避雷器进行限制，即应由换流站直流线路进线点处、直流母线处和中性母线处的避雷器来限制。③重要设备应专门设置避雷器保护，并靠近这些设备，如换流阀、换流变压器的网侧、平波电抗器以及交直流滤波器等。换流变压器阀侧绕组的过电压可由保护阀的串联避雷器来进行保护。

在本书第八章中对换流站避雷器的典型配置和换流站各种避雷器的作用、性能要求、参数选择以及运行条件等均有了详细论述，在此不再赘述。

第十节　换流站开关设备

为了故障的保护切除、运行方式的转换以及检修的隔离等目的，在换流站的直流侧和交流侧均装设了开关装置。与一般交流变电所不同的是，换流站直流侧的某些开关装置所涉及的是直流电流的转换或遮断。而换流站交流侧的某些开关由于谐波、直流甩负荷以及磁饱和等原因而使开关装置的投切负担加重。双极换流站典型的直流开关设备配置见图11-23。

一、直流开关设备配置原则

1. 极中性线侧的低压高速开关LVHS（图11-23中3）

当单极计划停运时，换流器在没有投旁通对的情况下闭锁，换流器将使该极直流电流降为零，LVHS在无电流情况下分闸。这也是当换流器内发生除了接地故障以外的故障时利用LVHS进行隔离的正常程序。当正常双极运行时，如果一个极的内部出现接地故障，故障极带投旁通对闭锁，则利用LVHS将正常极注入接地故障点的直流电流转换至接地极线路。

2. 金属回线转换断路器MRTB（图11-23中1）

MRTB装设于接地极线回路中，用以将直流电流从单极大地回线转换到单极金属回线，

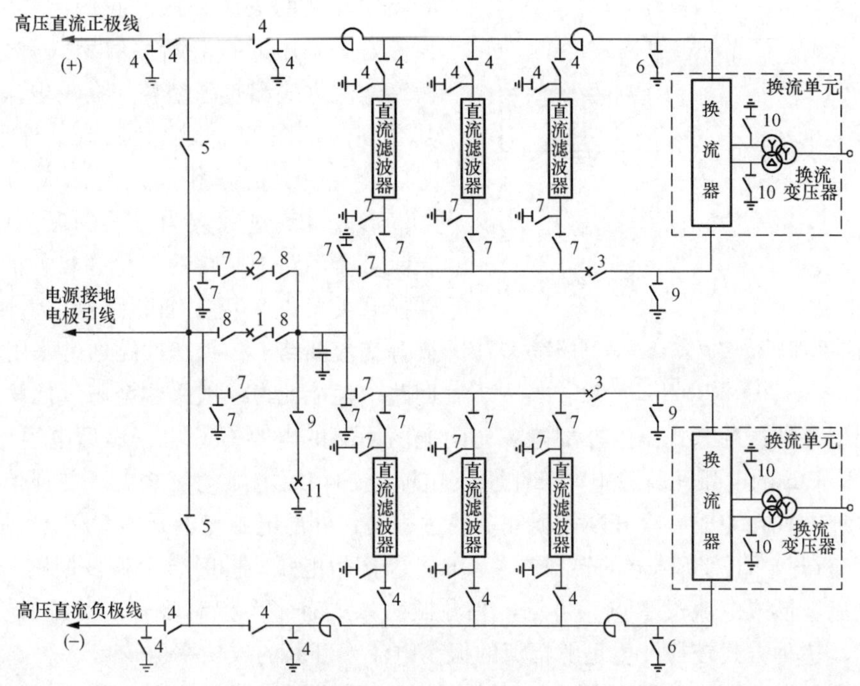

图 11-23　双极换流站典型的直流开关设备配置图

以保证转换过程中不中断直流功率的输送。如果允许暂时中断直流功率的输送，则可不装设 MRTB。MRTB 必须与 GRTS 联合使用。其具体的转换步骤见本书第三章第七节直流输电工程运行方式。

3. 大地回线转换开关 GRTS（图 11-23 中 2）

GRTS 装设在接地极线与极线之间，它是为了用来在不停运的情况下，将直流电流从单极金属回线转换至单极大地回线，其具体的转换步骤见本书第三章第七节直流输电工程运行方式。

4. 双极运行中性线临时接地开关 NBGS（图 11-23 中 11）

NBGS 装设于中性线与换流站接地网之间。当接地极线路断开时，不平衡电流将使中性母线电压升高，为了防止双极闭锁，提高高压直流输电系统的稳定性，利用 NBGS 的合闸来建立中性母线与大地的连接，以保持双极继续运行，从而提高了高压直流输电系统的可用率。当接地极线路恢复正常运行时，NBGS 必须能将流经它至换流站接地网的电流转换至接地极线路。另外，当 LVHS 无法进行转换时，NBGS 也可以提供临时接地通路，以减少 LVHS 的转换电流。

二、直流断路器基本构成

在高压直流输电系统中，某些运行方式的转换或故障的切除要采用直流断路器，如上述所说的金属回线转换断路器 MRTB、大地回线转换开关 GRTS 等。直流电流的开断不像交流电流那样可以利用交流电流的过零点，因此开断直流电流必须强迫过零。但是，当直流电流强迫过零时，由于直流系统储存着巨大的能量要释放出来，而释放出的能量又会在回路上产生过电压，引起断路器断口间的电弧重燃，以致造成开断失败。所以吸收这些能量就成为

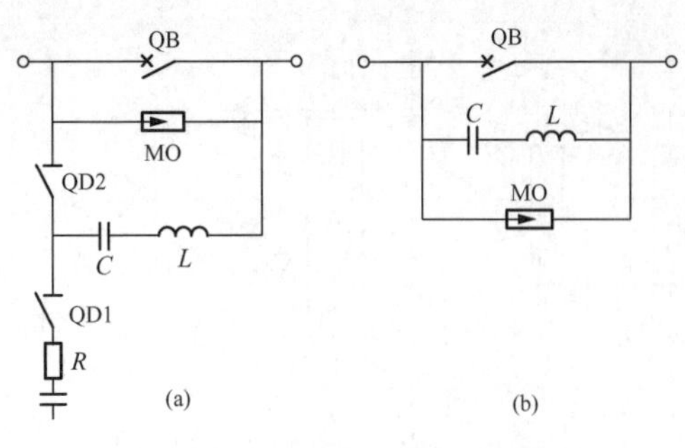

图 11-24　叠加振荡电流方式直流断路器原理图
(a) 有源型；(b) 无源型

断路器开断的关键因素。我国已建的高压直流换流站中采用的直流断路器型式有无源型叠加振荡电流方式和有源型叠加振荡电流方式两种，其原理图见图11-24，但其构成不外乎由三部分组成：①由交流断路器改造而成的转换开关；②以形成电流过零点为目的的振荡回路；③以吸收直流回路中储存的能量为目的的耗能元件。转换开关可以采用少油断路器、六氟化硫断路器等交流断路器。振荡回路通常采用 L、C 振荡回路。耗能元件一般采用金属氧化物避雷器。

有源型叠加振荡方式是由外部电源先向振荡回路的电容 C 充电，然后电容 C 通过电感 L 向断路器 QB 的电弧间隙放电，产生振荡电流叠加在原电弧电流之上，并强迫电流过零。因此，这种方式在完成一次开断需要完成的过程是：外部电源充电开关 QD1 合闸向 C 充电，稍后 QD1 断开，直流断路器的转换开关 QB 开断产生电弧，同时合上振荡回路开关 QD2 产生振荡电流，形成电流过零点。可见，有源振荡方式有多个控制步骤，对可靠性有一定影响。但是，这种方式较易产生足够幅值的振荡电流，开断的成功率也较高。

无源叠加振荡方式是利用电弧电压随电流增大而下降的非线性负电阻效应，在与电弧间隙并联的 LC 回路中产生自激振荡，使电弧电流叠加上增幅振荡电流，当总电流过零时实现遮断。因此，这种方式是根据断弧间隙电弧的不稳定性，利用电弧电压波动使电弧与 LC 回路之间存在一个充放电过程，以及电弧的负阻特性又使充放电电流的振幅不断增大，从而实现总电流强迫过零。这种方式的控制过程较简单，回路的可靠性较高。但是，由于是依赖于间隙电弧的不稳定性和电弧的负阻特性而产生电流过零的，因此要求断路器与 LC 回路的参数要有较好的配合。这种方式的断路器即使在开断过程中电流过零后电弧又重燃，也不影响随后电流过零点的形成。

电弧电流过零以后，断路器触头之间的灭弧介质性能开始恢复，由于直流系统仍储存着巨大能量，并将使断口间的恢复电压上升。恢复电压的上升速度正比于 I_0/C，I_0 为开断电流。当断路器的介质恢复速度高于断口间的恢复电压上升速度时，就不会发生电弧重燃现象。当恢复电压上升至耗能装置金属氧化物避雷器 MO 的持续最大运行电压时，MO 进入导通状态，吸收这部分能量，使断路器完成开断过程。

由上述可以看出，直流断路器的开断可以分为三个阶段：①强迫电流过零阶段。换流回路至少应产生一个电流过零点。②介质恢复阶段。要求断路器有较快的灭弧介质恢复速度，并且要高于灭弧触头间恢复电压的上升速度。即触头间的耐压要快于恢复电压，达到金属氧化物避雷器 MO 的持续最大运行电压。而当恢复电压达到 MO 的持续最大运行电压时，MO 导通。③能量吸收阶段。要求耗能装置 MO 的放电负荷能力应大于直流系统中残存的能量，并且要考虑至少有二次灭弧耗能的要求。

三、直流断路器设计原则

用于改变运行方式的断路器，如 MRTB 和 GRTS，应要求在无冷却的情况下按进行两次连续转换来进行设计，即分闸后如果电弧不能熄灭则应使断路器再重合闸，然后再分闸。

对用于保护的断路器，如 LVHS 和 NBGS，则按进行一次转换来进行设计。这些断路器的转换次数，则由具体直流输电工程的运行要求来确定。

如三—常等直流输电工程的直流断路器设计为每年最多可以进行 20～30 次正常转换，而对于 MRTB 及 GRTS 每年在无冷却的情况下，只允许进行两次连续转换。允许的转换电流应根据直流系统的额定连续过负荷条件来确定。下面是介绍一个确定转换电流的实例。

已知：额定连续过负荷直流电流为 $I_d=4.12\text{kA}$；极线路最小电阻 $R_{\rho min}=8\Omega$；极线路最大电阻 $R_{\rho max}=10.32\Omega$；整流站接地极线路最小电阻 $R_{er}=0.32\Omega$；逆变站接地极线路最小电阻 $R_{ei}=0.24\Omega$；整流站接地极线路最大电阻 $R'_{er}=1\Omega$；逆变站接地极线路最大电阻 $R'_{ei}=1\Omega$；两端接地极电阻均假设为 0。

按上述已知数据计算，MRTB 的转换电流为

$$I_{MB}=\frac{I_d R_{\rho max}}{R_{\rho max}+R_{er}+R_{ei}}=\frac{4.12\times 10.32}{10.32+0.32+0.24}=3.908(\text{kA})$$

相应 GRTS 的转换电流为

$$I_{GS}=\frac{I_d(R'_{er}+R'_{ei})}{R_{\rho min}+R'_{er}+R'_{ei}}=\frac{4.12\times(1+1)}{8+1+1}=0.824(\text{kA})$$

对于 LVHS 及 NBGS，当忽略了主回路（包括平波电抗器和晶闸管阀）电阻时，其转换电流为全直流电流。

图 11-25 为 MRTB 和 GRTS 的转换回路示意图，在计算稳态转换电流时，回路中的电感没有计及。

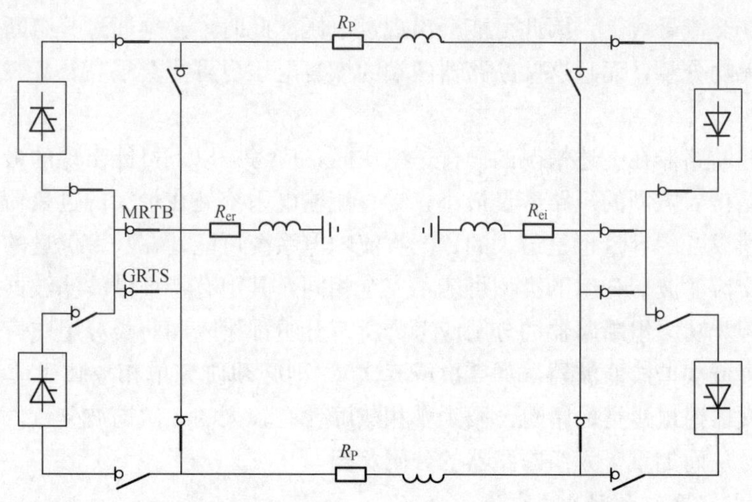

图 11-25　MRTB 和 GRTS 的转换回路示意图

无源型叠加振荡电流直流断路器适用于中等直流电流，振荡回路与电弧的负阻特性使电流过零，以便熄灭断路器中的电弧。对于较大的直流电流，无源型不能保证产生足够的振荡，因此应采用有源辅助回路。

直流断路器中的重要组成部分是由交流断路器构成的开关元件。在选用这种开关时应注意其两个重要参数：①开关灭弧后触头间绝缘介质强度的恢复速度是否高于恢复电压的上升速度；②开关触头耐受电弧的能力［用 As（安秒）表示］是否足够大。因此，一般以此来

计算直流断路器开关元件第一次重合闸允许的时间。由于转换回路的恢复电压上升速度取决于转换回路起始电流 I_0 与转换电容 C 的比值 I_0/C。当 I_0 为定值时，则取决于 C 值。所以，转换电容 C 的参数选择应使恢复电压上升速度小于断路器允许的绝缘介质强度的恢复速度。

假定工程选用 SF_6 断路器作为直流断路器的开关元件，其允许的恢复电压上升速度约为 277V/μs，在最大直流电流时耐受电弧的能力为 1300As。若最大直流电流为 4kA，则应选择转换电容器的电容值约为 18μF。而当直流断路器不能成功转换时，开关重合闸允许的最长时间约为 325ms。

换流站中的直流断路器，如 MRTB、GRTS，并非是一般的保护电器，它的操作应遵循换流站预设的"顺序控制"程序。

四、换流站交流断路器特点

换流站中使用的某些交流断路器，由于存在着换流站自身的特点，促使其操作负担比一般的断路器可能要重些，需要特别注意的是交流滤波回路断路器和换流变压器回路断路器两种。

（一）无功大组及分组断路器

在换流站设计中，通常可能将交流滤波器及无功补偿电容器分成若干大组，每一大组包括若干个交流滤波器及无功补偿电容器。设置大组断路器及分组断路器是用于正常投切及故障的保护切除，而分组断路器是用于在换流站无功功率控制系统的控制下进行分组的正常投切，以满足换流站运行中无功功率的需求。因此，这些断路器正常情况主要是作为回路投切开关用，而且操作较频繁。当换流站发生单极或双极闭锁时，由于交流滤波器组及无功补偿电容器组仍接在交流母线上，因此可能会出现过电压。此时，必须通过分组断路器来切除一个或几个上述无功分组，而且这些断路器两端的恢复电压也可能会很高，甚至会导致断路器电弧的重燃。

当研究这些断路器在上述情况的操作过电压时，应考虑以下可能出现的最严重电网背景条件：①换流站接入电网的短路容量最小；②直流输电系统处在最大的过负荷定值下，相应投运的无功补偿设备的容量也是最大的；③直流输电系统可能处在功率倒送的情况。

由于每个交流滤波器分组的类型可能不完全相同，其中有特征谐波滤波器或低次谐波滤波器，因此对于无功大组断路器的分闸应考虑所有分组都投入和每类分组中有一个退出运行的情况。若设置低次谐波滤波器（如 3 次或 5 次），则必须研究单相故障时应考虑其中的一组 3 次谐波滤波器退出运行的情况。因为单相故障含有较大的 3 次谐波分量，将导致一定程度的谐振电压，从而加重了大组断路器的分闸负担。

（二）并联电容器组合闸冲击电流

若换流站的无功功率分组中有并联补偿电容器组，则分组断路器应考虑并联电容器组合闸冲击电流的影响。当所选用的断路器难以满足合闸冲击电流要求时，则应在并联电容器组中串以限流电抗。

假设有 m 组同容量电容器，最后一组（即第 m 组）在电源电压为最大值时投入，不计电源对冲击电流的影响，则第 m 组投入时的合闸冲击电流可用下式估算

$$I_{ch}=\frac{m-1}{m}\sqrt{\frac{2000Q_C}{3\omega L}} \tag{11-40}$$

式中，m 为电容器分组数；Q_C 为每分组电容器容量，kvar；ω 为电网基波角频率，$\omega=314\text{rad/s}$；L 为包括串联限流电抗器及连接线的每相电感，μH。

（三）基频容性电流开断容量

对于交流滤波器及并联电容器，断路器所开断的基频容性电流是由每一组的无功功率所决定，可用下式求得

$$I=\frac{Q}{\sqrt{3}U_{ac}}\times\frac{U_{acmax}}{U_{ac}}\times k \tag{11-41}$$

式中，I 为断路器所开断的基频容性电流，kA；Q 为交流滤波器及并联电容器组的无功功率，Mvar；U_{ac} 为交流系统正常电压，kV；U_{acmax}/U_{ac} 为交流母线运行最大电压与正常电压之比，取 1.05；k 为考虑允许偏差，包括频率偏差的安全系数，通常取 $k=1.15$。

表 11-12 列出某工程两端换流站电容器大组断路器开断容性电流的计算结果。

表 11-12　换流站电容器大组断路器开断容性电流计算结果

站　名	无功分组组合	Q（Mvar）	I（有效值，kA）
I	2 组 12/24 次高通滤波器＋1 组并联电容器	2×220＋190＝630	0.878
L	11/13、24/36 次高通滤波器＋3 次高通滤波器	2×140＋118＝398	0.555

（四）换流变压器回路断路器

与一般变电所交流变压器不同之处是直流换流站的换流变压器铁芯的直流磁化的因素要多些，这些因素包括换流变压器三相之间的阻抗不平衡，换流阀触发脉冲的不平衡，交直流线路之间的电磁耦合在直流线路上所感应的交流工频电压而引起换流变压器绕组产生附加的磁化电流，以及换流站接地极与换流变压器之间的电位差在换流变压器绕组中所产生的直流电流分量对铁芯磁化的影响等。计及上述因素并针对换流变压器铁芯磁化的影响，当换流变压器空载投入电网时所产生的励磁涌流会很大。由于励磁涌流中包含的 3 次谐波分量很大（可达到基波电流的 50%以上），可能会造成换流站 3 次谐波滤波器的过负荷，因此对换流站的运行会造成不利影响。为限制上述励磁涌流影响的有效措施之一是在换流变压器回路的断路器中配置预合闸电阻。例如，某直流输电工程换流站采用单相双绕组换流变压器，单相容量为 298MVA，则对 500kV 的断路器可根据经验选用 1.5kΩ 的预合闸电阻。

第十一节　直流测量装置

为了保证高压直流系统有可靠的调节及保护功能，首先必须有可供利用的、可靠的系统数据，所以应在换流站设置完整的测量系统。换流站用于调节、控制和保护功能的测量数据必须建立在冗余的基础上。这一要求可以通过采用双互感器的方式，或者通过处理另外一个不同而独立的但包含有所要求相同的测量变量来实现。为了取得有关的测量数据，在换流站的交流侧与直流侧装设了相应的交流与直流测量装置。交流侧的测量装置，一般是交流电力系统中长期使用的常规设备，但在选用时应注意在换流站中的特殊要求。本节将主要对直流侧的测量装置作一介绍。

一、直流电流测量装置

直流电流测量装置，也称为直流电流互感器，通常安装于换流站的高压直流线路端以及换流站内中性母线和接地极引线处，其输出信号用于直流系统的控制和保护。对它们的主要技术性能要求是输出电路与被测主回路之间要有足够的绝缘强度、抗电磁干扰性能强、测量精度高和响应时间快等。高压直流电流测量装置通常采用电磁型和光电型两种。

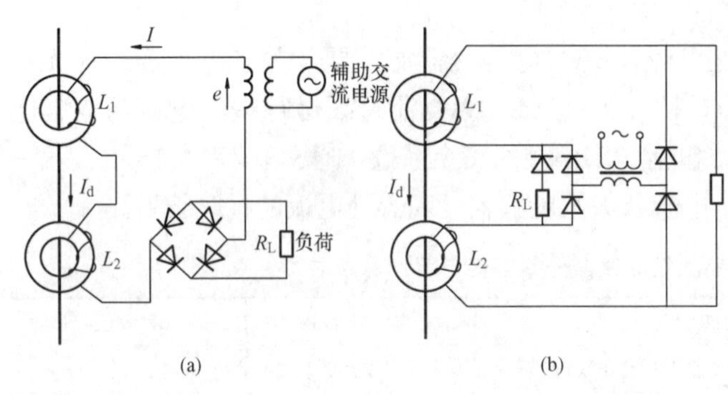

图 11-26　电磁型直流电流测量装置原理图

(a) 串联型；(b) 并联型

(1) 电磁型直流电流测量装置分为串联和并联两种型式，其原理接线见图 11-26 (a) 和 (b)，其主要组成部分为饱和电抗器、辅助交流电源、整流电路和负荷电阻等，工作原理与磁放器相似。由于电抗器磁芯材料的矩形系数很高，矫磁力较小，当主回路直流电流变化时，将在负荷电阻上得到与一次电流成比例的二次直流信号。电磁型直流电流测量装置的主要性能为：测量精度一般为 0.5～1.5 级，响应时间为 50～100μs；一次电流小于 10%的额定值时不正确响应为 0.5%～3%。

(2) 光电型直流电流测量装置的结构方框图如图 11-27 所示。光电流传感器通常的组成部分有：①高精度的分流器。它可以是分流电阻，也可以是罗果夫斯基线圈 (Rogovski Coil)。②光电模块 (图 11-27 所示的远方模块)。该部分也位于装置的高压部分，其功能是实现被测信号的模数转换及数据的发送。远方模块的电子器件是由位于控制室的光电源通过单独的光纤供电。③信号的传输光纤。④光接口模块 (图 11-27 所示的就地模块)。该部分位于控制室，用于接收光纤传输的数字信号，并通过模块中处理器芯片的检验控制送至相应的控制保护装置。光电流传感器所测的直流电流值以数字光信号通过可长达 300m 的光纤送至控制室的接收器。其测量精度可达 0.5%，测量频率范围可从直流至 7kHz。

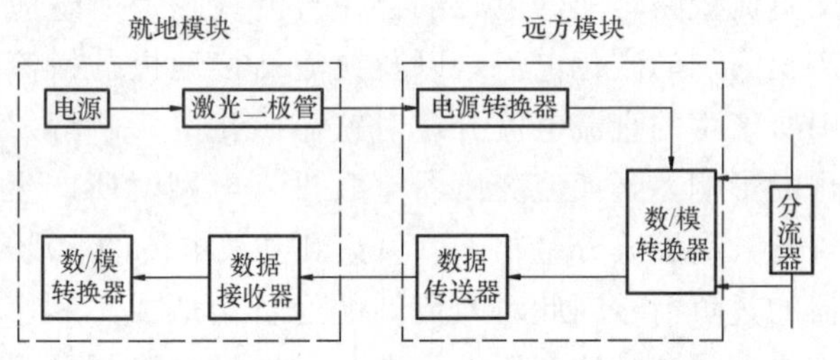

图 11-27　光电型直流电流测量装置方框图

(3) 光电型与电磁型相比最大的优点是对地绝缘支柱直径小，电子回路更为简单，这对减少闪络故障、减少电磁干扰具有显著优点，并可降低造价。但光电型的响应速度，目前还不及电磁型。

我国三—常直流输电工程的换流站在直流极线、直流滤波器等多处采用了光电型电流互感器，其主要特点是：①采用高精度的分流器测量直流电流；②高电位端采用光能电子设备；③信号传输采用光纤，降低了电磁干扰影响；④高电位端与低电位端的信号传递光纤是通过直径小的硅橡胶套管，降低了污秽影响；⑤测量装置结构轻巧。该工程的直流电流互感器的测量精度小于 0.5%，截止频率为 7kHz。

二、直流电压测量装置

直流电压测量装置，也称直流电压互感器，按其原理可分为直流电流互感器原理的和电阻分压器加直流放大器原理的两种。

（1）使用直流电流互感器原理的直流电压互感器是在直流电流互感器的一次绕组串联一个高压电阻 R_1，其对地直流电压为 U_d，假定电流互感器一次绕组电流为 i_1、一次绕组和二次绕组的匝数分别为 W_1 和 W_2、二次绕组电流为 i_2、二次负荷电阻为 R_2、二次负荷电压为 U_2。图 11-28 表示这种直流电压互感器的电路原理图，从图 11-28 可知

$$U_d = i_1 R_1;\quad U_2 = i_2 R_2$$

当忽略了磁化电流时，则有

$$\frac{i_1}{i_2} = \frac{W_2}{W_1}$$

所以

$$U_2 = \frac{W_1}{W_2}\frac{R_2}{R_1}U_d = kU_d \qquad (11\text{-}42)$$

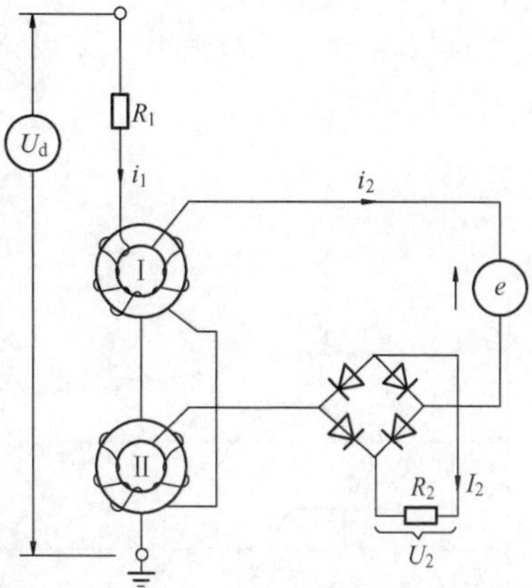

图 11-28　用直流电流互感器原理的直流电压互感器电路原理图

上式表明，二次电压 U_2 是与 U_d 成正比的。

（2）采用电阻分压器加直流放大器构成的直流电压互感器，其电路原理见图 11-29（a）。从图 11-29（a）可见，用 R_1 和 R_2 构成直流分压回路，以 R_2 的电压作为直流放大器的输入电压信号，经放大后取得与直流电压 U_d 成比例的电压 U_2 输出。若要求时间响应更快时，可改用图 11-29（b）所示的阻容性分压器。由于直流电压互感器的高压电阻 R_1 阻值较大，承受着高电压，因此一般是采用充油或充气结构的。

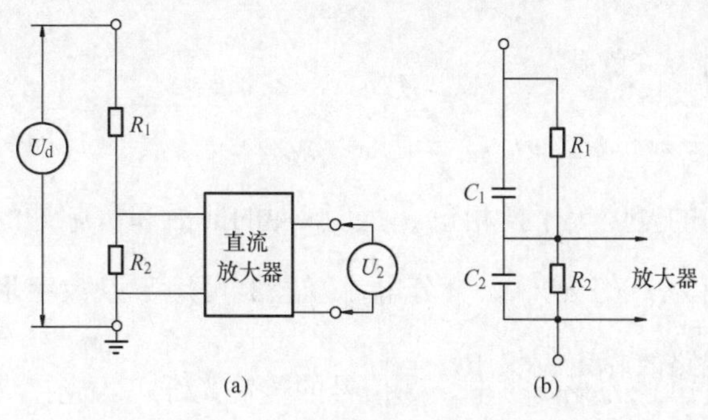

图 11-29　用电阻分压器加直流放大器组合的直流电压互感器电路原理图

（a）电阻分压的直流电压互感器；

（b）阻容分压的直流电压互感器

三、微分电流互感器

在换流站的控制保护系统中，当需要以数字形式表示的换流阀导通及关断的信息时，常采用微分电流互感器。在直流线路故障定位系统中，也可以采用微分电流互感器来检测进入换流站的陡波前电压。用微分电流互感器检测换流阀导通及关断的状态信号是一个典型的例子。

微分电流互感器原理见图 11-30，它的一次侧是穿过环状磁芯并与换流阀串联的母线排，为了使磁芯的磁化曲线达到线性要求，实际上磁芯是带有气隙的，用高磁导率的金属薄带制成。当气隙的磁阻在整个磁路的磁阻上占很大的比例时，磁化曲线就很接近于线性。磁

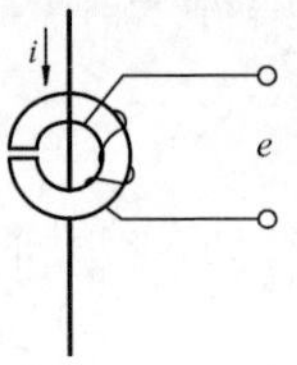

芯二次绕组的感应电动势为

$$e = M\frac{\mathrm{d}i}{\mathrm{d}t}$$

图 11-30　微分电流互感器原理图

式中，M 为一、二次绕组之间的互感；i 为一次绕组中的电流。

以整流器为例，当阀电流具有图 11-31 所示的理想波形时，在非换相期间，阀电流等于零或等于 I_{d}，微分互感器二次绕组的感应电动势为零，无输出。在进入导通的阀换相期间，电流上升，电流的瞬时值为

$$i = \frac{\sqrt{2}E}{2\omega L}(\cos\alpha - \cos\omega t) \tag{11-43}$$

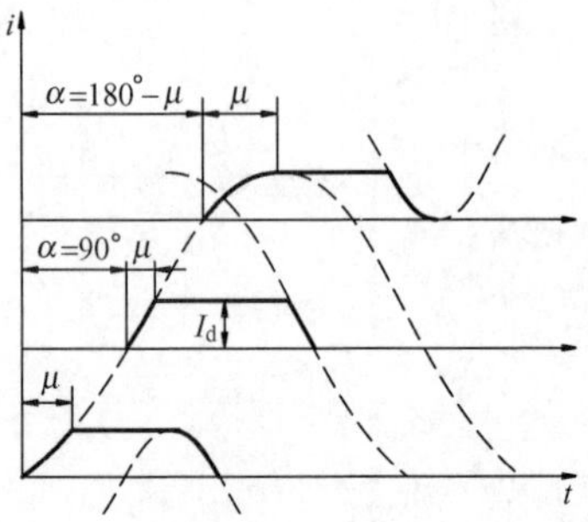

图 11-31　理想阀电流波形图

式中，E 为换流变压器阀侧绕组线电压（换相电压）有效值；L 为换相回路的换相电感；α 为触发角。假定 μ 为换相角，相应的电压过零点时 $t=0$。

微分电流互感器二次绕组的输出为一正脉冲

$$e = M\frac{\mathrm{d}i}{\mathrm{d}t} = \frac{\sqrt{2}EM}{2L}\sin\omega t = K\frac{\sqrt{2}E}{2}\sin\omega t \qquad (\alpha < \omega t < \alpha + \mu) \tag{11-44}$$

式中，K 为微分电流互感器绕组间互感和换相电感之比。在阀退出导通的换相过程中，阀电流下降，其瞬时值为

$$i = I_{\mathrm{d}} - \frac{E}{\sqrt{2}\omega L}(\cos\alpha - \cos\omega t) \tag{12-45}$$

式中，I_{d} 为直流电流。

相应的微分电流互感器二次绕组的输出为一负脉冲

$$e = -K\frac{\sqrt{2}E}{2}\sin\omega t \qquad \left(\frac{2}{3}\pi + \alpha < \omega t < \frac{2}{3}\pi + \alpha + \mu\right) \tag{11-46}$$

微分电流互感器的输出脉冲前后沿之间的宽度等于换相角 μ。正脉冲的前沿和负脉冲的后沿分别代表阀导通和关断时刻，间隔时间为 $\frac{2}{3}\pi + \alpha + \mu$。微分电流互感器可用于以数字形式确定阀导通和关断的监测系统以及直流线路故障定位仪中。

四、直流线路故障定位仪

直流架空线路故障时，为了尽快地寻找出故障点，一般在换流站（包括载波中继站）装设直流架空线路故障定位仪。

标准线路的故障定位公式为

$$D = \frac{1}{2} \times [L - (v \times \Delta t)] \tag{11-47}$$

式中，D 为就地站至故障点的距离；L 为线路长度；v 为故障点波前传播速度；Δt 为波前到达远方站与就地站的时间差，$\Delta t = t_{远方} - t_{就地}$；$t_{远方}$、$t_{就地}$ 分别为波前到达离故障点较远的站和较近的站所需的时间。

某工程所采用的直流架空线路故障定位仪的系统框图见图11-32。当发生线路故障时，

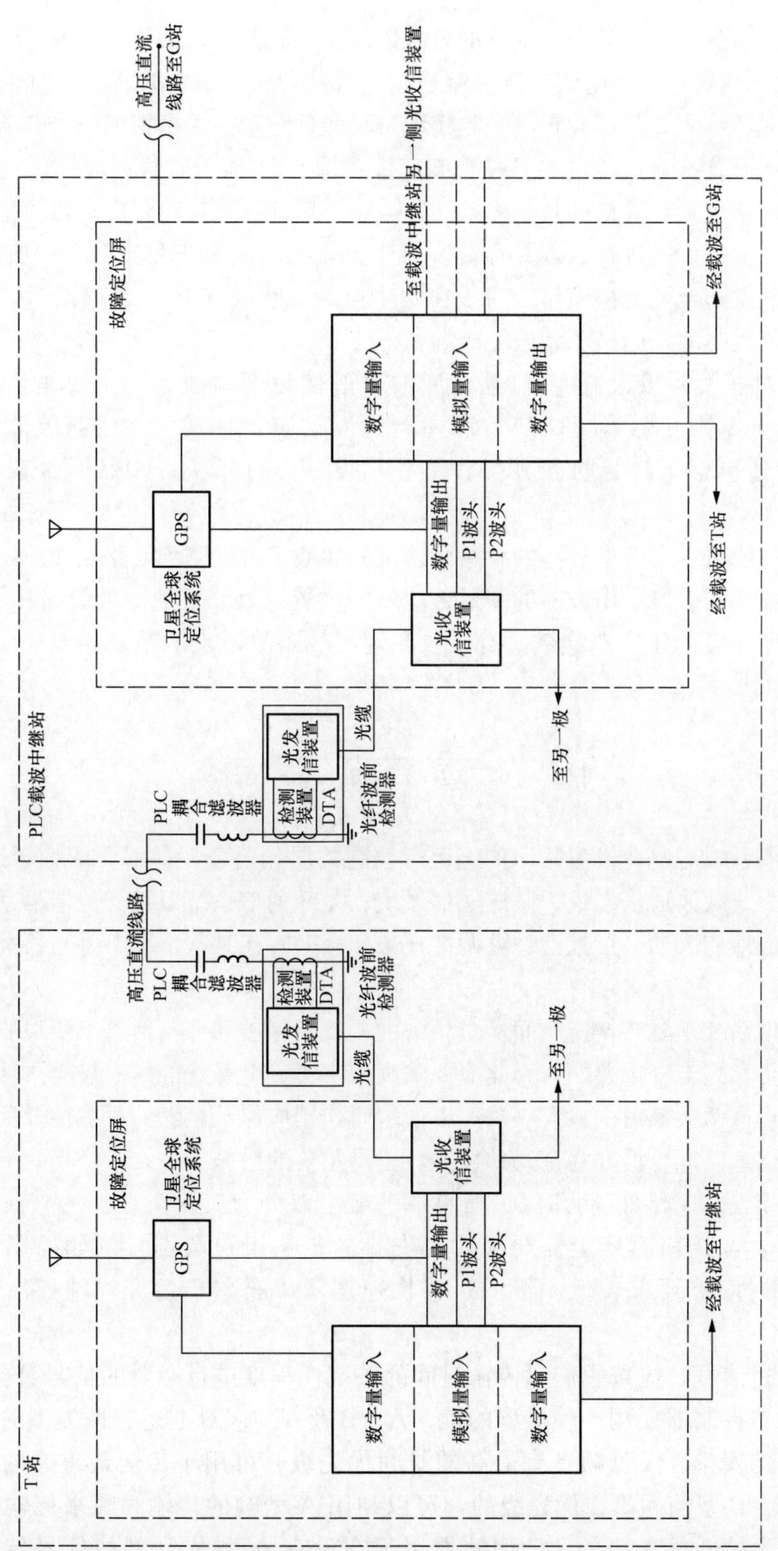

图 11－32　直流架空线路故障定位仪框图

所产生的电压波波前从故障点沿两个相反的方向传播。当波前到达换流站（或PLC中继站）时，在PLC耦合滤波器中产生电流。该电流通过光纤波前检测器，并将检测到的信号由光发信装置通过光缆传输到光收信装置。光收信装置将光信号转换为模拟电信号，若该信号到达阈值，则会被检测到并直接传送到卫星全球定位系统GPS时钟，标以时间标记并存储起来。该信号同时还传送到计算机的数字输入回路，用于启动故障定位程序。该模拟电信号也将由计算机的模拟输入回路进行处理并存储。对于直流线路电力线载波PLC中继站，标有时间标记的信号被发送至两个换流站。对于在两个换流站间设有PLC中继站时，故障定位的计算是在线路段发生故障的换流站内完成的。

光纤波前脉冲检测器安装在PLC耦合滤波器的接地端引线上，主要是由一台测量陡波电信号的微分电流互感器（DTA）和一台光发信装置构成。在线路故障定位仪的电子设备柜内，还包括了计算机及其操作、显示设备、打印机、GPS时钟以及光收信装置。

当线路发生故障时，与发生故障的线路段连接的换流站上检测到线路故障后，会在电子设备柜的计算机显示器上显示出波前的图形、故障的位置以及靠近故障处线路杆塔的编号，另外还可显示线路故障的年度总次数。定位仪测定的线路故障点的距离误差在±0.5km范围内。

第十二节　远程通信系统

高压直流输电系统需要在换流站间传送运行控制数据和语音，这就要依赖于远程通信，例如直流线路电力线载波通信系统、微波通信系统、光纤通信系统以及其他通信系统等。高压直流输电系统的性能（如其可控性、可调性、快速性等）在某些情况下是与所采用的通信系统有关。

由于远程通信系统是要在换流站间传送相关的调节、保护和控制信息，所以要保证该通信系统的安全、可靠是十分重要的。为此应要求高压直流输电系统的每一极至少使用两条冗余的通信信道。当这两条信道中只有一条可以使用时，则应保证足够的可靠性及安全性。对通道中传输的“信息”进行循环冗余码的校验，也是重要的措施之一。

在换流站间传输的调制控制和保护信息，一般可以分为三种类型：①当前要执行的命令及调制信号，在传输时序上需要最优先安排的；②用户数据，例如控制及运行状态指示，在传输时序上要求较低一级的；③快速逻辑（布尔）运算，例如高优先级的保护动作指示。

为了传输上述信号，应按它们对传输时间的关键性程度进行必要的信号分类。例如，可以通过远程通信控制器使用三种类型的帧（A、B及C）来对上述三种类型的信号进行时间优先级方面的安排。A型帧具有最高的时间优先级，可用于传输最重要的“电流命令”和调制信号。B型帧为第二优先级的，可以利用A型帧的传输间隙来传输B型帧类的信号。C型帧为最低优先级的，C型帧惯用于在没有A型及B型帧信号传输时传输信号。

对于高压直流输电的远程通信系统的远程通信控制器，在结构上由四个不同的层组成：

①用户界面层；②数据队列处理层；③优先级选择层；④传输层。需要通过远程通信系统传输的信号通过用户界面层接入，并经过数据队列处理层进行规定的数据格式化处理形成按一定的优先级排列的数据（信息）队列，优先级选择层则根据时间优先级的原则按一定的时间间隔开放通道，使相关信号通过传输层进行传输。

图 11-33 是一个典型的双极高压直流输电系统的控制与保护远程通信系统示意图。图 11-33 中表明每极应使用两条信道，从可用性角度来看，这两条信道应相互独立。

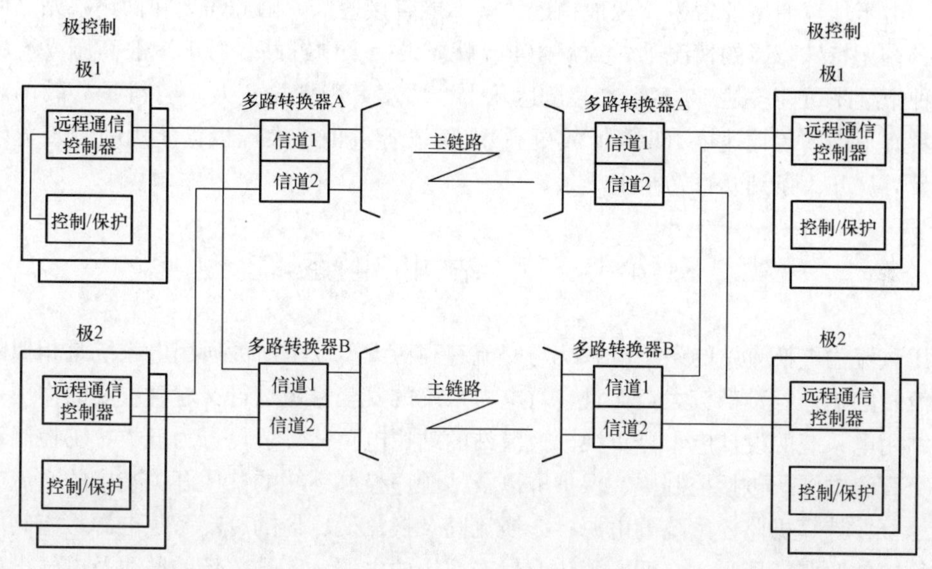

图 11-33　双极高压直流输电系统控制与保护远程通信系统示意图

高压直流输电采用的远程通信方式与交流电网是相同的。如果交流电网能为高压直流输电系统提供符合质量和传输容量要求的远程通信系统，则可以使用交流网的通信系统。否则，高压直流系统应另设专用远程通信系统。目前，电力系统采用较多的通信方式有：①电力线载波通信；②光纤通信；③微波中继通信；④特高频通信；⑤卫星通信；⑥电缆和架空明线的音频或载波通信。在高压直流输电系统中，用得较多的是电力线载波通信、光纤通信、微波中继通信以及它们的组合等。

一、电力线载波通信

使用载波频率范围为 25～500kHz，我国规定的范围为 40～500kHz。由于可利用直流线路作为载波频率的传输媒介，所以具有经济可靠的特点。在一固定的频率范围内，每一载波通信系统只能使用几个通道，限制通道数量的因素还包括占主要成本的耦合元件费用、载波频率的传输性能和对干扰的敏感性等因素。为了减少互相干扰，需要避开附近的其他电力线路使用的频率。另外，所选的载波频率也不应在线路中引起谐振。传输速度通常为 2.4kbs。在一个电力线载波通信系统中，能提供的完全双向信道为 6～10 条。无中间放大的传输距离，当载波频率为 300kHz 时的长度约为 300km；当载波频率为 60kHz 时，长度约为 800km。因此应根据工程的线路长度以及所选的载波频率来确定需要建设的中继站数。

二、光纤通信

高压直流输电系统可以利用架空线路的地线采用OPGW作为光纤通信通道，其特点是传输速度可高达2Mbs，传输容量大，但相应的建设成本也较高。到目前为止，每100～200km光纤通信通道就需设一个中间放大器。随着技术进步，在不久的将来，1000km以内输电距离的高压直流系统的光纤通信将可以不设中间放大器。

三、微波中继通信

微波通常所指的频率为300MHz～300GHz（波长为1m～1mm），微波基本上是沿直线传播的。由于地球曲率的因素，两地稍远的就不能直接通信，因此需要在两终端站之间设立中继站。在无特殊障碍的情况下，约每40km就要设一个中继站。对于一般高压直流输电系统，这种中继站可能多达10多个，甚至达几十个之多，因此施工及运行维护均较困难。微波通信具有很高的传输速度（64kbs或更高），传输容量也很大，根据使用的频带宽度，其话路容量可从几十条到几百乃至上千条。

第十三节　站用电系统

高压直流输电换流站的站用电系统与交流超高压大型变电所的所用电系统是相似的，但由于换流站的输送容量都较大，而且它对电力系统的安全稳定运行又起着重要的作用，所以换流站站用电系统的设计应十分重视。换流站的站用电负荷一般可分为五类：①控制和保护系统的交直流电源，包括控制屏、保护屏以及站顺序控制系统的某些开关装置的交流或直流操作电源；②计算机监控系统的电源；③换流阀及换流变压器的冷却系统电源；④阀厅控制楼建筑物内的照明、采暖、空调、消防及保安系统的电源；⑤开关场的照明及电气设备的加热电源。

由于高压直流输电系统一般为双极系统，每一极都可以单独运行，所以在考虑其供电系统时应尽量遵守与每一极对应的原则，以避免一极的停运而引起另一极的停运。根据统计，现代高压直流输电换流站的站用电负荷为其额定直流输送功率的0.15%～1%。

一、站用交流电源

一般换流站的交流站用电源系统，均接有换流阀等的冷却系统以及换流站的控制和调节系统等重要负荷。由于换流阀冷却系统的负荷较大，而且是换流站能否以额定功率或过负荷运行的主要支撑系统，再加上换流站控制和调节系统的工作状况直接影响到高压直流输电系统及其所连接的交流系统的安全稳定运行，所以应保证交流站用电系统的可靠性。国外换流站的交流站用电多数由两个或两个以上的电源供电。一般来说，宜由三回独立的可靠电源供电，其中两回为工作电源，另一回为备用电源，站内可不设置事故柴油发电机。

站用电源的引接应对下列几种可能性予以考虑，并可通过技术经济比较予以确定。

(1) 当站内有交流220kV母线时，可从本站交流220kV母线引接；

(2) 当站内有降压变压器时，可从降压变压器第三绕组侧母线引接；

(3) 从站外可靠性较高的变电所引接35～110kV线路至换流站。

站用电系统应采用与每极相对应的接线方式，以保证每极换流器的站用电负荷供电的相对独立性和可靠性，避免任一极换流器的站用电装置故障或检修时而影响另一极的安全运行。据此，站用电系统一般可采用下述接线方式。

（1）站内宜设置10kV高压站用电母线段，其中两个工作母线段、一个备用母线段，各段均由独立的电源供电，两个工作母线段均可从备用母线段取得备用电源。

（2）每个10kV母线段各接两台10/0.4kV的低压站用变压器，分别对两个极的站用电负荷供电。每台低压站用电变压器容量按每极站用负荷工作容量的100%考虑。

（3）可采用380/220V动力与照明合一的供电系统。按极设置动力中心及电动机控制中心。每类负荷均需由两个380/220V电源供电。

（4）各辅助车间，如补给水泵房、综合楼等设立就地的动力配电箱，以集中就近供电。

无论从站内引接站用电供电电源或从站外引接，换流站的站用电系统一般均需二级变压。根据近期直流输电工程换流站的站用变压器容量估算，站用变压器的需要容量（kVA）约为换流站额定输送功率（kW）的0.17%。根据前面所述的原则，在选择站用变压器的额定容量时应按具有100%的备用容量来考虑。为了提高换流站负荷的供电质量，补偿交流系统电压变化的影响，一般应考虑其中一极的站用变压器应为有载调压变压器。

二、站用直流电源与交流不停电电源

高压直流换流站的站用直流蓄电池应尽量按极设置，当保护设备分散布置在配电装置的就地继电器室时，蓄电池的设置也可采用集中与分散相结合的原则。较典型的设计是双极系统的每一极设置一套直流蓄电池系统。每一套均包括两组直流蓄电池和三台充电装置，直流母线为单母线分段。两组直流蓄电池及其中的两台充电装置各接一段母线，另一台充电装置跨接在二段母线上，作为二段母线的备用。每极的直流负荷分别接在二段母线上。每组直流蓄电池的容量按单极的全部负荷设计，两组直流蓄电池互为备用。为了向双极系统的公用直流负荷供电，设置一套站公用设备直流蓄电池系统，其接线及直流蓄电池设备的配置方式与上述相同。对于就地继电器室，可以分别装设一套直流蓄电池系统。

站用直流蓄电池系统的电压可以采用110V或220V，当换流站的站用直流蓄电池集中设置时宜采用220V较好，当采用集中与分散设置相结合时也可采用110V。某些直流输电工程也有设置24V站公用直流蓄电池系统的，其主要是为阀控系统、直流保护、阀基电子设备及阀监视系统等提供电源。

为了向站内重要用电设备如计算机型控制系统设备、计算机工作站、打印机等供电，换流站应设置交流不停电电源系统（UPS）。为了提高供电的可靠性，应设置两套UPS，每一套均包括一个带静态开关的逆变器、一个旁路开关和一面直流负荷配电屏。两套逆变器分别接至站公用设备直流蓄电池系统的两套110V蓄电池，不设专用的蓄电池。每套UPS均按全容量进行设计，正常情况时是由站用直流蓄电池系统经逆变器向UPS所带的负荷供电，当直流蓄电池系统母线电压低、逆变器故障或过负荷时是由静态开关切换到由站用交流电源供电。

图11-34为换流站公用系统直流电源及UPS接线示意图。

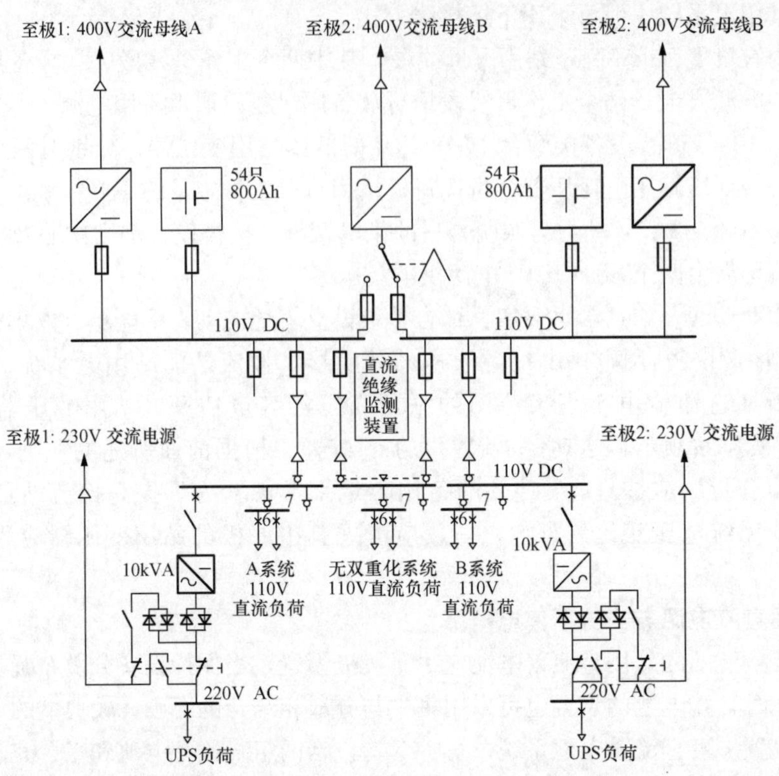

图 11-34　换流站公用系统直流电源及UPS接线示意图

第十二章

直流输电线路

就其基本结构而言，直流输电线路可分为架空线路、电缆线路以及架空—电缆混合线路三种类型，工程中采用何种类型的直流输电线路，要以换流站位置、线路沿途地形、线路用地拥挤情况来决定。直流输电架空线路结构简单，线路造价低，线路走廊较窄，线路损耗小，运行费用也较省；直流电缆线路承受的电压高，输送容量大，输送距离远，寿命长。

当直流输电线路采用大地作为便宜而损耗低的导线时，可有以下三种接线方式。

（1）单极大地回线方式。只有一根极导线，以大地或海水作为回流电路。

（2）同极大地回线方式。具有两根或多根分开的同极性导线，也以大地或海水作回流电路。

（3）双极两端接地方式。具有两根不同极性的导线，可以用（也可以不用）大地或海水作为电流回路。当双极运行时，大地仅流过很小的不平衡电流；当一极导线发生故障时，另一极导线可以利用大地回路作为备用回流电路继续运行。

当直流输电线路不宜采用大地作为回线时，可有以下三种接线方式。

（1）单极金属回线方式。由两根导线组成，其中一根为高电压的极线，另一根为低绝缘的金属返回线，直流侧一端接地，地中无电流流过。

（2）双极一端中性点接地方式。由两根不同极性的导线组成，直流侧一端中性点接地，地中无电流流过。

（3）双极金属中线方式。由三根导线组成，其中两根为不同极性的导线，另一根为低绝缘的中性线，直流侧一端中性点接地，地中无电流流过。当一极发生故障时，另一极可以利用中性线为返回线继续运行。

直流输电系统的构成方式详见本书第一章第一节内容。

直流输电系统中的极，相似于三相交流系统中的相，但是从高压电力传输的观点来看，交流系统的三相是同时起作用的，而在直流输电系统中，每个极可以独立地传送它所分担的电力。由于人们对交流输电线路已经积累了相当丰富的设计、施工与运行经验，所以只要将直流线路和交流线路作比较，掌握不同的特点，那么许多交流线路的经验与研究成果亦可为直流线路所用。

在机械结构的设计计算方面，直流架空线路和交流架空线路没有显著的差别。在电气方面，虽然它们之间也有某些相似之处，但是直流架空线路毕竟具有许多特点，需要对某些特殊问题作专门的探讨。例如，直流电晕的发展机理和它所引起的能量损耗与无线电干扰；直流线路绝缘子的运行特性；直流线路的过电压；直流架空线的绝缘配合等。

第一节 直流输电架空线路

一、架空线路导线截面选择

早期设计的一些高压直流输电线路主要考虑发热情况，对电场效应考虑不多。随着电压等级的不断提高，电晕放电对环境产生的影响不断引起人们的重视。因此，为选定导线截面，一般可分为两步：首先根据系统输送容量选择几种规格的导线截面，并进行经济分析比较，以确定最佳截面；然后从电气性能上考虑导线表面的电位梯度、无线电干扰、可听噪音等因素，以求对环境的影响控制在允许范围内。

(一) 按输送容量选择导线截面

1. 经济电流密度

在正常运行方式下的最大输送容量应符合经济电流密度的要求，世界上各国的经济电流密度各不相同，我国现行规定的经济电流密度见表12-1，国内外几个大型直流输电架空线路的电流密度见表12-2。

表12-1　导线经济电流密度（A/mm^2）

导线材料	最大年负荷利用小时数		
	3000以下	3000～5000	5000以上
铝线	1.65	1.15	0.9
铜线	3.0	2.25	1.75

表12-2　国内外几个大型直流输电架空线路的电流密度表

工程名称		导线型号	额定功率(MW)	额定电流(A)	额定电压(kV)	导线截面(mm^2)	电流密度(A/mm^2)
葛洲坝—南桥		4×LGJQ-300	1200	1200	±500	1200	1.0
天生桥—广州		4×LGJ-400	1800	1800	±500	1600	1.125
三峡—常州		4×LGJ-720	3000	3000	±500	2880	1.042
太平洋联络线	(1)最初投运	2×ACSR-1170	1440	1800	±400	2328	0.773
	(2)第一次增容		1600	2000	±400	2328	0.859
	(3)第二次增容		2000	2000	±500	2328	0.859
	(4)第三次增容		3100	3100	±500	2328	1.332
巴西伊泰普		4×ACSR1272(千园密尔)	3150	2610	±600	2578	1.012
纳尔逊河双极		2×ACSR－1843(千园密尔)	1620	1800	±450	1868	0.964

2. 长期允许载流量

直流输电线路在事故运行方式下可能出现的最大输送容量由整个直流系统的过负荷能力所决定，实际上也就是由换流站设备的过负荷能力和直流线路的长期允许载流量所决定。

换流站设备的额定负荷能力是指在最高环境温度下备用冷却设备不投入时的负荷能力。一般换流站均有超过额定容量的短时过负荷能力。当周围环境温度低于最高环境温度时，设备具有自然过负荷能力（又称固有过负荷能力）。这种过负荷能力与周围环境温度和冷却设备有关。换流站短时间过负荷能力可叠加在固有过负荷能力之上，详见本书第三章第三节直流输电过负荷。

直流线路和交流线路的导线截面选择一样，对选定的导线截面必须根据可能出现的各种正常运行方式和事故运行方式的输电容量进行发热校验。在正常情况下铝导线温度不超过70℃，事故情况下不超过90℃。

交流和直流输送容量的差别是，在交流电的作用下导线有集肤效应以及钢芯的磁滞损耗和涡流损耗。这些效应，实际上是增大了导线的电阻，交流电阻和直流电阻之比不是一个常数，它随导线品种、结构和导线的发热不同而异。因此在同一发热水平下，直流输送容量可以比交流输送容量略有提高。

根据《110～500kV架空送电线路设计技术规程》条文说明中推荐公式计算，葛—南、天—广、三—常三项直流输电工程导线长期允许的载流量分别为2012、2332A和3435A。通常影响直流输电系统输送容量的卡口在换流站，导线载流量相对于换流站过负荷能力而言有较大的裕度。

（二）电晕与电晕损失

当采用高压直流输电为远距离大功率送电时，必然要采用输电电压高的直流架空线路，在这种情况下，电晕就成了一个十分重要的问题。直流输电线路的电晕现象有电晕损失、无线电干扰、可听噪音、离子流和空间电场等情况。

电晕是导线表面电位梯度超过一定临界幅值后，引起导线周围空气游离所发生的一种光放电现象。起始电晕电位梯度的理论值按照皮克公式在温度25℃和1.013×10^5Pa压力时为29.8kV/cm（峰值）。因此，在直流线路设计中，要求所设计导线表面的电位梯度应低于此值。

1. 导线表面电位梯度

导线表面电位梯度取决于导线直径、分裂导线中次导线根数、导线对地平均高度、极间距和极对地电压等。计算导线表面电位梯度方法很多，有镜像法、电荷模拟法和逐步镜像法等。对于双极高压直流输电工程，一般可使用下列公式进行计算（关于导线表面电位梯度的计算方法详见本书第十章第一节直流线路电晕）

$$G=\frac{1+(N-1)\dfrac{r}{R}}{Nr\ln\left[\dfrac{2H}{(NrR^{N-1})^{1/N}\sqrt{\left(\dfrac{2H}{s}\right)^{2}+1}}\right]} \tag{12-1}$$

式中，G为梯度因子，kV/cm/kV；N为次导线根数；r为次导线半径，cm；R为通过所有次导线中心的圆周半径，cm；H为导线平均高度（导线对地最小距离加1/3弧垂），cm；s为极间距，cm。

部分高压直流输电线路导线表面电位梯度见表12-3。从表12-3可看出，天—广线导线表面电位梯度24.6kV/cm，与国外已运行线路的电位梯度相当，相比之下，葛—南线电位梯度偏高，但葛—南线投运以来，运行情况良好，尚未听到沿线居民的不良反映。

表 12-3　　部分高压直流输电线路导线表面电位梯度

线路名称	电压（kV）	导线规格	导线外径（cm）	导线表面电位梯度（kV/cm）
葛—南线	±500	4×LGJQ—300	2.394	28.08
天—广线	±500	4×LGJ—400	2.763	24.6
三—常线	±500	4×LGJ—720	3.623	19.62
太平洋联络线（美国）	±400	2×ACSR—1170	4.578	20.4
	±500	2×ACSR—1170	4.578	25.5
纳尔逊河（加拿大）	±450	2×ACSR—900	4.068	25
里亨—德里（印度）	±500	4×ACSR—1272（千园密尔）①	3.15	21.6
伊泰普（巴西）	±600	4×ACSR—1272（千园密尔）	3.42	22.4

① 钢芯截面较伊泰普工程小。

2. 电晕损失

由于电晕损失的大小受天气、导线表面光滑程度等因素的影响，电晕现象具有随机的特性，很难予以准确计算。一般可在确定了线路的基本尺寸以后，用试验线段预测电晕损失。由于实测工作需要的试验周期很长，工程上一般均采用理论分析和试验得出的一些经验公式来进行计算。其计算方法详见本书第十章第一节直流线路电晕。

从交直流线路的年平均电晕损失比较表明：当导线表面电位梯度相等时，双极直流线路的年平均损失仅为相应交流线路的 50%～60%。和交流线路情况不同，直流线路的年平均电晕损失基本上取决于好天气时的损失。因为在坏天气（如雨、雨夹雪、大雾等）时，直流线路的电晕损失只比好天气时增加几倍，而交流线路的电晕损失则会增加几十倍，甚至上百倍。在风速 0～10m/s 的范围内，直流电晕损失随风速增加而增加。

影响电晕损失大小的因素很多，有导线表面的电位梯度、天气条件、线路排列的几何位置、导线结构和运行方式等。按照修正皮克公式计算，在好天气下每回线双极电晕损失葛—南线为 5.62kW/km，相当于额定容量下电阻损耗的 7.85%；天—广线为 4.55kW/km，相当于额定容量下电阻损耗的 3.9%。

（三）无线电干扰和可听噪声

不论交流或直流输电线路，当导线表面电位梯度超过起始电晕梯度时，则在电晕放电过程中会出现一些有害的、频带相当宽的电磁波，干扰无线电通信，危害环境。直流输电线路由于存在着空间电荷与离子流，其无线电干扰与极性有关。正极性导线产生的无线电干扰比负极性导线产生的干扰约大一倍。

电晕引起的空气局部击穿（游离）的高能放电使介质压缩或膨胀而以声的形式传播，处在可听声能频谱范围内的这一部分称为可听噪声。直流输电线路的可听噪声主要是由正极性导线产生的。美国 EPRI 的研究指出：与同电压等级的交流线路相比，在离线路走廊中心线同一距离处，用 dB（A）声压级来判定嘈杂的程度和抱怨的可能性，直流的声压级大约低 5dB。

葛—南、天—广两直流输电工程，都曾对导线无线电干扰电平和可听噪声进行了计算，其计算结果表明：无线电干扰电平在允许范围内，可听噪声是可以接受的。

（四）电压损失及功率损失

天—广直流输电工程在选择导线截面时，按照额定输送容量 1800MW 设计，选择了三种导线，并计算了一般情况下的电压损失及功率损失，其计算结果如表12-4所示。

表12-4　天一广线电压损失及功率损失（$T=20℃$）

导线型号	直流电阻（Ω/km）	电压损失（kV）	末端电压（kV）	电压损失（%）	功率损失（MW）	受端功率（MW）	功率损失（%）	年电量损失（10^8kWh）
4×400	0.0181	30.9	469.1	6.19	111	1689	6.19	3.33
4×450	0.0161	27.5	472.5	5.51	99	1701	5.51	2.97
4×500	0.0144	24.8	475.4	4.92	89	1711	4.92	2.67

注　表中数据是按线路长度为950km计算的。

（五）导线结构

根据输送容量选定导线截面后，按照国家标准所规定的导线型式，相当于同一种铝截面的钢芯铝线按其铝钢比不同有多种形式，并结合各工程线路的路径情况和气象条件通过技术经济比较后，以确定导线形式。和旧国家标准不同，新国家标准除保留旧国家标准几种铝钢比外，增加了铝钢比大于10的系列，其最大铝钢比达19.4。近几年，全国各大设计院在这一方面都做了不少分析和论证，其趋势为增大铝钢比。对采用LGJ—400及以上系列的导线，一般均采用铝钢比11.38的导线，和原轻型钢芯铝线（铝钢比7.71）比较，线材可节省约12%；导线水平、垂直、纵向荷载分别减小3%～12%；唯导线弧垂稍大，过负荷能力稍差。

（六）综合技术经济比较

综上所述，对±500kV直流架空线路，当导线采用LGJ－300及以上系列时，其电晕对环境产生的影响都在允许范围内；当输送容量较大时，导线截面主要由输送容量来确定。在工程上，根据输送容量选出几种型号导线后，应按年费用最小法进行分析，其计算方法参照部颁《电力工程经济分析暂行条例》进行。

二、架空线路绝缘水平确定

直流架空输电线路绝缘配合设计就是要解决杆塔上和档距中央各种可能放电途径，它包括导线对杆塔、导线对避雷线、导线对地、不同极导线之间的绝缘选择和相互配合，其具体内容是：决定绝缘子串中绝缘子片数、决定导线至塔体的距离、不同极导线间的距离等。恰当地决定这些绝缘水平是很重要的，如极间距离就影响到输电线路的电晕特性，当极间距离增大时，导线表面电位梯度将降低，电晕损失将减小。由于直流线路绝缘子价格昂贵，用于线路绝缘子的费用，约占线路本体投资中材料费的15%，在不妨碍运行可靠性的条件下，合理地选择绝缘水平对新建线路有较大的经济意义。直流架空输电线路绝缘在运行中可能受到的电压有正常工作电压、操作过电压和大气过电压。

1. 正常工作电压

正常工作电压要求绝缘子有相应的爬电距离，由于直流绝缘子上的积污比交流的严重得多，通常即使在清洁地区，绝缘子串片数也主要是由工作电压来决定的。对于杆塔空气间隙，一般也由工作电压来控制。

2. 操作过电压

直流架空线路上引起人们关注并可能对绝缘配合有影响的操作过电压主要有：在逆变侧

开路时，整流侧在α角最小时的全电压启动，由于直流电抗器和系统杂散电容（或线路电容）的作用，因此在回路内将流过震荡电流，使线路有被充电至高电压的可能；换流器异常工作的过电压；双极直流架空线路，当单极导线接地时，由于极间的电磁耦合，会在健全极上感应出过电压，并在线路上产生“进行波”，这些“进行波”在线路故障点及两端之间反复反射，造成相当高的过电压。对后面一类过电压，在直流线路绝缘配合中有重要的意义。运行中当一极接地时，如系瞬时故障，经再起动后仍可继续运行；如系永久故障，另一极仍可带一半负荷继续运行，但若健全极线路绝缘在过电压下闪络，导致双极故障，则将给电网造成严重的扰动。因此，线路绝缘应能耐受这类过电压，过电压大小与线路终端参数和接地故障位置有关。美国太平洋联络线实测得健全极上的过电压达1.7倍左右。国外咨询公司对天—广±500kV直流输电线路的操作过电压进行了模拟计算，其过电压倍数为1.62。中国电科院曾对葛—南±500kV直流输电线路在单极接地时的操作过电压进行过预测研究，在不考虑电晕和线路频率特性下，其值为1.74～1.85倍，当考虑上述因素时过电压将有所降低。前苏联±400kV、±500kV直流线路操作过电压倍数取1.7。巴西的伊泰普±600kV直流架空线路按1.7倍设计。美国能源部颁发的交流、直流超高压和特高压架空输电线路电气和机械设计标准，取直流操作过电压设计值为1.65倍。综上所述，在现有高压直流设计的条件下，操作过电压按1.7倍取值是适宜的。

3. 大气过电压

在直流输电线路上，大气过电压的产生机理和交流线路相同，但由于直流输电线路所具有的某些独特性能，使人们对交、直流架空线路的耐雷要求应有所不同。在交流线路上，一旦发生雷击闪络并建弧后，断路器立即跳闸，虽不至于造成停电事故，但断路器跳闸一定次数后，就得检修和处理，加重了运行维护的工作量。直流线路的情况与此不同，雷击引起绝缘闪络并建弧后，不存在断路器跳闸问题。通常是当保护判定为直流线路故障时，则使整流器的触发角移相120°～150°，使之变为逆变器运行，直流电压和电流则很快降到零，经一定的去游离时间后（使故障点灭弧），重新再启动，直流系统恢复送电。此外，雷击于有避雷线的双极直流线路塔顶时，工作电压与杆塔反击电压极性相反的那一极绝缘子串上的作用电压，将有所增加，另一极则减小。由于超高压直流线路的工作电压和绝缘子串耐压相比，并非无足轻重，故其影响不可忽视。当雷电流超过线路耐雷水平时，一极导线绝缘子串将首先发生逆闪络，而另一极就不会再发生绝缘闪络了。由于直流输电线路的两极具有运行上的独立性，这时另一极仍能继续正常送电。由此可知，一条双极直流输电线路天然地具有不平衡绝缘的特性，从而提高了运行的可靠性。

（一）塔头空气间隙

塔头空气间隙选择的一般原则是，考虑绝缘子串风偏后，带电体与杆塔构件（包括拉线、脚钉等）间的空气间隙，在正常运行工况下能耐受住最高运行电压，在操作过电压情况下能耐受住在一定概率条件下可能出现的操作过电压。对需要考虑带电作业的杆塔，尚需要考虑带电作业所需要的安全空气间隙距离。

我国设计的几回±500kV高压直流输电线路在海拔不超过1000m的地区，带电部分与杆塔构件间的空气间隙，采用表12-5所列的数值。

空气间隙的击穿电压及绝缘子的闪络电压和大气状态（如气压、温度、湿度）有关，这种影响主要表现在空气密度和湿度方面。在线路外绝缘设计中，若引用标准大气条件下的外绝缘放电电压数值，则必须根据不同的大气条件加以修正。

表 12-5 带电部分与杆塔构件间的最小空气间隙值

电压类型	空气间隙（m）	
	海拔 500	海拔 1000
最高运行电压	1.3	1.4
操作过电压	2.75	2.95
带电作业至工作面	3.4	3.4

1. 正常工作电压

导线对杆塔的空气间隙的直流 50%放电电压可按下式求出

$$U_{50\%N}=\frac{k_2k_3}{(1-3\sigma_N)k_1}U_N \tag{12-2}$$

式中，U_N 为额定工作电压（kV）；k_1 为直流电压下间隙放电电压的空气密度校正系数；k_2 为直流电压下间隙放电电压的空气湿度校正系数；k_3 为安全系数，1.1～1.15；σ_N 为空气间隙直流放电电压的变异系数，σ_N=0.9%。

1963 年开始，美国 BPA（邦纳维尔电力局）超高压直流试验中心，对直流电压下的放电特性进行了研究，正极性下导线—铁塔间隙的实验结果表明，临界闪络电压与间隙距离呈线性关系，间隙平均电位梯度接近 4.8kV/cm。中国电科院曾对±500kV 葛—南线拉线杆塔空气间隙放电特性进行试验，导线—塔间隙负极性时较正极性时高，正极性放电电压呈线性关系，平均放电电压为 4.6kV/cm，比 BPA 试验结果低 4%左右。按式（12-2）计算，当 k_3 取 1.1，海拔高度分别为 500m、1000m 时，用 BPA 实验数据空气间隙分别为 125.3cm 和 133.5cm，用中国电科院实验数据空气间隙分别为 130.7cm 和 139.3cm。

2. 操作过电压

国外咨询公司对天—广±500kV 直流输电线路的咨询报告指出，操作过电压倍数取 1.7 倍时，最大过电压值为 850kV，用 TROP 程序计算海拔 1000m，大气修正系数为 0.85，1/300的保证闪络概率情况下的间隙为 3.2m。实际上，按照我国标准大气条件计算的海拔 500m 和 1000m 的大气修正系数分别为 0.957 和 0.918，因此可由这一修正系数推算得出空气间隙为 2.84m 和 2.96m。

我国建设的±500kV 葛—南线和天—广线，操作过电压下的空气间隙在海拔高度为 500m 和 1000m 时分别采用 2.75m 和 2.95m。这两个值比《高压直流架空送电线路技术导则》（DL/T 436—1991）推荐的 2.45m 和 2.75m 分别大 0.3m 和 0.2m。

3. 带电作业

根据规程规定，对需要带电作业的杆塔考虑带电作业的方式是灵活多样的，在一般情况下不宜因考虑带电作业而增大塔头尺寸。关于直流线路带电作业要求的空气间隙，国内尚未制定标准，在工程设计中可参考交流线路考虑的方式处理。根据《电业安全工作规程（电力线路部分）》的规定，带电作业应在天气良好的条件下进行，雷电时应停止工作。这就是说，在雷雨（大气过电压）条件下不允许进行带电作业。因此，带电作业所需空气间隙仅由操作过电压来确定。至于远方雷击线路的情况，由于雷电波沿导线传播至作业点时产生衰耗，因此也不起控制作用。但考虑到带电作业涉及人身安全，必须留有适当裕度。因此，《电业安全工作规程》规定的带电作业距离一般比操作过电压要求的间隙大 0.3～0.5m。对直流架空送电线路，在确定塔头尺寸时，对带电作业的安全空气间隙也可按操作过电压间隙加 0.3～

0.5m来考虑。上面所谈不包括人体活动的范围，对登杆的部位还应考虑0.3～0.5m的人体及其活动范围。

葛—南直流输电工程是根据国外咨询公司推荐的，把直流电压看作交流电压峰值，并折算成线电压后，按照OSHA规定的表v-5来选择带电作业情况下所需要的最小间隙，查得间隙为3.8m，其中考虑了0.9m的裕度，但国内带电作业间隙考虑的裕度为0.3～0.5m，因此直流线路带电作业间隙可取3.8－0.9＋0.5＝3.4m。对于直流线路，由于双极布置在塔体两侧，呈水平排列，直线塔悬挂点至塔身边缘距离较大，如±500kV线路此距离在6m左右，因此要满足带电作业的安全距离不存在太多困难。

4. 大气过电压

在直流输电线路上，大气过电压的产生机理和交流线路相同。对交流线路，要求塔头空气间隙的雷电冲击击穿电压应该和绝缘子串的雷电冲击闪络电压相匹配。按照《电力设备过电压保护设计技术规程》规定的大气过电压空气间隙的击穿电压与绝缘子串闪络电压之比(即所谓配合比)在0.85左右。多年来根据上述配合比设计的交流线路，其运行经验是满意的。对直流线路，由于直流电压下集尘效应较强，绝缘子片数受污秽情况下的正常电压控制。在额定电压等级相等条件下，直流线路绝缘子串长远大于交流线路，如仍按配合比0.85确定空气间隙，则选定空气间隙过大。以±500kV为例，当采用30片CA—735EZ直流绝缘子时，绝缘子串长5.1m，按0.85计算空气间隙为4.3m，远大于500kV交流线路要求的空气间隙。由于直流线路发生雷击闪络造成后果不像交流线路那么严重，那么按此间隙控制塔头也不尽合理，但从葛—南线和天—广线的设计经验看，直线杆塔头间隙尺寸是受工作电压控制的，因此在大气过电压情况下要满足4.3m的空气间隙不存在太大困难。

(二) 直流线路防雷保护

超高压直流架空线路的大气过电压造成的危害，虽不及交流线路那么严重，但鉴于在系统中的重要性，同时也为提高运行的可靠性，仍以全线架设地线为宜。

直流输电线路由于导线只有正负两极，故两极呈水平排列，两避雷线亦采用水平排列。杆塔上两根地线之间距离不应超过地线与导线间垂直距离的5倍。地线对导线的保护角，双地线一般采用15°左右。

当大气温度15℃和无风时，在一般档距中央，导线与地线间距离仍可按以下经验公式计算

$$S = 0.012L + 1.5 \tag{12-3}$$

式中，S为导线与地线间距离(m)；L为档距(m)。

我国现行的《电力设备过电压保护设计技术规程》中所推荐的交流线路耐雷性能计算方法是完全不考虑工作电压的影响，而对超高压直流架空线路，其工作电压已占绝缘子串闪络电压的10%以上。因此，对线路耐雷性能的影响已显得很重要，应予以考虑。

康德逊等人的实验结果表明：无论在干燥或淋雨条件下，异极性直流电压的存在使50%冲击闪络电压降低的数值略小于该直流电压，在±300～±600kV的范围内，可用下式近似求出50%冲击闪络电压值

$$U'_{50\%} = U_{50\%} - U_{dc} + 100 \quad (kV) \tag{12-4}$$

式中，$U'_{50\%}$为有U_{dc}时绝缘子串50%冲击闪络电压；$U_{50\%}$为无U_{dc}时绝缘子串50%冲击闪络电压。

国际大电网会议33委员会（过电压和绝缘配合）建议雷击闪络率按0.63次/(100km·年)作为线路设计标准。

（三）导线对地距离与交叉跨越距离

输电线路导线对地最小距离的确定主要取决于两方面因素，一方面是要考虑在各种过电压作用下保证安全的最小距离；另一方面是要考虑电场对环境的影响。对直流输电线路而言，就是要把地面附近的电场、离子电流和空间电荷密度限制在一定的范围内，使人在线路下面活动时，不会受到很大的影响，随着输电线路电压的不断提高，对环境的影响也将是越来越起到决定性作用。

我国设计的第一条±500kV葛—南线，在确定对地距离时，地面合成场强按30kV/m、离子流密度按100nA/m² 考虑。需要指出的是，合成场强的大小取决于起晕电位梯度取值和导线高度。国外咨询公司给葛—南线、天—广线的咨询报告中，建议起晕电位梯度采用14kV/m，导线高度按最低点起算。按此计算，为满足合成场强不大于30kV/m的要求，葛—南线对地距离应为14.4m，天—广线对地距离应为13.7m。葛—南线在初设中考虑到最大合成场强仅出现在最大弧垂的气象条件下正极导线档距中央外侧2～3m处；它不仅范围小，出现几率也很少，为此建议导线高度取导线平均高度。当导线对地距离，居民区采用16m，而非居民区采用12.5m时，档距中央合成场强分别为26.0kV/m和36.2kV/m，导线下面平均合成场强分别为20kV/m和26.2kV/m。

在葛—南线投运后，华东电力试验研究院曾对人口稠密的上海地区直流线路下的场强进行测试，其结果是：对于农田点，单极运行时，E_{max}=20.98kV/m；双极运行时，E_{max}=13.95kV/m和E_{max}=-13.58kV/m。因此，从实测值来看，实际场强均小于其设计标准30kV/m，且实际运行中未出现任何不良反映。

天—广直流采用的导线为4×LGJ-400/35（50），其导线线径要大于葛—南线，地面场强、离子流密度等均与葛—南线不同。按国外公司推荐的方法，在导线最低点高度为12.5m的情况下，静电场强为12.36kV/m，并对不同的导线表面起晕梯度下的地面合成场强和离子流密度进行了计算，其结果如表12-6所示。

表12-6　不同起始电晕梯度下的地面合成场强和离子流密度

起始电晕梯度 (kV/m)	10	11	12	13	14	15	16	17	18	19	20
最大离子流密度 (nA/m²)	108.79	104.71	100.47	95.75	91.12	85.53	74.40	69.99	62.08	53.69	45.84
最大合成场强 (kV/m)	39.12	37.94	36.74	35.42	33.83	32.33	30.75	28.86	27.11	25.53	23.89

同时，在导线起始电位梯度为18.72kV/cm的条件下，天—广线对不同导线最低点高度的地面电位分布和离子流密度分布进行了计算，其计算结果分别如图12-1和图12-2所示。

从表12-6可看出，按电力行业标准《高压直流架空送电线路技术导则》（DL/T 436—1991）推荐的起始电晕梯度18kV/m计算的导线高度为12.5m时地面最大合成场强仅为27.11kV/m，小于30kV/m设计标准。而且静电场强12.36kV/m也小于美国能源部《直流

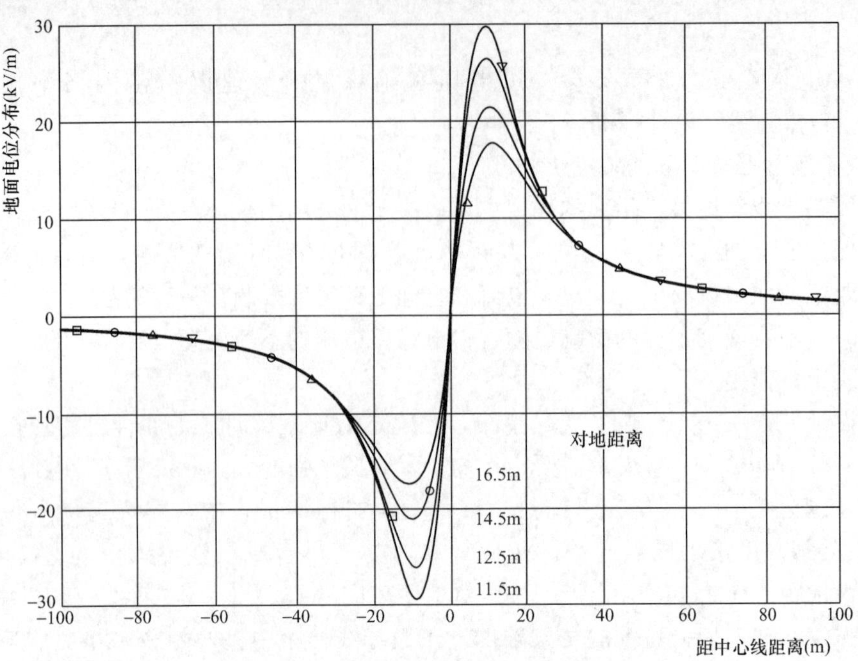

图 12-1　地面电位梯度

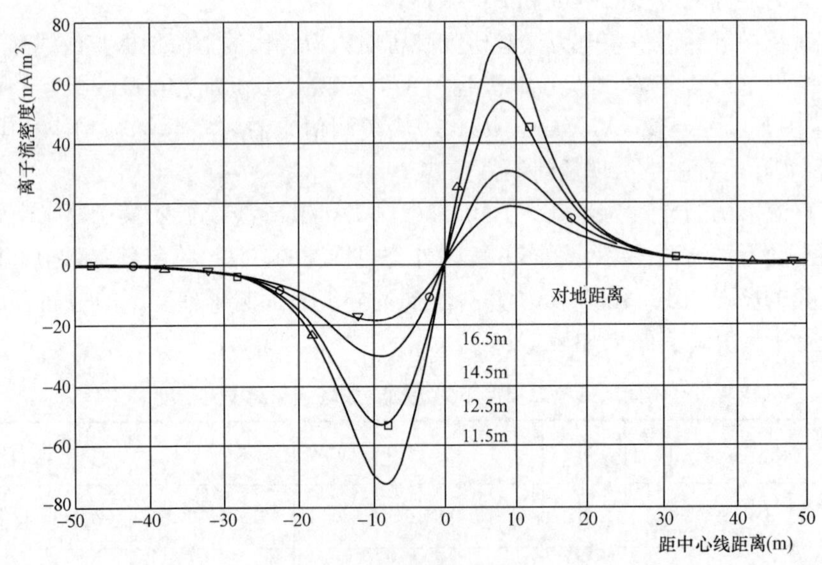

图 12-2　地面离子流密度

输电线路设计手册》规定的最大允许静电场强 15kV/m。18.72kV/m 这一起始电晕梯度是按导线表面粗糙系数为 0.5 计算得来的，实际线路上运行的导线，特别是经一定时间运行后，表面粗糙系数不会小于 0.5。

由图 12-1 和图 12-2 表明，天—广线即使导线对地高度取 11.5m，地面场强亦能满足 30kV/m 的设计标准，离子流密度不会超过 100nA/m^2。考虑到我国直流线路设计、运行仍处于积累经验阶段，从长远角度来看，人们对环境要求会越来越高，天—广线在非居民区导线对地距离仍采用12.5m来考虑。

2002年投入运行的三—常线，其导线采用4×ACSR-720/50钢芯铝绞线，线径比葛—南线和天—广线要大得多，因此导线表面电位梯度及其电场效应与前两个直流工程相差甚远，根据计算，对地距离减小至11.5m时，其最大合成场强为23.66kV/m，最大离子流密度为71.99nA/m^2，均小于葛—南线的计算值。为节省工程投资，三—常线对非居民区安全距离采用11.5m。

在工程设计中，导线对地面和建筑物、树木等最小距离，建议采用表12-7所列的数值；导线对各种设施和障碍物的最小距离，建议采用表12-8所列的数值。

表12-7　导线对地面和建筑物、树木等最小距离

序号	线路经过地区	最小距离(m)	计算条件
1	居民区	16	导线最大弧垂时
2	非居民区	12.5 (11.5)	导线最大弧垂时
3	步行能到达的山坡、峭壁、岩石的净空距离	9.0	导线最大风偏时
4	步行不能到达的山坡、峭壁、岩石的净空距离	6.5	导线最大风偏时
5	对建筑物净空距离	8.5	导线最大风偏时
6	对林区考虑树木自然生长高度的垂直距离	7	导线最大弧垂时
7	对公园绿化区防护林带静空距离	7	导线最大弧垂时
8	对经济作物、城市行道树的垂直距离	7	导线最大弧垂时
9	果树	8.5	导线最大弧垂时

表12-8　导线对各种设施和障碍物的最小距离

序号	被跨越物名称		最小距离(m)	计 算 条 件
1	铁 路	至轨顶	16	导线温度+70℃时的弧垂
		到承力索或接触线	7.6	
2	公 路	1～3级	16	导线温度+70℃时的弧垂
		4级以下	14.5	+40℃时的弧垂
3	通航河流	至五年一遇水位	12	+40℃时的弧垂
		桅 顶	7.6	
4	不通航河流	至百年一遇水位	7.6	+40℃时的弧垂
		冬季至冰面	12	
5	电力线	档距内	7.6	+40℃时的弧垂
		杆 顶	8.5	
6	通信线		8.5	+40℃时的弧垂
7	特殊管道		9	+40℃时的弧垂
8	索 道		7.6	+40℃时的弧垂

（四）线路走廊宽度和居民区房屋拆迁范围

确定走廊宽度主要是为了把输电线路与住房、其他设施的相互影响限制在一个安全范围内，其主要考虑有三个因素：①导线最大风偏时保证电气间隙要求；②保证无线电干扰和可听噪音水平不超过规定值；③降低电场影响到对人体无感觉程度。

由于杆塔间悬挂的导线呈悬链线形状，档距中央的风偏、无线电干扰和地面场强最严重，而越靠近杆塔的影响就越小。通常房屋在档距中央情况极少，为了既满足上述三项要求，又缩小房屋拆迁范围，葛—南、天—广两工程推荐按以下两项规定确定房屋拆迁范围。

(1) 距极导线 5m 以内房屋均拆迁。

(2) 距极导线 5m 以外的房屋，考虑到居民区民房附近，经常有居民活动，地面标称场强宜控制在 4～6kV/m 以内。同时，导线与建筑物之间的距离，在最大计算风偏的情况下，不应小于 8.5m。

华东电力试验研究所曾对葛—南线上海段直流线路附近民房内场强进行了测试，加上房屋本身的屏蔽作用，所测得的民房屋内电场强度均小于 2kV/m，一般都在 1kV/m 以内。

三、绝缘子选型与绝缘子片数确定

(一) 绝缘子选型

目前，世界上投运的高压直流架空线路中，瓷质、钢化玻璃和复合绝缘子均有采用，其中应用最多的是钢化玻璃和瓷质绝缘子，复合绝缘子的应用量较少，主要应用在污区和不便清扫的区域。

经高压直流输电线路运行初期情况调查表明，用于直流线路的瓷质和玻璃绝缘子的损坏率比交流线路上的高一个数量级。经研究分析，直流线路绝缘子损坏的原因很多，主要有钢脚腐蚀和材质中的碱金属离子迁移造成的危害。为了防止钢脚因电解腐蚀而造成的危害，制造厂采用了抗腐蚀措施，如在钢脚易腐蚀部分加粗、涂导电涂层、浇铸锌套等。日本 NGK 公司、法国 SEDIVER 公司和我国大连电瓷厂都采用浇铸锌套的方法。

目前国外直流输电线路的玻璃绝缘子主要是由法国 SEDIVER 公司供货，而瓷质绝缘子主要是由日本 NGK 公司供货。我国葛—南±500kV 直流输电工程主要是采用日本 NGK 公司的瓷质绝缘子，天—广直流工程和三—常直流工程开始大量使用国产直流绝缘子。关于直流绝缘子的详细情况见本书第九章第三节中的“二、直流绝缘子选择”。表 12-9 列出了各种瓷和玻璃绝缘子的结构尺寸和技术参数。

表 12-9　　瓷和玻璃绝缘子结构尺寸和技术参数

绝缘子型号	额定机电破坏负荷(kN)	结构高度(mm)	绝缘子公称直径(mm)	爬电距离(mm)	闪络电压(kV)				1h机电负荷(kN)	雷电冲击耐受电压(kV)	连接标记	单片质量(kg)	生产厂家
					直流		50%冲击						
					干	湿	正极性	负极性					
CA-735EZ	160	170	320	545	155	60	150	160	120	140	20	11.0	NGK
CA-745EZ	210	170	320	545	155	60	150	160	160	140	20	11.5	
CA-755EZ	300	195	400	635	160	65	160	160	225	150	24	19.5	
CA-765EZ	400	205	340	545	155	60	150	160	300	140	28	17.0	
CA-772EZ	160	170	340	545	155	60	150	160	120	140	20	11.0	NGK三伞型
CA-774EZ	210	170	340	545	155	60	150	160	160	140	20	11.5	
XZP1-160	160	170	320	545	155	60	150	160	120	140	20	11.45	大连
XZP1-210	210	170	320	545	155	60	150	160	160	140	20	12.30	
XZP1-300	300	195	400	635	165	65	155	165	225	150	24	18.55	
XZP1-400	400	205	340	545	155	60	150	160	300	140	28		
F16P/C170DC	160	170	330	550	150	65			120	140	20	9.7	自贡塞迪维尔
F21P/C170DC	210	170	330	550	150	65			160	140	20	10.2	
F30P/C195DC	300	195	380	710	170	75			225	140	24	15.4	

复合绝缘子具有机电强度高、质量轻、耐污性能好等优点。由于复合绝缘子具有憎水性，所以污闪电压比相同爬电距离的传统绝缘子高；又由于成型工艺简便，在绝缘串长不变的情况下可以有不同的爬电距离，这在那些污秽比较严重而单纯靠增加悬垂绝缘子片数又很难满足要求的情况下使用复合绝缘子是很适宜的。而且，复合绝缘子价格较瓷或玻璃绝缘子便宜，不易破损，不需零值检测，不需清扫维护，有利于线路维护。但是，复合绝缘子的伞裙护套易老化，与金属的连接部位是薄弱环节。

国外，在多项直流线路的不同污秽区段采用了复合绝缘子，并取得了成功的运行经验。如美国、新西兰等国的直流线路在1976～1992年间挂网运行9种复合绝缘子809支（详见本书第九章第三节中的“直流棒形复合绝缘子”）。运行区域包括内陆区、海岸区、盐湖区、工业及公路污秽区；伞裙材料包括高温硫化硅橡胶、室温硫化硅橡胶、乙丙橡胶等。运行电压±275kV～±500kV，其运行状况基本良好。如美国太平洋联络线有一段约50km线路，有严重的污染（汽车污染），原装的绝缘子需每60天清洗一次，1984年换装硅橡胶绝缘子后至今从未清洗，运行情况良好。我国葛—南线在调整爬距前试挂了54支国产的和20支NGK生产的复合绝缘子，已投产的天—广线设计方案中采用了约700支NGK公司供货的复合绝缘子。葛—南线和天—广线投运后均发现部分杆塔发生污闪事故，为此对全线进行了调整爬距，由于受塔头影响，调整爬距多采用复合绝缘子，葛—南线采用了1400支，天—广线采用1080支。表12-10列出了目前常用的两种不同爬距的复合绝缘子结构尺寸和技术参数。

（二）绝缘子片数确定

直流输电线路的绝缘子片数受污秽情况下的正常电压控制，按污秽条件选择绝缘子片数后，再按操作过电压进行校验。一般不按大气过电压的要求来选择绝缘子串的绝缘强度，而是根据已选定的绝缘水平来估计线路的耐雷性能，仅在个别高塔、大跨越和需要提高耐雷水平的情况下，才适当考虑耐受大气过电压的需要，酌情增加绝缘子片数。

表12-10　　复合绝缘子结构尺寸和技术参数

项　目	18 000mm爬距	21 060mm爬距	项　目	18 000mm爬距	21 060mm爬距
额定机电破坏负荷（kN）	160，210	160，210	雷电全波冲击耐受电压（不小于，kV）	+2550	+2700
合成绝缘子总长（mm）	5445	6290	操作冲击湿耐受电压（不小于，kV）	+1550	+1657
绝缘距离（不小于，mm）	5000	5850	直流1min湿耐受电压（不小于，kV）	+600	+650
连接标记	20	20	1.1倍额定电压RIV（不大于，dB）	60	60
芯棒护套厚度（不小于，mm）	3	3	可见电晕电压（不小于，kV）	±600	±600

为了按污秽情况合理配置线路的绝缘水平，必须收集污秽测试资料和污区分布图，划分污秽级别。由于直流电场对周围尘粒的吸附作用，直流线路的污秽水平要比同样条件下的交流线路污秽水平高，因此直流线路的污秽等级的划分应不同于交流线路。目前，我国对直流线路绝缘子积污情况还缺乏经验，因此在划分污秽等级时，只能借鉴国外直流线路和葛—南

线运行经验，并对照交流线路污秽分布情况（应进行适当修正）来划分。

按照污秽条件选择绝缘子片数，目前通用的有两种方法：①按绝缘子的人工污秽闪络特性；②按绝缘子的爬电比距。前者比较直观，但必须有适用的统一测量方法所测得的盐密值，而且还与污秽成分和污秽均匀比等有关。而后者是按绝缘子几何爬电距离计算，这种方法在理论上不够严密，且未考虑绝缘子选型对爬电距离有效性的影响，精确性较差，但却简便易行。

1. 按照绝缘子的人工污秽闪络特性选择绝缘子片数

以人工污秽闪络特性选择绝缘子是通过实验得出各种绝缘子在不同的等值盐密下的直流污闪特性，并据此来选择合理的片数。由于人工污秽试验条件和实际运行情况不可能完全一致，因此按人工污秽实验法确定绝缘子耐受电压时，必须考虑绝缘子等值附盐密度、绝缘子上下表面积污的均匀性、污秽物化学成分、灰密、绝缘子造型及降雨量等因素。但在实际工作中，要取得如此完整的污秽调查资料还存在一定难度。因此在工程设计中可仅考虑前面两个因素，按这种简化方法选择的绝缘子片数是偏于安全的。国外咨询公司给葛—南线的咨询报告也采用了这种方法。±500kV 直流输电线路采用 NGK 绝缘子在各种等值盐密下需要的绝缘子片数如表 12-11 所示。

绝缘子上下表面不均匀比 CUR=1∶1 时，耐污电压是根据 NGK 提供的实验结果。上下表面不均匀比的修正系数 K 采用国外咨询公司推荐公式（12-5）计算

$$K = 1 - 0.38\lg(\mathrm{CUR}) \tag{12-5}$$

2. 按照绝缘子的爬电比距选择绝缘子片数

按爬电比距选择绝缘子片数也是目前世界上常用的方法。该方法实际上是参照交流爬电比距要求，采用类比的方法确定直流线路的爬电比距来选择绝缘子片数。表 12-12 列举了采用法国玻璃绝缘子的几个国家的交直流输电线路的爬电比距的取值。

表 12-11　　各种等值盐密下需要的绝缘子片数

项　目	平均等值盐密 ESDD（mg/cm^2）			
	0.03	0.05	0.10	0.25
CUR=1∶1	修正系数 1.0			
每片耐受电压（kV）	17.8	15.1	12.3	9.2
片　数	31.5	37.1	45.5	60.9
CUR=1∶2	修正系数 1.11			
每片耐受电压（kV）	19.8	16.8	13.7	10.2
片　数	28.3	33.3	40.9	49
CUR=1∶5	修正系数 1.26			
每片耐受电压（kV）	22.4	19.0	15.5	11.6
片　数	25	29.5	36.1	48.3
CUR=1∶10	修正系数 1.38			
每片耐受电压（kV）	24.6	20.8	17.0	12.7
片　数	22.8	26.9	32.9	44.1

表 12-12　　交直流输电线路法国玻璃绝缘子爬电比距

国家	线路工程名	爬电比距（cm/kV）		
		交　流	直　流	比　值
巴　西	伊泰普±600kV 线路 交流 500kV 线路	 1.61	2.65	1.64
加拿大	纳尔逊河±450kV 线路 温哥华±260kV 线路 交流 500kV 线路	 1.58	2.38 2.75	1.5 1.74
美　国	太平洋联络线±400kV CU 工程±400kV 交流 500kV 线路	 1.48	2.55 2.55	1.72 1.72
瑞　典	康梯—斯堪工程±250kV 交流 400kV 线路	 1.57～1.75	2.55	1.62
丹　麦	康梯—斯堪工程±250kV 斯卡盖拉克工程±250kV 交流 400kV 线路	 2.51～2.97	3.25 4.13	1.29 1.64
意大利	科西嘉—撒丁岛工程±200kV 交流 400kV 线路	 1.57～2.32	3.26～3.67	2.08

我国±500kV 葛—南直流线路，按两种方法计算，悬垂串采用 30 片 NGK 瓷绝缘子，其爬电比距为 3.27cm/kV，但在塔头设计中考虑了增加到 32 片的可能性；而耐张塔今后增加绝缘子难度较大，采用 34 片绝缘子。投运初期，运行情况良好。随后建设的天—广直流线路采用和葛—南直流线路同样的片数。在建设过程中，根据 NGR 公司对 CA—745EZ 整串绝缘子污秽特性的试验结果，在盐密 ESDD＝0.03mg/cm^2、灰密 NSDD＝0.18mg/cm^2、上下表面均匀比 CUR＝1∶1 的条件下，30 片污闪电压为 492.5kV，每片 16.4kV；按 CUR＝1∶3 修正后，每片 19.4kV。按 NGK 公司推荐式（12-6），可求出该条件下所需绝缘子片数

$$n = U_m / [(1 - 2.15\sigma) \times 19.4] \tag{12-6}$$

式中，U_m 为系统最高运行电压，取 515kV；σ＝7%。

按上式计算，需绝缘子片数 31.2 片，并考虑到天—广直流线路的污秽情况，可适当提高线路的绝缘水平，对一般地区悬垂绝缘子串采用 32 片，部分人烟稀少、植被较好的山区仍采用 30 片。

随着城市工业废气排放高度的增加和农村乡镇工业的发展，广大农业地区大气质量变差。此外，由于直流吸附效应，虽运行单位每年对绝缘子都进行清洗，但积污很难完全清除干净，长期运行后存在累积效应，使绝缘子污秽加重。在 2000 年，中国电科院会同有关单位对葛—南直流线路外绝缘运行状况进行了调研，设计单位对全线杆塔间隙进行了校核，在此基础上确定了调爬方案。对污秽较重地区改用复合绝缘子，一般地区采用了 34 片绝缘子，大别山区少数塔位仍采用 32 片绝缘子。2002 年，天—广直流线路也进行了调爬，调爬方案基本上和葛—南线相同。考虑到绝缘子污秽情况有加大趋势，近期设计的三—常、三—广、贵—广直流输电工程的绝缘设计水平都有所提高，增加了爬电比距。对交流线路，由于已有多种规格的耐污型绝缘子，要满足爬电比距要求，可以采用普通绝缘子和耐污绝缘子扦花配置或全部采用耐污绝缘子，一般不增加绝缘子片数。当前，对 500kV 交流线路一般采用 28 片 160kN 绝缘子或 26 片 210kN 绝缘子，绝缘子串长约 5.3m。对直流线路，由于绝缘子爬

距已很大，要增加爬电比距，只有增加绝缘子片数，当采用34片绝缘子时串长为6.7m，采用37片时串长达7.2m，再增加片数，串长更大。串长加大，相应地塔头尺寸也得加大，从而增加了杆塔塔重和投资，为此上述三条线路在污秽较重地区都采用了大量的复合绝缘子。

3. 绝缘子强度

盘形绝缘子的允许使用荷载，应符合下式

$$T \leqslant \frac{T_R}{k} \tag{12-7}$$

式中，T为绝缘子的允许使用荷载，kN；T_R为盘形绝缘子的额定机械破坏负荷，kN；k为安全系数，对直流线路，仍可按《110～500kV架空送电线路设计技术规程》规定，在最大使用荷载时$k \geqslant 2.7$，断线时$k \geqslant 1.8$，断联时$k \geqslant 1.5$。

根据运行经验，瓷绝缘子老化率与绝缘子承受常年荷载有关，耐张串的老化率明显大于悬垂串，为此设计规程规定，瓷质绝缘子尚应满足正常运行情况常年荷载状态下安全系数不小于4.5的要求。对于轻负荷区和大截面导线，绝缘子串强度往往受常年荷载控制。

四、铁塔设计原则与塔型分类

直流架空输电线路有单极线路和双极线路之分，目前已建成或拟建的直流架空线路绝大部分为同塔双极线路，正负两极导线布置在杆塔两侧，呈水平排列。

(一) 塔头布置

为了确定导地线在塔头上的布置，应主要考虑下列因素。

1. 导线在档距中央的接近距离

按照《110kV～500kV架空送电线路设计规程》(DL/T 5092—1999)，为防止导线在档距中央因大风引起导线不同步摆动(或舞动)时不致引起相间空气击穿，对档距1000m以下的交流线路，水平线间距离一般按下式计算

$$D = 0.4L_k + \frac{U}{110} + 0.65\sqrt{f} \tag{12-8}$$

式中，D为导线水平线间距离，m；L_k为悬垂绝缘子串长度，m；U为线路电压，kV；f为导线最大弧垂，m。

对于直流线路，同样应有这一要求，对于导线—导线对称电极间隙，直流闪络电压非常接近50Hz峰值闪络电压。因此±500kV直流电压可等效于交流电压峰值，其电压有效值为$1000/\sqrt{2} = 707$kV。按此式计算，采用LGJ-300/40、LGJ-400/50和LGJ-720/50导线的±500kV线路相应于各档距的最小极间距，如表12-13所示。

表12-13　各档距对应的最小极间距(m)

档距(m) / 导线型式	400	600	800	1000
LGJ-300/40	11.30	12.55	13.73	
LGJ-400/50	11.02	12.10	13.18	14.26
LGJ-720/50	11.17	12.3	13.38	14.51

计算采用气象条件是：最大风速30m/s，覆冰厚度10mm。

2. 塔头间隙尺寸

前面论述了在各种工况下绝缘子片数及塔头空气间隙的选取方法，但应当指出的是：各

种工况空气间隙数值是指在规定风速下绝缘子串相应风偏后带电体对杆塔结构的最小距离。因此，为了最终确定直线杆塔塔头间隙尺寸，尚必须对绝缘子串风偏大小进行计算。绝缘子串风偏大小取决于风偏角大小，绝缘子串风偏角可按式（12-9）计算

$$\varphi = \tan^{-1}\frac{l_h G_4 + \frac{P_\lambda}{2}}{l_v G_1 + \frac{G_\lambda}{2}} = \tan^{-1}\frac{l_h G_4 + \frac{P_\lambda}{2}}{l_h G_1 - \alpha T + \frac{G_\lambda}{2}} \tag{12-9}$$

式中，φ 为悬垂绝缘子串风偏角，°；l_h 为计算悬垂绝缘子串风偏角用杆塔水平档距，m；l_v 为计算悬垂绝缘子串风偏角用杆塔垂直档距，m；G_4 为相应于各种工况下的导线风荷载，N/m；G_1 为导线自重，N/m；P_λ 为各种工况悬垂绝缘子串风压，N；G_λ 为悬垂绝缘子串重力，N；α 为塔位高差系数；T 为相应于各种工况下的导线张力，N。

导线风荷载计算用的风速，对应于各种工况取值各不相同，计算工作电压风偏采用线路设计最大风速；计算操作过电压风偏采用线路设计最大风速的 0.5 倍；计算带电作业采用 10m/s 风速。

导线风荷载计算用的风压不均匀系数，按照《交流电气装置的过电压保护和绝缘配合》(DL/T 620—1997) 附录 B 规定，悬垂绝缘子串风偏角计算用风压不均匀系数可采用表 12-14的数值。

表 12-14　风压不均匀系数

设计风速（m/s）	≤10	15	20	>20
风压不均匀系数	1.0	0.75	0.61	0.61

对于±500kV 直流线路，悬垂绝缘子串风偏角计算用风压不均匀系数的取值也可参照上述规定。

塔位高差系数 α 与线路所经地区地形条件有关，根据工程经验，对平地，α 一般取 0.03～0.05；对丘陵及低山地，α 一般取 0.06～0.08；对山地，α 一般取 0.10～0.15。

根据以往 500kV 交流线路设计经验，直线塔塔头间隙尺寸主要受工作电压控制。当线路气象条件采用：最大风速 30m/s，覆冰厚度 10mm，同时风速 10m/s，最低气温－20℃时，采用 4×LGJ-400/50 导线的直线杆塔风偏角与水平档距、高差系数的关系见表 12-15。

表 12-15　工作电压时风偏角与水平档距、高差系数的关系

高差系数 / 风偏角（°） / 水平档距（m）	0.05	0.06	0.08	0.10	0.12	0.15
400	41.15	43.12	47.54	52.68	58.64	69.18
450	40.14	42.03	46.78	50.07	54.98	63.59
500	39.71	41.19	44.44	48.07	52.25	59.46
600	38.74	39.92	42.47	45.29	48.42	53.45

从表 12-15 可以看出，在平地，高差系数小，水平档距取值对风偏角影响很小；而在大山区，高差系数 α=0.15 时，水平档距取值对风偏角影响极大，当水平档距 400m 时对应风偏角为 69.18°，要满足此风偏角需要塔头尺寸很大；而当水平档距 600m 时对应风偏角仅

53.45°，要满足此风偏角就比较容易。因此，在规划大山区线路塔头尺寸时，必须认真考虑这一情况。

悬垂绝缘子串片数、串长（包括连接金具）、各种工况空气间隙距离和其相应风偏角确定之后，即可绘制间隙圆图，以确定塔头尺寸。

为了比较各种工况对塔头间隙尺寸的影响，按照上述气象条件计算了在平地（α=0.05）、丘陵（α=0.08）和山地（α=0.15）三种典型地形条件下工作电压、操作过电压和带电检修三种工况所需塔头尺寸，其计算结果见表12-16。

表 12-16　　各种工况要求最小的塔头间隙（cm）

工作电压（kV）	±500		
绝缘子串长度（cm）/片数	620/32		
杆塔水平档距（m）	450		
计算工况	工作电压	操作过电压	带电作业
高差系数	0.05		
风偏角 φ（°）	40.34	14.05	8.45
风偏距离+空气间隙（cm）	531.3	425.5	431.1
极间距（cm）	1440	1240	1260
高差系数	0.08		
风偏角 φ（°）	45.78	16.36	9.91
风偏距离+空气间隙（cm）	574.3	449.6	446.7
极间距（cm）	1520	1290	1290
高差系数	0.15		
风偏角 φ（°）	63.59	26.67	16.54
风偏距离+空气间隙（cm）	685.3	553.3	516.5
极间距（cm）	1720	1490	1420

在极间距计算中，考虑横担处塔身宽度为220cm，塔身坡度为0.06。

从表12-16可以清楚地看出，无论是平地、丘陵还是山区，塔头间隙尺寸均由工作电压控制。换言之，按工作电压情况确定塔头尺寸之后，对应于其他工况允许空气间隙都比要求的最小空气间隙大，因此直线杆塔对满足带电作业的安全间隙距离不存在困难。

（二）塔型规划

在一般情况下，一个工程使用塔型越多，钢材消耗量越少，但塔型多会增加设计、加工和施工工作量，因此一个工程使用几种塔型需综合考虑。我国设计的±500kV葛—南线、天—广线、三—常线，由于线路长、地形复杂、气象多样，因此规划的塔型比较多，全线共设计拉线直线塔、自立式直线塔、直线小转角塔和耐张转角塔四种系列10多种塔型，已建成的±500kV天—广线典型塔型单线图见图12-3。

1. 拉线直线塔（L1和L2）

根据受力特点，塔身采用倒锥形变截面，拉线部分在顺线路方向，导线横担以下塔身处设置专用拉线横担，拉线成全对称布置。这种布置的优点是可充分利用拉线强度高的特性来有效抵抗不平衡张力对杆塔扭转作用。与同等设计条件的自立塔相比，每基钢材用量可减少地运输量，因此在工程中使用拉线直线塔可节省工程投资。

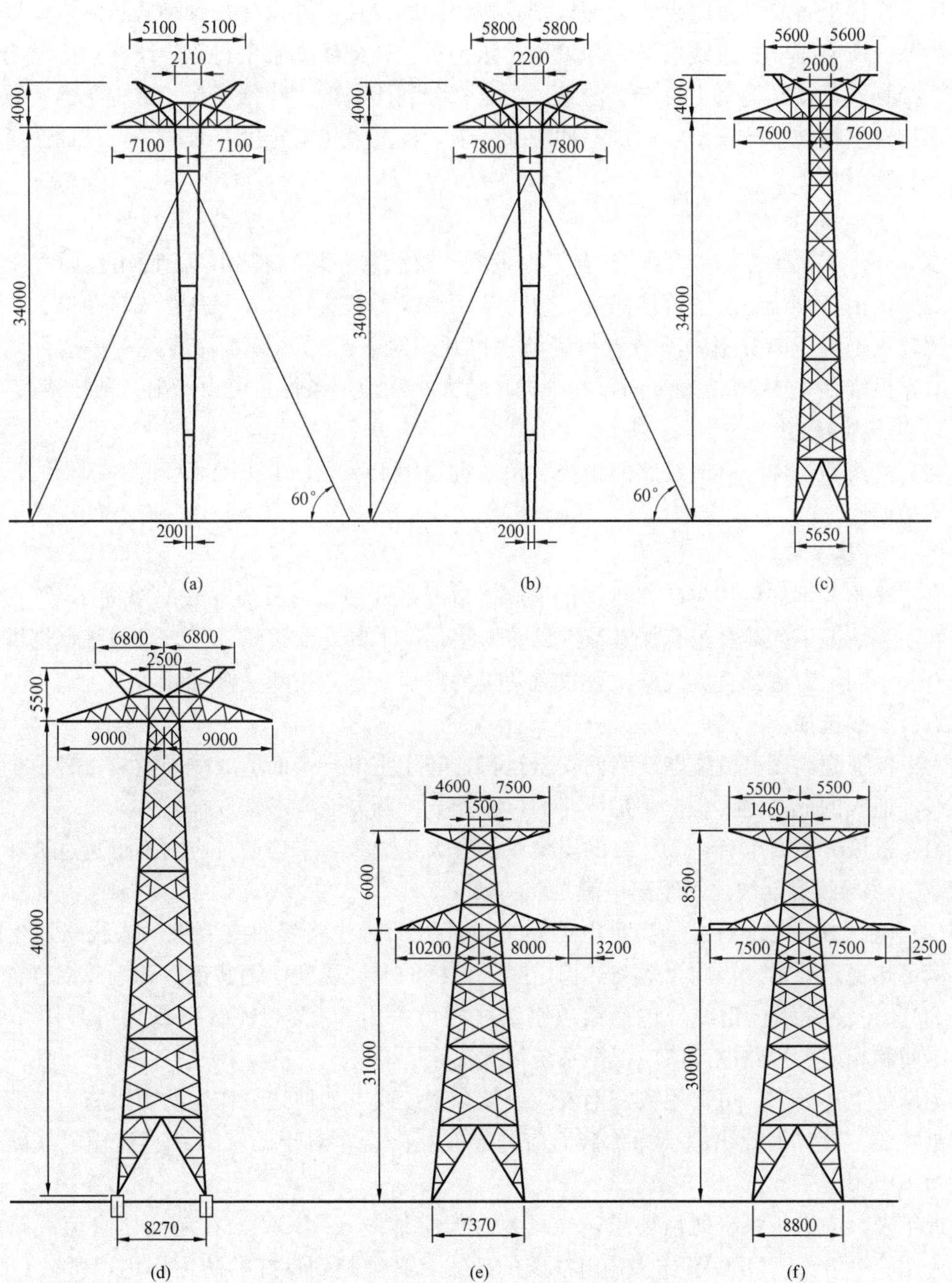

图 12-3　±500kV 天—广线典型塔型单线图

(a) L1 型；(b) L2 型；(c) G1 型；(d) G5 型；(e) ZJ10 型；(f) J1 型

约 2t。在河网泥沼地区，由于地质条件差，如使用拉线直线塔，还可节省基础混凝土和工地运输量，因此在工程中使用拉线直线塔可节省工程投资。

2. 自立式直线塔（G1 和 G5）

凡不适合于打拉线的直线塔塔位，均使用自立式直线塔。它是工程上使用得最多的塔型，因此应根据各自工程特点，合理规划，按不同的设计条件设计几种型式自立塔，以满足工程需要。所有自立式直线塔塔头均采用羊角型布置，地线支架主材、导线横担主材与塔身主材直接相连，使结构受力直接、清晰。为了充分利用地形，降低塔高，减少基面土石方开挖，保护自然植被，防止雨水对塔基冲刷和侵蚀，保障塔位安全度，直线塔设计而应考虑采用不等长腿形式。

3. 直线转角塔（ZJ10）

在500kV交流线路上，为了节省工程投资，直线转角塔已得到广泛使用。而对于直流输电线路，由于直流绝缘子价格昂贵，每串使用绝缘子数量较多，一基直线转角塔和一基耐张塔比较仅绝缘子串费用一项节省投资就很可观。对于±500kV直流线路，一基直线转角塔可节省投资在17～20万元之间，并根据转角大小和地形条件，可设计出三种挂架。

4. 耐张转角塔（J1）

和交流线路一样，直流线路的耐张转角塔也采用干字型，由于少了中间一根导线，塔的全高可稍矮些。

（三）杆塔荷载

直流线路各类杆塔均应计算线路正常运行情况、断线（含分裂导线时纵向不平衡张力）情况和安装情况下的荷载组合，其荷载计算方法基本上和交流线路一样，唯耐张型杆塔断线情况有所不同，考虑到直流线路工程仅有两极的特点，推荐按断一极导线考虑。

五、地线选择

为了保证超高压直流输电线路的安全运行，防止雷电直击而造成跳闸事故，必须全线架设地线。地线的形式主要是按满足线路的机械和电气两方面要求来选择。

（1）机械方面要求有：①地线的安全系数宜大于导线，平均运行应力不得超过破坏应力的25%；②导线和地线之间距离应满足防雷要求。

（2）电气方面要求有：①满足电力系统设计方面对线路参数的要求；②线路发生故障时，满足热稳定要求。当验算短路热稳定时，地线的允许温度，钢芯铝线和钢芯铝合金线可采用200℃，钢芯铝包钢线（包括铝包钢绞线）可采用300℃，镀锌钢绞线可采用400℃，计算时间和相应的短路电流值应根据系统情况决定。

为满足上述要求，可选用镀锌钢绞线或复合型绞线。如地线只作为防雷措施，一般采用镀锌钢绞线，镀锌钢绞线最小标称截面应与导线相配合，对于±500kV直流输电线路，标称截面不应小于70mm^2。

近年来，为满足系统通信要求，光纤复合架空地线（OPGW）在超高压直流线路上得到了应用。一方面，OPGW作为输电线路的地线，必须起到良好的防雷作用，所以OPGW的配置应和同杆架设的另一根地线弧垂特性相当；另一方面，当输电线路发生短路故障时，短路电流会使OPGW和相应地线的温度升高，当短路电流很大时，随着温度的剧增，会导致OPGW光纤受损。为了避免温度升高超过允许温升，在选定OPGW时，必须对OPGW进行热稳定验算。

和交流输电系统比较，直流输电系统短路电流较小，而且逐步衰减，持续时间较短，短路容量较小，如首端短路电流较大，首端另一根地线可选用良导体地线，以增加分流效果，减小OPGW中短路电流分量。

六、架空线路投资估算

如前所述，直流线路可用两根导线，三相交流则需用三根导线。直流线路的输送功率为

$$P_d = 2U_d I_d \tag{12-10}$$

式中，P_d 为直流双极输电线路输送的功率；U_d 为直流一极对地电压；I_d 为每极直流输电线所流过的电流。

交流线路的输送功率为

$$P_a = \sqrt{3}U_a I_a \cos\varphi \tag{12-11}$$

式中，P_a 为三相交流输电线路输送的功率；U_a 为交流输电线路线电压有效值；I_a 为每相交流输电线路所流过电流有效值；$\cos\varphi$ 为交流线路功率因数，对于远距离大容量输电线路，一般取 0.95。

如果两种线路采用相同的电流密度，每根导线所载电流相等，即 $I_d = I_a$，又如两种线路电压水平也相等，即 $U_d = U_a$，则有

$$\frac{P_d}{P_a} = \frac{2U_d I_d}{\sqrt{3}U_a I_a \cos\varphi} = \frac{2}{\sqrt{3} \times \cos\varphi} = 1.215 \tag{12-12}$$

从上式可知，采用两根导线的直流线路比采用三根导线的交流线路，不仅可节省 1/3 导线，而且输送容量还提高 21.5%。如果输送相同容量，则导线消耗量可节省约 45%。另一方面，如输送相同功率，则 $I_a = 1.215 I_d$，若采用相同截面的导线，交流线路电阻的功率损耗为 $3I_a^2 R_a = 3 \times 1.215^2 I_d^2 R_a = 4.4 I_d^2 R_a$，而直流线路电阻损耗为 $2I_d^2 R_d$，即在上述条件下，直流线路的电阻损耗约为交流线路的 50%。此外，由于集肤效应，大截面导线的交流有效电阻比直流电阻大，也增大了交流线路的功率损耗。

和交流架空输电线路一样，直流架空输电线路静态投资一般由五个部分组成：①输电线路本体工程投资；②辅助设施工程和费用；③其他工程和费用；④基本预备费；⑤材料价差。其中①、⑤两项费用与线路输电方式关系最密切，而且在静态投资中所占比重达 85%～90%，因此在下面投资的比较中仅考虑①、⑤两项。

目前，我国直流输电线路建设经验不多，已投运的直流输电工程有±500kV 葛—南线、天—广线和三—常线；正在建设中的有±500kV 三—广线和贵—广线等，下面仅对±500kV 葛—南线投资进行分析。

20 世纪 80 年代初期，交流 500kV 平—武线和葛—武线相继投入运行，80 年代末，直流±500kV 葛—南线投产。三个工程都采用 4×LGJQ-300 导线，建设期间也相近，因此具有一定的可比性。三个工程每千米线路主要材料消耗量见表 12-17，每千米本体工程投资及分项工程费用见表 12-18。

表 12-17　　每千米线路主要材料消耗量

项　目	平—武交流线	葛—武交流线	葛—南直流线	直流与交流线比较（%）
导线规格	4×LGJQ-300	4×LGJQ-300	4×LGJQ-300	
地线规格	LHGJJ-90	LHGJJ-90	GJ-70	
导线（t）	13.6	13.6	9.06	66.7
地线（t）	1.19	1.19	1.23	

续表

项　目	平—武交流线	葛—武交流线	葛—南直流线	直流与交流线比较（%）
塔材（t）	22.16	25.82	19.08	73.9～86.1
基础钢材（t）	2.28	2.72	1.97	72.4～86.4
金具（t）	0.88	0.8	0.78	88.6～97.5
间隔棒（套）	51	51	34.8	68.2
绝缘子（片）	266.1	284.2	190.8	67.1～71.1
水泥（t）	22.1	32.33	13.22	40.8～59.8

注　根据系统要求，平—武线和葛—武线均采用良导体地线。

表 12-18　　每千米本体工程投资及分项工程费用（万元）

工程项目	平—武交流线		葛—武交流线		葛—南直流线		修正后直流线路投资		修正后直流线路投资与交流线路投资之比（%）
	经济指标	各项占本体（%）	经济指标	各项占本体（%）	经济指标	各项占本体（%）	经济指标	各项占本体（%）	
本体工程	14.72	100	15.87	100	15.46	100	13.02	100	82～88.45
工地运输	0.59	3.99	0.75	4.7	1.22	7.9	0.50	3.84	80～87
土石方工程	0.24	1.62	0.47	2.9	0.39	2.5	0.25	1.92	53～89
基础工程	1.73	11.72	1.79	11.3	2.06	13.3	1.47	11.3	82.1～85
杆塔工程	3.72	25.27	4.42	27.9	3.8	24.6	3.21	24.65	72.6～86.3
附件工程	1.43	9.71	1.57	9.9	3.27	21.2	3.27	25.12	208～236
架线工程	6.99	47.55	6.85	43.2	4.70	30	4.30	33.2	61.5～68.8
接地工程	0.02	0.14	0.02	0.1	0.02	0.1	0.02	0.15	100
建设年限	1979～1981 年		1982～1983 年		1986～1987 年				

从表 12-18 中所列出的投资与费用，可说明以下问题。

(1) 从表 12-18 可看出，三个工程本体投资基本相当，但由于葛—南工程建设时期较晚，部分材料价格上涨，另外由于各工程地质、交通条件有差异，也会影响投资，为了使工程投资具有可比性，需要对直流线路投资作适当修正。

(2) 基础工程。由于直流线路少一根导线，基础作用力比交流线路小，如地质条件相同，基础工程投资直流线路可比交流线路省 15%～20%，葛—南线比平—武线省 14.2%。但需要说明的是，葛—武线初设时估计拉线塔使用数量较少，泥沼、河网地带占全线 58%，因此基础费用较高。而葛—南线和平—武线由于使用的拉线塔数量均超过 50%，基础较小，因此两者投资差额较小，今后随着拉线塔使用范围的缩小，自立塔会用的越来越多，两者投资差额会增大。

(3) 杆塔工程。直流线路由于少一根导线，同时塔型比较简单，因此交流线路单基耗钢量比直流线路高。另一方面，由于直流线路绝缘子串比交流线路长 1～1.5m，对地距离要求高 1.5～2m，在档距相同的条件下，直流线路杆塔呼高比交流线路高 2.5～3.5m。综合这两方面因素，直流线路每千米钢材消耗量可比交流线路省 15%～20%，如塔材单价相同，直流线路杆塔工程费用可修正为每千米 3.21 万元。

（4）工地运输。对超高压输电线路由于采用张力放线，工地运输主要是基础工程砂、石料、水泥和水等运输，其次是塔材运输。如交通条件相同，工地运输费用亦可减少15%～20%，按此比例，直流线路工地运输费用可修正为每千米0.5万元。

（5）架线工程。在葛—南直流工程中，导线每吨价格比平—武线上涨445元，按平—武线价格，直流线路架线工程每公里费用可修正为4.3万元。

（6）附件工程。虽然直流线路比交流线路少一相，每公里需要绝缘子片数减少，但由于直流绝缘子价格比交流绝缘子贵几倍，因此直流线路附件工程费用比交流线路增加1倍左右。

近年来，由于材料价格、人工工资等都作了相应调整，因此工程投资呈上升趋势。1995年完成初步设计的天—广±500kV直流输电工程，横贯广西、广东两省（区），线路全长960km，导线采用4×LGJ-400/50和4×LGJ-400/35两种型式钢芯铝线，全线分三个气象区，线路穿越高山大岭和一般山地，交通条件差，每公里综合投资高达153.82万元，其中静态投资117.88万元，本体工程投资66.2万元，各分项工程本体投资及价差见表12-19。

表12-19　　±500kV天—广线分项工程本体投资及差价表

项　　目	分项工程本体投资（万元）	价差（万元）	小计（万元）	分项工程所占比例（%）
工地运输	11.53		11.53	12.01
土石方工程	2.66		2.66	2.77
基础工程	5.44	1.36	6.8	7.08
杆塔工程	16.06	12.84	28.9	30.1
架线工程	20.72	7.09	27.81	28.97
附件工程	9.79	8.52	18.31	19.07
小　　计	66.20	29.81	96.01	100

注　价差为材料实际价格与概算计费价格之差。

从表12-17和表12-19可以看出，虽然直流线路少一根导线，每千米需要绝缘子片数减少，但由于直流绝缘子单价比交流绝缘子贵几倍，因此直流线路附件工程投资比交流线路增加1倍左右。近年来，直流绝缘子已基本实现国产化，直流绝缘子价格有明显下降趋势，加之复合绝缘子的广泛应用，附件工程在整个工程投资中比例将有所下降，但由于每串绝缘子片数增加和耐张塔在全线杆塔基数中所占比例提高，附件工程在直流输电工程本体工程中所占比例仍会较高。

第二节　直流电缆线路

一、直流电缆应用场合与发展概况

直流电缆可以远距离大容量输电，它主要应用于海底电缆以及向大城市供电的地下电缆。近20年来，直流输电的应用有很大的发展，在许多工程中使用了直流电缆，其中最高电压为±500kV，输送容量为2800MW，最长线路为250km。

在我国近期进行的广东、海南联网工程的可行性研究报告中，建议在琼州海峡敷设海底电缆，初期采用500kV交流输电，海底电缆长度约30km，海底最大深度80m，采用充油电缆，陆上架空线路280km，输送容量600MW；远期采用±500kV直流输电，输送容量1200MW。

国外部分直流电缆线路概况见表12-20。

表12-20　　国外部分直流电缆线路概况

敷设地点	敷设年代	定额电压(kV)	传输容量(MW)	电缆型式	线路长度(km)	海底最大深度(m)	电缆主要结构参数		
							截面(mm^2)	绝缘厚度(mm)	工作场强(kV/mm)
瑞典—果特兰岛	1954	100	20	粘性浸渍	100×1	140	90	7	—
英法海峡1	1961	±100	160	粘性浸渍	52×2	60	340 390 600	7.5	17
丹麦（康梯）—瑞典（斯堪）	1965	250	250	粘性浸渍	64×1	86	625 800	16	25
				充油	23×1		2×310	12.4	29
意大利—科西嘉—撒丁岛	1965	200	200	粘性浸渍	(90+14)×2	450	420	11.8	25
新西兰南北岛（库克海峡）	1965	±250	600	充气	41×3	256	520 805	14.2	25
加拿大—温哥华	1969	260	312	粘性浸渍	33	200	400 650	18.5	25
英国金斯诺斯	1971	±266	640	充油	82	—	800	10.3	35
丹麦—挪威（斯加基拉克海）	1976～1977	±250	250	粘性浸渍	130×4	550	800	16	23.2
北海道—本州	1979	±250	1200	充油	43.2+1.2	290	600	14.5	22.5
英法海峡2	1986	±270	2000	粘性浸渍	55	—	4×900	—	—
瑞典—德国波罗的海	1994	450	600	—	250	—	—	—	—
丹麦—德国康特克	1995	400	600		170	—	—	—	—
西班牙—摩洛哥	1995	−400		充油	26×2	615	800	—	—
意大利—希腊	2000	−400	—	粘性浸渍	163+43	1000	1250	—	—
日本四国—本州	2000	±500	2800	充油	48.9	75	3000	22.5	—

对于跨越海峡的输电采用直流电缆更为有利。交流输电线路的自然功率按式(12-13)计算

$$P = U^2/Z_s \tag{12-13}$$

$$Z_s = \sqrt{\frac{L}{C}} \tag{12-14}$$

式中，P 为线路自然功率；U 为线路运行电压；Z_s 为线路波阻抗；L 为线路电感；C 为线路电容。

如果线路输送的功率大于自然功率，线路所消耗的无功功率就大于线路产生的无功功率，始端的电压将高于末端的电压。反之，则始端的电压将低于末端的电压。

应当指出，对交流系统，电缆线路的电容要比架空线路大很多，一般电缆的波阻抗为15～25Ω，要比架空线的300～400Ω小10多倍，所以它的自然功率就要比架空线路大10多倍，但是在超高压交流电缆中，由于电压高和传输距离远，所以电缆的电容电流可能很大，以220kV电缆线路为例，每相每千米为23A，当电缆长度达40km时，每相电容电流可达920A，几乎占用了芯线的全部载流容量。为了避免电缆的芯线过热，电缆输送的功率远低于自然功率。因此，为了能正常运行，只有沿线路定距离安装并联电抗器来加以补偿，才能抑制线路末端或中间电压的过分升高，而在某些系统中，这是很难做到的，因此存在着临界长度问题。如果是海底电缆在中途采用并联电抗器补偿有实际困难，那么较长的海底电缆采用交流输电实际上是不可能的，而采用直流电缆线路就比较适宜。

二、直流电缆技术特点

（一）直流电缆绝缘要求

高压直流电缆不易老化，工作寿命较长，它能在额定直流电压下可靠地输送负荷电流。当直流输电潮流反转时，电缆内的电流方向不变，而电压极性改变，因此还要求直流电缆能承受快速的电压极性转换，此外还必须考虑内部产生的过电压。这种过电压最常见的是来自换流的暂时性故障，它会引起瞬时振荡过电压叠加在直流电压上，其持续时间可达1s；在不利情况下，其峰值可能将达到工作电压的两倍。当直流电缆与架空线路连接时，还必须考虑大气过电压，叠加在正常直流电压之上。

直流电缆的结构虽然与普通交流电缆有很多相似之处，但绝缘的工作条件却比交流电缆优越得多。因为对直流来说，电压有效值即电压的峰值，在相同电压下直流电缆绝缘中的损耗比交流少得多，从而绝缘的热不稳定性已变为次要。此外，交流电缆绝缘的击穿电压与电压的作用时间有关，而直流电缆却无此问题。例如，普通浸渍纸绝缘，在交流电压作用下，当电场强度为45kV/mm时，1min内即被击穿。如果作用时间为100h，则击穿电场强度仅为19kV/mm。这是因为在绝缘层内不可避免地含有少量的空气，在工频电压作用下不断被电离，渐渐地使绝缘的质量变坏，终于被击穿。在直流电压作用下，绝缘内气隙的电离现象并不严重。因此1min内击穿场强为130kV/mm和100h内击穿场强为120kV/mm，它们几乎是相同的。

在交流电压作用下，由于充油电缆绝缘不易老化，工作场强一般可以比普通粘性浸渍纸绝缘电缆高一倍左右。在直流电压下，充油电缆的直流击穿场强与普通粘性浸渍纸绝缘电缆大约相等，而在正常情况下，粘性浸渍纸绝缘电缆可以长期承受比交流高3～5倍的电压。因此，迄今为止直流电缆一般都采用结构简单、制造及维护方便而且价廉的普通粘性浸渍纸绝缘电缆。只有当线路的高差较大时，由于这种电缆会出现浸渍剂向下部移动，致使高端绝缘干枯，绝缘强度降低，或者当输电电压特别高时，则采用充油电缆为最佳。

（二）直流电缆电场分布特点

直流电缆绝缘层中电场分布不像交流电缆那样简单和容易计算，前苏联研究人员曾提出在绝缘中存在空间电荷的理论，认为空间电荷对电场分布有很大的影响，结果使线芯和铅包处的电场强度比只考虑按绝缘电阻计算的大一倍。这一效应随绝缘层厚度的增加而增加，而且与线芯的极性有关，当线芯为负极性时影响更大。日本的研究人员也有同样的观点，他们对直流充油电缆的空间电荷问题作了详细的试验和理论研究，其试验结果表明：在稳态下空间电荷对电场分布的影响可使电缆的击穿强度降低30%～40%。但是，对有关空间电荷理论的研究还缺乏充分的试验数据，还有待进一步证实。

在不考虑空间电荷的情况下，直流场强分布是受绝缘电阻系数的控制。电缆的绝缘电阻系数是随着温度的变化而变化，而且与所加电压有关。因此，在计算电场强度分布时，必须考虑温度和电压的影响。

在恒定的电压下，直流电缆的场强分布是随负荷的大小而变化的。当没有负荷时，绝缘层中没有温差，即整个绝缘处于同样的温度，此时场强分布与在交流电压下的情况相同。当有负荷时，在接近导体处，由于温度较高，绝缘电阻系数较低，场强就相应地减小，反之，在靠近金属护套处，由于绝缘电阻系数较高，场强就增大。由于绝缘中的场强分布决定于温度分布，因此在设计直流电缆时不仅必须考虑电缆最高运行温度，而且还要考虑整个绝缘层的温度分布。因为在负荷条件下，绝缘层内的最大场强与温度有关。

直流电缆与交流电缆不同的另一特点是，绝缘必须能承受快速的极性转换。在带负荷情况下极性转换实际上会引起电缆绝缘内部电场强度的增加，通常可达50%～70%。

（三）直流电缆绝缘特性

电缆在直流电压作用下，与在交流电压作用下的绝缘特性有显著不同，其主要是以下几方面。

1. 电场分布不同

当电缆的绝缘层承受工频交流电压时，它的电场强度是按介电系数反比分配的。当绝缘材料承受直流电压时，它的电场强度是按绝缘电阻系数正比分配的。以油浸纸绝缘为例，油的介电系数比浸渍纸的低，但它的绝缘电阻系数比浸渍纸的低得多，如浸渍纸在20℃时的绝缘电阻系数约为$2.5\times10^{15}\Omega\cdot cm$，油在20℃时的绝缘电阻系数约为$3\times10^{14}\Omega\cdot cm$，相差几乎一个数量级。因此，在交流电压作用下，具有较低击穿强度的油膜，承受较高的场强，而在直流电压作用下，具有较低绝缘电阻系数的油膜则承受较低的场强，从而使电缆能承受较高的直流电压。

绝缘材料的介电常数，在一般工作温度下，可以认为是与温度无关的常数，因此在交流电压作用下，电缆绝缘层中的电场分布几乎不受温度分布的影响。在直流电压作用下，情况就不相同了，绝缘电阻系数一般随温度成指数变化，温度分布的改变，就会使电场分布大大地改变，这使直流电缆绝缘层中电场分布比交流电缆的复杂得多。

2. 击穿强度不同

电缆绝缘的直流击穿强度较高，其与电压作用时间增长而下降的趋势不像在工频电压作用下那么显著。长期工频电压作用下，绝缘击穿强度随电压作用时间增长而下降，这主要是在绝缘材料内部产生了局部放电所致，如发生局部放电，每半个周波至少放电一次。而在直流电压作用下，大约要隔几秒甚至几十秒才发生一次局部放电。表12-21是不同浸渍剂的浸渍纸电缆直流击穿强度与时间关系的试验结果。从表12-21可以看出，直流击穿场强与浸渍剂黏度有关，黏度高时，直流击穿强度数值与冲击击穿强度几乎相等。

表 12-21　　浸渍纸电缆直流击穿强度与时间关系

作用时间（min） 击穿强度（kV/mm） 绝缘种类	1.0	10	100	1000	∞（外推）
黏性浸渍纸绝缘	152	145	141	138	138
低黏性浸渍纸绝缘	123	121	118	117	115

浸渍纸和聚乙烯绝缘的直流击穿强度随温度上升而下降。根据试验结果，当温度从20～60℃间变化时，浸渍纸绝缘的直流击穿电压 U 可近似地用下式表示

$$U = U_{20}[1-\gamma(t-20℃)] \tag{12-15}$$

式中，U 为直流击穿电压，kV；U_{20} 为 20℃ 时直流击穿电压，kV；γ 为温度系数，$\gamma \approx 0.054$；t 为工作温度，℃。

聚乙烯绝缘的直流击穿电压与温度的关系可认为服从波茨曼定律，当温度从 20℃ 上升到 80℃时，直流击穿电压下降约 50%。浸渍纸绝缘的直流击穿强度随纸带厚度即整个绝缘层厚度的增大而下降。

3. 直流电缆工作电场强度

根据已有试验数据，浸渍纸绝缘的直流击穿强度几乎与它的冲击击穿强度等值，即达 90～100kV/mm 以上。对于黏性浸渍纸绝缘电缆，长期在温度变化和多次循环后，击穿电场强度有所下降，最严重的情况可能在 55kV/mm 场强下发生击穿。因此，目前黏性浸渍纸绝缘电缆的最大工作场强一般选取在 25～30kV/mm 范围内。对于充气电缆一般选用较高的数值；而对于充油电缆，由于消除了局部放电，可长期保持 100kV/mm 击穿场强，它的最大工作场强一般取 30～45kV/mm。

在选定直流电缆工作场强时，还应考虑过电压和负荷变化对其绝缘性能的影响。例如，对于黏性浸渍纸绝缘电缆，当突然切断负荷时，线芯温度降低，会使电缆内部压力降低，致使绝缘击穿场强降低 40%左右。对于充油、充气电缆，就不会有此现象，因此有人认为黏性浸渍纸绝缘不宜用于工作电压大于 550kV 的直流电缆。

直流输电系统的内部过电压一般为 1.7～2 倍，经试验和研究结果表明，在各种不同绝缘的直流电缆中，充油电缆的内过电压击穿强度将达 100kV/mm 左右，充气和黏性浸渍纸绝缘电缆的击穿强度将达 70～80kV/mm。

三、直流电缆种类与结构

（一）直流电缆种类

由于世界上早期的供电是以直流为基础的，所以早在 20 世纪初期，直流电缆就已有所采用。但是后来，随着交流输电技术的飞速发展，交流电缆得到了广泛的应用。直流电缆在发展中吸取了交流电缆的成熟经验，所以在结构上与交流电缆有很多相似之处。目前实际使用的高压直流电缆有以下几种类型。

1. 油浸纸实心电缆

这种直流电缆采用得最早，也采用得最多，这种电缆结构简单，制造及维护方便，价格低廉，但其工作电场强度只能达 25kV/mm 左右。这一限制决定了这种电缆的电压只能制造

到250～300kV。果特兰岛、英—法海峡、撒丁岛、温哥华岛、康梯—斯堪等工程均采用了这种电缆。它适合于做长距离海底敷设，因为它不需要供油，而且海水的良好冷却作用能避免浸渍剂的流失。这种电缆不宜做大落差敷设，因为在这种条件下运行，电缆会出现浸渍剂向下部移动，促使高处绝缘干枯，绝缘强度降低。

2. 充油电缆

当额定电压超过250kV时，大多采用充油电缆。它在陆地上采用时，具有比其他类型电缆都优越的技术性能。近年来，由于解决了长距离供油的技术问题，所以它也可用作海底电缆。在国外，这种充油电缆已用于金斯诺思、康梯—斯堪、四国—本州等直流工程中。

3. 充气电缆

它的介质通常选用高密度浸渍纸再充以压缩气体（如氮气）组成，有较高的绝缘强度，其工作电场强度可达25kV/mm以上，它适宜于做长距离海底电缆敷设及大落差敷设，如新西兰库克海峡直流输电工程就采用了这种电缆。但是，由于电缆内的压缩气体对电缆及其附件的密封性与机械强度提出了很高的要求，因此没被广泛采用。

4. 挤压聚乙烯电缆

这种电缆结构简单而坚固，用来作为海底电缆是比较适宜的，但按其直流耐压能力看，工作电压只能达250kV左右。

目前实际采用的直流电缆绝大多数是胶浸实心电缆与充油电缆，但是没有金属包皮，只有钢丝铠装的聚乙烯电缆，由于在某些方面有了一定的优点，所以近期亦受到广泛的关注。

（二）直流电缆结构

1. 导电线芯

导电线芯材料一般采用铜线，其截面按额定电流、容许压降、短路容量等因素选定。在选择芯线结构时，应着重考虑发生故障后的海水渗透问题，一般可采用压聚、焊接、涂水密封材料等堵水措施。

2. 绝缘层

直流电缆的绝缘层厚度应同时满足四方面要求：①对于额定直流电压，无负荷时导体表面处的场强应在允许值以下；②对于额定直流电压，满负荷时外层包皮处的场强应在允许值以下；③能耐受冲击试验电压；④在额定电流下，导体的温度应在允许值以下。一般可先假定几种绝缘厚度进行计算，然后选定最合适的绝缘层厚度。

3. 外护层

直流电缆由于在金属护套和铠装上不会有感应电压，所以不存在护套损耗的问题。护层的结构主要是考虑机械的保护和防止腐蚀，特别是对于海底电缆。

(1) 金属护套。为了保证金属护套的可靠性和柔软性，迄今直流电缆都采用铅护套，铅护套的厚度一般为2.5～3.0mm，对内压型充油或充气电缆，还必须和所采用的压力相适应，增设有几层金属带制成的加强层。

(2) 防蚀层。海底电缆在正常运行时，由于漏电流和以海水做回路的电流作用，金属护套和加强层都将受到电解腐蚀作用。通常只要加一层由塑料制成的护套，即可防止电蚀。但一旦塑料防蚀层受损，就将出现局部性的急速腐蚀。所以，有些电缆用浸沥青绝缘胶的纸带组成轻防蚀层，或在几层橡胶带之间涂上沥青绝缘胶。近年来，大多采用挤压几层聚乙烯或氯丁橡胶作为防蚀层，是因为聚乙烯或橡胶的弹性模数较大，能够部分地吸收作用在铅包上的机械应力，并使应力分布得更为合理。同时，它防水性能好，与铅包一起组成了双重防水密封。而且它的绝缘性能也较好，适合于承受金属护套的暂态过电压。

(3) 铠装。为了防止外来机械损伤，根据具体情况可在防蚀层外面加钢带或钢丝铠装。海底电缆一般都采用钢丝铠装。海底电缆在敷设或打捞时，由于电缆的自重，使电缆受到很大的机械应力，同时在复杂的海洋环境中，电缆会受到海水、海洋生物等的侵蚀。

第三节　直流接地极引线

接地极引线是将直流电流引入大地的线路，把大地（或海水）作为廉价和低损耗回路，在直流输电系统中获得广泛的应用。直流输电线路利用大地为回路的优点是：①大地回路与同样长度的金属回路相比较，具有较低的电阻和相应低的功率损耗。②利用大地为回路，可以根据输送容量的要求进行分期建设。对于双极直流输电系统，第一期可以先按具有一极金属线及大地回路的单极直流输电系统运行，第二期再架设一极金属线，使其最终成为双极直流输电系统。③在双极直流输电系统中，当一极导线或一极换流器停止工作时，仍可利用另一极和大地回路输送一半容量的电能。

一、接地极引线绝缘水平

（一）线路电压

在正常运行情况下，加在接地极线路上的电压，实际上是入地电流在接地极及其线路上形成的压降。在双极对称运行情况下，入地电流小于额定电流的1%，当双极不对称运行时，入地电流为两极电流之差值，线路上的电压是非常低的；即使在单极额定电流运行情况下，线路上的电压也仅为数千伏，并且沿线的电压是呈线性递减的，在换流站出线端电压最高。天—广±500kV直流输电工程按推荐的导线及系统运行情况，分别对天生桥侧和广州侧接地极线路上可能出现最高电压进行了计算，天生桥侧接地极线路上电压分布如图12-4所示，其中l为线路长度，约53km；l_0为离开接地极的距离（km）。

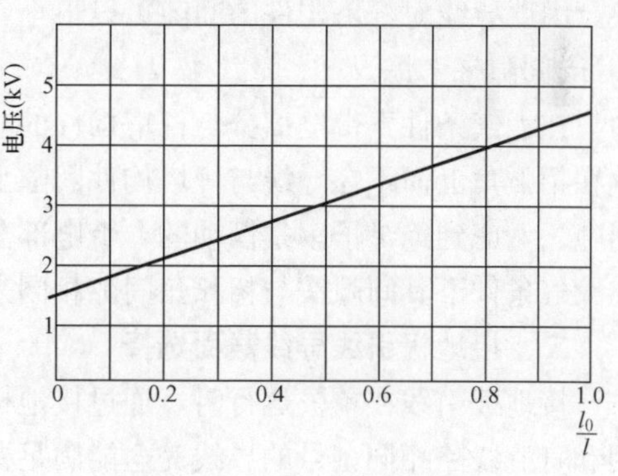

图12-4　接地极引线上电压分布图

l—线路长度；l_0—离开接地极距离

一般导线对称地布置在杆塔两侧，当雷击杆塔时，仅考虑一侧导线对地间隙被击穿，当间隙小于临界间隙时，雷击点间隙在直流电压的作用下，将可能建立起稳定的电弧，部分直流电流在雷击点通过杆塔入地，其值可由式（12-16）计算，此时雷击点电压等于I_0乘以R_g

$$I_0=\frac{2R_e+k_0R}{2(R_g+R_e)+k_0(2-k_0)R}\times I_d \tag{12-16}$$

式中，I_0为流过雷击点的直流续流，A；I_d为流过接地极的入地电流，A；R为单侧导线电阻，Ω；R_e 为接地极接地电阻，Ω；R_g 为杆塔接地电阻，Ω；k_0 为系数，$k_0=l_0/l$。

（二）熄弧间隙

熄弧间隙与招弧角形状、布置方向和直流续流有密切关系，在伊泰普直流输电工程接地极的设计研究中，曾就接地极线路上加装招弧角及其间隙的设计进行了试验研究。其试验研究结果表明：招弧角水平布置较垂直布置熄弧能力强得多；弧型招弧角较棒型招弧角熄弧能力强；建弧点处的直流续流越大，熄弧间隙就越大；熄弧间隙越大，在某种意义上讲就意味着所需绝缘子的片数越多。

从式（12-16）得知，雷击点电压与雷击点位置、杆塔接地电阻和流入接地极电流有关。对同一工程，不同地点的雷击电压是不同的，即要求临界熄弧间隙不同，因此在招弧角设计中，应考虑间隙能调节。

（三）绝缘子片数

由于线路上电压很低，不足 10kV，因此就其电气特性而言，仅用一片绝缘子就足够了，但考虑出现零值绝缘子的可能性，从工作电压方面考虑，线路绝缘子不宜低于两片。

我国葛—南直流输电工程和国外直流输电工程的接地极线路运行经验表明，威胁线路绝缘安全的主要因素是来自雷击后的续流，因此必须加装招弧角来保护绝缘子。为了使招弧角起到保护绝缘子的作用，同时又能拉断续流（灭弧），招弧角间隙应该大于临界熄弧间隙，同时又要小于绝缘子串与杆塔配合间隙。因此，从防雷保护角度上讲，线路首端推荐采用 3 片绝缘子，如果有必要的话，个别地方也可采用 4 片。

（四）带电部分与杆塔构件、拉线的最小间隙

在正常情况下，线路电压很低，即使在最大电流的情况下，线路首端电压也仅为几千伏。因此导线对杆塔构件的间隙可以很小，但为了保证带电部位不碰杆塔，在大风条件下按 0.1m 间隙来考虑。

在大气条件下带电部分与杆塔构件的间隙设计，应该与招弧角间隙相配合，保证放电发生在招弧角上而不在导线与杆塔构件间隙上，带电体与杆塔构件间隙必须大于或等于招弧角间隙。考虑到绝缘子串是摆动的，带电部分与杆塔构件间将出现的最小间隙概率会较小，故在大气条件下其间隙按与招弧角间隙相同来考虑，即间隙取 0.45m。

二、接地极引线导线截面选择

接地极引线在单极运行时，通过接地极线路的最大电流和直流输电线路相同，因此若选用和直流线路相同型号的导线完全能满足要求，但接地极引线有以下几个特点。

（1）运行电压低，其线路电压只是入地电流在导线电阻及接地极电阻上引起的压降。

（2）单极运行时间短，接地极只是在线路投运初期单极运行，或者双极投运后一极发生故障检修时才投入单极运行。一般情况，接地极及引线仅作为固定换流站中性点电位之用，流过引线电流仅为额定电流的 1%。

（3）接地极引线距离较短，一般仅几十千米。

考虑以上情况，接地极线路导线截面的选择可不按常用的经济电流密度来考虑，也不必校验电晕条件，只需按最严重的运行方式来校验热稳定条件，这样选择的导线既节省了投资，又能满足输电要求。由于直流输电工程输送容量大，为满足热稳定条件，需要导线截面较大。一般宜将导线布置在杆塔两侧，是因为要保持杆塔受力平衡。导线根数多为偶数，杆

塔一侧导线一般采用单导线或双分裂导线，采用单导线，导线过载能力大，杆塔承受水平荷载和垂直荷载小，但直线塔承受纵向荷载较大。

三、接地极引线设计原则

（一）气象条件

接地极引线虽电压不高，但输送容量大，线路很重要，为保证线路运行安全，气象条件宜按110～220kV送电线路标准进行选择，最大设计风速不应低于25m/s。

（二）防雷保护

接地极引线属于低绝缘线路，从35kV线路的运行实践来看，有地线与没有地线两者的跳闸率相差无几，根据《交流电气设备的过电压保护和绝缘配合》（DL/T 620—1997）规定，35kV及以下的线路，一般不沿全线架设地线。然而架设地线后，除要引导直击雷入地外，在雷击时还增加了导线的耦合系数，提高了耐雷水平。即使跳闸率不一定明显下降，但绝缘子遭受破坏的几率会减少，危害换流站设备（尽管换流站装设了防雷装置）的几率也会减少。对于接地极引线，其重要性远非一般35kV线路可比，增设地线投资并不多，因此沿全线架设一根地线，保护角不大于30°，基本上能起到了防雷保护作用。

四、杆塔

当接地极引线采用单导线时，导线布置在杆塔一侧，当接地极线用多根导线并联运行时，由于各导线间无电压，不存在相间问题。因此，多根导线可合在一起成为分裂导线布置，也可以在塔顶上对称分开布置，在使用性能上两种布置是一样的，采用哪一种布置需根据实际情况来决定。我国设计的±500kV葛—南、天—广、三—常三回直流线路由于输送容量大，接地极引线分别采用2根或4根导线并联，且线路通过山区，档距较大。如天生桥换流站的接地极引线最大档距近900m，从杆塔受力情况来考虑，杆塔均采用十字型，一根避雷线挂在塔顶，导线分挂在杆塔两侧，呈水平排列，水平线距一般受导线在档距中央的接近距离所控制，依档距大小，线距一般控制在3.5～5m之间。

由于接地极的线路长度较短，为减少设计和加工工作量，塔型不宜过多，目前国内所采用的塔型有拉线直线塔、自立式直线塔、转角耐张塔三种。广州换流站的接地极线路，由于要通过的鱼塘较多，为了在塘埂上立塔，因此采用了部分钢管塔。

由于导线机械荷载较大，所用杆塔均为钢结构。在地电流场作用下，直流地电流可能从一个塔脚流进（出），从另一个塔脚流出（进）；也可能通过非绝缘的地线，从一个塔流进（出），从另一个塔流出（进），在电流流出的地方形成电腐蚀。为了防止直流地电流对极址附近杆塔基础造成电腐蚀，一般可采用下列技术措施。

（1）将离开接地极约10km一段线路的地线用绝缘子对地绝缘，避免直流地电流在地线上流动。

（2）用沥青浸渍的玻璃布，将离开接地极址2～3km范围内的杆塔基础，完全包缠绝缘起来，以防止或减少地电流在塔脚间流动。

（3）对于紧靠近接地极址杆塔，在塔脚处垫一块玻璃钢板，在每个地脚螺栓出口处，套上合适的玻璃钢套管，使杆塔对基础绝缘，阻止地电流流向杆塔。

第十三章

直流输电接地极

第一节 接地极要求

一、接地极的作用

目前，世界上已投入运行的HVDC系统，几乎都是两端直流输电系统：一端为整流站，另一端为逆变站。按照工程的需要，其主要接线方式有：①单极大地回线方式；②单极金属回线方式；③双极两端不接地方式；④双极两端接地方式；⑤双极一端接地方式。其中接线方式②、③、⑤，由于只是单点接地或不接地，因而地中无电流，接地极只是起钳制中性点电位的作用；接线方式①、④中的接地极，不但起着钳制中性点电位的作用，而且还为直流电流提供通路。因此，接线方式①、④对接地极设计有着特殊要求，以下仅以此两种接线予以叙述。

（一）单极大地回线方式

单极大地回线方式大多用于直流海底电缆输电系统，它用一个直流高压极线与大地构成回路，只能以大地返回方式运行。在这种接线方式下，流过接地极的电流等于线路上的系统运行电流。

（二）双极两端接地方式

双极两端接地方式可选择的运行方式较多，如单极大地回线运行方式、双极对称与不对称运行方式、同极并联大地回线运行方式等。对接地极设计有特殊要求的有如下几种运行方式。

1. 单极大地回线运行方式

在HVDC系统建设初期，为了尽快地产生经济效益，往往要将先建起来的一极投入运行。直流输电线路投入双极运行后，当一极故障退出运行时，为了稳定系统，提高系统供电可靠性和可用率，健全极将继续运行。此时，直流系统可处于单极大地回线方式运行，流过接地极的电流等于线路上的运行电流。

2. 双极对称运行方式

对于双极两端中性点接地方式，当双极对称运行时，在理想的情况下，正负两极的电流相等，地中无电流。然而在实际运行中，由于换流变压器阻抗和触发角等偏差，两极的电流不是绝对相等的，有不平衡电流流过接地极。这种不平衡电流通常可由控制系统来自动调节两极的触发角，并使其小于额定直流电流的1%。当任意一极输电线路或换流阀发生故障时，大地回路中的故障电流与故障极上的电流相同。

3. 双极不对称运行方式

双极电流不对称运行方式，正负两极中的电流不相等，流经接地极中的电流为两极电流之差值，并且当两极中的电流大小关系发生变化时，接地极中电流的方向则随之而变。双极电压不对称方式，如果保持两极电流相等（此时两极输送功率不等），则仍可保持接地极中的电流小于直流额定电流的1%。

4. 同极并联大地回线运行方式

同极并联运行是将两个或更多的同极性电极并联，以大地为回线运行方式。显然该系统流过接地极的电流等于流过线路上电流的总和。同极并联运行的优点是节省电能，减少线路损耗。

二、接地极运行特性

直流输电大地回线方式的优点是显而易见的，但可能带来的负面效应应引起各方的足够注意。强大的直流电流持续地、长时间地流过接地极所表现出的效应可分为电磁效应、热力效应和电化效应三类。

（一）电磁效应

当强大的直流电流经接地极注入大地时，在极址土壤中形成一个恒定的直流电流场，并伴随着出现大地电位升高、地面跨步电压和接触电势等。因此，这种电磁效应可能会带来以下影响。

（1）直流电流场会改变接地极附近大地磁场，可能使得依靠大地磁场工作的设施（如指南针）在极址附近受到影响。

（2）大地电位升高，可能会对极址附近地下金属管道、铠装电缆、具有接地系统的电气设施（尤其是电力系统）等产生负面影响。因为这些设施往往能给接地极入地电流提供比土壤更好的泄流通道。

（3）极址附近地面出现跨步电压和接触电势，可能会影响到人畜安全。因此，为了确保人畜的安全，必须将其控制在安全范围之内。

（4）接地极引线（架空线或电缆）是接地极的一部分，它与换流站相连。在选择极址时，应对接地极引线的路径进行统筹考虑。直流输电工程几乎都是采用12脉动换流器，此换流器除了产生持续的直流电流外，还将产生12、24、36等12倍数的谐波电流。在单极大地回线方式运行时，换流器产生的谐波电流将全部或部分地（当换流站中性点加装电容器或滤波器时）流过接地极引线。这种谐波电流形成的交变磁场，将可能干扰通信信号系统。为减少接地极架空线路上的谐波电流对通信系统的电磁干扰，其最有效的方法之一是使架空线路远离通信线路。

（二）热力效应

由于不同土壤电阻率的接地极呈现出不同的电阻率值，在直流电流的作用下，电极温度将升高。当温度升高到一定程度时，土壤中的水分将可能被蒸发掉，土壤的导电性能将会变差，电极将出现热不稳定，严重时将可使土壤烧结成几乎不导电的玻璃状体，电极将丧失运行功能。影响电极温升的主要土壤参数有土壤电阻率、热导率、热容率和湿度等。因此，对于陆地（含海岸）电极，希望极址土壤有良好的导电和导热性能，有较大的热容系数和足够的湿度，这样才能保证接地极在运行中有良好的热稳定性能。

（三）电化效应

众所周知，当直流电流通过电解液时，在电极上便产生氧化还原反应；电解液中的正离子移向阴极，在阴极和电子结合而进行还原反应；负离子移向阳极，在阳极给出电子而进行氧化反应。大地中的水和盐类物质相当于电解液，当直流电流通过大地返回时，在阳极上产生氧化反应，使电极发生电腐蚀（详见本章第四节内容）。电腐蚀不仅仅发生在电极上，也同样发生在埋在极址附近的地下金属设施的一端和电力系统接地网上。

此外，在电场的作用下，靠近电极附近土壤中的盐类物质可能被电解，形成自由离子。譬如在沿海地区，土壤中含有丰富的钠盐（NaCl），可电解成钠离子和氯离子。这些自由离子在一定的程度上将影响到电极的运行性能。

三、对极址的要求

根据接地极运行时所表现的特性，并考虑到接地极运行特性和地中电流分布情况，极址一般应具备以下条件。

（1）距离换流站要有一定距离，但不宜过远，通常在10～50km之间。如果距离过近，则换流站接地网易拾起较多的地电流，影响电网设备的安全运行和腐蚀接地网；如果距离过远，则会增大线路投资和造成换流站中性点电位过高。此外，极址对重要的交流变电所也要有足够的距离，一般应大于10km。

（2）有宽阔而又导电性能良好（土壤电阻率低）的大地散流区，特别是在极址附近范围内，土壤电阻率应在100Ωm以下。这对于降低接地极造价，减少地面跨步电压和保证接地极安全稳定运行起着极其重要的作用。

（3）土壤应有足够的水分，即使在大电流长时间运行的情况下，土壤也应保持潮湿。表层（靠近电极）的土壤应有较好的热特性（热导率和热容率高）。接地极尺寸大小往往受到发热控制，因此土壤具有好的热特性，对于减少接地电极的尺寸是很有意义的。

（4）附近无复杂和重要的地下金属设施，无或尽可能少的具有接地电气（如电力、通信）设备系统，以免造成地下金属设施被腐蚀或增加防腐蚀措施的困难，避免或减小对接地电气设备系统带来的不良影响和投资。

（5）接地极埋设处的地面应该平坦，这不但能给施工和运行带来方便，而且对接地极运行性能也带来好处。

（6）接地极引线走线方便，造价低廉。

第二节　接地极址选择

接地极极址的选择是设计接地极过程中最重要的环节，一旦极址被确定，地电流对环境的影响基本确定，与接地极造价及运行性能有着密切关系的土壤物理参数也基本确定。为了使接地极在持续的大电流情况下，也能稳定地运行，并且不影响或尽可能少影响其他设施，降低接地极造价，合理地选择极址是十分重要的。接地极址的选择过程是一个复杂的过程，它包括发现极址、极址论证与优化、大地物理参数测定，是一环扣一环的总流程。为了能尽快地选择出接地极址，选址过程一般可遵循图13-1所示的选址工序。如图13-1所示，按照

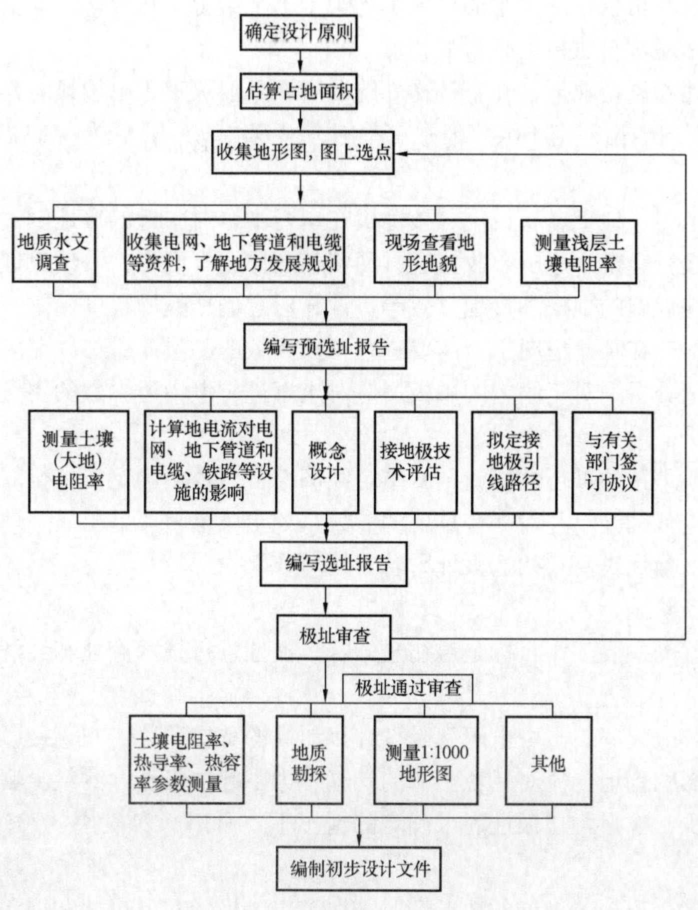

图 13-1　极址选择工序流程图

工作目标划分，整个选址工作可分为极址搜索、极址论证和极址大地物理参数测定三个阶段。

一、极址搜索阶段

设计人员先收集资料并根据收集的资料和设计经验，发现极址是极址搜索阶段的主要工作目标。因此，向有关部门收集的资料应包括以下内容。

（1）地形图（1∶50000）或航测照片。通过地形图或航测照片可以知道地形和地貌情况，从而可以很快地发现适合于设立接地极的地点。

（2）地质结构资料。地质结构资料调查是非常重要的，除了可以通过调查的资料（岩石或土壤的性质及其厚度）宏观地估价出可行性和地中电流的分布外，还可以借助资料或经验估计出土壤电阻率、热导率和热容率等参数。

（3）地面水文和地下水文资料。地面水文资料主要是用来了解有无洪水对极址冲刷构成的威胁；地下水文资料则是用来确定有无足够丰富的地下水来保证电极在大电流长时间运行条件下，极址土壤始终保持潮湿。极址土壤中的含水量直接影响到土壤物理参数，影响到传导电流。土壤中的水实际上是普通盐的水溶液，因而导电呈电解性。电解溶液传导电流的基本方法是离子向电极的移动，即阴离子向阳极迁移，阳离子向阴极迁移。在离子迁移过程中，水扮演着积极的角色。由于水的热导率约等于干土壤平均热导率的5倍，所以土壤中的水不仅对电导有帮助，对热导也有帮助。

(4) 地温。地温系指地下（几米）深处的温度，其值决定了电极最大允许温升值。通常在10～50km范围内地温差别不大，但在有些地方（有温泉）则不然，地温差别可达十几乃至几十度。

(5) 通信、电力、地下金属设施。接地极在运行中，对附近的接地电气设备系统和地下金属设施的安全运行会带来影响。收集这方面资料的作用有两个：①使极址尽可能远离这些设施；②根据这些设施的规模和接地方式等，计算对它们影响的程度。

(6) 其他资料。在某些情况下，需要进行特殊参数的测量。譬如，在沿海地区，应对土壤或水进行含盐量分析；对于固定的阳极，应对土壤进行电渗透参数的测量；对极址土壤或水进行酸碱度分析，提出pH值等。

根据上述资料进行的可行性研究，并结合经济综合分析，确定出可行的极址若干处，然后对可行的极址进行踏勘，并对一些重要的参数，如土壤电阻率、土质、地下水位等，进行初步测试和勘探，择优决定“初选极址”若干处。

二、极址论证阶段

极址论证阶段的主要工作目标是对初选的若干极址进行技术论证和经济比较，提出推荐极址方案。

(1) 测量土壤电阻率。土壤电阻率是设计接地极的重要参数，它直接影响到接地极运行性能和造价，也影响到地电流对环境影响的计算。为了评估极址，测量土壤电阻率参数是必须的，但为了减少工作量，在极址尚未确定的情况下，可以只对表层（100m深）土壤电阻率参数进行测量。

(2) 概念设计。根据各极址的地形情况，拟定出电极形状、尺寸和埋深，计算出接地电阻、电流分布、地面最大跨步电压和热时间常数等主要技术参数，并估算出材料用量。

(3) 评估地电流对环境的影响。计算地电流对环境的影响是极址论证阶段的中心工作，必须根据每个初选的极址环境情况，通过计算并评估出地电流对电力系统、通信系统、地下金属管道或铠装电缆、铁路等设施有无影响。对于有影响的系统，提出缓解（或解决）的措施及可能发生的费用。

(4) 拟定接地极引线路径。在1∶50000地形图上拟定出各初选极址至换流站架空线路路径，量出线路长度，并根据其长度、沿途经过的地貌、地质及交通等情况，估算出各初选极址的接地极引线所需要的建设费用。

(5) 商办协议。针对各初选极址，了解地方规划，与地方政府和有关部门签订协议。征得地方政府的同意，求得地方政府的支持，这也是极址论证中的一个重要工作，这项工作往往要设计人员付出更大的努力。

(6) 编写选址报告。选址报告是极址选择和极址论证工作结果的具体体现，其内容除了客观地反映上述工作内容外，还应进行技术经济比较，并在此基础上提出推荐极址方案。

三、极址大地物理参数测定阶段

在确定极址后，便可以开展对确定后的极址土壤（大地）物理参数测定工作，确定出供设计采用的参数值。

(1) 测量极址土壤（大地）电阻率。此次测量土壤电阻率参数与极址论证阶段有所不同；除了对浅层（0～1000m）要进行定点分层测量外，还应对深层（至地幔）大地电阻率进行分层测量。根据测量的结果，整理出表层土壤电阻率参数分布图，确定出大地纵向真实电阻率参数分层情况。

(2) 测量土壤热导率和热容率。测量出电极埋设深处（一般约 3m）土壤的热导率和热容率。提供的资料应包括土壤取样的位置、土壤类型及含水量、测量方法等内容。

(3) 测量地形图。按照设计人员确定的位置和范围，测量出可供设计人员用于电极布置设计的 1/1000 或 1/2000 地形图。

(4) 地质勘探。对极址表层土壤类型及其分布进行勘探，提供出各类土壤分布及基岩埋深图。

(5) 地下水位。通过钻探或挖井等方法，测量出地下水埋深和涌水量，提供出年平均最高和最低地下水位埋深分布图。

(6) 地温。测量电极埋设深处土壤温度，提供出年平均最高和最低地温度。

第三节　极址大地（土壤）参数测量

一般情况下，与接地极设计有关的土壤参数主要有电阻率、热导率、热容率、地温、湿度（地下水位）等；对于海岸（边）极址，土壤的含盐（NaCl）量也很重要；另外，还有一些参数，如酸碱度、电渗透、水渗透，对于某些极址或工程可能也是重要的。受篇幅限制，下面仅对土壤电阻率、热导率、热容率、土壤温度和湿度（地下水位）等主要参数的测量方法作一介绍。

一、大地（土壤）电阻率

（一）技术要求

大地（土壤）电阻率定义为两相对面面积为 $1m^2$、距离为 1m 的立方体电阻。由于土壤的取样将破坏其结构和水分，从而不能得到其真正的电阻率，因此迄今为止，几乎所有在现场测试土壤电阻率的方法都是以稳定电流场为基础，假设大地在各个方向上是均匀的。实际上在大多数区域里，土壤在各个方向上是不均匀的，因而实际测得的数据不是真正的电阻率，而是视在电阻率。

测量大地（土壤）电阻率的主要目的是以测量所得的大地电阻率为依据，确定接地极尺寸、评估地电流对环境设施的影响以及是否采取保护措施等。接地极尺寸及其技术特性与极址附近土壤参数关系十分密切，远离接地极和深层土壤参数对于评估地电流对环境设施的影响不可忽视。因此，对直流接地极极址的大地（土壤）电阻率参数的测试范围远比交流接地网大。为了得到可信赖的计算结果，人们希望能够了解到离开接地极数十千米范围内的大地电阻率，同时希望得到直至地壳的不同深度的大地电阻率。在如此之大的范围里，为了减少测试工作量，同时也能满足计算精度要求（基于工程观点），通常对极址附近 $2km^2$ 范围内的土壤电阻率进行详细勘测；对于远离这个范围直至数十千米以远，采取抽样勘测，或者通过收资确定。

由于土壤电阻率参数分布往往是不均匀的，所以测量应分块进行。先用方形网格或射线网格将极址分成若干小块，然后在每个网格的节点处进行不同深度的测量。对于电极埋设处，应适当增加测点。测点密度视土壤电阻率分布均匀程度和测深来定：土壤电阻率分布不均匀时，测点密度可以大些，反之则小些；测深愈深，测点密度愈小。

为了获得比较准确的测试结果，选择试验电源和电流值也是重要的。接地极在直流电流情况下运行，因此，用直流电源测试的土壤电阻率较能代表运行情况的电阻率。除此之外，对于深层电阻率的测试，由于电压探针极距较大，须考虑地中干扰电流对测试结果的影响。减少这种影响最有效的方法之一是增大试验电流，最小测试电流可用式（13-1）计算

$$I=\frac{2\pi hU_{g}}{\rho\varepsilon}\times 100\% \tag{13-1}$$

式中，I 为最小测试电流，A；ρ 为土壤电阻率，Ωm；h 为测量深度，m；U_g 为干扰（背景）电压，V；ε 为允许误差，%。

（二）四极法测量

所谓四极法测量即是用一对电流探极向大地引入电流，用另一对探针测量所产生的电位差，然后利用测得的电压和电流关系，计算出所测土壤的电阻率。四极法的电流和电压探极有温纳法（Wenner Array）、库勒伯格法（Schlumberger Array）等多种排列方式，其中温纳法是迄今为止用于测量大地电阻率最广泛的方法之一。

温纳法电流和电压探针布置在一条直线上（C1—P1—P2—C2），探针极距相等。若C1—C2 通过的电流为 I，P1—P2 间测得的电压为 U，则所测点的视在电阻率为

$$\rho=2\pi d\,\frac{U}{I}\qquad(\Omega\text{m}) \tag{13-2}$$

式中，d 为极距，认为是测试深度，m。

该方法操作简单，便于掌握，在土壤分布均匀的情况下，测量结果准确。对于上下层土壤电阻率有变化，则可以通过改变极距 d 来获得其曲线的变化，从而可获得大地电阻率分层结构。

温纳法不仅要求探针极距相等，而且要求布置在一条直流上，这对于要求测试范围之广、测量极距之大和测量点数目之多的极址而言，探针的布置容易受到房屋和沟、渠、塘、道路、农作物等条件的限制，难以满足要求。对此，可采用不等距四极法测量，该方法用于葛—南、天—广和三—常等直流输电工程换流站接地极大地电阻率的测量，并获得了满意的效果。

不等距温纳四极法测量如图 13-2 所示，设 C1—P1、C1—P2、C2—P1、C2—P2 间的距离分别为 d_1、d_2、d_3 和 d_4，当电流 I 从 C1 流入和 C2 流出时，根据恒定电流方程式，电压表测得的电压值 U 为

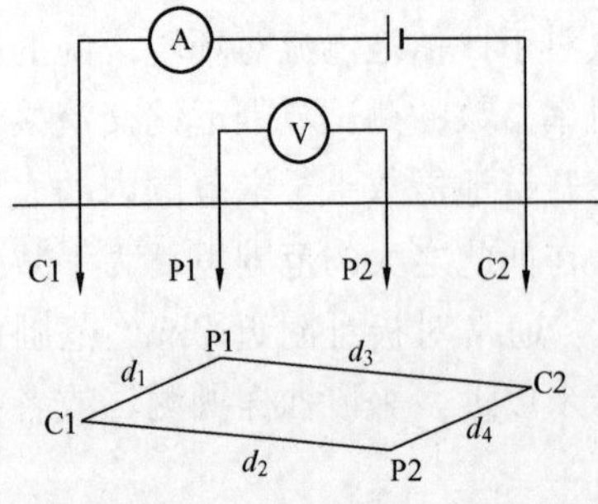

图 13-2　不等距温纳四极法

$$U=\varphi(P_1)-\varphi(P_2)=\frac{I\rho}{2\pi}\left(\frac{1}{d_1}-\frac{1}{d_3}-\frac{1}{d_2}+\frac{1}{d_4}\right)$$

令 $\frac{1}{d_0}=\left(\frac{1}{d_1}-\frac{1}{d_3}-\frac{1}{d_2}+\frac{1}{d_4}\right)$，则

$$U=\frac{I\rho}{2\pi}\times\frac{1}{d_0}$$

$$\rho = 2\pi d_0 \frac{U}{I} \tag{13-3}$$

比较式（13-2）和式（13-3）可以看出，上两式所不同的是“测量深度”有差异：前者极距 d 为测深，后者 d_0 为测深。若各探极的距离相等，且在一条直线上，即有 $d_1 = d_4 = d, d_3 = d_2 = 2d$。将其代入式（13-3）即可得到式（13-2），这表明温纳法是不等距四极法的特例，或者说不等距四极法是温纳法的一般形式。

由于不等距四极法的测量探极间的距离可以是任意的，可以不在一条直线上，因而给测量工作带来极大的方便；可以方便地利用场地的架空配电线路作为测量回路；交替交换电流与电压探极，获得不同的测试深度；探极布置不受房屋和沟、塘、渠等条件的限制，节省了测量费用。

（三）电位拟合法

众所周知，当给一接地装置注入电流时，其附近地面电位将会升高，显然各点的电位上升，除了与入地电流线性相关外，同时与试验场地土壤电阻率及其分布也密切相关。因此，可以采用电位（反演）拟合法，建立极址电性模型。

所谓电位拟合法就是预先给定极址模型，进行地面电位计算，通过合理地、不断地改变极址土壤电阻率值及其分布，使得各点的电位理论计算值与试验值相拟合。电位拟合法工作可分以下两步进行。

第一步：现场模拟试验。在被试极址合适的位置安装一个小型模拟电极（建议采用圆环形），在远离模拟电极（宜大于 20km）的地方安装一个辅助电极，租用附近的配电线路，将其中的一相或两相，串入试验电源后连接两个试验电极，另一相留作测量电位用。试验时，给模拟电极注入一定值（宜大于 5A）的电流，同时在模拟电极至两电极中点间测量电位升。电位测点数目应足够多，电位变化大的地方测点应密一些，反之可稀一些。总之应使测得的电位分布曲线有良好的连续性。

第二步：反演拟合。先应根据试验得到的电位分布曲线及形状，同时结合极址地区地质资料，估计出极址土壤电阻率参数分层，即给出初值；然后（采用计算机）计算出与模拟试验相同测点的电位。通过不断地修改初值，直到理论计算与模拟试验结果相吻合或比较吻合，此时的给定初值即可作为极址大地电阻率参数的设计计算电性模型。

由于电位拟合法模拟了接地极运行情况，因此所获得的参数真实可靠，特别适用于极址大地参数分布复杂（如有山、湖泊、沟渠等）地区，和数百米至数公里深处的大地电阻率值测量。在天生桥—广州±500kV 直流输电工程天生桥侧接地极大地电阻率参数测量中，国内首次提出并采用该方法，从而以后其他直流输电工程也多次采用，均取得了令人满意的效果。

（四）电磁探测（MT）法

上述四极法具有测量简单、结果准确等优点，但当大范围的测量、山区极址测量或“测量深度”超过 1km 时，由于测量工作量很大，上述方法往往不适用。

广泛应用于矿产勘探的大地电磁法（又称 MT 法）为测量接地极深层大地电阻率提供了方便。该方法是建立在大地电磁感应原理基础上的电磁测量方法，场源是天然的交变电磁场。当用 MT 法工作时，在同一点和同一时刻连续记录电场的两个相互垂直的水平分量 E_x

和 E_y，以及磁场三个互相垂直的分量 H_x、H_y 和 H_z，通过计算处理得到该点的波阻抗 Z。当大地电磁呈各向同性和水平层状分布时，阻抗 $Z=E/H$。此方法利用集肤效应原理，通过改变频率，可获取不同勘探深度及其视在电阻率参数，然后通过计算机（软件）处理，可得到极址电性参数模型。该方法的操作具有专业技术性较强，其详细操作方法请读者阅读其他相关书籍。

大地电磁勘测法由于是利用交变电磁场的感应耦合作用，可以穿透直流勘探难以穿透过的高阻层，因此只要选择合适的频段，MT 法可以探测地下数百米到数百公里深度范围内的电性变化。MT 法的这些特性使之成为寻找石油等矿产的勘探，特别是研究大地深部电性分层的一种十分有效的方法。

二、热容率

土壤的热容率定义为单位体积内土壤每升高 1℃所需的能量。土壤热容率通常是在实验室用绝热的热量计测量，其方法既可利用持续热源，也可利用间歇热源。目前比较常用的仪器有（美国杜邦公司生产的）910DSC 示差扫描量热计。

间歇热源法是应用一种恒定功率间歇地给封在绝热套里的样品加热，记录温度对时间的变化曲线，获得焓与温度的相互关系，即得样品比热。由于采用间歇加热方式，样品中的焓分布均匀，故这种方法常用于高精度测量。

持续热源法是以恒定功率持续地给封在绝热套里的样品加热，经过一段时间加热后，根据样品的温升与焓即可求得比热，比热乘以比重即是热容率。

送往实验室的样品，应是取自所选极址场地的每种典型土壤抽样或在此地区内的各种土壤。取样土壤最好是取自电极埋深处的土壤，取样数目不宜低于极址土壤分类数。

三、热导率

热导率系指单位长度和面积土壤两端温差为 1℃时每秒传递的热量。土壤热导率测试分为实验室和现场测试两种。

实验室测量热导率是将土壤样品放在两块其热导率为已知的圆金属板中，使其一端加热，用一组热电偶测量两端的温度，通过样品的热流量则由一套传感装置进行测量。经过 10min～2h 的热流量测试之后，经由仪器内部进行热流乘以样品厚度除以温差的运算再给出热导率读数。还有一种用美国生产的 JR-Ⅱ 激光扫描仪测量热导率：将土壤制成直径约 8mm、厚度约 1mm 的圆薄片，用激光瞬时照射试件表面加热，并根据试件背面温度升高来求得热扩散系数，然后用热扩散系数乘以比热和密度，即得土壤热导率。实验室测量热导率需要获取和运送样品，由于在这过程中破坏了土壤原有状态，致使影响测量结果，因此有时采用现场测试法。

现场测试法也分为静态法和暂态法两种，前者是利用埋设的球体，并对球体加热到使其热流量均匀分布，由于这一过程通常要花好几天，故不是一种实用的方法；后者则是使用一根内装加热器和测温元件的圆柱形测量极，将它插进所需深度的土壤里，加热器突然供热，使热量以恒定速率传入土壤，同时对测量极与土壤接触面的温升加以监控，可以获得土壤温升与热的输出量和时间之间的关系，然后根据热传导理论，求出热导率。此方法通常只需约 1h 即可。

四、土壤温度

土壤温度测量须充分反映出极址土壤的最高和最低温度（在特别寒冷地区），季节性地温变化情况。每天的大气温度对埋深 1m 以下的土壤温度没有明显的影响，但季节变化可使 10 多 m 深的土壤温度发生变化。对于 20m 以下的深度认为地温是不变的。极址土壤最高和最低温度资料最常用的方法是通过收资获取。

测量地温最好采用热敏电阻温度计。热敏电阻温度计是一种具有灵敏度高和稳定性好的仪表，并且使用方便，价格也较便宜，尤其适合于遥测。但是对于长期埋在土壤中的热敏电阻，为了避免机械振动损坏和受腐蚀，需对热敏电阻加以保护。典型的保护方法是用环氧树脂将其固定在不锈钢壳内。

五、地下水位

通常采用钻探或挖井的方法获得地下水位，钻探法比较简单，也比较快，但不易看出地下水的丰富程度，而挖井方法恰恰弥补了钻探法这一缺点。因此，两者可兼顾采用。地下水位也与季节有关，因此对地下水位的勘探，也要像测量地温那样，在 $1km^2$ 区域里选择若干个有代表性的钻探点，探明最高水位、最低水位以及随季节变化情况。为了获得较准确的数据，建议至少勘探 4 次（春夏秋冬各一次），每次勘探位置不要变动。

第四节 接地极材料

接地极材料系指接地极散流（馈电）材料和活性填充材料，前者的作用就是将电流导入大地；后者的主要作用是保护馈电材料，提高接地极使用寿命，改善接地极发热特性。活性填充材料一般仅用于陆地接地极和海岸接地极。

一、馈电材料

（一）对馈电材料的一般要求

直流输电系统利用大地作为回路运行，电流在土壤或海水中的流动主要是靠土壤或海水中电解质来完成的，由于这一工况有如正负极置于电解槽中，因此对接地极材料的耐电腐蚀性能有特殊要求。当金属在电解质中时，它们的界面上会产生以下反应。

在阳极金属材料失去电子，被电解成离子状态从阳极进入介质，在阴极发生还原反应。例如，在以铁作为接地极材料的介质面上，将产生以下反应

$$Fe \longrightarrow Fe^{++} + 2e$$

$$Fe^{++} + 2OH \Longrightarrow Fe(OH)_2$$

此外，还存在析氧（若介质中有 Cl，会产生氯气）反应

$$4OH^- + 4e \longrightarrow 2H_2O + O_2 \text{ 或 } 2Cl + 2e \longrightarrow Cl_2$$

在阴极介质面上一般为析氢反应

$$2H^+ + 2e \longrightarrow H_2\uparrow$$

可见，在阳极，Fe 被电解成离子状态并与介质中的 OH^- 离子生成氢氧化亚铁，再进一步变成氢氧化铁——一种红褐色的稀松组织，使阳极金属逐渐消耗；在阴极，一般析氢反应只是使电极表面包上一层氢气，不会有什么腐蚀作用。

电极在阳极状态下失去物质的量服从法拉第定律。该定律指出：在电极上析出或溶解的物质质量 M 与通过的电流与时间的乘积成正比。这就是说，通过金属进入介质的电荷越多，其腐蚀量就越大，数学表达式为

$$M = CIt \tag{13-4}$$

式中，C 是与物质性质有关系的常数，通常习惯称为损耗率，kg/（A・年），表示每安培电流通过金属导体进入电解质运行一年所溶解的金属量，也叫腐蚀率；I 是流出电流，A；t 是时间，s。

直流接地极在外加直流电压和上千安培的直流电流长时间地通过电极的情况下，金属材料会逐渐溶解损失，并且数量往往是惊人的。因此，为了提高接地极运行的可靠性和接地极使用寿命，希望接地极材料具有很强的耐电腐蚀性能。除此以外，由于接地极又是一个庞大的导电装置，所以还希望接地极材料导电性能好，加工（焊接）方便，来源广泛，综合经济性能好，运行时无毒、污染小。

（二）常用馈电材料的腐蚀特性

迄今为止，成功地用于直流输电接地极中的馈电材料有铁（钢）、石墨、高硅铸铁、高硅铬铁、铁氧体和铜等。

1. 铁（钢）

碳钢分为低碳钢（含碳量＜0.25％）、中碳钢（含碳量为 0.25％～0.6％）和高碳钢（含碳量＞0.6％）三种。经研究结果表明，碳钢直接放在土壤中的平均电腐蚀率约 9kg/（A・年）；碳钢碳含量低，抗电解腐蚀性能较强，但差别并不十分明显[43]。

由试验结果表明：放在焦炭中碳钢电腐蚀明显地低于 9kg/（A・年），但含水量增加腐蚀率也增加，特别是当地下水中含丰富导电物质如 NaCl、Ca^{2+}、Mg^{2+0} 等时，则钢棒附设焦炭床结构的钢棒电解速率将大大增加。此外，随着含盐量的增加，碳钢的电解速率也明显增大。

碳钢在土壤或海水中，其化学腐蚀有以下典型的趋势：氧气是加速腐蚀的主要原因。土壤（或海水）中含氧量越高，化学腐蚀速度越快。因为碳钢表面的局部腐蚀取决于阴极反应，阴极反应的去极化随到达阳极的氧含量的增加而加快[44]。碳钢在含氧丰富的海水中电化学腐蚀特别快。参考文献[45]介绍了碳钢在含氧丰富的海水飞溅区的电化学腐蚀速度是无氧情况下腐蚀速度几十倍，厚度达 1.27mm/年。这是因为在飞溅区更易获得 O_2。

直流接地极阳极附近发生析氧反应，附近的土壤存在着大量氧气，且不断有补充和增加，直至到含氧量饱和析出。因此，直流接地阳极除电解腐蚀外，还有严重的电化学腐蚀。

2. 石墨

石墨是惰性材料，是由焦炭在 2000～2400℃烧结而成。石墨分子结构呈晶体结构，其晶体结构中不显示阳离子晶格和流动电子，其共价键非常稳定，在常温电解液中不会发生离子化。其导电和导热性能更接近金属，电解速率很小，适合作直流阳极。在早期直流输电工程的海岸和海水接地极中广泛应用。

但是由于石墨具有非常松散的层状结构，有明显的多孔性，气体容易渗入石墨的层状结构内，破坏层间较弱的结合使石墨变成疏松的粉状物质而溶解。其溶解速度与析出 O_2 量有关，即与散出电流有关。一般石墨电极都用合成树脂浸渍，使合成树脂在石墨的微孔中固化，阻止 O_2 的侵入。由于阳极析出 Cl_2 对合成树脂有浸渍破坏作用，破坏其固化，使石墨点蚀而溶解。所以在海岸和海水环境中，石墨电极的寿命取决于浸渍剂保护作用时间的长短，因而限制了这种材料的使用。新西兰岸边接地极在运行 9 年后，用高硅铸铁更换了已损坏的石墨电极。

目前，在阴极保护业中，国内外基本上都用高硅铸铁替代石墨电极，因为高硅铸铁也是一种理想阳极材料，且抗腐蚀性优于石墨电极。

3. 高硅铸铁与高硅铬铁

高硅铸铁是一种含硅量很高的铁硅合金，作为一种抗腐蚀材料在阴极保护业中作辅助阳极材料而广泛地加以应用。自1980年以来，高硅铸铁在直流接地极工程中也获得了越来越多的应用。高硅铸铁和高硅铬铁的电极基本成分，见表13-1。

表13-1　高硅铸铁和高硅铬铁的电极基本成分

化学成分	高硅铸铁	高硅铬铁	化学成分	高硅铸铁	高硅铬铁
Si（%）	14.25～15.25	14.25～15.25	S（%）	<0.1	<0.1
Mn（%）	<0.5	≤0.5	Cr（%）	0	4～5
C（%）	<1.4	<1.4	Fe（%）	余量	余量
P（%）	<0.25	<0.25			

高硅铸铁之所以具有较强的抗腐蚀性，是因为铸件表面很容易地氧化成一层致密的SiO_2薄膜，产生钝化，从而阻碍了腐蚀的进一步发展。高硅铸铁的抗腐蚀能力，随合金中含硅量的增加而增强，但其脆性也增加。如果含硅量低于14.5%，则耐腐蚀能力急剧下降；如果含硅量高于14.5%，则耐腐蚀能力提高不多；如果含硅量高达18%以上，则合金极脆，而不能使用，因此通常把高硅铸铁中含硅量控制为14.5%左右。增加高硅铸铁中的含碳量，可以提高合金的机械和加工性能，在贫碳时，合金是很脆的，但提高含碳量，会产生石墨的漂浮现象，形成“石墨巢”，从而降低了其抗腐蚀性能。

高硅铸铁在国内的阴性保护业中已成功地应用了很多年，在没有焦炭回填料的情况下，也成功地被用作阳极材料，在淡水中电解速率一般在0.2～1kg/(A·年)。

高硅铸铁在有卤铁气体，特别是在有氯气生成的环境中应用时，由于氯气的腐蚀性很强，会浸入破坏致密的SiO_2晶体，使铸铁表面产生坑坑凹凹的点蚀现象，加速了高硅铸铁电极的腐蚀且不均匀，这就阻碍了它在海水中或其他一些场合的应用。

为了改善高硅铸铁在海水中的腐蚀性能，往往在原高硅铸铁成分的基础上，添加了4.5%左右的铬。铬与硅能形成一个更加钝化和稳定的金属氧化物薄膜，该薄膜不仅能阻止进一步电解腐蚀，也能抵抗氧气的侵蚀。其电解速率在淡水中与高硅铸铁的相似，为0.25～1kg/(A·年)，在海水中高硅铸铁略低。

据美国HARCO公司阴极保护产品样本介绍，高硅铬铁阳极的电解速率随电流密度增加而增加，而在海水中还与埋设方式有关，其试验结果见表13-2。

表13-2　海水中高硅铬铁电腐蚀（试验）特性

电流密度 (A/m²)	使用时间 (年)	电解速率 [kA/（A·年）]	设置状况
11	1.95	0.308	悬　挂
8.5	2.77	0.689	埋藏在泥浆中
26	1.95	0.467	悬　挂
23.5	2.77	0.939	埋　藏

将阳极悬挂或支撑在海底上是最理想的，这样阳极产生的氯气可以很快地扩散，避免了腐蚀的增加。高硅铸铁和高硅铬铁电极在国外直流输电工程中得到了广泛应用，并有相当成熟的应用经验。

4. 铁氧体电极

国外近几年研制了新一代电极材料——铁氧体电极，并在阴极保护业中得到了推广应用。铁氧体电极基本属于不溶性材料，在海水中的电解速率小于 1g/(A·年)，经实测美国BAC铁氧体电极在海水中的电解速率为 875mg/(A·年)。据 BAC 铁氧体电极样本介绍，在含 3%NaCl 的土壤中，其电解速率为 10g/(A·年)，基本上不随散流密度变化而变化。

铁氧体是一种 Fe_2O_3 和二价金属离子的氧化物 MO 的化合物，M 可为一种金属，亦可为多种金属，常为 Fe^{2+}、Ni^{2+}、Co^{2+}、Cu^{2+}、Mg^{2+}、Zn^{2+} 等，铁氧体的晶体结构属尖晶石型，为立方晶系，分子式可以 MFe_2O_4 或 $MOFe_2O_3$ 表示。

铁氧体电极内游离的 Fe^{2+} 越多，导电性能越好，体积电阻率越低，但其电解腐蚀速率较高；反之，则耐腐蚀性能好，其体积电阻率高，一般电阻率控制在 $10^{-1}\sim10^{-3}\Omega cm$ 范围内。

铁氧体电极由于电解损耗小，所以电极产品尺寸相对较小，其典型产品尺寸为：长880mm，有效长度 720mm，直径 ϕ60mm。但其体积电阻率比高硅铸铁大，所以陆地电极回填料仍按原尺寸，在海水中则不受限制。

铁氧体电极的腐蚀特性要优于高硅类电极，是电极材料新一代抗腐蚀材料，并在国外的一些阴极保护工业中得到了应用。国内也有很多研究机构在研制铁氧体电极，并已成功地研制出适合作为电极的铁氧体材料，但由于工艺的限制，至今国内还没有一家研制成产品。

5. 铜

铜分为红铜、黄铜和青铜。理论计算铜的电解速率为 10.46kg/(A·年)，比铁的理论值略大。经在同一土壤、同一电流密度下实测铜的电解速率为 7.008kg/(A·年)，比铁电解速率 6.789kg/(A·年)略大，但铜的价格却是铁的几十倍，且铜进入土壤后会污染地下水。所以，铜不宜作接地阳极使用。

但是，铜对海水的电化学腐蚀有很好的钝化作用，裸铜作接地阴极是令人满意的。例如，瑞典果特兰岛的维斯比换流站接地极和丹麦至瑞典的康梯—斯堪工程中瑞典侧海水阴极接地极都采用了裸铜作接地极材料。

铜虽然在自然腐蚀情况下比钢铁的抗腐蚀特性优越，但它在大电流密度作用下，电解腐蚀的速度与铁相近，在海水中甚至比铁还高，而价格也比铁贵得多。因此铜只有在电极使用得很少（大部分时间是自然腐蚀）和电流密度很小（限制运行方式）的情况下才使用，特别是在土壤含盐量高的地方。

在天—广和三—常直流输电工程中，经过先后对国产材料的腐蚀特性做了大量试验研究，其结果与国外同类材料试验结果没有明显的差异，试验结果见表 13-3。

表 13-3　不同材料放置在土壤和焦炭中的腐蚀率[kg/(A·年)]

材料名称	置于土壤中		放置在不同湿度的焦炭中（试验值）				备　注
	理论值	试验值	5%	10%	20%	30%	
铁（钢）	9.1	7～10	0.114	0.286	2.850	5.945	

续表

材料名称	置于土壤中		放置在不同湿度的焦炭中（试验值）				备　注
	理论值	试验值	5%	10%	20%	30%	
石　墨		0.8～1.2	0.011	0.028	0.031	0.048	
高硅铸铁		0.2～3	0.03	0.048	0.06	0.081	
铜	10.4	8～11	0.0095	0.03	0.049	0.234	
高硅铬铁	0.3～1.0（放置在海水中）						
铁氧体	0.001（放置在海水中）						

二、活性填充材料

理论和实践都证明，地电流从散流金属元件至回填料的外表导电主要是电子导电，所以对材料的电腐蚀作用会大大降低。另外，由于导电回填料提供的附加体积，降低了接地极和土壤交界面处的电流密度，从而起到了限制土壤电渗透和降低发热等作用。因而迄今为止，除了海水电极以外所有陆地和海岸的接地极都使用了导电回填料。

目前，焦炭碎屑是成功地用于接地极的唯一填充材料，焦炭分为煤焦炭和石油焦炭两类，前者是烟煤干馏的产物，后者是在精炼石油的裂化过程中留下来的固体残留物，并须经过煅烧。最近经过对比试验，发现未经过煅烧的焦炭其挥发性达15%～20%，其电阻率高于煅烧后的焦炭约4个数量级，所以用于接地极的石油焦炭必须经过煅烧。

根据目前的市场情况，煤焦炭含碳量较低，一般在70%～90%，含硫量往往达到6%以上。石油焦炭含碳量较高，一般达到95%以上，含硫量仅为1%以下。含碳量高意味着电导率高，含硫量低意味着可减少对环境的污染。从技术上讲，选择石油焦炭更合适，但从经济上讲石油焦炭较贵。

焦炭通过电流也会有损耗，电流流过焦炭，将使焦炭发热，部分氧化，尤其是焦炭颗粒状接触为点接触，点接触处发热首先被氧化成灰分，灰分为不导电材料。因此，散流金属与焦炭的电子导电特征部分被破坏，以离子导电代替部分电子导电。散流金属的电解腐蚀随之增加，焦炭的损耗速率为0.5～1kg/(A·年)，损耗速率取决于焦炭表面的电流密度。

煅烧后的焦炭是成块的，用作接地极时必须捣碎；而焦炭碎屑则按定义要通过3/4英寸的网孔，主要是在4～20号筛孔的范围内，并有20%的细屑。接地极最常用的产品是煅烧后的石油焦炭碎屑。

用于直流接地极焦炭的典型技术条件如下。

（1）物理特性，有以下几方面：

电阻率（在1100kg/m³下）	<0.5Ωm
容重	1040～1150kg/m³
密度	2g/cm³
空隙率	45%～55%

（2）颗粒成分，焦炭应捣碎，颗粒及其成分（筛号）如下：

13×25（cm）	5%～7%
25×40（cm）	15%～20%
40×80（cm）	30%～35%

80 (cm)　　　　　　　　　　50%～38%

(3) 化学成分，有以下几方面：

湿度　　　　　　　　　　≤0.1%

挥发性　　　　　　　　　≤0.7%

灰尘　　　　　　　　　　≤2%

硫　　　　　　　　　　　≤1%

铁　　　　　　　　　　　0.04%

硅　　　　　　　　　　　0.06%

炭　　　　　　　　　　　≥95%

在焦炭运输、装卸、存放和现场施工过程中都应小心，不要将污物或其他外部物质混入焦炭。否则，会影响焦炭的作用。

三、工程应用技术

以上是对直流输电中常用接地极材料的腐蚀特性作了叙述，为工程选择材料提供了依据。但必须注意到，这些都是在特定条件下的试验结果，在实际工程中，除接地极材料不同外，接地极址条件、电极布置形状等也千差万别。对此，在实际工程中必须根据具体条件予以充分考虑。

1. 端部效应

在设计接地极尤其是在确定材料尺寸时，应以溢流密度（单位长度电极泻入地中的电流，又称线电流密度）为基础。接地极溢流密度分布是遵循恒定电流场基本原理，其特征与接地极布置形状密切相关，也与土壤电阻率分布关系密切。在大地土壤电阻率分布各向均匀情况下，除了圆（球）形布置外，其他布置形式的接地极溢流密度分布一般是不均匀的，外缘端部溢流密度明显高出其他部位。例如，葛—南直流输电工程南桥侧接地极采用直线形布置，模拟计算发现，端部溢流密度是平均值的 3 倍以上。经运行结果表明，端部腐蚀十分严重，中部较完好。高硅铸铁类电极也是如此，若直线排列（深井串联排列也是直线排列），则端部的电极元件所通过的电流要远大于平均每个元件的电流。虽然这种情况对接地极至远地的电阻并无影响，但是局部电流密度对地面跨步电压、（阳极）电渗透、土壤热稳定性和材料的损耗是至关重要的。改善措施最好的方法是尽可能使接地极布置成圆环，对于不具备采用圆环形电极的极址，也应尽量避免出现“突出”点。如果是直线或射线形，则应在其端部增加“屏蔽电极”，这样做实际上是为了减小端部元件间的间距，增加其互电阻，从而达到减小通过端部元件电流的目的。

2. “堆积”效应

由于馈电棒材料存在电阻，因此接地极上各点的电位是不相同的，也就是说，即使是标准的圆环形电极，各点的溢流密度也有差异，特别是对于入流点位置少或不合适的情况，电流馈入点溢流密度较大，其“堆积”程度与土壤电阻率成反比，与馈电棒材料电阻率成正比。尤其是对于土壤电阻率低（如海岸电极）和馈电棒材料电阻率高（如高硅铸铁）的情况，“堆积”效应更明显。我国葛—南直流输电工程南桥侧接地极采用 ϕ30mm 圆钢，大地土壤电阻率在 2Ωm 以下。经过运行 1 年后检查发现，尽管两个电流馈入点都在中部，但电流馈入点附近的馈电棒腐蚀严重。

高硅铸铁类电极在阴极保护业应用中也碰到类似问题。经运行结果表明，单个元件电流分布存在着严重的堆积效应，电流引入点的溢流密度大约是平均溢流密度的3倍，颈部首先变细，因此在阴极保护技术上称之为“颈缩现象”。

解决电流“堆积”效应或腐蚀“颈缩现象”问题的最好方法是选择合适的电流注入位置，增加入流点数；建立合理的导流系统，减少接地极上任意两点间电位差，消除或降低电流堆积效应；对于高硅铸铁类电极，电流引入点放在单个元件的中部，如美国的DURIRO公司高硅铬铁电极产品和加拿大的ANOTEC公司的高硅铸铁（铬）产品就是这样。目前，国内高硅铸铁和高硅铬铁电极产品，只有端部进线一种。若采取国产高硅电极，设计时除考虑因电极布置溢流密度分布不均匀外，还必须考虑单个元件的“堆积”或“颈缩”效应。

3. 气阻效应

对于地表面坚实区域，或地表面接地电阻较大，极址尺寸又相对较小，或其他地下金属构筑物较多的地区，接地极用浅地床埋设是不可能的，这就需要把接地极深埋，采用深埋井式接地极。井式接地极排放因电解而产生的气体要比浅层水平接地极困难得多，特别是深井接地极。若接地极排气不畅，气体积聚过多，就会产生气阻效应。气阻效应会直接增大接地电阻，加重接地极发热，甚至发生热不稳定性现象。气阻已成为深井接地极一大难题，在国内阴极保护中已有数个100m左右的深井阳极因气阻不能正常工作而报废。

因此，当垂直接地极深度超过10m时，就要设置专门的排气管，用3cm左右直径并钻有较密孔隙的塑料管作排气管。但在接地极使用期限内，这塑料管的孔洞有可能被堵塞。由于气体堵塞而引起接地极电阻增大，是垂直井式接地极的一项缺点。国外采用高压空气冲洗排气管堵塞的方法，从有关资料来看，似乎是不成功的。国内在阴极保护中采用预制阳极的办法，即将深井阳极分段组合，各有一个封闭的排气室，该组阳极产生的气体，聚在排气室内，只能从公共通道的排气管逸出，而不进入其他分段阳极。它好像现代高层建筑的通风系统，不论楼层多高，由于每个房间都是互相独立封闭的，只与公共通道有关，永远保持空气畅通。该方法基本解决了气阻问题，从实际应用来看，效果也不错。

4. 连接与接续

在通常情况下，接地极馈电方式因电极材料的不同而分为使用配电电缆和不使用配电电缆两种情况。

由于高硅电极类电极材料焊接十分困难，导电性较差，所以这类电极元件通常需要使用配电电缆。高硅电极类电极（商品）元件都有电缆引出，电缆引线的长短可以根据用户的需要确定。该电缆引线除耐受正常工作电流发热外，有可能在土壤中长时期耐受达90℃环境温度，另外还要防止阳极析出气体而破坏电气绝缘。因此，对元件引线的要求除正常通流容量要求外，还必须有较高的耐热等级和防止侵蚀的护套。

铁具有很好的导电性能和机械加工容易等优点，所以用铁作为电极可以不需要设置配电电缆，只需要将入流电缆直接焊接在铁棒上，和铁焊接牢靠即可。入流电缆与铁棒的连接，或单个元件的电缆线与配电电缆的连接，可在地下连接，也可在地上连接，接头均应用放热焊，以减少化学电池产生的可能，且接头要用环氧包封，严防水分、气体的渗入。

5. 接地极分段

为了便于维修和更换损坏的电极，接地极应分成若干段，运行时通过测量每一独立的电极注入点的电流，并根据电流的平衡或差异，则可判断哪一部分电极是否发生故障。当发现故障，可以切断该部分电极电流开关，并可在不影响整个接地极工作的情况下检修故障部分。接地极分段也会带来一些问题，主要表现在电流分配发生畸变，断开点溢流密度会明显增加，其程度与断开距离密切相关。所以，接地极分段应控制断开距离，一般不要大于2m。

四、结论

(1) 高硅铬铁电极和铁氧体电极抗腐蚀能力强，特别适合海岸电极、海水电极以及深井布置电极。

(2) 在陆地高硅铸铁抗腐蚀能力强，特别适合潮湿极址电极和接地极阳极使用，不适用于含Cl的土壤和海水中的阳极。

(3) 铁具有导电性强、机械加工方便和经济等优点，所以铁适用于陆地电极，更适用于阴极。

(4) 由于铜在强电流通过时较易电解，不宜做接地极的阳极。如果系统运行方式不长期使用大地作回路，则可考虑使用铜。

(5) 由于焦炭包敷使电极的导电形式发生了变化，电极的损耗率比无焦炭减小了很多。焦炭湿度对金属材料的损耗率有影响，湿度越大损耗率就越大。当湿度大于30%时，对于钢材而言，焦炭等于没有保护作用。而对高硅铸铁和石墨而言，焦炭湿度的影响不是很大。

第五节 接地极设计原则

接地极的设计原则主要包括四方面内容：①必须满足系统条件；②符合使用寿命要求，在规定的运行年限内不应出现故障；③符合最大允许跨步电压的限制要求；④符合土壤最大允许温升的限制要求。

一、系统条件

系统条件是设计接地极的依据，其参数一般由系统规划（设计）部门提供或确定。

1. 直流系统接线方式和运行方式

直流系统的接线方式在本书第一章中已有专门介绍，导致对接地系统设计有特殊要求的接线方式是具有两点接地，且允许大地回线方式运行的直流系统。

在直流系统大地回线方式运行时，接地极的极性一般是一极为正（阳）极，另一极为负（阴）极。对于单极直流输电工程，这种极性往往是固定不变的。对于双极直流输电工程，一般由于允许一极先建成投运，极性也是固定的；待双极建成投产后，极性通常不固定，极性随系统运行需要而变化，它取决于地中电流方向，即两极电流之差的方向。对于双极直流输电工程在单极大地回线方式运行时，其接地极的极性取决于运行极的极性：在正极运行时，送端换流站接地极为负（阴）极，受端换流站接地极为正（阳）极；在负极运行时情况正好相反。

2. 工作时间

接地极工作时间包括以下四种工况。

(1) 运行寿命。接地极运行寿命可以根据条件分为可更换和不更换（一次性）两种型式，大多数工程按不更换设计安装，其运行寿命与直流系统相同。

（2）正常额定电流持续运行时间。对于单极大地回线直流工程，其时间与直流系统运行时间相同；对于双极直流工程，一般系指建设初期单极大地回线运行的时间，有时还需要考虑双极不平衡运行方式的时间。

（3）最大过负荷电流持续运行时间。一般为几小时。

（4）最大短时电流持续时间。一般仅为3～10s。

3. 入地电流

直流系统入地电流一般分为正常额定电流、最大过负荷电流、最大短时电流和不平衡电流。

（1）正常额定电流。正常额定电流系指直流系统以大地回线方式运行时，流过接地极的最大正常工作电流。在对称双极直流系统中，正常额定电流为

$$I_n = \frac{P_n}{2U_n} \tag{13-5}$$

式中，I_n 为正常额定电流，A；P_n 为双极额定输送容量，kW；U_n 为额定直流电压，kV。

（2）最大过负荷电流。最大过负荷电流系指直流输电系统在最高环境温度时，能在一定时间内可输送的最大负荷电流。在葛—南、天—广和三—常直流输电工程中，最大过负荷电流 $I_m = 1.1I_n$。

（3）最大短时电流。最大短时电流系指当直流系统发生故障时，流过接地极的暂态过电流。最大短时过电流一般取正常额定电流的1.5倍左右，持续时间为数秒。在设计接地极时，该电流主要是用于控制计算地面最大跨步电压。

（4）不平衡电流。不平衡电流系指两极电流之差。对于双极对称运行方式，在理想情况下，没有电流流过接地极。但实际上，由于触发角和设备参数的差异，也有不平衡电流流过，其值大小可由控制系统自动控制在额定电流的1%之内。当双极电流不对称运行时，流过接地极的电流为两极运行电流之差。

二、使用寿命

影响接地极使用寿命的主要因素是馈电材料溶解——电腐蚀。众所周知，当直流电流通过电解液时，在电极上将产生氧化还原反应，电解液中的正离子移向阴极，在阴极和电子结合而进行还原反应；负离子移向阳极，在阳极给出电子而进行氧化反应。大地（如土壤、水等）相当于电解液，因此当直流电流通过大地返回时，在阳极产生氧化反应，即产生电腐蚀。根据法拉第（Faraday）电解作用定律，阳极电腐蚀量不但与材料有关，而且与电流和作用时间之乘积成正比。因此，电极设计寿命采用以阳极运行的电流与时间之乘积（安培·小时或安培·年）来表示。计算电极设计寿命一般应考虑以下因素。

（1）单极运行。在单极运行期间，接地极的极性一般是固定的，一端为阴极，另一端为阳极。对于“双极中性点两端接地”的直流系统，通常是先建成一极，隔一段时间后，再建成另一极。在此情况下，往往是先利用已建成的一极单极运行，这期间阳极的安时数可按式(13-6)计算

$$F_1 = 8760 \times I_n \times T_0 \tag{13-6}$$

式中，F_1 为单极投运期间阳极的安时数，Ah；I_n 为正常额定电流，A；T_0 为单极运行时间，年。

(2) 一极强迫停运。在双极投运后，当一极出现故障，另一健全极继续以大地回线方式运行。由于出现故障和接地极出现以阳极运行情况都是随机的，所以两端换流站接地极出现以阳极运行的安时数可按式 (13-7) 计算

$$F_{2q} = 8760 \times I_n \times P_{qy} \times P_{qt} \times F \times 2 \tag{13-7}$$

式中，F_{2q}为一极强迫停运时，任意一端接地极出现以阳极运行的安时数，Ah；P_{qy}为一极强迫停运时，任意一端接地极出现以阳极运行的概率；P_{qt}为一极强迫停运时，任意一端接地极出现以阳极运行的年时间比；F 为直流系统设计运行寿命，年。

(3) 一极计划停运。在双极投运后，当一极停电检修，允许另一极以大地回线方式继续运行。同理，两端换流站接地极出现以阳极运行的安时数可按式 (13-8) 计算

$$F_{2j} = 8760 \times I_n \times P_{jy} \times P_{jt} \times F \times 2 \tag{13-8}$$

式中，F_{2j}为一极计划停运时，任意一端接地极出现以阳极运行的安时数，Ah；P_{jy}为一极计划停运时，任意一端接地极出现以阳极运行的概率；P_{jt}为一极计划停运时，任意一端接地极出现以阳极运行的年时间比；F 为直流系统设计运行寿命，年。

(4) 不平衡电流。双极投运后，在不平衡电流作用下的两端换流站接地极出现以阳极运行的安时数，可按式 (13-9) 计算

$$F_2 = 8760 \times I_n \times (F - T_0) \times 1\% \tag{13-9}$$

式中，F_2 为双极运行期间，任意一端接地极出现以阳极运行的安时数，Ah。

每个接地极在规定的运行年限里，以阳极运行的总安时数 F_y 为

$$F_y = F_1 + F_{2q} + F_{2j} + F_2$$

应该指出，按上述方法计算得到的腐蚀寿命 F_y 只是用于设计的预期计算值，而在实际运行中，往往并不严格按设计时规定的运行方式运行。因此，为了确保接地极在规定的运行年限里正常运行，在接地极设计时应留有一定的裕度。

三、最大允许跨步电压

由于大地（土壤）并非是良导体，因此在电流自接地极经周围土壤流散时，极址电位将会上升，土壤中有压降。当人在接地极附近行走或作业时，人的两脚将处于大地表面的不同电位点上，其电位差通称为跨步电压，它表示人两只脚接触该地面上水平距离为 1m 的任意两点间的电压。最大跨步电压是指当接地极流过最大电流时，人两脚水平距离为 1m 所能接触到的最大电压。显然，当最大跨步电压超过某一安全数值时，可能会对人和动物的安全产生影响，为此必须对接地极最大跨步电压加以限制，或采用相应的安全措施来保证人身和动物的安全。

最大允许跨步电压是设计接地极中重要的控制条件，对造价的影响非常敏感，特别是对于那些表层土壤电阻率较高的极址，往往起着控制作用。因此，合理地确定最大允许跨步电压，对于保证人畜安全和降低工程造价有着重要的意义。

(一) 基本准则

按什么标准确定最大允许跨步电压比较合理？这需要根据直流电流特点、极址条件以及作用时间等诸多因素综合考虑。

直流接地极不同于交流地网，其特点有：①由于直流系统工作电流长时间地通过接地极是直流接地极正常运行工况，因而地面电位及电位梯度是持续存在的；②直流电流对人畜的感受影响较交流敏感；③在我国由于人均耕地面积少，一般要求设立接地极不应影响农民耕种，即不考虑征地，允许农民继续耕种。因此，在进行直流接地极设计时，最大允许跨步电压的标准，一般不是依据对人畜造成伤亡的地面电位梯度值，而是根据免除对人畜感到难受的电流来确定。由此可见，用于直流接地极设计最大允许跨步电压控制值将大大低于交流控制值。

经试验结果表明，人较动物（牛、马、狗、鸡）更容易拾取感到难受的电流。美国EPRI根据人手（指）感到轻微刺痛感觉的直流电流，推荐直流接地极最大允许跨步电压值按式（13-10）计算

$$E_k = 5 + 0.03\rho_s \tag{13-10}$$

式中，E_k 为地面最大允许跨步电压，V/m；ρ_s 为表层土壤电阻率，Ω·m。按式（13-10）确定的直流接地极地面最大允许跨步电压是安全的，一般无需设置接地极围墙。

（二）国内外部分工程接地极最大跨步电压设计实例

表13-4列举了世界部分陆地接地极额定电流和最大允许跨步电压的实测值、极址条件、投运时间的情况。不难看出，直流接地极最大允许跨步电压设计控制值比交流低得多，并大部分工程基本符合式（13-10）要求。

葛—南直流输电工程是我国第一项高压直流输电工程，最大短时（10s）入地电流1650A，1989年建成投产。该工程送端和受端换流站接地极极址表层土壤电阻率很低，分别只有25Ωm和2.5Ωm。送端接地极投运后，由于电流分布的端部效应，实测局部地面最大跨步电压达4.96V/m。该工程运行至今未发现由于跨步电压而引起的安全问题。

天—广直流输电工程是我国继葛—南直流输电工程后的第二个高压直流输电工程，最大短时（3s）入地电流2700A。该工程送端和受端换流站接地极址均为稻田区，表层土壤电阻率分别为27.5Ωm和180Ωm。由于该工程入地电流大，首端极址场地有限和末端表层土壤电阻率高，两端最大跨步电压均难以满足《高压直流输电接地极技术导则》（DL/T437—1991）中2.5V/m的要求，因而均按式（13-10）要求进行控制。

表13-4　　世界部分陆地接地极额定电流和最大跨步电压工程实例

直流输电工程名称（国家）	额定入地电流（A）	土壤电阻率（Ωm）	跨步电压计算值③		实测跨步电压（V/m）	投运时间
			计算电流（A）	跨步电压（V/m）		
新西南北岛—南岛	1200	61.5	1200	13.0	4.9/6.7	1965.4
温哥华岛（加拿大）	1700	1.5	3400	80.0①	1.0	1968
太平洋联络线（美国）	1800	70	1800	8.5		1970.5
斯卡格拉克（丹麦—挪威）	1000	10.46	1000	10.4		1970
纳尔河逊Ⅰ回（加拿大）	2000	70/250*	1800	10/10*	8.0②	1971.1
纳尔河逊Ⅱ回（加拿大）	2000	70/90*	4000	10/7.1*	10/11*②	1978
卡波拉巴沙—阿波罗（南非）	1800		3300	20/20	1.0	1977.3
葛洲坝—南桥（中国）	1200	25/2.5*	1650	3.6/1.0*	4.9/1.5*	1989.9

续表

直流输电工程名称（国家）	额定入地电流(A)	土壤电阻率(Ωm)	跨步电压计算值③		实测跨步电压(V/m)	投运时间
			计算电流(A)	跨步电压(V/m)		
天生桥—广州（中国）	1800	28/180*	2700	4.3/7.1*	4.5/8.0*	2000.12
三峡—常州（中国）	3000	20/	4500	2.12/	2.13/1.66*	2002.12

* 逆变站接地极参数。

① 采用 IEEE 标准 80 号。

② 设计计算值。

③ 国内工程跨步电压计算方法见本章第七节内容。

（三）最大允许跨步电压取值

（1）与国外比较，我国现行《高压直流接地极技术导则》（DL/T 437—1991）中关于最大允许跨步电压 2.5V/m 的限值，不仅数值低，而且系指发生在最大短时工作电流时的状态。显然该标准过高，以至于大部分工程难以甚至无法满足此要求。

（2）大多数国家在直流输电工程陆地接地极设计中，原则上都参照美国 EPRI 研究报告推荐的允许人在带电大地上行走时，不感到难受这一设计准则，即按式（13-10）计算确定最大允许跨步电压。式（13-10）涵盖了人的感受电流和脚与土壤间的接触电阻因素，并且有较好的运行经验，因此按式（13-10）计算并确定的最大允许跨步电压是合适的。

（3）由于我国人口稠密，接地极址大多为稻田，农民常常赤脚在农田耕种，因此对最大允许跨步电压的控制可适当从严考虑。如以最大短时工作电流控制最大允许跨步电压，甚至不考虑脚与土壤间的接触电阻。基于上述考虑，如按式（13-10）的要求控制，即使极址为水稻田，那么最大允许跨步电压也应大于 5V/m。

四、最大允许温升

当强大的直流电流持续地通过接地极注入大地后，极址土壤的温度将缓慢上升，紧靠接地极表面的土壤温度将上升最快最高。根据热力学理论，接地极附近任意点土壤温度可用式（13-11）描述

$$\theta(t)=\theta_{\max}(1-e^{-k\frac{t}{T}})+\theta_c \tag{13-11}$$

式中，$\theta(t)$ 为任意时间 t 的土壤温度，℃；$\theta_{\max}$ 为接地极土壤稳态最高温度，℃；θ_c 为环境($t=0$)温度，℃；T 为接地极热时间常数，s；k 为系数（$0<k\leqslant1$），与土壤特性及环境条件等有关，一般应通过实验确定。

如果土壤温度超过 100℃，土壤中的水将较快地被蒸发驱散，从而容易导致接地极故障。因此，接地极最高温度必须严格控制在 100℃以下。

由式（13-11）可以看出，对于土壤中某特定点，其温度与环境温度、土壤热特性和电流持续时间有着密切关系。入地电流及其持续时间是由系统确定的，土壤热特性及环境温度是一定的，控制土壤的最高温度实际是控制最大温升。显然，土壤最大允许温升应是水的沸点温度（100℃）与最高环境温度之差。为了安全起见，土壤最高允许温度一般取略低于水的沸点温度，即 90～95℃为宜。

第六节　接 地 极 设 计

一、电极型式及其布置

目前世界上已投入运行的直流接地极可分为两类：一类是陆地电极，另一类是海洋电极。陆地电极和海洋电极由于它们面对的极址条件不同，因而其电极布置方式也是决然不同的。

1. 陆地电极

陆地接地极主要是以土壤中电解液作为导电媒质，其敷设方式分为两种型式：一种是浅埋型，也称沟型，一般为水平埋设；另一种是垂直型，又称井型电极，它是由若干根垂直于地面布置的子电极组成。陆地电极馈电棒一般采用导电性能良好、耐腐蚀、连接容易、无污染的金属或石墨材料，并且周围填充石油焦炭。

水平埋设型电极埋设深度一般为数米，充分利用表层土壤电阻率较低的有利条件。因此，浅埋型电极具有施工运行方便、造价低廉等优点，特别适用于极址表层土壤电阻率低，场地宽阔且地形较平坦的情况。

垂直型电极底端埋深一般为数十米，少数达数百米。如在瑞典南部穿越波罗的海直流电缆输电工程中的试验电极，采用了深井型电极，其端部埋深达550m。垂直型电极最大的优点是占地面积较小，且由于这种电极可直接将电流导入地层深处，因而对环境的影响较小。垂直型电极一般适用于表层土壤电阻率高而深层较低的极址或极址场地受到限制的地方。这种形式的接地极存在施工难度大，运行时端部溢流密度高和产生的气体不易排出等问题。此外，由于子电极之间是相对独立的，显然若将这些子电极连接起来，则无疑会增加了导（流）线接线的难度。

2. 海洋电极

海洋电极主要是以海水作为导电媒质。海水是一种导电性比陆地更要好的回流电路，海水电阻率约为0.2Ωm，而陆地则为10～1000Ωm，甚至更高。海洋电极在布置方式上又分为海岸电极和海水电极两种。

海岸电极的导电元件必须有支持物，并设有牢固的围栏式保护设施，以防止受波浪、冰块的冲击而损害。在这些保护设施上设有很多孔洞，保证电极周围的海水能够不断循环地流散，以便电极散热和排放阳极周围所产生的氯气与氧气。海岸电极多数采用沿海岸直线形布置，以获得最小的接地电阻值。

海水电极的导电元件放置在海水中，并采用专门支撑设施和保护设施，使导电元件保持相对固定和免受海浪或冰块的冲击。如果仅作为阴极运行，采用海水电极是比较经济的。如果运行中因潮流反转需要变更极性，则每个接地极均应按阳极要求设计，并应考虑因鱼类有向阳极聚集的习性而受到伤害的预防措施。

由于海洋电极比陆地电极有较小的接地电阻和电场强度，因而在有条件的地方海洋电极得到了广泛地采用。在设计时，应考虑阳极附近生成氯气对电极的腐蚀作用，应选择耐氯气腐蚀的材料作为电极材料。

二、不同形状电极技术特性分析

(一) 电流分布

接地极电流分布均匀程度对于保证接地极安全运行和降低接地极造价有着十分重要的意义。如果电流分布严重不均匀,则可能导致电流密度大的地方温度过高、腐蚀严重和地面跨步电压升高等问题。因此,直流输电接地极的设计思想之一就是力求使电流分布均匀。

为了评价接地极电流分布性能,人们先引进电流不均匀系数的概念,其定义如下

$$k=\frac{1}{I_{\rm d}}\int_{0}^{L}\mid I(l)-I_{\rm p}\mid {\rm d}L \tag{13-12}$$

式中,k 为电流不均匀系数;$I_{\rm d}$ 为入地电流,A;$I_{\rm p}$ 为平均溢流密度,A/m;$I(l)$ 为任意点的溢流密度,A/m;L 为电极总长度,m。

由上式可见,电流不均匀系数 k 值越大,电流分布越不均匀。电流分布与电极形状、土壤电阻率大小及其分布有着密切的关系。

(1) 电流分布与电极形状的关系。经理论分析和运行结果表明,溢流密度大小及分布与电极几何形状密切相关。为了说明问题,下面列举了三种典型形状(如垂直型、星型和双圆环型)的电极,其尺寸和埋深如图 13-3 所示。

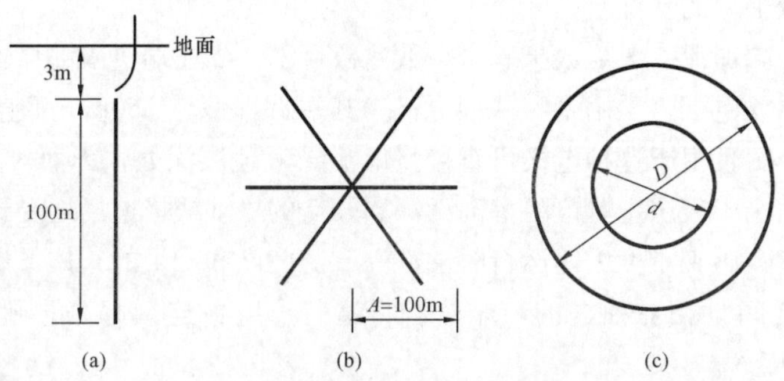

图 13-3　典型形状电极示意图

(a) 垂直型;(b) 星型(埋深 3m);(c) 双圆环型(埋深 3m)

D=200m;d=140m

假设大地电阻率参数为 100Ωm,并各向均匀,则经分析结果表明,入地电流并非是沿着电极均匀地泄入大地:对于垂直型和星型电极,溢流密度各处都不相等,k 值分别为 0.222 和 0.323,特别是星型电极分布严重不均匀,端点的溢流密度较平均值高出约达 3 倍以上;对于双圆环电极,k 值为 0.1,外环上的溢流密度较内环大,电流分配比例与内外环径之比有关,但同一圆环上的电流分布处处相等。

(2) 电流分布与极址土壤电阻率大小的关系。如果将图 13-3(b)星型电极放在土壤电阻率大小不同的极址中,经分析计算结果表明,土壤电阻率值越高,电流分布越不均匀,反之电流分布趋向均匀。特别是当土壤电阻率为零或非常小时,电流分布各处均匀,并和电极形状无关。

(3) 电流分布与极址土壤电性模型结构的关系。通常极址土壤电阻率分布并非各向均匀,尤其是在垂直于地面方向,往往随着深度不同土壤电阻率值相差甚远。

假如将图 13-3(b)所示星型电极置于图 13-4 所示具有两层电性结构的极址场域中,h_1

为电极埋设层。经计算结果表明：虽然电极埋设层土壤电阻率值各处相等，但溢流密度分布不均匀系数 k 值随着下层 ρ_2 值的变化而变化。如果电极埋设层土壤电阻率值高于相邻土壤层，电流分布趋向于均匀，k 值随之减小，反之则增大。电流分布与极址土壤电性模型结构有关，这是因为在电流扩散过程中，在不同电性土壤层的接合面有积累电荷，积累电荷的场强会对电极上电流分布产生影响。

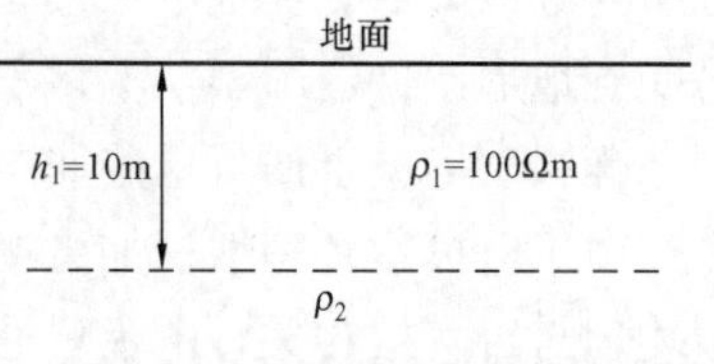

图 13-4　二层极址电性模型

总之，影响电流分布因素很多，也很复杂。对于某种非单圆环形电极，其电流分布不大可能有一个固定不变的值，而是与其尺寸大小、土壤电阻率值、极址电性模型结构和边界条件等诸多因素有关。

（二）接地电阻、最大跨步电压、温升和热时间常数

如果分别将图 13-3 所示形状的接地极埋在土壤电阻率为 100Ωm 且分布各向均匀的极址中，当平均溢流密度均是 1A/m（意味着入地电流与电极长度同时增大或缩小），分别持续地流过上述三种形状接地极时，则经过计算可得到这三种布置形式的电极接地电阻、最大跨步电压、温升和热时间常数，见表 13-5。

表 13-5　三种布置形式的接地极主要参数比较

电极形状 / 参数名称		垂直型电极	星型电极			圆环型电极	
		$N=1$	$N=2$	$N=4$	$N=6$	单环	双环
电极总长度（m）或入地电流（A）		100	200	400	600	600	1200
接地电阻（Ω）		1.042	0.811	0.523	0.428	0.356	0.260
最大溢流密度（A/m）		1.528	2.098	2.421	2.996	1.000	1.087
最大跨步电压（V/m）		1.49	9.88	12.47	13.33	8.81	10.11
最高温升（℃）	连续运行 10 天时	54	88	90	138	19.3	23
	持续运行（稳态温升）	54	131	219	330	233	482
热时间常数（天）		11.6	9.0	11.8	18.4	116	205

注　表中 N 是分支数。

由计算结果可得到以下结论。

（1）在相同的电极长度下，直线型（即分支数 N 为二的星型）电极的接地电阻较低。

（2）电流分布不均匀对于最大跨步电压影响很大。由于星型电极电流分布不均匀，所以尽管平均溢流密度相同，但最大跨步电压明显高于圆环型电极。

（3）电流分布不均匀对热时间常数也有很大的影响。在相同的平均溢流密度情况下，星型和垂直型电极的热时间常数明显低于圆环型电极。

跨步电压过高，意味着设计时必须采取措施——增大电极尺寸或增加埋设深度或增设栅栏等；热时间常数系指电极到达稳态温升值所需的时间。热时间常数越小，表明电极温度上升速度越快，也就是说在相同的电流和作用时间下，电极温度上升越高，对接地极安全运行越不利。

三、电极形状优化

电极布置的优化设计就是力求使接地极以较少材料用量，获取较好电极运行特性，在造

价和性能上寻求平衡点。以上是对几种典型形状电极电流分布特性进行了分析，得到了电流分布与电极形状、极址电性模型关系的一般概念。但在实际工程中，采用单圆环型电极往往易受到地形条件的限制，不得不采用其他形状的电极，如垂直型、星型（直线型)、多圆环型、椭圆型等。下面就这些非单圆环型电极的形状进行优化。

由于电极运行特性（如土壤温升、地面跨步电压、电极腐蚀等）和材料用量都与电流分布均匀与否直接相关，电极尺寸与接地电阻关系密切，因此对电极形状的优化，就是力求使电流不均匀系数 k 值和接地电阻尽可能小。

(一) 垂直型电极

垂直型电极一般是由若干根依地形要求布置的子电极组成，电极运行特性取决于子电极布置形状、长度和根数等因数。

(1) 根据上述电流分布与电极形状关系的讨论结果可以得到，当一根根子电极布置成圆环形状，每根子电极可以获得相同的电流。否则，就有可能出现某些子电极得到的电流较大，而另一些子电极得到的电流较小，比如当子电极布置成直线形状时，就可能出现位于端部的子电极得到的电流大大地高于其他子电极。因此，为了获得比较好的电流分布特性，充分发挥每一根子电极的作用，在条件允许的情况下，子电极应尽可能布置成圆环型。

(2) 不同的子电极长度及其数目对电极运行特性也会产生明显的影响。经模拟计算结果表明，随着子电极数目的增加，电流不均匀系数 k 值有明显增加，接地电阻虽然有所降低，但速度逐渐减慢；当子电极长度和数量一定时，不均匀系数 k 值和接地电阻将随着布置的半径增大而减小。一般来讲，子电极长度应根据地质条件确定，但不宜过长，一般不超过50m。在地质条件允许的情况下，子电极长度和数目可按式（13-11）要求配置

$$\eta \times 子电极长度 \times 子电极数目 = 圆环的周长 \tag{13-13}$$

式中，η 为调整系数，在 $\eta=0.6\sim0.8$ 时电极特性较好。

(二) 星型电极

通常情况下，星型电极的电流分布是很不均匀的，如果不断地增加电极分支数，则电流不均匀系数 k 值会进一步增加，接地电阻只是逐步降至某一定值。所以，过多地增加电极分支数是不经济的，电极分支数一般不超过 6 个为宜。

星型电极端部的溢流密度往往要高出平均值数倍。为了降低端部的溢流密度，可以在其端部加装一个大小合适的屏蔽环—圆弧状屏蔽电极。经模拟分析结果表明，加装屏蔽环后的星型电极，电流分布特性得到了明显地改善，从而大大地改善了接地极运行特性。

(三) 圆环型电极

圆环型电极应同心布置，这样可达到同一圆环电极上溢流密度处处相等。圆环的数量应根据技术经济比较后择优选择。一般来讲，如果土壤电阻率较高，入地电流大并且时间长，则宜采用双圆环或多圆环电极，否则可采用单圆环电极。应该指出，过多地增加圆环数量是不经济的，通常不要超过两个圆环。

当采用双圆环电极时，两圆环半径大小配合要适当。接地电阻并非是随着内环增大而不断降低，而是当 d/D 为 0.7 左右（土壤电阻率值有影响）时，可获得最小的接地电阻。这是容易理解的，如果内环过小 ($d/D \rightarrow 0$)，则内环发挥不了作用；反之，如果内环过大 ($d/D \rightarrow 1$)，则容易受外环的屏蔽影响，内环同样发挥不了作用；如果内环直径等于 0 或等

于外环直径，即变成单环。

四、电极形状选择

从广义上讲，只要极址场地条件允许，并且能满足系统运行的技术要求，那么采用任何形式布置的接地极都是可以的。但是从上述分析的结果来看，不同形状的电极，其运行特性有着很大的差别。换言之，在满足相同的系统运行条件下，选择不同形状的电极对其工程造价也会产生重大影响。一般来讲，在选择或确定电极形状时应遵循以下基本原则。

（一）力求使电流分布均匀

为了获得比较均匀的电流分布特性，根据世界上已投运的直流接地极设计运行经验和上述理论分析结果，可以得到以下结论。

（1）在场地允许的情况下，一般应优先选择单圆型电极，其次是多个（两个及以上）同心圆环型电极。

（2）在场地条件受到限制而不能采用圆环型电极的情况下，也应尽可能地使电极布置得圆滑些，尽量减少圆弧的曲率。

（3）如果地形整体性较差（如山岔），则可采用星型（直线型）电极；如果端部溢流密度过高，则可在端部增加一个“屏蔽环”，特别是如果出现电极埋设层土壤电阻率高于相邻土壤层时，可采用星型电极，可能获得比较均匀的电流分布特性。

（4）对于海水电极，由于海水导电性能强，电极形状对电流分布的影响不像陆地那样明显，因此海水电极布置形状主要取决于海湾条件和运行维护方便等其他因素。

（5）对于海岸电极，电极一般应沿海岸敷设。由于海岸土壤电阻率很低（一般约1Ωm），并且面对是海水，所以即使采用直线型电极，也只需在端部几米处增加一个“屏蔽环”，就可能获得比较均匀的电流分布特性。

（二）充分利用极址场地

对于那些受温升和跨步电压条件（极址土壤导电性能差，并且入地电流大和持续时间长）控制的接地极，若选用单圆环布置，容易产生两个问题：一是因要求环径较大，极址（中央）不能充分利用，容易受到极址场地面积的限制；二是若极址（或环径）受到限制，为了满足温升和跨步电压的要求，势必要增加焦炭断面尺寸和埋设深度（或采取其他措施），因此焦炭用量大，工程造价高。而选用双圆环或三圆环同心布置，正好可弥补单圆环布置的上述缺点，整个极址得到了利用，分散了热量（意味着可减少焦炭断面尺寸）。虽然电极总长度增加了，但同时可减少电极外缘尺寸，降低跨步电压，从而可获得较好的技术经济特性。

（三）尽可能对称布置

电极对称布置有利于导流系统布置，提高导流系统分流的均衡度和可靠性，降低导流系统的工程造价。

五、电极尺寸

电极尺寸系指电极总长度、焦炭断面面积和馈电棒直径，在选择过程中这三者是互有联系的。正确合理地确定这三者的尺寸，就是要在保证系统安全运行的条件下，使其尺寸最小，或者说在条件允许的情况下，使材料用量最少。

(一) 电极长度

由于接地电阻的存在，在入地电流的作用下，电极电位上升，即换流站中性点电位漂移；电极附近土壤温度缓慢升高；极址地面出现跨步电压。在一定形状的电极条件下，这些值的大小均与电极长度有着密切的关系。换言之，确定电极最小允许长度实际上是确定其最大允许接地极电阻。

对于高压直流输电接地极而言，满足系统安全运行的电极最小尺寸通常不受中性点电位控制，而是在长时间（如连续运行时间大于一个月）通过最大额定电流时，可能受电极最大允许温升控制，短时间运行可能受最大允许跨步电压控制。因此，在计算确定电极尺寸时，一般是先根据允许最大温升作为控制条件，然后校核跨步电压是否满足要求。下面仅就温升要求来讨论电极最大允许接地电阻。

1. 稳态温升条件

如果无限期地给接地极注入一恒定电流，则接地极土壤温度将逐渐上升，直至稳态温度。根据热力学理论，$\theta(t)$ 可用式（13-11）描述。由于被加热的对象是一敞开边界的大地，因此极址土壤温升上升速度非常缓慢。在接地极设计中，考虑到接地极址大地土壤电阻率、热导率和热容率等参数的测量、取值和分布很难准确地界定，为了慎重起见，认为极址土壤任意点温度以线性上升，其速度为 $t=0^+$ 时的速度，这样式（13-11）可变为

$$\theta(t) = \theta_{\max}\frac{k}{T}t + \theta_c \tag{13-14}$$

时间常数 T 定义为土壤温度按其初始速度线性上升到最高（允许）温度 $\theta_{\max}$ 所需要的时间（此时 $k=1$），并且在土壤参数各向均匀和忽略地面影响的情况下，则有

$$t_0 = T = \frac{C}{2\lambda}\left(\frac{U_e}{J\rho}\right)^2 \tag{13-15}$$

式中，t_0 为接地极温度到达最高（允许）温度所需要的时间，s；C 为土壤热容率，J/（m^3·℃）；λ 为土壤热导率，W/（m·℃）；ρ 为土壤电阻率，Ωm；U_e 为土壤承受的电压，V；J 为电极表面电流密度，A/m^2。

将式（13-15）写成

$$U_e^2 = 2\lambda\rho \times \frac{\rho J^2}{C}T \tag{13-16}$$

由于 $\rho J^2 T/C = \theta_{\max} - \theta_c$，故可得到

$$U_e = \sqrt{2\lambda\rho(\theta_{\max} - \theta_c)}$$

两边同除以入地电流 I_d 得出临界接地电阻 R_0

$$R_0 = \sqrt{2\lambda\rho(\theta_{\max} - \theta_c)}/I_d \tag{13-17}$$

式（13-17）的物理意义可以理解为：当入地电流为 I_d，持续时间为 T，土壤吸收的电能等于 Id^2R_0T；当电能全部转换成热能时，可导致极土壤最高温升为 $\theta_{\max} - \theta_c$。换言之，对于一个无限期以大地回线运行的直流系统，在给定温升（$\theta_{\max} - \theta_c$）和入地电流的条件下，其接地极电阻 R_e 应满足式（13-18）的要求，即

$$R_e \leqslant R_0 \tag{13-18}$$

由此，令 $R_e = R_0$，即可确定满足无限期以大地回线运行的直流系统运行要求的最小电

极尺寸。

2. 非稳态温升条件

对于大多数直流输电系统，特别是对称双极系统，单极大地回线方式只是发生在建设初期（数月），单极故障或检修期间，并且单极大地回线方式运行的时间一般仅几个月，最多不超过一年。也就是说，接地极温度尚未进入稳态或者离允许温度相差甚远，电流就切断了。这样，接地极尺寸可以不受式（13-18）要求控制。

为了安全起见，在计算接地极非稳态温升时，可不考虑耗散的热量，认为电能全部转换成热量。根据热平衡关系容易得到

$$\theta(t)-\theta_c=\frac{\rho J^2}{C}t \tag{13-19}$$

式中，t 为通流时间。

当直流系统以单极大地回线方式运行时，欲使接地极最高温度不超过允许值 θ_{my}，则要求

$$J\leqslant\sqrt{\frac{(\theta_{my}-\theta_c)C}{\rho T_0}} \tag{13-20}$$

式中，θ_{my}为接地极最高允许温度,℃；T_0 为正常额定电流持续运行时间，s；其他与式（13-15）相同。

由此可见，为了满足式（13-20）要求，只能增加接地极表面面积——增大焦炭断面尺寸或增加电极长度。

3. 土壤参数非均匀分布条件

以上建立的关于接地极尺寸控制关系式是基于极址土壤参数分布各向均匀，但实际上土壤参数分布并非各向均匀，如果仍以式（13-17）条件来确定电极尺寸是不合适的。

假设一接地极埋设在两层电性结构的土壤中，电极埋设层的土壤电阻率、热导率和热容率分别是 ρ_m、λ_m 和 C_m，另一层的土壤电阻率、热导率和热容率分别是 ρ_n、λ_n 和 C_n。在入地电流的作用下，由于靠近电极处土壤中的电流密度最大，最大允许温升控制点发生在电极与土壤接触面，该处土壤参数对控制温升或确定电极尺寸起决定性作用，因此为了使接地极任意点的最高温度不超过允许温度，式（13-16）可以写成

$$U_e^2=2\lambda_m\frac{\rho_d^2}{\rho_m}\times\frac{\rho_m J^2}{C_m}T \tag{13-21}$$

即

$$U_e=\sqrt{2\lambda_m\frac{\rho_d^2}{\rho_m}(\theta_{my}-\theta_c)} \tag{13-22}$$

$$R_0=U_e/I_d \tag{13-23}$$

式中，ρ_d 极址大地土壤等效电阻率。等效电阻率 ρ_d 定义为将大地土壤电阻率参数非均匀分布视为均匀分布 ρ_d，使接地极接地电阻值保持不变。

式（13-22）表明，若 $\rho_m>\rho_n$，则有 $\rho_m>\rho_d$，要求接地极的 U_e 比均匀分布参数 ρ_m 条件下更低；与此相反，若 $\rho_m<\rho_n$，则有 $\rho_m<\rho_d$，此时土壤承受的电压 U_e 比均匀分布参数 ρ_m 条件下高；当 $\rho_m=\rho_n$ 时，$\rho_m=\rho_d$，式（13-22）与式（13-17）相同。上述现象的物理意义可以理解为，对于 $\rho_m=\rho_n$ 即极址土壤分布各向均匀的接地极，通常约一半电位降落在离开电极

100m 范围内，其余降落在远离电极的远方，远离电极产生的热量对接地极温升基本不产生影响；如果是 $\rho_m > \rho_n$，约一半电位降落范围将随着两层间大地土壤电阻率差值增大或随着电极与两层土壤界面距离的减少而减少，电位虽然降低了，但电极表面处场强没有变，而且在靠近电极一定范围里的土壤承受电压甚至比 $\rho_m = \rho_n$ 条件下有所增加；反之，则相反。

如果说在极址大地土壤参数分布各向均匀条件下，按式（13-17）条件来确定电极稳态温升状态尺寸是合适的（绝大多数工程是如此），那么在极址大地土壤参数分布不均匀下，采用式（13-22）条件来确定电极稳态温升状态尺寸时，也能使接地极稳态温升保持在约定的良好状态。

应该指出，从理论上讲，按照式（13-17）或式（13-22）条件确定的电极尺寸是偏于保守的，其原因是：①有相当的热产生在距离接地极很远的地方，因而对接地极温升影响不大；②即使在接地极附近范围里，除电极表面外，土壤中的电流密度都小于约定值；③没有考虑空气中耗散的热量。这些潜在的裕度给接地极安全运行增加了安全系数。

（二）焦炭截面

前面已提到，焦炭有两方面的作用：一是增加电极表面积，降低电极表面的电流密度，从而降低温升及其上升速度，避免电渗透现象发生；二是保护馈电棒，使之不受或少受电腐蚀。因此，电极焦炭截面尺寸应满足上述要求。

根据式（13-20），对于非稳态温升条件下的接地极，如果电极表面的电流密度各处相同，电极焦炭截面应满足式（13-24）要求

$$s \geqslant \frac{I_d}{4L}\sqrt{\frac{\rho T_0}{C(\theta_{my} - \theta_c)}} \tag{13-24}$$

式中，s 为电极焦炭截面边长，m；L 为电极总长度，m。

在实际工程中，由于受电极形状和土壤参数分布不均匀等原因的影响，电极表面各处电流密度往往是不一样的，有时相差可能达数倍。如果出现电流分布不均匀，特别是严重不均匀情况，就可能出现即使接地电阻满足热稳定要求，但局部温度不满足要求的情况。因此，如果说以接地电阻作为控制条件来确定接地极尺寸，是为了使接地极满足稳态温升条件下发热要求的全局控制，那么用热时间常数来决定焦炭截面，则是为了使接地极满足非稳态温升条件下发热要求的局部控制。

如果接地极电流分布不均匀，为了保证任意点 P 处最高温度不超过给定的允许值，根据式（13-24），电极点 P 处的焦炭截面边长应满足式（13-25）要求

$$s_p \geqslant k_p \tau_p \sqrt{\frac{\rho_p T_0}{16C_p(\theta_{my} - \theta_c)}} \tag{13-25}$$

式中，s_p 为任意点 P 处焦炭截面边长，m；k_p 为土壤电阻率不均匀系数；τ_p 为土壤电阻率各向均匀分布时 P 点溢流密度，A/m；ρ_p 为 P 点土壤电阻率，Ωm；C_p 为 P 点土壤热容率，J/（m^3 · ℃）。

影响电流分布主要因素来自两个方面：一是电极形状，二是土壤电阻率分布。因此式（13-25）中引入 τ_p 和 k_p，前者仅与电极形状有关；后者与接地极埋设层（含相邻层）土壤电阻率参数分布相关。

在接地极水平地穿越 N 个土壤电阻率分别为 ρ_1、$\rho_2 \cdots \rho_n \cdots \rho_N$ 情况下，如果不计相邻层的

影响，k_p 可按式（13-26）计算

$$k_p = \frac{\rho_d}{\rho_p} \tag{13-26}$$

其中

$$\rho_d = \frac{N}{\sum_{1}^{N} \frac{1}{\rho_n}} \tag{13-27}$$

如果考虑相邻层的影响，式（13-26）中的 ρ_n 应按式（13-28）修正为 ρ'_n

$$\rho'_n \approx \rho_n\left[1 + \frac{(\rho_上 - \rho_n)s}{(2h - s)(\rho_上 + \rho_n)} + \frac{(\rho_下 - \rho_n)s}{(2H - 2h - s)(\rho_下 + \rho_n)}\right] \tag{13-28}$$

式中，H 系上下层间界面的距离，m；h 系上层界面至电极中心的距离，m；$\rho_上$ 系上层土壤电阻率，Ωm；$\rho_下$ 系下层土壤电阻率，Ωm；s 系焦炭截面边长，m。

依照式（13-25）计算，可求得任意段（点）电极满足发热条件要求的最小焦炭截面尺寸。

不难看出，如果接地极形状是非圆环形，必然存在 τ_p 大于平均值；若土壤电阻率系非均匀分布，必然存在 $k_p>1$。在此情况下，如果整个接地极的焦炭截面采用一个尺寸，并且按发热最严重段点取值，显然其焦炭用量较电流均匀条件下焦炭用量多。所以，在接地极电流分布不均匀情况下，特别是在 τ_p 远大于平均值或 k_p 远大于 1 的情况下，整个接地极焦炭截面采用一个尺寸是很不经济的，而根据溢流密度大小采用两种或多种尺寸，不仅运行安全，而且可以获得很好的经济效益。

值得指出，按以上方法计算确定的接地极焦炭截面尺寸，只是反映出电极任意部位受发热控制必须满足的条件。特别当 T_0 较小时，计算得到的焦炭截面尺寸可能很小，若焦炭截面尺寸太小，馈电棒容易失去焦炭的保护。因此，即使焦炭截面尺寸不受发热控制，为了使馈电棒少受电腐蚀，焦炭截面尺寸也不能太小。焦炭截面边长不宜小于 200mm，否则欲使整个馈电棒可靠地置于焦炭之中，并受到一定的保护，施工比较困难。

（三）接地极馈电棒截面直径

接地极在运行中，馈电棒起导流作用，通过它将电流直接导入焦炭各处。因此，对馈电棒直径的确定，必须保证在规定运行期间里，不被腐蚀断，并具有规定的导流能力。

由电腐蚀原因造成馈电棒的损耗质量可以表示为

$$m = F_y v_f \tag{13-29}$$

式中，m 为整个馈电棒流失的金属质量，kg；F_y 为阳极运行寿命，Ah；v_f 为馈电棒材料在土壤中的电腐蚀速率，kg/Ah。

前面已提到，焦炭有保护馈电棒的作用，这是因为在焦炭与馈电棒间存在电子导电。为此可引入修正系数 k_1，定义为焦炭中单位面积泄入地中的离子流与总电流之比。一般来讲，k_1 的取值与焦炭的物理特性、断面尺寸、夯实程度，水的化学成分等有关，可以通过实际试验结果确定。根据试验，k_1 取值在 0.1～0.5 之间，详细情况见表 13-3。

此外，电腐蚀有汇集效应，腐蚀可以发生在某一部分，甚至一点。经试验结果表明，汇集效应程度与馈电棒材料有关。对此，在设计接地极和选定馈电棒尺寸时引入系数 k_2 予以考虑。

如果馈电棒泄入地中的电流各处均匀，考虑到 k_1、k_2 系数，则要求馈电棒材料的等效直径应满足式（13-30）的条件

$$\Phi \geqslant \sqrt{\frac{4k_1k_2m + \pi\phi^2 dL \times 10^{-3}}{\pi dL \times 10^{-3}}} \tag{13-30}$$

式中，Φ 为馈电棒的等效直径，mm；ϕ 为接地极运行时间到达设计寿命时的馈电棒残余等效直径，mm；L 为电极长度，m；d 为馈电棒材料密度，g/cm^3。

通常，由于电流分布不均匀，腐蚀是不均匀的。同理，当电极表面各处电流密度不相同，特别是相差数倍时，可以根据溢流密度大小，按式（13-31）计算分段确定馈电棒尺寸

$$\Phi_{\rm p} \geqslant \sqrt{\frac{4k_1k_2k_{\rm p}\tau_{\rm p}m + \pi\phi^2 dI_{\rm d} \times 10^{-3}}{\pi dI_{\rm d} \times 10^{-3}}} \tag{13-31}$$

式中，$\Phi_{\rm p}$ 为点 P 处馈电棒等效直径，mm；$I_{\rm d}$ 为额定入地电流，A；$k_{\rm p}$ 为土壤电阻率不均匀系数；$\tau_{\rm p}$ 为在土壤电阻率均匀分布和额定电流下的 P 点线电流密度，A/m。

容易看出，如果接地极溢流密度各处不相同，计算得到的 $\phi_{\rm p}$ 是不一样的。若某处溢流密度很大，可以加大该段馈电棒尺寸或使用抗电腐蚀能力强的材料。这不仅可节省材料，而且也给施工安装带来很大的方便。

六、接地极埋设深度

不同的电极埋设深度所反映出的地面最大跨步电压，土壤参数的设计取值，施工土方开挖量是不同的。对此，在确定接地极埋设深度时，一般应按以下几个方面进行技术经济比较。

（1）控制地面跨步电压。一般来讲，接地极须满足在最大短时（暂态）电流情况下，地面任意点跨步电压不得超过预先规定的最大允许值。电极埋设深度对地面跨步电压影响十分敏感，因此可以改变电极埋设深度使地面跨步电压满足要求。

在电极长度远大于电极埋深并且电流分布均匀情况下，接地极最小埋设深度可按式（13-32）近似计算

$$h = \frac{\rho_1 \tau}{2\pi E_{\rm my}} \tag{13-32}$$

式中，h 为接地极最小埋设深度，m；ρ_1 为地面土壤等效电阻率 Ωm；τ 为接地极溢流密度，A/m；$E_{\rm my}$ 地面最大允许跨步电压，V/m。

如果电流分布不均匀，则可通过改变埋设深度，计算相应条件下的跨步电压（见本章第七节），即用试凑法求得地面任意点最大跨步电压不大于允许值情况下的电极最小埋设深度。

（2）电极埋设层土壤性能应良好。接地极埋设深度的设计取值除了必须服从于地面任意点最大跨步电压的要求外，最好能将它铺在大地土壤电阻率低、热特性好、水分充足的土壤中，而不应放在如岩石、砂卵石层和干燥无水的高电阻率的土壤中。这是因为确定接地极尺寸以及接地极所反映出的技术指标是在很大程度上取决于它周围土壤参数的物理特性。换言之，如果能将接地极铺设在大地土壤电阻率低、热特性能好、水分充足的土壤中，对缩小接地极尺寸、提高接地极运行的安全性和可靠性是十分有好处的。

（3）尽可能地减少土方开挖量。在满足上述条件要求的情况下，应尽可能减小电极的埋设深度，这对于减少土方开挖量和环境破坏是重要的，特别是在极址地形不平坦情况下尤为

重要。通常极址地形是不平坦的，即使在平原地带，仍可能存在渠、塘之类的低洼地带。对于接地电极穿越有渠、塘之类低洼地带，如果以低洼地带标高来确定整个接地极的埋设深度，则土方开挖量有时达到难以接受的地步。在此情况下，可根据地形地貌条件，采用不等埋设深度分段埋设，在电极穿越渠、塘之类低洼地带，采用电缆跳线跨接。这样既可以减少土方开挖量和对环境的破坏，同时在低洼地带的地面跨步电压也不会超过允许值。

（4）避免外部因素破坏。接地极埋深也不宜过浅，以免可能受到来自田间作业、机耕等方面的人为破坏，同时可避免大气温度对电极运行性能的影响。一般接地极埋深不宜小于1.5m。

综上所述，设计中确定接地极埋深取决于多方面的因素，合理的设计取值应根据具体情况进行技术经济比较，择优取值。

七、导流系统

接地极导流系统是由导流线、馈电电缆、电缆跳线、构架和辅助设施等组成。接地极引线送来的系统入地电流先由导流线将电流分成若干支路引至合适的地点，然后由馈电电缆将电流导入电极泄入大地。导流线可以是架空线，也可以是电缆。

合理地选择导流线并使其布置合理是十分重要的，否则会出现某些支路电流过大，而另一些支路无电流或电流很小的不平衡现象。为了获得较好的电流分配特性，保证导流系统安全运行，根据工程运行经验和理论分析计算，接地极导流系统布置一般应遵循以下原则。

（1）导流线布置应与电极形状配合。对于对称形的接地极，导流线一般也应是对称形布置。

（2）适当增加导流线分支数，至少要考虑当一根导流线停运（损坏检修）时，不影响到其他导流线安全运行，提高运行的可靠性。

（3）引流电缆应有足够的载流容量储备，绝缘外套特性应具有良好的热稳定性。

（4）引流电缆应尽量避免接在电流溢流密度大，并且离开馈电棒端点至少在5m远的地方，避免引流电缆接点受腐蚀。

八、其他辅助设施

接地极辅助设施包括检测井、渗水井、注水系统、在线监测系统等。

（1）检测井。为了在现场随时获取接地极运行时的温度、湿度等信息，陆地接地极一般应设置检测井。检测井一般设置在电极溢流密度较大或温升高、馈电电缆接入点的地方。检测井采用PVC管，垂直布置在电极的上方和靠近电极的两侧，底部开露，与电极平齐，上端齐地面。检测时，温度或湿度计可伸到电极。

（2）渗水井。渗水井具有双重功能：一是将地面的水引入到电极，使电极保持潮湿；二是为接地极运行时产生的气体提供排出通道，使接地极保持良好的工作状态。渗水井一般布置在地面有水（如水稻田）且在电极的正上方，间距约50m一个。为了有利于水渗入和气体的排出，渗水井一般采用渗水性好的卵石和砂子。渗水井地面采用砂子填充，并设置防淤池，以免淤泥堵塞井口。

（3）注水系统。如果接地极的极址系旱地，往往需要专设注水装置——使用水泵通过管道向电极注水。注水装置是由水泵、主水管、控制水阀、渗水管等组成，水泵将水源的水通过埋在地下的PVC主管线，将水送到设立在接地极地面上各个控制水阀，然后通过渗水管将水注入到电极。渗水管道采用 PVC 管，沿着电极敷设在电极的上方。为了让水能均匀顺利地渗入到焦炭中和防止水流冲刷焦炭，在 PVC 管的下方每隔数米开一孔洞，孔洞下面应垫一块混凝土预制板。水可以取自沟、塘、河、渠等水源，为了使注水系统能正常工作，在设计时应对水泵功率、管径尺寸大小、控制阀数量及其布置等进行论证。

第七节　接地极电流场计算

直流输电接地极是一个可长时间持续地工作在有源状态下的接地体，因此正确地分析与计算地中电流场和弄清电流分布，对于确保接地极运行安全并使其造价低廉，避免或减小地电流对环境所产生的影响，是十分重要的。

直流接地极通常又是一个巨大的，形状各异的接地装置。它往往要适应于各种地形条件，穿越多种土壤电阻率区域，边界条件复杂，这使得电流场分析与计算变得复杂和困难。为了求解地电流场，过去常采用"经典公式"法估算，计算结果误差大，工程应用不理想。随着计算机应用技术的不断发展，目前出现了诸如"有限元"法、"边界元"法等数值逼近方法。从理论上讲，上述数值逼近法是可信赖的，但由于边界条件的复杂性，勘测手段的局限性以及边界界面划分的可塑性，上述数值逼近法也未必能获得满意的计算结果。此外对于一个具有三维敞开边界场的电极而言，上述数值逼近法往往在计算机容量和计算精度要求方面，形成一对难以统一的矛盾。

在工程中，极址大地土壤电阻率参数一般采用电流注入法或电磁法现场测得，所测得的值是视在电阻率。换言之，每一个测量值是众多不同值混合在一起的等效值，不存在可以客观真实地描述不同电阻率土壤的界面。因此，基于工程观点，人们更感兴趣的是不同大地土壤电阻率在电场的作用下对人们所研究问题产生的外部综合效应，本节将介绍两种求解接地极地电流场的方法，即所谓的"电阻网络模拟法"(也称网络法）和"行波法"。

网络法就是先按照一定规则将极址划分成若干个单元，然后每个单元根据其电阻率的不同，在 X、Y 和 Z 三个方向分别用 6 只电阻代替与周边单元的连接。这样将所有的单元连接起来，便形成只有电阻元件连接的网络，地电流场的求解即转化为对网络的求解。该方法特别适用于极址附近有山冈或河流湖泊，水平方向大地土壤电阻率值差别大，计算离开电极稍远（大于 2km）地方的电位升情况。

行波法是将直流电流场看作是特殊（波源电流为恒定值）的时变场，将直流电流在大地中流动视为电流波的传播。在此基础上，利用行波传播在界面上的折射与反射概念处理界面问题，即将各界面上的积界电荷产生的反向电场影响的计算转化为各界面产生的反射波波幅的计算。该方法适用任意层模型，对于平原丘陵地区，具有计算精度高和操作简单等优点。

一、网络法

在直流接地极极址位于山冈、海岸或河流湖泊附近情况下，由于山体岩石或水的电阻率往往与土壤差别甚远，使得场域导电媒质分布不仅纵向不均匀，水平方向也不均匀，采用通常的方法求解地电场比较困难。对于上述情况，由于界面比较清楚，采用网络法就可以较方便地解决问题。

（一）单元网络

如图 13-5（a）所示，对于扇径分别为 r_2 和 r_1、扇角为 θ 和扇厚为 D 的扇形土壤块，电阻率为 ρ，它与周边土壤的联系可视为图 13-5（b）所示的电阻单元网络，则

$$\left.\begin{aligned}R_{\mathrm{r}}&=\int_{r_1}^{r_2}\frac{\rho\mathrm{d}r}{D(r\theta)}=\frac{\rho}{D\theta}\ln\left(\frac{r_2}{r_1}\right)\\R_{\theta}&=\frac{1}{\int_{r_1}^{r_2}\frac{D\mathrm{d}r}{\rho\,\theta r}}=\frac{\rho\,\theta}{D\ln\frac{r_2}{r_1}}\\R_{\mathrm{d}}&=\frac{\rho D}{\int_{r_1}^{r_2}r\theta\mathrm{d}r}=\frac{2\rho\,\theta}{\theta(r_2^2-r_1^2)}\end{aligned}\right\}\tag{13-33}$$

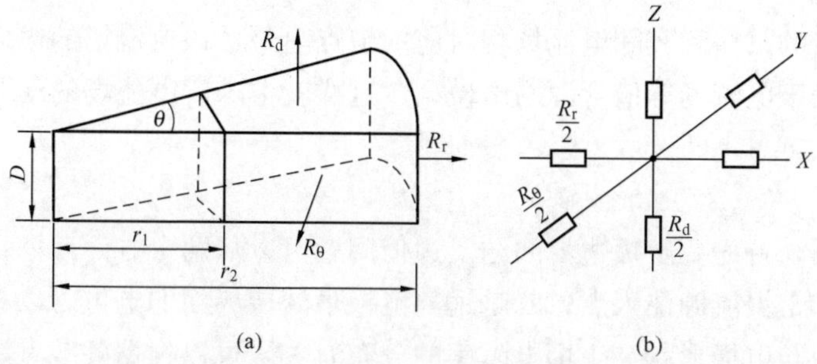

图 13-5　扇形分割单元等值图

（a）扇形土壤块；（b）电阻单元网络

同理，对于长、宽、高分别为 $\mathrm{d}x$、$\mathrm{d}y$ 和 $\mathrm{d}z$ 的矩形方体，电阻率为 ρ 的一块土壤，它与周边土壤的联系也可用单元电阻代替，显然其值为

$$R_{\mathrm{x}}=\frac{\rho\mathrm{d}x}{\mathrm{d}y\mathrm{d}z};R_{\mathrm{y}}=\frac{\rho\mathrm{d}y}{\mathrm{d}x\mathrm{d}z};R_{\mathrm{z}}=\frac{\rho\mathrm{d}z}{\mathrm{d}x\mathrm{d}y}\tag{13-34}$$

（二）合成网络

将整个计算场域进行三维空间分割，使之成为有限个互不重叠的单元体，这种分割应从电极开始，一直延展到边界条件为已知的界面。原则上讲，分割可以是任意的，但为了提高计算精度，减少计算工作量，分割时应遵循的原则是：①场域里各界面也应是分割面；②靠近电极分割密些，远离电极分割稀些；③计算远离电极（大于 1km）的电位时，应采用扇形分割，分析计算电极附近电场电位时，宜根据电极形状来分割；④若场域具有对称性，分割也应对称，这样可以减少计算工作量；⑤为了提高计算精度，分割时应力求使相邻单元的体积不要差距过大，尽量避免出现过宽过扁形体。

通过上述分割，将所研究的域场分割成若干个按照一定规则和排列顺序的单元体。如果对场域进行扇形分割（地平面为圆柱坐标 r、θ 平面），并且在 r、θ 和 Z 方向分别有 I、J 和 K 个面分割，那么可得到 $I\times J\times K$ 个单元。如果我们将第 i 与 $i+1$、第 j 与 $j+1$ 和第 k 与 $k+1$ 面围成的单元体记作 $V_0(i,j,k)$，节点 N 记作 $N_0(i,j,k)$，那么根据式（13-33），与节点 $N_0(i,j,k)$ 相连三个方向的电阻分别应是 $R_{\mathrm{r}}(i,j,k)$、$R_{\theta}(i,j,k)$ 和 $R_{\mathrm{d}}(i,j,k)$。节点间可用

一个电阻代替，如节点 $N_0(i,j,k)$ 与节点 $N_1(i+1,j,k)$ 和节点 $N_2(i-1,j,k)$ 之间，其电阻分别为

$$\left.\begin{aligned}R_{01}&=R_r(i,j,k)+R_r(i+1,j,k)\\R_{02}&=R_r(i,j,k)+R_r(i-1,j,k)\end{aligned}\right\}\tag{13-35}$$

同理可得关于 θ 和 Z 方向的四个电阻应分别为

$$R_{03}=R_\theta(i,j,k)+R_\theta(i,j+1,k)$$
$$R_{04}=R_\theta(i,j,k)+R_\theta(i,j-1,k)$$
$$R_{05}=R_Z(i,j,k)+R_Z(i,j,k+1)$$
$$R_{06}=R_Z(i,j,k)+R_Z(i,j,k-1)$$

将各单元网络都连接起来，就构成了电阻网络。

（三）网络求解

若在上述网络的某些和实际电流场相对应的节点上，按该电流场的边值来给定电位或电流源，就得到代表该电流场等值含源网络模型，这样就把求解电流场的问题转化为求解电路网络。

1. 边值问题

求解上述网络，首先要解决边界问题。边值问题可以从两个方面考虑：一是电极本体所在的节点可以看作是恒流源注入点；二是远离电极最外层界面的电位可以直接给出。电极本体所在节点的电流与电极形状，土壤电阻率的分布有关，可以根据各节点注入到网络中的电流之和恒等于接地极入地电流及各个节点电位相等边界条件确定。远离电极最外层界面的电位可以根据它离开电极中心的距离给出合适值。当离开距离足够远（如大于 100km）时，合适的电位值可以是零。对于一个敞开边界场，为了提高计算精度，减小计算工作量，往往需要分级计算。所谓分级计算就是逐渐缩小计算场域，先一级计算得到的某界面电位值可作为下一级计算的给定边值。

2. 线性方程组

对于一个具有 $I\times J\times K$ 个单元的模型，其电路网络即有与单元相同数的节点，显而易见，采用节点电压法求解网络最为方便。

(1) 单元分析。根据节点电压法原理，节点 $N_0(i,j,k)$ 自电导可以表示为

$$G_{00}=\frac{1}{R_{01}}+\frac{1}{R_{02}}+\frac{1}{R_{03}}+\frac{1}{R_{04}}+\frac{1}{R_{05}}+\frac{1}{R_{06}}$$

式中，G_{00} 为节点 $N_0(i,j,k)$ 的自导，其余与式(13-30)相同。该节点与周边节点（N_1，$N_2\cdots N_6$）的互电导则分别为

$$G_{01}=G_{10}=\frac{1}{R_{01}};G_{02}=G_{20}=\frac{1}{R_{02}}$$

$$G_{03}=G_{30}=\frac{1}{R_{03}};G_{04}=G_{40}=\frac{1}{R_{04}}$$

$$G_{05}=G_{50}=\frac{1}{R_{05}};G_{06}=G_{60}=\frac{1}{R_{06}}$$

除电极本体所在的节点外，送入各节点的电流为零，而送入电极所在节点的电流为代表该节点的一段电极泄入地中的电流。于是关于节点 $N_0(i,j,k)$ 单元方程可以表达为

$$G_{00}\varphi_0+G_{01}\varphi_1+G_{02}\varphi_2+G_{03}\varphi_3+G_{04}\varphi_4+G_{05}\varphi_5+G_{06}\varphi_6=I_0$$

式中，$\varphi_0\sim\varphi_6$ 为节点 N_0 及周边节点的电位；I_0 系进入节点 N_0 的电流。

（2）总体合成。为了得到整个场域关于各节点电位函数的离散表达式，有必要对各节点的编码作适当的改写，以便进行总体合成或归并。设将场域被分割成为 $I\times J\times K$ 个单元，远离电极最外层的分割面电位为给定值或零，这样待求节点电位函数的离散数有 $(I-1)\cdot J\cdot(K-1)$ 个。如果依次将这些节点按自然数顺序编码，则第 n 个节点编码可以表示为

$$n=(i-1)J(k-1)+(j-1)(k-1)+k$$

式中，$i=1,2\cdots I-1$；$j=1,2\cdots J$；$k=1,2\cdots K-1$；$n=1,2\cdots N$。

如果将全部节点的电位值和进入各节点的电流值都表示为一个 N 阶列阵，分别记作 $\{\varphi\}$ 和 $\{I\}$；用 N 阶方阵 $[G]$ 表示电导系数，则可以得到一个关于场域内各节点电位值矩阵表达式为

$$[G]\{\varphi\}=\{I\}$$

$$\begin{bmatrix} G_{11} & \cdots & G_{1n} & \cdots & G_{1N} \\ G_{21} & \cdots & G_{2n} & \cdots & G_{2N} \\ \vdots & & \vdots & & \vdots \\ G_{N1} & \cdots & G_{Nn} & \cdots & G_{NN} \end{bmatrix}\begin{Bmatrix}\varphi_1\\ \varphi_2\\ \vdots\\ \varphi_N\end{Bmatrix}=\begin{Bmatrix}I_1\\ I_2\\ \vdots\\ I_N\end{Bmatrix} \tag{13-36}$$

式（13-36）中 G_{ij} 为电导系数。$i=j$ 时为自导，它等于与节点 i 相连所有电导之和，取正值；$i\neq j$ 时为互导，它等于节点 i 与 j 之间的电导，取负值。不难看出，$[G]$ 是一个对称的方阵，即 $G_{ij}=G_{ji}$；矩阵的阶数与待求节点电位数相同，因此有唯一的解。

（3）线性代数方程组的求解。这里介绍的网络法求解地电流场最终归结为线性方程组的求解。对于 1000 个节点所对应的线性方程组，它的电导系数矩阵有 10^6 个元素，如此庞大系数矩阵的存贮是计算机运算中的一个值得深入分析的问题。由于系数矩阵是对称的，只要存贮系数矩阵三角部分（包括主对角线元素在内）就已足够，从而可压缩近一半的存贮量。此外还可以看到，系数矩阵的每一行最多只有 7 个非零元素，如果能把大量零元素排除在存贮之外，就能进一步压缩内存。对于上述系数是对称的矩阵的代数解法比较成熟，例如可采用超松弛迭代法、消元法、分块消元法等，在此不再逐一阐述。代数解的结果即是待求边值问题的离散解 φ_1、$\varphi_2\cdots\varphi_N$。

（四）电场及电流密度

由上述方法计算得到的位函数的数值解，可以继续利用计算机计算地中电场，电流密度及其他参数。由恒定电流场理论可知，如果在场域 D 内，任意点的位函数为 $\varphi(x,y,z)$，则该点的电场及电流密度可以分别表达为

$$E(x,y,z)=E_x\boldsymbol{i}+E_y\boldsymbol{j}+E_z\boldsymbol{k}$$

$$\delta(x,y,z)=\frac{1}{\rho(x,y,z)}(E_x\boldsymbol{i}+E_y\boldsymbol{j}+E_z\boldsymbol{k})$$

式中，$E_x=\dfrac{\partial\varphi}{\partial x}$；$E_y=\dfrac{\partial\varphi}{\partial y}$；$E_z=\dfrac{\partial\varphi}{\partial z}$。

基于电场强度和它对应的位函数之间的关系，可得到关于节点 $N(i,j,k)$ 在 r 方向一对

称星形上的电场强度为

$$E_r(i,j,k) \approx \frac{\varphi(i+1,j,k)-\varphi(i,j,k)}{r_{i+1}-r_i}$$

同理可得 θ 和 Z 方向对称星形上的电场强度

$$E_\theta(i,j,k) \approx \frac{\varphi(i,j+1,k)-\varphi(i,j,k)}{\left(r_j+\frac{r_{j+1}-r_j}{2}\right)(\theta_{j+1}-\theta_j)}$$

$$E_z(i,j,k) \approx \frac{\varphi(i,j,k+1)-\varphi(i,j,k)}{D_{k+1}-D_k}$$

关于节点 $N(i,j,k)$ 处的电流密度

$$\delta(i,j,k)=\frac{1}{\rho(i,j,k)}(E_r\boldsymbol{i}+E_\theta\boldsymbol{j}+E_z\boldsymbol{k})$$

至此容易看出，上述网络法主要优点是适用大地导电媒质各向分布不均电流场的求解，特别适用于给定边值条件电流场的求解。但也存在一些缺点，要求较大的计算内存，计算精度不高等。为了提高计算精度，在计算机存储容量许可的情况下，尽可能采取较精细的网格，使离散化的模型能较精确地逼近真实情况。为了能使研究的敞开边界场（零电位点离极遥远）做到这一点，往往要分级计算，逐渐缩小计算场域，使敞开边界变为有限边界，达到提高计算精度的目的。

二、行波法

通常，极址附近水平方向的大地土壤电阻率分布总体上讲比较均匀，而垂直方向差别较大。对于大地电阻率为水平分层结构的场域，采用行波法求解地电流场非常方便，计算结果准确。

（一）界面问题

假设极址模型按电阻率值不同分为M层，其值由上至下分别为 ρ_1、$\rho_2\cdots\rho_M$，各电性层厚相应分别为 h_1、$h_2\cdots h_{M-1}$，并且各电性层交界面为相互平行的无穷大平面。当有一载流量为 I_d 的微型电极置于第 n 层，并距与其上层（第 $n-1$ 层）交界面为 h 的土壤中时，如图 13-6 所示。由于各层电阻率不相同，因而在各土壤层中有电荷积累，这些积累电荷将产生一个与外加电场反向的电场。显然在求解该场域任意层中电流场时，必须考虑积累电荷的影响。

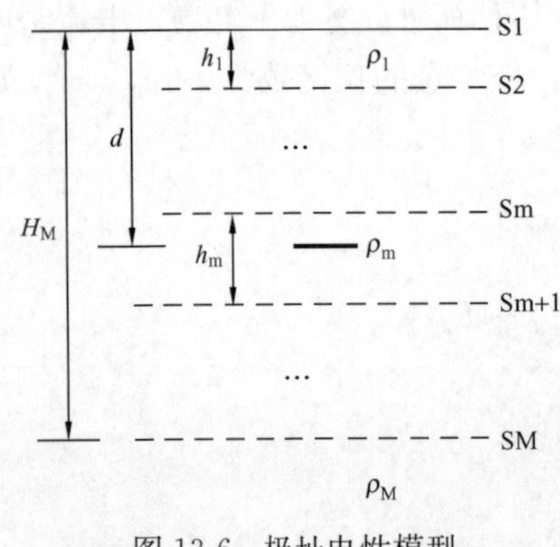

图 13-6　极址电性模型

对于图 13-6 所示的情况，行波法为求解任意层中电流场提供了方便。该方法是将入地电流在大地中传播视为电流行波的传播，引入波的折射与反射概念；将各界面上的积累电荷产生的反向电场影响的计算，转化为各界面产生的反射波（并折射到欲求解场域 m 层）波幅的计算。该方法适用任意层场域。

(1) 行波概念。在电磁场中，达朗贝尔方程表达了无限大空间中的时变场动态位与场源 δ（电荷密度）

之间的关系，即

$$\varphi(x,y,z,t)=\frac{1}{4\pi\epsilon}\int_V\frac{\delta\left(x_0,y_0,z_0,t-\frac{r}{v}\right)}{r}\mathrm{d}V \tag{13-37}$$

式中，x、y、z 为场点 P 的坐标；x_0、y_0、z_0 为源点坐标；V 为体电荷空间；dV 为单元体积；r 为 dV 与 P 点的距离；ϵ 为介电常数；v 为行波速度。

对于这里所研究的场可以理解为特殊的时变场，即入地电流 I_d 是恒定不变的。若将 I_d 视为点电流，作为式（13-37）的一个特例，其电位函数按比拟方法可以表达为

$$\begin{cases}\varphi(r,t)=\dfrac{\rho I_d}{4\pi r}f\left(t-\dfrac{r}{v}\right)\\ f\left(t-\dfrac{r}{v}\right)=1 \qquad \left(t\geqslant\dfrac{r}{v}\right)\\ f\left(t-\dfrac{r}{v}\right)=0 \qquad \left(t<\dfrac{r}{v}\right)\end{cases} \tag{13-38}$$

式中，ρ 为土壤电阻率；$f\left(t-\frac{r}{v}\right)$ 是一个以空间与时作变量的函数，这就意味着此物理量是以速度 v 沿着 r 方向传播出去的。

式（13-37）除了表达了恒定电流场中的位函数是一种波外，还建立了位函数与波源电流之间的关系，即波幅正比于波源电流 I_d。从这个意义上讲，电流在媒质中也可以理解为是以波的形式 $f\left(t-\frac{r}{v}\right)$沿着 r 方向传播。

（2）行波的折射与反射。恒定电流场中的位函数和电流的传播既然可以理解为是以波的方式传播，那么它们的传播具有波的特性：在均匀媒质中按直线传播；若在传播途中媒质发生变化，则要产生反射波和折射波。例如，场域 D 有土壤电阻率分别为 ρ_1 和 ρ_2 两种导电媒质，其分界面是一无限大平面，在第一种导电媒质 ρ_1 中，距分界为 h 处设置一载流为 I_d 的微型电极。对于两种导电媒质中场强的计算问题，根据镜像法知道，要求上层土壤 ρ_1 中的场强时，可用均匀导电媒质中 I_d 和 I'_d 两个载流电极来计算；要求下层土壤 ρ_2 中的场强时，则用均匀导电媒质中的 I''_d 一个载流电极来计算，其中

$$I'_d=\frac{\rho_2-\rho_1}{\rho_1+\rho_2}I_d \tag{13-39}$$

$$I''_d=\frac{2\rho_1}{\rho_1+\rho_2}I_d \tag{13-40}$$

上述例子可以这样理解，在 $t=0$ 时给电极通电 I_d，动态位 $\varphi(r,t)$ 将以幅值为 $\rho_1 I_d/(4\pi r)$ 和速度 v 沿着辐射的 r 方向传播。当 $t\geqslant\frac{r}{v}$ 即电位波传到界面后，一部分反射回来，另一部分折射到媒质 ρ_2 中。也就是说，I'_d 可以被认为是由分界面引起的“反射电流”，反射系数为 $(\rho_2-\rho_1)/(\rho_2+\rho_1)$；$I''_d$ 可以被认为是进入到导电媒质 ρ_2 中的“折射电流”，折射系数为 $2\rho_1/(\rho_1+\rho_2)$。同理，对于图 13-6 所示的极址电性模型，电流波将在该场域里形成多次（理论上为无穷次）折反射，第 m 层得到电流波可以归纳为由来自该层相邻界面（Sm+1 或 Sm）的反射波和其他层的折射波两部分组成，这些电流波的波幅及其“源点”位置可用

以下行阵表示

$$\left.\begin{aligned}[Q_m] &= I_d[q_{m1}\ q_{m2}\ q_{m3}\ \cdots\ q_{mk}\ \cdots\ q_{mK}]\\ [Z_m] &= \quad [z_{m1}\ \ z_{m2}\ z_{m3}\ \cdots\ z_{mk}\ \cdots\ z_{mK}]\end{aligned}\right\} \tag{13-41}$$

式中，$[Q_m]$ 为第 m 层截获的折反射波波源行阵，A；$[Z_m]$ 为第 m 层截获的折反射波波源 Z 坐标位置行阵，m。

(3) 行波的叠加。根据电磁场理论叠加原理，第 m 层任意点处的电位函数可以用式(13-42)表示

$$\varphi_P = \frac{\rho_m I_d}{4\pi}\sum_{k=1}^{K_m}\frac{q_{mk}}{\sqrt{(x-x_0)^2+(y-y_0)^2+(z-z_{mk})^2}} \tag{13-42}$$

式中，φ_P 为 P 点的电位，V；ρ_m 为 P 点所在层土壤电阻率，Ωm；q_{mk}为行阵 Q_m 中第 k 列元素的反射波波源电流系数；x_0、y_0 为源点坐标；z_{mk}为行阵 Z_m 中第 k 列元素，q_{mk}所在的 Z 坐标，m；K_m 为行阵 Q_m 或 Z_m 列数。

由此可见，用行波法求解电流场的关键归结到求解行波的波源电流及其所在的位置。

(二) 溢流密度

由于电极形状、极址大地土壤电阻率参数分布不均匀等因素，接地极各部位泄入到地中的电流密度一般是不一样的，即溢流密度是不同的。一般来讲，除了均匀大地导电媒质条件下的极少数标准形接地极的溢流密度可以用解析法近似求解外，其他形状特别是在非均匀大地导电媒质条件下很难用解析法求解。对于难以用解析法求解的电流场，可将电流在接地体上连续分布转换为离散分布，用数值法求解。

1. 离散点电流方程

将接地极离散成 J 个点，各点的坐标位置分别为 $P_1(x_1, y_1, z_1)$、$P_2(x_2, y_2, z_2)\cdots P_J(x_J, y_J, z_J)$，并且在各离散点分别以电流 I_1、$I_2\cdots I_J$ 代替该接地体（一小段）上连续分布的电流。

根据式(13-42)，任意点 P_i 处的电位可以表达为

$$\begin{aligned}\varphi_i =&(a_{i11}I_1+a_{i21}I_2+a_{i31}I_3+\cdots+a_{iJ1}I_J)+(a_{i12}I_1+a_{i22}I_2+a_{i32}I_3+\cdots+a_{iJ2}I_J)\\ &+(a_{i13}I_1+a_{i23}I_2+a_{i33}I_3+\cdots+a_{iJ3}I_J)+(\cdots)+(\cdots+a_{ijk}I_j+\cdots)+(\cdots)\\ &+(a_{i1k}I_1+a_{i2k}I_2+a_{i3k}I_3+\cdots+a_{iJk}I_J)\end{aligned} \tag{13-43}$$

式中，a_{ijk}为电流 I_j 引起的第 k 个反射电流波波源点与点 P_i 间电位系数（Ω）；下标 k 为行阵 $[Q_m]$ 的列数。

按式(13-43)可以写出 J 个离散点电位表达式。对各式进行合并整理，并将它们联立起来，即可得到式(13-44)电位方程组

$$\left.\begin{aligned}a_{11}I_1+a_{12}I_2+a_{13}I_3+\cdots+a_{1J}I_J&=\varphi_1\\ a_{21}I_1+a_{22}I_2+a_{23}I_3+\cdots+a_{2J}I_J&=\varphi_2\\ a_{31}I_1+a_{32}I_2+a_{33}I_3+\cdots+a_{3J}I_J&=\varphi_3\\ &\vdots\\ \cdots+a_{ij}I_j+\cdots&=\varphi_j\\ &\vdots\\ a_{J1}I_1+a_{J2}I_2+a_{J3}I_3+\cdots+a_{JJ}I_J&=\varphi_J\end{aligned}\right\} \tag{13-44}$$

式中，φ_J 为点 P_j 处对无穷远处的电位升，V；a_{ij}为点 P_i 和 P_j 间的电位系数，Ω，当 $i=j$ 时称自电位系数，当 $i \neq j$ 时称互电位系数，其值为

$$a_{ij} = \sum_{k=1}^{K} a_{ijk}$$

值得提出，在实际工作中，离散点的数目总是有限的，通常只取数百个，如果计算自电位系数时，将代表 P_i 处那段连续分布在 ΔL 电极的电流示为点电流是不合适的。但对于被离散后的一小段，电流在电极上的分布可以被看作是均匀的。

2. 离散点电流求解

以上，建立了接地极各离散电流应满足的关系。式（13-44）是一个有 J 个离散点的方程组，欲求出各离散点电流，还应给定边界条件。接地极在运行中满足的边界条件是：①接地极体上各点对无穷远处的电位相等；②各离散点电流之和恒等于系统入地电流。

结合式（13-44）和上述边界条件，可以得到以下方程组

$$\left.\begin{array}{c}
a_{11}I_1 + a_{12}I_2 + a_{13}I_3 + \cdots + a_{1J}I_J = \varphi \\
a_{21}I_1 + a_{22}I_2 + a_{23}I_3 + \cdots + a_{2J}I_J = \varphi \\
a_{31}I_1 + a_{32}I_2 + a_{33}I_3 + \cdots + a_{3J}I_J = \varphi \\
\vdots \\
\cdots + a_{ij}I_j + \cdots \\
\vdots \\
a_{J1}I_1 + a_{J2}I_2 + a_{J3}I_3 + \cdots + a_{JJ}I_J = \varphi \\
I_1 + \quad I_2 + \quad I_3 + \cdots + \quad I_J = I_d
\end{array}\right\} \tag{13-45}$$

将式（13-45）写成矩阵形式，即

$$\begin{bmatrix}
a_{11} & a_{12} & a_{13} & \cdots & a_{1j} & \cdots & a_{1J}-1 \\
a_{21} & a_{22} & a_{23} & \cdots & a_{2j} & \cdots & a_{2J}-1 \\
a_{31} & a_{32} & a_{33} & \cdots & a_{3j} & \cdots & a_{3J}-1 \\
 & & & \vdots & & & \\
a_{J1} & a_{J2} & a_{J3} & \cdots & a_{Jj} & \cdots & a_{JJ}-1 \\
1 & 1 & 1 & \cdots & 1 & \cdots & 1-0
\end{bmatrix}
\begin{bmatrix} I_1 \\ I_2 \\ I_3 \\ \vdots \\ I_J \\ \varphi \end{bmatrix}
=
\begin{bmatrix} 0 \\ 0 \\ 0 \\ \vdots \\ 0 \\ I_d \end{bmatrix} \tag{13-46}$$

式（13-46）是一个有 $J+1$ 阶的方阵，在给定入地电流 I_d 的条件下，矩阵有惟一的解，即可求得各离散电流 I_1、$I_2 \cdots I_J$ 和接地极电位升 φ。

经理论分析和模拟计算结果表明，电极的溢流密度与其形状密切相关，端点明显地高于其他部位；此外电极的溢流密度也与极址电性模型有关，当电极埋设层土壤电阻率高于相邻层，溢流密度趋向均匀，反之趋向不均匀。

（三）大地电位升与接地电阻

如果将接地极离散成 J 个点，并按式（13-46）求得接地极上各离散点电流列阵为［I］，P（x，y，z）系场域第 m 层中的任意一点，那么参照式（13-43），点 P 处的电位可以表达为

$$\begin{aligned}
\varphi_P = & (R_{11}I_1 + R_{21}I_2 + R_{31}I_3 + \cdots + R_{J1}I_J) \\
& + (R_{12}I_1 + R_{22}I_2 + R_{32}I_3 + \cdots + R_{J2}I_J) \\
& + (R_{13}I_1 + R_{23}I_2 + R_{33}I_3 + \cdots + R_{J3}I_J)
\end{aligned}$$

$$\vdots$$
$$+(\cdots+R_{jk}I_j+\cdots)$$
$$\vdots$$
$$+(R_{1k}I_1+R_{2k}I_2+R_{3k}I_3+\cdots+R_{Jk}I_J)$$

式中，R_{jk}系点电流 I_j 引起的第 k 次反射电流波波源点与点 P 间的电位系数，Ω。

经过合并后，得

$$\varphi_P=R_1I_1+R_2I_2+R_3I_3+\cdots+R_jI_j+\cdots+R_JI_J \tag{13-47}$$

其中

$$R_j=\sum_{k=1}^{K_m^j}R_{jk}$$

将式（13-47）改写成矩阵式

$$\varphi_P=\det[R][I] \tag{13-48}$$

式中，[R] 为关于点 P 处电位系数（J 阶）行阵，Ω；[I] 为各离散点电流（J 阶）列阵，A；det 意为对应于该矩阵的行列式值。

当 P_0（x_0，y_0，z_0）是接地极上的一点时，即可求得最高电位 φ_{max}，从而可求得接地电阻 $R_e\left(=\dfrac{\varphi_{max}}{I_d}\right)$。事实上，在求解各离散点的过程中，最高电位升已经求得，也即求得接地电阻。

（四）场强

1. 单元分析

同理，如果将接地极离散成 J 个点，并按式（13-46）求得各离散电流 [I]，则由离散点电流 I_j 引起的第 k 次反射电流行波（波源电流为 $q_{mk}I_j$）到达第 m 层点 P（x，y，z）处形成的场强在 x、y、z 轴三个方向的分量，可用式（13-49）表示

$$\left.\begin{aligned}E_{xjk}&=\frac{\rho_m q_{mk}^j I_j}{4\pi}S_{xjk}\\E_{yjk}&=\frac{\rho_m q_{mk}^j I_j}{4\pi}S_{yjk}\\E_{zjk}&=\frac{\rho_m q_{mk}^j I_j}{4\pi}S_{zjk}\end{aligned}\right\} \tag{13-49}$$

式中，E_{xjk}为 x 轴方向场强分量，V/m；E_{yjk}为 y 轴方向场强分量，V/m；E_{zjk}为 z 轴方向场强分量，V/m；S_{xjk}、S_{yjk}、S_{zjk}值如下

$$S_{xjk}=\frac{x-x_j}{r_{jk}^3};S_{yjk}=\frac{y-y_j}{r_{jk}^3};S_{zjk}=\frac{z-z_j}{r_{jk}^3}$$

式（13-49）场强表达式适用于点电流情况，即 $r_{jk}\gg$给定常数 ε（如 ΔL）。但当 r_{jk}小于 ε 时，不能将 ΔL 长度上连续分布的电流视为点电流，可按均匀分布考虑。

2. 总体合成

式（13-49）表达的是单元波在点 P（x，y，z）处形成的电场。从中容易看出，如果整

个接地极被离散有 J 个点，每个离散点引起的反射电流波数为 K_j，那么对于任意点 P（x，y，z）场强，应是共有 $K_1+K_2+K_3+\cdots+K_J$ 个单元波在该点作用之和。因此根据电磁场理论的叠加原理，计算点 P（x，y，z）处的电场可以分两步进行合成，先计算出离散电流 I_j 形成的所有波在 P 处的合成场强，然后计算出整个接地极上的电流 I_d 在该点的合成场强。

由离散点电流 I_j 在点 P（x，y，z）形成合成场强（E_{pj}）可用式（13-50）表示

$$E_{pj}=\frac{\rho_m I_j}{4\pi}(S_{xj}\boldsymbol{i}+S_{yj}\boldsymbol{j}+S_{zj}\boldsymbol{k}) \tag{13-50}$$

其中
$$S_{xj}=\sum_{k=1}^{k_m^j}q_{mk}^j S_{xjk};S_{yj}=\sum_{k=1}^{k_m^j}q_{mk}^j S_{yjk};S_{zj}=\sum_{k=1}^{k_m^j}q_{mk}^j S_{zjk}$$

式中，$\boldsymbol{i}$、$\boldsymbol{j}$、$\boldsymbol{k}$ 分别是 x、y、z 三个方向单位向量。

因此，任意点 P（x，y，z）处的场强应是所有离散点电流在该点的合成场强，用矩阵式表达为

$$E_p=\frac{\rho_m}{4\pi}[I][S] \tag{13-51}$$

式中，E_p 为点 P（x，y，z）处总的场强，V/m；$[I]$ 为各离散点电流（J 阶）行阵，A；$[S]$ 为电场系数（J 阶）列阵（$1/m^2$），其值为

$$[S]=\begin{bmatrix} S_{x1}\boldsymbol{i}+S_{y1}\boldsymbol{j}+S_{x1}\boldsymbol{k} \\ S_{x2}\boldsymbol{i}+S_{y2}\boldsymbol{j}+S_{z2}\boldsymbol{k} \\ \vdots \\ S_{xj}\boldsymbol{i}+S_{yj}\boldsymbol{j}+S_{zj}\boldsymbol{k} \\ \vdots \\ S_{xJ}\boldsymbol{i}+S_{yJ}\boldsymbol{j}+S_{zJ}\boldsymbol{k} \end{bmatrix}$$

$$E_p=\frac{\rho_m}{4\pi}\left(\sum_{j=1}^{J}I_j S_{xj}\boldsymbol{i}+\sum_{j=1}^{J}I_j S_{yj}\boldsymbol{j}+\sum_{j=1}^{J}I_j S_{zj}\boldsymbol{k}\right) \tag{13-52}$$

3. 最大跨步电压

根据跨步电压定义，地面任意点跨步电压应是地面场强在 x 和 y 方向的分量，因此任意点跨步电压可以表示为

$$\left.\begin{aligned} E_{xk}&=\frac{\rho_m}{4\pi}\sum_{j=1}^{J}I_j S_{xj} \\ E_{yk}&=\frac{\rho_m}{4\pi}\sum_{j=1}^{J}I_j S_{yj} \\ E_k&=\sqrt{E_{xk}^2+E_{yk}^2} \end{aligned}\right\} \tag{13-53}$$

式中，E_{xk}、E_{yk} 和 E_k 分别是任意点跨步电压在 x、y 方向的分量和模值。

然而，更感兴趣的不是求解任意点的跨步电压，而是最大跨步电压。求解最大跨步电压的关键在于找出发生最大跨步电压的位置。经理论分析和实际检测结果表明，由于接地极埋设深度一般仅数米，并且电场强度是和作用电流与点 P 间的距离的平方成反比，因此最大跨步电压出现在接地极溢流密度最大地段处附近。

（五）土壤中电流密度

极址土壤中任意点的电流密度可用欧姆定律确定。设点 P（x，y，z）系土壤中任意一

点，如果该点的场强（模值）为 $E(x, y, z, t)$，土壤电阻率为 $\rho(x, y, z)$，则该点土壤中的电流密度是

$$J(x,y,z,t)=\frac{E(x,y,z,t)}{\rho(x,y,z)} \quad (\mathrm{A/m^2}) \tag{13-54}$$

显然，只要知道P点的电场，P点的电流密度即可容易得到。由此可见，求解土壤中电流密度实际上归结到求土壤中的电场问题。

第八节　接地极热扩散方程及其求解

投运后接地极址的温度分布，既是空间位置的函数，又是时间的函数。在本章第五节接地极设计原则中，虽然提到接地极温升计算问题，但它是基于均匀媒质中球形电极理论，且未考虑热扩散的影响，故使用中受到局限。由于极址土壤物理参数分布往往比较复杂，电极形状又各异，导致实际问题很难用解析法求得满意的解。因此，基于工程的观点，可用“有限差分法”求解接地极在运行中的热传导问题。

一、热扩散方程

热传导理论[47]告诉人们，对于均匀的、各向同性的固体，傅里叶定律在球坐标系统中可表示为以下形式

$$q(r,t)=-\lambda\nabla\theta(r,t) \tag{13-55}$$

式中，温度梯度 $\nabla\theta(r,t)$ 是垂直于等温面的向量；$q(r,t)$ 是热流密度向量，其中 r 和 t 分别是空间位置和时间变量，表示在单位等位面上和在温度降低的方向上单位时间内的热流量；λ 称为材料的热导率系数，正标量。当热流密度的单位取 $\mathrm{W/m^2}$，温度梯度的单位取℃/m，则热导率系数 λ 的单位为 W/（m·℃）。

式（13-55）在直角坐标系统中可以写成

$$q(x,y,z,t)=-\boldsymbol{i}\lambda\frac{\partial\theta}{\partial x}-\boldsymbol{j}\lambda\frac{\partial\theta}{\partial y}-\boldsymbol{k}\lambda\frac{\partial\theta}{\partial z} \tag{13-56}$$

式中，$\boldsymbol{i}$、$\boldsymbol{j}$、$\boldsymbol{k}$ 分别为沿 x、y、z 方向的单位向量。

上式所表达的物理意义可以借助于恒定电流场中的物理概念：$\theta(r,t)$、λ 和 $q(r,t)$ 分别与恒定电流场中的电位、电导率和电流密度成比例。

对于接地极而言，大地内含热源形式是电流发热。当强大的电流通过接地极注入大地时，对于极址附近土壤中一个很小的控制体V建立的能量平衡方程可以表示成

$$\begin{bmatrix}\text{单位时间内通}\\\text{过V的边界进}\\\text{入的热量}\end{bmatrix}+\begin{bmatrix}\text{单位时间内}\\\text{V内产生的}\\\text{能量}\end{bmatrix}=\begin{bmatrix}\text{单位时间}\\\text{内V内能}\\\text{量的累积}\end{bmatrix} \tag{13-57}$$

式中，各项可按式（13-58）～式（13-60）计算

$$\begin{bmatrix}\text{单位时间内通}\\\text{过V的边界进}\\\text{入的热量}\end{bmatrix}=-\int_A qn\mathrm{d}A=-\int_{\mathrm{v}}\nabla q\mathrm{d}v \tag{13-58}$$

式中，A 是体积元V的表面积；n 是面积元 $\mathrm{d}A$ 外法线方向上的单位相量；q 是 $\mathrm{d}A$ 处的热

流密度向量；负号表示热流是向着体积元 V 内部的

$$\begin{bmatrix}\text{单位时间内 V}\\\text{内产生的能量}\end{bmatrix}=\int_V \rho J^2(r,t)\mathrm{d}v \tag{13-59}$$

式中，ρ 系体积元 V 的土壤电阻率，Ωm；$J(r,t)$ 系穿入或穿出面积元 dv 法线方向上的电流密度，A/mm²。式（13-59）即为接地极土壤内热源因子

$$\begin{bmatrix}\text{单位时间内 V}\\\text{内能量的累积}\end{bmatrix}=\int_V C\,\frac{\partial\theta(r,t)}{\partial t}\mathrm{d}v \tag{13-60}$$

式中，C 系土壤热容率，意为单位体积土壤每升高 1℃需要的热能，J/（m³ · ℃）。

将式（13-58）～式（13-60）代入式（13-57），并考虑到 V 的体积可取得非常小的因素，得到

$$-\nabla q(r,t)+\rho J^2(r,t)=C\,\frac{\partial\theta(r,t)}{\partial t} \tag{13-61}$$

将式（13-55）代入式（13-61），并考虑到土壤热导率系数为常数，可得到接地极在运行时，附近土壤中的热传导微分方程，即

$$\nabla^2\theta(r,t)+\frac{\rho}{\lambda}J^2(r,t)=\frac{C}{\lambda}\,\frac{\partial\theta(r,t)}{\partial t} \tag{13-62}$$

在没有内热源情况下，譬如在模拟现场测试土壤热导率参数的计算时，方程式(13-62)即变为纯扩散方程

$$\nabla^2\theta(r,t)=\frac{C}{\lambda}\,\frac{\partial\theta(r,t)}{\partial t} \tag{13-63}$$

在稳态情况下，$\dfrac{\partial\theta(r,t)}{\partial t}=0$，故方程式（13-62）和方程式（13-63）可分别简化为泊松方程和拉普拉斯方程，即

$$\nabla^2\theta(r,t)+\frac{\rho}{\lambda}J^2(r,t)=0 \tag{13-64}$$

$$\nabla^2\theta(r,t)=0 \tag{13-65}$$

由此可见，在同样的电流密度情况下，极址土壤温升与土壤电阻率 ρ、热导率 λ 和热容率 C 密切相关。

二、边界条件

在热传导学中，通常将热传导问题的边界条件分为以下三类。

第一类是边界上的温度是给定的，一般情况下边界温度既是时间又是位置的函数，在边界面 Si 处的温度可以表示为

$$\theta=f_{\mathrm{i}}(x,y,z,t) \tag{13-66}$$

第二类是边界上温度的法向导数是给定的，这个法向导数可以既是时间又是位置的函数，在边界面 Si 处的数学表达式为

$$\frac{\partial\theta}{\partial n_{\mathrm{i}}}=f_{\mathrm{i}}(x,y,z,t) \tag{13-67}$$

这个边界条件等价于给定边界面的热流密度。如果边界面上 $\partial\theta/\partial n_{\mathrm{i}}=0$，则称之为绝热边界。

第三类是边界上的温度和它的法向导数的线性组合是给定的，即在 Si 面处的数学式可以表示为

$$\lambda_i \frac{\partial \theta}{\partial n_i} + h_i \theta = f_i(x,y,z,t) \tag{13-68}$$

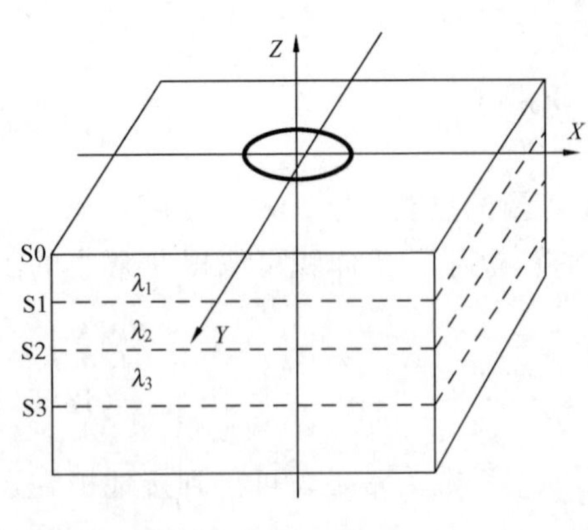

图 13-7　极址边界条件模型

第三类边界条件的物理意义是在所讨论的边界上，通过遵循 Newton 冷却定律（即传热量正比于温差）的对流换热，把热量传递给环境，此环境温度可以是随时间和边界位置而变化的。

对于所讨论的接地极热扩散问题，其极址边界条件可以用图 13-7 来描述。

在图 13-7 中，S0 为地平面，S1、S2…为不同土壤导热系数（λ_1、λ_2…）的分界面。接地极在运行中所产生的热量，除了使极址土壤温度升高外，其中一部分向无穷远处扩散，另一部分通过地面与空气对流换热。很显然，S0 属于对流换热面，满足第三类边界条件。S1、S2…属于第二类边界。

严格地讲，对于计算极址热传导问题，其场域为敞开边界，这就意味着，对于采用有限差分法，并给定第一类边值条件，没有太大的实际意义。然而事实上是这样的：

（1）地中电流密度与其场强成正比，而该点的场强又与该点至电极的距离的平方成反比，因此热量大部分集中在电极附近，远离电极的土壤温升值是很小的。鉴于这样，可以认为离开接地极的距离大于一个有限值 d_0（为数百米）边界面上的温度是不变的，譬如等于土壤环境温度 θ_c，那么这些边界面上的节点边值就可用第一类边值条件给出，并为常数 θ_c。

（2）由于地面空气是流动的，所以极址地面空气温度主要受大气影响。对于某一特定时间，地面上任意点空气温度为常数 θ_{air}。

三、泊松方程有限差分表达式

有限差分法是以差分为基础的一种数值计算法。它用各离散点上函数的差商来近似代替该点的偏导数，把要求解的边值问题转化为一组相应的差分方程问题，然后根据差分方程组（线性代数方程组），解出在各离散点上的待求函数值，便得到所求边值问题的数值解。

（一）网格分割

应用差分法，首先要解决网格分割问题。从原则上讲，网格分割可采用任意的分布方式，但是为了计算方便，应尽量采用有规律的分布方式，这样每个网格就能得出相同形式的差分方程。

网格的布局应与极址边界条件相协调，通常是将极址土壤一些物理参数处理成分层水平分布。在此条件下，网格划分应该使其网格面与边界面垂直和平行，如图 13-8（a）所示，尽可能地使网格节点落在边界面上，尽量避免出现斜交叉，这样计算起来比较简单。

网格应根据电极形状合理布局，尽可能地使整个极址网格划分得具有对称性。这样在计算时，只需计算对称部分，即可了解整个极址地温分布情况，可以大大地减少计算工作量。

网格布局应适当地考虑地温分布特点。接地极发热量有相当的部分集中在电极附近，靠

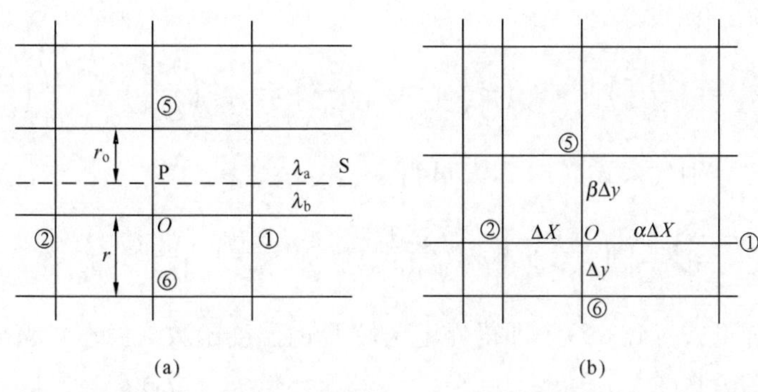

图 13-8　网格分割示意图
(a) 网格线平行于界面；(b) 不等距的网格

近电极附近温度高，远离电极温度低，并且与电极间的距离呈非线性关系。因此，在划分网格时，靠近电极附近（离开电极数十米）网格距应小一些，节点要密一些，如图13-8 (b)所示，这有利于提高计算准确度。可先用较大网格“分割”整个待求场域，计算出远离电极土壤中的温度；然后用较小网格“分割”电极附近场域，计算出电极附近土壤中的温度；前一次计算出的结果，应作为后一次计算时的边值条件。合理的网格划分是保证计算结果准确，同时尽可能地使计算简单。

（二）有限差分方程

1. 等距网格节点差分方程

通常人们把极址土壤按其电气特性和导热情况进行水平分层处理。从实际情况出发，设极址土壤热导参数及网格切割在 XOZ（或 YOZ）平面上分布情况如图 13-8（a）所示，对应的空间透视图如图 13-9 所示。下面将根据泰勒公式导出热传导方程关于 O 点处的有限差分表达式。

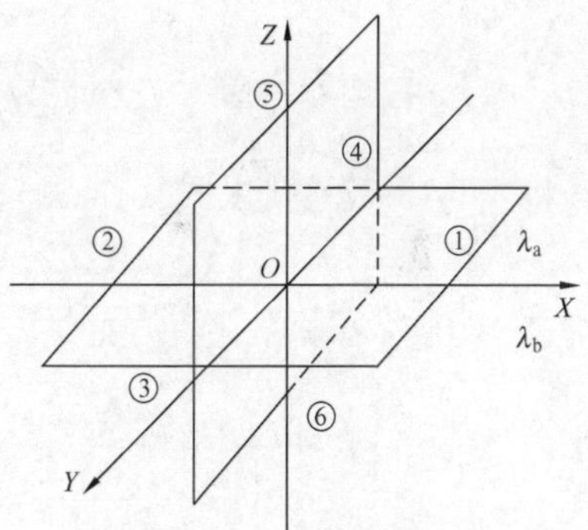

图 13-9　网格节点透视图

(1) 热传导方程。

对于节点①、②、③、④、⑤、⑥界定的场域 D，在 λ_a 和 λ_b 中，温度（稳态）函数分别满足泊松方程

$$\left(\frac{\partial^2\theta}{\partial x^2}\right)_a+\left(\frac{\partial^2\theta}{\partial y^2}\right)_a+\left(\frac{\partial^2\theta}{\partial z^2}\right)_a=\frac{g_a}{\lambda_a} \tag{13-69}$$

$$\left(\frac{\partial^2\theta}{\partial x^2}\right)_b+\left(\frac{\partial^2\theta}{\partial y^2}\right)_b+\left(\frac{\partial^2\theta}{\partial z^2}\right)_b=\frac{g_b}{\lambda_b} \tag{13-70}$$

根据式（13-69），在场域 D 内，单位时间内产生的热量应是内热源因子 g_a 和 g_b 作用之和。g_a 和 g_b 在场域 D 内产生的热量分别满足方程

$$\frac{r-r_0}{2r}\left[\lambda_a\left(\frac{\partial^2\theta}{\partial x^2}\right)_a+\lambda_a\left(\frac{\partial^2\theta}{\partial y^2}\right)_a+\lambda_a\left(\frac{\partial^2\theta}{\partial z^2}\right)_a\right]=\frac{r-r_0}{2r}g_a \tag{13-71}$$

$$\frac{r+r_0}{2r}\left[\lambda_b\left(\frac{\partial^2\theta}{\partial x^2}\right)_b+\lambda_b\left(\frac{\partial^2\theta}{\partial y^2}\right)_b+\lambda_b\left(\frac{\partial^2\theta}{\partial z^2}\right)_b\right]=\frac{r+r_0}{2r}g_b \tag{13-72}$$

在分界面上有

$$\left(\frac{\partial^2\theta}{\partial x^2}\right)_a=\left(\frac{\partial^2\theta}{\partial x^2}\right)_b,\quad \left(\frac{\partial^2\theta}{\partial y^2}\right)_a=\left(\frac{\partial^2\theta}{\partial y^2}\right)_b,\quad \left(\frac{\partial^2\theta}{\partial z^2}\right)_a=\frac{\lambda_b}{\lambda_a}\left(\frac{\partial^2\theta}{\partial z^2}\right)_b \tag{13-73}$$

将式（13-73）分别代入式（13-71）可得

$$\frac{r-r_0}{2r}\left[\lambda_a\left(\frac{\partial^2\theta}{\partial x^2}\right)_b+\lambda_a\left(\frac{\partial^2\theta}{\partial y^2}\right)_b+\lambda_b\left(\frac{\partial^2\theta}{\partial z^2}\right)_b\right]=\frac{r-r_0}{2r}g_a \tag{13-74}$$

式（13-74）加上式（13-72），即得界定场域D内温度函数（稳态）满足的泊松方程为

$$\left(\frac{\partial^2\theta}{\partial x^2}\right)_b+\left(\frac{\partial^2\theta}{\partial y^2}\right)_b+\frac{2\lambda_b r}{(r-r_0)\lambda_a+(r+r_0)\lambda_b}\left(\frac{\partial^2\theta}{\partial z^2}\right)_b=F \tag{13-75}$$

其中

$$F=\frac{(r-r_0)g_a+(r+r_0)g_b}{(r-r_0)\lambda_a+(r+r_0)\lambda_b} \tag{13-76}$$

（2）差分方程。

根据泰勒公式，点P、⑥和⑤温度函数 θ_P、θ_6 和 θ_5 可分别表示为

$$\theta_p=\theta_0+r_0\left(\frac{\partial\theta}{\partial z}\right)_b+\frac{1}{2!}r_0^2\left(\frac{\partial^2\theta}{\partial z^2}\right)_b+\frac{1}{3!}r_0^3\left(\frac{\partial^3\theta}{\partial z^3}\right)_b+\cdots \tag{13-77}$$

$$\theta_6=\theta_0-r\left(\frac{\partial\theta}{\partial z}\right)_b+\frac{1}{2!}r^2\left(\frac{\partial^2\theta}{\partial z^2}\right)_b-\frac{1}{3!}r^3\left(\frac{\partial^3\theta}{\partial z^3}\right)_b+\cdots \tag{13-78}$$

$$\theta_5=\theta_p+(r-r_0)\left(\frac{\partial\theta}{\partial z}\right)_a+\frac{(r-r_0)^2}{2!}\left(\frac{\partial^2\theta}{\partial z^2}\right)_a+\frac{(r-r_0)^3}{3!}\left(\frac{\partial^3\theta}{\partial z^3}\right)_a+\cdots \tag{13-79}$$

将式（13-77）代入式（13-79），再考虑到式（13-73）边界条件因素可得

$$\begin{aligned}\theta_5=&\theta_0+\left[r_0+\frac{\lambda_b}{\lambda_a}(r-r_0)\right]\left(\frac{\partial\theta}{\partial z}\right)_b+\frac{1}{2!}\left[r_0+\frac{\lambda_b}{\lambda_a}(r-r_0)\right]^2\left(\frac{\partial^2\theta}{\partial z^2}\right)_b\\&+\frac{1}{3!}\left[r_0+\frac{\lambda_b}{\lambda_a}(r-r_0)\right]^3\left(\frac{\partial^3\theta}{\partial z^3}\right)_b+\cdots\end{aligned} \tag{13-80}$$

以 r 和 $\left[r_0+\frac{\lambda_b}{\lambda_a}(r-r_0)\right]$ 分别乘以式（13-80）和式（13-78），并将两式相加，忽略含有 r 的三次项和更高次项，便可以得到关于 $\left(\frac{\partial^2\theta}{\partial z^2}\right)_b$ 在 O 点的中心差分方程为

$$\left(\frac{\partial^2\theta}{\partial z^2}\right)_b\approx\frac{2}{(1+\alpha)\alpha r^2}\theta_5+\frac{2}{(1+\alpha)r^2}\theta_6-\frac{2}{\alpha r^2}\theta_0 \tag{13-81}$$

其中

$$\alpha=\frac{r_0}{r}+\frac{\lambda_b}{\lambda_a}\left(1-\frac{r_0}{r}\right) \tag{13-82}$$

同理，可推导得到 y 方向和 z 方向关于函数 θ_0 的二阶偏导数的差分表达式分别为

$$\left(\frac{\partial^2\theta}{\partial y^2}\right)\approx\frac{\theta_3-2\theta_0+\theta_4}{\Delta y^2}\text{ 和 }\left(\frac{\partial^2\theta}{\partial z^2}\right)\approx\frac{\theta_5-2\theta_0+\theta_6}{\Delta z^2} \tag{13-83}$$

将式（13-81）和式（13-83）代入式（13-75）方程，在考虑到 $\Delta x=\Delta y=r$ 时，即得适

用于图 13-8（a）所示边界条件，关于在中心点 O 处的有限差分方程，即

$$\theta_1+\theta_2+\theta_3+\theta_4+\frac{2A}{(1+\alpha)\alpha}\theta_5+\frac{2A}{(1+\alpha)}\theta_6-\left(4+\frac{2A}{\alpha}\right)\theta_0=F \tag{13-84}$$

其中
$$A=\frac{2\lambda_b r}{(r-r_0)\lambda_a+(r+r_0)\lambda_b} \tag{13-85}$$

从式（13-82）和式（13-85）可以注意到：当 $\lambda_a=\lambda_b$（即 $r=r_0$）时，则有 $\alpha=1$，$A=1$，$g_a=g_b=g$，即可得到均匀媒质中差分方程

$$\theta_1+\theta_2+\theta_3+\theta_4+\theta_5+\theta_6-6\theta_0=r^2F \tag{13-86}$$

此外，当 $r=0$ 时，$r_0=2r$，节点 O 落在界面上。此时，可得 O 点在界面上的差分方程为

$$\theta_1+\theta_2+\theta_3+\theta_4+\frac{2\lambda_a}{\lambda_a+\lambda_b}\theta_{a5}+\frac{2\lambda_b}{\lambda_a+\lambda_b}\theta_{b6}-6\theta_0=r^2\frac{g_a+g_b}{\lambda_a+\lambda_b} \tag{13-87}$$

不难看出，式（13-84）是场域 D 包含着两种导热媒质情况下，有限差分方程的一般表达形式。

2. 不等距网格节点差分方程

前面提到，为了保证计算精度，同时为了减少网格节点数——减少计算工作量，提出靠近电极附近的网格距应小一些，节点应密一些，远离电极的网格距应大一些，节点应稀一些的划分网格的方法。这样在网格节点由密至稀过渡处，必然出现图 13-8（b）所示的不等距网格。对于不等距网格节点，可类比得到点 P_1 和点 P_2 的温度函数值分别为

$$\theta_1=\theta_0+\alpha\Delta x\left(\frac{\partial\theta}{\partial x}\right)_0+\frac{1}{2!}(\alpha\Delta x)^2\left(\frac{\partial^2\theta}{\partial x^2}\right)_0+\frac{1}{3!}(\alpha\Delta x)^3\left(\frac{\partial^3\theta}{\partial x^3}\right)_0+\cdots \tag{13-88}$$

$$\theta_2=\theta_0-\Delta x\left(\frac{\partial\theta}{\partial x}\right)_0+\frac{1}{2!}\Delta x^2\left(\frac{\partial^2\theta}{\partial x^2}\right)_0-\frac{1}{3!}\Delta x^3\left(\frac{\partial^3\theta}{\partial x^3}\right)_0+\cdots \tag{13-89}$$

将式（13-88）与式（13-89）相加，并忽略含有 Δx 三次项和更高次项，可得沿 x 方向函数 θ_0 的二阶偏导的差分表达式为

$$\left(\frac{\partial^2\theta}{\partial x^2}\right)_0=2\left(\frac{\theta_1+\alpha\theta_2}{\alpha(1+\alpha)\Delta x^2}-\frac{\theta_0}{\alpha\Delta x^2}\right) \tag{13-90}$$

同理可得到

$$\left(\frac{\partial^2\theta}{\partial y^2}\right)_0=2\left(\frac{\theta_3+\beta\theta_4}{\beta(1+\beta)\Delta y^2}-\frac{\theta_0}{\beta\Delta y^2}\right) \tag{13-91}$$

$$\left(\frac{\partial^2\theta}{\partial z^2}\right)_0=2\left(\frac{\theta_5+\varepsilon\theta_6}{\varepsilon(1+\varepsilon)\Delta z^2}-\frac{\theta_0}{\varepsilon\Delta z^2}\right) \tag{13-92}$$

将式（13-90）~式（13-92）代入泊松方程，即得不等距网格节点差分方程为

$$\frac{\theta_1+\alpha\theta_2}{\alpha(1+\alpha)\Delta x^2}+\frac{\theta_3+\beta\theta_4}{\beta(1+\beta)\Delta y^2}-\left(\frac{1}{\alpha\Delta x^2}+\frac{1}{\beta\Delta y^2}+\frac{1}{\varepsilon\Delta z^2}\right)\theta_0=\frac{F}{2} \tag{13-93}$$

在 $\Delta x=\Delta y=\Delta z=r$ 的情况下，式（13-93）可简化成

$$\frac{\theta_1+\alpha\theta_2}{\alpha(1+\alpha)}+\frac{\theta_3+\beta\theta_4}{\beta(1+\beta)}+\frac{\theta_5+\varepsilon\theta_6}{\varepsilon(1+\varepsilon)}-\left(\frac{1}{\alpha}+\frac{1}{\beta}+\frac{1}{\varepsilon}\right)\theta_0=\frac{r^2F}{2} \tag{13-94}$$

当 $\alpha=\beta=\varepsilon=1$ 时，即是等距方形网格，将其代入式（13-94）即可得到式（13-86）。

3. 对称条件网格节点差分方程

接地极是一个庞大的接地装置，为了保证计算精度，必须使分割的网格 r 小于一个可以接受的值，这就意味着网格节点数和计算工作量是非常大的。事实上，接地极形状一般具有对称性，这样只需计算某一对称部分场域温度分布，就可以知道整个场域的温度分布。譬如，在电极形状为圆环形，极址导热参数分布对称于 $x=0$ 或 $y=0$ 平面（通常如此），温度分布仅是 z 轴向和径向的函数，这样三维空间网格可简化成二维平面网格。

设场域对称于 $x=0$ 平面，并且网格节点与对称面相重合。因为对称有 $\theta_1=\theta_2$，所以在计算 $x\geqslant0$ 场域内的温度分布时，对于对称面上的任一节点 O，即有相应的差分方程必然是

$$2\theta_1+\theta_3+\theta_4+\theta_5+\theta_6-6\theta_0=r^2F \tag{13-95}$$

对称边界面和绝热边界面上的节点，泊松差分方程表达形式是一致的，这是因为由于 $\theta_1=\theta_2$，不存在这两点间热交换问题，如同绝热一般的缘故。

四、接地极热扩散方程稳态解

1. 稳态方程式

运行中的接地极热传导方程式（13-62）在直角坐标系中为

$$\frac{\partial^2\theta}{\partial x^2}+\frac{\partial^2\theta}{\partial y^2}+\frac{\partial^2\theta}{\partial z^2}+\frac{g}{\lambda}=\frac{C}{\lambda}\frac{\partial\theta}{\partial t} \tag{13-96}$$

式中，g 为内热源因子，考虑到入地电流不随时间变化，其值为

$$g(x,y,z)=\frac{E^2(x,y,z)}{\rho(x,y,z)}\quad(\mathrm{W/m^3})$$

在稳态情况下，有 $\dfrac{\partial\theta}{\partial t}=0$，因此接地极进入热稳态运行时的热扩散方程为

$$\frac{\partial^2\theta}{\partial x^2}+\frac{\partial^2\theta}{\partial y^2}+\frac{\partial^2\theta}{\partial z^2}=F=\frac{E^2(x,y,z)}{\lambda(x,y,z)\rho(x,y,z)} \tag{13-97}$$

2. 有限差分方程组

设笛卡尔坐标系 Z 轴垂直地面且经过电极几何中心，XOY 平面为地平面，如图 13-7 所示；在 $x=\pm x_0$、$y=\pm y_0$ 和 $z=-z_0$ 的边界面上的温度等于环境地温 θ_c；在 $z=r$ 平面上的温度等于大气环境温度 θ_{air}。如果对上述边界面界定的区域，在平行于 YOZ、XOZ 和 XOY 平面方向分别用 I、J 和 K 个各自互相平行和等间距为 r 的平面进行分割，即可得到包括界面在内的等距网格节点数目有 $(I+2)\times(J+2)\times(K+2)$ 个。除去界面上的网格节点（这些节点的温度是给定的）外，界面内的节点就有 $I\times J\times K$ 个。

单元节点排列透视图如图 13-10 所示。为了便于识别节点，我们用 i、j、k 分别代表节点位置在 X、Y、Z 方向的编号，因此界定域内的任意节点的温度差分方程一般形式可以表示为

$$C_{i+1,j,k}\theta_{i+1,j,k}+C_{i-1,j,k}\theta_{i-1,j,k}+C_{i,j+1,k}\theta_{i,j+1,k}+C_{i,j-1,k}\theta_{i,j-1,k}$$

$$+C_{i,j,k+1}\theta_{i,j,k+1}+C_{i,j,k-1}\theta_{i,j,k-1}-C_{i,j,k}\theta_{i,j,k}=r^2F_{i,j,k} \tag{13-98}$$

式（13-98）中的系数 C 和函数 F，应根据节点 $P_{i,j,k}$ 所在位置的边界条件取值。对于图 13-7 所示极址模型，当网格面位于 S 面上，且为等距网格时，则式（13-98）可简化成

$$\theta_{i+1,j,k}+\theta_{i-1,j,k}+\theta_{i,j+1,k}+\theta_{i,j-1,k}+C_{i,j,k+1}\theta_{i,j,k+1}$$
$$+C_{i,j,k-1}\theta_{i,j,k-1}-C_{i,j,k}\theta_{i,j,k}=r^2F_{i,j,k} \tag{13-99}$$

式（13-99）中系数 C 和函数 F，可按表 13-6 取值。

表 13-6　　不同边界条件下系数 C 和函数 F 的取值

节点边界条件		$C_{i,j,k+1}$	$C_{i,j,k-1}$	$C_{i,j,k}$	$F_{i,j,k}$	备　注
无边界 ($\lambda_a=\lambda_b$)		1.0	1.0	6.0	$\frac{g_a}{\lambda_a}\left(或\frac{g_b}{\lambda_b}\right)$	
边界面上	地　面	0.0	2.0	$6+\frac{2hr}{\lambda_b}$	$\frac{2h_r\theta_{air}+r^2F_b}{\lambda_b}$	此时 $F_a=0$
	土　壤分界面	$\frac{2\lambda_a}{\lambda_a+\lambda_b}$	$\frac{2\lambda_b}{\lambda_a+\lambda_b}$	6.0	$\frac{g_a+g_b}{\lambda_a+\lambda_b}$	
跨越边界		$\frac{2A}{(1+\alpha)\alpha}$	$\frac{2A}{1+\alpha}$	$4+\frac{2A}{\alpha}$	$\frac{(r-r_0)g_a+(r+r_0)g_b}{(r-r_0)\lambda_a+(r+r_0)\lambda_b}$	

注　表中 α 按式（13-82）计算，A 按式（13-85）计算。

根据式（13-98）或式（13-99），可建立具有 $I\times J\times K$ 个互为线性关联的差分方程组，此线性方程组的解即为接地极扩散方程在界定区域内的解。

3. 超松弛迭代法求解线性方程组

求解线性方程组的方法有多种，然而必须注意到，在实际工程中的方程组未知数（网格节点数）是巨大的，经典的代数法难以适用。从式（13-98）或式（13-99）差分式可以看出，差分方程组中各个方程都很简单，包括的项数最多不超过 7 项。鉴于如此，超松弛迭代法得到了广泛的应用。

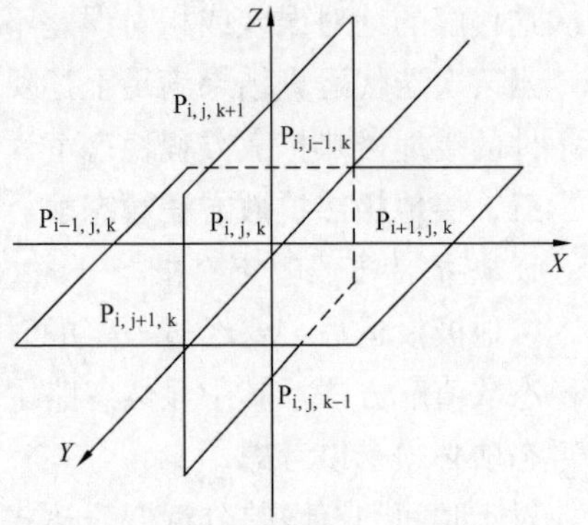

图 13-10　节点排列透视图

对于图 13-7 所示边界条件的极址模型。根据式(13-99)，任意节点 $P_{i,j,k}$ 处的温度可以表示为

$$\theta_{i,j,k}=[\theta_{i+1,j,k}+\theta_{i-1,j,k}+\theta_{i,j+1,k}+\theta_{i,j-1,k}$$
$$+C_{i,j,k+1}\theta_{i,j,k+1}+C_{i,j,k-1}\theta_{i,j,k-1}+r^2F_{i,j,k}]/C_{i,j,k} \tag{13-100}$$

因此规定迭代运算顺序依次为 i、j、k，并且小的先算。当所有内点依次按式(13-100)进行了第一次运算后，节点温度函数值记为 $\theta_{i,j,k}^{(1)}$，称为第一次近似值，而将运算前各个节点温度函数值称为初值。初值一般给环境地温，做完一次运算后，接着又照样进行第二次运算，所得节点温度函数值记作 $\theta_{i,j,k}^{(2)}$，如此周而复始地迭代运算。可以看出，在逐次迭代计算中，当节点 $P_{i,j,k}$ 的温度函数值代以第 $n+1$ 次新的近似值时，关联节点 $P_{i-1,j,k}$、$P_{i,j-1,k}$ 和 $P_{i,j,k-1}$ 的值已为第 $n+1$ 次近似值，但关联节点 $P_{i+1,j,k}$、$P_{i,j+1,k}$ 和 $P_{i,j,k+1}$ 的值则为前一次迭代运算给

出的第 n 次近似值。由此可见，第 n 次和第 $n+1$ 次迭代循环运算之间的内在联系可通过节点温度函数值的变化表达为

$$\begin{aligned}\theta_{(i,j,k)}^{(n+1)} &= \frac{1}{C_k}[\theta_{i+1,j,k}^{(n)} + \theta_{i-1,j,k}^{(n+1)} + \theta_{i,j+1,k}^{(n)} + \theta_{i,j-1,k}^{(n+1)} \\ &\quad + C_{k+1}\theta_{i,j,k+1}^{(n)} + C_{k-1}\theta_{i,j,k-1}^{(n+1)} - r^2 F_k]\end{aligned} \tag{13-101}$$

上述迭代运算求解线性方程组，就是高斯赛德尔迭代法。实践证明，上述方法求解本问题收敛是十分缓慢的。因此，超松弛迭代法作为加速迭代收敛的方法，用于解决本问题是很有效的。

由式（13-101）可得同一节点上相邻两次迭代值 $\theta_{i,j,k}^{(n+1)}$ 和 $\theta_{i,j,k}^{(n)}$ 的差值，即其余数为

$$\begin{aligned}R_{i,j,k}^{(n)} &= \theta_{i,j,k}^{(n+1)} - \theta_{i,j,k}^{(n)} \\ &= \frac{1}{C_k}[\theta_{i+1,j,k}^{(n)} + \theta_{i-1,j,k}^{(n+1)} + \theta_{i,j+1,k}^{(n)} + \theta_{i,j-1,k}^{(n+1)} \\ &\quad + C_{k+1}\theta_{i,j,k+1}^{(n)} + C_{k-1}\theta_{i,j,k-1}^{(n+1)} - r^2 F_k] - \theta_{i,j,k}^{(n)}\end{aligned}$$

由此，式（13-101）通过余数 $R_{i,j,k}^{(n)}$ 可以表示成

$$\theta_{i,j,k}^{(n+1)} = \zeta R_{i,j,k}^{(n)} + \theta_{i,j,k}^{(n)} \tag{13-102}$$

式中，ζ 就是超松弛迭代法中根据“矫枉过正”的思想引入的校正常数，也称为加速收敛因子。

在超松弛迭代的应用中，必须涉及到迭代解收敛程度的检验问题。理想的收敛情况当然是所有节点的余数 $R_{i,j,k}^{(n)} = 0$，但这在实际上是不可能的。因此，人们通过用所有节点上相邻两次迭代解的绝对误差或相对误差不得大于指定的误差范围，作为迭代解收敛程序的检查依据。当某次迭代运算结果满足上述要求，则此时迭代解即为给定方程组的解，也即为给定边界条件的接地极热扩散方程稳态解。

五、接地极热扩散方程暂态解

1. 热扩散方程暂态有限差分式

接地极投运后，要经过一定的时间运行，才能进入热稳态。前面讨论了接地极热扩散方程稳态数值解方法，其中显然忽略了方程中的暂态项。这里讨论热扩散方程暂态解，公式中的暂态项必须予以考虑。

对于时间的有限差分近似表达式可给定为

$$\frac{\partial\theta}{\partial t} = \frac{\theta_{(t+\Delta t)} - \theta_t}{\Delta t} \tag{13-103}$$

式中，Δt 为时间步长，s。

因此，对于图 13-10 所示的网格节点，将式（13-103）代入式（13-96），可类比得到适应于图 13-7 所示极址边界条件，任意点 P 经过时间 Δt 后，节点温度差分方程为

$$\begin{aligned}\theta_{(i,j,k,\Delta t)} &= \left(\frac{\lambda\Delta t}{Cr^2}\right)(\theta_{i+1,j,k} + \theta_{i-1,j,k} + \theta_{i,j+1,k} + \theta_{i,j-1,k} + C_{k+1}\theta_{i,j,k+1} \\ &\quad + C_{k-1}\theta_{i,j,k-1}) + \frac{g}{C}\Delta t + \left(1 - \frac{C_k\lambda}{Cr^2}\Delta t\right)\theta_{i,j,k}\end{aligned} \tag{13-104}$$

式中，C、λ 和 g 应分别是 $\theta_{i,j,k}$ 所在点处的土壤热容率、热导率和内热源因子；C_{k-1}、C_k 和 C_{k+1} 为系数，按表 13-6 取值。

同理，根据式（13-104），可建立具有 $I\times J\times K$ 个互为线性关联的，并含时间增量的差分方程组。

2. 求解暂态差分方程组

对按式（13-104）建立的互为线性关联的，含时间增量 Δt 的差分方程组，给定初值和时间增量 Δt，便得到经过 Δt 时间后，各节点温度互为线性关联的方程组。对此，同样可求得各节点经过时间 Δt 后的地温分布。这样直到 $t=T$（稳态），便可求得在 $t=0$ 到 $t=T$ 时间里，不同时刻的地温分布。

在计算时，有两点应值得注意：①给定的时间增量 Δt，必须小于时间常数 T。对于实际工程的接地极，时间常数一般为数星期。Δt 应尽可能小一些，以便得到满意的结果。②在 $t=0$ 时，各个节点初值为环境地温；当 $t>0$ 时，前一次计算出的结果应自动地成为时间增量 Δt 后的计算初值；当 $t=T$ 时，计算出来的结果便是稳态结果。

第九节　接地极地电流对环境的影响

当强大的直流电流经接地极注入大地时，在极址土壤中形成一个恒定的直流电流场。此时，如果极址附近有变压器中性点接地的变电所、地下金属管道或铠装电缆等金属设施，由于这些设施可能给地电流提供了比大地土壤更为良好的导电通道，因此一部分电流将沿着并通过这些设施流向远方，从而可能给这些设施带来不良影响。

一、对电力系统影响

在我国，110kV 及以上电压等级的变压器中性点几乎都采用直接接地的。假如变电所位于接地极电流场范围内，那么在场内变电所间会产生电位差，直流电流将会通过大地、交流输电线路，由一个变电所（变压器中性点）流入，在另一个变电所（变压器中性点）流出。如果流过变压器绕组的直流电流较大，则可能给电力系统带来以下不良影响。

（1）引起变压器铁芯磁饱和。变压器铁芯磁饱和可导致变压器噪声增加、损耗增大和温升增高。

（2）对电磁感应式电压互感器的影响。这种互感器可能通过直流电流，从而可能导致与其有关的继电保护装置的误动作，但在一般情况下，此问题不突出。

（3）电腐蚀。从理论上讲，当直流地电流流过电力系统接地网时，可能会对接地网材料产生电腐蚀，但由于窜入接地网的直流电流通常相对较小，因此直流电流产生的腐蚀也是很小的，可以忽略。

（一）对变压器影响的分析

1. 励磁电流及其波形特点

电力变压器铁芯磁通与励磁电流关系曲线并非是线性的，对于热轧硅钢片，当磁通密度在 0.8～1.3T 时，磁化曲线进入弯曲部分；而当磁通密度超过 1.3T 时，磁化曲线进入饱和部分。现代变压器铁芯多采用冷轧硅钢片，其磁导率较热轧硅钢片高。一般采用热轧硅钢片的电力变压器，磁通密度选择在 1.25～1.45T，冷轧硅钢片为 1.5～1.7T。现代变压器几乎都采用冷轧硅钢片。

220kV 及以上大容量变压器在额定电压下，如采用热轧硅钢片，励磁电流通常不超过额定电流的1%，如采用优质冷轧硅钢片，励磁电流仅是额定电流的0.1%。励磁电流的大小随着外加电压的增大而急剧增加，对于普通热轧矽钢片，当外加电压在额定电压之上增加10%时，励磁电流几乎增加1倍[47]；对于优质冷轧硅钢片，当外加电压在额定电压之上增加10%时，励磁电流增加约3.5倍；当电压增加15%时，励磁电流则增加约8倍。

由于变压器铁芯磁化曲线存在饱和，以及铁芯磁化曲线对称于原点，因此磁通及励磁电流波形也对称于原点，如图13-11实线所示。对典型的电力变压器励磁电流波形进行分析可以发现，在无直流分量情况下，除基波外，还含奇次谐波，在额定电压下各谐波电流的幅值如下：

一次	三次	五次	七次	九次	十一次
100%	50%	10%	2%	1%	0.5%

励磁电流中的高次谐波电流对电流有效值影响不大，其标幺有效值 I_e 仅为

$$I_e = \sqrt{1 + 0.5^2 + 0.1^2 + 0.02^2} = 1.13 \tag{13-105}$$

虽然变压器绕组中励磁电流包含有高次谐波分量，但由于变压器低（中）压绕组一般为△接线，为三次谐波电流提供了通道，从而使得通过铁芯的磁通仍为正弦波，保证了电压波形不变。

2. 直流地电流对变压器的影响

直流接地极电流对变压器磁饱和影响可借助于图13-11叙述。当变压器绕组无直流分量，励磁电流 $i(t)$ 工作在铁芯磁化曲线 $\phi(t)$ 的直线段，此时若铁芯中磁通为正弦波时，励磁电流 I_e 也是正弦波，如图13-11实线所示。

当变压器绕组中有直流电流流过时，由于直流电流的偏磁影响，可能使得励磁电流工作在铁芯磁化曲线的饱和区，导致励磁电流的正半波出现尖顶，负半波可能是正弦波，如图13-11（c）虚线所示。显然其幅值的大小除了与变压器设计有关外，还与直流电流值密切相关。容易看出，此时的励磁电流波形既非对称于原点，也非对称于Y轴。将其分解为傅里

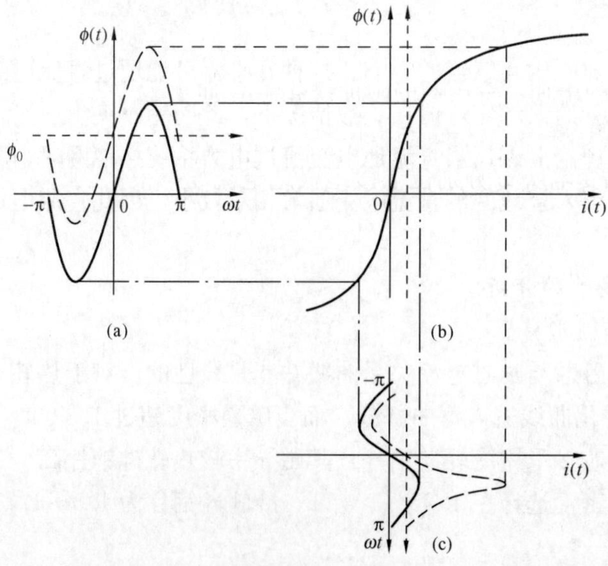

图13-11 直流电流对变压器励磁电流的影响

叶级数，除了含有 1、3、5…奇次倍频谐波外，还包含有 0、2、4…偶次倍频谐波。对各个倍频谐波电流进 步分析，二的倍频谐波电流属丁零序电流，1、4、7、10…为正序电流，2、5、8、11…为负序电流。励磁电流幅值和波形的变化对变压器影响主要表现在以下几个方面。

(1) 噪声增大。当变压器绕组中有直流电流流过时，励磁电流会明显增大。对于单相变压器，当直流电流达到额定励磁电流时，噪声增大 10dB；若达到 4 倍额定励磁电流，噪声增大 20dB。此外，变压器中增加了谐波成分，会使变压器噪声频率发生变化，可能会因某一频率与变压器结构部件发生共振使噪声增大。

(2) 对电压波形的影响。在我国，110kV 及以上变压器一般采用 YNd 连接，超高压、大容量变压器，特别是自耦变压器一般采用 YNdyn 连接。对于 YNd 和 YNdyn 连接的三相变压器，虽然当直流接地极电流流过 YN 绕组时，增加励磁谐波电流，但由于一次和二次绕组都可以为三的倍频谐波电流提供通道，直接为变压器提供所需的三的倍频谐波电流，使得主磁通接近正弦波，从而使电动势波形也接近于正弦波。然而事实上，当铁芯工作在严重饱和区，漏磁通会增加，在一定的程度上使电压波峰变平。

(3) 变压器铜耗增加。变压器铜耗包括基本铜耗和附加铜耗。前面已提到，在直流电流的作用下，变压器励磁电流可能会大幅度地增加，因此变压器基本铜耗可能会急剧增加。但由于主磁通仍为正弦波，且磁密变化相对不大，所以直流偏磁电流对附加铜耗产生的影响相对较小，铜耗主要是基本铜耗。

(4) 变压器铁耗增大。变压器铁耗包括基本铁耗（磁滞和涡流损耗）和附加铁耗（漏磁损耗)。基本铁耗与通过铁芯磁密的平方成正比，和频率成正比。对于采用 YNd 和 YNdyn 连接的变压器，尽管励磁电流包含着谐波分量，由于主磁通仍然维持着正弦波，因此变压器绕组中的直流电流不会对基本铁耗（铁芯中的磁滞和涡流损耗）产生太大的影响。然而由于励磁电流进入了磁化曲线的饱和区，使得铁芯和空气的磁导率接近 ($\mu/\mu_0 \rightarrow 1$)，从而导致变压器的漏磁大大地增加。变压器漏磁通会穿过连接片、夹件、油箱等构件，并在其中产生涡流损耗，即附加铁耗。附加铁耗会随着铁芯磁密的增加而显著增加。附加铁耗应引起重视，即使在无直流情况下，大型变压器的附加铁耗与基本铁耗相当，甚至更大，这意味着随着变压器绕组中直流分量的增加，变压器的附加铁耗会增加。

（二）流过变压器绕组的直流电流计算

假设变电所 A 和变电所 B 分别位于接地极地电流场，根据欧姆定律，流过变压器每相绕组的直流电流可表示为

$$I_o = \frac{\varphi_a - \varphi_b}{3R_{ga} + 3R_{gb} + R_{ta} + R_{tb} + R_l} \tag{13-106}$$

式中，I_o 为流过变压器每相绕组的直流电流，A；φ_a、φ_b 分别为变电所 A 和变电所 B 的电位，V；R_{ga}、R_{gb} 分别为两变电所的接地电阻，Ω；R_{ta}、R_{tb} 分别为两变压器每相线圈直流电阻，Ω；R_l 为每相导线的直流电阻，Ω。

当变电所 A 和变电所 B 位于等电位面上，有 $I_o=0$。在实际工程中，计算流过电力系统各变压器绕组的直流电流往往远非如单元支路那样简单。首先，由于大地土壤电阻率分布并非各向均匀，使得计算各变电所电位变得很复杂；其次，电力系统接线是一个网络，不是单

一支路，因而计算电流应使用网络概念；第三，需要收集大量的系统资料，如系统接线图、变电所变压器型式及相关参数、接地电阻、线路参数等。

流过各变压器绕组的直流电流大小，不仅与接地极的距离相关，同时与极址土壤导电性能、电力系统网络接线及其参数（如变电所接地电阻、导线型号及长度、变压器容量及台数等）有关。在一个变电所里单台运行的变压器比多台投运的变压器更容易受到影响；靠近接地极变电所和与接地极成径向布置的变电所较其他方向布置的变电所容易流过更多的地电流。

（三）变压器容许直流电流

变压器容许多大的直流电流？这在一定程度上取决于变压器设计，即其值与变压器结构、铁芯材料、磁通密度取值等因素有关。我国国家标准规定，电力变压器在超过5%的额定电压下也应能长期安全运行，此时的励磁电流将较额定电压下的励磁电流大50%[47]。这意味着，只要流过变压器绕组的直流电流所引起的励磁电流增量不大于正常值的50%，直流电流对变压器的影响是可以接受的。

对于变压器绕组允许通过的直流电流问题，通过对部分国内外变压器厂家提供的资料进行分析，可以得到以下结论。

(1) 与磁密取值有关。对于冷轧硅钢片，当磁密在1.65～1.7T之间时，变压器绕组允许通过的直流电流为额定电流的0.45%～0.55%。

(2) 与变压器硅钢片磁导率特性有关。磁导率越高（优质冷轧硅钢片），允许通过的直流电流越小。对于热轧硅钢片（老式变压器），变压器绕组允许通过的直流电流较大，可达到额定电流的1%。

(3) 与变压器类型有关。由于单相和三相五柱式变压器具有较低的直流磁阻抗，所以允许流过的直流电流较普通三相三柱式变压器稍小。

（四）缓解措施

解决直流接地极地电流对变压器影响的措施最好的方法是尽可能地使接地极远离变电所或保持合适的位置。但如果受到客观条件的限制，则可以根据情况选择采取以下缓解措施。

(1) 对110kV变压器并且不是每个变电所都需要接地的系统，可以调整变电所接地位置（让受影响变电所不接地）。

(2) 对新制造的电力变压器，要求制造厂家满足直流偏磁方面的技术要求。

(3) 对已投运的变压器，当计算得到的流过变压器绕组的直流电流值大于允许值时，可以在受影响变压器的中性点加装电阻或电容器隔直装置，减少或隔断直流电流。

(4) 尽可能减少甚至取消单极大地回线运行方式。

二、对地下金属构件腐蚀

（一）电腐蚀特性

接地极地电流可能使埋在极址附近的金属构件产生电腐蚀，这是由于这些金属设施为地电流传导提供了比周围土壤导电能力更强的导电特性，致使在构件的一部分（段）汇集地中电流，又在构件的另一部分（段）将电流释放到土壤中去的结果。

图13-12 (a) 描述了接地极以阳极运行时，金属管道上的电流腐蚀情况。在这种情况下，靠近电极的一段管道吸取来自阳极的电流，然后在远离电极的一段管道处将电流释放到

土壤中去。这表明，在电极附近的这一段管道相对土壤的电位为负，受到阴极保护；在远离电极的那一段管道相对土壤的电位为正，以致产生腐蚀（阴影部分）。假若接地极是以阴极运行，则管道上的直流电流的流向情况与上述情况正好相反，在离开接地极远处的一段管道汇集来自阳极的电流，再由在靠近电极的一段管道将电流释放给阴极。因此，在远离电极的那一段管道受到了阴极保护，而在电极附近的这一部分管道上产生电腐蚀，如图 13-12（b）所示。

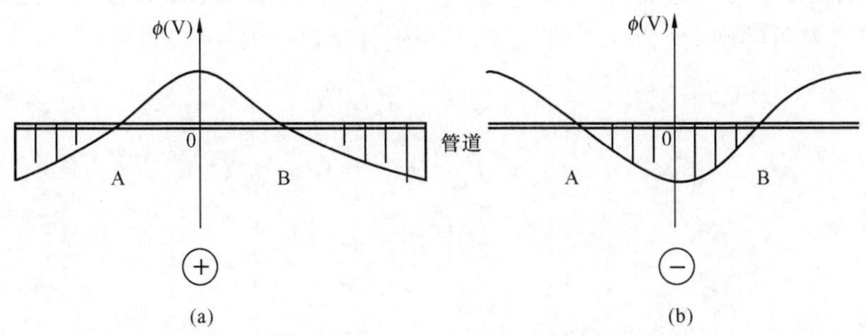

图 13-12 接地极对地下管道的腐蚀范围示意图

（a）接地极为阳极；（b）接地极为阴极

从理论分析结果表明，直流地电流对管道的电腐蚀程度除了和接地极与地下金属设施的距离 d、走向等因素有关外，还与地下金属设施几何长度 L 密切相关。在其他条件不变情况下，设施 L 越大，电腐蚀程度越严重。一般情况下，当 L/d 小于 1 时，几乎不受腐蚀影响。由此，接地极地电流主要是对地下金属管道、铠装电缆、电力线路杆塔基础等这类大跨度的埋地设施的金属构件产生电腐蚀。

（二）地下金属构件电腐蚀计算

1. 金属管线或电缆铠装电腐蚀

地下金属管线一般用于输送石油、天然气和自来水。大型管线，如石油和天然气管线，为了防止自然腐蚀，通常用绝缘材料将管道包裹起来。小型管线一般没有采取包裹防腐措施，而是直接埋在地下。电缆有通信电缆和电力电缆，前者铠装对地一般是绝缘的，后者铠装对地有绝缘和非绝缘两种。无论是管线还是电缆，如果管壁或铠装是绝缘的，通常采取每 2km 接地一次，以防止雷害。

由此可见，在计算管线或电缆的电腐蚀问题上，数学模型是相同的，其区别在于管壁或铠装是否对地绝缘。当管壁或铠装对地绝缘时，则受腐蚀的是接地装置，否则受腐蚀的是管壁或铠装。下面将分别予以讨论介绍。

（1）管壁或铠装对地不绝缘。

当一条裸金属管道或外套为铠装的电缆经过接地极附近时，在直流电流场的作用下，根据分布参数理论，管道或铠装上任意两点间 $\mathrm{d}x$ 段满足式（13-107）微分方程

$$\frac{\mathrm{d}^2 I(x)}{\mathrm{d}x} = \Gamma^2 I(x) - GE(x) \tag{13-107}$$

式中，$I(x)$ 为流过管线或铠装 $\mathrm{d}x$ 段的电流，A；G 为 $\mathrm{d}x$ 段管线或铠装对地泄漏电导，S；$E(x)$ 为沿着管线方向的直流场强，V/m；Γ 等于$\sqrt{RG}$，其中 R 为 $\mathrm{d}x$ 段管线或铠装的纵向

电阻，Ω。

对于管线或铠装上任意从 a 到 b 两点，式（13-107）微分方程的通解矩阵式可以表达为

$$\begin{bmatrix} I_1(x) \\ I_2(x) \end{bmatrix} = \begin{bmatrix} \cosh[\Gamma(x-a)] & \dfrac{1}{\Gamma}\sinh[\Gamma(x-a)] \\ \Gamma\sinh[\Gamma(x-a)] & \cosh[\Gamma(x-a)] \end{bmatrix} \begin{bmatrix} A \\ B \end{bmatrix} + \begin{bmatrix} Z_1(x) \\ Z_2(x) \end{bmatrix} \tag{13-108}$$

式中，$I_1(x)$ 为流过管线或铠装 $\mathrm{d}x$ 段的电流，A；$I_2(x)$ 为 $\mathrm{d}x$ 段对地泄漏电流，A；A 和 B 为常数，根据边界条件确定；$Z_1(x)$ 和 $Z_2(x)$ 为积分函数，其中

$$\left.\begin{aligned} Z_1(x) &= P(x)\mathrm{e}^{-\Gamma x} - Q(x)\mathrm{e}^{\Gamma x} \\ Z_2(x) &= -\Gamma[P(x)\mathrm{e}^{-\Gamma x} - Q(x)\mathrm{e}^{\Gamma x}] \end{aligned}\right\} \tag{13-109}$$

其中

$$\left.\begin{aligned} P(x) &= \frac{G}{2\Gamma}\int_{\mathrm{a}}^{x} E(x)\mathrm{e}^{\Gamma x}\,\mathrm{d}x \\ Q(x) &= \frac{G}{2\Gamma}\int_{\mathrm{a}}^{x} E(x)\mathrm{e}^{-\Gamma x}\,\mathrm{d}x \end{aligned}\right\} \tag{13-110}$$

欲得到式（13-108）的特解，需要给定 a 和 b 点边界条件。边界条件一般有以下几种情况，可根据具体情况给定。

1）在离开接地极最近点或有绝缘接头处，$I_1(x)=0$。

2）在图 13-12 所示的 A 和 B 处，有 $I_2(x)=0$。

3）在离开接地极足够远（如大于 100km）处，$I_1(x)=0$ 和 $I_2(x)=0$。

4）对于有阴极保护的，由于阴极保护电流由一端注入并在大地的遥远处释放电流，这意味着 $E(x)=0$、$Z_1(x)=0$ 和 $Z_2(x)=0$，所以式（13-108）的特解可简化为

$$\left.\begin{aligned} I_1(x) &= A\mathrm{e}^{-\Gamma x} - B\mathrm{e}^{\Gamma x} \\ I_2(x) &= -\Gamma(A\mathrm{e}^{-\Gamma x} + B\mathrm{e}^{\Gamma x}) \end{aligned}\right\} \tag{13-111}$$

此时，如果阴极保护电流 I_c 在 A 端注入，边界条件有 $I_{1(a)}=I_c$ 和 $I_{1(b)}=0$。

当 A 到 B 段的场强分布是变化时，可以将该段分成 $x=x_1<x_2\cdots x_n(\mathrm{a}=x_1<x_2<x_3\cdots x_{n-1}<x_n=\mathrm{b})$ 若干小段，如果用 x_n 代替“a”，那么每小段的通解具有与式（13-108）相同的形式。特解结果是：x^{n-1} 段 b 端被消失；$A=x_1(x_n)$，$B=I_2(x_n)$。为了保证在泄漏电导突变地方导体上的电流 $I_1(x_n)$ 和电位 $U(X_n)$ 连续，将式（13-108）改写成式（13-112）关于 $I_1(x_n)$ 和 $U(X_n)$ 的函数式

$$\begin{bmatrix} \cosh\Gamma(x-x_n) & -\dfrac{1}{\Gamma G}\sinh\Gamma(x-x_n) & -1 & 0 \\ \sinh\Gamma(x-x_n) & -\dfrac{1}{G}\cosh\Gamma(x-x_n) & 0 & -1 \end{bmatrix} \begin{bmatrix} I_1(x_n) \\ U(x_n) \\ I_1(x) \\ U(x) \end{bmatrix} = -\begin{bmatrix} Z_1(x) \\ Z_2(x) \end{bmatrix} \tag{13-112}$$

式中，$U(x_n)$ 系 X_n 处金属管道或铠装对土壤的电位，V。

由此可以得到，包含有 $I_1(x_1)$、$I_1(x_2)\cdots I_1(x_n)$，$U(x_1)$、$U(x_2)\cdots U(x_n)$ $2n$ 个未知数的 $2(n-1)$ 个独立方程组。根据 $I_1(x_1)=I_1(x_n)=0$ 边界条件，可以采用高斯消元法求解得到 $U(x_1)$、$U(x_2)\cdots U(x_n)$，从而得到 X_n 处金属管道或铠装泄漏电流 $I_2(x_n)$。

根据法拉第腐蚀定律，在直流系统整个设计寿命期间，直流电流对金属管道或铠装壁厚累计的电腐蚀按式（13-113）计算

$$\delta(x_n)=\frac{kv_f \cdot I_2(x_n) \cdot F_y}{8.760\pi D\rho I_d \cdot \Delta x} \tag{13-113}$$

式中，$\delta(x_n)$ 为电腐蚀厚度，mm；$I_2(x_n)$ 为 x_n 处泄漏到大地的电流，A；v_f 为材料电腐蚀速率，kg/（A·年）；F_y 为直流系统以阴极或阳极的累计运行安时数，Ah；D 为管道或铠装的直径，mm；I_d 为接地极入地电流，A；ρ 为材料密度，g/cm^3；Δx 为每小段（x_n-x_{n-1}）管道或铠装的长度，m；k 为电流不均匀系数，$k>1$。

从理论计算表明，如果在合适的位置将管道或铠装分段绝缘，可以大幅度地降低电腐蚀程度。因此，对于管壁或铠装对地不绝缘情况，可以采用此方法来减少电腐蚀影响。

（2）管壁或铠装对地绝缘。

如果一条对地绝缘的金属管道或铠装电缆通过接地极附近，由于 $G\rightarrow\infty$，管道或铠装泄漏到地中的电流→0，所以可以采用集中参数计算流过接地装置的直流电流，其等效电路如图 13-13 所示。

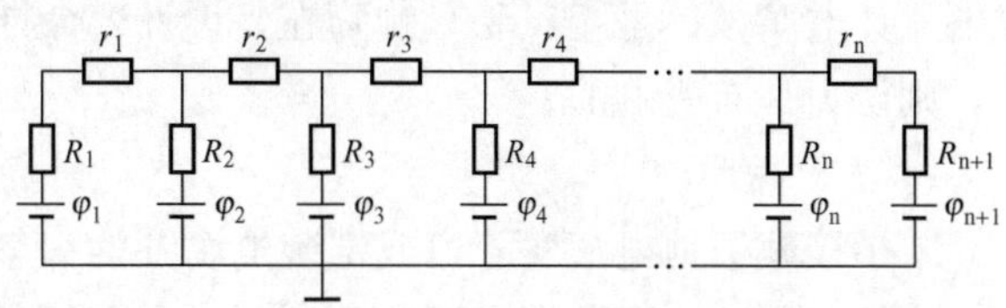

图 13-13　管壁或铠装对地绝缘时的等效电路图

φ_n—第 n 接地装置处的地电位升（V）；

R_n—第 n 号接地装置的接地电阻（Ω）；

r_n—第 n 至 $n+1$ 段管道或铠装的直流电阻（Ω）

对图 13-13 所示网络，借助于计算机，可以很方便地求得流过每一接地装置的电流。若计算出的电流是由接地装置流入大地，则表明该接地装置可能存在电腐蚀。在直流系统整个设计寿命期间，第 n 个接地装置腐蚀重量可以按式（13-114）计算

$$W(x_n)=\frac{v_f I_2(x_n) F_y}{8760 I_d} \tag{13-114}$$

式中，$W(x_n)$ 为在直流系统整个设计寿命期间，对接地装置的累计电腐蚀质量（kg）；其他符号含义与式(13-113)相同。

解决接地极地电流对接地装置的电腐蚀影响的措施简单，可以加大接地装置材料的尺寸，也可以将接地装置材料换成抗电腐蚀能力强的材料，如高硅铸铁或涂层或包裹有机导电材料等。

2. 输电线路基础腐蚀

高压输电线路的架空地线一般是对杆塔绝缘的，但也有不绝缘的，其中包括接地极引线。对于地线与杆塔不绝缘的线路，如果它经过接地极附近，在接地极入地电流的作用下，两杆塔间形成电位差，直流电流则经过地线由一个杆塔流入（出）到另一个杆塔流出（入）。因此，在电流流入大地的杆塔基础处将产生电腐蚀。

计算流过各杆塔的直流电流等效电路与图 13-13 相同，其中 φ_n 是第 n 号杆塔处地电位升（V）；I_n 是流过第 n 号杆塔的直流电流（A）；R_n 是第 n 号杆塔接地电阻（Ω）；r_n 是第 n 至 $n+1$ 号塔间架空地线的直流电阻（Ω）。

对每一基杆塔基础的腐蚀质量可以按式（13-114）计算。

消除接地极对输电线路铁塔基础腐蚀的方法是：对于计算有影响的（长 10～20km）一

段线路，将地线与杆塔绝缘即可；对于紧靠极址的杆塔，由于该处地面场强较大，应用沥青或其他绝缘材料将基础与地绝缘，并用玻璃钢板垫在塔脚处，使塔与基础绝缘；如果使用拉线塔，可在拉线中串入一片绝缘子。

（三）评判准则和阴极保护

1. 评判准则

严格上讲，接地极地电流对附近的地下金属管道或电缆铠装总是存在影响的，只是大小不同而已。通过管道或铠装的电流多大被认为有影响，国际大电网会议 14.21 工作组的文章认为，泄漏电流密度为 0.01A/m^2，每年对铁的腐蚀厚度是 0.174mm，是可以接受的。然而事实上，仅仅以电流密度来评判地电流对金属管道或铠装电缆有无影响是不够的。评判接地极地中电流对管道或铠装电缆有无影响，不仅仅是取决于电流密度，更重要的是取决于所造成的累计电腐蚀，是否对受影响物在其设计寿命期间的安全运行构成威胁。如果是构成了威胁，则认为是有影响的。

2. 阴极保护

减少接地极地电流对管道或铠装电腐蚀的一般方法是使接地极与其间保持足够的距离。但在实际工程中，当不满足安全距离要求和不便采用上述措施时，对有影响的管道或电缆，可采取阴极保护措施。

腐蚀学家认为，对于钢（铁）结构的管道不产生腐蚀的对周边土壤的电位为－0.85V，即低于－0.85V 的金属构件受到阴极保护；如果金属构件对土壤的电位低于－1.5V，将会导致防护层脱落。因此，美国腐蚀工程师全国协会（NACE）推荐－0.85～－1.5V 为对地下金属构件保护的上下限控制标准。

阴极保护和牺牲阳极保护是一种较为广泛用于地下金属构件的防腐措施，前者是在被保护构件施加相对于地为负极性的电压，使其得到电流；后者是采用比被保护构件更活泼的金属（如锌棒）牺牲电极并与被保护构件连接，从而在构件和阴极材料之间形成原电池而保护设备。虽然两者方法不一样，但保护的基本原理是一样的，都是使被保护构件相对于周边土壤为负电位。

对于大型或重要的地下金属管道，如石油和煤气管道等，一般都采用沥青浸渍的玻璃布包裹。其作用一方面是为避免自然腐蚀，另一方面当采用了阴极保护时，可减少阴极保护电流。值得指出的是，由于这些防护层不可能是理想的绝缘材料，甚至可能出现小孔，如果管道汇集的电流可能集中在管道裸露于土壤处释放电流，则会加速该部位腐蚀。因此，管道即使采用了防护层，仍然有必要对通过计算被认为有影响的管道，采用阴极保护措施。

三、对铁路系统影响

如果接地极离铁路太近，直流地电流可能对铁路系统的信号和电气化铁路的供电系统有影响。许多旧的铁路信号系统采用低压直流电池和继电器，这种型式的典型信号系统是由一根用绝缘铁轨接头隔离的轨道构成，使其一端的两根铁轨与电池连接，另一端的两根铁轨与继电器连接，如图 13-14 所示。继电器线圈平时是带电的，直到火车开来时，由于电池被短路，使继电器动作，合上闭锁开关，从而使该区段显示出“停止”信号。

在铁路穿过接地极地电流场情况下，信号系统从铁轨上拾取接地极入地电流，有可能抵消继电器在正常情况下的电流（特别是信号系统的电池接近耗尽时），这样即使在没有火车开来的情况下，该铁路区段仍然有可能显示“停止”的信号。

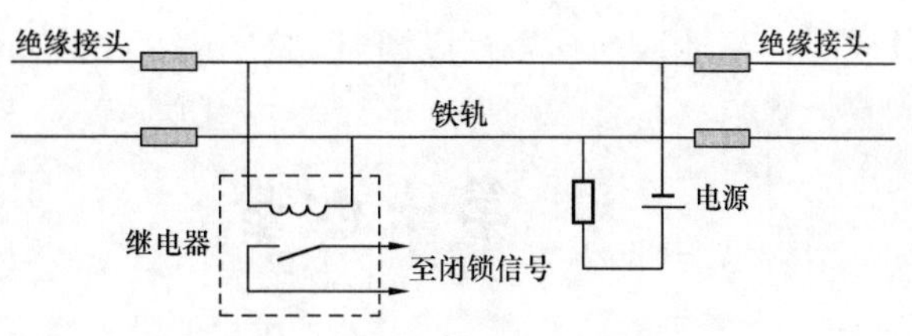

图 13-14　铁路信号系统接线示意图

为了解决接地极入地电流对铁路信号系统的影响方法较多，也较简单。其一，在美国和世界上其他一些国家，用绝缘铁轨接头将两根铁轨都予以隔开，这样不但可使分段的铁轨比连续的铁轨拾取的电流少，而且两根铁轨的电流、电阻和电压降也近似相等，因此一般不会出现错信号；其二，采用较高电压的电池和灵敏度较低的继电器；其三，假如问题严重到采用这些办法还不能满足要求时，则可将信号电路改为交流系统或数码电路系统。

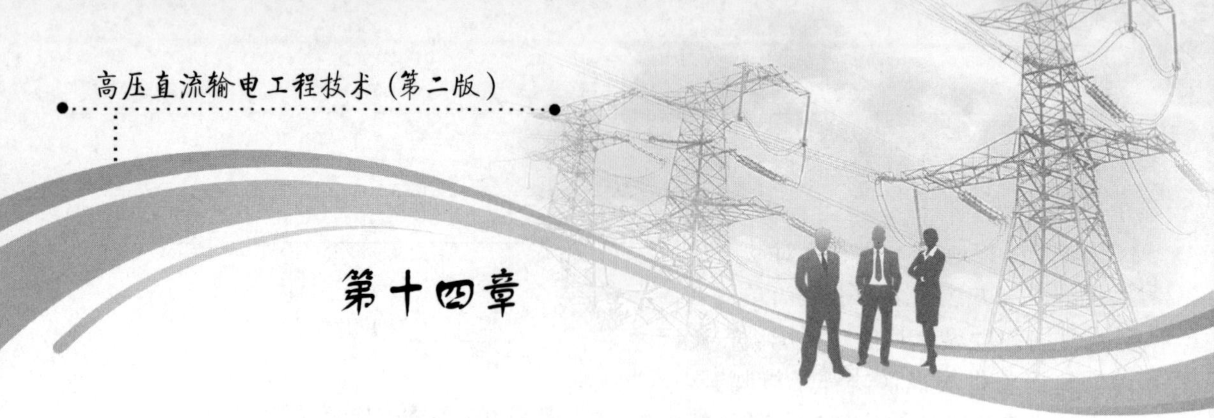

第十四章

背靠背直流输电工程

第一节　背靠背直流输电工程特点

背靠背直流输电工程是指没有直流输电线路的直流输电工程，其整流站和逆变站通常均放在同一个换流站内，因此也称背靠背换流站。由于背靠背直流输电工程在电力系统联网中有其明显的优点，因此从 20 世纪 80 年代以后发展较快，在已运行和正在建设的直流输电工程中约占 1/3。

电力系统的发展势必走向联网，其联网方式可以采用交流输电或交直流并联输电的同步联网，也可以采用直流输电的非同步联网。同步联网要求被联电网在同一频率下同步稳定地运行；非同步联网则被联电网可以在不同的频率下或者在同一频率下但非同步地独立运行。随着直流输电技术的发展，非同步联网在形成大的联合电网中越来越起着重要的作用。实现非同步联网可以采用常规的直流输电工程（带有直流输电线路），也可以采用无直流输电线路的背靠背直流输电工程。前者通常是两个电力系统之间需要进行大功率输电时采用，此时的直流输电具有输电和联网双重性质；后者多在实现电力系统互联时采用，主要是承担两电网之间电力交换的任务，具有系统联络线的性质。采用背靠背直流输电工程对实现非同步联网具有以下优点。

（1）背靠背直流输电工程因直流侧的电压低，整流器和逆变器装设在一个阀厅内，换流站的设备相应减少，换流站的结构简单，比常规换流站的造价低 15%～20%。

（2）由于整流器和逆变器装设在一个换流站内，直流回路的电阻和电抗均很小，同时又不需要远动通信传递信号，没有通信延时，因此其控制系统比常规直流输电工程的控制系统响应速度更快。由于没有直流输电线路，因此直流侧的故障率很低，从而使保护系统得到了简化。

（3）利用直流输送功率的可控性（包括输送功率的方向和大小），可以方便地实现被联电网之间的电力和电量的经济调度。两网之间交换的功率在正常情况下可以按预先所规定的负荷曲线进行，在特殊情况下可以按被联电网的需要随时改变。因此，两网之间交换的电力和电量均可根据需要进行人为地控制。

（4）可方便地利用直流输送功率的快速控制来进行电网的频率控制或阻尼电网的低频振荡，从而提高了电网运行的稳定性和可靠性。

（5）由于背靠背直流输电工程无直流输电线路，换流站的损耗很小，因此在运行中可方便地降低直流电压和增加直流电流来进行无功功率控制或交流电压控制，以提高电网的电压稳定性。

(6) 采用背靠背直流输电工程联网可不增加被联电网的短路容量，从而避免了由此所产生的需要更换开关等问题。

(7) 由于背靠背直流输电工程的直流侧电压低，有利于换流站设备的模块化设计。采用模块化设计则可进一步降低换流站的造价，缩短工程的建设周期，提高工程运行的可靠性。

因此采用背靠背直流输电工程进行电力系统的非同步联网，可以节省投资，提高电网运行的可靠性和经济性，也便于运行管理，是电力系统联网的有力工具。

现在从以下几个方面来介绍背靠背直流输电工程的特点。

一、主回路设计

背靠背直流输电工程无直流输电线路，系统损耗小，通常其直流电压低，直流电流大。低直流电压的换流阀、换流变压器、平波电抗器等主要设备的绝缘水平将降低，从而使设备造价相应降低。在给定的输送功率下，直流电压可降低的程度将受到换流设备最大直流电流的限制，其中主要是晶闸管换流阀。为了简化换流阀的结构，提高其运行可靠性，应尽量避免换流阀中的晶闸管并联。因此，单个晶闸管的最大电流即成为选择背靠背直流输电工程额定直流电流的主要限制条件。对于背靠背直流输电工程，通常是制造厂家根据所能生产晶闸管的最大电流来选择工程的直流电流，然后用给定的直流功率除以直流电流即得到直流电压。这与一般的直流输电工程不同。对于一般的直流输电工程，首先是根据工程的输送功率和输电距离（线路长度）来优化选择最佳直流电压，然后用输送功率除以直流电压，即得到直流电流。输电距离在确定直流电压中，起着重要的作用。输电距离越远，需要选择的直流电压则越高。直流电压选低了，则直流电流加大，线路损耗将增加，线路运行的经济性将变坏。因此，线路长度限制了直流电压不能选得太低。而背靠背直流输电工程无直流线路，其直流电压则不受此限制。通常在背靠背直流输电工程的规范书中，只需对工程在不同的运行方式和环境条件下的额定功率作出规定，而工程的直流电压和直流电流则由制造厂家进行技术经济优化选择后来确定。

背靠背直流输电工程的整流器和逆变器通常均装设在一个阀厅内，中间无直流输电线路，其直流侧谐波不会对通信系统造成干扰，因此可降低直流侧滤波的要求，可以省去直流滤波器，平波电抗器的电感值也可选得小一些。整流器和逆变器可以公用一个平波电抗器，有时也可以省去平波电抗器，因换相电抗也在直流回路之中，它可以起到一些平波电抗器的作用。因此，背靠背直流输电工程直流侧的设备少，结构简单。

背靠背直流输电工程无直流输电线路，可以方便地降压运行，有利于进行无功功率控制。大部分此类工程均具有调节无功功率的功能，无功功率控制的原则也是影响换流站主回路设计的重要因素。在规范书中应明确规定对无功功率控制的要求和控制范围，以便对换流站的交流侧滤波和无功补偿方案进行设计。同时换流阀和换流变压器的设计，在考虑无功功率控制时也会受到影响。因为在进行无功功率控制时，需要加大触发角 α（或 β），降低直流电压。如果无功控制深度和控制范围越大，则要求触发角增大的越多，对换流站主要设备的影响也就越大。在大触发角下运行，换流阀上的电压应力加大，则要求提高其绝缘水平，有时甚至需增加晶闸管的串联数或改变其均压阻尼回路的设计；换流阀阻尼回路的损耗增加，这将影响到冷却系统的设计。对于换流变压器，当考虑深度无功功率控制时，由于触发角的加大，其额定容量、绝缘水平、抽头调节范围、损耗等均有所变化，在设计时均需进行考虑。

二、换流站主接线

背靠背直流输电工程无直流输电线路，其整流站和逆变站通常均布置在一个换流站内。背靠背换流站的接线方式与常规换流站大同小异，换流站也是由基本换流单元所组成。由于12脉动换流单元的谐波性能好，大部分换流站均采用这种接线方式作为基本换流单元，在特殊情况下也有采用6脉动换流单元的。换流站直流侧接线有单极方式和双极方式两种，见图14-1（a）和（b）。大容量背靠背换流站以及当需要分期建设时，可采用多个换流单元并联的方式，如图14-1（c）所示为两组单极并联方式。

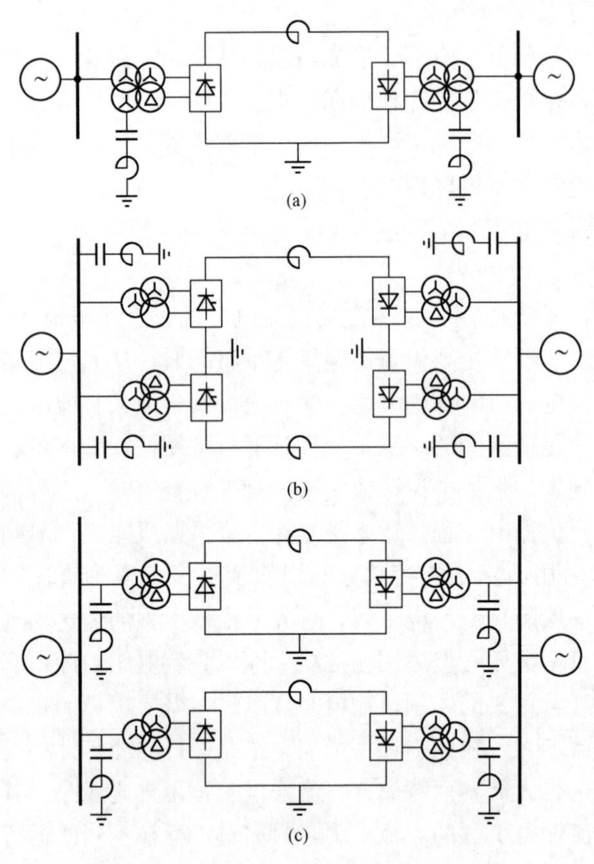

图14-1　背靠背换流站接线方式示意图

（a）单极方式；（b）双极方式；（c）两组单极并联方式

通常换流站可省去直流滤波器，整流站和逆变站可公用一个平波电抗器。平波电抗器的特点是低电压、小电抗值，多采用空芯式。换流阀的特点是低电压、大电流。由于低电压、小容量，因此换流变压器多采用三绕组结构（见图14-1）。当需要利用变压器的专门绕组来接入交流滤波器或无功补偿装置时，可采用4绕组结构，见图14-1（a）。交流滤波器组和无功补偿方案，则因对工程无功功率控制的要求不同，其无功补偿量和补偿方式均有所不同。交流滤波器可接在换流站两端的交流母线上，见图14-1（b），或接在换流变压器网侧绕组的出线端，见图14-1（c），也可以接在换流变压器专门设置的一个低压绕组上，见图14-1（a）。

三、无功功率（或交流电压）控制

由于背靠背直流输电工程无直流输电线路，所以系统损耗很小，它不需要像常规直流输电工程那样，为了取得最好的运行经济性能，要求尽量保持直流运行电压最高。因此，在运行中它可以方便地加大触发角，降低直流电压，来进行无功功率控制。换流站的无功功率控制是指利用改变换流器吸收的无功或换流站上装设的无功补偿装置向换流站提供的无功，来满足直流输电工程和两端交流系统运行的要求。换流站和交流系统交换的无功可用下式表示

$$Q_S = Q_C - Q_F - Q_{RC} \tag{14-1}$$

式中，Q_S 为换流站与交流系统交换的无功，Mvar；Q_C 为换流器消耗的无功，Mvar；Q_F 为

交流滤波器提供的基波无功，Mvar；Q_{RC}为无功补偿装置提供的无功，Mvar。

换流站进行无功功率调节的手段有以下三种。

(1) 改变无功补偿装置提供的无功 Q_{RC}，投切无功补偿电容器组以及改变调相机或静止无功补偿装置的出力（当换流站装设这些装置时，才能利用）。

(2) 改变交流滤波器提供的无功 Q_F，投切交流滤波器组，此时无功功率的变化为台阶式的，同时它还受到满足滤波要求的最少滤波器组数的限制。

(3) 改变换流器消耗的无功 Q_C，可以快速改变换流器的触发角或者直流输送的有功来平滑地改变换流器消耗的无功，也可以改变换流变压器的抽头进行无功调节。

由换流器的无功特性可知，换流器消耗的无功与其输送的有功有以下关系

$$Q_C = P_d \tan\varphi = P_d \sqrt{\left(\frac{U_{d0}}{U_d}\right)^2 - 1} = U_d I_d \sqrt{\left(\frac{U_{d0}}{U_d}\right)^2 - 1} \tag{14-2}$$

式中，Q_C 为换流器消耗的无功，Mvar；P_d 为直流输送的有功，MW；φ 为换流器的功率因数角，°；U_{d0} 为换流器的理想空载直流电压，kV，$U_{d0}=1.35U$；U 为换流变压器阀侧空载线电压有效值，kV；U_d 为换流器的直流电压，kV；I_d 为换流器的直流电流，kA。

由式（14-2）可知，改变 Q_C 的办法有以下三种。

(1) 改变直流输送功率 P_d。可利用改变功率整定值或电流整定值的办法来快速改变 P_d，同时也改变了 Q_C。这种办法使直流传输功率受到影响，即为了调节 Q_C，而要牺牲 P_d。同时其调节量受直流传输功率的最大值和最小值的限制。

(2) 改变直流电压 U_d。直流电压与换流器的触发角为余弦关系，见第二章式（2-22）和式（2-23）。可利用改变换流器触发角的办法，来改变 U_d，同时也改变了换流器的功率因数，也就改变了 Q_C。具体的做法是，通过改变直流电压整定值或 γ 角整定值（只对逆变器）的办法来改变 U_d，U_d 与 γ 角的关系见第二章式（2-24）。在直流电压降低时，可增加直流电流，对直流功率有一定的补偿作用，但也会受到最大直流电流的限制。利用这种办法可得到 Q_C 快速平滑地变化，是利用直流输电调节无功的主要方法。

(3) 改变换流器的理想空载直流电压 U_{d0}。可改变换流变压器抽头位置来改变 U，从而也改变了 U_{d0}，即可通过换流变压器自动抽头控制来实现。这种办法调节速度慢，同时它将受到变压器抽头调节范围的限制。

当一端交流系统的电压需要通过换流站来进行无功控制时，可以用改变换流器触发角的办法来实现，此时直流电压和电流都可能有变化，因此它将对另一端交流系统产生影响。如果两端交流系统的电压偏差方向不同，即一个系统为正偏差，而另一个系统为负偏差，则此时只用改变触发角的办法，是不能同时对两端交流系统的电压进行校正。它需要两端换流站无功功率的不对称变化，即一端需要多吸收无功，而另一端则需要少吸收无功。此时可利用慢速的换流变压器抽头控制和快速的触发角控制的相互配合来实现。在需要多吸收无功的换流站，需要自动将换流变压器的阀侧电压调高；而少吸收无功的换流站，则将其阀侧电压调低。这种两端无功功率不对称的调节方式，已在美国 Sidney 背靠背换流站中采用。

对于具体的直流输电工程，Q_C 的可调范围将受到工程的 I_{dmax}、I_{dmin} 以及整流器的 α_{max}、

α_{min}和逆变器的γ_{max}、γ_{min}的限制，详见本书第三章第六节直流输电稳态运行特性。

四、利用快速控制改善交流系统运行性能

由于背靠背直流输电工程的整流站和逆变站布置在一个换流站内，两端的控制信号不需通过远动通信系统来传递，也就没有由此引起的延时。另一方面由于无直流输电线路、无直流滤波器及平波电抗值较小等因素，直流回路具有快速响应的性能。因此，背靠背直流输电工程直流侧通常响应速度快。这将有利于根据两端交流系统的需要，在控制系统中配置各种功率调制、频率调节等功能，来改善交流系统的运行性能。其主要有以下几种。

(1) 低频振荡的阻尼。在一定的故障条件下，交流系统中可能产生低频振荡现象，此时在直流控制系统中可配置阻尼低频振荡的功能。在交流系统中可抽取一定的信号给控制系统，经过一定的传递函数，有规律性地改变换流站的输送功率，使其对系统的低频振荡产生阻尼调制作用，从而提高交流系统的运行稳定性。如果需要利用换流站进行低频振荡阻尼，则在设计换流站的暂态过负荷能力时需要考虑能满足这种功率调制的要求。

(2) 次同步振荡的阻尼。当背靠背换流站所连接的交流系统发生次同步振荡时，可在控制系统中配置阻尼次同步振荡的功能。通常次同步振荡多发生在以背靠背换流站为主要负荷的整流侧电网。这种现象的产生与交流系统的构成和负荷条件有关。

(3) 功率快速升降，平衡交流系统功率。当交流系统发生故障并有大电源或大负荷切除时，需要换流站输送的有功快速升降，因此在控制系统中可配置功率快速升降功能，以满足系统中功率平衡的要求。

(4) 交流系统的频率控制。当受端（或送端）交流系统的频率降低时，可通过频率控制系统自动增加（或降低）换流站输送的功率，以提高系统的频率。两端交流系统的旋转备用容量可公用，当一端为弱交流系统时，可利用频率控制自动改变换流站输送的功率，以保持弱系统的频率恒定。

五、暂时过电压限制

暂时过电压是影响换流站造价的一个重要因素，因为换流站的绝缘水平往往由它所决定。暂时过电压通常要求在1.3倍以下，有时可允许到1.4倍。对于连接弱交流系统的背靠背直流输电工程，暂时过电压是一个较严重的问题，往往需要采取措施来限制。当换流站故障停运，在交流滤波器和无功补偿电容器尚未切除的这一段时间里，因有大量的剩余无功，使交流电压升高，因此可采用短时投入金属氧化物过电压限制器的办法对过电压进行限制。正常运行时过电压限制器不投入运行，当遇到可能产生高的暂时过电压时，专门的保护动作，则由快速断路器将限制器投入运行。另一种办法是采用专门设计的多柱型氧化锌避雷器长期接在换流站的交流母线上。由于长期接入，ZnO芯片发热，需要进行冷却，可以采用油冷方式。美国Miles City背靠背直流输电工程也就是采用这种办法。

利用换流站的快速无功功率控制来限制暂时过电压，也是一种非常有效的方法。当一端换流站的交流系统故障，需要换流站闭锁时，非故障端的交流母线则因直流闭锁甩负荷而产生暂态过电压。此时，可用控制系统使故障端触发投旁通对，将直流电压降到接近为零；非故障端则自动将触发角调到接近90°，相当于零功率状态。在此情况下，可控制直流电流来调节非故障端吸收的无功功率，从而保持了其母线电压在所要求的范围内。这种办法在美国的Sidney背靠背直流输电工程和Highgate背靠背直流输电工程中均得到了应用。

六、谐波影响

当利用直流输电连接两个独立运行的交流系统时，不管两端交流系统的额定频率相等或不相等，都会有一系列的谐波传递现象。换流器像是一个谐波调整器。这种谐波传递现象，在背靠背直流输电工程中，由于直流侧的电抗值很小，会更加严重。当直流侧有 k 次谐波产生时，对于 12 脉动换流器，在交流侧将产生 $k+1$、$12n+1\pm k$ 次的正序谐波，和 $k-1$、$12n-1\pm k$ 次的负序谐波。这些谐波又返回到直流侧，在直流侧将产生 $12n\pm k$ 次的谐波。此处，$n=1$、2、3…。其中，高次谐波衰减很快，主要是低次谐波的影响较大。例如，当直流侧产生 2 次谐波时，交流侧将产生 3 次正序谐波和工频负序分量，这将引起交流电压的畸变和不对称；而当直流侧产生工频分量时，在交流侧将产生 2 次正序谐波和直流分量。直流分量将使变压器饱和，并进一步产生一系列的谐波。其次，交流系统的不对称也将使谐波传递现象恶化。除正常可允许的交流电压不对称（通常负序电压为 0.5%～1%）以外，在某些情况下，系统的不对称水平可能增加。例如，对于无换位的交流线路，其导线间的互感是不对称的，这将引起电压不对称，并且这种不对称随线路长度的增加和负荷的加大而加重。另外，有些背靠背直流输电工程，由于传输功率小，与交流系统用单回线相连，如果采用单相重合闸，在单相故障跳闸后，而没有重合之前，交流电压是不对称的。因此，对于背靠背直流输电工程，在系统研究时要进行详细的谐波特性分析。对于不同的系统构成方式和负荷条件的频率特性进行分析，研究是否可能产生低次谐波谐振，必要时需采取一定的防范措施。

第二节　背靠背直流输电工程应用与发展

背靠背直流输电工程主要应用于电力系统的非同步联网，如不同频率的电网之间的电力传输以及频率相同但需要非同步运行的电网之间的电力互送等。电力系统的发展势必走向联网。非同步联网在联合电网的形成中有着特殊的作用。随着直流输电技术的发展和非同步联网需求的增多，背靠背直流输电工程在 20 世纪 80 年代以后得到迅速的发展。据不完全统计，到 20 世纪末世界上已有 26 项背靠背直流输电工程投入运行，见表 14-1。

表 14-1　到 2000 年已运行的背靠背直流输电工程

序号	工程名称	国别	功率（MW）	直流电压（kV）	投运时间（年份）	备　注
1	佐久间（SAKUMA）	日本	300	125	1965	50Hz/60Hz 联网
2	伊尔河（EEL River）	加拿大	320	80	1972	魁北克/新布鲁斯维克联网
3	新信侬（Shin-Shinano）	日本	300 600	125 125	1977 1993	50Hz/60Hz 联网
4	斯蒂加尔（Stegall）	美国	100	50	1977	北美东西部联网
5	阿卡瑞（Acaray）	巴西 巴拉圭	55	25	1981	50Hz/60Hz 联网

续表

序号	工程名称	国别	功率(MW)	直流电压(kV)	投运时间(年份)	备注
6	德恩罗尔(DURNROHR)	奥地利 捷克	550	145	1983	东西欧联网
7	埃地康蒂(Eddy County)	美国	200	82	1983	北美东西部联网
8	欧克拉钮(Oklaunion)	美国	200	82	1984	东部电网/得克萨斯联网
9	恰图卡(Chateauguay)	加拿大	1000	140	1984	美国东北部/加拿大魁北克联网
10	维堡哥(Vyborg)	俄罗斯	1065	±85	1984	俄罗斯/芬兰联网
11	海盖特(High gate)	美国	200	56	1985	美国东北部/加拿大魁北克联网
12	黑水河(Black Water)	美国	200	56	1985	北美东西部联网
13	马达瓦斯加(Madawaska)	加拿大	350	130	1985	魁北克/新布鲁斯维克联网
14	麦尔斯城(Mills City)	美国	200	82	1985	北美东西部联网
15	布罗肯海尔(Broken Hill)	澳大利亚	40	17	1986	50Hz/60Hz联网
16	希尼 Sidney	美国	200	50	1987	北美东西部联网
17	阿尔伯特(Alberta)	加拿大	150	42	1989	北美东西部联网
18	温地亚恰尔(Vindhyachal)	印度	500	70	1989	印度西部/北部联网
19	艾申里西(Etzenricht)	德国 捷克	600	160	1993	东西欧联网
20	维也纳东南(Vienna South-East)	奥地利	600	145	1993	东西欧联网
21	维尔希(Welsh)	美国	600	160	1995	东部电网/德克萨斯联网
22	强德拉普尔(Chandrapur)	印度	1000	205	1996	印度西部/南部联网
23	加波尔-盖祖瓦克(Jeypore-Gazuwaka)	印度	500	200	1998	印度东部/南部联网
24	东清水	日本	300	—	1998	50Hz/60Hz联网
25	加勒比(Garabi)	巴西 阿根廷	1100	±70	2000	50Hz/60Hz联网
26	伊格尔帕斯(Eagle Pass)	美国 墨西哥	36	—	2000	美国西南部/墨西哥联网，采用轻型直流输电技术

在北美洲东部电网和西部电网之间，由于稳定问题，采用交流输电的同步联网，长期以来未能实现。从 1977 年到 1989 年先后建成斯蒂加尔（Stegall）、埃地康蒂（Eddy County）、

黑水河（Black Water）、麦尔斯城（Miles City）、希尼（Sidney）和阿尔伯特（Alberta）6项背靠背直流输电工程，实现了东西部电网的互联，总交换功率为1050MW。与此同时，东部电网在1984年和1995年又分别建成欧克拉钮（Oklaunion）和维尔希（Welsh）两个背靠背直流输电工程与南部的得克萨斯电网联网，总交换功率为800MW。美国东北部电网与加拿大魁北克电网通过恰图卡（Chateauguay）和海盖特（High gate）两个背靠背直流输电工程以及魁北克—新英格兰（Quebec New England）多端直流输电工程实现了非同步联网，总交换功率为3450MW。在西南部美国还与墨西哥电网于2000年采用轻型直流输电新技术建成了伊格尔帕斯（Eagle Pass）背靠背直流输电工程，实现了联网。加拿大魁北克电网与新布鲁斯维克电网通过伊尔河（EEL River）和马达瓦斯加（Madawaska）两个背靠背直流输电工程实现了非同步联网。综上所述，在北美洲的联合大电网中共采用了13项背靠背直流输电工程。

在印度全国共有东部、南部、西部、北部和东北部五个大电网，计划采用背靠背直流输电工程和直流输电线路，实现五大电网的非同步联网。1989年建成温地亚恰尔（Vindhyachal）背靠背直流输电工程实现了北部电网和西部电网的互联，交换功率为500MW。1990年又建成里汉德—德里（Rihand-Delhi）±500kV、1500MW、910km的架空线路直流输电工程，进一步加强了两电网的互联。1996年建成强德拉普尔（Chandrapur）背靠背直流输电工程，实现了西部电网与南部电网的联网，交换功率为1000MW。1998年又建成加普尔—盖祖瓦克（Jeypore-Gazuwaka）背靠背直流输电工程，实现了东部与南部电网的互联，交换功率为500MW。同年又建成±500kV、1500MW、743km的强德拉普尔—波德海（Chandrapur-Podghe）直流输电工程。在北部电网和东部电网之间还计划建设一个500MW的背靠背直流输电工程。

在欧洲通过背靠背直流输电工程以及海底电缆直流输电工程，使西欧电网、东欧电网、北欧电网、俄罗斯电网以及英国电网相互连接，形成欧洲的联合大电网。1983年在奥地利与捷克电网之间建立了德恩罗尔（Durnrohr）背靠背直流输电工程。1993年在德国和捷克电网之间以及奥地利和匈牙利电网之间又分别建成艾申里西（Etzenricht）和维也纳东南（Vienna South-East）两个背靠背直流输电工程。通过上述三项背靠背直流输电工程实现了西欧电网与东欧电网的互联，交换功率为1750MW。英国电网通过英法海峡海底电缆直流输电工程（Cross-Channel）与法国电网实现了互联，交换功率2000MW。在北欧采用斯卡格拉克（Skagerak）、康梯斯堪（Konti-Skan）、芬纳—斯堪（Fenno-Skan）海底电缆直流输电工程将瑞典、丹麦、挪威和芬兰电网连在一起形成北欧联合电网，而在芬兰的南部又通过维堡哥（Vyborg）背靠背直流输电工程与俄罗斯电网联网。瑞典与德国之间于1994年建成波罗的海（Baltic）海底电缆直流输电工程（600MW、450kV）；德国与丹麦之间于1995年又建成康特克（Kontek）海底电缆直流输电工程（600MW、400kV）。通过上述直流输电工程形成了欧洲联合大电网。

在日本东部的50Hz电网与西部的60Hz电网通过佐久间（Sakuma）、新信侬（Shin-Shinano）以及东清水三个背靠背直流输电工程实现了联网运行，总交换功率为1200MW。从1979～1993年日本又分期建成了北海道—本州直流输电工程（600MW、±250kV），使北海道电网与日本东北部电网互联，从而形成整个日本的联合电网。

中国于 2005 年建成灵宝背靠背直流输电工程，额定功率：360MW，直流电压：120kV，实现了华中电网和西北电网的非同步联网。2008 年建成高岭背靠背直流输电工程，额定功率：2×750MW，直流电压：2×±125kV，实现了华北电网和东北电网的非同步联网。

从世界各地联合电网的形成中可以看出，背靠背直流输电工程在实现联合电网中的重要作用。20 世纪 90 年代，新型半导体器件 IGBT 在直流输电工程中开始应用，从而产生了轻型直流输电技术。这种轻型直流输电在技术上具有一系列的优点（详见本书第二章第七节直流输电换流技术新发展），特别是对于直流电压较低、直流系统损耗较小的背靠背直流输电工程，采用 IGBT 更为有利。它可以方便地进行有功功率和无功功率的调节，以满足交流系统的要求。随着电力系统联网运行要求的增多以及新型半导体器件在直流输电换流技术中的应用，背靠背直流输电工程将会得到更快的发展。

第十五章

多端直流输电工程

第一节　应用场合与发展概况

多端直流输电工程是由多个换流站（包括三个换流站）及其相互连接的各直流输电线路所组成的高压直流输电系统。多端直流输电的基本原理，远在20世纪60年代中期就已被揭示，但迄今为止，已投运的直流输电工程中绝大多数都是只有一个整流站和一个逆变站的两端直流输电系统，而未形成多端直流网络。这主要是由于与交流输电线路相比，现有高压直流输电线路还很少，直流联网的要求尚不突出，而且换流站造价较高。另外，多端直流系统的控制保护技术复杂、高压直流断路器制造困难等因素，也阻碍了多端直流输电系统的发展。

与两端高压直流输电相比，在下列应用场合下，多端高压直流输电系统更加经济，运行更为灵活：①从能源基地输送大量电力到远方的几个负荷中心；②直流线路中途分支接入电源或负荷；③几个孤立的交流系统用直流线路实现非同期联网；④对大城市或工业中心供电，因受架空线路走廊限制而必须用电缆或因短路容量限制而不宜采用交流输电时，利用直流输电向这些地方的若干个换流站供电。

近20年来，随着两端直流输电技术日趋完善，应用越来越广，不少国家对多端直流输电技术的研究变得十分活跃。目前，世界上已有意大利—科西嘉—撒丁岛（三端）和魁北克—新英格兰（五端）两项多端直流输电工程投入运行；另外还有加拿大的纳尔逊河双极1和双极2直流输电工程以及美国的太平洋联络线直流输电工程均具有四端直流输电工程的特性。以下仅对上述工程作一简单介绍。

一、意大利—科西嘉—撒丁岛三端直流输电工程

1967年，连接撒丁岛和意大利本土的单极直流线路投入运行，额定功率200MW，额定电压200kV。由于此输电线路通过法属科西嘉岛，需要给以一定的补偿，法国EDF公司与意大利ENEL公司达成一项协议，保证将来在技术上可行时，尽快从此直流线路上抽取20MW容量供科西嘉岛使用。1987年1月，科西嘉换流站投入运行，从而使该工程成为世界上第一个正式运行的多端直流输电工程。该直流输电线路是由三段架空线路和两段海底电缆所组成。从意大利本土换流站到海岸边是50km的架空线，从海边到科西嘉岛是105km的海底电缆，在岛上有156km的架空线，从科西嘉岛到撒丁岛为16km海底电缆，在撒丁岛上到换流站为86km的架空线，整条线路总长为413km。

科西嘉岛的抽能方式选用了并联抽能，主要决定于以下两个因素。

(1) 串联抽能将使撒丁岛逆变站的直流电压降低，从而引起逆变器正常运行时的关断角增大。而当时是采用汞弧阀换流，不允许在大关断角下工作，否则逆弧概率会增加。

(2) 意大利至撒丁岛直流线路的运行方式是以调频方式为主，为保证撒丁岛交流电网的频率，要求直流电流在 100～1000A 的范围内变化。如果采用串联抽能，要保证科西嘉能得到 20MW 的功率，其换流站的电流/电压特性必须能满足从 100A/200kV～1000A/20kV 范围内变化。也就是说，科西嘉换流站的额定容量需要 1000A/200kV，即 200MW，比需要得到的功率要大 10 倍。采用并联抽能，由于直流电压不变，则不存在上述问题。

考虑到发展的需要，科西嘉换流站的额定功率选为 50MW，即额定电流 250A，额定电压 200kV。图 15-1 给出科西嘉并联抽能方案示意图。为保证科西嘉换流站的直流功率方向不受直流线路极性变化的影响，在换流器直流侧装设了两对快速极性反转隔离开关。换流站采用一组 12 脉动换流器，三台单相三绕组换流变压器与科西嘉岛 90kV 的交流母线电压相连。

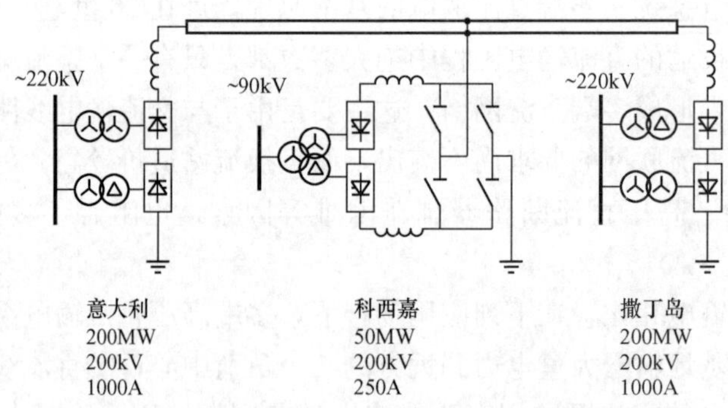

图 15-1　科西嘉并联抽能方案示意图

在多端系统运行情况下，科西嘉换流站有以下三种主要运行方式。

(1) 带基荷运行。在此运行方式下，换流站就相当于科西嘉电网中的一个发电厂。

(2) 控制科西嘉电网频率。在这种运行方式下，换流站的输送功率，以保证科西嘉电网频率的恒定。当撒丁岛电网和科西嘉电网均利用直流输电进行频率调节时，意大利本土整流站的输出功率则会根据两个逆变站交流电网频率的需要来决定。此时在换流站之间则需要高速通信设施来协调直流电流定值。

(3) 热备用。在这种运行方式下，换流站的输送功率可以快速调整。一旦科西嘉岛电网因故障失去某些电源时，换流器立即快速增加负荷，补偿失去的电源出力，保持系统频率。

撒丁岛换流站和科西嘉岛换流站均具有潮流反转的功能，在正常情况下它们均作为逆变站运行，在必要时也可以作为整流站运行。

二、魁北克—新英格兰五端直流输电工程

魁北克—新英格兰直流输电是目前世界上已运行的规模最大的多端直流输电工程。该工程主要是将魁北克北部梯级水电站的廉价电力送往美国东北部的新英格兰电网以及魁北克南部的负荷中心。选择直流输电的主要原因如下。

(1) 保持魁北克电网与美国东北部电网非同期联网的性质。这两个电网之间原来已有背

靠背直流输电工程实现了非同期联网，如果选择交流输电则会失去非同期联网所带来的优点。

（2）远距离输电（1500km）直流具有良好的经济性。

（3）当电网发生重大事故时，利用直流的快速控制可提高电网的安全稳定性。

魁北克—新英格兰多端直流输电工程分两期建成。图 15-2 和图 15-3 分别给出该工程的地理位置及主接线示意图。第一期为±450kV、690MW，从魁北克的迪斯凯通（Des Cantons）换流站至美国的康姆福（Comerford）换流站，输电距离为 172km 的两端直流输电工程，于 1986 年 10 月投入运行。第二期工程为±450kV（送端站最高运行电压可到±500kV）、2250MW，输电距离约 1507km 的三端直流工程，于 1992 年投入运行，它主要包括拉底松（Radisson）换流站（2250MW）、尼可莱（Nicolet）换流站（2135MW）和桑地庞（Sandy Pond）换流站（1800MW），以及从拉底松到尼可莱（1018km）、从尼可莱到迪斯凯通（105km）和从康姆福到桑地庞（213km）三段直流输电线路。

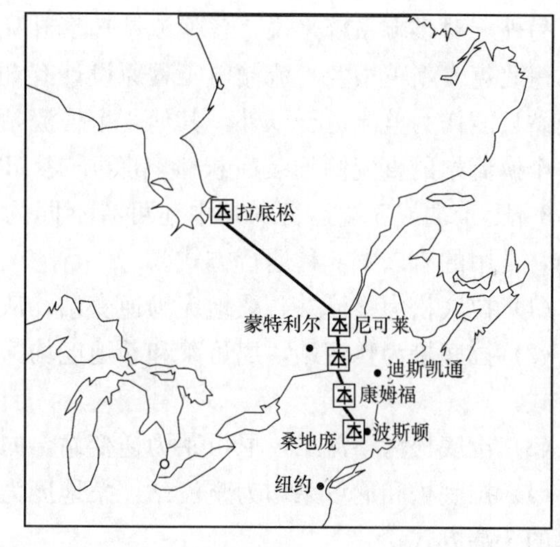

图 15-2 魁北克—新英格兰五端直流系统地理位置图

该五端直流输电系统只有三个接地极。第一期工程的两个换流站分别有自己的接地极。第二期工程的三个换流站，只在送端拉底松换流站附近的达坎（Dun Can）湖边建了一个接地极。尼可莱换流站和桑底庞换流站的中性点则通过金属返回线与迪斯凯通换流站的接地极相连，公用一个接地极。在此情况下，迪斯凯换流站的接地极必须按新的要求重新进行设计和改建。

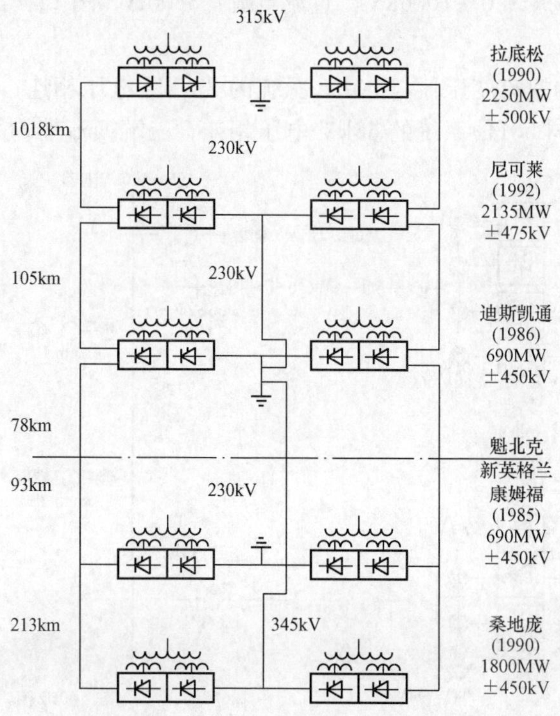

图 15-3 魁北克—新英格兰五端直流输电主接线示意图

魁北克—新英格兰多端直流输电工程直流侧采用并联接线方式（见图 15-3），其控制系统采用常规两端直流输电的控制与保护技术，只在主控制层加入了多端系统所需要的控制功能。控制原则采用电流裕度法（见本章第三节内容），指定功率水平最高的逆变站作为电压控制站。主控制器必须保证所有整流站电流定值之和与所有逆变站电流定值之和相等。当主控制器根据功率定值进行控制时，功率定值的平衡并不意味着电流定值的平衡，这是因为直流系统中存在有功率损耗。另外，对多端系统来说，各换流站功率升降的速度也必须相互配合。

魁北克—新英格兰直流输电工程原设计有36种运行方式。在5个换流站中，除拉底松换流站只能作为整流运行以外，其他4个换流站均既能作为整流运行也能作为逆变运行，在这4个换流站的直流侧均装有极性转换开关，以实现潮流反转的需要。直流系统可以按2端、3端、4端或5端运行，其中还可有不同的配合，此外它还可以双极运行或单极运行。目前，常用的有以下6种运行方式。

(1) 拉底松为整流站，桑地庞为逆变站，从电源点直接向美国送电的2端方式；

(2) 拉底松为整流站，尼可莱和桑地庞均为逆变站，向魁北克南部及美国同时送电的3端方式；

(3) 拉底松为整流站，尼可莱为逆变站，向魁北克南部送电的2端方式；

(4) 拉底松和尼可莱均为整流站，桑地庞为逆变站，从电源点和魁北克电网共同向美国送电的3端方式；

(5) 尼可莱为整流站，桑地庞为逆变站，从魁北克电网向美国送电的2端方式；

(6) 桑地庞为整流站，尼可莱为逆变站，从美国向魁北克电网送电的2端方式。

三、日本新信侬三端背靠背轻型直流输电工程

日本在20世纪70～80年代，曾经对多端直流输电工程进行过研究，是作为一个方案与特高压交流输电进行比较，由于经济上的原因，最后选择了特高压交流输电。在20世纪90年代，为建设300MW的三端背靠背轻型直流输电工程做技术准备，于1999年在新信侬背靠背换流站，建成一个小型的三端背靠背轻型直流输电试验工程。三端的额定容量均为53MVA(37.5MW；±37.5Mvar)，直流电压：0～10.6kV，直流电流：3600A。图15-4给出该工程的系统单线图。

图15-4中，A端通过275kV/4.6kV的换流变压器与60Hz系统的275kV电压相连；B端和C端通过4.6kV/66kV的换流变压器与50Hz系统的66kV电压相连。三端换流器均采

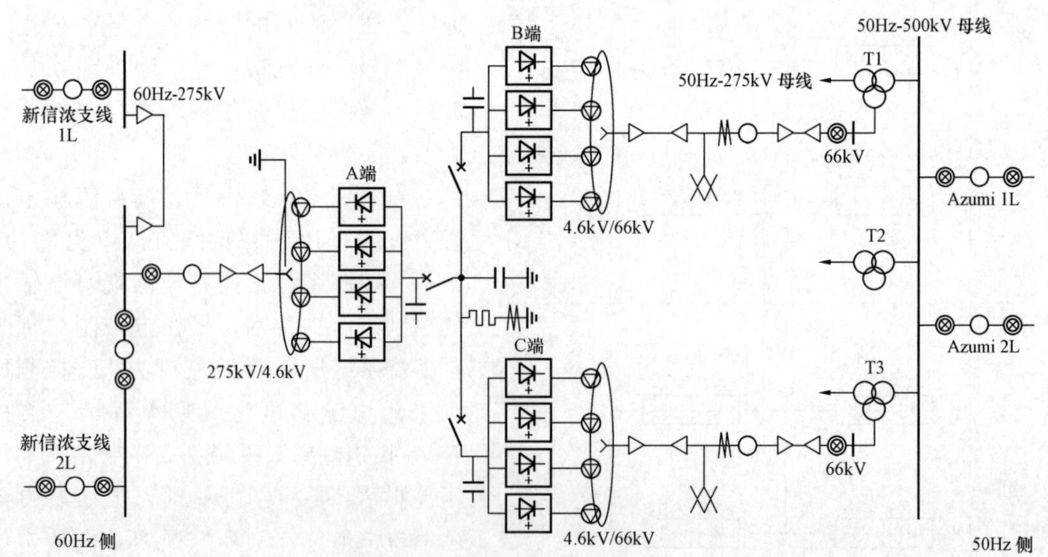

图15-4　日本新信侬三端背靠背轻型直流输电工程单线图

用脉宽调制技术的二电平电压源换流器。换流阀采用大截面6000A、6000V的可关断晶闸管（GTO）组成。工程建成后，对采用GTO组成的电压源换流器及三端背靠背系统的控制保护系统进行了大量的试验研究。主要的试验有：三端系统的启动和停运；有功功率、无功功率、直流电压、交流电压的变化和自动调节；交流系统故障对三端系统的影响；一端换流器停运的影响等。

四、纳尔逊河直流输电工程

纳尔逊河直流输电系统是由纳尔逊河双极1和双极2两个双极直流输电工程所组成，它主要是将马尼托巴省北部纳尔逊河上大型梯级水电站的电力送往南部的负荷中心，并可向美国出售廉价的水电。双极1为±450kV、1620MW，于1968年开始建设，1977年全部建成，是世界上最后一个采用汞弧阀换流的直流输电工程。1992～1993年已用晶闸管换流阀取代了汞弧阀，同时也将其额定参数提高到±500kV、2000MW。双极2为±500kV、1800MW（最大可到2000MW），于1977年开始建设，1985年全部建成。该输电系统在可靠性方面，要求当线路发生倒塔故障时，仍能输送额定功率。为满足此要求，在双极1工程中就架设了两条双极直流输电线路，每条线路都可输送3600A的电流。因此，在双极2建成后，当一条线路发生倒塔故障时，可以将两个双极的换流器并联，并利用另一条双极线路，可输送两个双极的额定功率。

双极1的整流站为拉底松（Radisson）换流站，逆变站为多尔塞（Dorsey）换流站，输电距离约895km。双极2的整流站为亨得（Henday）换流站，位于拉底松换流站东约40km处，其逆变站也建在多尔塞换流站内。正常情况下，两个双极系统可独立运行，必要时也可以将两个双极线路并联运行；当一条输电线路故障检修时，可将两个双极的换流器并联，输送额定功率，以提高输电系统的可用率。为实现并联操作的需要，在拉底松和多尔塞换流站，两个双极的直流侧均装设有操作开关。图15-5给出纳尔逊河直流输电系统示意图。因此，该输电系统也可以认为是两个整流站向一个逆变站送电的四端直流输电系统。为适应这种运行方式的要求，其控制保护系统均需按多端直流输电的要求来配置。此外，还需要考虑两个双极设备不同的困难。例如，双极1每极有3组6脉动换流器，每组电压为150kV，其额定电压为450kV；双极2每极有2组12脉动换流器，每组电压为250kV，其额定电压为500kV；同时，在双极1改用晶闸管换流阀以前，它还是用的汞弧阀。这些都给设计和运行带

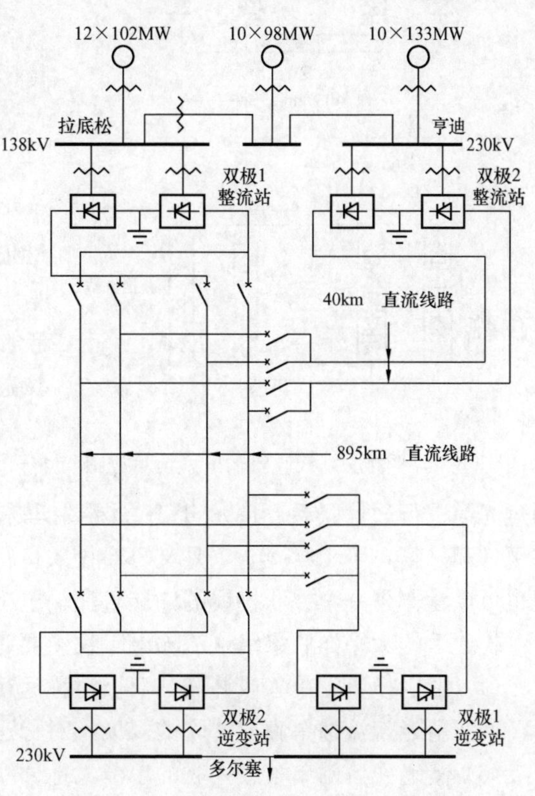

图15-5　纳尔逊河直流输电系统示意图

来一定的困难。

自1985年双极2投入运行后，在纳尔逊河直流输电系统中已经取得了四端直流输电的运行经验。在正式投运前的现场调试中，曾发现当换流变压器抽头处于某个特定位置时，在逆变器的电流中会出现8Hz的振荡分量。利用计算机暂态仿真发现，当两个逆变器都进入电流误差控制状态时，是由于两个逆变器需要的电流发生冲突而引起的。因此，通过降低电流误差控制回路的增益，使得问题解决了。

五、太平洋联络线直流输电工程

美国太平洋联络线直流输电工程于1965年设计，1970年正式投入运行，其换流站每极由3组6脉动汞弧阀串联组成，每组额定电压为133kV，额定电流为1800A。双极额定电压为±400kV，额定功率为1440MW。直流线路长为1369km，载流能力为3000多A。1971年，此工程在地震中损坏，1973年恢复后，经过研究和试验，把额定电流提高到2000A，额定功率增至1600MW。1985年，由于负荷增长的需要，工程进行了增容，即在每极原有3个汞弧阀组的基础上，再串联1个100kV、2000A的6脉动晶闸管阀组，从而使直流线路电压升至±500kV，额定容量增至2000MW。

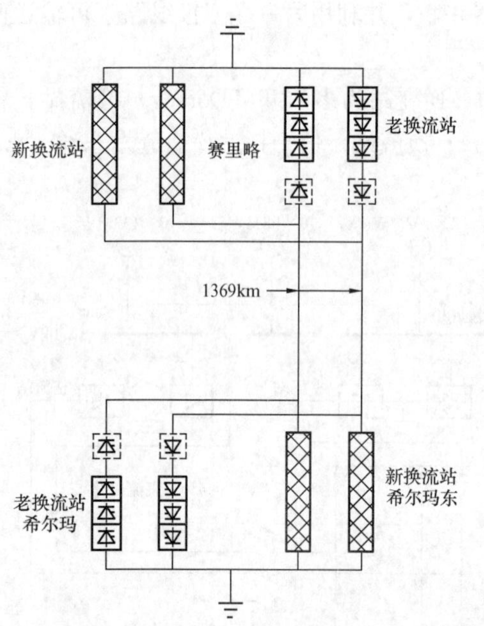

图15-6 太平洋联络线直流输电系统示意图

为了充分利用此工程直流线路的载流能力，满足南部地区负荷增长的需要，1986年开始考虑太平洋直流联络线的扩建工程，1989年建成。扩建工程是每端增加1个新的双极换流站，每极1组12脉动晶闸管换流器，额定电压为±500kV，额定电流为1100A。新站与老站并联运行，构成并联接线的四端直流系统，可传输额定功率3100MW。图15-6给出该直流输电系统示意图。

扩建后的直流输电工程，在北端的赛里略换流站，老站是和邦纳维尔电力局（BPA）的230kV系统相连，而新站是与其500kV系统相连，但新老两站均位于一个换流站内。在南端的希尔玛换流站，老站是与洛杉矶水电局的230kV系统相连，新站是与爱迪生电力公司的220kV系统相连，并且新站建在希尔玛换流站东约1km处，称为希尔玛东换流站。新老换流站之间需要通过光缆进行通信联系。1993年10月希尔玛东换流站发生了严重的火灾，1994年进行了设备更换和修复，于1995年11月又重新投入运行。因此，扩建后的太平洋联络线直流输电工程也可以看作是一个并联接线的四端直流输电工程。

扩建后的太平洋联络线直流输电工程主要有以下5种运行方式。

（1）新老换流站单独或并联的双极对称运行方式；

（2）新老换流站单独或并联的双极不对称运行方式；

（3）新老换流站单独或并联的单极大地回线方式；

（4）新老换流站单独或并联的单极金属回线方式；

（5）降压运行方式。

由于老换流站的每极是由3组133kV的汞弧阀换流器和1组100kV的晶闸管换流器所组成，当1组汞弧阀换流器故障退出运行时，该极的电压将降到367kV；此时新换流站和它并联运行的晶闸管换流器可以通过改变触发角和换流变压器的抽头位置，使电压降到367kV，而继续与其并联运行。为了实现新老换流站的快速并联和解除并联，在新老两站的直流高压侧和中性线侧均装设有高压和低压的高速开关。

第二节　构　成　方　式

一、基本接线方式

在两端高压直流输电系统中，可以认为两换流站是并联的，因为它们具有共同的直流电压，同时也可以认为两换流站是串联的，因为它们通过相同的直流电流。当要增加新的换流站时，就面临着是保持共同的直流电压还是维持同一的直流电流的问题。因此，多端直流输电系统的结构方式，可基本分为两大类，一类是各个换流站经直流线路并联连接，如图15-7所示；另一类是各换流站经直流线路串联连接，如图15-8所示。

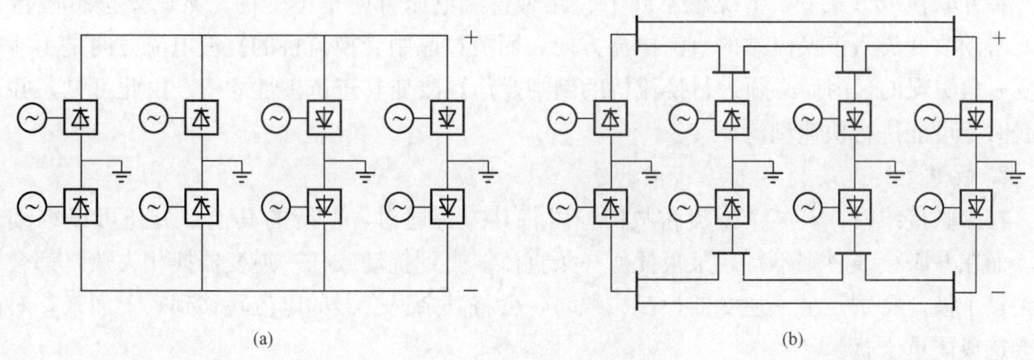

图15-7　并联式多端直流输电系统

（a）树枝式；（b）环网式

并联连接的多端直流系统，其直流网络有两种典型接线，一种是树枝式（或称为放射式），如图15-7（a）所示；另一种是环网式，如图15-7（b）所示。另外，对于某些特殊场合，既有串联又有并联的混合式多端直流输电系统（见图15-9）也有可能得到应用。

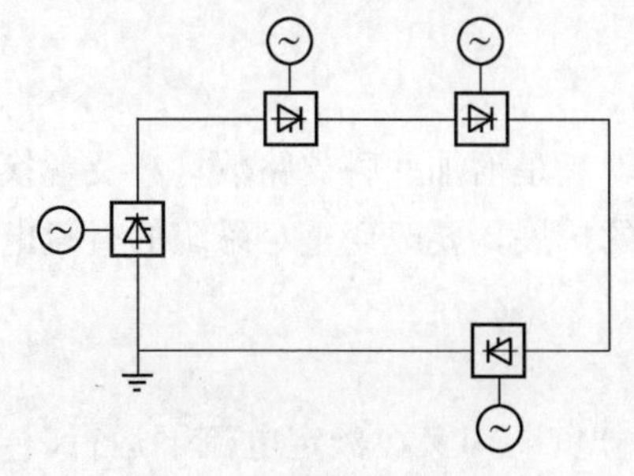

图15-8　串联式多端直流输电系统

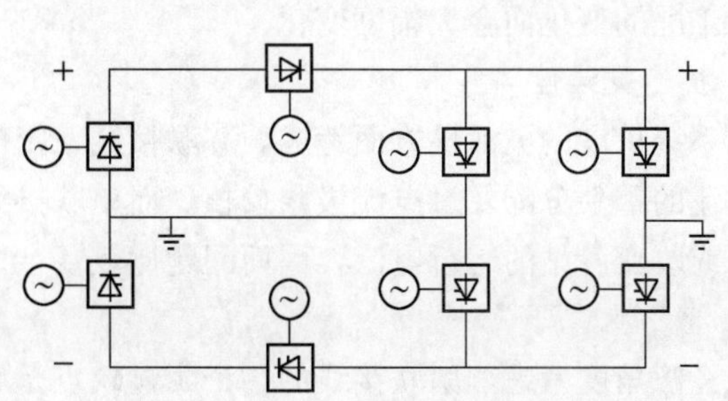

图15-9　混合式多端直流输电系统

在并联接线的多端直流输电系统中，对于所有的换流站，直流电压都是相同的。直流电压由一个换流站控制，其余换流站则通过控制流经本站的直流电流来控制各自的功率。在串联接线的多端直流输电系统中，流经各站的直流电流是相同的，且直流电流由一个站控制，其余各站则通过改变本站的直流电压来控制各自的功率。

二、接线方式比较

多端直流输电系统两类接线方式各有其优缺点，现从以下几个方面进行分析比较。

1. 调节范围

并联接线的负荷分配是靠改变流入各站直流电流的大小来实现的，因此调节范围大。在串联接线方式下，由于负荷分配是靠改变直流电压，这就要求换流变压器抽头调节电压范围大以及换流器控制角（α 角）的运行范围大，从而导致换流器功率因数低、阀阻尼回路损耗大以及换流器产生的谐波大等缺点。

2. 潮流反转

在串联接线方式下，某一站要进行潮流反转，无需改变接线状态，只要改变 α 角就行了，故可进行快速潮流反转。因为在这种情况下，直流电流方向是不变的。潮流反转只需要转换该站的直流电压极性。

在并联接线方式下，情况就不同了。此时直流电压方向是不变的，某站要进行潮流反转，必须改变流入该换流站的直流电流方向，而流过晶闸管换流桥的直流电流方向是不能靠改变 α 角实现的，因而必须进行换流桥的倒闸操作，改变其正负极性才行。由此可见，并联接线时不可能进行快速潮流反转。

3. 故障运行方式

在串联接线时，若某个换流桥故障，可将其投旁通对，系统的其他部分还可以继续运行。而在并联接线时则不行，某极任何一条直流线受到扰动或任一逆变器换相失败，都会影响到整个极。特别是某一逆变器换相失败时，会将其余逆变器的电流转移到它上面来，对该极会造成严重干扰。

对于环网式并联接线，当某条直流线路发生永久性故障被切除后，可以利用其他线路的过负荷能力，使各换流站继续运行，故具有较好的运行灵活性。而对于串联接线，若某条直流线路发生永久性故障，则整个系统就得停运。

4. 系统绝缘配合

对于并联接线，由于各站直流电压相同，整个系统的绝缘配合比较方便。

对于串联接线系统，其绝缘配合就要复杂得多，因为系统不同部分的对地电压不同，且随运行工况的变化而会大幅度变化。

5. 扩建灵活性

从系统扩展的灵活性方面考虑，并联接线系统的扩展，只是增加并联支路数，涉及各换流站电流的重新分配及过电流极限校核。而串联接线系统的扩展，要改变整个系统的直流电压水平或改变各站的运行电流，因而问题比较复杂。

6. 经济性

从经济角度考虑，串联接线的一个明显缺点是只有部分负荷却又在额定电流下运行时，系统效率低下。这种情况可能发生在一些换流站轻负荷，而另一些换流站满负荷的状态。因此，这种接线适用于带基本负荷或小容量抽能。对于小容量抽能的情况，如抽能容量占整个系统逆变容量的20%以下时，串联接线比较合算。在串联抽能时，抽能容量与其换流器两端直流电压成正比，因而与同容量并联抽能相比，可少用晶闸管元件，技术难度也相应减少。

对于两端直流输电系统，现在广泛使用双极结构。因为双极结构运行灵活方便，可靠性高，易于解决接地极问题（详见第一章介绍）。对于多端直流输电系统，情况也是一样，因而也尽可能采用双极结构。

对于单极直流电缆输电，采用金属回线方式可能比大地回线方式更经济，因为电缆输电一般距离较短，中性返回电缆绝缘水平低，其费用可能比建造两端接地极的费用略少。

从设计角度考虑，当选择多端直流输电系统的接线方式时，必须从投资、损耗、可靠性、灵活性等方面进行全面的分析，同时还要考虑具体工程的特殊要求，最后经技术经济论证来确定。

第三节　控　制　保　护

一、基本控制原则

两端直流输电的控制系统通常由主控制、极控制和阀组控制所构成。功率控制、阻尼控制和站间信号交换等功能通常由主控制完成。在极控制中，要完成直流电流指令的配合、变压器抽头控制等功能。阀组控制要完成与阀组相关的闭环控制功能，如定电流调节、定电压调节、定关断角调节及定触发角调节等，并计算出相应的触发角 α。

多端直流输电控制与两端直流输电控制的主要不同在于主控制以上的高层控制上。例如，在并联式多端直流系统中，系统的直流电压是由直流电压控制站所决定，其他站的功率与流经该站的直流电流成正比。这些站的直流电流之和等于电压控制站的直流电流，而电压控制站的电流定值应比其他站的直流电流之和要大一个电流裕度。也就是说，各站的电流定值不可能单独整定，而必须协调配合，这就需要进行集中控制。集中控制器可以放在任何一个换流站中，甚至放在别的什么地方，但集中控制器与各换流站之间的信息交换是必须保证的。集中控制器可视为两端直流输电系统中主控制部分的扩充。

在这样的多端直流输电系统中，一个换流站无论是计划停运还是被迫停运，都需要对所有换流站的直流电流定值重新整定。只有在通信设备能快速协调各换流站的控制行为时，整个系统才有可能取得良好的运行性能。在设计多端直流输电的控制系统时，应当考虑到通信系统故障所产生的影响。在多端直流输电中，通信系统在起/停顺序控制、功率分配与协调、信号监视、集中控制计算、清除直流线路故障、抑制来自交流系统的扰动等控制功能中是必不可少的。为了完成这些功能，快速通信系统显然是需要的。

图 15-10 给出并联式多端直流输电系统主控制的示意图。从图中可见，所有调制信号都由集中协调单元进行处理，由它决定各换流站的直流电流定值，保持既定的电流裕度。

在两端直流输电系统中，清除直流故障是通过换流器触发角控制来完成。多端直流输电系统，也可以采用同样的办法。但为了提高直流系统性能、改善响应速度，可能要用到直流断路器。当采用直流断路器时，换流器触发角控制可减轻直流断路器的工作负担，起后备作

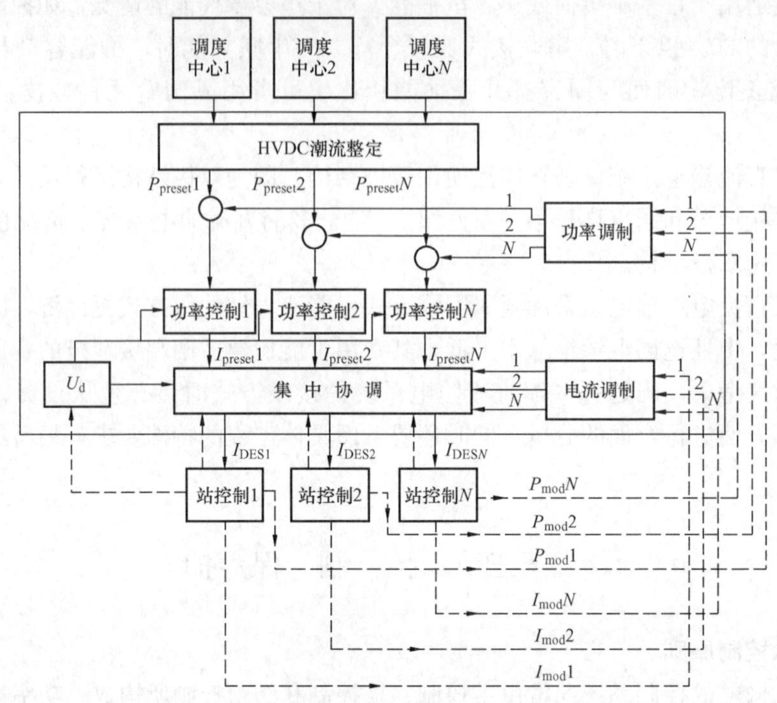

图 15-10　并联式多端直流输电系统主控制示意图

用。有时也可以用负荷开关或隔离开关来代替直流断路器，这取决于具体系统的特性。

在保护方面，多端系统和两端系统一样，设计有闭锁及解锁逻辑，以便在交流系统故障时对直流系统进行适当控制。当交流母线电压恢复后，电流调节器应以交直流联合系统所需要的速率，把直流电流重新建立起来。

在通过多端直流输电联网的系统中，利用直流功率调制来阻尼机电振荡也是一种很有效的办法。在电流控制站，这种功率调制可以直接通过电流调节器的输入来进行，也可以通过调制功率定值或直流电压来完成。对于大信号调制，各换流站之间的信号配合是必须的，以便在任何时候都不致失去电流裕度。

两端直流输电，通常具有无功功率或交流电压控制、紧急功率支援、对交流系统频率控制以及阻尼交流系统振荡等控制功能。对于多端直流输电系统同样应具有上述功能，以改善整个交直流系统的暂态特性。但要特别注意，必须保持直流系统运行工作点的稳定。要做到这一点，通常采用的办法是保持固定的电流裕度或电压裕度，当然也可采用更加复杂的方法。对于小信号调制来说，只要在总电流或电压的裕度范围内，问题不大，但对于大信号调制或暂态扰动，可能引起多端系统运行方式的切换。

小信号调制应当不依靠通信通道，并联方式可采用电流调制，串联方式可采用电压调制。在多个换流站参与调制而又没有全系统的协调配合情况下，调制信号只能很小，以保证在大多数不利情况下，直流运行工作点都是稳定的。

二、控制模式

两端直流输电系统的基本控制模式，原则上都可以移植到多端系统中。目前，对并联式多端系统，已经提出四种基本控制模式（还有若干变种）；对串联式多端系统，也提出了一种基本控制模式。现在分别介绍如下。

（一）并联式多端系统控制模式

并联式多端系统的基本控制模式已提出以下四种：

（1）定电流模式（或称为电流裕度模式）；

（2）电压限制模式；

（3）分散控制模式；

（4）最小关断角模式。

1. 定电流模式（A 型）

并联式多端系统的定电流模式 A 型控制模式示于图 15-11 中。显而易见，这种控制模式是常规两端直流输电的控制原理的扩展。在图 15-11 所示的四个换流站中，有两个整流站和两个逆变站，其中三个换流站以定电流方式运行，而只有一个换流站作定触发角运行。为了简化起见，图 15-11 中未画出 VDCL 特性。假定每一换流站只有两种控制特性，整流站：定电流（CC）和定触发角（CFA）；逆变站：定电流（CC）和定关断角（CEA）。图 15-11（a）中整流站 1 是电压控制站，其余为电流控制站。为了维持系统的稳定运行，电压控制站必须保持电流裕度。因此，各换流站之间电流定值的协调是必不可少的，也就是说需要进行集中控制。图 15-11（b）给出系统总的控制特性，从中可看出，它非常类似两端系统的控制特性。

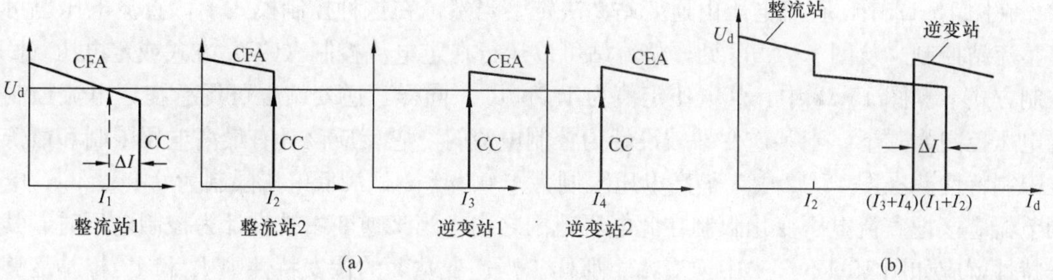

图 15-11　A 型控制模式

（a）单站特性；（b）总特性

在这样的系统中不能进行投旁通对操作，否则会把其他换流站短路。另外，当某一逆变站发生换相失败时，由于会出现直流侧短路现象，会把其他逆变站的直流电流吸过来，使该逆变站过电流。因此，逆变站必须具有足够的短时过电流能力。此外，这种过电流还会使逆变器恢复到正常换相的时间加长。如果此逆变站所联交流系统很弱的话，那么其恢复过程还必须与交流系统的暂态特性相配合。

原则上，任一换流站都可以作为电压控制站，因而这种系统可能有多种运行方式。但是，用整流站做电压控制站比较好，因为它对大于电流裕度的过电流有抵制作用，而且对高速通信的依赖程度也较小。若电压控制站选用逆变站，就容易遭受意外过电流的袭击。因此，作为一般原则，把电压控制站放在大容量的整流站，可以得到较好的性能。

在这种控制模式下，电流裕度 ΔI_d 按下式选取

$$\Delta I_d = \Sigma I_{drec} - \Sigma I_{dinv} \tag{15-1}$$

式中，I_{drec}为整流站直流电流定值；I_{dinv}为逆变站直流电流定值。

在这种控制模式下，如果控制电压的整流站在额定负荷下甩掉全部负荷，那么其直流电压可能升高到30%以上。若直流电压由某一逆变站控制，那么此逆变站甩负荷，其直流电压也会升高很多，这是由定关断角控制的负阻特性所造成的。

2. 电压限制模式（B型）

图15-12所示是并联式多端系统的电压限制模式B型控制模式。在这种控制模式下，多端系统同时具有电流裕度 ΔI 和电压裕度 ΔU。其电流裕度的选择原则与A型相同。另外，在这种模式下，直流功率受直流电压波动的影响较小。

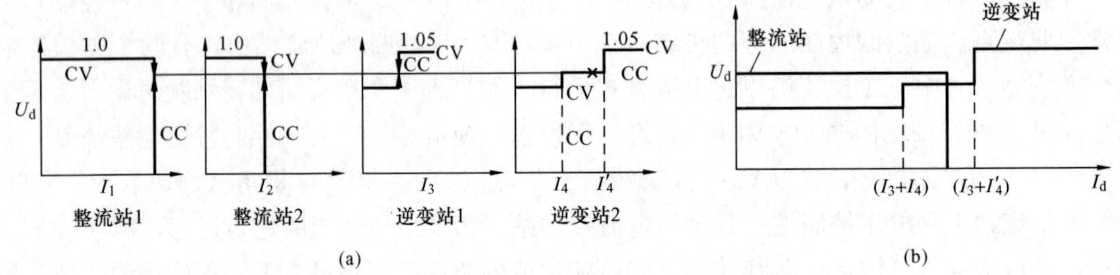

图15-12　B型控制模式
（a）单站特性；（b）总特性

在图15-12中，直流电压由逆变站2决定。当然，在这种控制模式下，直流电压也可由某整流站控制。从图15-12可见，整流站可以运行在定电流控制（CC）方式或定电压（CV）控制方式下。图15-12中，其电压定值为1.0p.u.。同样，逆变站也可运行在定电流控制或定电压控制方式下。当某逆变站被设计为控制电流时，它就应该具有最高电压限制和最低电压限制特性。在图15-12中，最高电压限制为1.05p. u.，最低电压限制为0.9p. u.，电压调节器应该把直流电压变化限制在此电压范围之内。当某逆变站被设计为控制电压时，其伏安特性就应如图15-12（a）中逆变站2那样。当逆变站2的伏安特性中 I_4 和 I'_4 相差足够大时，对其余各站电流定值的快速而精确配合要求就可以降低，因为此种情况相当于具有很大的电流裕度。而且，在这种情况下，逆变站对过负荷具有自保护能力，因为当直流电压降低时，进入稳态后逆变器会被偏置截止。但应该看到，这一好处是用增加正常运行情况下的无功功率消耗做代价的，因为控制电压的逆变站的关断角必须选得较大。这种控制模式可有效地防止A型模式下电压控制站甩负荷后可能出现的直流电压大幅度升高的现象。

对于电流裕度的选取，如果由某逆变站控制直流电压，则它应具有负向的电流裕度；如果由某整流站控制直流电压，则它应具有正向的电流裕度。而所有的电流控制站，都应具有一定的正向电压裕度。这种控制模式不但无功消耗大，而且阀阻尼回路中的损耗也较高。

3. 分散控制模式（C型）

图15-13所示是并联多端系统分散控制模式C型控制模式。在这种控制模式下，直流系统工作点的稳定无需依据于通信系统。这主要是因为所安排的换流站伏安特性可自动稳定在工作点上，无需通信协调。特性上还可加上VDCL功能，以限制故障电流。图15-13中所示各换流站的伏安特性可在各站分别整定。在这种模式下，功率的分配取决于各换流站的触发角定值（α）和换流变压器抽头调节。当然，各换流站伏安特性的斜率也可通过调节与直流

电流成比例的放大器增益来改变。

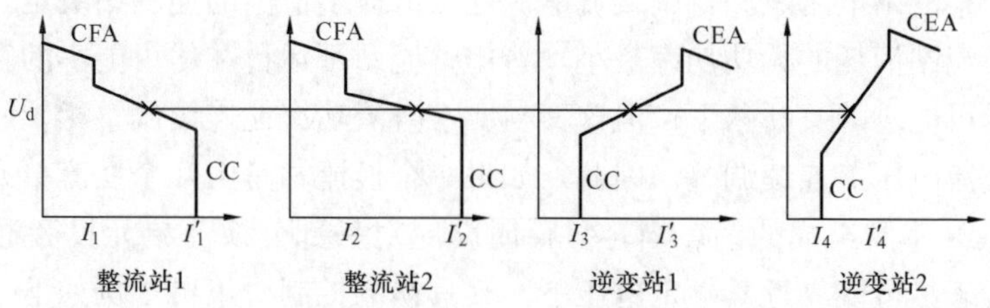

图 15-13　C 型控制模式

4. 最小关断角模式（D 型）

图 15-14 所示是并联多端系统最小关断角模式 D 型控制模式。这种控制模式的特点是允许所有逆变器都按最小关断角方式运行，从而使整个系统消耗的无功功率最小。但这种方法

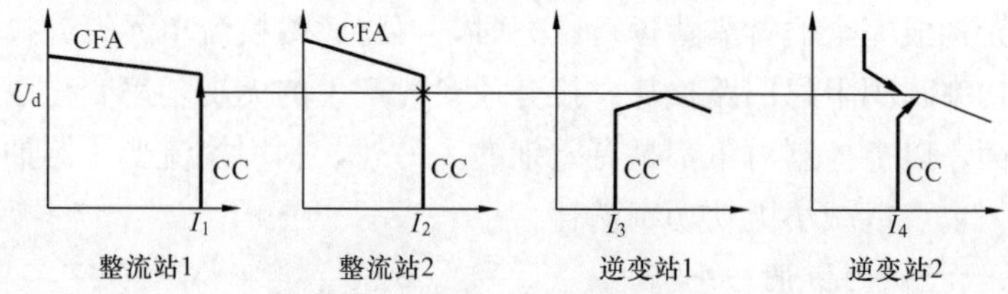

图 15-14　D 型控制模式

必须要对直流电流定值进行集中控制，并协调各换流站的变压器抽头动作。这种站间的配合动作比 A 型和 B 型都更为重要，因为所有逆变站都工作在电压控制方式，失去协调就不能稳定运行。

对于并联接线的多端系统，由于必须保持电流平衡，故不论其控制方式如何，当要改变某一换流站的电流时，其他换流站的电流定值都必须做相应调整，以保持稳定的工作点，以防止电压控制站出现过负荷。对于控制模式 A 型及 D 型，这就需要快速的通信系统。而对于 C 型控制模式，则不要求有快速的通信系统，其代价是消耗的无功功率增多。B 型控制模式对于直流电流定值的不平衡没有控制模式 A 型及 D 型那么敏感，而且其电压控制站还有些过负荷自保护能力，但系统无功消耗及损耗较大。

（二）串联式多端系统控制模式

图 15-15 所示是用于串联式多端直流输电系统的控制特性。在这种控制模式下，由一个换流站控制直流电流，其余换流站则控制自身

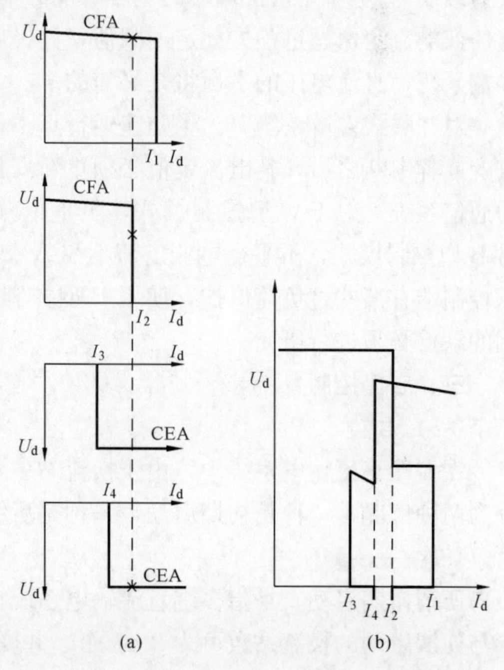

图 15-15　串联式多端直流输电系统控制特性

（a）单站特性；（b）总特性

的直流电压。如图 15-15 所示，通常直流电流是由电流定值最小的整流站决定。如果逆变站的电压之和大于整流站电压之和，则直流电流是由电流定值高的逆变站决定。

为了使各换流站消耗的无功功率最小，希望整流站都运行在尽可能小的触发角下，而逆变站都运行在尽可能小的关断角下；但这又与要求直流功率能连续调整相矛盾，因为这样就要求换流站的直流电压能连续调整。因此，如果一个换流站是由几个换流单元（如 6 脉动或 12 脉动换流单元）串联组成的话，当轻负荷时就应对一部分换流单元投旁通对，而让剩下的换流单元运行于尽可能靠近其额定电压下。其具体的控制对策可举例如下。

（1）同一时刻只对一个换流单元施加触发角控制。当其触发角增大到使其桥端电压为零时，就将其投旁通对，然后对第二个换流单元施加触发角控制。

（2）同时控制两个换流单元的触发角。当它们的桥端电压达到其额定电压的一半时，将其中之一投旁通对，使另一换流单元接近全压运行。

（3）也只控制一个换流单元，允许其触发角不断变化，直到其端电压反向后，当它与相邻的另一换流单元构成完全的背靠背运行状态时，再将此两换流单元一起投旁通对。

在节约无功功率、阀阻尼回路损耗、投旁通对时产生的无功功率变化以及在交流系统中产生的谐波等方面，以上控制对策都是有差别的。另外，利用换流变压器抽头调节，就像在两端系统中那样，也可以减小无功功率消耗。

（三）多端系统控制的协调与平衡

以上分别介绍了并联式及串联式多端系统的控制模式，但有一点必须给以注意，这就是在并联及串联两种多端系统中都要求某些协调或者平衡。在并联式多端系统中，保持参考电流基本协调的组成范围取决于控制的类型（对 C 型控制模式为最小，对 A 型及 D 型控制模式为最大）。电流定值协调器的基本功能必须得到保证，即 Σ 电流定值＝电流裕度，并且没有任何电流定值超过预先规定的限值，并提出了一些更复杂的快速在线协调器。对于串联式多端系统，直流电压的平衡将是必需的。

对并联式多端系统，为了防止运行点不稳定及电压控制站过负荷，在一个换流站的电流改变或者中断之后，其电流定值必须重新安排。对于 A 型和 D 型控制模式，需要一个高速的通信系统。对于 C 型控制模式，虽不依赖通信系统，但要以增加无功功率消耗为代价。对 B 型控制模式，不平衡电流定值不如 A 型和 D 型控制模式灵敏。因为这种控制模式，电压控制端有某些过负荷保护，使用 B 型控制模式可以避免对快速通信系统的需要，但对失调的缺点必须进行研究。

三、启停控制

（一）启动

在多端直流输电系统中，由于换流站多，启动过程比两端系统复杂，因此其启动过程可分为两种情况，一种是初期启动，一种是后续启动。

1. 初期启动

所谓初期启动，是指多端直流输电系统在全部停电状态下的启动。对于一个 n 端系统，参与初期启动的换流站数可为 2～n 个。并联方式的一种初期启动过程可描述如下。

（1）$\alpha=90^\circ$左右解锁参与启动的逆变器。

（2）$\alpha=85^\circ$左右解锁参与启动的第一个整流器，建立起一定的直流电压和电流。

(3) $\alpha=85^{\circ}$左右按一定的顺序解锁其他整流器。

(4) 用适当的速率升电压和电流。此时必须对各站电流定值进行协调配合，直到额定值为止。电压和电流的上升率是独立的，但通常电压先上升。

启动时直流功率的上升率取决于系统条件。通常，上升率都比较低，以便使换流站吸收的无功功率不会引起交流系统电压大幅度下降。如果直流系统是在故障后恢复送电，则从稳定角度考虑，直流功率上升速度可能需要快些。直流功率最大上升速率取决于交流系统的强弱，对于很强的交流系统而言，可允许每秒上升 0.20p.u. 左右；对一般的交流系统而言，可允许每秒上升 0.02～0.10p.u. 之间。

在两端直流输电系统中，有时采用投旁通对启动的办法。在并联接线的多端直流系统中，如果只有一个逆变站，则还有可能采用投旁通对启动的办法，否则这种办法就难于采用。

对于串联式多端直流系统来说，其初期启动顺序与两端直流输电系统类似。

2. 后续启动（个别启动）

后续启动是多端直流输电系统初期启动完成后，在其他停运中的换流站的启动方式。对于一个 n 端系统，参与这种启动方式的换流站数为 1～（$n-2$）个。

一种整流站的后续启动方案是将欲启动的整流站的电流定值保持在最小值，然后解锁其换流器，把直流电压升到运行电压值，再投入功率调节。对于逆变站，还可先抬高其换相电压，使其按最小关断角状态解锁，此逆变器因反电动势高于其他整流器电压而处于无电流的"偏置"状态，直到其直流电流定值升至最小电流以上，然后由功率调节器将电流升至其整定值。

（二）停运

多端直流输电系统的停运，除故障停运之外，通常也分为两种情况，一种是全部停运，即运行中的全部换流站同时停运；另一种是个别（或部分）停运，即运行的换流站中一部分换流站停运。对于一个 n 端系统，可能参与个别停运方式的换流站数可为 1～（$n-2$）个。

1. 全部停运

多端系统的全部停运方式，基本上可用两端系统的方法，先降低各换流站直流电流到最小极限值，然后降低直流电压至最小值，再先闭锁整流站，后闭锁逆变站。

2. 个别停运

(1) 对于并联式多端直流系统，个别整流站停运，可先将其电流降至零（或最小值），然后闭锁换流器，再用隔离开关将换流器切除。个别逆变站停运不能简单地向它发闭锁信号，因为这样会造成直流回路短路，从而把全部直流电流都转移到它上面。因此，在闭锁逆变站之前，应先利用变压器抽头调节（使抽头位置在阀侧电压最高）及触发脉冲移相（使逆变器的 α 角最大）等手段，提高逆变器的空载直流电压，迫使逆变器被偏置，使流经它的直流电流为零，然后才能闭锁。以上工作，对于电流控制站，可以将其电流定值降至零来完成；对于电压控制站，则先要将其变为电流控制站，然后将电流定值降到零。

(2) 对于串联式多端直流系统，可以采用类似两端系统中停运一个串联换流器的办法，停运个别换流站，即先将要停运站的 α 角（逆变器则为 β 角）慢慢调到 90°左右，然后投旁通对，再合上旁路开关，最后闭锁投旁通对信号，用隔离开关切除该换流站。

在多端直流输电系统中，不管是并联接线还是串联接线，某一换流站要退出运行，各站之间都必须进行电流定值的协调配合，以保证对系统的扰动最小。

四、潮流反转

并联式多端直流系统的潮流反转，可分为全体潮流反转和个别（部分）潮流反转两种情况。所谓全体潮流反转是指运行中的所有换流站的功率都同时反向，而个别潮流反转则是指运行中的个别换流站功率反向。

对于并联式多端直流系统，如果要进行全体潮流反转，则可以像两端直流系统那样，不用改变接线，只要改变换流器触发角，把直流电压极性倒转即可。但对于个别潮流反转，情况就不同了。此时由于系统直流电压极性保持不变，而流过换流器的直流电流方向也是不可改变的，因此必须首先停运并断开要求潮流反转的换流站，然后转换其接线极性，即把换流站两直流出线端子反接，再进行重新启动。因而，直流切换开关是不可少的。在并联式多端直流系统中，随时都要保持直流电流平衡，潮流反转前后均不能例外。保持直流电流平衡的功能是由电流平衡控制器来完成。

对于串联式多端直流系统，要进行潮流反转，可以用与两端系统潮流反转完全相同的原理，通过换流器相位控制的办法来完成。由于不需要改变接线方式，因而潮流反转速度可以很快。另外，在串联接线方式下，潮流反转前后都必须保持直流电压平衡，各换流站的直流电压指令的协调配合对潮流反转是十分重要的，以免给其他换流站造成大的扰动。

五、基本保护原则

多端直流输电系统的保护原则也是在两端直流输电系统保护原则的基础上发展起来的，它同样要利用换流器的快速控制来降低和消除故障电流，有时也考虑使用适当的高压直流断路器，以提高保护的响应能力。根据系统接线方式的不同（并联式或串联式），保护原则也有所不同。保护所采用的主要措施有紧急停运（包括移相、闭锁、跳断路器等）、快速停运、移相、跳直流断路器或交流断路器等。本节所介绍的保护原则是当多端直流系统不采用直流断路器的情况。

（一）换流站故障

当多端直流系统换流站内的某极发生故障需要退出运行时，可根据需要采用不同的停运方式，但必须保证故障部分能可靠地退出运行，并且对其他站的影响最小。整流站故障（如桥臂短路、桥端短路等）可采用与两端直流输电整流站故障相同的处理方法，即故障极的整流器紧急停运，并退出运行。此时要注意各站的直流电流（并联式）或直流电压（串联式）的重新分配，同时要停运相应的逆变器。如整流站某换流阀短时丢失触发脉冲，使直流电压和直流电流短时降低，给系统造成小的扰动，待脉冲恢复正常后，控制系统会自动调整，使系统恢复正常运行，不需采取任何措施；如长时间丢失脉冲，则需要故障的换流器紧急停运并退出运行。当并联式多端直流系统的逆变站发生故障（如换相失败、桥臂短路、桥端短路等）而需要进行紧急停运时，必须快速通知所有整流站，使其故障极全部整流器的触发脉冲移相 120°～150°，即变为逆变器运行，直流电流很快降到零。当通过逆变站的直流电流为零后，才能紧急停运故障的逆变器，因此不能简单地采用紧急停运逆变器或用投旁通对的办法使逆变器停运。因为这样会把全部直流电流都转移到故障的逆变器上，使其难以停运。当故障的逆变器退出运行后，整流器解除移相信号，其触发角 α 按预定的速率减小，直流系统逐步恢复正常运行。整流站不需要进行闭锁和再起动，只需进行移相来满足逆变器电流为零的要求。对于串联式多端直流系统，当逆变站故障需要紧急停运时，可采用与两端直流系统相同的方法来处理，此时可以利用投旁通对停运或首先通知对应的整流器紧急停运，待直流电流到零后，再紧急停运故障的逆变器。

（二）换流站交流系统故障

整流站交流系统故障（如单相或三相接地故障等），在故障期间直流电压和电流均降低，直流系统不会出现过电流和过电压；当交流系统故障消除后，随着交流电压的恢复，直流系统自动恢复正常运行，不需采用特别的措施。逆变站交流系统故障，逆变器的反电动势降低，直流电流升高，有时还会引起换相失败。多端直流系统也和两端直流系统一样，通常也不会采用紧急停运，而是采取控制故障电流和加大逆变器的关断角 γ 等措施，以防止换相失败。特别是对于多个逆变站并联的接线方式，当一个逆变站发生换相失败时，会使该站的直流电流大幅度升高，而其他各站的电流则迅速降低，给系统造成很大的扰动。因此，需要首先采取防止换相失败的措施。如果逆变站不发生换相失败，当交流系统故障消除后，随着交流电压的恢复，直流系统自动恢复正常运行。如果交流系统故障使逆变站换相失败，则按换相失败的故障处理方法来处理。当发生短时换相失败并能很快恢复时，对系统影响不大，也可以不进行逆变站紧急停运。只有在交流系统短路比太小，并联的逆变站较多，或逆变站的容量较小，换流设备不能承受由换相失败而引起的故障电流时，才需要采取逆变站紧急停运的措施。此时逆变站的紧急停运应按照多端直流系统不同接线方式下（并联式或串联式）逆变站故障的处理方法来进行，详见本条五（一）介绍。

（三）直流线路故障

多端直流系统中的直流线路故障，也可以采用两端系统直流线路故障的保护原则来处理。当检测到直流线路故障时，所有整流站的故障极均紧急移相，使其变为逆变运行，把直流回路中储存的能量迅速返回到交流系统，迫使直流电流很快到零；直流电流到零后，经过一段弧道的去游离时间（100～500ms），直流系统再启动。如果再启动成功，则直流系统恢复正常运行。如果再启动失败，则首先紧急停运整流侧的故障极，然后再紧急停运逆变侧。在条件允许时，也可以在第一次再启动失败后，进行第二次直流线路故障处理及第二次再启动。为了提高再启动的成功率，在第二次再启动时还可以加长去游离时间或采用降压再启动。可允许的再启动次数应由工程的具体情况来确定。当最后一次再启动仍然失败时，则故障极需紧急停运，非故障极仍继续运行。

六、高压直流断路器作用

采用晶闸管换流阀的整流器，配合触发角的快速控制，具有快速切断电流的能力。两端直流输电工程，只有一个整流站和一个逆变站，其正常停运和故障紧急停运均由整流站的换流阀来完成，其直流侧不需装设直流断路器。其具体做法有两种：①闭锁整流器的触发脉冲，此时正在导通的阀将交流电压引入直流回路，使流经阀的直流电流叠加上一个工频分量，当此电流的瞬时值衰减到零时，换流阀则关断，直流回路即断开，然后在电流为零的状态下，再跳换流变压器网侧的交流断路器。②将触发脉冲移相 120°～150°，使整流器变为逆变器运行，将直流回路中储存的能量，瞬时返回到交流系统，流经阀的电流可很快到零，直流回路即断开，然后闭锁触发脉冲并跳换流变压器网侧的交流断路器。方法②通常在 20ms

内即可将直流回路断开，而方法①的断开时间，则取决于直流回路储能的大小，即流经阀的电流衰减的快慢，通常需要几个周波，当平波电抗值大时，有时则需要10几个周波。因此，大部分工程均采用方法②。

多端直流输电系统，有多个换流站和多条直流输电线路，当直流系统发生故障需要切除故障部分时，如果采用和两端直流系统同样的方法来处理，则整个多端系统需要短时停运，以便切除故障部分，待故障部分切除后，直流系统再重新启动。这对被连的交流系统均会带来较大的冲击。当被连系统为弱系统时，有时这种冲击是系统所不能接受的。多端系统的直流侧如果装设直流断路器，则可由直流断路器来切断故障电流，并使故障部分退出运行，这将大大地缩短故障后的恢复时间，并且不需要整个系统的短时停运。因此，为了快速清除故障，减轻直流系统故障对交流系统的影响，多端直流系统装设直流断路器还是必要的。如果整个多端直流系统的短时停运（为清除故障）是被连交流系统所允许时，也可以用两端直流系统清除故障的方法来处理，而不装设直流断路器详见本节五介绍。已投运的几项多端直流工程均未配备直流断路器，而只装设了快速隔离开关。

直流断路器与交流断路器有以下几点不同，这也是制造直流断路器的难点所在：①直流电流无自然过零点，灭弧困难；②必须处理直流回路中的储能（主要是平波电抗器的储能）；③必须抑制直流断路器上产生的过电压。1959年就有人开始研究用于直流输电的直流断路器，20世纪70年代以后，随着直流输电技术的发展，特别是近年来多端直流输电的应用，许多国家都开展了高压直流断路器的研制工作。切断直流电流的方法有电流振荡式和限流式两种。由于直流断路器制造上的困难以及工程上需要的迫切性不强，到目前为止，还没有研制出为工程所接受的，经济可靠的高压直流断路器。1985年在美国的太平洋联络线直流工程上，成功地对BBC和西屋公司研制的两种直流断路器进行了现场试验，均能达到设计要求。BBC采用压缩空气灭弧，西屋公司采用六氟化硫（SF_6）气吹灭弧。

第四节 发 展 前 景

多端高压直流输电经过长期研究，特别是最近10多年的研究，已开始进入实用化阶段。多端直流技术的发展，仍旧主要是解决其控制保护技术及高压直流断路器方面的问题。

在多端直流系统的控制保护技术方面，要开发出可靠性更高，运行维护更容易的实用化控制系统，以及开发出实用化、高可靠性的保护系统，使某换流站或直流线路故障不致引起整个多端直流系统停电。另外，多端直流系统与所连接的交流系统之间的最佳协调控制，也是值得研究的。

在采取集中控制的情况下，一旦集中控制装置故障，或通信系统发生故障，则控制保护指令将中断，此时如何继续保持多端直流系统安全运行，以防止整个多端直流系统瓦解也是需要深入研究的问题。

利用多端直流系统对某端换流站所连接的交流系统实施阻尼控制，也是值得研究的问题。要实现这样的控制方式，在集中控制的情况下，必须解决通信系统的可靠性和快速性问题；而在分散控制的情况下，则必须解决与其他换流站所连接的交流系统之间的协调问题。

当利用多端直流系统对所连交流系统实施频率控制时，需要研究直流系统控制响应与交流系统中发电机的调速系统特性的配合，研究一个交流系统的频率控制对另一些交流系统频率的影响。另外，多端直流系统无功功率与有功功率的联合控制，以提高整个交直流系统运行稳定性，也是希望深入研究的问题。

在多端直流系统计算分析方面，虽然现已建立了一些以交直流系统稳态潮流计算为主的计算方法，但还远远不够，还有很多问题需要进一步研究。如多端直流系统的动态过程仿真及其精度校验，多端直流物理模拟与数字仿真方法的对比分析，对各种多端运行模式的简化分析方法，各端换流站之间的动态平衡分析等。

高压直流断路器的主要研究内容有：不同应用环境下断流能力的研究，试验方法的研究，附件少的断弧部件的研究，能量吸收装置的研究，过电压抑制装置的研究等。

一些国家对多端直流输电工程也进行了规划研究。如俄罗斯与瑞典ABB公司曾研究把俄罗斯东部水电送到西欧电网，采用2回±500kV、2000MW的双极五端高压直流输电，送电距离长达1800km，从俄罗斯的斯模伦斯克，经白俄罗斯的明斯克、波兰的华沙，最后到达德国的柏林和勃肯，其地理位置见图15-16。

又如印度曾考虑从尼泊尔的班彻斯瓦到印度西部电网的瓦都爪和卜尼，再到南部电网的玛爪斯建设一条四端高压直流工程（±600kV、5000MW、1000km+900km+1050km)。另外，还有一条与其并行的卡那里—瓦都爪—卜尼三端高压直流输电工程（±600kV、5000MW、1070km+900km)，以形成多端高压直流电网，如图15-17所示。

我国曾对西北电网中从拉西瓦水电站送电到兰州和西安采用三端直流输电工程进行过研究。中国电力科学研究院曾利用物理模拟和电磁暂态程序（EMTDC）对该三端直流输电工程的控制保护系统进行了模拟试验和数字仿真。研究表明这个三端直流输电工程是可以稳定运行的，同时也证明多端直流输电系统的控制和保护是比两端直流系统要复杂些，但比以往概念中的要简单些，它可以在两端系统控制保护的基础上加以改进而得到。多端直流系统的各整流站和逆变站换流器的调节器配置基本上可以和两端直流系统一样，并联式多端直流系统的直流电压由一个电压控制

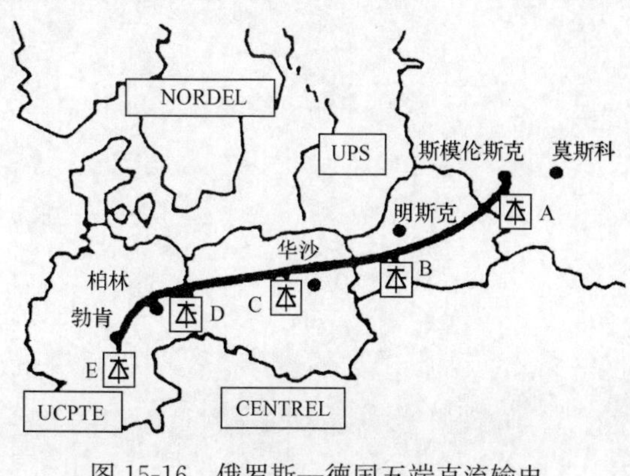

图15-16　俄罗斯—德国五端直流输电工程地理位置图

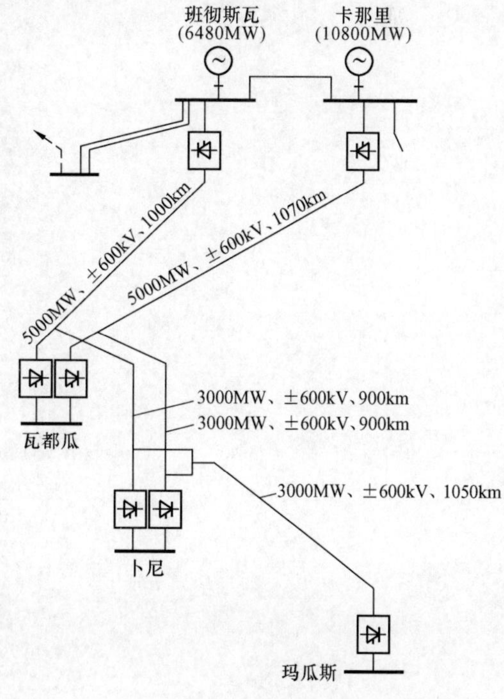

图15-17　印度规划中多端直流输电系统示意图

站保持，各换流站直流功率的分配取决于直流电流的分配；无论在稳态或暂态情况下，多端直流系统的主控制都应保持各换流站的直流电流定值协调，这比两端直流系统要复杂，但只要各站电流定值协调得好，多端直流系统各端站的负荷升降以及站间负荷转移均可平稳进行。此外，多端直流系统对各换流站之间的通信系统也提出了更高的要求。多端直流输电技术在我国全国联网和西电东送的工程中很有希望会得到应用。

第十六章

直流输电工程可靠性分析

第一节　可靠性分析术语定义与设备分类

可靠性是一个系统无故障连续运行能力的一种考量。直流输电工程的可靠性是指在规定的系统条件和环境条件下，在规定的时间内传输一定能量的能力。在对直流输电工程可靠性进行评估时，需要确定统一的指标和术语。为此，国际大电网会议第14委员会（直流输电）第4工作组，制定了可靠性统计使用的术语定义，并准备了一份用于收集和整理数据的规约。在该规约中，每一个直流输电工程的运行按强迫停运发生的起因，将直流输电系统的设备进行了分类。工作组从1968年开始使用了这些术语定义和规约。由于直流输电工程发展的需要，以后又对术语定义和规约进行了完善和修订，下面将对这些术语定义和设备分类作一简要介绍。

一、术语定义

（一）停运

停运是指一个设备由于与之直接相关的事件而导致其不能正常运行的一种状态，停运可分为计划停运和强迫停运两类。

（1）计划停运。可以被推迟的停运称为计划停运。计划停运又可分为计划检修停运和可推迟的检修停运两类。计划检修停运是指事先计划好的停运，如年度检修停运等。可推迟的检修停运是指至少可推迟一周，但不能推迟到下次计划检修的停运，如故障设备的维修或更换等。

（2）强迫停运。强迫停运是指在非计划停运期间，某些设备不可推迟的停运状态。

（3）停运频率。是指在统计周期（通常为一个日历年）内发生的强迫停运次数。

（二）容量

（1）最大连续容量（P_{m}）。正常情况下能连续运行的最大容量。对于两端直流系统，最大连续容量是针对系统的一个特定点上，通常为一个换流站。对于多端直流系统，最大连续容量是指一个单独的换流站的出力。

（2）停运容量（P_0）。假设停运时系统正以其最大连续容量运行，由此计算停运引起的少送容量。

（3）停运减负荷系数（K_{ODF}）。停运容量与最大连续容量之比。

（三）停运持续时间

（1）实际停运时间（t_{AOD}）。从发生停运到结束所经过的日历小时数。

（2）等价停运持续时间（t_{EOD}）。等价停运持续时间为实际停运时间与停运减负荷系数的乘积。该指标表示了折算到换流站全容量下运行小时数对停运的影响。

$$t_{EOD}=t_{AOD}\times K_{ODF}$$

例如，双极系统单极停运 100h，则有：$K_{ODF}=0.5$，$t_{AOD}=100h$，$t_{EOD}=100\times0.5=50h$，即等价停运持续时间为 50h。

等价停运持续时间按所涉及的停运类型可以分为等价强迫停运持续时间（t_{EFOD}）和等价计划停运持续时间（t_{ESOD}）两类。

（四）时间分类

（1）周期小时数（t_{PH}）。是指统计周期中的日历小时数。

（2）实际停运小时数（t_{AOH}）。是指一个统计周期中每次实际停运小时数之和，$t_{AOH}=\Sigma t_{AOD}$，其中 t_{AOD} 为每次实际停运小时数。实际停运小时数按所涉及的停运类型可以分为实际强迫停运小时数（t_{AFOH}）和实际计划停运小时数（t_{ASOH}）两类，并且有：$t_{AFOH}=\Sigma t_{AFOD}$ 和 $t_{ASOH}=\Sigma t_{ASOD}$，其中 t_{AFOD} 和 t_{ASOD} 分别为每次强迫停运和计划停运小时数。

（3）等价停运小时数（t_{EOH}）。是指在统计周期中等价停运时间的总和，即 $t_{EOH}=\Sigma t_{EOD}$，其中 t_{EOD} 为每次等价停运小时数。等价停运小时数按所涉及的停运类型可以分为等价强迫停运小时数（t_{EFOH}）和等价计划停运小时数（t_{ESOH}）两类，并且有：$t_{EFOH}=\Sigma t_{EFOD}$ 和 $t_{ESOH}=\Sigma t_{ESOD}$，其中 t_{EFOD} 和 t_{ESOD} 分别为每次强迫停运和计划停运小时数。

（五）可用率与利用率

（1）能量不可用率（η_{EU}）。能量不可用率是衡量因停运而不能被直流系统传输容量的总和，以等价停运小时数占统计周期小时数之百分比来表示

$$\eta_{EU}=\frac{\eta_{EOH}}{\eta_{PH}}\times100\%$$

能量不可用率按所涉及的停运类型可以分为强迫能量不可用率（η_{FEU}）和计划能量不可用率（η_{SEU}）两类，并且有

$$\eta_{FEU}=\frac{\eta_{EFOH}}{PH}\times100\%$$

$$\eta_{SEU}=\frac{\eta_{ESOH}}{\eta_{PH}}\times100\%$$

（2）能量可用率（η_{EA}）。能量可用率是衡量直流系统除换流站设备和直流线路停运外所能传输的总容量的尺度，它可以用折算到最大连续容量下的等效运行小时数与统计周期小时数之比来表达，经化简可写为

$$\eta_{EA}=100\%-\eta_{EU}$$

（3）能量利用率（η_{U}）。能量利用率是衡量直流系统实际传输的能量尺度，以该能量所占直流系统最大连续传输容量下的比值的百分数来表示，即

$$\eta_{U}=\frac{\text{实际传输的能量总和（MWh）}}{P_{m}\times t_{PH}}\times100\%$$

（六）暂态性能

（1）可记录的交流系统故障。在暂态可靠性研究中，可记录的交流系统故障是指：一个或多个交流母线电压（交流滤波器的端电压）低于扰动前电压的85%，故障消除后短路水平不低于换流器运行的最小规定值。

（2）暂态可靠性。暂态可靠性是直流系统在交流系统故障时的一种性能考量。它定义为直流系统在交流系统故障清除后能恢复到故障前输送功率水平的故障次数与可记录的交流系统故障次数的百分比。

（3）换相失败发生率（λ_{CFS}）。是指每个6脉动换流器在每个运行年内的换相失败次数，与其持续时间和起因无关，可用下式表示

$$\lambda_{CFS}=\frac{m_{CFS}}{6\text{ 脉动换流器数}\times m_{ACUE}}\times 100\%$$

式中，m_{CFS}为在运行年内所发生的换相失败总数；m_{ACUE}为每个换流器在运行年内的平均运行年数。

二、设备分类

每一个直流输电系统的运行按强迫停运发生的起因，将直流输电系统设备分成以下六类：

（1）交流及其辅助设备（AC—E）。是指换流站所有的交流主要设备，包括交流滤波器及并联补偿装置、交流控制和保护装置、换流变压器交流侧、同步补偿设备、辅助设备与辅助电源系统及其他交流开关场设备。

（2）换流阀（V）。是指阀本体和阀冷却系统，前者包括形成换流桥的整个阵列，即包括与阀和运行阵列元件相关的全部辅助设备和组件。

（3）直流控制和保护（C—P）。是指除第一类中常规交流控制和保护装置以外的所有控制和保护设备，包括就地控制、监测和保护、系统控制和保护以及控制和保护的通信设备等。

（4）直流一次设备（DC—E）。它包括直流滤波器、平波电抗器、直流开关设备、接地极、接地极引线以及直流开关场和阀厅设备。

（5）直流输电线路（TL）。它包括架空线、海底或陆地电缆线以及除线路保护以外的辅助设备。

（6）其他（O）。主要指人为的误操作和不明原因引起的停运。

第二节　可靠性评估方法

电力系统的可靠性分析方法有多种，但归纳起来有以下两种不同类型。

（1）过程解析法。它是用不同方法建立描述系统可靠性的数学模型，并作出有关计算。在实际工作中这种方法使用很多，因为大多数系统和子系统都可用数学模型描述。一般是先把大系统分成一些子系统，分别独立地预测各子系统的可靠性，然后根据子系统的可靠性预测整个系统的可靠度。

（2）模拟法。它是对系统进行数字仿真模拟，然后采用统计试验方法进行分析，如蒙特

卡洛模拟法。这种方法需要用计算机进行大量重复的计算，因为大数定律告诉我们，子样均值与母体均值之差，将随着子样数（模拟次数）的增多而越来越小；子样的分布也越来越好地代表母体的分布，适用于较为复杂的、建立数学模型存在较大困难的复合电力系统。

本节主要介绍马尔可夫过程解析法，并对一个典型直流系统的可靠性进行分析。

一、可修复元件可靠性模型

在一个随机过程中，若时间参数集合（t_1、$t_2 \cdots t_n$）按 $t_1 < t_2 < \cdots < t_n$ 的次序排列，且时间 t_n 时的随机变量发生的概率只与 t_{n-1} 时的随机变量的值有关，而与 t_{n-1} 以前的过程无关，这种过程称为马尔可夫过程。应用马尔可夫过程原理研究系统可靠性的基本方法是根据状态之间的转移关系列出状态概率的状态方程，求解状态概率方程就可得到所需要的结果。

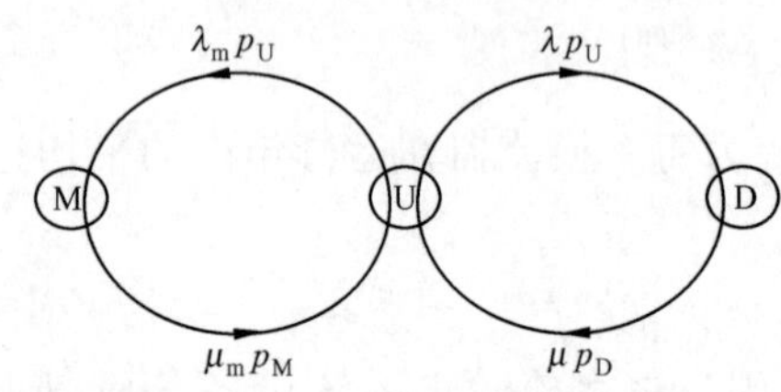

图 16-1　三个状态间状态概率转换关系

一个可修复元件有三种状态：①正常运行状态，以“U”表示；②故障维修状态，以“D”表示；③计划检修状态，以“M”表示。若 λ 为元件故障率，μ 为元件修复率，λ_m 为元件检修停运率，μ_m 为元件检修修复率，p_U、p_D、p_M 分别为元件处于正常运行、故障维修和计划检修状态的概率。假设元件在计划检修时，不可能发生故障事故，且在故障维修时，进行计划检修的概率很小，可以忽略，则这三个状态间状态概率转移关系如图 16-1 所示。

稳定状态下的状态概率方程为

U 状态　$$\lambda p_U + \lambda_m p_U = \mu p_D + \mu_m p_M$$

D 状态　$$\lambda p_U = \mu p_D$$

M 状态　$$\lambda_m p_U = \mu_m p_M$$

而且有

$$p_U + p_D + p_M = 1$$

联解上述四个方程，可得各状态的稳态概率，即

$$p_U(\infty) = \mu / (\mu + \lambda + \mu\lambda_m/\mu_m)$$

$$p_D(\infty) = \lambda / (\mu + \lambda + \mu\lambda_m/\mu_m)$$

$$p_M(\infty) = \mu \times \lambda_m / [\mu_m(\mu + \lambda + \mu\lambda_m/\mu_m)]$$

对于可靠性较高的元件，因 $\lambda_m \ll \mu_m$，所以可近似取

$$p_U(\infty) = p(U) \approx \mu / (\mu + \lambda) \tag{16-1}$$

$$p_D(\infty) = p(D) \approx \lambda / (\mu + \lambda) \tag{16-2}$$

$$p_M(\infty) = p(M) \approx 0 \tag{16-3}$$

二、串并联系统可靠性

对于直流输电系统，通过合并与化简，可以等效为多部件的串并联系统。

对于 2 个独立元件组成的串联系统，如图 16-2 所示的串联电路，当其中任意一个元件发生故障时，系统就发生故障，其故障树如下：

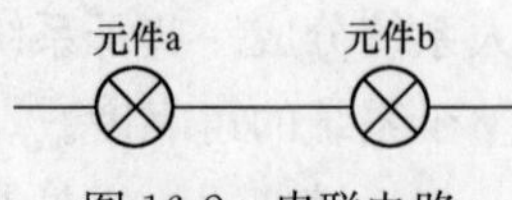

图 16-2　串联电路

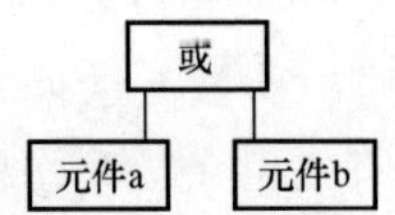

对于 2 个独立元件组成的并联系统，如图 16-3 所示的并联电路，只有所有元件全部故障，系统才发生故障。其故障树如下：

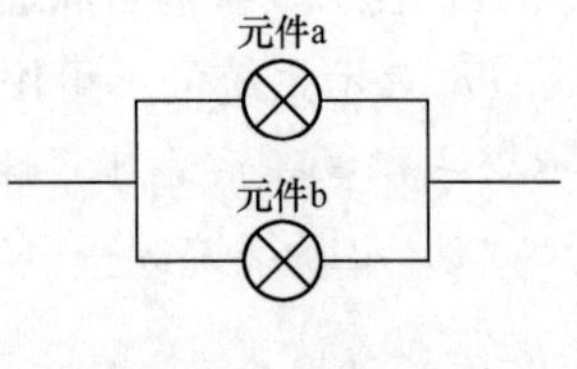

图 16-3　并联电路

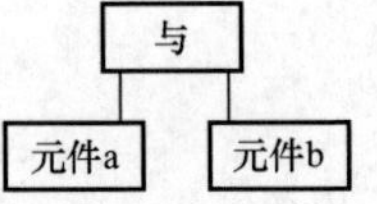

应用马尔可夫原理分析系统可靠性是通过研究系统各状态之间的转移关系而实现的。对于串联或并联的两独立元件，且有足够多的维修人员，则其状态空间如图 16-4 所示。其中图 16-4（a）所示为串联系统中运行与停运的区分：只有在状态 1，两元件都运行时系统才运行；图 16-4（b）所示为并联系统中运行与停运的区分：只有在状态 4，两元件都停运时系统才停运。

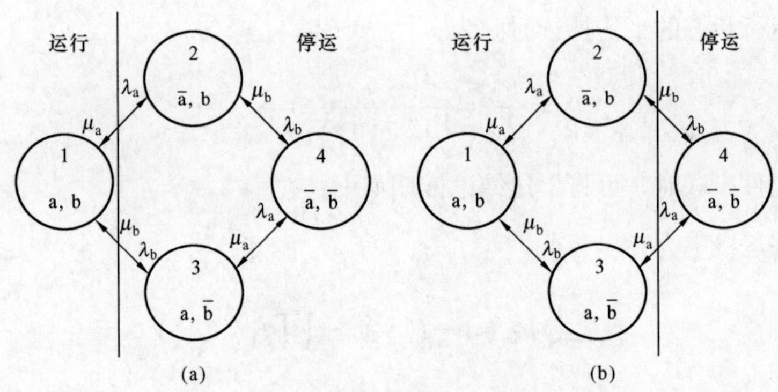

图 16-4　状态空间图

（a）串联系统；（b）并联系统

a、b—元件 a、b 处于运行状态；$\bar{a}$、$\bar{b}$—表示元件 a、b 处于故障停运状态；

λ—元件的故障率；μ—元件的修复率

下面以图 16-2 为基础，分别介绍串并联系统的可靠性指标计算，且假定 $\lambda_m \ll \mu_m$。下列计算中所用符号含义如下：

P_U 表示系统的运行概率；

P_D 表示系统的停运概率；

p_a、p_b 分别代表元件 a、b 完好状态的概率；

q_a、q_b 分别代表元件 a、b 故障状态的概率；

γ_a、γ_b 分别代表元件 a、b 故障修复时间；

P_1、P_2、P_3、P_4 分别代表系统处于状态 1、2、3、4 的概率；

f_1、f_2、f_3、f_4 分别代表系统处于状态 1、2、3、4 的频率;

f_D 表示系统停运频率;

f_U 表示系统运行频率;

T_D 表示系统停运状态的平均持续时间;

T_U 表示系统运行状态的平均持续时间;

U_S 表示系统的不可用率。

(一) 串联系统可靠性计算

(1) 串联系统运行概率和停运概率分别为

$$P_U = P_1 = p_a p_b \tag{16-4}$$

$$P_D = 1 - P_U = 1 - p_a p_b \tag{16-5}$$

(2) 系统运行频率 f_U 必然等于系统停运频率 f_D

$$f_U = f_D = P_1 (\lambda_a + \lambda_b) \tag{16-6}$$

(3) 系统停运状态的平均持续时间为

$$T_D = \frac{P_D}{f_D} = \frac{1 - p_a p_b}{P_1 (\lambda_a + \lambda_b)} \tag{16-7}$$

(4) 系统运行状态的平均持续时间为

$$T_U = \frac{P_U}{f_U} = \frac{p_a p_b}{P_1 (\lambda_a + \lambda_b)} = \frac{1}{\lambda_a + \lambda_b} \tag{16-8}$$

当系统由 n 个元件串联时,可将上述结论推广如下:

(5) 系统停运概率为

$$P_D = 1 - P_1 = 1 - \prod_{i=1}^{n} p_i \tag{16-9}$$

(6) 系统停运频率为

$$f_D = P_1 \sum_{i=1}^{n} \lambda_i \tag{16-10}$$

(7) 系统停运状态的平均持续时间为

$$T_D = \frac{P_D}{f_D} = \frac{1 - \prod_{i=1}^{n} p_i}{p_1 \sum_{i=1}^{n} \lambda_i} \tag{16-11}$$

(8) 系统运行状态的平均持续时间为

$$T_U = \frac{P_U}{f_U} = \frac{P_1}{f_D} = \frac{1}{\sum_{i=1}^{n} \lambda_i} \tag{16-12}$$

(9) 由于 $\lambda_i/\mu_i \ll 1$，则 $p_i \approx 1$，因此 $P_1 \approx 1$，根据式（16-1）、式（16-10）和式（16-11）可分别简化为式（16-13）和式（16-14），即

$$f_D \approx \sum^{n} \lambda_i \tag{16-13}$$

$$T_D = \frac{1-\prod_{i=1}^{n} p_i}{\prod_{i=1}^{n} p_i \sum_{i=1}^{n} \lambda_i} = \frac{\prod_{i=1}^{n} \frac{1}{p_i} - 1}{\sum_{i=1}^{n} \lambda_i} = \frac{\prod_{i=1}^{n}\left(1+\frac{\lambda_i}{u_i}\right)-1}{\sum_{i=1}^{n} \lambda_i} \approx \frac{1+\sum_{i=1}^{n} \frac{\lambda_i}{u_i} - 1}{\sum_{i=1}^{n} \lambda_i} = \frac{\sum_{i=1}^{n} \lambda_i r_i}{\sum_{i=1}^{n} \lambda_i}$$

即

$$T_D \approx \frac{\sum_{i=1}^{n} \lambda_i r_i}{\sum_{i=1}^{n} \lambda_i} \tag{16-14}$$

式中，r_i 为元件的平均修复时间，$r_i = \frac{1}{\mu_i}$。

(10) 系统的不可用率

$$U_s = f_D \times T_D \tag{16-15}$$

（二）并联系统可靠性计算

(1) 系统只有在处于状态 4 时为停运状态，因此并联系统停运概率和运行概率分别为

$$P_D = P_4 = q_a q_b = \frac{\lambda_a}{\lambda_a+\mu_a} \times \frac{\lambda_b}{\lambda_b+\mu_b} \tag{16-16}$$

$$P_U = 1 - P_D \tag{16-17}$$

(2) 系统停运频率必然等于运行频率，并根据式（16-1），可得

$$f_D = f_4 = P_4 \times (\mu_a+\mu_b) = \frac{\lambda_a\lambda_b(\mu_a+\mu_b)}{(\lambda_a+\mu_a)(\lambda_b+\mu_b)} \approx \frac{\lambda_a\lambda_b(\mu_a+\mu_b)}{\mu_a\mu_b}$$

$$= \lambda_a\lambda_b\left(\frac{1}{\mu_a}+\frac{1}{\mu_b}\right) \approx \lambda_a\lambda_b(r_a+r_b)$$

即

$$f_D \approx \lambda_a\lambda_b(r_a+r_b) \tag{16-18}$$

(3) 系统停运状态的平均持续时间为

$$T_D = \frac{P_D}{f_D} = \frac{1}{\mu_a+\mu_b} = \frac{r_a r_b}{r_a+r_b} \tag{16-19}$$

(4) 系统运行状态的平均持续时间为

$$T_U = \frac{P_U}{f_U} = \frac{1-q_a q_b}{P_4(\mu_a+\mu_b)} \tag{16-20}$$

(5) 系统的不可用率为

$$U_s = f_D \times T_D \tag{16-21}$$

当系统由 n 个元件并联时，可将上述结论推广如下。

(6) 系统停运概率为

$$P_D = \prod_{i=1}^{n} q_i \tag{16-22}$$

(7) 系统停运频率为

$$f_D = P_D \sum_{i=1}^{n} \mu_i \tag{16-23}$$

(8) 系统停运状态的平均持续时间为

$$T_D = \frac{1}{\sum_{i=1}^{n} \mu_i} \tag{16-24}$$

(9) 系统运行状态的平均持续时间为

$$T_U = \frac{1 - \prod_{i=1}^{n} q_i}{\prod_{i=1}^{n} q_i \sum_{i=1}^{n} \mu_i} \tag{16-25}$$

以上计算均基于如下假设：

1) 元件的故障与修复是相互独立的事件，一个元件的故障并不影响其他元件的性能。

2) $\lambda_i \ll \mu_i$ 或 $\lambda_i r_i \ll 1$，也就是说，单个元件本身的不可用率非常低。

3) 每个元件均只有两种状态：故障状态与运行状态。

三、高压直流输电系统可靠性与可用率计算举例

对一个直流输电系统的可靠性与可用率进行分析，通常分定性分析与定量分析两步进行。

(1) 定性分析主要研究系统的一般特性，例如：根据故障所引起的损失容量而划分其为单极故障和双极故障；确定维护方式及其对可靠性的影响；根据该直流输电系统的单线图将其划分为多个可靠性子系统；给出在各种运行方式下可靠性定量计算所需的“故障树”。

(2) 定量分析则要求输入元件的可靠性参数，例如：故障率 λ 和平均维修时间 r 等；根据一定的计算方法，给出系统的可靠性与可用率指标，如年强迫停运次数、能量可用率与不可用率等。

对一个特定系统，可以依次化简为多个简单系统的串并联，本节将举例说明如何计算一个直流输电系统的各种可靠性指标。

图 16-5 所示为一个典型的每极 2 个阀组时的直流系统可靠性模型方框图，其中每一个方框代表一个子系统。该直流系统为一双极系统，每端每极包含两个并联

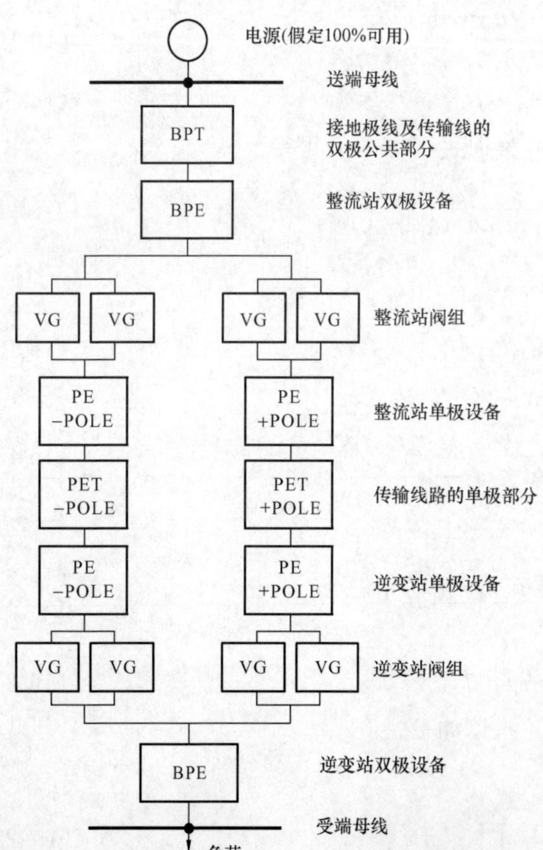

图 16-5　每极 2 个阀组时的直流系统可靠性模型方框图

阀组。假定已知每个子系统的故障率与故障修复时间如表 16-1 所示。

表 16-1　各子系统可靠性参数表

项目		符号	故障率 λ（次/年）	故障修复时间 r（h）
强迫停运	阀组	VG	1.9	6.0
	单极设备	Pole	0.6	6.0
	双极设备	Bipole	0.1	4.0
	单极线路	Pole_T/L	0.75	1.0
	双极线路部分	Bipole_T/L	0.07	16.6
计划停运	阀组	VG	1.0	120

所要计算的参数如下：

1）传输容量分别为100%、75%、50%、25%和0%时可用率。

2）能量可用率。

3）能量不可用率。

4）阀组、单极和双极的年停运次数。

在计算中首先只考虑强迫停运，然后同时考虑强迫停运与计划停运两种情况。计算中所用到的变量含义如下：

λ 表示（子）系统的故障率；

r 表示（子）系统的故障修复时间；

A 表示（子）系统的可用率，即前面所述的运行概率；

U 表示（子）系统的不可用率，即前面所述的停运概率。

（一）不考虑计划停运时的强迫停运情况

1. 计算子系统可用率与不可用率

已知：统计周期为 1 年，年运行小时数为 8760h，根据 $U=\lambda/(\lambda+8760/r)$，$A=1-U$，从表 16-1 可得表 16-2。

表 16-2　各子系统可靠性参数表

项目	符号	A	U
阀组	VG	0.998 7	0.001 3
单极设备	Pole	0.999 6	0.000 4
双极设备	Bipole	0.999 954	0.000 046
单极线路	Pole_T/L	0.999 914	0.000 086
双极线路部分	Bipole_T/L	0.999 867	0.000 133

表 16-3　各子系统可靠性参数表

项目	符号	A	U
阀组(整流站+逆变站)	VG_Stn	0.997 4	0.002 6
单极设备(整流站+逆变站)	Pole_Stn	0.999 2	0.000 8
双极设备(整流站+逆变站)	Bipole_Stn	0.999 908	0.000 092
单极线路	pole_T/L	0.999 914	0.000 086
双极线路	Bipole_T/L	0.999 867	0.000 133

2. 将整流站设备与逆变站设备合并

整流站与逆变站的阀组串联

$$A_{VG\_Stn}=A_{VG}\times A_{VG}=0.998\ 7^2=0.997\ 4$$

整流站与逆变站的单极设备串联

$$A_{pole\_Stn}=A_{pole}\times A_{pole}=0.999\ 6^2=0.999\ 2$$

整流站与逆变站的双极设备串联

$$A_{Bipole\_Stn}=A_{Bipole}\times A_{Bipole}=0.999\ 954^2=0.999\ 908$$

于是，得表16-3。

3. 分别合并双极与单极

双极设备与双极线路串联为双极子系统

$$A_{Bipole}=A_{Bipole\_Stn}\times A_{Bipole\_T/L}=0.999\ 908\times 0.999\ 867=0.999\ 775$$

单极设备与单极线路串联为单极子系统

$$A_{pole}=A_{pole\_Stn}\times A_{pole\_T/L}=0.999\ 2\times 0.999\ 914=0.999\ 114$$

于是，得表16-4。

表16-4 各子系统可靠性参数表

项　目	符　号	A	U
双极子系统	Bipole	0.999 775	0.000 225
单极子系统	Pole	0.999 114	0.000 886
阀组（整流站+逆变站）	VG_Stn	0.997 4	0.002 6

表16-5 各子系统可靠性参数表

项　目	符　号	容　量	可用率
两个阀组并联	2VG-50%	50%	0.994 807
	2VG-25%	25%	0.005 186
	2VG-0%	0%	0.000 007

4. 计算强迫能量可用率

(1) 两个阀组并联。

1) 容量=50%（两个阀组均投运）

$$A_{2VG\text{-}50\%}=(A_{VG\_Stn})^2=0.997\ 4^2=0.994\ 807$$

2) 容量=25%（只有一个阀组运行）

$$A_{2VG\text{-}25\%}=2\times(A_{VG\_Stn}\times U_{VG\_Stn})=2\times 0.997\ 4\times 0.002\ 6=0.005\ 186$$

3) 容量=0%（两个阀组均停运）

$$A_{2VG\text{-}0\%}=(U_{AG\_Stn})^2=0.002\ 6^2=0.000\ 007$$

于是，得表16-5。

(2) 并联阀组加单极子系统。

1) 容量=50%（两个阀组与单极子系统均运行）

$$A_{Pole\text{-}50\%}=A_{2VG\text{-}50\%}\times A_{pole}=0.994\ 807\times 0.999\ 114=0.993\ 926$$

2) 容量=25%（只有一个阀组与单极子系统运行）

$$A_{Pole\text{-}25\%}=A_{2VG\text{-}25\%}\times A_{pole}=0.005\ 186\times 0.999\ 114=0.005\ 181$$

3) 容量=0%（两个阀组均停运或单极子系统停运）

$$A_{Pole\text{-}0\%}=U_{2VG\text{-}0\%}+U_{pole}=0.000\ 007+0.000\ 886=0.000\ 893$$

于是，得表16-6。

表 16-6　各子系统可靠性参数表

项　目	符　号	容　量	可用率
并联阀组加单极子系统	Pole - 50%	50%	0.993 926
	Pole - 25%	25%	0.005 181
	Pole - 0%	0%	0.000 893

表 16-7　各子系统可靠性参数表

项　目	符　号	容　量	可用率
双极并联	2Pole - 100%	100%	0.987 889
	2Pole - 75%	75%	0.010 299
	2Pole - 50%	50%	0.001 802
	2Pole - 25%	25%	0.000 009
	2Pole - 0%	0%	0.000 001

（3）双极并联。

1）容量＝100%（双极均为 2 个阀组运行）

$$A_{2Pole-100\%} = (A_{Pole-50\%})^2 = 0.993\ 926^2 = 0.987\ 889$$

2）容量＝75%（一极为 1 个阀组、另一极为 2 个阀组运行）

$$A_{2Pole-75\%} = A_{Pole-5\%} \times A_{Pole-25\%} = 2 \times 0.993\ 926 \times 0.005\ 181 = 0.010\ 299$$

3）容量＝50%（单极 2 个阀组运行，或双极均为 1 个阀组运行）

$$A_{2Pole-50\%} = 2 \times A_{Pole-50\%} \times A_{Pole-0\%} + (A_{Pole-25\%})^2$$

$$= 2 \times 0.993\ 926 \times 0.000\ 893 + 0.005\ 181^2 = 0.001\ 802$$

4）容量＝25%（单极 1 个阀组运行）

$$A_{2Pole-25\%} = 2 \times A_{Pole-25\%} \times A_{Pole-0\%} = 2 \times 0.005\ 181 \times 0.000\ 893 = 0.000\ 009$$

5）容量＝0%（双极停运）

$$A_{2Pole-0\%} = (A_{Pole-0\%})^2 = 0.000\ 893^2 = 0.000\ 001$$

于是，得表 16-7。

（4）再加上双极子系统，构成整个系统。

1）容量＝100%

$$A_{system-100\%} = A_{2Pole-100\%} \times A_{Bipole} = 0.987\ 889 \times 0.999\ 775 = 0.987\ 667$$

2）容量＝75%

$$A_{system-75\%} = A_{2Pole-75\%} \times A_{Bipole} = 0.010\ 299 \times 0.999\ 775 = 0.010\ 297$$

3）容量＝50%

$$A_{system-50\%} = A_{2Pole-50\%} \times A_{Bipole} = 0.001\ 802 \times 0.999\ 775 = 0.001\ 802$$

4）容量＝25%

$$A_{system-25\%} = A_{2Pole-25\%} \times A_{Bipole} = 0.000\ 009 \times 0.999\ 775 = 0.000\ 009$$

5）容量＝0%

$$A_{system-0\%} = A_{2Pole-0\%} + U_{Bipole} = 0.000\ 001 + 0.000\ 225 = 0.000\ 226$$

于是，得表 16-8。

表 16-8　　各子系统可靠性参数表

名称	符　号	容量（%）	含　义	可用率
全系统	system－100%	100	双极均为 2 个阀组运行	0.987 667
	system－75%	75	一极为 1 个阀组、另一极为 2 个阀组运行	0.0102 97
	system－50%	50	单极 2 个阀组运行，或双极均为 1 个阀组运行	0.001 802
	system－25%	25	单极 1 个阀组运行	0.000 009
	system－0%	0	双极停运	0.000 226

（5）强迫停运指标。

1）强迫能量可用率

$$FEA=A_{system\text{-}100\%}+0.75\times A_{system\text{-}75\%}+0.50\times A_{system\text{-}50\%}+0.25\times A_{system\text{-}25\%}=99.63\%$$

2）强迫能量不可用率

$$FEU=1-FEA=0.37\%$$

3）强迫停运次数＝λ×可用率。

当容量从 100%损失 25%时

$$年停运次数=(2\times 每端的阀组数\times\lambda_{VG})\times A_{system\text{-}100\%}$$
$$=(2\times 4\times 1.9)\times 0.987\,667=15.01$$

当容量从 100%损失 50%时

$$年停运次数=(4\times\lambda_{pole}+2\times\lambda_{TLine\text{-}Pole})\times A_{system\text{-}100\%}$$
$$=(4\times 0.6+2\times 0.75)\times 0.987\,667=3.85$$

当容量从 100%损失 100%时

$$年停运次数=(2\times\lambda_{Bipole}+\lambda_{TLine\text{-}BiPole})\times A_{system\text{-}100\%}$$
$$=(2\times 0.1+0.07)\times 0.987\,667=0.27$$

当容量从 75%损失 25%时

$$年停运次数=(2\times 每端的阀组数\times\lambda_{VG}+2\times\lambda_{pole}+\lambda_{TLine\text{-}BiPole})\times A_{system\text{-}75\%}$$
$$=(2\times 3\times 1.9+2\times 0.6+0.75)\times 0.010\,297=0.14$$

说明：当系统容量为 75%时，每端的阀组数等于 3。

当容量从 75%损失 50%时

$$年停运次数=(2\times\lambda_{pole}+\lambda_{TLine\text{-}Pole})\times A_{system\text{-}75\%}$$
$$=(2\times 0.6+0.75)\times 0.010\,297=0.02$$

当容量从 75%损失 75%时

$$年停运次数=(2\times\lambda_{Bipole}+\lambda_{TLine\text{-}BiPole})\times A_{system\text{-}75\%}$$
$$=(2\times 0.1+0.07)\times 0.010\,297=0.003$$

当容量从 50%损失 25%时，50%容量分为以下两种情况。

情况 1：单极 2 个阀组运行，这种情况的可用率

$$A_1=2\times A_{pole\text{-}50\%}\times A_{pole\text{-}0\%}$$

情况 2：双极均为 1 个阀组运行，这种情况的可用率

$$A_2=2\times(A_{pole\text{-}25\%})^2$$

年停运次数 $=(2\times$每端的阀组数$\times\lambda_{VG})\times A_1+(2\times$每端的阀组数$\times\lambda_{VG}+4\times\lambda_{pole}$

$+2\times\lambda_{TLine\text{-}Pole})\times A_2$

$=(2\times2\times1.9)\times0.001\,775+(2\times2\times1.9+4\times0.6+2\times0.75)\times0.000\,027$

$=0.01$

当容量从 50%损失 50%时

年停运次数 $=(2\times\lambda_{pole}+\lambda_{TLine-Pole}+2\times\lambda_{BiPole}+\lambda_{Bipole-Tline})\times A_1+(2\times\lambda_{Bipole}+\lambda_{Bipole-Tline})\times A_2$

$=(2\times0.6+0.75+2\times0.1+0.07)\times0.001\,775+(2\times0.1+0.07)\times0.000\,027$

$=0.004$

总结前面的计算结果，可得表 16-9。

表 16-9　　不考虑维修时的强迫停运小结

剩余容量（%）	从 100%		从 75%		从 50%	
	损失容量	年停运次数	损失容量	年停运次数	损失容量	年停运次数
100	—	—	—	—	—	—
75	25	15.01	—	—	—	—
50	50	3.85	25	0.14	—	—
25	—	—	50	0.02	25	0.01
0	100	0.27	75	0.003	50	0.004

（二）一个阀组全年维修停运时的强迫停运情况

应用类似的方法，可以求出一个阀组维修停运，其他阀组正常运行时系统的可靠性指标如表 16-10 和表 16-11 所示。

表 16-10　　一个阀组全年维修停运时可用率

容量为 75%的可用率 $A_{M\text{-}VG\text{-}75\%}$	0.990 240
容量为 50%的可用率 $A_{M\text{-}VG\text{-}50\%}$	0.008 624
容量为 25%的可用率 $A_{M\text{-}VG\text{-}25\%}$	0.000 908
容量为 0%的可用率 $A_{M2pole\text{-}0\%}$	0.000 228

表 16-11　　一个阀组全年维修停运时强迫停运情况

剩余容量（%）	从 75%		从 50%	
	损失容量	年停运次数	损失容量	年停运次数
75	—	—	—	—
50	25	13.22	—	—
25	50	1.93	25	0.09
0	75	0.27	50	0.01

（三）综合考虑"全年无维修"与"一个阀组全年停运维修"停运情况

由表 16-11 可知，每个阀组的维修时间为 120h，则 4 个阀组的维修时间 $=120\times4=480$h。计算周期为 1 年 $=8760$h，因此阀组的维修期 *VMP*（Valve Maintenance Period）$=480/8760=0.055$；无维修期 *NMP*（No Maintenance Period）$=0.945$。

1. 可用率

（1）容量为 100%

可用率 $A_{MTotal\text{-}100\%}=A_{System\text{-}100\%}\times NMP=0.987\,667\times0.945=0.933\,345$

年持续时间 $=8760\times A_{MTotal\text{-}100\%}=8176.1$

（2）容量为 75%

可用率 $A_{MTotal\text{-}75\%}=A_{System\text{-}75\%}\times NMP+A_{M\text{-}AG\text{-}75\%}\times VMP$

$=0.010\,297\times0.945+0.990\,240\times0.055$

$=0.064\,194$

年持续时间$=8760\times A_{MTotal\text{-}75\%}=562.3$

(3) 容量为50%

可用率$A_{MTotal\text{-}50\%}=A_{System\text{-}50\%}\times NMP+A_{M\text{-}VG\text{-}50\%}\times VMP$

$=0.001\,802\times0.945+0.008\,624\times0.055$

$=0.002\,177$

年持续时间$=8760\times A_{MTotal\text{-}50\%}=19.1$

(4) 容量为25%

可用率$A_{MTotal\text{-}25\%}=A_{System\text{-}25\%}\times NMP+A_{M\text{-}VG\text{-}25\%}\times VMP$

$=0.000\,009\times0.945+0.000\,908\times0.055$

$=0.000\,058$

年持续时间$=8760\times A_{MTotal\text{-}25\%}=0.5$

(5) 容量为0%

可用率$A_{MTotal\text{-}0\%}=A_{System\text{-}0\%}\times NMP+A_{M2pole\text{-}0\%}\times VMP$

$=0.000\,226\times0.945+0.000\,225\times0.055$

$=0.000\,226$

年持续时间$=8760\times A_{MTotal\text{-}0\%}=2.0$

2. 强迫停运次数

(1) 损失容量25%。

1) 无维修。损失容量25%的年停运次数$N_{NM-25\%}$=容量分别从100%、75%、50%损失25%的停运次数之和=15.01+0.14+0.01=15.16。

2) 一个阀组维修。损失容量25%的年停运次数$N_{M-25\%}$=容量分别从75%、50%损失25%的停运次数之和=13.22+0.09=13.31。

3) 综合以上两种情况。损失容量25%的年停运次数$N_{25\%}=N_{NM-25\%}\times NMP+N_{M-25\%}\times VMP=15.16\times0.945+13.31\times0.055=15.06$。

(2) 损失容量50%。

1) 无维修。损失容量50%的年停运次数$N_{NM-50\%}$=容量分别从100%、75%、50%损失50%的停运次数之和=3.85+0.02+0.004=3.87。

2) 一个阀组维修。损失容量50%的年停运次数$N_{M-50\%}$=容量分别从75%、50%损失50%的停运次数之和=1.93+0.01=1.94。

3) 综合以上两种情况。损失容量50%的年停运次数$N_{50\%}=N_{NM-50\%}\times NMP+N_{M-50\%}\times VMP=3.87\times0.945+1.94\times0.055=3.76$。

(3) 损失容量75%。

1) 无维修。损失容量75%的年停运次数$N_{NM-75\%}$=容量分别从100%、75%损失75%的停运次数之和=0.0+0.003 2=0.003。

2) 一个阀组维修。损失容量75%的年停运次数$N_{M-75\%}$=容量从75%损失75%的停运次数=0.26。

3）综合以上两种情况。损失容量75%的年停运次数 $N_{75\%}=N_{NM-75\%}\times NMP+N_{M-75\%}\times VMP=0.003\times0.945+0.26\times0.055=0.02$。

(4) 损失容量100%。

1）无维修。损失容量100%的年停运次数 $N_{NM-100\%}$=容量从100%损失100%的停运次数=0.27。

2）一个阀组维修。损失容量100%的年停运次数 $N_{M-75\%}=0$。

3）综合以上两种情况。损失容量100%的年停运次数 $N_{100\%}=N_{NM-100\%}\times NMP=0.27\times0.945=0.26$。

（四）小结

经过上述计算，可得到如下结果。

(1) 能量可用率=98.26%；能量不可用率=1.74%；强迫能量不可用率=0.37%；计划能量不可用率=1.37%。

(2) 不同容量的可用率，如表16-12所示。

表16-12　不同容量的可用率

容量（%）	含　义	可用率（%）	年持续小时数（h）
100	双极均为2个阀组运行	93.33	8176.1
75	一极为1个阀组、另一极为2个阀组运行	6.42	562.3
50	单极2个阀组运行，或双极均为1个阀组运行	0.22	19.1
25	单极1个阀组运行	0.01	0.5
0	双极停运	0.02	2.0

(3) 停运指标，如表16-13所示。

表16-13　停运指标

停运	停运损失容量（%）	强迫停运（次/年）	计划停运（次/年）	停运	停运损失容量（%）	强迫停运（次/年）	计划停运（次/年）
双极	100	0.26	0	单极	50	3.76	0
	75	0.02*	0	阀组	25	15.06	1

* 0.02为系统处于运行容量为75%，即一极为1个阀组、另一极为2个阀组运行状态下时双极停运的次数。

第三节　提高直流输电工程可靠性措施

设元件i的 $\lambda_i\ll\mu_i$，则其运行概率 $p_i=1-\lambda_i/(\lambda_i+\mu_i)\approx1-\lambda_i/\mu_i=1-\lambda_i r_i$，为了提高系统的可用率，必须从降低元部件故障率和缩短故障停运时间两个方面着手。

一、降低元部件故障率

典型的不可修复元件的故障率随时间变化规律，如图16-6所示。故障率 $\lambda(t)$ 随时间按三种不同的规律变化，即具有下降特性的初期、接近常数的正常工作期和具有急剧上升特性的衰老期。$\lambda(t)$ 曲线亦称“浴盆曲线”。

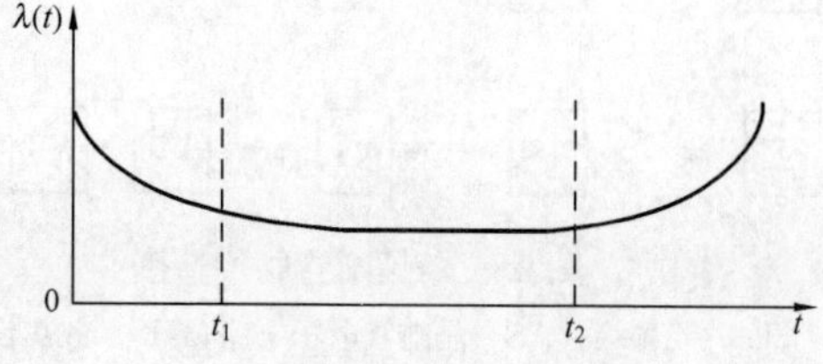

图16-6　典型的不可修复元件故障率曲线图

(1) 初期阶段为排除故障期。这段时期主要的事故类型是由于设计和制造缺陷而引起，所以元件运行初期的主要任务是找出不可靠原因，尽快发现并排除这些缺陷，从而使元件故障率下降并渐趋稳定。

在葛—南直流输电工程的停运事故中，大部分都与设备本身的设计与制造缺陷有关，如平波电抗器、交直流滤波电容器等的损坏就是如此。有些还在制造过程中就已暴露出许多重大问题，例如葛洲坝站换流变压器在重新设计前的厂家试验中，故障率达 100%；在重新设计后的厂家试验中，故障率也曾达 30%，这主要是绝缘设计不合理所致。设备的运输、接运、储存等环节也不可忽视，葛—南直流输电工程就曾发生过多起此类事故。

(2) 正常工作期。在这段期间内，若元件能进行定期的计划维修，不仅可以使故障率下降，而且可以延长正常工作期的时间。

(3) 衰老期。在这个时期内元件故障率迅速上升，因此如能知道元件开始衰老的时间，在此之前，就进行有效的维修或更换，可以改善故障率曲线。

二、冗余与多重化

为了缩短停运时间，通常采用的方法是冗余与多重化。冗余的作用还在于，可以将某种故障校正措施推迟 7～10 天之久，直到出现相对轻的负荷期，这样不会造成重大的输电损失。这种迟缓故障通常不包括在强迫停运故障记录之内。冗余可大致分为并列冗余和备用冗余两类。

1. 并列冗余

当所有元件都故障时，系统才停运，则认为元件是并列冗余。在这种情况下，如果只有一个元件故障，其余元件将使系统继续运行，或降低容量运行。冗余可以是全部冗余，也可以是部分冗余。这时，停运持续时间由故障元件的修复时间缩短为零或者是开关的切换时间。当把这些元件看成一个子系统时，由于单一元件的故障不会造成该子系统的停运，因此，并列冗余既可以认为是缩短了元件的停运时间，也可以看作是降低了子系统的故障率。

2. 备用冗余

为主要元件和需要较长维修时间的元件提供一个或更多的相同元件为备用冗余。在主要元件故障时，可通过传感器和开关设备的自动操作或人工操作更换备用元件，以恢复系统的正常功能，这时停运持续时间由故障元件的修复时间缩短为元件更换时间。如换流变压器、平波电抗器等设备，其故障维修时间一般都比较长，可能是几千个小时（维修加运输时间）。如果这时有备用设备，则该设备的故障停运时间就可以由几千个小时缩短到设备更换时间，约 10 多 h，从而较大地提高系统的可用率。

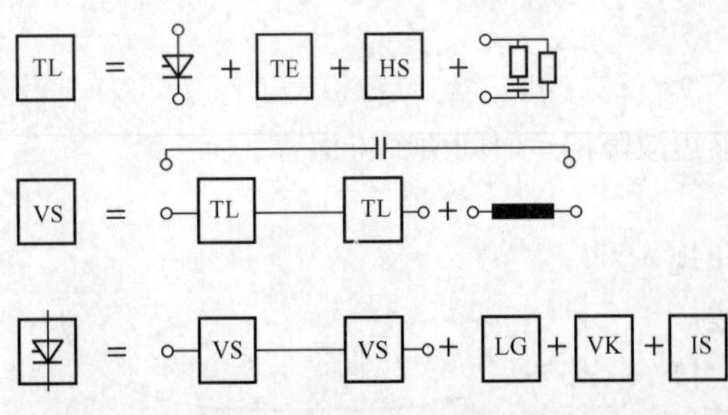

图 16-7 晶闸管阀构造图

TL—元件级；TE—晶闸管电子电路；HS—散热设备；VS—阀组件；LG—光纤电缆；VK—阀冷却电路；IS—结构部分

三、提高系统可靠性措施实例

1. 晶闸管阀可靠性

在高压直流输电系统中，可控硅阀是整个装置的关键，因而要求有特别高的可靠性。晶闸管阀构造如图 16-7 所示。

在阻尼回路中应用特殊设计的单个元件，使得阀中的元件数和连接数减少，可减少故障率，而且也降低了触点松脱的可能性，从而减少了由松脱造成电弧和起火的可能性。另外，选用可靠的高额定值元件，可使元件数为最少，从而减少事故几率。

换流阀的触发系统对于保证阀中全部串联晶闸管的同时开通和正常运行，起着重要的作用。传送触发脉冲的方式，早期的直流输电工程多采用电流互感器的电磁传送方式，20世纪70年代以后开始多采用光电传送方式，触发的可靠性有了提高，但这些方式仍然不可避免地受到电磁干扰，换流阀的辅助电路仍然复杂，这些都是可能引起换流阀故障的主要根源之一。国外及我国直流输电工程的运行经验都表明，元件自身故障或损坏的几率很低，主要问题都发生在阀的附件和辅助系统上。

20世纪80年代初，国外着手研制光直接触发晶闸管（LTT）。日本已于1990年制造出6kV、2.5kA的LTT。1993年投产的北海道—本州直流输电工程第二期和1992年投产的新信依背靠背均采用由LTT组成的换流阀。ABB公司试制的7kV、45cm^{2}LTT元件也在康梯斯堪工程中进行现场试验。光直接触发晶闸管阀的最大特点是可以省略高电位控制极的大量部件，因而可大幅度地减少构成阀的部件数目，通常仅为光电触发换流阀总部件数目的10%～15%。由于部件数目的减少，可以提高阀组的可靠性。

对于阀的冗余，一般考虑增加额外的晶闸管级。冗余度选择的原则是保证在标准维修期内不失去所有的冗余件，一般取3%～4%。另外，还应在每个晶闸管的阳极和控制极之间加保护电路。如果串联连接中的某个晶闸管没有接受到触发脉冲，则保护触发电路在感受到过电压时会自动提供保护性触发，从而避免了元件的损坏。

2. 控制保护与站监控系统多重化

控制保护一般包括交流和直流站控系统和极控系统，以及晶闸管触发控制系统和各种保护系统，这些系统均应双重化。对于保护系统，有时只考虑双重化还不够，例如不易确定哪个通道的应答信号正确，也不易防止故障通道的虚假跳闸。这些问题可通过通道的三重化予以克服，即对三个通道根据“3取2”原则进行逻辑决策，如果是模拟量则取中等值。还有的直流输电工程将双重化系统中的两条通道再分别加倍，形成四通道布置，如图16-8所示。

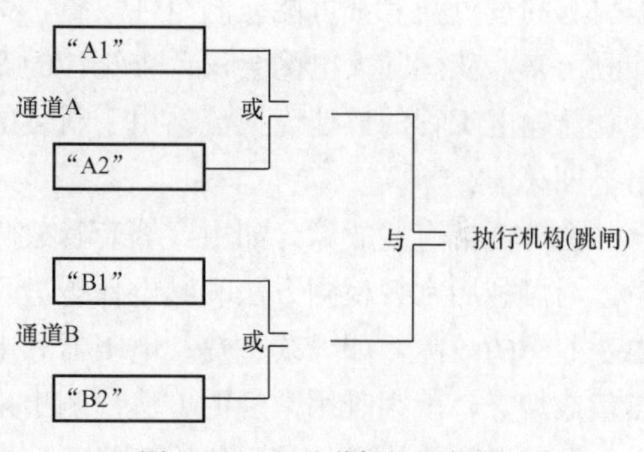

图16-8　四通道保护逻辑图

四通道布置控制保护的逻辑关系如表16-14所示。

表16-14　四通道布置控制保护的逻辑关系

运行状态的故障组合	结　果	运行状态的故障组合	结　果
“A1”&“A2”	无“跳闸”指令输出	“A2”&“B1”	输出“跳闸”指令
“A1”&“B1”	输出“跳闸”指令	“A2”&“B2”	输出“跳闸”指令
“A1”&“B2”	输出“跳闸”指令	“B1”&“B2”	无“跳闸”指令输出

这样，每个通道内的双重化防止了保护的拒动，而通道的双重化防止了保护的误动，降低了误停运的概率，提高了系统的可靠性与可用率。

换流站的监控系统通常为多层网络结构，主要用于监视控制交直流系统的运行控制、数据监视和数据处理，包括对交流开关场（含预留间隔）、直流开关场、控制楼、阀厅、通信系统、直流线路、站辅助系统等的监视与控制，以及与远方调度中心和其他监视场所的通信接口等。站监控系统不仅要安全可靠地发送各级调度人员对直流输电系统及交流系统的控制和操作命令，又要尽量避免运行人员的错误操作以免对电网运行造成严重的后果，因此站监控系统通常都采用冗余体系结构，即各层网络均采用双网结构，监控服务器、运行人员工作站、事件报警工作站、天文时钟等也均采用冗余结构，当运行的单元发生故障时，系统自动切换到热备用的单元，使得单通道的故障不会引起系统故障。

四、防火考虑

若因阀厅内设备故障引起火灾，为了修理或更换故障设备以及清除阀厅内其他设备污迹，都需要延长直流系统的停运时间，这个时间的长短与故障设备的严重程度和清除其他设备污迹的时间长短直接相关，有时候消除火灾污迹的时间甚至会超过故障设备的修复时间。因此，阀厅火灾将严重影响高压直流输电工程的可靠性和可用率。必须承认，完全防火的阀是没有的。但必须有充分的保证，在阀内部任何初期的燃烧，在换流阀保护跳闸以前不会扩展为灾难性的，并且一旦阀停运之后，任何火将自行熄灭。

换流阀部件的故障有很多会导致火灾，其中最重要的是阀部件之间连接处的故障。因为来自恒定电源的功率不断通过这些有缺陷或故障的部件，可能形成电弧。电弧本身可能越来越严重，同时电弧的热辐射、磁畸变会使周围的元件遭到破坏，点燃周围的可燃材料。此外，冷却系统的泄漏、顶部漏水污染和浸湿绝缘材料、高电阻率的连接点，以及由于保护缺陷引起的过负荷等都可能使阀组件故障，引起火灾。而这些险情常规检测系统往往不能立即检测出来，从国际大电网会议调查统计的27次火情中看，除了加拿大魁北克到美国新英格兰直流输电工程的桑地庞换流站由于新装的新型火情检测系统发挥了作用外，其他均未检测出早期火情。

据分析，有些故障，如由穿墙套管故障溢出绝缘油引起的火灾，以及一些涉及电路的故障，尚可利用常规检测方法和继电保护进行检测或通过故障记录仪发出报警外，像阀厅范围内一些小的故障，如母线过热、电阻器和电容器产生的小火花事故等，由于它们没有足够的热量或烟雾，就很难用常规的方法检测出来。还有，在可控硅阀中的一些小的或初期火情产生的电离燃烧物或微粒使之绝缘闪络的情况，也给早期检测带来困难。

为了适应阀厅火情的早期检测和定位需要，可以采用一些灵敏度较高的检测设备，比如超声波和红外线传感器、可视和红外摄像以及空气采样微粒检测系统等。超声和红外传感器，响应时间快，一般都在毫秒数量级，而且能对火焰燃烧和电弧释放的能量作出反应，红外传感器还能反应部件和母线的过热。但它们却需要确定的视线，而且其敏感性还与目标的距离有很大关系。普通图像摄影机和红外摄像仪用于固定目标检测是合适的，但对于前者来说，不仅受视线角度和连续监视的限制，而且对阀厅这种大多数时间是黑暗的背景也不适应。而后者，虽不存在背景问题，覆盖面问题仍无法解决。而且，这两种设备价格都很昂贵。

空气采样微粒检测系统是一个收集空气试样的管网，试样可输送到远方进行分析，这种系统可以检测浓度极小的、直径小于微米级微粒的存在。由于材料在实际燃烧之前都要产生大量这样大小的微粒，所以它可早期发现火情。桑地庞换流站的阀厅采用了这种系统，而且避免了一次火灾事故。

附录 国外已运行的架空线路和电缆线路直流输电工程

序号	工程名称	功率（MW）	电压（kV）	距离（km）		投运时间（年份）	备注
				架空线	电缆		
1	卡希拉—莫斯科（俄罗斯） （Kashira-Moscow）	30*	±100	—	100	1951	工业性试验
2	果特兰 1（瑞典） （Gotland 1）	20* 30**	100 150	— —	96 96	1954 1970	 扩建晶闸管阀
3	果特兰 2（瑞典） （Gotland 2）	130 260	150 ±150	7 7	96 96	1983 1987	
4	英—法海峡 1（英/法） （Cross Channel 1）	160*	±100	—	64	1961	
5	英—法海峡 2（英/法） （Cross Channel 2）	2000	2×±270	—	72	1985	
6	伏尔加格勒—顿巴斯（俄罗斯） （Volgograd-Donbass）	720*	±400	470	—	1965	
7	新西兰南北岛（新西兰） （New Zealand）	600* 992	±250 +270/−350	570 575	39 42	1965 1991	
8	康梯—斯堪（瑞典/丹麦） （Konti-Skan）	250* 300	250 285	95 61	85 88	1965 1988	
9	意大利—撒丁岛（意大利）	200* 50 300	200 200 200	292 292 292	121 121 121	1967 1986 1991	 三端抽能 扩建
10	温哥华（加拿大） （Vanconver）	312* 370	260 280	— —	69 77	1968 1977	
11	太平洋联络线（美国） （Pacific Intertie）	1440* 2000** 3100 550	±400 ±500 ±500 500	1362 1362 1362 1362	— — — —	1970 1985 1989 1995	 扩建 扩建 希尔玛东重建
12	纳尔逊河 1（加拿大） （Nelson River 1）	1620* 2000	±450 ±500	930 930	— —	1972 1992	
13	纳尔逊河 2（加拿大） （Nelson River 2）	2000	±500	940	—	1978	
14	金斯诺斯（英国） （Kings North）	640* 640	±266 ±266	— —	82 82	1974 1981	 改建
15	斯卡捷拉克（挪威/丹麦） （Skagerrak）	500 440	±250 350	113 113	127 127	1977 1993	
16	斯夸尔比尤特（美国） （Square Butte）	500	±250	749	—	1977	
17	卡布拉—巴萨（南非） （Cabora-Bassa）	1920 1920	±533 ±533	1420 1420	— —	1979 1997	 改建
18	CU 工程（美国） （CU project）	1000	±400	710	—	1979	
19	北海道—本洲（日本） （Hakkaido-Honshu）	150 300 600	125 250 ±250	124 124 124	44 44 44	1979 1989 1993	 采用 LTT
20	英加—沙巴（南非） （Inga-shaba）	560	±500	1700	—	1982	

续表

序号	工程名称	功率(MW)	电压(kV)	距离(km)		投运时间(年份)	备注
				架空线	电缆		
21	德斯堪顿—卡麦尔福德(美/加) (Des Cantons-Comerford)	690	±450	172	—	1986	
22	英特尔蒙顿(美国) (Intermountain)	1600	±500	787	—	1986	
23	伊泰普(巴西) (Itaipu)	3150 3150	±600 ±600	785 805	—	1986 1990	
24	芬挪—斯堪(瑞典/芬兰) (Fenno-Skan)	500	400	33	200	1989	
25	里汉德—德里(印度) (Rihand-Delhi)	1500	±500	910		1990	
26	魁北克—新英格兰(美/加) (Quebec-New England)	2250	±500	1480	—	1990	五端工程
27	济州岛(韩国) (Cheju Island)	300	±180	—	101	1993	
28	波罗的海电缆(瑞典/德国) (Baltic Cable)	600	450	12	250	1994	
29	康特克(丹麦/德国) (Kontek)	600	400	—	170	1995	
30	里特—鲁扎(菲律宾) (Leyte-Luzon)	440	350	433	19	1997	
31	强德拉普尔—波德海(印度) (Chahdrapur-Padghe)	1500	±500	743	—	1998	
32	纪伊工程(日本) (Kii-Channel)	1400 2800	±250 ±500	51 51	51 51	2000	

注 1. 带*工程采用汞弧阀。带**工程采用汞弧阀和晶闸管阀。其他工程均采用晶闸管阀。

2. 已运行的背靠背直流输电工程见本书第十四章表 14-1。

3. 中国已运行的直流输电工程见本书第一章表 1-2 和表 1-3。

4. 已运行的轻型直流输电工程见本书第二章表 2-1。

参 考 文 献

1 浙江大学发电教研组直流输电科研组. 直流输电. 北京：电力工业出版社，1982

2 ［苏］A. B. 波谢著，华北电力学院直流输电研究室译. 直流输电接线及运行方式. 北京：水利电力出版社，1979

3 ［新西兰］J·阿律莱加著（第一版），任震等译. 高压直流输电. 重庆：重庆大学出版社，1987

4 戴熙杰主编. 直流输电基础. 北京：水利电力出版社，1990

5 Jos Arrillaga. High Voltage Direct Current Transmission. 2nd Edition. Printed in England by Srort Run-press Ltd. 1998

6 Power System Engineering Department. GE. USA. HVDC Handbook. First Edition. 1994

7 ［印度］K. R. Padiyar. HVDC Power Transmission Systems（Technology and System Interactions）. Wiley Eastern Limited，New Delhi，India. 1990

8 Converting AC Power Lines to DC for higher Transmission Ratings. ABB Review. 1997

9 HVDC Conversion of HVAC Lines to Provide Sub-station Power Upgrading. IEEE Transactions on Power Delivery. Vol. 6. No. 1. 1991

10 赵畹君. 葛洲坝—上海直流输电工程的基本特性.《电网技术》. 北京：1994 年. No. 1

11 赵畹君. 葛洲坝—上海直流输电工程稳态运行特性.《电网技术》. 北京：1989 年. No. 3

12 余建国等. 天广直流输电工程换流站中新技术的应用.《电网技术》. 北京：2002 年. No. 4

13 New Technologyies Applied to the recent HVDC Converter Station in Japan. CIGRE. 1992. 14-102

14 ［日本］CIGRE. System Design of the Kii Channel HVDC Link. 1996. 14-103

15 Capacitor Commutated Converter for HVDC Systems. ABB Review. 1997. No. 2

16 HVDC 2000-A new Generation of HVDC Converter Station. ABB Review. 1996. No. 3

17 Modular Back-To-Back HVDC with Capacitor Commutated Converters. CIGRE Conference. Rumania. 2001

18 DC Transmission Based on Voltage Source Converters. CIGRE. 1998. 14-302

19 Land and Sea Cable interconnections with HVDC Light. CEPSI. 2000-Conference in Manila. Oct. 2000

20 《中国电力百科全书》编委会. 中国电力百科全书 输电与配电卷（第二版）. 北京：中国电力出版社，2001

21 《中国电力百科全书》编委会. 中国电力百科全书 电力系统卷（第二版）. 北京：中国电力出版社，2001

22 CIGRE WG14-03. A C Harmonic Filter and Reactive Compensation for HVDC. ELECTRA No. 63. 1979

23 D. L. Dickmander，K. J. Peterson. Analysis of DC Harmonics Using the Three-Pulse Model for the Intermountain Power Project HVDC Transmission. IEEE Transaction on Power Delivery. Vol. 4. No. 2 April 1989

24 N. L. Shore，G. Anderson，A. P. Canelhas，G. Asplund. A Three-Pulse Model of DC Side Harmonic Flow in HVDC Systems. IEEE/PES Summer Meeting，Portland，Oregon. 1988

25 CIGRE WG14-06. Application Guide for Insulation Coordination and Arrester Protection of HVDC Converter Stations. ELECTRA No 96. 1984

26 L. D. Anzivino, G. Gela, et al. HVDC Transmission Line Reference Book. EPRI TR-102764. Prepared by HVTRC. 1993
27 R. Cortina, A Pigini and L. Thione. The dielectric Strength of External Insulation under Composite Voltage Stresses (DC+Impulse). 33. 83 (SC) 03-IWD
28 张仁豫. 绝缘污秽放电. 北京:中国电力出版社,1994
29 宿志一,郑健超,张俊峰. 高压直流线路绝缘子造型的试验研究.《电力技术》. 1984 年第 5 期
30 顾乐观,孙才新. 电力系统的污秽绝缘. 重庆:重庆大学出版社,1990
31 宿志一,刘燕生. 线路绝缘子的直流雾中耐受电压特性.《高电压技术》. 1985 年第 4 期
32 R. Cortina, G. Marrone. et al. Study of the Dielectric Strength of External Insulation of HVDC Systems and Application to Design and Testing. CIGRE 33-12. 1984
33 M. Comber, R. Nijber. Performance of Contaminted Insulators Tested from 200kV to 1000kV DC. IEEE Trans. on EI-16. No. 3. 1981
34 I. Kimoto, K. Kito. et al. Anti-Pollution Design Criteria for Line and Station Insulators. IEEE Paper 71 TP 649-PWR
35 郑健超. 高压直流输电线路绝缘子的选择方法.《电力技术》. 1984 年第 5 期
36 W. Janischewskyj, G. gela. Finite Element Solution for Electric Fields of Coronating DC Transmission Lines. IEEE Trans. Vol. PAS-98. NO. 3. 1979
37 T. Takuma, T. Ikedo, T. Kawamoto. Calculation of Ion Flow Fielde of HVDC Transmission Line by the Finite Element Method. IEEE Trans. Vol. PAS-100. NO. 12. December. 1981
38 林永生,胡良珍,严朗威编著. 高压直流输电. 上海:上海科学技术出版社,1982
39 EDWARD WILSON KIMBARK. DIRECT CURRENT TRANSMISSION VOLUME1. New York. 1971
40 西安交通大学黄俊,王兆安编. 电力电子变流技术. 北京:机械工业出版社,1999
41 [瑞典] E. 乌尔曼著. 直流输电. 北京:科学出版社,1983
42 郑肇骥,王焜明主编. 高压电缆线路. 北京:水利电力出版社,1983
43 郁祖培,钱之银. 南桥直流接地极严重腐蚀及故障原因.《华东电力》. 1995 年第 6 期
44 右景伊编. 腐蚀数据手册. 北京:化学工业出版社
45 Evans. U. R. The Ckorrosion and oxidation of metals. Edward Arnold. London England. 1960
46 [美] M. N. 奥齐西克著,俞昌铭主译. 热传导. 北京:高等教育出版社,1983
47 [苏] C. B. 瓦修京斯基. 变压器的理论与计算. 北京:机械工业出版社,1983
48 CIGRE Working Group 14. 21-TF2. General Guidelines for the Design of Ground Electrodes for HVDC Links. 2000
49 Design and Commissioning of the Blackwater Back-To-Bank Stantion/USA. CIGRE. 1986. 14-03
50 Design Goals, Specification, Studies and Commissioning of the 600MW HVDC Back-To-Back Station Etzenricht. CIGRE. 1994. 14-105
51 Studies of Vyborg Back-To-Back HVDC Link Using Modern Voltage Control Equipment [USSR]. CIGRE. 1990
52 Advanced Concepts and Commissioning Experiences with SIDNEY Converter Station CIGRE. 1988. 14-10
53 MILES City Converter Station-Early Operation Experience. CIGRE. 1986. 14-03
54 A. Ekstrom. et al. Basic problems of control and protection of multiterminal HVDC schemes with and without dc switching devices. CIGRE. 1972

55 K. W. Kangiess. et al. HVDC multiteminal system. CIGRE. 1974（ELECTRA. Aug. 1974）

56 I. Ishikawa. et al. Centralized Protections Systems for Multiterminal HVDC Transmission Systems. CIGRE. Studey Committee No. 14. Meeting in Scandinavia. August 1979

57 R. Jotten. et al. Control HVDC Systems. The State of Art. Part 2：Multiterminal System. CIGRE. 1980

58 潘仲立．可靠性分析的理论基础．北京：水利电力出版社，1988

59 H. A. CANDERBANK. J. L. HADDOCK and G. MAZUR Availability and Reliability Considerations for Nelson River Bipole 1. CIGRE. 1992

60 李立呈等．葛上直流工程换流站主要设备故障的分析．《电力技术》．1992 年第 11 期

61 Development and Field Test of a Multi-Terminal DC Link Using Voltage Sourced Converters and New Confrol and Protection Schemes. CIGRE. 2000. 14-204

62 DC Transmission Using Voltage Sourced Converters. CIGRE. B4-37. 2004

63 A new Multilevel voltage Sourced Converter Topology for HVDC Applications. CIGRE. 2008. B4-304